Mathematische Leitfäden

Herausgegeben von
em. o. Prof. Dr. phil. Dr. h. c. G. Köthe, Universität Frankfurt/M., und
o. Prof. Dr. rer. nat. G. Trautmann, Universität Kaiserslautern

Real Variable and Integration
With Historical Notes
by J. J. BENEDETTO, Prof. at the University of Maryland
278 pages. Paper DM 48,—

Spectral Synthesis
by J. J. BENEDETTO, Prof. at the University of Maryland
278 pages. Paper DM 72,—

Partial Differential Equations
An Introduction
by Dr. rer. nat. G. HELLWIG, o. Prof. at the Technische Hochschule Aachen
2nd edition. xi, 259 pages with 35 figures. Paper 48,—

Einführung in die mathematische Logik
Klassische Prädikatenlogik
Von Dr. rer. nat. H. HERMES, o. Prof. an der Universität Freiburg i. Br.
4. Auflage. 206 Seiten. Kart. DM 34,—

Funktionalanalysis
Von Dr. rer. nat. H. HEUSER, o. Prof. an der Universität Karlsruhe
416 Seiten mit 6 Bildern, 462 Aufgaben und 50 Beispielen. Kart. DM 58,—

Lineare Integraloperatoren
Von Prof. Dr. rer. nat. K. JÖRGENS
224 Seiten mit 6 Bildern, 222 Aufgaben und zahlreichen Beispielen. Kart. DM 48,—

Moduln und Ringe
Von Dr. rer. nat. F. KASCH, o. Prof. an der Universität München
328 Seiten mit 176 Übungen und zahlreichen Beispielen. Kart. DM 52,—

Gewöhnliche Differentialgleichungen
Von Dr. rer. nat. H. W. KNOBLOCH, o. Prof. an der Universität Würzburg und
Dr. phil. F. KAPPEL, o. Prof. an der Universität Graz
332 Seiten mit 29 Bildern und 98 Aufgaben. Kart. DM 48,—

Garbentheorie
Von Dr. rer. nat. R. KULTZE, Prof. an der Universität Frankfurt/M.
179 Seiten mit 77 Aufgaben und zahlreichen Beispielen. Kart. DM 44,—

Differentialgeometrie
Von Dr. rer. nat. D. LAUGWITZ, Prof. an der Technischen Hochschule Darmstadt
3. Auflage. 183 Seiten mit 44 Bildern. Ln. DM 44,—

Fortsetzung dritte Umschlagseite

 **B. G. Teubner Stuttgart**

Mathematische Leitfäden

Herausgegeben von
em. o. Prof. Dr. phil. Dr. h. c. G. Köthe, Universität Frankfurt/M., und
o. Prof. Dr. rer. nat. G. Trautmann, Universität Kaiserslautern

Einführung in die harmonische Analyse

Von Dr. rer. nat. Walter Schempp
Ord. Professor an der Universität Siegen (Gesamthochschule)

und Dr. sc. math. Bernd Dreseler
apl. Professor an der Universität Siegen (Gesamthochschule)

Mit 3 Figuren, 205 Aufgaben
und 116 Beispielen

B. G. Teubner Stuttgart 1980

Ord. Prof. Dr. rer. nat. Walter Schempp

Geboren 1938 in Tübingen. Von 1958 bis 1964 Studium der Mathematik und Physik an der Universität Tübingen, 1965 Diplom. Anschließend praktische Tätigkeit an Rechenzentren in Tübingen, Darmstadt und Bochum. 1968 Promotion an der Ruhr-Universität Bochum und nach Tätigkeit als wiss. Assistent und Lehrbeauftragter 1970 Habilitation in Bochum. 1970 Dozent, 1971 wiss. Rat und Professor sowie apl. Professor an der Abteilung für Mathematik der Ruhr-Universität Bochum. Seit 1973 Inhaber des Lehrstuhls für Mathematik I an der Universität Siegen (Gesamthochschule) und Mitglied des Gründungssenats.

apl. Prof. Dr. sc. math. Bernd Dreseler

Geboren 1943 in Wuppertal. Von 1964 bis 1971 Studium der Mathematik und Physik an den Universitäten Köln und Bochum, 1971 Diplom, anschließend Verwalter der Stelle eines wiss. Assistenten an der Universität Mannheim (WH), 1972 Promotion. Nach Assistententätigkeiten in Bochum und Siegen 1977 Habilitation an der Universität Siegen (Gesamthochschule), 1978 Lehrstuhlvertretung an der Universität Duisburg (Gesamthochschule). 1980 apl. Professor an der Universität Siegen (Gesamthochschule).

CIP-Kurztitelaufnahme der Deutschen Bibliothek

Schempp, Walter:
Einführung in die harmonische Analyse / von
Walter Schempp u. Bernd Dreseler. –
Stuttgart : Teubner, 1980.
  (Mathematische Leitfäden)

ISBN 978-3-519-02220-6   ISBN 978-3-322-99591-9 (eBook)
DOI 10.1007/978-3-322-99591-9

NE: Dreseler, Bernd:

Satz: Schmitt u. Köhler, Würzburg-Heidingsfeld

Umschlaggestaltung: W. Koch, Sindelfingen

Am Anfang war die Symmetrie
W. Heisenberg, Der Teil und das Ganze

Vorwort

Es bezeichne $\mathbf{S}_1$ die multiplikative Gruppe der komplexen Zahlen vom Betrag 1 und $L^2(\mathbf{S}_1)$ den zum Lebesgue-Maß konstruierten komplexen Hilbert-Raum über $\mathbf{S}_1$. Jedem Punkt $s \in \mathbf{S}_1$ ist ein Translationsoperator $\gamma(s)$ von $L^2(\mathbf{S}_1)$ in sich zugeordnet, welcher $f \in L^2(\mathbf{S}_1)$ in $z \longrightarrow f(s^{-1}z)$ überführt. Die Abbildung $s \longrightarrow \gamma(s)$ ist eine Darstellung der Gruppe $\mathbf{S}_1$. Betrachtet man die jedem $f \in L^2(\mathbf{S}_1)$ zugeordnete Fourier-Reihe $\sum\limits_{n \in \mathbf{Z}} c_n z^n$, so erhält man eine Zerlegung von $L^2(\mathbf{S}_1)$ in die eindimensionalen Untervektorräume $(H_n)_{n \in \mathbf{Z}}$, die aus allen komplexen Vielfachen der Funktionen $z \longrightarrow z^n$ bestehen. Auf jedem der Räume $(H_n)_{n \in \mathbf{Z}}$ operieren die linearen Abbildungen $(\gamma(s))_{s \in \mathbf{S}_1}$ irreduzibel. Das Entwickeln in Fourier-Reihen kann demnach als Zerlegen der Darstellung γ in irreduzible Teildarstellungen aufgefaßt werden. Diese zunächst ungewohnte Sicht der Fourier-Reihen hat sich als sehr fruchtbar erwiesen. Nach heutiger Erkenntnis besteht das Hauptproblem der harmonischen Analyse in der Zerlegung linearer Gruppendarstellungen in „elementare" Teildarstellungen. Mit Hilfe dieser Abstraktion erhält die Theorie der Fourier-Reihen, der Fourier-Integrale und der Entwicklungen nach einer großen Klasse spezieller Funktionen einen gemeinsamen Rahmen. Zugleich wird deutlich, warum die Theorie der Fourier-Reihen aus dieser Sicht von relativ elementarem Charakter ist: Die Kommutativität der Gruppe $\mathbf{S}_1$ impliziert die Eindimensionalität der Vektorräume $(H_n)_{n \in \mathbf{Z}}$.

Das vorliegende Buch soll in die harmonische Analyse unter Betonung des gruppentheoretischen Standpunktes einführen. Im ersten Teil werden die wichtigsten klassischen Ergebnisse über Fourier-Reihen und Fourier-Integrale in mehreren Variablen behandelt, während der zweite Teil an die Grundresultate der nicht-kommutativen harmonischen Analyse heranführt und ihre Beziehung zu Entwicklungen nach speziellen Funktionen aufzeigt.

Der erste Teil, der aus den Kapiteln I und II besteht, ist auf zwei Ziele hin ausgerichtet. Zum einen umfaßt er den Stoff der harmonischen Analyse, den nach Auffassung der Autoren jeder Student der Mathematik und Physik kennenlernen sollte. Deshalb erscheint es wichtig, die Anwendung der Ergebnisse auf verschiedenartige Probleme vorzuführen. Erwähnt seien in diesem Zusammenhang das Cauchy-Problem der schwingenden Saite (I. 5, I. 8), das isoperimetrische Problem (I. 10), das Fouriersche Ringproblem (I. 10), die Wärmeleitung im unendlich langen Stab (I. 10), die Heisenbergsche Unschärferelation (II. 7) und der Satz von Minkowski (II. 7). Zum andern dient der erste Teil der Motivation der nicht-kommutativen harmonischen Analyse. Aus diesem Grund wird der Leser bereits frühzeitig (I. 2) mit dem Begriff der unitären Gruppendarstellung und dem Satz über die Eindimensionalität der irreduziblen unitären Darstellungen abelscher topologischer Gruppen konfrontiert.

Der zweite Teil beginnt in Kapitel III mit dem Existenz- und Eindeutigkeitssatz des Haar-Maßes auf lokalkompakten topologischen Gruppen. Damit wird für beliebige lokalkompakte Gruppen ein Ersatz für das Lebesgue-Maß geschaffen, das im ersten Teil eine so zentrale Rolle spielt. Für die späteren Resultate darf man es allerdings nicht mit dem Existenz-Satz für das Haar-Maß bewenden lassen. Mit Hilfe der Integration auf homogenen Mannigfaltigkeiten wird in III. 3 für eine Reihe von Beispielen das Haar-Maß explizit berechnet.

Bis heute ist ein fast unübersehbarer Reichtum von Ergebnissen auf dem Gebiet der nicht-kommutativen harmonischen Analyse bekannt. Es haben sich dabei sehr verschiedenartige Theorien herausgebildet, die sich mit ihren spezifischen Methoden auf gewisse Klassen von Gruppen konzentrieren. Unter diesen Theorien zeichnet sich die harmonische Analyse auf kompakten Gruppen (Kapitel IV) durch ihre Abgerundetheit aus. Will man sich nicht nur auf den kompakten Fall beschränken, so bietet sich die harmonische Analyse zonaler Funktionen zu Gelfand-Paaren als eine umfassende, im Rahmen eines einführenden Buches noch darstellbare Theorie an (Kapitel V). Insbesondere umfaßt sie die harmonische Analyse auf lokalkompakten abelschen Gruppen (V. 5).

Jeder Autor einer Einführung in ein so vielschichtiges und weitläufiges Gebiet wie die harmonische Analyse hat einen Kompromiß zu finden zwischen der Darstellung möglichst tiefer Ergebnisse bei einzelnen Gruppen und der Beschreibung prinzipieller Resultate, wie zum Beispiel Sätze vom Riemann-Lebesgue-Typ oder Plancherel-Identitäten, für möglichst umfassende Klassen von Gruppen. Wie es wohl einem mathematischen Leitfaden gebührt, neigt die vorliegende Darstellung dem zweiten Standpunkt zu. Deshalb mußte eine Reihe wichtiger Gegenstände unberücksichtigt bleiben, wie etwa eine detaillierte Beschreibung der Transformationsmethoden bei gewöhnlichen und partiellen Differentialgleichungen, der komplexen Methoden in der harmonischen Analyse (Hardy-Räume, Sätze vom Paley-Wiener-Typ), der Multiplikatorentheorie, eine über die elementare Theorie der linearen Lie-Gruppen hinausgehende Theorie der Lie-Gruppen (halbeinfache Lie-Gruppen, Weylsche Charakter- und Dimensionsformeln) und die harmonische Analyse auf symmetrischen Mannigfaltigkeiten.

Angeregt wurde dieses Buch durch Vorlesungen und Seminare, welche die Autoren an den Universitäten Bochum, Duisburg, Mannheim und Siegen gehalten haben. Wie diese Veranstaltungen wendet es sich primär an Studenten der Mathematik und Physik mittlerer Semester. Die erforderlichen Vorkenntnisse sind auf Seite 6 zusammengestellt. Jedem Kapitel sind Ergänzungen und Bemerkungen angefügt, die parallel zu jedem Abschnitt gelesen werden sollten. Die angegebene Literatur – in erster Linie Übersichtsartikel und Lehrbücher – ist zur Anregung weiterer Studien gedacht. Außerdem sei die Bearbeitung der Aufgaben empfohlen, die nicht nur zur Einübung des behandelten Stoffes dienen, sondern auch den Text ergänzen. Eine knappe Auswahl weiterführender Lehrbücher findet man am Schluß des Buches.

Teile von Kapitel V wurden besonders durch die Arbeiten von Herrn Dr. Tom Koornwinder (Mathematisch Centrum, Amsterdam) beeinflußt. Wir danken ihm insbesondere für die Überlassung seiner zum Teil noch nicht veröffentlichten Arbeiten. Unser Dank richtet sich auch an Herrn Dipl.-Math. Dr. Rudolf Hrach (Siegen) für wertvolle Anregungen und an Herrn Professor Dr. Krzysztof Maurin (Warschau) für sein Interesse an der Entstehung des Buches. Außerdem sind wir der Lehrstuhlsekretä-rin, Frau Änne Wagner, für ihre unermüdliche Hilfe beim Schreiben des Manuskriptes und dem Teubner-Verlag für die sehr angenehme Zusammenarbeit dankbar.

Siegen, im Dezember 1978   Walter Schempp   Bernd Dreseler

Vorkenntnisse

Auch eine „Einführung" in die harmonische Analyse kann nicht beanspruchen, ohne gewisse Vorkenntnisse verständlich zu sein. Vorausgesetzt werden Kenntnisse aus der Analysis und Algebra, etwa im Umfang der üblichen Anfänger-Vorlesungen, sowie Grundkenntnisse aus der

– Allgemeinen Topologie
– Integrationstheorie
– Funktionalanalysis

Für die letzteren Gebiete sei etwa auf die folgenden Lehrbücher verwiesen:

Schubert, H.: Topologie. 4. Aufl. Stuttgart: B. G. Teubner 1975

Hewitt, E., Stromberg, K.: Real and abstract analysis. Berlin-Heidelberg-New York: Springer 1969

Heuser, H.: Funktionalanalysis. Stuttgart: B. G. Teubner 1975

Nützlich sind an einigen Stellen auch Grundkenntnisse aus der Theorie der topologischen Vektorräume und Distributionen. Geeignet für den Anfänger ist dazu der Text von

Trèves, F.: Topological vector spaces, distributions and kernels. New York-London: Academic Press 1967

Natürlich umfassen die hier genannten Bücher sehr viel mehr, als für das Verständnis des vorliegenden Bandes tatsächlich benötigt wird. Vielleicht können aber diese Hinweise manchen Leser dazu anregen, seine Kenntnisse aus den oben genannten Gebieten an Hand der harmonischen Analyse zu festigen und zu vertiefen.

Inhalt

Erster Teil

I   Harmonische Analyse auf der n-dimensionalen Torusgruppe $\mathbf{T}^n$

II   Harmonische Analyse auf dem n-dimensionalen reellen euklidischen Raum $\mathbf{R}^n$

Zweiter Teil

III   Das Haar-Maß auf lokalkompakten topologischen Gruppen

IV   Harmonische Analyse auf kompakten topologischen Gruppen

V   Harmonische Analyse und Gelfand-Paare

Erster Teil

I Harmonische Analyse auf der n-dimensionalen Torus-gruppe $\mathbf{T}^n$

1 Periodische Funktionen

Viele Vorgänge, die man in der Natur beobachtet, sind zeitlich oder räumlich periodisch. Man denke etwa an den Tag-Nacht-Rhythmus, an die Gezeiten oder an die Bewegungen der Planeten. Ebenso häufig treten zeitlich oder räumlich periodische Vorgänge in der Technik auf: Vom Winkel, den ein Schwerependel mit der Vertikalen bildet bis zur zeitlichen Feldstärkenänderung einer sich in einem isotropen Isolator ausbreitenden elektromagnetischen Welle. Regelmäßige zeitliche Schwankungen von Zustandsgrößen werden in der Physik als Schwingungen bezeichnet. Das Modell zur mathematischen Beschreibung von Schwingungen sind die periodischen Funktionen.

Definition 1.1 Eine Abbildung $f\colon \mathbf{R} \to \mathbf{C}$ der reellen Zahlengeraden in die komplexe Zahlenebene besitzt die Periode $\ell \in \mathbf{R}$, falls

$$f(x+\ell) = f(x) \tag{1.1}$$

für alle $x \in \mathbf{R}$ gilt.

Offenbar ist 0 stets eine Periode. Außerdem ist klar, daß mit ℓ auch stets $-\ell$ und mit ℓ_1 und ℓ_2 auch stets die Zahl $\ell_1 + \ell_2$ eine Periode von f ist. Es gilt also der

Satz 1.1 *Sei $f\colon \mathbf{R} \to \mathbf{C}$ eine Abbildung. Die Menge P_f der Perioden von f bildet eine Untergruppe der additiven Gruppe $\mathbf{R}$. Ist f stetig (hinsichtlich der natürlichen Topologien von $\mathbf{R}$ und $\mathbf{C}$), so ist P_f eine abgeschlossene Untergruppe von $\mathbf{R}$.*

Es ist leicht einzusehen, daß jede nicht diskrete Untergruppe G der additiven Gruppe $\mathbf{R}$ überall dicht liegt. Denn jedes Teilintervall von $\mathbf{R}$ der Länge > 0 enthält mindestens ein Element von G. Bei stetiger Abbildung f gilt demnach entweder $P_f = \mathbf{R}$ oder aber P_f ist eine diskrete Untergruppe von $\mathbf{R}$. Diese Untergruppen sind jedoch leicht zu übersehen, wie der folgende Satz zeigt.

Satz 1.2 *Jede abgeschlossene Untergruppe P der additiven Gruppe $\mathbf{R}$ mit $P \neq \{0\}$ und $P \neq \mathbf{R}$ hat die Form*

$$P = \ell\,\mathbf{Z} \quad (\ell > 0), \tag{1.2}$$

d.h. P besteht genau aus allen ganzzahligen Vielfachen von $\ell > 0$ und die reelle Zahl ℓ ist durch (1.2) eindeutig bestimmt.

Beweis. Da P abgeschlossen und $P \neq \mathbf{R}$ vorausgesetzt ist, muß P diskret sein. Wegen $P \neq \{0\}$ und $-P = P$ gilt $Q = \{x \in P \mid x > 0\} \neq \emptyset$. Wähle eine Zahl $y \in Q$. Dann ist offenbar der Durchschnitt $Q \cap [\![0, y]\!]$ eine endliche Menge. Sei ℓ die kleinste in $Q \cap [\![0, y]\!]$ enthaltene Zahl und für jedes $x \in P$ bezeichne $m_x = \left[\dfrac{x}{\ell}\right]$ die größte ganze Zahl $\leqslant \dfrac{x}{\ell}$. Es gilt $x - m_x \ell \in P$ und $0 \leqslant x - m_x \ell < \ell$. Also muß notwendig $x - m_x \ell = 0$ gelten. Dies liefert (1.2).　∎

Für die Periodengruppe P_f einer stetigen Abbildung $f : \mathbf{R} \to \mathbf{C}$ besteht demnach genau eine der drei nachstehenden Möglichkeiten:

(i)　$P_f = \{0\}$. In diesem Falle nennt man f eine *nicht-periodische* Abbildung.

(ii)　$P_f = \ell\,\mathbf{Z}$. Man nennt dann $\ell > 0$ die *Grundperiode* von f und P_f das zu f gehörende *Periodengitter*.

(iii)　$P_f = \mathbf{R}$. Dann ist f eine konstante Abbildung.

Beispiel 1.1 Ist $m \in \mathbf{Z}$ eine beliebige ganze Zahl, so sind die trigonometrischen Funktionen

$$x \rightsquigarrow \cos\,mx, \quad x \rightsquigarrow \sin\,mx \tag{1.3}$$

für $m = 0$ konstant auf $\mathbf{R}$ und haben die Grundperiode $\dfrac{2\pi}{|m|}$ für $m \neq 0$. Sie bilden den Real- bzw. Imaginärteil der Funktion

$$\chi_m : \mathbf{R} \ni x \rightsquigarrow e^{imx} \in \mathbf{C}^\times \quad (m \in \mathbf{Z}). \tag{1.4}$$

Umgekehrt besitzt die Exponentialfunktion $\chi_\alpha : \mathbf{R} \ni x \rightsquigarrow e^{i\alpha x} \in \mathbf{C}^\times$ $(\alpha \in \mathbf{C})$ genau dann die Periode 2π, falls $e^{2\pi i \alpha} = 1$, also $2\pi i \alpha = 2\pi i m$ gilt mit einer Zahl $m \in \mathbf{Z}$. Es muß demnach $\alpha = m$ gewählt werden. Die Exponentiale $\chi_m = \chi_1^m$ $(m \in \mathbf{Z})$ werden im folgenden eine entscheidende Rolle spielen.

Definition 1.2 Jede Linearkombination

$$p = \sum_{m \in \mathbf{Z}} c_m \chi_m \tag{1.5}$$

mit komplexen Koeffizienten, die bis auf endlich viele Ausnahmen verschwinden, nennt man ein trigonometrisches Polynom. Die in (1.5) auftretenden ganzen Zahlen m mit $c_m \neq 0$ heißen die Frequenzen von p; die größte ganze Zahl N mit $|c_N| + |c_{-N}| \neq 0$ wird der Grad von p genannt.

Mit Hilfe der trigonometrischen Funktionen (1.3) läßt sich p auch in der folgenden Form darstellen:

$$p : x \rightsquigarrow \frac{1}{2}\,a_0 + \sum_{m \geqslant 1} (a_m \cos\,mx + b_m \sin\,mx) \tag{1.6}$$

Die Koeffizienten in (1.6) berechnen sich gemäß

$$a_m = c_m + c_{-m}, \qquad b_m = \mathrm{i}\,(c_m - c_{-m}) \qquad (m \geqslant 0). \tag{1.7}$$

Umgekehrt gilt (mit $b_0 = 0$) offenbar

$$c_m = \frac{1}{2}\,(a_m - \mathrm{i}b_m), \qquad c_{-m} = \frac{1}{2}\,(a_m + \mathrm{i}b_m) \qquad (m \geqslant 0), \tag{1.8}$$

so daß auch der Übergang von (1.6) zu der (meist bequemer zu handhabenden) Darstellungsform (1.5) von p mühelos möglich ist. Im folgenden wird der Form (1.5) von p deshalb der Vorzug gegeben, weil sie den für den Standpunkt dieses Buches wichtigen Bezug zu einer Gruppe (vgl. Satz 2.7) deutlich macht.

Kehren wir wieder zurück zu einer Abbildung $f : \mathbf{R} \to \mathbf{C}$ mit der Grundperiode $\ell > 0$ ($P_f = \ell\,\mathbf{Z}$). Dann kann die Gleichung (1.1) wie folgt interpretiert werden: Es gilt

$$f(x) = f(y) \tag{1.9}$$

für je zwei Punkte $x, y \in \mathbf{R}$ genau dann, wenn die Kongruenz

$$x \equiv y \ (\mathrm{mod}\,\ell) \tag{1.10}$$

erfüllt ist. Es liegt deshalb nahe, die Quotientengruppe $\mathbf{R}/\ell\mathbf{Z}$ einzuführen: $\mathbf{R}/\ell\mathbf{Z}$ besteht genau aus den Äquivalenzklassen $\dot{x}\,(\mathrm{mod}\,\ell)$ der reellen Zahlen $x \in \mathbf{R}$, wobei die Gruppenverknüpfung „repräsentantenweise" erfolgt. Bezeichnet $q : x \longrightarrow \dot{x} = x + \ell\,\mathbf{Z}$ die kanonische Abbildung von $\mathbf{R}$ auf $\mathbf{R}/\ell\mathbf{Z}$, so ist q ein Gruppen-Morphismus und f kann genau eine Abbildung $\dot{f} : \mathbf{R}/\ell\mathbf{Z} \to \mathbf{C}$ zugeordnet werden mit $f = \dot{f} \circ q$. Das nachstehende Diagramm ist dann kommutativ:

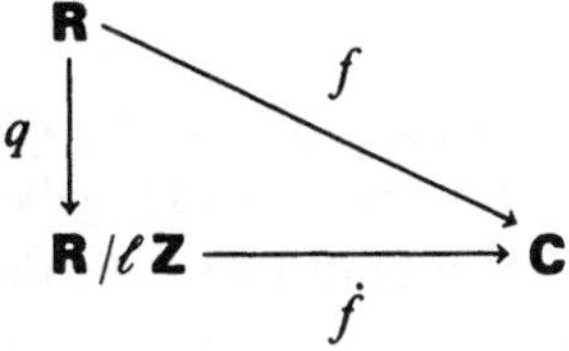

Obgleich die Funktion $\dot{f}$ „nur" auf der Quotientengruppe $\mathbf{R}/P_f = \mathbf{R}/\ell\mathbf{Z}$ definiert ist, enthält $\dot{f}$ bereits die ganze Information, die durch die ℓ-periodische Funktion f gegeben ist.

Im folgenden wird es nützlich sein, Funktionen, welche die gemeinsame Periode $\ell > 0$ aufweisen, zu Funktionenräumen zusammenzufassen. Dazu bedeutet es keine Beschränkung der Allgemeinheit, für ℓ die Grundperiode 2π von $\chi_1 : x \longrightarrow \mathrm{e}^{\mathrm{i}x}$ zu wählen (vgl. Aufgabe 1.3). Diese Wahl wird sich als bequem erweisen.

Definition 1.3 Man nennt die Quotientengruppe

$$\mathbf{T} = \mathbf{R}/2\pi\,\mathbf{Z} \tag{1.11}$$

die eindimensionale Torusgruppe oder auch die Kreisgruppe.

Offensichtlich ist die der Abbildung (vgl. (1.4))

$$\chi_1 : \mathbf{R} \ni x \longrightarrow \mathrm{e}^{\mathrm{i}x} \in \mathbf{C}^\times \tag{1.12}$$

zugeordnete Abbildung

$$\dot{\chi}_1 : \mathbf{T} \ni \dot{x} \rightsquigarrow e^{ix} \in \mathbf{C}^{\times} \tag{1.13}$$

injektiv. Da aber das Bild $\chi_1(\mathbf{R})$ der abgeschlossene Einheitskreis $\mathbf{S}_1 = \{z \in \mathbf{C} \,|\, |z| = 1\}$ der komplexen Zahlenebene ist, stellt $\dot{\chi}_1 : \mathbf{T} \to \mathbf{S}_1$ eine bijektive Abbildung dar. Topologisiert man $\mathbf{T}$ so, daß $\dot{\chi}_1$ sogar ein Homöomorphismus ist, so folgt:

Satz 1.3 *Die eindimensionale Torusgruppe* $\mathbf{T}$ *ist eine kompakte zusammenhängende abelsche Gruppe.*

Notiz. Als topologischer Raum kann $\mathbf{T}$ auch als Quotientenraum aufgefaßt werden, der aus einem beliebigen abgeschlossenen Intervall in $\mathbf{R}$ der Länge 2π durch Identifizieren der Endpunkte entsteht (vgl. Beispiel 2.2 (1)). Insbesondere wird $\mathbf{R}$ durch q auf $\mathbf{T}$ lokal homöomorph abgebildet.

Nachdem wir den Begriff der 2π-periodischen Funktion erklärt und gesehen haben, daß derartigen Funktionen auf natürliche Weise Funktionen auf der eindimensionalen kompakten Torusgruppe $\mathbf{T}$ zugeordnet sind, wenden wir uns einem klassischen Problem der mathematischen Physik zu, das als Schwingungsproblem seiner Natur nach in engem Zusammenhang mit den periodischen Funktionen steht. An diesem Beispiel erläutern wir einige Grundfragestellungen der harmonischen Analyse.

Aus der Mechanik der Kontinua ist bekannt, daß bei kleinen transversalen Schwingungen einer an ihren Enden fest eingespannten homogenen Saite konstanten Querschnitts ohne Biegungssteifigkeit der Ausschlag u an der Stelle $x \geqslant 0$ zur Zeit $t \geqslant 0$ der linearen partiellen Differentialgleichung zweiter Ordnung

$$\frac{\partial^2 u}{\partial x^2} - \frac{1}{c^2} \frac{\partial^2 u}{\partial t^2} = 0 \tag{1.14}$$

genügt (Aufgabe 1.4). Die hyperbolische partielle Differentialgleichung (1.14) stellt die Wellengleichung in ihrer einfachsten Form dar. Die Konstante c wird gegeben durch $c = \sqrt{S/\varrho}$, wobei S die (von x und t unabhängige) Spannkraft und ϱ die (längs der ganzen Saite konstante) lineare Massenbelegung bezeichnet. Man beachte, daß c die Dimension einer Geschwindigkeit (Ausbreitungsgeschwindigkeit der Transversalwellen in der Saite) aufweist. Wir wollen der Einfachheit halber die Normierung $c = 1$ vornehmen.

Ist $L > 0$ die Länge der Saite, so erhält man, weil die Saite an den Stellen $x = 0$ und $x = L$ eingespannt ist, die Randbedingungen

$$u(0, t) = 0, \qquad u(L, t) = 0 \qquad (t \geqslant 0). \tag{1.15}$$

Sucht man durch „Trennung der Raum-Zeit-Variablen" eine Lösung des Randwertproblems (1.14), (1.15) in Form einer stehenden Welle

$$u = f \otimes g : (x, t) \rightsquigarrow f(x) \cdot g(t), \tag{1.16}$$

so folgt, falls die reellwertigen Funktionen f und g hinreichend oft differenzierbar sind, die Gleichung

$$f'' g - f \ddot{g} = 0. \tag{1.17}$$

Nimmt man ferner an, daß die Quotienten $\dfrac{f''(x)}{f(x)}$ für jedes $x \in [\![0, L]\!]$ und $\dfrac{g''(t)}{g(t)}$ für jedes $t \in \mathbf{R}_+$ existieren, so muß

$$\frac{f''}{f} = \frac{g''}{g} = -\lambda \tag{1.18}$$

gelten mit einer Konstanten $\lambda \in \mathbf{R}$. Demnach müssen f und g den gewöhnlichen linearen Differentialgleichungen zweiter Ordnung

$$f'' + \lambda f = 0, \qquad g'' + \lambda g = 0 \tag{1.19}$$

genügen und umgekehrt definiert für jedes $\lambda \in \mathbf{R}$ auch jedes Lösungspaar von (1.19) eine stehende Welle (1.16) der Saite. Falls $\lambda \neq 0$ angenommen wird, erhält man

$$f : x \longmapsto A' \cos \sqrt{\lambda} x + B' \sin \sqrt{\lambda} x \tag{1.20}$$

mit Konstanten $A' \in \mathbf{R}$, $B' \in \mathbf{R}$. Aus $f(0) = 0$ folgt $A' = 0$ und aus $B' \neq 0$, $f(L) = 0$ folgt $\lambda > 0$ und $\sqrt{\lambda} = \dfrac{\pi}{L} m$ mit einer natürlichen Zahl $m \geqslant 1$. Im Falle $\lambda = 0$ erhält man

$$f : x \longmapsto A_0' x + B_0' \tag{1.21}$$

und daraus $A_0' = B_0' = 0$. Weil ferner

$$g : t \longmapsto A'' \cos \sqrt{\lambda} t + B'' \sin \sqrt{\lambda} t \tag{1.22}$$

mit Konstanten $A'' \in \mathbf{R}$, $B'' \in \mathbf{R}$ gilt, erhält man eine Folge $(u_m)_{m \geqslant 1}$ stehender Wellen

$$u_m : (x, t) \longmapsto \sin \frac{\pi}{L} mx \left(A_m \cos \frac{\pi}{L} mt + B_m \sin \frac{\pi}{L} mt \right) \tag{1.23}$$

wobei $(A_m)_{m \geqslant 1}$, $(B_m)_{m \geqslant 1}$ reelle Koeffizienten sind. Nach dem Superpositionsprinzip ist für jede natürliche Zahl $n \geqslant 1$ auch

$$u = \sum_{1 \leqslant m \leqslant n} u_m : (x, t) \longmapsto \sum_{1 \leqslant m \leqslant n} \sin \frac{\pi}{L} mx \left(A_m \cos \frac{\pi}{L} mt + B_m \sin \frac{\pi}{L} mt \right) \tag{1.24}$$

eine Lösung des Randwertproblems (1.14), (1.15). Da sowohl die Anfangsauslenkung $u_0(x) = u(x, 0)$ als auch die Anfangsgeschwindigkeit $v_0(x) = \dfrac{\partial u}{\partial t}(x, 0)$ frei wählbar sind (*Cauchy-Problem der schwingenden Saite*), stellt sich die Frage, ob die Zahl $n \geqslant 1$ und die Koeffizienten $(A_m)_{1 \leqslant m \leqslant n}$, $(B_m)_{1 \leqslant m \leqslant n}$ so bestimmt werden können, daß die trigonometrischen Polynome

$$x \longmapsto \sum_{1 \leqslant m \leqslant n} A_m \sin \frac{\pi}{L} mx, \quad x \longmapsto \sum_{1 \leqslant m \leqslant n} \frac{\pi}{L} mB_m \sin \frac{\pi}{L} mx \tag{1.25}$$

mit der Periode $2L$ die Anfangsauslenkung u_0 bzw. die Anfangsgeschwindigkeit v_0 hinreichend gut approximieren. Nehmen wir an, es sei bereits präzisiert, in welchem

Sinne der Begriff der Approximation hier verstanden sein soll und bekannt, wie man (unabhängig von n) aus Anfangsauslenkung und -geschwindigkeit die Koeffizienten in (1.25) berechnet, so stellt sich die weitere Frage, ob dann die rechte Seite von (1.24), die mit den Koeffizienten

$$a_m = A_m \sin \frac{\pi}{L} mx, \qquad b_m = B_m \sin \frac{\pi}{L} mx \qquad (m \geqslant 1) \tag{1.26}$$

bei festem $x \geqslant 0$ die Form

$$\sum_{1 \leqslant m \leqslant n} \left(a_m \cos \frac{\pi}{L} mt + b_m \sin \frac{\pi}{L} mt \right) \tag{1.27}$$

annimmt, für jedes $t \geqslant 0$ eine geeignete Approximation von $u(x, t)$ liefert. Wird eine Erhöhung der Approximationsgenauigkeit gewünscht, so wird man diese dadurch zu erreichen versuchen, daß man die natürliche Zahl $n \geqslant 1$ hinreichend groß wählt. Dies bedeutet letzten Endes, daß man an Stelle von trigonometrischen Polynomen mit trigonometrischen Reihen arbeiten muß, was natürlich zu Konvergenzproblemen führt. – Insgesamt können wir aus der Diskussion dieses Beispiels aus der Physik die folgenden mathematischen Grundfragen der klassischen harmonischen Analyse ablesen.

(1) *Wie kann man in der trigonometrischen Reihe*

$$\frac{1}{2} a_0 + \sum_{m \geqslant 1} (a_m \cos mx + b_m \sin mx) \tag{1.28}$$

die Koeffizienten $(a_m)_{m \geqslant 0}$, $(b_m)_{m \geqslant 1}$ aus der zu approximierenden 2π-periodischen Funktion f berechnen? (Aufgabe 1.6). Äquivalent dazu ist das Problem, die Koeffizienten $(c_m)_{m \in \mathbf{Z}}$ der formalen Reihe

$$\sum_{m \in \mathbf{Z}} c_m \dot{\chi}_m \tag{1.29}$$

aus der Funktion f: $\mathbf{T} \to \mathbf{C}$ zu ermitteln.

(2) *In welchen Funktionenräumen und hinsichtlich welcher Topologien kann man die Konvergenz der Reihe (1.29) erwarten?*

(3) *Ist f durch die Koeffizientenfolge $(c_m)_{m \in \mathbf{Z}}$ bereits eindeutig festgelegt und wie lassen sich gegebenenfalls aus Eigenschaften der Koeffizienten Eigenschaften der Funktion f erschließen?*

(4) *Wie wirken sich „Glattheitseigenschaften" der Funktion f, etwa Differenzierbarkeitseigenschaften von f, auf die Approximationsgüte der Reihe (1.29) aus?*

(5) *Läßt sich die Theorie auch auf nicht notwendig periodische Funktionen f: $\mathbf{R} \to \mathbf{C}$ ausdehnen?*

In den folgenden Abschnitten geht es darum, einige dieser Fragen präziser zu formulieren und wenigstens Teilantworten zu versuchen. Dazu ist es erforderlich, den Begriff der Periodizität von Funktionen (Definition 1.1) auf umfassendere Begriffe, wie Maße und Distributionen, zu übertragen und sodann, im Sinne der Frage (5), die harmonische Analyse auf Radon-Maße und Distributionen auszudehnen. Die Fragestellung (5) ist auch deshalb besonders wichtig, weil ihre Beantwortung auf die vorangegangenen Probleme neues Licht werfen wird. Ihr ist Kapitel II gewidmet. Auf das Cauchy-Problem der schwingenden Saite soll an späterer Stelle (Abschn. 5 und 8) wieder zurückgekommen werden.

Aufgaben

1.1 (a) Ist p ein trigonometrisches Polynom vom Grad N, so ist auch $x \rightsquigarrow p(x-c)$ ein trigonometrisches Polynom vom Grad N für jedes $c \in \mathbf{R}$.

(b) Sei N eine natürliche Zahl. Zeige, daß $x \rightsquigarrow (\cos x)^N$ und $x \rightsquigarrow \left(\cos \dfrac{1}{2}x\right)^{2N}$ trigonometrische Polynome vom Grad N sind.

1.2 Berechne $\displaystyle\sum_{0 \leqslant m \leqslant n} (-1)^m \cos mx$ und $\displaystyle\sum_{0 \leqslant m \leqslant n} (-1)^m \sin mx$ für $x \in \mathbf{R}$.

$\left(\text{Betrachte } \displaystyle\sum_{0 \leqslant m \leqslant n} (-1)^m \chi_m\right).$

1.3 Es seien $\ell_1 > 0$ und $\ell_2 > 0$ reelle Zahlen. Zeige, daß die Quotientengruppen $\mathbf{R}/\ell_1 \mathbf{Z}$ und $\mathbf{R}/\ell_2 \mathbf{Z}$ isomorph sind.

1.4 Leite die partielle Differentialgleichung (1.14) für das Problem der schwingenden Saite her. (Approximiere die Auslenkung $u(.,t)$ zum Zeitpunkt $t > 0$ durch einen Polygonzug und berechne die an den Knoten senkrecht zur Ruhelage angreifenden Kräfte).

1.5 (a) Zeige, daß die Energie E der schwingenden Saite mit der Anfangsauslenkung u_0 und der Anfangsgeschwindigkeit v_0 zu jedem Zeitpunkt $t \in \mathbf{R}_+$ durch das Integral

$$E = \frac{1}{2} \int\limits_0^L (u_0'^2(x) + v_0^2(x))\, \mathrm{d}x$$

gegeben wird.

(b) Sind u_0 und v_0 vorgegeben, so besitzt das Cauchy-Problem der schwingenden Saite höchstens eine Lösung u.

1.6 Die trigonometrische Reihe (1.28) konvergiere gleichmäßig auf $\mathbf{R}$ gegen die Funktion f. Beweise, daß für die Koeffizienten

$$a_m = \frac{1}{\pi} \int\limits_{-\pi}^{+\pi} f(x)\cos mx\, \mathrm{d}x \qquad (m \geqslant 0), \qquad\qquad b_m = \frac{1}{\pi} \int\limits_{-\pi}^{+\pi} f(x)\sin mx\, \mathrm{d}x \qquad (m \geqslant 1)$$

(*Eulersche Formeln*) gilt. Kann die Voraussetzung über die Gleichmäßigkeit der Konvergenz von (1.28) abgeschwächt werden?

1.7 Zeige, daß für jedes $\varepsilon > 0$ die trigonometrische Reihe

$$\sum_{m \geqslant 2} \frac{1}{m \, (\log m)^{1+\varepsilon}} \cos mx$$

gleichmäßig auf $\mathbf{R}$ konvergiert. (Wende das Integralkriterium an).

1.8 Es seien $z_k \in \mathbf{S}_1$ ($1 \leqslant k \leqslant n$) die Eckpunkte eines regulären Polygons mit $z_n = 1$ ($n \geqslant 1$). Zeige, daß die Folge $(d_n)_{n \geqslant 1}$ mit $d_n = \frac{1}{n} \sum_{1 \leqslant k \leqslant n} |z_k - 1|$ monoton wachsend gegen $4/\pi$ konvergiert.

1.9 Beweise, daß $\mathbf{S}_1$ ein zusammenhängender und lokal zusammenhängender topologischer Raum ist, in dem jeder Punkt eine zur Zahlengeraden $\mathbf{R}$ homöomorphe Umgebung besitzt.

1.10 Sei H eine diskrete Untergruppe der additiven Gruppe $\mathbf{R}^n$ ($n \geqslant 1$). Zeige: Als $\mathbf{Z}$-Modul wird H von p über $\mathbf{R}$ linear unabhängigen Vektoren aufgespannt. Es gilt also $p \leqslant n$.

2 Trigonometrische Polynome

Bei den bislang aufgetretenen Gruppen wurde nicht auf die Verträglichkeit der Gruppenverknüpfung mit der aufgeprägten Topologie geachtet.

Definition 2.1 Sei G eine (multiplikativ geschriebene) Gruppe. Trägt G eine Topologie mit der Eigenschaft, daß die Abbildung $(x, y) \longmapsto xy$ des mit der Produkttopologie versehenen Raumes $G \times G$ in G und die Abbildung $G \ni x \longmapsto x^{-1} \in G$ stetig sind, so wird G eine topologische Gruppe genannt. Unter einem Isomorphismus einer topologischen Gruppe G auf eine topologische Gruppe G' versteht man eine bijektive Abbildung von G auf G', die sowohl ein Gruppen-Isomorphismus als auch ein Homöomorphismus ist.

Zur Einsicht in die Gemeinsamkeiten der harmonischen Analyse auf den Torusgruppen und den reellen euklidischen Räumen sowie für die Betrachtungen der Kap. IV und V ist es nützlich, einige Begriffsbildungen gleich allgemein für topologische Gruppen zu entwickeln. Offensichtlich gilt

Satz 2.1 *Jede Untergruppe H einer topologischen Gruppe G ist hinsichtlich der auf H induzierten Relativtopologie eine topologische Gruppe. Sind G_1, G_2 topologische Gruppen, so ist auch das direkte Produkt $G_1 \times G_2$ bezüglich der Produkttopologie eine topologische Gruppe.*

Beispiele 2.1 (1) Die reelle Zahlengerade $\mathbf{R}$ ist hinsichtlich der additiven Verknüpfung eine lokalkompakte abelsche topologische Gruppe mit der diskreten Untergruppe $\mathbf{Z}$.

(2) Für jede natürliche Zahl $n \geqslant 1$ ist der $\mathbf{R}^n$ eine additive lokalkompakte abelsche topologische Gruppe.

(3) Bezüglich der multiplikativen Verknüpfung ist $\mathbf{C}^{\times} = \mathbf{C} - \{0\}$ eine lokalkompakte abelsche topologische Gruppe und $\mathbf{S}_1$ eine kompakte Untergruppe.

(4) Die Abbildung $\dot{\chi}_1 : \dot{x} \longrightarrow e^{ix}$ ist ein Isomorphismus der additiven topologischen Gruppe $\mathbf{T}$ auf die multiplikative kompakte topologische Gruppe $\mathbf{S}_1$.

(5) In die reelle Algebra $\mathbf{M}_n(\mathbf{R})$ aller n-reihigen quadratischen Matrizen mit reellen Koeffizienten ist die Gruppe $\mathbf{GL}(n, \mathbf{R})$, $n \geqslant 1$, aller invertierbaren Matrizen aus $\mathbf{M}_n(\mathbf{R})$ eingebettet. Als offener Teil des $\mathbf{R}^{n^2}$ ist $\mathbf{GL}(n, \mathbf{R})$ eine lokalkompakte topologische Gruppe, die sog. *reelle lineare Gruppe in n Variablen*. Entsprechend ist die komplexe lineare Gruppe $\mathbf{GL}(n, \mathbf{C})$ definiert. Die abgeschlossenen Untergruppen $\mathbf{SL}(n, \mathbf{R}) = \{A \in \mathbf{GL}(n, \mathbf{R}) \mid \det A = 1\}$ und $\mathbf{SL}(n, \mathbf{C}) = \{A \in \mathbf{GL}(n, \mathbf{C}) \mid \det A = 1\}$ sind ebenfalls lokalkompakte topologische Gruppen. Die Gruppe $\mathbf{O}(n, \mathbf{R})$ der orthogonalen Matrizen aus $\mathbf{M}_n(\mathbf{R})$, die spezielle orthogonale Gruppe $\mathbf{SO}(n, \mathbf{R}) = \mathbf{O}(n, \mathbf{R}) \cap \mathbf{SL}(n, \mathbf{R})$, die Gruppe $\mathbf{U}(n, \mathbf{C})$ der unitären Matrizen aus $\mathbf{M}_n(\mathbf{C})$ und die spezielle unitäre Gruppe $\mathbf{SU}(n, \mathbf{C}) = \mathbf{U}(n, \mathbf{C}) \cap \mathbf{SL}(n, \mathbf{C})$ sind als abgeschlossene und beschränkte Untergruppen von $\mathbf{GL}(n, \mathbf{R})$ bzw. $\mathbf{GL}(n, \mathbf{C})$ kompakte topologische Gruppen.

Satz 2.2 *Sei G eine topologische Gruppe und H ein Normalteiler von G. Dann ist die Quotientengruppe G/H hinsichtlich der Quotiententopologie eine topologische Gruppe.*

Beweis. Sei $q: G \ni x \longrightarrow \dot{x} = xH \in G/H$ der kanonische Gruppen-Morphismus von G auf G/H und $(\dot{x}_0, \dot{y}_0) \in (G/H) \times (G/H)$ ein beliebig gewählter Punkt. Sind $x_0 \in \dot{x}_0$, $y_0 \in \dot{y}_0$ beliebige Repräsentanten, so hat jede Umgebung des Punktes $\dot{x}_0 \dot{y}_0$ in G/H die Form $q(U)$, wobei U eine Umgebung des Punktes $x_0 y_0$ in G bezeichnet. Zu U können Umgebungen V von x_0 und W von y_0 in G gewählt werden mit der Eigenschaft, daß aus $x \in V$ und $y \in W$ stets $xy \in U$ folgt. Demnach implizieren $\dot{x} \in q(V)$ und $\dot{y} \in q(W)$ die Inklusion $\dot{x}\dot{y} \in q(U)$, d.h. die Abbildung $(\dot{x}, \dot{y}) \longrightarrow \dot{x}\dot{y}$ ist im Punkte $(\dot{x}_0, \dot{y}_0)$ stetig. Entsprechend verfährt man mit der Abbildung $\dot{x} \longrightarrow \dot{x}^{-1}$. ∎

Beispiele 2.2 (1) Weil der kanonische Gruppen-Morphismus $q: \mathbf{R} \to \mathbf{T}$ bezüglich der natürlichen Topologie von $\mathbf{R}$ und der von $\mathbf{S}_1$ durch $\dot{\chi}_1^{-1}$ auf $\mathbf{T}$ transportierten Topologie von $\mathbf{T}$ eine surjektive stetige abgeschlossene Abbildung ist, stimmt die Topologie von $\mathbf{T}$ mit der von q auf $\mathbf{T}$ induzierten Quotiententopologie überein. Die Gleichheit (1.11) besteht also auch im Sinne der topologischen Gruppen.

(2) Die Quotientengruppe $\mathbf{R}^n/(2\pi\mathbf{Z})^n$ ist isomorph zum n-fachen direkten Produkt $(\mathbf{R}/2\pi\mathbf{Z})^n$, also zu $\mathbf{T}^n$ $(n \geqslant 1)$. Die n-dimensionale Torusgruppe $\mathbf{T}^n$ ist eine kompakte zusammenhängende abelsche topologische Gruppe.

Die den Abbildungen (1.4) zugeordneten stetigen Abbildungen $(\dot{\chi}_m)_{m \in \mathbf{Z}}$ von $\mathbf{T}$ in $\mathbf{C}^{\times}$ erfüllen die Funktionalgleichung

$$\dot{\chi}_m(\dot{x} + \dot{y}) = \dot{\chi}_m(\dot{x}) \cdot \dot{\chi}_m(\dot{y}) \qquad (\dot{x}, \dot{y} \in \mathbf{T}) \tag{2.1}$$

für jedes $m \in \mathbf{Z}$. Demnach ist $\dot{\chi}_m$ für jedes $m \in \mathbf{Z}$ ein stetiger (beschränkter) Gruppen-Morphismus von $\mathbf{T}$ in die multiplikative topologische Gruppe $\mathbf{C}^{\times}$. Fixiert man also eine Zahl $m \in \mathbf{Z}$ und ordnet man jedem Punkt $\dot{x} \in \mathbf{T}$ die (stetige) Multiplikation $U_{\dot{x}}$: $\mathbf{C} \ni \zeta \rightsquigarrow \dot{\chi}_m(\dot{x})\,\zeta \in \mathbf{C}$ mit der komplexen Zahl $\dot{\chi}_m(\dot{x}) \in \mathbf{S}_1$ zu, so ist, falls $\mathbf{C}$ als eindimensionaler komplexer Hilbert-Raum aufgefaßt wird, $\{\,U_{\dot{x}}\,|\,\dot{x} \in \mathbf{T}\,\}$ eine Familie unitärer Operatoren in $\mathbf{C}$ mit der Eigenschaft

$$U_{\dot{x}} \circ U_{\dot{y}} = U_{\dot{x}+\dot{y}} \tag{2.2}$$

für alle $(\dot{x}, \dot{y}) \in \mathbf{T} \times \mathbf{T}$. Mithin ist $U: \dot{x} \rightsquigarrow U_{\dot{x}}$ eine stetige irreduzible unitäre lineare Darstellung im Sinne der nachstehenden Definition, die zwar in diesem Zusammenhang als ziemlich weit hergeholt erscheint, die aber für die harmonische Analyse auf nicht notwendig abelschen topologischen Gruppen von entscheidender Bedeutung ist.

Definition 2.2 Sei G eine topologische Gruppe und E ein reeller oder komplexer topologischer Vektorraum. Jeder Morphismus $s \rightsquigarrow U_s = U(s)$ von G in die Gruppe $\mathbf{GL}\,(E)$ aller topologischen Automorphismen von E, für den die Abbildung $G \ni s \rightsquigarrow U_s \cdot x \in E$ für jedes $x \in E$ stetig ist, heißt eine stetige lineare Darstellung U von G in E oder kurz eine Darstellung von G mit dem Darstellungsraum E. Im Falle $\dim E < +\infty$ wird $\dim E$ die Dimension von U genannt. Ist F ein Untervektorraum von E mit der Eigenschaft $U_s(F) \subseteq F$ für alle $s \in G$, so nennt man F gegen U stabil. Falls $\{0\}$ und der ganze Raum E die einzigen gegen U stabilen abgeschlossenen Untervektorräume von E sind, wird U (topologisch) irreduzibel genannt. Zwei Darstellungen $G \ni s \rightsquigarrow U_s^1 \in \mathbf{GL}\,(E_1)$, $G \ni s \rightsquigarrow U_s^2 \in \mathbf{GL}\,(E_2)$ werden äquivalent (oder isomorph) genannt, falls ein topologischer Vektorraum-Isomorphismus T von E_1 auf E_2 existiert mit $U_s^2 = T \circ U_s^1 \circ T^{-1}$ für alle $s \in G$, also genau dann, falls das Diagramm

$$\begin{array}{ccc}
 & T & \\
E_1 & \longrightarrow & E_2 \\
U_s^1 \downarrow & & \downarrow U_s^2 \qquad (s \in G) \\
E_1 & \longrightarrow & E_2 \\
 & T &
\end{array} \tag{2.3}$$

kommutativ ist. Wenn E ein komplexer Hilbert-Raum ist und die Operatoren $\{\,U_s\,|\,s \in G\,\}$ unitär sind, heißt die Darstellung U unitär. Sind U^1, U^2 unitäre Darstellungen von G mit den Darstellungsräumen E_1 bzw. E_2 und ist das Diagramm (2.3) mit einem Hilbert-Raum-Isomorphismus T von E_1 auf E_2 kommutativ, so heißen U^1 und U^2 unitär äquivalent (oder isomorph). Die Menge $\hat{G}$ aller Äquivalenzklassen irreduzibler unitärer Darstellungen von G heißt der Dual von G.

Satz 2.3 (Schur) *Sei E ein komplexer Hilbert-Raum und $\mathcal{U}$ eine Familie unitärer Operatoren von E in sich mit der Eigenschaft, daß außer $\{0\}$ und E selbst kein abgeschlossener Untervektorraum von E stabil ist gegen die Operatoren $U \in \mathcal{U}$. Ist A: $E \to E$ eine stetige lineare Abbildung mit $U \circ A = A \circ U$ für alle $U \in \mathcal{U}$, so gilt $A = \lambda \cdot \mathrm{id}_E$ mit einer Zahl $\lambda \in \mathbf{C}$.*

Beweis. (i) Ist $A = B + iC$ eine Zerlegung von A in hermitesche Operatoren B und C des Raumes E in sich, so folgt aus $B^* = B$ und $C^* = C$ offenbar $A^* = B - iC$ und damit $B = \frac{1}{2}(A + A^*)$, $C = \frac{1}{2i}(A - A^*)$. Die hermiteschen Operatoren B und C werden demnach durch A eindeutig bestimmt. Sind B und C mit den Operatoren $U \in \mathcal{U}$ vertauschbar, so trifft dies auch für A zu. Gilt umgekehrt $U \circ A = A \circ U$ für alle $U \in \mathcal{U}$, so erhält man die Identität $B + iC = U^{-1} \circ B \circ U + iU^{-1} \circ C \circ U$ für $U \in \mathcal{U}$. Da die Operatoren $U \in \mathcal{U}$ unitär sind, handelt es sich bei $U^{-1} \circ B \circ U$ und $U^{-1} \circ C \circ U$ um hermitesche Operatoren. Also muß $B = U^{-1} \circ B \circ U$ und $C = U^{-1} \circ C \circ U$ für $U \in \mathcal{U}$ gelten, d.h. B und C sind dann auch mit den Operatoren aus $\mathcal{U}$ vertauschbar. Demnach kann $A: E \to E$ ohne Beschränkung der Allgemeinheit als hermitescher Operator vorausgesetzt werden.

(ii) Sei also $A: E \to E$ eine stetige hermitesche lineare Abbildung. Dann ist das Spektrum $\sigma(A)$ von A eine kompakte Teilmenge von $\mathbf{R}$. Nimmt man an, $\sigma(A)$ bestehe aus mindestens zwei verschiedenen (reellen) Zahlen, so lassen sich im komplexen Banach-Raum $\mathscr{C}(\sigma(A))$ aller auf $\sigma(A)$ stetigen komplexwertigen Funktionen Elemente $f \neq 0$, $g \neq 0$ wählen mit $f \cdot g = 0$. Die lineare Abbildung, welche jeder Polynomfunktion p auf $\sigma(A)$ mit komplexen Koeffizienten den Operator $p(A) \in \mathbf{C}[A]$ von E in sich zuordnet, läßt sich aufgrund des Spektralsatzes zu einem Banach-Algebren-Isomorphismus von $\mathscr{C}(\sigma(A))$ auf die bezüglich der Topologie der beschränkten Konvergenz abgeschlossene Hülle $\overline{\mathbf{C}[A]}$ in der Algebra $\mathscr{L}(E)$ der stetigen Endomorphismen von E fortsetzen. Aus $U \circ A = A \circ U$ folgt $U \circ p(A) = p(A) \circ U$ und durch Polynom-Approximation auch $U \circ f(A) = f(A) \circ U$ für alle $U \in \mathcal{U}$. Also gilt

$$U(f(A)E) = f(A)(U(E)) \subseteqq f(A)E, \tag{2.4}$$

d.h. $f(A)E$ ist ein gegen die Operatoren $U \in \mathcal{U}$ stabiler Untervektorraum von E. Diese Eigenschaft weist dann auch seine abgeschlossene Hülle $F = \overline{f(A)E}$ in E auf. Wegen $f(A) \neq 0$ gilt $F \neq \{0\}$. Wäre $F = E$, so würde aus $g(A)f(A)E = \{0\}$ auch $g(A)E = \{0\}$ und damit $g = 0$ folgen. Also ist F ein von $\{0\}$ und E verschiedener abgeschlossener Untervektorraum von E, der gegen die Operatoren aus $\mathcal{U}$ stabil ist. Dies steht im Widerspruch zu den Eigenschaften der Familie $\mathcal{U}$. Also kann $\sigma(A)$ höchstens eine Zahl umfassen. Es folgt $A = \lambda \cdot \mathrm{id}_E$ mit $\lambda \in \mathbf{R}$. ∎

Satz 2.4 *Jede irreduzible unitäre Darstellung U einer abelschen topologischen Gruppe G im komplexen Hilbert-Raum E besitzt die Dimension 1.*

Beweis. Die Familie $\mathcal{U} = \{U_t \mid t \in G\}$ und der Operator $A = U_s$ erfüllen für jedes $s \in G$ die Voraussetzungen von Satz 2.3. Also gilt

$$U_s = \lambda_s \mathrm{id}_E \qquad (s \in G) \tag{2.5}$$

mit Zahlen $\lambda_s \in \mathbf{C}^\times$. Aus der Irreduzibilität von U folgt notwendig $\dim_{\mathbf{C}} E = 1$. ∎

Die Gleichungen (2.5) lassen erkennen, daß jeder irreduziblen unitären Darstellung einer abelschen topologischen Gruppe G ein stetiger beschränkter Gruppen-Morphismus

$$\chi: G \ni s \rightsquigarrow \lambda_s \in \mathbf{C}^\times \tag{2.6}$$

zugeordnet ist. Umgekehrt definiert jeder derartige Gruppen-Morphismus χ eine unitäre Darstellung der Dimension 1 von G.

Definition 2.3 Es sei G eine topologische Gruppe. Jeder stetige beschränkte Morphismus χ von G in die multiplikative topologische Gruppe $\mathbf{C}^\times$ wird ein abelscher Charakter von G genannt. Falls G eine abelsche topologische Gruppe ist, wird χ kurz als Charakter von G bezeichnet.

Mit Hilfe dieser Begriffsbildung können wir Satz 2.4 auch wie folgt formulieren:

Satz 2.5 *Für jede abelsche topologische Gruppe G kann der Dual $\hat{G}$ mit der Menge der Charaktere von G identifiziert werden.*

Notiz. In Kapitel IV werden die Charaktere unitärer Darstellungen der Dimension $\geqslant 1$ von beliebigen kompakten topologischen Gruppen definiert (Definition IV. 2.1). Die Charaktere von lokalkompakten abelschen Gruppen G werden in V.5 als sphärische Funktionen aufgefaßt, die zu Gelfand-Paaren (G, K) gehören mit $K = \{1\}$ als trivialer Untergruppe von G.

Satz 2.6 *Seien G_1, G_2 abelsche topologische Gruppe. Dann gilt*

$$\widehat{G_1 \times G_2} = \hat{G}_2 \otimes \hat{G}_2. \tag{2.7}$$

Dabei ist $\hat{G}_1 \otimes \hat{G}_2$ die Menge aller Tensorprodukte
$\chi_1 \otimes \chi_2 \colon G_1 \times G_2 \ni (x_1, x_2) \longmapsto \chi_1(x_1) \cdot \chi_2(x_2)$ *mit* $\chi_1 \in \hat{G}_1$, $\chi_2 \in \hat{G}_2$.

Beweis. Es ist klar, daß die Inklusion $\hat{G}_1 \otimes \hat{G}_2 \subseteq \widehat{G_1 \times G_2}$ gültig ist. Sei jetzt ein Charakter $\chi \in \widehat{G_1 \times G_2}$ vorgegeben. Dann gilt für jedes Paar $(x_1, x_2) \in G_1 \times G_2$ die Gleichung

$$\chi((x_1, x_2)) = \chi((x_1, e_2)) \cdot \chi((e_1, x_2)), \tag{2.8}$$

falls e_j das Neutralelement von G_j bezeichnet $(j \in \{1, 2\})$. Seien

$$\chi_1 \colon G_1 \ni x_1 \longmapsto \chi((x_1, e_2)), \qquad \chi_2 \colon G_2 \ni x_2 \longmapsto \chi((e_1, x_2)). \tag{2.9}$$

Dann gilt $\chi_j \in \hat{G}_j (j \in \{1, 2\})$ und $\chi = \chi_1 \otimes \chi_2$. Dies beweist die Identität (2.7). ∎

Beispiele 2.3 (1) Jeder Charakter χ der additiven diskreten Gruppe $\mathbf{Z}$ wird wegen $\chi(m) = \chi(1)^m$ für $m \in \mathbf{Z}$ durch die Zahl $\chi(1) \in \mathbf{C}^\times$ bereits eindeutig festgelegt. Die Annahme $|\chi(1)| \neq 1$ widerspricht offenbar der Beschränktheit von χ auf $\mathbf{Z}$. Es muß demnach $|\chi(1)| = 1$, also $\chi(1) = e^{ix}$ mit einer geeigneten Zahl $x \in \mathbf{R}$ gelten. Somit hat χ die Form

$$\chi \colon \mathbf{Z} \ni m \longmapsto e^{ixm} \in \mathbf{C}^\times. \tag{2.10}$$

Da aber der durch $\tilde{\chi}(1) = e^{iy} (y \in \mathbf{R})$ festgelegte Charakter $\tilde{\chi}$ von $\mathbf{Z}$ genau dann mit χ übereinstimmt, falls $y \in \dot{x} = x + 2\pi \mathbf{Z}$ gilt, schreibt man genauer $\chi_{\dot{x}}$ für χ in (2.10). Die Familie der Charaktere von $\mathbf{Z}$ wird dann durch $\{\chi_{\dot{x}}\} \dot{x} \in \mathbf{T}\}$ gegeben und der Dual $\hat{\mathbf{Z}}$ von $\mathbf{Z}$ kann mit $\mathbf{T}$ identifiziert werden. Gemäß Satz 2.6 gilt $\hat{\mathbf{Z}^n} = \mathbf{T}^n \,(n \geqslant 1)$.

(2) Sei G eine (diskret topologisierte) endliche zyklische Gruppe der Ordnung $r \geqslant 1$, d.h. $G = \{a^m \mid 0 \leqslant m \leqslant r - 1\}$ mit $a \in G$. Jeder Charakter χ von G wird durch die Zahl $\chi(a) \in \mathbf{C}^\times$ wegen

$\chi(a^m) = \chi(a)^m \ (0 \leqslant m \leqslant r-1)$ eindeutig festgelegt. Aus $a^r = 1$ folgt $\chi(a)^r = 1$, d.h. $\chi(a)$ ist eine r-te Einheitswurzel. Ist umgekehrt ϱ eine r-te Einheitswurzel, so wird durch $\chi(a) = \varrho$, also $\chi(a^m) = \varrho^m \ (0 \leqslant m \leqslant r-1)$, ein Charakter von G definiert, denn aus $a^{m_1} \cdot a^{m_2} = a^{m_3}$ folgt $m_1 + m_2 \equiv m_3 \pmod{r}$, also $\varrho^{m_1} \cdot \varrho^{m_2} = \varrho^{m_3}$. Weil genau r verschiedene r-te Einheitswurzeln existieren, besteht $\hat{G}$ aus genau r Elementen.

Als nächstes werden sämtliche Charaktere der additiven abelschen topologischen Gruppen **R** und **T** bestimmt.

Satz 2.7 *Die Charaktere der additiven topologischen Gruppe* **R** *haben die Gestalt*

$$\chi_y: \mathbf{R} \ni x \longmapsto e^{iyx} \in \mathbf{C}^\times \qquad (y \in \mathbf{R}). \tag{2.11}$$

Die Folge $(\chi_m)_{m \in \mathbf{Z}}$ *ist genau die Familie der Charaktere von* **T**.

Beweis. Sei $\chi: \mathbf{R} \to \mathbf{C}^\times$ ein Charakter von **R**. Aus der Funktionalgleichung $\chi(x+y) = \chi(x) \cdot \chi(y)$ folgt dann für jedes $x \in \mathbf{R}$ und jedes $h > 0$ die Beziehung

$$\int_0^h \chi(x+y)\,\mathrm{d}y = \chi(x) \cdot \int_0^h \chi(y)\,\mathrm{d}y. \tag{2.12}$$

Wegen $\chi(0) = 1$ kann $h_0 > 0$ so gewählt werden, daß $C_0 = \int_0^{h_0} \chi(y)\,\mathrm{d}y \neq 0$ ausfällt. Es folgt

$$\chi(x) = \frac{1}{C_0} \int_x^{x+h_0} \chi(z)\,\mathrm{d}z. \tag{2.13}$$

Man entnimmt (2.13), daß χ eine auf **R** differenzierbare Funktion ist. In jedem Punkt $x \in \mathbf{R}$ erhält man die Ableitung

$$\begin{aligned} \chi'(x) &= \lim_{h \to 0} \frac{1}{h}\big(\chi(x+h) - \chi(x)\big) = \chi(x) \cdot \lim_{h \to 0} \frac{1}{h}\big(\chi(h) - \chi(0)\big) \\ &= \chi(x) \cdot \chi'(0). \end{aligned} \tag{2.14}$$

Führt man die komplexe Zahl $y = -i\chi'(0)$ ein, so genügt demnach χ dem Anfangswertproblem

$$\chi' = iy\chi, \qquad \chi(0) = 1, \tag{2.15}$$

das genau die Lösung χ_y aus (2.11) besitzt. Die Beschränktheit von χ_y auf **R** erzwingt $y \in \mathbf{R}$. Verlangt man darüberhinaus, daß χ_y die Periode $\ell = 2\pi$ hat, muß notwendig $y \in \mathbf{Z}$ sein. ∎

Notiz. Satz 2.7 kann bei gleicher Beweismethode auf stetige Gruppen-Morphismen von **R** in $\mathbf{GL}(n, \mathbf{C})$, $n \geqslant 1$, verallgemeinert werden (Satz IV.4.6). An die Stelle der gewöhnlichen Exponentialfunktion $t \longmapsto e^{tx} (x \in \mathbf{C})$ tritt dann die matrixwertige Exponentialfunktion

$$t \longmapsto \exp tX = \sum_{n \geqslant 0} \frac{1}{n!}(tX)^n, \ X \in \mathbf{M}_n(\mathbf{C}).$$

Man überlegt sich sofort, daß $\chi_{y_1} = \chi_{y_2}$ genau dann zutrifft, falls $y_1 = y_2$ gilt. Jeder reellen Zahl $y \in \mathbf{R}$ ist demnach genau ein Charakter χ_y von **R** und jeder Zahl $m \in \mathbf{Z}$

genau ein Charakter $\dot\chi_m$ von $\mathbf{T}$ zugeordnet. Diese Bijektionen erlauben es, die zugehörenden Duale wie folgt zu identifizieren:

$$\hat{\mathbf{R}} = \mathbf{R}, \qquad \hat{\mathbf{T}} = \mathbf{Z} \tag{2.16}$$

In den vorliegenden Fällen können also auch die Duale wieder als lokalkompakte abelsche Gruppen aufgefaßt werden. Es liegt deshalb nahe, nach den Dualen von $\hat{\mathbf{R}}$ und $\hat{\mathbf{T}}$ zu fragen. Man erhält unmittelbar $\hat{\hat{\mathbf{R}}} = \hat{\mathbf{R}} = \mathbf{R}$ und aufgrund von Beispiel 2.3(1) $\hat{\hat{\mathbf{T}}} = \hat{\mathbf{Z}} = \mathbf{T}$. In beiden Fällen stimmt demnach der *Bidual*, d.h. der Dual der Dualgruppe, mit der Ausgangsgruppe überein. Für beliebige abelsche lokalkompakte Gruppen wird dieses Ergebnis in Satz V.5.3 (*Dualitätssatz von Pontryagin-van Kampen*) bewiesen.

Bezeichnet man mit $(x,y) \longmapsto (x\,|\,y) = \sum\limits_{1\leqslant j\leqslant n} x_j y_j$ das kanonische Skalarprodukt des n-dimensionalen reellen euklidischen Raumes $\mathbf{R}^n$ ($n \geqslant 1$), so folgt aus Satz 2.7 zusammen mit Satz 2.6 allgemeiner das folgende Resultat:

Satz 2.8 *Die Charaktere der additiven topologischen Gruppen* $\mathbf{R}^n$ ($n \geqslant 1$) *werden durch die Funktionen*

$$\chi_y: \mathbf{R}^n \ni x \longmapsto \mathrm{e}^{\mathrm{i}(y\,|\,x)} \in \mathbf{C}^\times \qquad (y \in \mathbf{R}^n) \tag{2.17}$$

gegeben. Die Charaktere der n-dimensionalen Torusgruppe $\mathbf{T}^n$ *haben die Gestalt*

$$\dot\chi_m: \mathbf{T}^n \ni \dot x \longmapsto \mathrm{e}^{\mathrm{i}(m\,|\,x)} \in \mathbf{C}^\times \qquad (m \in \mathbf{Z}^n). \tag{2.18}$$

Für die Duale von $\mathbf{R}^n$ *und* $\mathbf{T}^n$ *gelten die Identifizierungen*

$$\widehat{\mathbf{R}^n} = \mathbf{R}^n, \quad \widehat{\mathbf{T}^n} = \mathbf{Z}^n \qquad (n \geqslant 1). \tag{2.19}$$

Die additive lokalkompakte topologische Gruppe $\mathbf{R}^n$ *ist also selbst-dual.*

Bemerkenswert ist, daß, obgleich in der Definition der Charaktere von $\mathbf{R}^n$ und $\mathbf{T}^n$ lediglich die Stetigkeit und die Beschränktheit gefordert wird, die Morphismuseigenschaft bereits die Analytizität der Charaktere bewirkt. Insbesondere sind die Charaktere von $\mathbf{R}^n$ und $\mathbf{T}^n$ beliebig oft differenzierbare komplexwertige Funktionen. Ebenso bemerkenswert sind ihre Eigenschaften im Hinblick auf die Integration. Für den Fall $G = \mathbf{R}^n$ sollen diese Eigenschaften in Kapitel II behandelt werden, wobei der Integrationstheorie auf dem $\mathbf{R}^n$ das Lebesgue-Maß $\mathrm{d}x$ zugrunde gelegt wird. Im Falle $G = \mathbf{T}^n$, der jetzt genauer betrachtet werden soll, hat man zunächst als Basis für die Integrationstheorie ein für die harmonische Analyse auf $\mathbf{T}^n$ geeignetes positives Radon-Maß zu konstruieren. Wegen des engen Zusammenhanges zwischen $\mathbf{R}^n$ und $\mathbf{T}^n$ ist es naheliegend, dazu ebenfalls das Lebesgue-Maß $\mathrm{d}x$ des $\mathbf{R}^n$ heranzuziehen. Sei $I = [\![-\pi, +\pi]\!] \subseteq \mathbf{R}$ und I^n der zugehörige kompakte n-Würfel im $\mathbf{R}^n$. Bezeichnet $q: \mathbf{R}^n \ni x \longmapsto \dot x \in \mathbf{T}^n$ den kanonischen Gruppen-Morphismus und setzt man $f = \dot f \circ q$ für jede stetige Abbildung $\dot f: \mathbf{T}^n \to \mathbf{C}$, so wird durch

$$\int\limits_{\mathbf{T}^n} \dot f(\dot x)\,\mathrm{d}\dot x = \frac{1}{(2\pi)^n} \int\limits_{I^n} f(x)\,\mathrm{d}x \qquad (\dot f \in \mathscr{C}(\mathbf{T}^n)) \tag{2.20}$$

ein positives Radon-Maß $d\dot{x}$ der Gesamtmasse 1 auf $\mathbf{T}^n$ definiert. Demnach ist eine Abbildung $f\colon \mathbf{T}^n \to \mathbf{C}$ genau dann über $\mathbf{T}^n$ bezüglich $d\dot{x}$ integrierbar, falls die zugehörende Abbildung $f\colon \mathbf{R}^n \to \mathbf{C}$ über I^n Lebesgue-integrierbar ist.

Der Rand $I^n - \mathring{I}^n$ des n-Würfels I^n ist eine Lebesgue-Nullmenge des $\mathbf{R}^n$ und sein Bild $q(I^n - \mathring{I}^n)$ in $\mathbf{T}^n$ eine Nullmenge bezüglich $d\dot{x}$. Die Einschränkung von q auf das Innere $\mathring{I}^n$ von I^n liefert einen Homöomorphismus auf das Komplement der Menge $q(I^n - \mathring{I}^n)$ in $\mathbf{T}^n$. Deshalb kann für $p \in [\![1, +\infty]\!]$ der Lebesgue-Raum $L^p(\mathbf{T}^n) = L^p(\mathbf{T}^n; d\dot{x})$ mit dem Lebesgue-Raum $L^p\left(I^n; \dfrac{1}{(2\pi)^n}\, dx\right)$ identifiziert werden.

Definition 2.4 Man nennt $d\dot{x}$ das *standardisierte Haar-Maß* der n-dimensionalen Torusgruppe $\mathbf{T}^n$.

Notiz. Das n-fache direkte Produkt $\mathbf{S}_1^n = \{(e^{ix_j})_{1<j<n} \in \mathbf{C}^n \}\, (x_j)_{1<j<n} \in \mathbf{R}^n \subseteq (\mathbf{C}^{\times})^n$ der kompakten topologischen Gruppe $\mathbf{S}_1$ ist gemäß Satz 2.1 wieder eine kompakte topologische Gruppe und die Abbildung

$$\dot{p}\colon \mathbf{T}^n \ni (\dot{x}_j)_{1<j<n} \longmapsto (e^{ix_j})_{1<j<n} \in \mathbf{S}_1^n \tag{2.21}$$

ein topologischer Isomorphismus von $\mathbf{T}^n$ auf $\mathbf{S}_1^n$. Das Haar-Maß $d\dot{x}$ definiert dann auch ein Maß dz auf $\mathbf{S}_1^n$, falls man für jede Funktion $g \in \mathscr{C}(\mathbf{S}_1^n)$ setzt:

$$\int_{\mathbf{S}_1^n} g(z)\,dz = \int_{\mathbf{T}^n} g \circ \dot{p}(\dot{x})\,d\dot{x} = \frac{1}{(2\pi)^n} \int_{I^n} g(e^{ix_1}, \ldots, e^{ix_n})\,dx \tag{2.22}$$

Man sagt in diesem Fall, $dz = \dot{p}(d\dot{x})$ sei das *Bildmaß* des Haar-Maßes $d\dot{x}$ bezüglich des Isomorphismus (2.21).

Für das Rechnen mit dem Haar-Maß $d\dot{x}$ auf $\mathbf{T}^n$ geben wir das folgende

Beispiel 2.4 Für jeden Multiindex $m = (m_j)_{1<j<n} \in \mathbf{Z}^n$ erhält man

$$\int_{\mathbf{T}^n} \dot{\chi}_m(\dot{x})\,d\dot{x} = \frac{1}{(2\pi)^n} \int_{I^n} e^{i(m|x)}\,dx = \prod_{1<j<n} \frac{1}{2\pi} \int_{-\pi}^{+\pi} e^{im_j x_j}\,dx_j = \begin{cases} 1 & \text{für } m = 0, \\ 0 & \text{für } m \neq 0, \end{cases} \tag{2.23}$$

denn für jede Koordinate $m_j \neq 0$ von m gilt

$$\frac{1}{2\pi} \int_{-\pi}^{+\pi} e^{im_j x_j}\,dx_j = \frac{1}{2\pi i m_j} \left[e^{im_j x_j}\right]_{-\pi}^{+\pi} = 0. \tag{2.24}$$

Sind l, m beliebige Multiindizes aus $\mathbf{Z}^n$ und bezeichnet $\bar{\dot{\chi}}_m\colon \dot{x} \longmapsto e^{-i(m|x)}$ den zu $\dot{\chi}_m$ konjugiert-komplexen Charakter von $\mathbf{T}^n$, so folgt aus (2.23) sofort

$$\int_{\mathbf{T}^n} \dot{\chi}_l(\dot{x})\bar{\dot{\chi}}_m(\dot{x})\,d\dot{x} = \int_{\mathbf{T}^n} \dot{\chi}_{l-m}(\dot{x})\,d\dot{x} = \begin{cases} 1 & \text{für } l = m, \\ 0 & \text{für } l \neq m. \end{cases} \tag{2.25}$$

Definition 2.5 Sei G eine abelsche topologische Gruppe. Für jede Teilmenge Z des Duals $\hat{G}$ wird jede Linearkombination

$$p = \sum_{\chi \in Z} c_\chi \chi \tag{2.26}$$

mit nur endlich vielen nicht verschwindenden Koeffizienten $c_\chi \in \mathbf{C}$ ein Z-spektrales trigonometrisches Polynom auf G genannt. Der Untervektorraum von $\mathscr{C}(G)$ aller Z-spektralen trigonometrischen Polynome auf G wird mit $\mathscr{T}_Z(G)$ bezeichnet.

Beispiele 2.5 (1) Sei $G = \mathbf{T}^n (n \geqslant 1)$. Gemäß (2.19) gilt $\hat{G} = \mathbf{Z}^n$. Für jeden Multiindex $m \in \mathbf{Z}^n$ bezeichne $|m| = \sqrt{(m|m)}$ seine euklidische Norm. Ist $R \geqslant 0$ und $Z = \{m \in \mathbf{Z}^n \mid |m| \leqslant R\}$, so werden die Elemente von $\mathscr{T}_Z(\mathbf{T}^n)$ trigonometrische Polynome auf $\mathbf{T}^n$ *vom sphärischen Grad* $\leqslant R$ genannt.

(2) Sei wieder $G = \mathbf{T}^n$ und $l = (l_j)_{1 \leqslant j \leqslant n} \in \mathbf{N}^n$. Wählt man $Z = \{m = (m_j)_{1 \leqslant j \leqslant n} \in \mathbf{Z}^n \mid |m_j| \leqslant l_j\}$, so heißen in diesem Falle die Elemente von $\mathscr{T}_Z(\mathbf{T}^n)$ trigonometrische Polynome auf $\mathbf{T}^n$ vom Grad $\leqslant l$. Im Fall $n = 2$ etwa kann in Analogie zu (1.6) jedes trigonometrische Polynom aus $\mathscr{T}_Z(\mathbf{T}^2)$ in der Form

$$(\dot{x}, \dot{y}) \rightsquigarrow \sum_{\substack{0 \leqslant j \leqslant \mu \\ 0 \leqslant k \leqslant \nu}} (a_{(j,k)} \cos jx \cos ky + b_{(j,k)} \cos jx \sin ky + c_{(j,k)} \sin jx \cos ky + d_{(j,k)} \sin jx \cdot \sin ky) \tag{2.27}$$

mit komplexen Koeffizienten und natürlichen Zahlen μ, ν dargestellt werden.

Mit Hilfe der Gleichungen (2.25) können die Koeffizienten Z-spektraler trigonometrischer Polynome $\dot{p} = \sum_{m \in Z} c_m \dot{\chi}_m \in \mathscr{T}_Z(\mathbf{T}^n)$ berechnet werden. Man erhält

$$c_m = \int_{\mathbf{T}^n} \dot{p}(\dot{x}) \bar{\dot{\chi}}_m(\dot{x}) \mathrm{d}\dot{x} \qquad (m \in Z). \tag{2.28}$$

Setzt man $c_m = 0$ für $m \in \mathbf{Z}^n$ und $m \notin Z$, so ist (2.28) für alle $m \in \mathbf{Z}^n$ gültig. Man nennt die Folge $(c_m)_{m \in \mathbf{Z}^n}$ die *Fourier-Koeffizienten* von $\dot{p}$ und setzt

$$\mathscr{F}_{\mathbf{T}^n} \dot{p}(m) = c_m(\dot{p}) = c_m \qquad (m \in \mathbf{Z}^n). \tag{2.29}$$

Im Fall $n = 1$ berechnen sich die Koeffizienten von p in der Form (1.6) wegen (1.7) mit Hilfe der *Eulerschen Formeln*

$$a_m = \frac{1}{\pi} \int_{-\pi}^{+\pi} p(x) \cos mx \, \mathrm{d}x \qquad (m \geqslant 0),$$

$$\tag{2.30}$$

$$b_m = \frac{1}{\pi} \int_{-\pi}^{+\pi} p(x) \sin mx \, \mathrm{d}x \qquad (m \geqslant 1).$$

Insbesondere gilt $a_m = b_m = 0$ für $m \notin Z$. Damit ist die Grundfrage (1) der klassischen harmonischen Analyse für Z-spektrale trigonometrische Polynome $f \in \mathscr{T}_Z(\mathbf{T})$ beantwortet. Die Reihen (1.28), (1.29) stimmen mit f überein und liefern somit die denkbar beste Approximation der vorgegebenen Funktion f. In diesem Falle treten natürlich keine Konvergenzprobleme auf.

Aus den Identitäten (2.25) folgt

Satz 2.9 *Für jedes Z-spektrale trigonometrische Polynom $\dot{p} \in \mathscr{T}_Z(\mathbf{T}^n)$ gilt*

$$\int_{\mathbf{T}^n} |\dot{p}(\dot{x})|^2 \mathrm{d}\dot{x} = \sum_{m \in Z} |\mathscr{F}_{\mathbf{T}^n} \dot{p}(m)|^2 \tag{2.31}$$

(Plancherel-Identität).

Beispiel 2.6 Betrachtet man das trigonometrische Polynom $\dot{p}_N = (1 + \dot{\chi}_1)^N$ vom Grade $N \geqslant 1$ auf $\mathbf{T}$, so gilt wegen $\dot{p}_N = \sum\limits_{0 < m \leqslant N} \binom{N}{m} \dot{\chi}_m$ für die Fourier-Koeffizienten $\mathscr{F}_{\mathbf{T}} \dot{p}_N(m) = \binom{N}{m}$ $(0 \leqslant m \leqslant N)$. Die Plancherel-Identität (2.31) liefert die Beziehung

$$\int_{\mathbf{T}} |\dot{p}_N(\dot{x})|^2 \mathrm{d}\dot{x} = \sum_{0 < m \leqslant N} \binom{N}{m}^2. \tag{2.32}$$

Andererseits gilt

$$\int_{\mathbf{T}} |\dot{p}_N(\dot{x})|^2 \mathrm{d}\dot{x} = \int_{\mathbf{T}} |\dot{p}_{2N}(\dot{x})| \mathrm{d}\dot{x} = \int_{\mathbf{T}} |\dot{\chi}_{-N}(\dot{x}) p_{2N}(\dot{x})| \mathrm{d}\dot{x} = \int_{\mathbf{T}} \dot{\chi}_N(\dot{x}) \cdot \dot{p}_{2N}(\dot{x}) \mathrm{d}\dot{x}$$

$$= \mathscr{F}_{\mathbf{T}} \dot{p}_{2N}(N) = \binom{2N}{N}. \tag{2.33}$$

Dabei wurde die Tatsache benutzt, daß $\chi_{-N}(x) \cdot p_{2N}(x) = 2^{2N} \cos^{2N} \frac{1}{2} x \geqslant 0$ für alle $x \in \mathbf{R}$ gilt.

Die Gleichung (2.32) liefert mit (2.33) die aus der Kombinatorik (Aufgabe 2.11) bekannte Identität

$$\sum_{0 < m \leqslant N} \binom{N}{m}^2 = \binom{2N}{N} \qquad (N \geqslant 1). \tag{2.34}$$

Aufgaben

2.1 Es bezeichne G eine topologische Gruppe mit dem Neutralelement 1.

(a) Die Topologie von G ist genau dann hausdorffsch, wenn $\{1\}$ eine abgeschlossene Teilmenge von G ist.

(b) Ist G hausdorffsch und M eine Teilmenge von G, so ist der Zentralisator von M eine abgeschlossene Untergruppe von G. Insbesondere ist das Zentrum von G abgeschlossen.

(c) Für jede Untergruppe H von G ist auch die abgeschlossene Hülle $\bar{H}$ eine Untergruppe von G.

Mit H ist auch stets $\bar{H}$ ein Normalteiler von G. Ist G hausdorffsch und H abelsch, so ist auch $\bar{H}$ abelsch.

(d) Ist H eine Untergruppe von G mit dem Innern $\mathring{H} \neq \emptyset$, so ist H offen-abgeschlossen in G.

(e) Ist G hausdorffsch und H eine diskrete Untergruppe von G, so ist H abgeschlossen in G.

(f) Die Neutralkomponente G_1 von G, d.h. die das Neutralelement 1 enthaltende Zusammenhangskomponente von G, ist ein abgeschlossener Normalteiler von G.

2.2 Es sei G eine topologische Gruppe und H ein Normalteiler von G. Die Quotiententopologie von G/H ist genau dann hausdorffsch, wenn H in G abgeschlossen ist.

2.3 Zeige, daß $\mathbf{SL}(n, \mathbf{C})$ für jede natürliche Zahl $n \geqslant 1$ ein abgeschlossener Normalteiler von $\mathbf{GL}(n, \mathbf{C})$ ist. Ist $\mathbf{GL}(2, \mathbf{R})$ ein Normalteiler von $\mathbf{GL}(2, \mathbf{C})$?

2.4 In jeder hausdorffschen topologischen Gruppe G ist jede lokalkompakte Untergruppe abgeschlossen.

2.5 Jede nicht nur aus einem Punkte bestehende kompakte Quotientengruppe von $\mathbf{R}$ ist (topologisch) isomorph zu $\mathbf{T}$ (vgl. Aufgabe 1.3).

2.6 Bestimme alle stetigen Endomorphismen der topologischen Gruppe $\mathbf{R}$. Zeige, daß die Automorphismengruppe von $\mathbf{R}$ isomorph ist zur multiplikativen Gruppe $\mathbf{R}^\times$.

2.7 Sei G eine (diskret topologisierte) abelsche Gruppe der (endlichen) Ordnung h. Beweise:

(a) G besitzt genau h verschiedene Charaktere. (Benutze die Tatsache, daß jede endliche multiplikativ geschriebene abelsche Gruppe direktes Produkt zyklischer Gruppen ist; vgl. Beispiel 2.3 (2)).

(b) Zu jedem vom Neutralelement 1 von G verschiedenen Element $x \in G$ existiert mindestens ein Charaktere χ von G mit $\chi(x) \neq 1$.

(c) Der Dual $\hat{G}$ ist eine zu G isomorphe Gruppe. Wovon hängt der Isomorphismus ab?

(d) Ist χ ein beliebiger Charakter und $\chi_1 : G \ni x \rightsquigarrow 1$ der Hauptcharakter von G, so gilt:

$$\sum_{x \in G} \chi(x) = \begin{cases} h & \text{falls } \chi = \chi_1, \\ 0 & \text{falls } \chi \neq \chi_1. \end{cases}$$

2.8 Es sei G eine topologische Gruppe, E ein komplexer Hilbert-Raum mit dem Skalarprodukt $(\cdot \mid \cdot)$ und $s \rightsquigarrow U_s$ ein Gruppen-Morphismus von G in die Gruppe $\mathbf{U}(E)$ aller unitären Automorphismen von E derart, daß die Funktion $G \ni s \rightsquigarrow (U_s x \mid y) \in \mathbf{C}$ für jedes Paar $(x, y) \in E \times E$ stetig ist. Zeige, daß U eine stetige unitäre Darstellung von G in E ist.

2.9 Sei G eine (diskret topologisierte) endliche Gruppe und U eine lineare Darstellung von G im komplexen Hilbert-Raum E. Zeige, daß E mit einem Skalarprodukt versehen werden kann, bezüglich dessen U eine unitäre Darstellung von G in E ist.

2.10 Die multiplikative topologische Gruppe $\mathbf{R}_+^\times$ ist isomorph zur topologischen Gruppe $\mathbf{R}$. Bestimme sämtliche Charaktere von $\mathbf{R}_+^\times$.

2.11 Leite die kombinatorische Identität (2.34) her durch Berechnung des Koeffizienten von X^N im Polynom $(1 + X)^N (1 + X)^N \in \mathbf{R}[X]$.

2.12 Seien U^1, U^2 unitäre Darstellungen der topologischen Gruppe G mit den Darstellungsräumen E_1, E_2. Sind U^1, U^2 isomorph vermöge eines Vektorraum-Isomorphismus $T: E_1 \rightarrow E_2$, so sind U^1, U^2 sogar unitär äquivalent. (Betrachte den Operator $T \circ (T^* \circ T)^{-1/2}$).

3 Fourier-Reihen

Die Gleichungen (2.25) können *geometrisch* interpretiert werden. Dies geschieht dadurch, daß man auf dem komplexen Vektorraum $\mathscr{C}(\mathbf{T}^n)$ ein Skalarprodukt einführt gemäß

$$(f, \dot{g}) \longmapsto (f \mid \dot{g}) = \int\limits_{\mathbf{T}^n} f(\dot{x})\,\bar{\dot{g}}(\dot{x})\,\mathrm{d}\dot{x}. \tag{3.1}$$

Durch (3.1) wird in der Tat eine nicht ausgeartete, positive, hermitesche Sesquilinearform $(\cdot \mid \cdot)$ auf $\mathscr{C}(\mathbf{T}^n) \times \mathscr{C}(\mathbf{T}^n)$ definiert. Die Gleichungen (2.25) besagen dann gerade, daß die Folge $(\chi_m)_{m \in \mathbf{Z}^n}$ der Charaktere von $\mathbf{T}^n$ aus orthonormierten Elementen des Skalarproduktraumes $\mathscr{C}(\mathbf{T}^n)$ besteht:

$$(\dot{\chi}_l \mid \dot{\chi}_m) = \begin{cases} 1 & \text{für } l = m, \\ 0 & \text{für } l \neq m. \end{cases} \tag{3.2}$$

Die zum Skalarprodukt $(\cdot \mid \cdot)$ gehörende Norm wird durch die Zuordnung

$$f \longmapsto \| f \|_2 = \sqrt{(f \mid f)} = \left(\int\limits_{\mathbf{T}^n} | f(\dot{x}) |^2 \mathrm{d}\dot{x} \right)^{1/2} \tag{3.3}$$

gegeben. Für jedes Paar $(f, \dot{g}) \in \mathscr{C}(\mathbf{T}^n) \times \mathscr{C}(\mathbf{T}^n)$ gilt die Ungleichung von Cauchy-Schwarz-Bunjakowski

$$| (f \mid \dot{g}) | \leq \| f \|_2 \cdot \| \dot{g} \|_2, \tag{3.4}$$

und $\mathscr{C}(\mathbf{T}^n)$ ist bezüglich der von $\| \cdot \|_2$ induzierten Metrik $(f, \dot{g}) \longmapsto \| f - \dot{g} \|_2$ ein unvollständiger metrischer Raum. Die vollständige Hülle des normierten komplexen Vektorraumes $\mathscr{C}(\mathbf{T}^n)$ kann durch den Lebesgue-Raum $L^2(\mathbf{T}^n)$ aller Äquivalenzklassen bezüglich des Haar-Maßes $\mathrm{d}\dot{x}$ auf $\mathbf{T}^n$ quadratisch integrierbaren komplexwertigen Funktionen realisiert werden. Die Topologie des $L^2(\mathbf{T}^n)$ ist die der Konvergenz im quadratischen Mittel. Es gilt

Satz 3.1 *Die Folge* $(\dot{\chi}_m)_{m \in \mathbf{Z}^n}$ *der Charaktere von* $\mathbf{T}^n$ *bildet ein Orthonormalsystem im komplexen Hilbert-Raum* $L^2(\mathbf{T}^n)$.

Sei Z eine endliche Teilmenge des Gitters $\mathbf{Z}^n$ und $\mathscr{T}_Z(\mathbf{T}^n)$ der endlichdimensionale Untervektorraum von $L^2(\mathbf{T}^n)$ aller Z-spektralen trigonometrischen Polynome auf $\mathbf{T}^n$. Dann bildet die Familie der Charaktere $\{ \dot{\chi}_m \mid m \in Z \}$ eine Orthonormalbasis von $\mathscr{T}_Z(\mathbf{T}^n)$. Die *Gauss'sche Approximationsaufgabe* besteht darin, zu beliebig vorgegebenem $f \in L^2(\mathbf{T}^n)$ ein trigonometrisches Polynom $\dot{p}_Z = \sum\limits_{m \in Z} c_m \dot{\chi}_m \in \mathscr{T}_Z(\mathbf{T}^n)$ so zu bestimmen, daß der L^2-Fehler $\| f - \dot{p}_Z \|_2$ minimal wird im folgenden Sinne:

$$\| f - \dot{p}_Z \|_2 = \inf_{\dot{q} \in \mathscr{T}_Z(\mathbf{T}^n)} \| f - \dot{q} \|_2 \tag{3.5}$$

Man erhält wegen der Orthogonalitätsrelationen (3.2) und wegen (3.3)

$$0 \leqslant \|f - \sum_{m \in Z} c_m \dot{\chi}_m \|_2^2 = (f - \sum_{m \in Z} c_m \dot{\chi}_m \,|\, f - \sum_{l \in Z} c_l \dot{\chi}_l)$$

$$= (f \,|\, f) - \sum_{m \in Z} c_m (\dot{\chi}_m \,|\, f) - \sum_{l \in Z} \bar{c}_l (f \,|\, \dot{\chi}_l) + \sum_{(m,l) \in Z \times Z} c_m \bar{c}_l (\dot{\chi}_m \,|\, \dot{\chi}_l)$$

$$= \|f\|_2^2 - \sum_{m \in Z} c_m \overline{(f \,|\, \dot{\chi}_m)} - \sum_{m \in Z} \bar{c}_m (f \,|\, \dot{\chi}_m) + \sum_{m \in Z} c_m \bar{c}_m \qquad (3.6)$$

$$= \|f\|_2^2 - \sum_{m \in Z} |(f \,|\, \dot{\chi}_m)|^2 + \sum_{m \in Z} [(f \,|\, \dot{\chi}_m) - c_m][\overline{(f \,|\, \dot{\chi}_m)} - \bar{c}_m]$$

$$= \|f\|_2^2 - \sum_{m \in Z} |(f \,|\, \dot{\chi}_m)|^2 + \sum_{m \in Z} |(f \,|\, \dot{\chi}_m) - c_m|^2.$$

Man sieht: Der L^2-Fehler $\|f - \dot{p}_Z\|_2$ ist genau dann minimal, wenn die Koeffizienten des approximierenden trigonometrischen Polynoms $\dot{p}_Z \in \mathscr{T}_Z(\mathbf{T}^n)$ die nur von der zu approximierenden Funktion abhängige Form

$$c_m = (f \,|\, \dot{\chi}_m) = \int_{\mathbf{T}^n} f(\dot{x}) \dot{\bar{\chi}}_m(\dot{x}) \mathrm{d}\dot{x} \qquad (m \in Z) \qquad (3.7)$$

aufweisen. Aus (3.7) folgt, daß sich die bereits berechneten Koeffizienten von $\dot{p}_Z$ bei Vergrößerung der Frequenzmenge Z nicht ändern. Es folgt ferner

$$(f - \dot{p}_Z \,|\, \dot{\chi}_l) = (f \,|\, \dot{\chi}_l) - \sum_{m \in Z} c_m (\dot{\chi}_m \,|\, \dot{\chi}_l) = 0$$

für alle $l \in Z$, d.h. $f - \dot{p}_Z$ ist in $L^2(\mathbf{T}^n)$ orthogonal zum Untervektorraum $\mathscr{T}_Z(\mathbf{T}^n)$. Umgekehrt zieht die Forderung der Orthogonalität von $f - \dot{p}_Z$ zu $\mathscr{T}_Z(\mathbf{T}^n)$, d.h. die Bedingung, daß $\dot{p}_Z$ der Fußpunkt des Lotes von f auf den Untervektorraum $\mathscr{T}_Z(\mathbf{T}^n)$ von $L^2(\mathbf{T}^n)$ ist (s. Fig. 1), nach sich, daß die Koeffizienten von $\dot{p}_Z$ von der Form (3.7) sind.

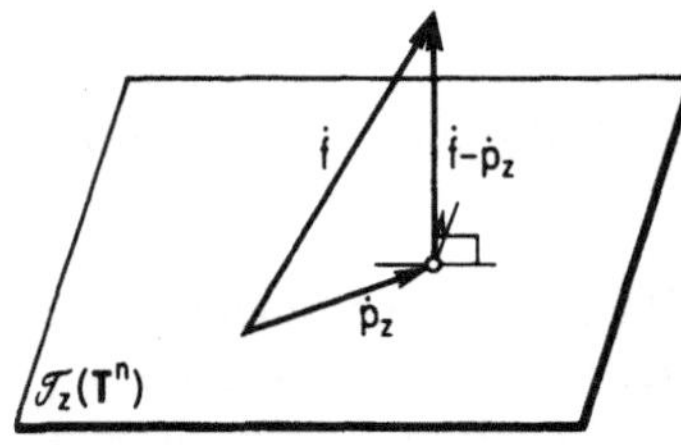

Fig. 1

Ein Vergleich von (3.7) mit (2.28) legt die folgende Definition nahe.

Definition 3.1 Die komplexen Zahlen

$$\mathscr{F}_{\mathbf{T}^n} f(m) = c_m(f) = \int_{\mathbf{T}^n} f(\dot{x}) \dot{\bar{\chi}}_m(\dot{x}) \mathrm{d}\dot{x} \qquad (m \in \mathbf{Z}^n) \qquad (3.8)$$

heißen die Fourier-Koeffizienten von $f \in L^2(\mathbf{T}^n)$. Die Abbildung

$$\mathscr{F}_{\mathbf{T}^n} : L^2(\mathbf{T}^n) \ni f \rightsquigarrow (c_m(f))_{m \in \mathbf{Z}^n} \in \mathbf{C}^{\mathbf{Z}^n} \tag{3.9}$$

wird die Fourier-Transformation auf $\mathbf{T}^n$ und entsprechend

$$\overline{\mathscr{F}}_{\mathbf{T}^n} : L^2(\mathbf{T}^n) \ni f \rightsquigarrow (c_{-m}(f))_{m \in \mathbf{Z}^n} \in \mathbf{C}^{\mathbf{Z}^n} \tag{3.10}$$

die Fourier-Kotransformation auf $\mathbf{T}^n$ genannt.

Die vorstehenden Überlegungen können wie folgt zusammengefaßt werden.

Satz 3.2 *Es seien eine endliche Teilmenge $Z \subseteq \mathbf{Z}^n$ und $f \in L^2(\mathbf{T}^n)$ vorgegeben. Das Z-spektrale trigonometrische Polynom $\dot{p}_Z = \sum\limits_{m \in Z} c_m \dot{\chi}_m \in \mathscr{T}_Z(\mathbf{T}^n)$ löst genau dann die Gauss'sche Approximationsaufgabe, falls seine Koeffizienten von der Form $c_m = c_m(f) = \mathscr{F}_{\mathbf{T}^n} f(m)$ für alle $m \in Z$ sind. Es sind die* Besselsche Gleichung

$$\left\| f - \sum_{m \in Z} c_m(f) \dot{\chi}_m \right\|_2^2 = \|f\|_2^2 - \sum_{m \in Z} |c_m(f)|^2 \tag{3.11}$$

und die Besselsche Ungleichung

$$\sum_{m \in \mathbf{Z}^n} |c_m(f)|^2 \leqslant \|f\|_2^2 \tag{3.12}$$

erfüllt.

Notiz. Betrachtet man anstelle von $L^2(\mathbf{T}^n)$ einen komplexen Skalarproduktraum E und eine orthonormierte Familie $(a_\iota)_{\iota \in J}$ in E, so gilt für jedes $x \in E$ und jeden endlichen Teil $J_0 \subseteq J$ die *Besselsche Gleichung*

$$\left\| x - \sum_{\iota \in J_0} (x|a_\iota) a_\iota \right\|^2 = \|x\|^2 - \sum_{\iota \in J_0} |(x|a_\iota)|^2 \tag{3.13}$$

und die *Besselsche Ungleichung*

$$\sum_{\iota \in J} |(x|a_\iota)|^2 \leqslant \|x\|^2, \tag{3.14}$$

wie man durch eine entsprechende Rechnung wie im Beweis zu Satz 3.2 einsieht.

Stellt man dem Hilbert-Raum $L^2(\mathbf{T}^n)$ den komplexen Vektorraum $\ell^2(\mathbf{Z}^r)$ aller Folgen $z = (z_m)_{m \in \mathbf{Z}^n} \in \mathbf{C}^{\mathbf{Z}^n}$ zur Seite, für die $\|z\|_2 = \left(\sum\limits_{m \in \mathbf{Z}^n} |z_m|^2 \right)^{1/2} < + \infty$ gilt, so ist $\ell^2(\mathbf{Z}^n)$ bezüglich des zu (3.1) analogen Skalarprodukts $(z, w) \rightsquigarrow (z|w) = \sum\limits_{m \in \mathbf{Z}^n} z_m \bar{w}_m$ ein komplexer Hilbert-Raum. Die Besselsche Ungleichung (3.12) zeigt, daß die Fourier-Transformation $\mathscr{F}_{\mathbf{T}^n}$ den Hilbert-Raum $L^2(\mathbf{T}^n)$ in den Hilbert-Raum $\ell^2(\mathbf{Z}^n)$ abbildet. Es ist klar, daß

$$\mathscr{F}_{\mathbf{T}^n} : L^2(\mathbf{T}^n) \to \ell^2(\mathbf{Z}^n) \tag{3.15}$$

wegen (3.12) eine stetige lineare Abbildung der Norm $\|\mathscr{F}_{\mathbf{T}^n}\| = \sup\limits_{\|f\|_2 \leqslant 1} \|\mathscr{F}_{\mathbf{T}^n} f\|_2 \leqslant 1$ ist.

Wir wollen zeigen, daß (3.15) eine bijektive Abbildung ist. Zunächst überzeugen wir uns von der Surjektivität von $\mathscr{F}_{\mathbf{T}^n}$, d.h. wir zeigen, daß zu jeder Folge $c = (c_m)_{m \in \mathbf{Z}^n}$ in $\ell^2(\mathbf{Z}^n)$ eine Funktion $f \in L^2(\mathbf{T}^n)$ existiert, deren Fourier-Koeffizienten gerade die Folge c bilden. Für jeden endlichen Teil $Z \subseteq \mathbf{Z}^n$ bezeichne $\dot{p}_Z$ das zur Folge c konstruierte Z-spektrale trigonometrische Polynom $\sum\limits_{m \in Z} c_m \dot{\chi}_m$ auf $\mathbf{T}^n$. Bezeichnet Z' eine weitere endliche Teilmenge von $\mathbf{Z}^n$ mit $Z \subseteq Z'$, so folgt aus der Plancherel-Identität (2.31) die Beziehung

$$\|\dot{p}_{Z'} - \dot{p}_Z\|_2^2 = \|\dot{p}_{Z'-Z}\|_2^2 = \sum_{m \in Z'-Z} |c_m|^2. \tag{3.16}$$

Wegen der unbedingten Konvergenz der Reihe $\sum\limits_{m \in \mathbf{Z}^n} |c_m|^2$ und der Vollständigkeit des Raumes $L^2(\mathbf{T}^n)$ konvergiert die Familie $(\dot{p}_Z)_{Z \subseteq \mathbf{Z}^n}$ gegen einen Grenzwert $\dot{g} \in L^2(\mathbf{T}^n)$. Die Stetigkeit von $\mathscr{F}_{\mathbf{T}^n}$ und (2.29) implizieren

$$\mathscr{F}_{\mathbf{T}^n} \dot{g}(m) = \lim_{Z \subseteq \mathbf{Z}^n} \mathscr{F}_{\mathbf{T}^n} \dot{p}_Z(m) = c_m \qquad (m \in \mathbf{Z}^n). \tag{3.17}$$

Neben der Surjektivität von $\mathscr{F}_{\mathbf{T}^n}$ ist zugleich erkannt, daß die Reihe $\sum\limits_{m \in \mathbf{Z}^n} c_m \dot{\chi}_m$ unbedingt im Raum $L^2(\mathbf{T}^n)$ gegen $\dot{g} \in L^2(\mathbf{T}^n)$ konvergiert. Insbesondere konvergiert also für jedes $f \in L^2(\mathbf{T}^n)$ die Reihe $\sum\limits_{m \in \mathbf{Z}^n} c_m(f)\dot{\chi}_m$ in $L^2(\mathbf{T}^n)$ gegen ein Element $\dot{g} \in L^2(\mathbf{T}^n)$.

Aus der Stetigkeit von $\mathscr{F}_{\mathbf{T}^n}$ und den Orthogonalitätsrelationen (3.2) folgt $c_m(f) = c_m(\dot{g})$ und damit $(f - \dot{g} \mid \chi_m) = 0$ für alle $m \in \mathbf{Z}^n$. Geometrisch gesprochen bedeutet die letztere Beziehung, daß $f - \dot{g}$ in $L^2(\mathbf{T}^n)$ orthogonal ist zu dem von den Charakteren $(\dot{\chi}_m)_{m \in \mathbf{Z}^n}$ aufgespannten abgeschlossenen Untervektorraum $\overline{\mathscr{T}_{\mathbf{Z}^n}(\mathbf{T}^n)}$ von $L^2(\mathbf{T}^n)$. Demnach ist $\mathscr{F}_{\mathbf{T}^n}$ genau dann eine injektive lineare Abbildung, wenn $\overline{\mathscr{T}_{\mathbf{Z}^n}(\mathbf{T}^n)} = L^2(\mathbf{T}^n)$ gilt, falls also $(\dot{\chi}_m)_{m \in \mathbf{Z}^n}$ eine totale Familie im Hilbert-Raum $L^2(\mathbf{T}^n)$ ist.

Es bezeichne $(e_j)_{1 \leqslant j \leqslant n}$ die kanonische Basis des $\mathbf{R}^n$. Dann bilden die Charaktere $(\dot{\chi}_{e_j})_{1 \leqslant j \leqslant n}$ von $\mathbf{T}^n$ eine Familie komplexwertiger Funktionen auf dem kompakten topologischen Raum $\mathbf{T}^n$, welche die Punkte von $\mathbf{T}^n$ trennt. Denn zu beliebigen Punkten $\dot{x} \in \mathbf{T}^n$, $\dot{y} \in \mathbf{T}^n$ mit $\dot{x} \neq \dot{y}$ existiert mindestens ein Index j mit $\dot{\chi}_{e_j}(\dot{x}) \neq \dot{\chi}_{e_j}(\dot{y})$.

Somit ist $\mathscr{T}_{\mathbf{Z}^n}(\mathbf{T}^n)$ eine Unteralgebra der komplexen Banach-Algebra $\mathscr{C}(\mathbf{T}^n)$, welche die konstanten Funktionen auf $\mathbf{T}^n$ enthält, stabil gegen Konjugiertenbildung und punktetrennend ist. Nach dem Approximationssatz von Stone-Weierstrass liegt mithin $\mathscr{T}_{\mathbf{Z}^n}(\mathbf{T}^n)$ überall dicht in $\mathscr{C}(\mathbf{T}^n)$ und damit auch in $L^2(\mathbf{T}^n)$, weil $\mathscr{C}(\mathbf{T}^n)$ ein stetig eingebetteter, überall dichter Untervektorraum von $L^2(\mathbf{T}^n)$ ist.

Die Dichtheit von $\mathscr{T}_{\mathbf{Z}^n}(\mathbf{T}^n)$ im komplexen Banachraum $\mathscr{C}(\mathbf{T}^n)$ wird unabhängig von den jetzigen Überlegungen in Beispiel 7.1 (2) bewiesen.

Wir fassen zusammen: (i) Für jedes $f \in L^2(\mathbf{T}^n)$ konvergiert die Reihe $\sum\limits_{m \in \mathbf{Z}^n} c_m(f)\dot{\chi}_m$ in $L^2(\mathbf{T}^n)$ unbedingt gegen ein Element $\dot{g} \in L^2(\mathbf{T}^n)$. Die Dichtheit von $\mathcal{T}_{\mathbf{Z}^n}(\mathbf{T}^n)$ in $L^2(\mathbf{T}^n)$ impliziert $f = \dot{g}$. (ii) Die Fourier-Transformation (3.15) ist bijektiv.

Definition 3.2 Sei $f \in L^2(\mathbf{T}^n)$. Dann wird die Reihe

$$\sum_{m \in \mathbf{Z}^n} c_m(f)\dot{\chi}_m \tag{3.18}$$

die Fourier-Reihe von f genannt.

Aus den obigen Überlegungen folgt

Satz 3.3 *Das Orthonormalsystem $(\dot{\chi}_m)_{m \in \mathbf{Z}^n}$ der Charaktere von $\mathbf{T}^n$ ist total im komplexen Hilbert-Raum $L^2(\mathbf{T}^n)$. Für jedes $f \in L^2(\mathbf{T}^n)$ konvergiert die Fourier-Reihe (3.18) unbedingt in $L^2(\mathbf{T}^n)$ gegen f.*

Notiz. Falls $(c_m)_{m \in \mathbf{Z}}$ eine Folge aus $\mathbf{C}^{\mathbf{Z}}$ und X eine Unbestimmte bezeichnet, nennt man den Ausdruck

$$F(X) = \sum_{m \in \mathbf{Z}} c_m X^m \tag{3.19}$$

eine formale *Laurent-Reihe*. Im Falle $n = 1$ entsteht die Fourier-Reihe (3.18) von $f \in L^2(\mathbf{T})$ dadurch, daß man in (3.19) die Fourier-Koeffizienten $c_m = c_m(f)$ und $X = \dot{\chi}_1$ einsetzt. Ist f: $\mathbf{T} \to \mathbf{C}$ eine holomorphe Funktion, d.h. existiert auf einem offenen, $\mathbf{S}_1$ enthaltenden Kreisring $R \subseteq \mathbf{C}$ eine holomorphe Funktion F mit $f = F|\mathbf{S}_1$ und stellt man F durch die auf den kompakten Teilen von R gleichmäßig konvergente Laurent-Reihe $F(z) = \sum\limits_{m \in \mathbf{Z}} c_m z^m$ dar, so gilt $f = \sum\limits_{m \in \mathbf{Z}} c_m \dot{\chi}_m$ gleichmäßig auf $\mathbf{T}$ und es folgt (vgl. Aufgabe 1.6) $c_m = c_m(f)$ für alle $m \in \mathbf{Z}$. Satz 3.3 liefert die Konvergenz im quadratischen Mittel der Fourier-Reihe von $f \in L^2(\mathbf{T})$ gegen f unter weniger restriktiven Voraussetzungen.

Im nächsten Schritt zeigen wir, daß die Fourier-Transformation (3.15) sogar ein Hilbert-Raum-Isomorphismus ist. Wir benötigen dazu folgende

Definition 3.3 Sei $f \in L^2(\mathbf{T}^n)$ und $R \geqslant 0$. Dann wird das trigonometrische Polynom auf $\mathbf{T}^n$ vom sphärischen Grad $\leqslant R$ (Beispiel 2.5(1))

$$\dot{s}_R(f) = \sum_{|m| \leqslant R} c_m(f)\dot{\chi}_m \tag{3.20}$$

die R-te sphärische Partialsumme der Fourier-Reihe (3.18) von f genannt.

Aus Satz 3.3 folgt $\lim\limits_{R \to +\infty} \|f - s_R(f)\|_2 = 0$ für jedes $f \in L^2(\mathbf{T}^n)$. Mit Hilfe der Ungleichung von Cauchy-Schwarz-Bunjakowski (3.4) erhält man ferner für

$f, \dot{g} \in L^2(\mathbf{T}^n)$ die Abschätzungen

$$\left| (f|\dot{g}) - \sum_{|m| \leqslant R} c_m(f)\overline{c_m(\dot{g})} \right| = |(f|\dot{g}) - (\dot{s}_R(f)|\dot{s}_R(\dot{g}))|$$

$$\leqslant |(f|\dot{g}) - (\dot{s}_R(f)|\dot{g})| + |(\dot{s}_R(f)|\dot{g}) - (\dot{s}_R(f)|\dot{s}_R(\dot{g}))| \tag{3.21}$$

$$\leqslant \|f - \dot{s}_R(f)\|_2 \cdot \|\dot{g}\|_2 + \|\dot{s}_R(f)\|_2 \cdot \|\dot{g} - \dot{s}_R(\dot{g})\|_2.$$

Der Grenzübergang $R \to +\infty$ liefert die *Parseval-Identität*

$$(f|\dot{g}) = (\mathscr{F}_{\mathbf{T}^n} f | \mathscr{F}_{\mathbf{T}^n} \dot{g}) \tag{3.22}$$

für alle $f, \dot{g} \in L^2(\mathbf{T}^n)$. Durch eine analoge Überlegung für $\bar{\mathscr{F}}_{\mathbf{T}^n}$ ist damit folgendes Ergebnis bewiesen:

Satz 3.4 (Riesz-Fischer) *Die Fourier-Transformation $\mathscr{F}_{\mathbf{T}^n}$ und die Fourier-Kotransformation $\bar{\mathscr{F}}_{\mathbf{T}^n}$ sind Hilbert-Raum-Isomorphismen von $L^2(\mathbf{T}^n)$ auf $\ell^2(\mathbf{Z}^n)$. Es gilt insbesondere die Gleichung*

$$\|f\|_2 = \|\mathscr{F}_{\mathbf{T}^n} f\|_2 \qquad (f \in L^2(\mathbf{T}^n)) \tag{3.23}$$

(Plancherel-Identität).

Ein anderer Beweis für die fundamentale Identität (3.23) findet sich in Beispiel 9.4. Für Z-spektrale trigonometrische Polynome $\dot{p} \in \mathscr{T}_Z(\mathbf{T}^n)$ wurde (3.23) bereits in Satz 2.9 bewiesen.

Notiz. Allgemein sind für jede orthonormierte Familie $(a_\iota)_{\iota \in J}$ in einem komplexen Hilbert-Raum E die folgenden Eigenschaften äquivalent:

(i)   Die Familie $(a_\iota)_{\iota \in J}$ liegt total in E;

(ii)   Für jedes $x \in E$ ist die Familie $((x|a_\iota)a_\iota)_{\iota \in J}$ in E summierbar und es gilt $x = \sum_{\iota \in J} (x|a_\iota)a_\iota$;

(iii)   Für jedes $x \in E$ besteht die Gleichung

$$\|x\|^2 = \sum_{\iota \in J} |(x|a_\iota)|^2 \tag{3.24}$$

(*Plancherel-Identität*);

(iv)   Aus $(x|a_\iota) = 0$ für alle $\iota \in J$ folgt $x = 0$.

Ist eine der Eigenschaften (i)–(iv) erfüllt, so sagt man auch, $(a_\iota)_{\iota \in J}$ sei eine *Hilbert-Basis* von E.

Satz 3.4 erlaubt eine darstellungstheoretische Interpretation. Bezeichnet $\tau(\dot{s})f$ für jedes $f \in \mathscr{C}(\mathbf{T}^n)$ und jedes Element $\dot{s} \in \mathbf{T}^n$ die komplexwertige Funktion $\mathbf{T}^n \ni \dot{x} \rightsquigarrow f(\dot{x} - \dot{s})$ und ist $\tau(\dot{s})$ die eindeutig bestimmte stetige Fortsetzung der linearen Abbildung $\mathscr{C}(\mathbf{T}^n) \ni f \rightsquigarrow \tau(\dot{s})f \in \mathscr{C}(\mathbf{T}^n)$ auf ganz $L^2(\mathbf{T}^n)$, so wird durch $\dot{s} \rightsquigarrow \tau(\dot{s})$ eine unitäre Darstellung von $\mathbf{T}^n$ im komplexen Hilbert-Raum $L^2(\mathbf{T}^n)$ definiert; man nennt τ die *reguläre Darstellung* von $\mathbf{T}^n$ in $L^2(\mathbf{T}^n)$. Andererseits liefern die Operatoren $\{V_{\dot{x}} \,|\, \dot{x} \in \mathbf{T}^n\}$, die jeder Folge $c = (c_m)_{m \in \mathbf{Z}^n} \in \ell^2(\mathbf{Z}^n)$ die Folge $(\dot{\chi}_m(\dot{x})c_m)_{m \in \mathbf{Z}^n} \in \ell^2(\mathbf{Z}^n)$ zuordnen, eine unitäre Darstellung $\dot{x} \rightsquigarrow V_{\dot{x}}$ von $\mathbf{T}^n$ in $\ell^2(\mathbf{Z}^n)$. Es gilt die Vertauschungsrelation

$$\mathscr{F}_{\mathbf{T}^n} \circ \tau(\dot{x}) = V_{\dot{x}} \circ \mathscr{F}_{\mathbf{T}^n} \tag{3.25}$$

für jedes $\dot{x} \in \mathbf{T}^n$, d.h. das folgende Diagramm ist kommutativ:

$$
\begin{array}{ccc}
 & \tau(\dot{x}) & \\
L^2(\mathbf{T}^n) & \longrightarrow & L^2(\mathbf{T}^n) \\
\mathscr{F}_{\mathbf{T}^n} \downarrow & & \downarrow \mathscr{F}_{\mathbf{T}^n} \\
\ell^2(\mathbf{Z}^n) & \longrightarrow & \ell^2(\mathbf{Z}^n) \\
 & V_{\dot{x}} &
\end{array}
\qquad (\dot{x} \in \mathbf{T}^n)
\tag{3.26}
$$

Gemäß Definition 2.2 sind demnach die Darstellungen τ und V von $\mathbf{T}^n$ unitär äquivalent und die Matrizen der Operatoren $\{V_{\dot{x}} \mid \dot{x} \in \mathbf{T}^n\}$ bezüglich der kanonischen Basis von $\ell^2(\mathbf{Z}^n)$ besitzen simultan Diagonalgestalt. Der komplexe Hilbert-Raum $\ell^2(\mathbf{Z}^n) = \bigoplus\limits_{m \in \mathbf{Z}^n} \mathbf{C}_m$ kann im Sinne der späteren Definition IV.1.1 als Hilbert-Summe der von den Elementen der kanonischen Basis aufgespannten eindimensionalen, gegen V stabilen Untervektorräume $\mathbf{C}_m = \mathbf{C}$ ($m \in \mathbf{Z}^n$) aufgefaßt werden. Dies impliziert, daß V und damit auch τ in irreduzible unitäre Teildarstellungen zerfällt.

Da die Charaktere der diskreten abelschen topologischen Gruppe $\mathbf{Z}^n$ gemäß Beispiel 2.3(1) durch $\chi_{\dot{x}} \colon \mathbf{Z}^n \ni m \longmapsto e^{i(x|m)} \in \mathbf{C}^\times$ ($\dot{x} \in \mathbf{T}^n$) gegeben sind, legt die Definition 3.1 die Einführung der folgenden Begriffe nahe, falls man die Summation über $\mathbf{Z}^n$ als Integration bezüglich des diskreten Maßes auf $\mathbf{Z}^n$ auffaßt, welches in jedem Gitterpunkt die Masse 1 besitzt.

Definition 3.4 Die lineare Abbildung

$$
\mathscr{F}_{\mathbf{Z}^n} \colon \ell^2(\mathbf{Z}^n) \ni (c_m)_{m \in \mathbf{Z}^n} \longmapsto \left(\mathbf{T}^n \ni \dot{x} \longmapsto \sum_{m \in \mathbf{Z}^n} c_m \bar{\chi}_{\dot{x}}(m) \right) \in L^2(\mathbf{T}^n)
\tag{3.27}
$$

heißt die Fourier-Transformation auf $\mathbf{Z}^n$ und

$$
\overline{\mathscr{F}}_{\mathbf{Z}^n} \colon \ell^2(\mathbf{Z}^n) \ni (c_m)_{m \in \mathbf{Z}^n} \longmapsto \left(\mathbf{T}^n \ni \dot{x} \longmapsto \sum_{m \in \mathbf{Z}^n} c_m \chi_{\dot{x}}(m) \right) \in L^2(\mathbf{T}^n)
\tag{3.28}
$$

die Fourier-Kotransformation auf $\mathbf{Z}^n$.

Satz 3.5 *Für die inversen Abbildungen der Fourier-Transformation $\mathscr{F}_{\mathbf{T}^n}$ und Fourier-Kotransformation $\overline{\mathscr{F}}_{\mathbf{T}^n}$ gilt:*

$$
\mathscr{F}_{\mathbf{T}^n}^{-1} = \overline{\mathscr{F}}_{\mathbf{Z}^n}, \quad \overline{\mathscr{F}}_{\mathbf{T}^n}^{-1} = \mathscr{F}_{\mathbf{Z}^n}
\tag{3.29}
$$

(Fouriersche Inversionsformeln).

Beweis. Sei $f \in L^2(\mathbf{T}^n)$. Dann gilt gemäß Satz 3.3

$$
(\overline{\mathscr{F}}_{\mathbf{Z}^n} \circ \mathscr{F}_{\mathbf{T}^n}) f = \overline{\mathscr{F}}_{\mathbf{Z}^n} (c_m(f))_{m \in \mathbf{Z}^n} = \sum_{m \in \mathbf{Z}^n} c_m(f) \chi_{\cdot}(m)
$$

$$
= \sum_{m \in \mathbf{Z}^n} c_m(f) \dot{\chi}_m = f,
\tag{3.30}
$$

also $\bar{\mathscr{F}}_{\mathbf{Z}^n} \circ \mathscr{F}_{\mathbf{T}^n} = \mathrm{id}_{\mathrm{L}^2(\mathbf{T}^n)}$. Sei jetzt umgekehrt die Folge $c = (c_m)_{m \in \mathbf{Z}^n}$ im Raum $\ell^2(\mathbf{Z}^n)$ vorgegeben. Wegen Satz 3.4 gilt

$$(\mathscr{F}_{\mathbf{T}^n} \circ \bar{\mathscr{F}}_{\mathbf{Z}^n}) c = \mathscr{F}_{\mathbf{T}^n}\left(\sum_{m \in \mathbf{Z}^n} c_m \chi_{\cdot}(m)\right) = \mathscr{F}_{\mathbf{T}^n}\left(\sum_{m \in \mathbf{Z}^n} c_m \dot{\chi}_m\right)$$

$$= (c_m)_{m \in \mathbf{Z}^n} = c \tag{3.31}$$

und somit $\mathscr{F}_{\mathbf{T}^n} \circ \bar{\mathscr{F}}_{\mathbf{Z}^n} = \mathrm{id}_{\ell^2(\mathbf{Z}^n)}$. Entsprechend beweist man die zweite Gleichung in (3.29). $\blacksquare$

Sei jetzt $n = 1$. Mit Hilfe der für die Fourier-Transformation $\mathscr{F}_{\mathbf{T}}$ auf $\mathbf{T}$ (Satz 3.4) und Fourier-Kotransformation $\bar{\mathscr{F}}_{\mathbf{Z}}$ auf $\mathbf{Z}$ (Satz 3.5) bewiesenen Eigenschaften ist man in der Lage, die in Abschn. 1 formulierten mathematischen Grundfragen (1) bis (3) der klassischen harmonischen Analyse auf $\mathbf{T}$ im Rahmen der „L²-Theorie" befriedigend zu beantworten.

(1) *Ist $f \in \mathrm{L}^2(\mathbf{T})$ vorgegeben, so sind die Koeffizienten $(c_m)_{m \in \mathbf{Z}}$ in (1.29) als Fourier-Koeffizienten gemäß (3.8) zu berechnen.*

(2) *Die Fourier-Reihe $\sum\limits_{m \in \mathbf{Z}} c_m(f) \dot{\chi}_m$ konvergiert im Hilbert-Raum $\mathrm{L}^2(\mathbf{T})$, also bezüglich der Topologie des quadratischen Mittels über $\mathbf{T}$, gegen $f \in \mathrm{L}^2(\mathbf{T})$.*

(3) *Aus der Folge $(c_m(f))_{m \in \mathbf{Z}}$ kann f durch Anwenden der Fourier-Kotransformation $\bar{\mathscr{F}}_{\mathbf{Z}}$ zurückgewonnen werden. Die Eigenschaft $f \in \mathrm{L}^2(\mathbf{T})$ kann an der Eigenschaft $(c_m(f))_{m \in \mathbf{Z}} \in \ell^2(\mathbf{Z})$ der Fourier-Koeffizienten abgelesen werden.*

Auf die Fragen (4) und (5) wird in Abschn. 5 und Kapitel II eine Antwort gegeben.

Beispiele 3.1 (1) Die Abbildung $f \colon \mathbf{R} \to \mathbf{R}$ entstehe aus der Funktion

$$[0, 2\pi[\ni x \longmapsto \frac{1}{2\pi}\, x \in \mathbf{R} \tag{3.32}$$

durch Fortsetzung mit der Periode 2π. Dann gilt $f \in \mathrm{L}^2(\mathbf{T})$ und

$$\|f\|_2^2 = \frac{1}{8\pi^3} \int\limits_0^{2\pi} x^2 \mathrm{d}x = \frac{1}{3}. \tag{3.33}$$

Die Fourier-Koeffizienten von f sind:

$$c_0(f) = \frac{1}{2}, \qquad c_m(f) = \frac{1}{4\pi^2} \int\limits_0^{2\pi} x\, \mathrm{e}^{-imx} \mathrm{d}x = -\frac{1}{2\pi i m} \qquad (m \in \mathbf{Z}^\times) \tag{3.34}$$

Die Plancherel-Identität (3.23) liefert dann mit Hilfe von (3.33) und (3.34):

$$\frac{1}{3} = \|f\|_2^2 = \sum_{m \in \mathbf{Z}} |c_m(f)|^2 = \frac{1}{4} + \frac{1}{4\pi^2} \sum_{m \in \mathbf{Z}^\times} \frac{1}{m^2} \tag{3.35}$$

Daraus folgt als Wert der Riemannschen Zeta-Funktion $\zeta(s) = \sum\limits_{m \geqslant 1} \dfrac{1}{m^s}$, $s > 1$, an der Stelle $s = 2$:

$$\zeta(2) = \sum_{m \geqslant 1} \frac{1}{m^2} = \frac{1}{6}\pi^2 \tag{3.36}$$

(2) Die Zahl $z \in \mathbf{R}^\times$ sei fixiert und $f\colon \mathbf{R} \to \mathbf{R}$ bezeichne die Fortsetzung mit Periode 2π der Funktion

$$[\![0, 2\pi[\![\, \ni x \longmapsto \sqrt{2\pi}\ \mathrm{e}^{zx} \in \mathbf{R} \tag{3.37}$$

auf die ganze Zahlengerade $\mathbf{R}$. Man erhält für $f \in \mathrm{L}^2(\mathbf{T})$ die Beziehung

$$\|f\|_2^2 = \int\limits_0^{2\pi} \mathrm{e}^{2zx}\,\mathrm{d}x = \frac{1}{2z}(\mathrm{e}^{2\pi z} + 1) \cdot (\mathrm{e}^{2\pi z} - 1). \tag{3.38}$$

Die Fourier-Koeffizienten von f sind

$$c_m(f) = \frac{1}{\sqrt{2\pi}}\,\frac{1}{z - \mathrm{i}m}\,(\mathrm{e}^{2\pi z} - 1) \qquad (m \in \mathbf{Z}), \tag{3.39}$$

so daß die Plancherel-Identität (3.23) die Gleichung

$$\pi\,\frac{\mathrm{e}^{2\pi z} + 1}{\mathrm{e}^{2\pi z} - 1} = \frac{1}{z} + 2z\sum_{m \geqslant 1} \frac{1}{z^2 + m^2} \tag{3.40}$$

liefert. Es ist klar, daß die Gültigkeit der Gleichung (3.40) für alle Punkte $\mathbf{C} - \mathrm{i}\,\mathbf{Z}$ gewährleistet ist. Da auf der linken Seite von (3.40) gerade $\pi \coth \pi z$ steht, erhält man durch Ersetzen von z durch $\mathrm{i}z$ und nach Multiplikation mit i aus (3.40) die Partialbruchzerlegung der Cotangensfunktion (mit Polstellen erster Ordnung in den Punkten $m \in \mathbf{Z}$)

$$\pi \cot \pi z = \frac{1}{z} + 2z\sum_{m \geqslant 1} \frac{1}{z^2 - m^2} \qquad (z \notin \mathbf{Z}). \tag{3.41}$$

Gilt $|z| < 1$, so kann man $\dfrac{1}{z^2 - m^2}$ $(m \geqslant 1)$ in eine Potenzreihe entwickeln und diese in (3.41) einsetzen. Ein Vergleich mit der Potenzreihenentwicklung von $\pi z \cot \pi z$ liefert dann neben der Identität (3.36) z. B. die Gleichungen

$$\zeta(4) = \sum_{m \geqslant 1} \frac{1}{m^4} = \frac{\pi^4}{90}, \qquad \zeta(6) = \sum_{m \geqslant 1} \frac{1}{m^6} = \frac{\pi^6}{945}, \qquad \zeta(8) = \sum_{m \geqslant 1} \frac{1}{m^8} = \frac{\pi^8}{9450} \tag{3.42}$$

(vgl. Aufgabe 3.4).

(3) Eine Folge $(\dot{x}_m)_{m \geqslant 1}$ von Punkten auf $\mathbf{T}$ heißt *gleichverteilt*, falls für jede Funktion $f \in \mathscr{C}(\mathbf{T})$ gilt:

$$\lim_{M \to +\infty} \frac{1}{M} \sum_{1 < m \leqslant M} f(\dot{x}_m) = \int_{\mathbf{T}} f(\dot{x})\mathrm{d}\dot{x} \tag{3.43}$$

Wählt man in (3.43) für f den Charakter $\dot{\chi}_l$ $(l \in \mathbf{Z}^\times)$ von $\mathbf{T}$, so müssen für jede gleichverteilte Folge $(\dot{x}_m)_{m \geqslant 1}$ notwendig die Gleichungen

$$\lim_{M \to +\infty} \frac{1}{M} \sum_{1 < m \leqslant M} \dot{\chi}_l(\dot{x}_m) = 0 \qquad (l \in \mathbf{Z}^\times) \tag{3.44}$$

erfüllt sein. Die Bedingungen (3.44) sind jedoch auch hinreichend für die Gleichverteilung der Folge $(\dot{x}_m)_{m \geqslant 1}$ (*Weylsches Kriterium*). Zu jedem $f \in \mathscr{C}(\mathbf{T})$ und zu jedem $\varepsilon > 0$ existiert nämlich aufgrund des Approximationssatzes von Weierstrass ein trigonometrisches Polynom $\dot{p} \in \mathscr{T}_{\mathbf{Z}}(\mathbf{T})$ mit der Eigenschaft $\|f - \dot{p}\|_\infty < \frac{1}{3}\varepsilon$. Es folgt

$$\left| \int\limits_{\mathbf{T}} f(\dot{x})\,\mathrm{d}\dot{x} - \frac{1}{M} \sum_{1 < m \leqslant M} f(\dot{x}_m) \right|$$

$$\leqslant \left| \int\limits_{\mathbf{T}} (f(\dot{x}) - \dot{p}(\dot{x}))\,\mathrm{d}\dot{x} \right| + \left| \int\limits_{\mathbf{T}} \dot{p}(\dot{x})\,\mathrm{d}\dot{x} - \frac{1}{M} \sum_{1 < m \leqslant M} \dot{p}(\dot{x}_m) \right| \tag{3.45}$$

$$+ \left| \frac{1}{M} \sum_{1 < m \leqslant M} (f(\dot{x}_m) - \dot{p}(\dot{x}_m)) \right| \leqslant \frac{1}{3}\varepsilon + \left| \int\limits_{\mathbf{T}} \dot{p}(\dot{x})\,\mathrm{d}\dot{x} - \frac{1}{M} \sum_{1 < m \leqslant M} \dot{p}(\dot{x}_m) \right| + \frac{1}{3}\varepsilon.$$

Wählt man $M \geqslant 1$ hinreichend groß, so gilt wegen (3.44) und (3.2)

$$\left| \int\limits_{\mathbf{T}} f(\dot{x})\,\mathrm{d}\dot{x} - \frac{1}{M} \sum_{1 < m \leqslant M} f(\dot{x}_m) \right| < \varepsilon. \tag{3.46}$$

Damit ist das Weylsche Kriterium bewiesen.

(4) Es sei $R \subseteq \mathbf{C}$ ein offener Kreisring mit $\mathbf{S}_1$ als äußerem Randkreis und $\mathcal{O}$ der komplexe Vektorraum aller in R holomorphen Funktionen f mit der Eigenschaft

$$\lim_{r \to 1-} \frac{1}{2\pi} \int\limits_{-\pi}^{+\pi} |f(re^{ix})|^2 \mathrm{d}x < +\infty. \tag{3.47}$$

Ist $f(z) = \sum\limits_{m \in \mathbf{Z}} a_m z^m$ die auf den kompakten Teilen von R gleichmäßig konvergente Laurent-Reihe, so folgt aus der Plancherel-Identität (3.23)

$$\frac{1}{2\pi} \int\limits_{-\pi}^{+\pi} |f(re^{ix})|^2 \mathrm{d}x = \sum_{m \in \mathbf{Z}} |a_m|^2 r^{2m} \tag{3.48}$$

für hinreichend großes $r < 1$. Somit gilt $f \in \mathcal{O}$ genau dann, wenn für die Koeffizientenfolge $(a_m)_{m \in \mathbf{Z}} \in \ell^2(\mathbf{Z})$ zutrifft.

Aufgaben

3.1 Sei $f \colon \mathbf{R} \ni x \longmapsto |\sin x|$. Berechne die Fourier-Koeffizienten $(c_m(f))_{m \in \mathbf{Z}}$.

3.2 Es bezeichne f die 2π-periodische Fortsetzung auf ganz $\mathbf{R}$ der Funktion

$$[0, 2\pi[\ni x \longmapsto \begin{cases} \sin x & \text{falls } x \in [0, \pi], \\ 0 & \text{falls } x \in {]}\pi, 2\pi{[}. \end{cases}$$

Fertige eine Skizze des Graphen von f an und berechne die Fourier-Koeffizienten von f.

3.3 Sei $h \in {]}0, 2\pi{[}$ fest gewählt und $f \colon \mathbf{R} \to \mathbf{R}$ entstehe aus der Funktion

$$[0, 2\pi[\ni x \longmapsto \begin{cases} 1 - \dfrac{1}{h}x & \text{falls } x \in [0, h], \\ 0 & \text{falls } x \in {]}h, 2\pi{[}, \end{cases}$$

durch Fortsetzung mit der Periode 2π. Es sind die Fourier-Koeffizienten von f zu berechnen.

3.4 Die Bernoulli-Zahlen $(B_m)_{m \geqslant 1}$ sind durch

$$\frac{1}{2} \frac{e^v + 1}{e^v - 1} = \frac{1}{v} - \sum_{m \geqslant 1} (-1)^m B_m \frac{v^{2m-1}}{(2m)!}$$

definiert. Beweise mit Hilfe von (3.38), daß $\zeta(2m) = \dfrac{(2\pi)^{2m}}{2(2m)!} B_m$ für jedes $m \geqslant 1$ gilt. Berechne $(B_m)_{1 \leqslant m \leqslant 8}$.

3.5 Für jedes $m \in \mathbf{N}^\times$ sei $x_m = m\theta$ mit einer festen Zahl $\theta \in \mathbf{R}$. Gilt $\theta \in \mathbf{Q}$, so ist die Folge $(\dot{x}_m)_{m \geqslant 1}$ nicht gleichverteilt. Im Falle $\theta \notin \mathbf{Q}$ ist dagegen die Folge $(\dot{x}_m)_{m \geqslant 1}$ gleichverteilt. (*Satz von Bohl*).

3.6 Die Folge $(\dot{x}_m)_{m \geqslant 1}$ mit $x_m = \log m$ ist nicht gleichverteilt. (Wende die Summenformel von Euler-MacLaurin an).

4   Die Banach-Algebra $L^1(\mathbf{T}^n)$

Der Grund für die Durchsichtigkeit der Verhältnisse, wie sie in Abschnitt 3 vorlagen, besteht darin, daß der Lebesgue-Raum $L^2(\mathbf{T}^n)$ ein komplexer Hilbert-Raum ist, in dem die Folge $(\dot{\chi}_m)_{m \in \mathbf{Z}^n}$ der Charaktere von $\mathbf{T}^n$ ein totales Orthonormalsystem bildet (Satz 3.3). $L^2(\mathbf{T}^n)$ ist jedoch der einzige Hilbert-Raum in der Skala der Lebesgue-Räume $L^p(\mathbf{T}^n)$, $p \in [1, +\infty]$. Der komplexe Banach-Raum $L^p(\mathbf{T}^n)$ zum Exponenten $p \in [1, +\infty[$ besteht aus den Äquivalenzklassen der bezüglich des Haar-Maßes $d\dot{x}$ über $\mathbf{T}^n$ meßbaren, zur p-ten Potenz integrierbaren, komplexwertigen Funktionen und trägt die Norm

$$f \longmapsto \|f\|_p = \left(\int\limits_{\mathbf{T}^n} |f(\dot{x})|^p \, d\dot{x} \right)^{1/p}. \tag{4.1}$$

Die zugehörige Topologie ist die der Konvergenz im p-ten Mittel. Im Falle $p = +\infty$ wird der komplexe Banach-Raum $L^\infty(\mathbf{T}^n)$ von den Äquivalenzklassen der bezüglich des Haar-Maßes $d\dot{x}$ meßbaren, wesentlich beschränkten, komplexwertigen Funktionen mit der Norm

$$\dot{g} \longmapsto \|\dot{g}\|_\infty = \operatorname*{ess.\,sup}_{\dot{x} \in \mathbf{T}^n} |\dot{g}(\dot{x})| \tag{4.2}$$

gebildet. Der (topologische) Dual von $L^1(\mathbf{T}^n)$ ist der Vektorraum $L^\infty(\mathbf{T}^n)$ vermöge der kanonischen Bilinearform

$$(f, \dot{g}) \longmapsto \langle f, \dot{g} \rangle = \int_{\mathbf{T}^n} f(\dot{x}) \dot{g}(\dot{x}) \mathrm{d}\dot{x}. \tag{4.3}$$

Die lineare Abbildung $f \longmapsto f(\dot{x}) \mathrm{d}\dot{x}$ liefert eine stetige Einbettung von $\mathrm{L}^1(\mathbf{T}^n)$ in den Banach-Raum $\mathscr{M}(\mathbf{T}^n)$ der komplexen Radon-Maße auf $\mathbf{T}^n$; $\mathscr{M}(\mathbf{T}^n)$ ist der (starke) Dual von $\mathscr{C}(\mathbf{T}^n)$ unter der Čebyšev-Norm $\|\cdot\|_\infty$. Für $1 \leqslant p \leqslant q \leqslant +\infty$ besteht dann die Sequenz stetiger linearer Injektionen

$$\mathscr{C}(\mathbf{T}^n) \hookrightarrow \mathrm{L}^q(\mathbf{T}^n) \hookrightarrow \mathrm{L}^p(\mathbf{T}^n) \to \mathscr{M}(\mathbf{T}^n). \tag{4.4}$$

Für jedes Element $\dot{s} \in \mathbf{T}^n$ wirken die Translation $\tau(\dot{s})$: $\mathbf{T}^n \ni \dot{x} \longmapsto \dot{x} + \dot{s} \in \mathbf{T}^n$ und die Inversion $\check{}$: $\dot{x} \longmapsto -\dot{x}$ auf die Funktionen $f \in \mathscr{C}(\mathbf{T}^n)$ gemäß

$$\tau(\dot{s})f: \dot{x} \longmapsto f(\dot{x} - \dot{s}), \qquad \check{f}: \dot{x} \longmapsto f(-\dot{x}); \tag{4.5}$$

sie wirken auf die Maße $\mu \in \mathscr{M}(\mathbf{T}^n)$ durch die Festsetzung

$$\int_{\mathbf{T}^n} f \mathrm{d}\big(\tau(\dot{s})\mu\big) = \int_{\mathbf{T}^n} \tau(-\dot{s})f \mathrm{d}\mu, \qquad \int_{\mathbf{T}^n} f \mathrm{d}\check{\mu} = \int_{\mathbf{T}^n} \check{f} \mathrm{d}\mu \tag{4.6}$$

für alle Funktionen $f \in \mathscr{C}(\mathbf{T}^n)$ und alle Punkte $\dot{s} \in \mathbf{T}^n$.

N o t i z. Bezeichnet E einen der Banach-Räume in der Sequenz (4.4) mit $q < +\infty$, so wird durch die Abbildung $\mathbf{T}^n \ni \dot{x} \longmapsto (\tau(\dot{x}): E \to E)$ eine stetige lineare Darstellung von $\mathbf{T}^n$ in E im Sinne von Definition 2.2 gegeben (vgl. Aufgabe 4.1).

Man nennt $\mu \in \mathscr{M}(\mathbf{T}^n)$ ein *translationsinvariantes* Maß auf $\mathbf{T}^n$, falls $\tau(\dot{s})\mu = \mu$ für alle $\dot{s} \in \mathbf{T}^n$ gilt und ein *symmetrisches* Maß auf $\mathbf{T}^n$ im Falle $\check{\mu} = \mu$. Wegen der Translationsinvarianz und der Symmetrie des Lebesgue-Maßes $\mathrm{d}x$ auf $\mathbf{R}^n$ ist auch das Haar-Maß $\mathrm{d}\dot{x}$ auf $\mathbf{T}^n$ translationsinvariant und symmetrisch. In Satz III.2.1 wird bewiesen, daß $\mathrm{d}\dot{x}$ das einzige translationsinvariante Maß in $\mathscr{M}(\mathbf{T}^n)$ mit der Gesamtmasse 1 ist.

Die Gleichungen (3.8) zeigen, daß die Fourier-Koeffizienten $c_m(f)$ für jedes $m \in \mathbf{Z}^n$ auch dann noch definiert sind, wenn nur $f \in \mathrm{L}^1(\mathbf{T}^n)$ erfüllt ist. Die Fourier-Transformation und die Fourier-Kotransformation auf $\mathbf{T}^n$ können also von $\mathrm{L}^2(\mathbf{T}^n)$ auf den Raum $\mathrm{L}^1(\mathbf{T}^n)$ ausgedehnt werden. Bezeichnet man die Fortsetzungen ebenfalls mit $\mathscr{F}_{\mathbf{T}^n}$ bzw. $\overline{\mathscr{F}}_{\mathbf{T}^n}$, so gilt demnach

$$\begin{aligned}
\mathscr{F}_{\mathbf{T}^n}: \mathrm{L}^1(\mathbf{T}^n) \ni f \longmapsto (c_m(f))_{m \in \mathbf{Z}^n} \in \mathbf{C}^{\mathbf{Z}^n}, \\
\overline{\mathscr{F}}_{\mathbf{T}^n}: \mathrm{L}^1(\mathbf{T}^n) \ni f \longmapsto (c_{-m}(f))_{m \in \mathbf{Z}^n} \in \mathbf{C}^{\mathbf{Z}^n},
\end{aligned} \tag{4.7}$$

mit den Fourier-Koeffizienten $c_m(f) = \int_{\mathbf{T}^n} f(\dot{x}) \, \bar{\dot{\chi}}_m(\dot{x}) \, \mathrm{d}\dot{x}$ $(m \in \mathbf{Z}^n)$. Es ist klar, daß die Abbildungen (4.7) $\mathbf{C}$-linear sind.

Wegen $|\dot{\chi}_m| = 1$ für $m \in \mathbf{Z}^n$ gilt $\sup_{m \in \mathbf{Z}^n} |c_m(f)| \leqslant \|f\|_1$ für alle $f \in \mathrm{L}^1(\mathbf{T}^n)$. Bezeichnet $\mathscr{C}^b(\mathbf{Z}^n)$ den Banach-Raum aller beschränkten Folgen $c = (c_m)_{m \in \mathbf{Z}^n}$ komplexer Zahlen mit der Čebyšev-Norm $c \longmapsto \|c\|_\infty = \sup_{m \in \mathbf{Z}^n} |c_m|$, so ist die Fourier-Transformation

$$\mathscr{F}_{\mathbf{T}^n}\colon L^1(\mathbf{T}^n) \to \mathscr{C}^b(\mathbf{Z}^n) \tag{4.8}$$

eine stetige lineare Abbildung mit

$$\|\mathscr{F}_{\mathbf{T}^n}f\|_\infty \leqslant \|f\|_1 \qquad (f \in L^1(\mathbf{T}^n)). \tag{4.9}$$

Der Bildraum $A(\mathbf{Z}^n) = \mathscr{F}_{\mathbf{T}^n}L^1(\mathbf{T}^n)$ der Abbildung (4.8) ist aufgrund des nachstehenden Satzes im (abgeschlossenen) Untervektorraum $\mathscr{C}_0(\mathbf{Z}^n) = \{(c_m)_{m \in \mathbf{Z}^n} \in \mathscr{C}^b(\mathbf{Z}^n) \mid \lim_{|m| \to +\infty} c_m = 0\}$ des komplexen Banach-Raumes $\mathscr{C}^b(\mathbf{Z}^n)$ enthalten.

Satz 4.1 (Riemann-Lebesgue) *Es gilt die Inklusion* $A(\mathbf{Z}^n) \subseteq \mathscr{C}_0(\mathbf{Z}^n)$, *d.h. die Fourier-Koeffizienten* $(c_m(f))_{m \in \mathbf{Z}^n}$ *jedes Elements* $f \in L^1(\mathbf{T}^n)$„verschwinden im Unendlichen".

Beweis. Seien $f \in L^1(\mathbf{T}^n)$ und $\varepsilon > 0$ beliebig vorgegeben. Da $\mathscr{C}(\mathbf{T}^n)$ im Raum $L^1(\mathbf{T}^n)$ überall dicht liegt, existiert aufgrund des Approximationssatzes von Weierstrass ein Z-spektrales trigonometrisches Polynom $\dot{p}_Z \in \mathscr{T}_Z(\mathbf{T}^n)$ mit endlicher Frequenzmenge $Z \subseteq \mathbf{Z}^n$, welches $\|f - \dot{p}_Z\|_1 < \varepsilon$ erfüllt. Wegen (4.9) gilt dann die Abschätzung

$$\begin{aligned} |c_m(f)| &\leqslant |c_m(f - \dot{p}_Z)| + |\dot{c}_m(\dot{p}_Z)| \\ &\leqslant \|f - \dot{p}_Z\|_1 + |c_m(\dot{p}_Z)| \end{aligned} \qquad (m \in \mathbf{Z}^n). \tag{4.10}$$

Für $m \notin Z$ verschwinden jedoch die Fourier-Koeffizienten $c_m(\dot{p}_Z)$. Es folgt $|c_m(f)| \leqslant \varepsilon$ für alle $m \in \mathbf{Z}^n - Z$. Dies liefert die Behauptung. ∎

Satz 4.2 *Die Fourier-Transformation und die Fourier-Kotransformation*

$$\mathscr{F}_{\mathbf{T}^n}\colon L^1(\mathbf{T}^n) \to \mathscr{C}_0(\mathbf{Z}^n), \quad \overline{\mathscr{F}}_{\mathbf{T}^n}\colon L^1(\mathbf{T}^n) \to \mathscr{C}_0(\mathbf{Z}^n) \tag{4.11}$$

sind stetige lineare injektive Abbildungen.

Beweis. Es bleibt nur noch zu zeigen, daß aus $f \in L^1(\mathbf{T}^n)$ und $c_m(f) = 0$ für alle $m \in \mathbf{Z}^n$ notwendig $f = \dot{0}$ folgt. Wegen $\int_{\mathbf{T}^n} \dot{\bar{\chi}}_m(\dot{x}) f(\dot{x}) \mathrm{d}\dot{x} = 0$ $(m \in \mathbf{Z}^n)$ gilt

$$\int_{\mathbf{T}^n} \dot{p}(\dot{x}) f(\dot{x}) \mathrm{d}\dot{x} = 0 \tag{4.12}$$

für alle $\dot{p} \in \mathscr{T}_{\mathbf{Z}^n}(\mathbf{T}^n)$. Aus der Dichtheit von $\mathscr{T}_{\mathbf{Z}^n}(\mathbf{T}^n)$ in $\mathscr{C}(\mathbf{T}^n)$ folgt $f(\dot{x})\mathrm{d}\dot{x} = \dot{0}$ in $\mathscr{M}(\mathbf{T}^n)$ und daraus $f = \dot{0}$. ∎

In Analogie zu (3.18) nennt man für jedes $f \in L^1(\mathbf{T}^n)$ die formale trigonometrische Reihe

$$\sum_{m \in \mathbf{Z}^n} c_m(f)\dot{\chi}_m \tag{4.13}$$

die *Fourier-Reihe von* f. Für jeden endlichen Teil $Z \subseteq \mathbf{Z}^n$ ist dann

$$\dot{s}_Z(f) = \sum_{m \in Z} c_m(f)\dot{\chi}_m \tag{4.14}$$

ein Z-spektrales trigonometrisches Polynom auf $\mathbf{T}^n$.

Satz 4.3 *Sei Z ein endlicher Teil von $\mathbf{Z}^n$ und $|Z|$ die Anzahl der Gitterpunkte von Z. Dann ist die Abbildung*

$$\dot{s}_Z \colon L^1(\mathbf{T}^n) \ni f \longrightarrow \dot{s}_Z(f) \in \mathcal{T}_Z(\mathbf{T}^n) \tag{4.15}$$

ein stetiger linearer Projektor von $L^1(\mathbf{T}^n)$ auf den Untervektorraum $\mathcal{T}_Z(\mathbf{T}^n)$. Es gilt die Normabschätzung

$$\|\dot{s}_Z\| \leqslant \sqrt{|Z|}. \tag{4.16}$$

Beweis. Die Linearität von $\dot{s}_Z$ folgt aus der Linearität von $\mathscr{F}_{\mathbf{T}^n}$ und die Idempotenz aus den Gleichungen (2.29). Für jedes $f \in L^1(\mathbf{T}^n)$ erhält man ferner gemäß Satz 2.9 und (4.9):

$$\|\dot{s}_Z(f)\|_1 \leqslant \|\dot{s}_Z(f)\|_2 = \left(\sum_{m \in Z} |c_m(f)|^2 \right)^{1/2}$$

$$\leqslant \|f\|_1 \cdot \left(\sum_{m \in Z} 1 \right)^{1/2} = \sqrt{|Z|} \cdot \|f\|_1 \tag{4.17}$$

Wegen $\|\dot{s}_Z\| = \sup_{\|f\|_1 \leqslant 1} \|\dot{s}_Z(f)\|_1$ folgt (4.16) und daraus insbesondere die Stetigkeit der linearen Abbildung (4.15). $\qquad\blacksquare$

Für die Untersuchung der Fourier-Reihen ist es wesentlich, nähere Einsicht in den linearen Projektor (4.15) zu gewinnen. Man erhält für jedes $f \in L^1(\mathbf{T}^n)$ und jedes $\dot{x} \in \mathbf{T}^n$

$$\dot{s}_Z(f)(\dot{x}) = \sum_{m \in Z} \left(\int_{\mathbf{T}^n} f(\dot{y}) \bar{\dot{\chi}}_m(\dot{y}) \mathrm{d}\dot{y} \right) \dot{\chi}_m(\dot{x})$$

$$= \int_{\mathbf{T}^n} \left(\sum_{m \in Z} \dot{\chi}_m(\dot{x}) \dot{\chi}_m(-\dot{y}) \right) f(\dot{y}) \mathrm{d}\dot{y} \tag{4.18}$$

$$= \int_{\mathbf{T}^n} \left(\sum_{m \in Z} \dot{\chi}_m(\dot{x} - \dot{y}) \right) f(\dot{y}) \mathrm{d}\dot{y}.$$

Definition 4.1 Es sei G eine abelsche topologische Gruppe. Für jede endliche Teilmenge $Z \subsetneqq \hat{G}$ wird das Z-spektrale trigonometrische Polynom auf G der Form

$$D_Z = \sum_{\chi \in Z} \chi \in \mathcal{T}_Z(G) \tag{4.19}$$

der Z-spektrale Dirichlet-Kern von G genannt.

Beispiele 4.1 (1) Sei $G = \mathbf{T}^n$ und $\dot{D}_R = \sum_{|m| \leqslant R} \dot{\chi}_m$ für $R \geqslant 0$ (Beispiel 2.5(1)). Man nennt die Familie $(\dot{D}_R)_{R \geqslant 0}$ den *sphärischen Dirichlet-Kern* auf $\mathbf{T}^n$. Es gilt $\int_{\mathbf{T}^n} \dot{D}_R(\dot{x}) \mathrm{d}\dot{x} = 1$ für jedes $R \geqslant 0$ wegen (2.25).

(2) Im Falle $G = \mathbf{T}$ erhält man mit den Bezeichnungen des vorangegangenen Beispiels für jedes $\dot{x} \in \mathbf{T}$ mit $\dot{x} \neq \dot{0}$ und jedes $N \in \mathbf{N}$

$$\dot{D}_N(\dot{x}) = e^{-iNx} \sum_{0 \leqslant m < 2N} e^{imx} = \frac{e^{-i(N+1/2)x}}{e^{-(i/2)x}} \cdot \frac{e^{i(2N+1)x}-1}{e^{ix}-1}$$

$$= \frac{e^{i(N+1/2)x} - e^{-i(N+1/2)x}}{e^{(i/2)x} - e^{-(i/2)x}}, \tag{4.20}$$

und damit

$$\dot{D}_N: \mathbf{T} \ni \dot{x} \longmapsto \begin{cases} \dfrac{\sin(N+1/2)x}{\sin(x/2)} & \text{falls } \dot{x} \neq \dot{0}, \\[2mm] 2N+1 & \text{falls } \dot{x} = \dot{0}. \end{cases} \qquad (N \in \mathbf{N}) \tag{4.21}$$

Man nennt die Folge $(\dot{D}_N)_{N \in \mathbf{N}}$ den *Dirichlet-Kern* von $\mathbf{T}$.

(3) Sei wieder $G = \mathbf{T}^n$ und $Q = \{x \in \mathbf{R}^n \mid |x_j| \leqslant \dot{\mathbf{l}},\ 1 \leqslant j \leqslant n\}$ ein kompakter n-Quader im $\mathbf{R}^n$. Dann gilt für jedes $\dot{x} \in \mathbf{T}^n$ und jedes $R \geqslant 0$:

$$\dot{D}_{RQ \cap \mathbf{Z}^n}(\dot{x}) = \sum_{m \in RQ \cap \mathbf{Z}^n} e^{i(m|x)} = \prod_{1 \leqslant j \leqslant n} \left(\sum_{|m_j| \leqslant Rl_j} e^{im_j x_j} \right) = \prod_{1 \leqslant j \leqslant n} \dot{D}_{[Rl_j]}(\dot{x}_j) \tag{4.22}$$

Die Familie $(\dot{D}_{RQ \cap \mathbf{Z}^n})_{R \geqslant 0}$ wird der *Dirichlet-Kern* auf $\mathbf{T}^n$ zum n-Quader Q genannt.

Mit Hilfe des Z-spektralen Dirichlet-Kerns $\dot{D}_Z$ von $\mathbf{T}^n$ kann (4.18) in der Form

$$\dot{s}_Z(f)(\dot{x}) = \int_{\mathbf{T}^n} \dot{D}_Z(\dot{x} - \dot{y}) f(\dot{y}) \mathrm{d}\dot{y} \qquad (\dot{x} \in \mathbf{T}^n) \tag{4.23}$$

geschrieben werden. Die Gleichung (4.23) legt es nahe, für jedes Paar $(f, \dot{g}) \in \mathscr{C}(\mathbf{T}^n) \times L^1(\mathbf{T}^n)$ die Abbildung

$$f * \dot{g}: \dot{x} \longmapsto \int_{\mathbf{T}^n} f(\dot{x} - \dot{y}) \cdot \dot{g}(\dot{y}) \mathrm{d}\dot{y} \tag{4.24}$$

zu betrachten. Wegen der Stetigkeit von f auf $\mathbf{T}^n$ ist $f * \dot{g}$ eine auf ganz $\mathbf{T}^n$ definierte, bezüglich $\mathrm{d}\dot{x}$ integrierbare, komplexwertige Funktion. Setzt man lediglich $f \in L^1(\mathbf{T}^n)$ voraus, so ist die Funktion (4.24) nur noch $\mathrm{d}\dot{x}$ – fast überall auf $\mathbf{T}^n$ definiert. Die Tatsache, daß $(\dot{x}, \dot{y}) \triangle f(\dot{x} - \dot{y}) \dot{g}(\dot{y})$ eine $\mathrm{d}\dot{x} \otimes \mathrm{d}\dot{y}$ – meßbare Funktion ist (Aufgabe 4.3), zeigt zusammen mit dem Satz von Lebesgue-Fubini und der Translationsinvarianz des Haar-Maßes $\mathrm{d}\dot{x}$ die Beziehungen

$$\int_{\mathbf{T}^n} \int_{\mathbf{T}^n} |f(\dot{x} - \dot{y}) \dot{g}(\dot{y})| \, \mathrm{d}\dot{x} \, \mathrm{d}\dot{y} = \int_{\mathbf{T}^n} |\dot{g}(\dot{y})| \cdot \left(\int_{\mathbf{T}^n} |f(\dot{x} - \dot{y})| \mathrm{d}\dot{x} \right) \mathrm{d}\dot{y}$$

$$= \int_{\mathbf{T}^n} |\dot{g}(\dot{y})| \cdot \|f\|_1 \, \mathrm{d}\dot{y} = \|f\|_1 \|\dot{g}\|_1 < + \infty. \tag{4.25}$$

Demnach gehört mit f und $\dot{g}$ auch $f * \dot{g}$ zum Raum $L^1(\mathbf{T}^n)$. Wegen (4.25) gilt die Abschätzung

$$\|f * \dot{g}\|_1 = \int_{\mathbf{T}^n} \left| \int_{\mathbf{T}^n} f(\dot{x} - \dot{y}) \dot{g}(\dot{y}) \mathrm{d}\dot{y} \right| \mathrm{d}\dot{x} \leqslant \int_{\mathbf{T}^n} \int_{\mathbf{T}^n} |f(\dot{x} - \dot{y}) \dot{g}(\dot{y})| \, \mathrm{d}\dot{y} \, \mathrm{d}\dot{x}$$

$$= \|f\|_1 \cdot \|\dot{g}\|_1. \tag{4.26}$$

Definition 4.2 Die gemäß (4.24) definierte Abbildung

$$L^1(\mathbf{T}^n) \times L^1(\mathbf{T}^n) \ni (\dot{f}, \dot{g}) \longmapsto \dot{f} * \dot{g} \in L^1(\mathbf{T}^n) \tag{4.27}$$

wird Faltung (oder Faltungsprodukt) auf der n-dimensionalen Torusgruppe $\mathbf{T}^n$ genannt.

Beispiel 4.2 Es gilt für jedes Paar $(l, m) \in \mathbf{Z}^n \times \mathbf{Z}^n$ gemäß (2.25)

$$\dot{\chi}_l * \dot{\chi}_m = \begin{cases} \dot{\chi}_l & \text{falls } l = m, \\ \dot{0} & \text{falls } l \neq m. \end{cases} \tag{4.28}$$

Insbesondere ist also $\dot{D}_Z * \dot{D}_Z = \dot{D}_Z$ für den Z-spektralen Dirichlet-Kern von $\mathbf{T}^n$ erfüllt. Die Beziehungen (4.28) zeigen, daß das Faltungsprodukt in $L^1(\mathbf{T}^n)$ Nullteiler besitzt.

Man überzeugt sich, daß die Abbildung (4.27) bilinear ist und $\dot{f} * \dot{g} = \dot{g} * \dot{f}$ sowie $(\dot{f} * \dot{g}) * \dot{h} = \dot{f} * (\dot{g} * \dot{h})$ für alle Elemente $\dot{f}, \dot{g}, \dot{h}$ aus $L^1(\mathbf{T}^n)$ gilt. Außerdem folgt nach dem Satz von Lebesgue-Fubini für die Fourier-Koeffizienten von $\dot{f} * \dot{g} \in L^1(\mathbf{T}^n)$:

$$\begin{aligned}
c_m(\dot{f} * \dot{g}) &= \int_{\mathbf{T}^n} (\dot{f} * \dot{g})(\dot{x})\, \dot{\bar{\chi}}_m(\dot{x}) \mathrm{d}\dot{x} = \int_{\mathbf{T}^n} \dot{\bar{\chi}}_m(\dot{x}) \left(\int_{\mathbf{T}^n} \dot{f}(\dot{x} - \dot{y}) \dot{g}(\dot{y}) \mathrm{d}\dot{y} \right) \mathrm{d}\dot{x} \\
&= \int_{\mathbf{T}^n} \dot{f}(\dot{x} - \dot{y}) \dot{\bar{\chi}}_m(\dot{x} - \dot{y}) \left(\int_{\mathbf{T}^n} \dot{g}(\dot{y}) \dot{\bar{\chi}}_m(\dot{y}) \mathrm{d}\dot{y} \right) \mathrm{d}\dot{x} \qquad (m \in \mathbf{Z}^n) \tag{4.29} \\
&= \int_{\mathbf{T}^n} \dot{f}(\dot{x} - \dot{y}) \dot{\bar{\chi}}_m(\dot{x} - \dot{y}) \mathrm{d}\dot{x} \cdot c_m(\dot{g}) = c_m(\dot{f}) \cdot c_m(\dot{g})
\end{aligned}$$

Dabei wurde wiederum die Tatsache ausgenutzt, daß das Haar-Maß $\mathrm{d}\dot{x}$ auf $\mathbf{T}^n$ translationsinvariant ist. Beachtet man, daß der Folgenraum $\mathscr{C}_0(\mathbf{Z}^n)$ durch die („punktweise") multiplikative Verknüpfung

$$(c_m)_{m \in \mathbf{Z}^n} \cdot (d_m)_{m \in \mathbf{Z}^n} \longmapsto (c_m \cdot d_m)_{m \in \mathbf{Z}^n} \tag{4.30}$$

zu einer kommutativen komplexen Banach-Algebra wird, so können diese Überlegungen folgendermaßen zusammengefaßt werden.

Satz 4.4 *Hinsichtlich der Faltung* (4.27) *als multiplikativer Verknüpfung bildet* $L^1(\mathbf{T}^n)$ *eine kommutative komplexe Banach-Algebra* (*mit Nullteilern*). *Die Fourier-Transformation* $\mathscr{F}_{\mathbf{T}^n}$ *und die Fourier-Kotransformation* $\overline{\mathscr{F}}_{\mathbf{T}^n}$ *sind Algebren-Morphismen von* $L^1(\mathbf{T}^n)$ *in* $\mathscr{C}_0(\mathbf{Z}^n)$.

Umgekehrt können natürlich auch die Kommutativität und die Assoziativität der Faltung auf $\mathbf{T}^n$ mit Hilfe der Morphismus-Eigenschaft (4.29) und der Injektivität (Satz 4.2) der Fourier-Transformation $\mathscr{F}_{\mathbf{T}^n}$ aus den entsprechenden, offensichtlich geltenden Regeln in $\mathscr{C}_0(\mathbf{Z}^n)$ hergeleitet werden. Diese (triviale) Bemerkung macht bereits deutlich, warum die Fourier-Transformation $\mathscr{F}_{\mathbf{T}^n}$ für die Banach-Algebra $L^1(\mathbf{T}^n)$ von so großer Bedeutung ist: Die Abbildung $\mathscr{F}_{\mathbf{T}^n}$ überführt das komplizierte Faltungsprodukt von $L^1(\mathbf{T}^n)$ in das einfachere „punktweise" Produkt der Banach-Algebra $\mathscr{C}_0(\mathbf{Z}^n)$. Außerdem erlaubt sie eine Beschreibung sämtlicher *Algebren-Charaktere* der kommutativen Banach-Algebra $L^1(\mathbf{T}^n)$, d.h. aller (stetigen) multiplikativen Linearformen $\zeta: L^1(\mathbf{T}^n) \to \mathbf{C}$, $\zeta \neq 0$.

Notiz. Man kann beweisen, daß jede multiplikative Linearform auf einer komplexen Banach-Algebra notwendig stetig ist (Aufgabe V.3.1).

Satz 4.5 *Sei ζ ein Charakter der kommutativen Banach-Algebra $L^1(\mathbf{T}^n)$. Dann existiert genau ein Gitterpunkt $m \in \mathbf{Z}^n$ mit der Eigenschaft*

$$\zeta(f) = \mathscr{F}_{\mathbf{T}^n} f(m) \tag{4.31}$$

für alle $f \in L^1(\mathbf{T}^n)$.

Beweis. Für $m \in \mathbf{Z}^n$ werde $c_m = \zeta(\dot\chi_{-m})$ gesetzt. Angenommen, es gelte $c_m = 0$ für alle $m \in \mathbf{Z}^n$. Dann verschwindet ζ auf dem Raum $\mathscr{T}_{\mathbf{Z}^n}(\mathbf{T}^n)$ und aufgrund der Stetigkeit von ζ auch auf ganz $L^1(\mathbf{T}^n)$. Wegen $\zeta \neq 0$ muß also mindestens ein Gitterpunkt $m \in \mathbf{Z}^n$ existieren mit $c_m \neq 0$. Wendet man ζ auf (4.28) an, so erhält man $c_l \cdot c_m = c_l$ für $l = m$ und $c_l \cdot c_m = 0$ für $l \neq m$. Es folgt

$$c_l = \begin{cases} 1 & \text{für } l = m, \\ 0 & \text{für } l \neq m. \end{cases} \tag{4.32}$$

Demnach gilt (4.31) für alle trigonometrischen Polynome $f \in \mathscr{T}_{\mathbf{Z}^n}(\mathbf{T}^n)$. Wegen der Stetigkeit von ζ und $\mathscr{F}_{\mathbf{T}^n}$ impliziert die Dichtheit von $\mathscr{T}_{\mathbf{Z}^n}(\mathbf{T}^n)$ in $L^1(\mathbf{T}^n)$ die Gültigkeit von (4.31) für alle $f \in L^1(\mathbf{T}^n)$. Aus den Orthogonalitätsrelationen (2.25) folgt, daß ζ den Gitterpunkt $m \in \mathbf{Z}^n$ durch (4.31) eindeutig festlegt. ∎

Für jede kommutative komplexe Banach-Algebra A heißt die Menge X_0 der Algebren-Charaktere ζ das *Spektrum* von A. Für jedes $x \in A$ wird die Abbildung $\mathscr{G}_A x$: $X_0 \ni \zeta \longmapsto \zeta(x) \in \mathbf{C}$ die *Gelfand-Transformierte* von x genannt. Satz 4.5 zeigt, daß man das Spektrum von $L^1(\mathbf{T}^n)$ mit dem Dual $\mathbf{Z}^n$ von $\mathbf{T}^n$ und die zugehörige Gelfand-Transformation $\mathscr{G}_{L^1(\mathbf{T}^n)}$ mit der Fourier-Kotransformation $\mathscr{F}_{\mathbf{T}^n}$ identifizieren kann.

Notiz. Die Banach-Algebra $L^1(\mathbf{T}^n)$ besitzt kein Eins-Element. Hätte nämlich $\dot u \in L^1(\mathbf{T}^n)$ die Eigenschaft $\dot u * f = f$ für alle $f \in L^1(\mathbf{T}^n)$, so würde offenbar $\mathscr{F}_{\mathbf{T}^n} \dot u(m) = 1$ für alle $m \in \mathbf{Z}^n$ folgen, im Widerspruch zu Satz 4.1.

Im Gegensatz zu $\mathscr{F}_{\mathbf{T}^n} L^2(\mathbf{T}^n) = \ell^2(\mathbf{Z}^n)$ (Satz 3.4) ist eine einfache Beschreibung des Bildraumes $A(\mathbf{Z}^n) = \mathscr{F}_{\mathbf{T}^n} L^1(\mathbf{T}^n)$ nicht möglich. Führt man den komplexen Banach-Raum $\ell^1(\mathbf{Z}^n) = \{ z = (z_m)_{m \in \mathbf{Z}^n} \in \mathbf{C}^{\mathbf{Z}^n} \mid \|z\|_1 = \sum_{m \in \mathbf{Z}^n} |z_m| < +\infty \}$ ein, so gilt

$$\ell^1(\mathbf{Z}^n) \subseteq \ell^2(\mathbf{Z}^n) \subseteq A(\mathbf{Z}^n) \subseteq \mathscr{C}_0(\mathbf{Z}^n) \subseteq \mathscr{C}^b(\mathbf{Z}^n). \tag{4.33}$$

Die Sequenz (4.33) grenzt jedoch den Raum $A(\mathbf{Z}^n)$ nur grob ein. Dies zeigen die folgenden

Beispiele 4.3 (1) Für jedes $\alpha > 0$ gehört die Folge $(|m|^{-\alpha})_{m \in \mathbf{Z}}$ zum Raum $\mathscr{C}_0(\mathbf{Z})$. In Beispiel II.6.2(1) wird gezeigt, daß ein Element $f_\alpha \in L^1(\mathbf{T})$ existiert mit $\mathscr{F}_{\mathbf{T}} f_\alpha(m) = |m|^{-\alpha}$ für $m \in \mathbf{Z}^\times$ und $\mathscr{F}_{\mathbf{T}} f_\alpha(0) = 0$. Wählt man $\alpha \in \left]0, 1/2\right]$, so gehört die Folge $(|m|^{-\alpha})_{m \in \mathbf{Z}}$ zwar noch zum Raum $A(\mathbf{Z})$, aber nicht zu $\ell^2(\mathbf{Z})$.

(2) Die Folge $(c_m)_{m \in \mathbf{Z}}$ mit $c_0 = c_1 = c_{-1} = 0$, $c_m = -c_{-m} = \dfrac{i}{\log m}$ $(m \geqslant 2)$ gehört zum Raum

$\mathscr{C}_0(\mathbf{Z})$. Es existiert jedoch kein $f \in L^1(\mathbf{T})$ mit $\mathscr{F}_{\mathbf{T}} f(m) = c_m$ für alle $m \in \mathbf{Z}$ (Beispiel 7.2). Vgl. hierzu auch Aufgabe 4.7.

Mit Hilfe der Faltung nimmt der stetige lineare Projektor (4.15) gemäß (4.23) die Gestalt

$$\dot{s}_Z : L^1(\mathbf{T}^n) \ni f \longmapsto \dot{D}_Z * f \in \mathscr{T}_Z(\mathbf{T}^n) \tag{4.34}$$

an; für die R-te sphärische Partialsumme (3.20) der Fourier-Reihe von $f \in L^1(\mathbf{T}^n)$ insbesondere gilt $\dot{s}_R(f) = \dot{D}_R * f$ (Beispiel 4.1(1)). Aus (4.26) folgt

$$\|\dot{s}_Z\| \leqslant \|\dot{D}_Z\|_1 . \tag{4.35}$$

In (4.35) gilt sogar Gleichheit, wie der nachstehende Satz zeigt:

Satz 4.6 *Für jede endliche Teilmenge $Z \subseteq \mathbf{Z}^n$ besitzt der stetige lineare Projektor (4.34) die Norm*

$$\|\dot{s}_Z\| = \|\dot{D}_Z\|_1 . \tag{4.36}$$

Beweis. Es ist die Gleichung

$$\|\dot{D}_Z\|_1 = \sup_{\|\dot{g}\|_1 < 1} \|\dot{s}_Z(\dot{g})\|_1 \tag{4.37}$$

als richtig zu erkennen. Dazu ist zu beachten, daß für alle Paare $(\dot{g}, f) \in L^1(\mathbf{T}^n) \times L^\infty(\mathbf{T}^n)$ die zugehörenden Normen mit Hilfe der kanonischen Bilinearform (4.3) der Dualität $(L^1(\mathbf{T}), L^\infty(\mathbf{T}))$ gemäß $\|\dot{g}\|_1 = \sup_{\|f\|_\infty < 1} |\langle \dot{g}, f \rangle|$ und $\|f\|_\infty = \sup_{\|\dot{g}\|_1 < 1} |\langle \dot{g}, f \rangle|$ berechnet werden können. Man erhält

$$\sup_{\|f\|_\infty < 1} \|\dot{s}_Z(f)\|_\infty = \sup_{\substack{\dot{x} \in \mathbf{T}^n \\ \|f\|_\infty < 1}} \left| \int_{\mathbf{T}^n} \dot{D}_Z(\dot{x} - \dot{y}) f(\dot{y}) \mathrm{d}\dot{y} \right|$$
$$= \sup_{\dot{x} \in \mathbf{T}^n} \int_{\mathbf{T}^n} |\dot{D}_Z(\dot{x} - \dot{y})| \mathrm{d}\dot{y} = \|\dot{D}_Z\|_1 . \tag{4.38}$$

Daraus folgt mit Hilfe des Satzes von Lebesgue-Fubini

$$\|\dot{D}_Z\|_1 = \sup_{\substack{\|f\|_\infty < 1 \\ \|\dot{g}\|_1 < 1}} |\langle \dot{g}, \dot{s}_Z(f) \rangle| = \sup_{\substack{\|f\|_\infty < 1 \\ \|\dot{g}\|_1 < 1}} |\langle \dot{s}_Z(\check{g}), \check{f} \rangle| . \tag{4.39}$$

Hieraus folgt die Gleichung (4.37). ∎

Definition 4.3 Für jede endliche Teilmenge $Z \subseteq \mathbf{Z}^n$ wird die Zahl $\|\dot{D}_Z\|_1$ die Lebesgue-Konstante des Raumes $\mathscr{T}_Z(\mathbf{T}^n)$ genannt.

Aus Satz 4.2 und Satz 4.5 folgt die Abschätzung $\|\dot{D}_Z\|_1 \leqslant \sqrt{|Z|}$. Im Falle $n = 1$ erhält man genauer

Satz 4.7 *Für die Folge $(\|\dot{D}_N\|_1)_{N \in \mathbf{N}}$ der Lebesgue-Konstanten der Räume aller trigonometrischen Polynome vom Grad $\leqslant N$ auf $\mathbf{T}$ gilt die asymptotische Abschätzung*

$$\|\dot{D}_N\|_1 = \frac{4}{\pi^2} \log N + O(1) \qquad (N \to +\infty). \tag{4.40}$$

Beweis. Nach Beispiel 4.1(2) erhält man für jedes $N \in \mathbf{N}$ wegen $\check{D}_N = \dot{D}_N$:

$$\|\dot{D}_N\|_1 = \frac{1}{2\pi} \int_{-\pi}^{+\pi} \left| \frac{\sin\left(N+\frac{1}{2}\right)x}{\sin\frac{1}{2}x} \right| dx = \frac{2}{\pi} \int_{0}^{\frac{1}{2}\pi} \left| \frac{\sin(2N+1)x}{\sin x} \right| dx \qquad (4.41)$$

Beachtet man, daß die Funktion $]0, \frac{1}{2}\pi[\ni x \longmapsto \dfrac{1}{\sin x} - \dfrac{1}{x}$ beschränkt ist, so folgt aus (4.41) für $N \to +\infty$

$$\|\dot{D}_N\|_1 = \frac{2}{\pi} \int_{0}^{\frac{1}{2}\pi} \left| \frac{\sin(2N+1)x}{x} \right| dx + O(1) = \frac{2}{\pi} \int_{0}^{\frac{1}{2}(2N+1)\pi} \frac{|\sin x|}{x} dx + O(1)$$

$$= \frac{2}{\pi} \sum_{0 \leqslant k < 2N} \int_{\frac{1}{2}k\pi}^{\frac{1}{2}(k+1)\pi} \frac{|\sin x|}{x} dx + O(1). \qquad (4.42)$$

Führt man die Funktionen

$$g_k : [0, \tfrac{1}{2}\pi] \ni x \longmapsto \begin{cases} \sin x & \text{falls } k \text{ gerade,} \\ \cos x & \text{falls } k \text{ ungerade,} \end{cases} \qquad (0 \leqslant k \leqslant 2N) \qquad (4.43)$$

ein, so erhält man aus (4.42) für $N \to +\infty$

$$\|\dot{D}_N\|_1 = \frac{2}{\pi} \sum_{0 \leqslant k < 2N} \int_{0}^{\frac{1}{2}\pi} \frac{1}{\frac{1}{2}k\pi + x} g_k(x)\,dx + O(1)$$

$$= \frac{2}{\pi} \sum_{1 \leqslant k < 2N} \frac{1}{\frac{1}{2}k\pi} \int_{0}^{\frac{1}{2}\pi} g_k(x)\,dx + O(1) \qquad (4.44)$$

$$= \frac{2}{\pi} \sum_{1 \leqslant k < 2N} \frac{2}{k\pi} + O(1)$$

wegen $0 \leqslant \dfrac{1}{\frac{1}{2}k\pi} - \dfrac{1}{\frac{1}{2}k\pi + x} \leqslant \dfrac{\frac{1}{2}\pi}{(\frac{1}{2}k\pi)^2}$ für alle $k \in \mathbf{N}^\times$ und $x \in [0, \tfrac{1}{2}\pi]$.

Da aber $\displaystyle\sum_{1 \leqslant k < 2N} \frac{1}{k} = \log N + O(1)$ für $N \to +\infty$ gilt, liefert (4.44) die gewünschte asymptotische Abschätzung (4.40). ∎

Mit Hilfe von Satz 4.7 erhält man das folgende Divergenzresultat:

Satz 4.8 *Im komplexen Banach-Raum $L^1(\mathbf{T})$ existiert eine überall dichte Teilmenge M mit der Eigenschaft, daß die Fourier-Reihe jedes Elementes $f \in M$ im Raum $L^1(\mathbf{T})$ divergent ist.*

Beweis. Wir definieren die Abbildung

$$p\colon L^1(\mathbf{T}) \ni f \longrightarrow \sup_{N\in\mathbf{N}} \|\dot{s}_N(f)\|_1 \in \mathbf{R}_+ \cup \{+\infty\}. \tag{4.45}$$

Dann ist p in jeder Umgebung jedes Element $\dot{f}_0 \in L^1(\mathbf{T})$ unbeschränkt. Nimmt man nämlich $\dot{p}(f) \leqslant C$ für alle $f \in L^1(\mathbf{T})$ mit $\|f - \dot{f}_0\|_1 < \varepsilon$ an $(C > 0,\ \varepsilon > 0)$, so folgt mit Hilfe einer einfachen Rechnung wegen Satz 4.6 die Abschätzung

$$\sup_{N\in\mathbf{N}} \|\dot{D}_N\|_1 \leqslant 2\frac{C}{\varepsilon} \tag{4.46}$$

im Widerspruch zu Satz 4.7. Also ist die Menge $M_k = \{f \in L^1(\mathbf{T}) \mid p(f) < k\}$ für jedes $k \in \mathbf{N}$ überall dicht in $L^1(\mathbf{T})$. Jede der Mengen $M_k\,(k \in \mathbf{N})$ ist außerdem offen in $L^1(\mathbf{T})$. Gilt nämlich $\dot{f}_0 \in M_k$, so existiert eine Zahl $N_0 \in \mathbf{N}$ mit $\|\dot{s}_{N_0}(\dot{f}_0)\|_1 > k$. Wegen der Stetigkeit der Abbildung $\dot{s}_{N_0}\colon L^1(\mathbf{T}) \to L^1(\mathbf{T})$ existiert ein $\varepsilon > 0$ mit $\|\dot{s}_{N_0}(f)\|_1 > k$ falls $f \in L^1(\mathbf{T})$ und $\|\dot{f}_0 - f\|_1 < \varepsilon$ gilt. Also folgt $p(f) > k$, d.h. es gilt $f \in M_k$ für alle $f \in L^1(\mathbf{T})$ mit $\|\dot{f}_0 - f\|_1 < \varepsilon$. Als Banach-Raum ist $L^1(\mathbf{T})$ insbesondere ein Baire-Raum. Da aber in jedem Baire-Raum der Durchschnitt abzählbar vieler offener, überall dichter Teilmengen stets wieder überall dicht ist, liegt die Menge $M = \bigcap_{k\in\mathbf{N}} M_k$ überall dicht in $L^1(\mathbf{T})$. Für jedes $\dot{f}_0 \in M$ gilt mithin

$$p(\dot{f}_0) = \sup_{N\in\mathbf{N}} \|\dot{s}_N(\dot{f}_0)\|_1 = +\infty. \tag{4.47}$$

Demnach ist M eine Teilmenge von $L^1(\mathbf{T})$ mit der behaupteten Eigenschaft. ∎

Notiz. Wegen (4.22) und (4.40) existiert auch in $L^1(\mathbf{T}^n)$, $n \geqslant 1$, eine überall dichte Teilmenge M mit der Eigenschaft, daß die Fourier-Reihe von $f \in M$ im Raum $L^1(\mathbf{T}^n)$ divergiert.

Satz 4.8 zeigt, daß beim Übergang vom komplexen Hilbert-Raum $L^2(\mathbf{T})$ zu dem „größeren" Banach-Raum $L^1(\mathbf{T})$ und der zugehörigen gröberen Topologie der Konvergenz im Mittel Konvergenzstörungen der Fourier-Reihen auftreten können. Aber auch die Einschränkung auf den Banach-Raum $\mathscr{C}(\mathbf{T})$ aller stetigen komplexwertigen Funktionen auf $\mathbf{T}$ unter der vom Lebesgue-Raum $L^\infty(\mathbf{T})$ induzierten Topologie der gleichmäßigen Konvergenz schafft noch keine Abhilfe, wie aus dem nachstehenden Satz hervorgeht.

Satz 4.9 *Sei $(\dot{x}_k)_{k\in\mathbf{N}}$ eine beliebige Folge von Punkten auf der eindimensionalen Torusgruppe* $\mathbf{T}$. *Dann existiert eine Funktion $\dot{f}_0 \in \mathscr{C}(\mathbf{T})$ mit*

$$\sup_{N\in\mathbf{N}} |\dot{s}_N(\dot{f}_0)(\dot{x}_k)| = +\infty \tag{4.48}$$

für alle $k \in \mathbf{N}$.

Beweis. Es werde eine beliebige Nullfolge $(\alpha_N)_{N\in\mathbf{N}^\times}$ von reellen Zahlen $\alpha_N > 0$ vorgegeben. Dann ist

$$p_k\colon \mathscr{C}(\mathbf{T}) \ni f \longrightarrow \sup_{N\in\mathbf{N}^\times} \frac{|\dot{s}_N(f)(\dot{x}_k)|}{\alpha_N \cdot \log(N+1)} \in \mathbf{R}_+ \cup \{+\infty\} \tag{4.49}$$

für jedes $k \in \mathbf{N}$ eine Prä-Norm auf dem Raum $\mathscr{C}(\mathbf{T})$. Wegen

$$|\dot{s}_N(f)(\dot{x}_k)| \leqslant \|\dot{s}_N(f)\|_\infty \leqslant \|\dot{D}_N\|_1 \cdot \|f\|_\infty \tag{4.50}$$

wird für jedes Paar $(N,k) \in \mathbf{N}^\times \times \mathbf{N}$ durch die Zuordnung $f \longrightarrow \dot{s}_N(f)(\dot{x}_k)$ eine stetige Linearform auf dem komplexen Banach-Raum $\mathscr{C}(\mathbf{T})$ definiert. Deshalb ist $(p_k)_{k \in \mathbf{N}}$ eine Folge nach unten halbstetiger Prä-Normen. Angenommen, es gelte $\inf\limits_{k \in \mathbf{N}} p_k(f) < +\infty$ für alle $f \in \mathscr{C}(\mathbf{T})$. Da $\mathscr{C}(\mathbf{T})$ als Banach-Raum ein Baire-Raum ist, existiert ein Index $k_0 \in \mathbf{N}$ derart, daß p_{k_0} auf $\mathscr{C}(\mathbf{T})$ stetig und endlich ist (Aufgabe 4.6). Zu p_{k_0} existiert eine Konstante $C > 0$ mit

$$\sup_{\|f\|_\infty < 1} \left| \int_\mathbf{T} \dot{D}_N(\dot{x}_k - \dot{x}) f(\dot{x}) \mathrm{d}\dot{x} \right| \leqslant C \cdot \alpha_N \log(N+1) \tag{4.51}$$

für $N \in \mathbf{N}^\times$ und $k \in \mathbf{N}$. Es folgt

$$\|\dot{D}_N\|_1 \leqslant C \cdot \alpha_N \cdot \log(N+1) \qquad (N \in \mathbf{N}^\times). \tag{4.52}$$

Wählt man insbesondere $\alpha_N = 1/\log(N+1)$ für $N \in \mathbf{N}^\times$, so steht (4.52) im Widerspruch zur Abschätzung (4.40). Also muß eine Funktion $f_0 \in \mathscr{C}(\mathbf{T})$ existieren mit der Eigenschaft $p_k(f_0) = \sup\limits_{N \in \mathbf{N}^\times} |\dot{s}_N(f_0)(\dot{x}_k)| = +\infty$ für alle $k \in \mathbf{N}$. Dies liefert die Behauptung. ∎

Notiz. Aus dem vorstehenden Beweis ist noch zu entnehmen, daß die Menge aller Funktionen $f_0 \in \mathscr{C}(\mathbf{T})$, für die

$$\limsup_{N \to +\infty} \frac{|\dot{s}_N(f_0)(\dot{x}_k)|}{\alpha_N \cdot \log(N+1)} < +\infty \tag{4.53}$$

für alle $k \in \mathbf{N}$ erfüllt ist, mager im Raum $\mathscr{C}(\mathbf{T})$ ist.

Zum Beweis des nächsten Satzes wollen wir das Lemma von Riemann-Lebesgue (Satz 4.1) heranziehen, um zu zeigen, daß die Konvergenz der Fourier-Reihe einer Funktion $f \in L^1(\mathbf{T})$ in einem Punkt $\dot{x} \in \mathbf{T}$ allein vom Verhalten von f in einer Umgebung von $\dot{x}$ abhängt. Dabei bedeutet es offenbar keine Beschränkung der Allgemeinheit, $\dot{x} = \dot{0}$ zu wählen.

Satz 4.10 (Lokalisationsprinzip) *Es sei $f \in L^1(\mathbf{T})$ und es gelte $f(\dot{x}) = 0$ für alle Punkte $\dot{x}$ aus einer Neutralumgebung U von $\mathbf{T}$. Dann konvergiert die Folge $(\dot{s}_N(f))_{N \in \mathbf{N}}$ in einer kompakten Neutralumgebung $V \subsetneq U$ von $\mathbf{T}$ gleichmäßig gegen $\dot{0}$.*

Beweis. Sei $\varepsilon > 0$ so gewählt, daß die kompakte Neutralumgebung $V = \{\dot{x} \in \mathbf{T} \mid |x| \leqslant \varepsilon\}$ in U enthalten und $f(\dot{x} + \dot{y}) = 0$ für alle Paare $(\dot{x}, \dot{y}) \in V \times V$ gewährleistet ist. Dann erfüllen die Funktionen

$$\dot{g}_\pm : V \times \mathbf{T} \ni (\dot{x}, \dot{y}) \longrightarrow \begin{cases} \dfrac{1}{2i \sin \frac{1}{2}y} f(\dot{x} + \dot{y}) \, \mathrm{e}^{\pm \frac{1}{2}iy} & \text{für } \dot{y} \neq \dot{0}, \\[2ex] 0 & \text{für } \dot{y} = \dot{0}, \end{cases} \tag{4.54}$$

die Bedingungen $\dot{g}_{\pm}(\dot{x}, \cdot) \in L^1(\mathbf{T})$ für alle $\dot{x} \in V$. Man erhält für jeden Punkte $\dot{x} \in V$ wegen $\dot{D}_N = \check{D}_N$ und alle $N \in \mathbf{N}$ (4.20)

$$\dot{s}_N(f)(\dot{x}) = \int\limits_{\mathbf{T}} \dot{D}_N(\dot{y}) f(\dot{x} + \dot{y}) \mathrm{d}\dot{y}$$

$$= \int\limits_{\mathbf{T}} \dot{g}_+(\dot{x}, \dot{y}) \dot{\chi}_N(\dot{y}) \mathrm{d}\dot{y} - \int\limits_{\mathbf{T}} \dot{g}_-(\dot{x}, \dot{y}) \dot{\bar{\chi}}_N(\dot{y}) \mathrm{d}\dot{y} \tag{4.55}$$

und somit

$$\dot{s}_N(f)(\dot{x}) = c_{-N}(\dot{g}_+(\dot{x}, \cdot)) - c_N(\dot{g}_-(\dot{x}, \cdot)). \tag{4.56}$$

Satz 4.1 impliziert also für alle Punkte $\dot{x} \in V$ die Beziehung

$$\lim_{N \to +\infty} \dot{s}_N(f)(\dot{x}) = 0. \tag{4.57}$$

Es bleibt die Gleichmäßigkeit des Grenzüberganges (4.57) in V zu beweisen. Man findet für jedes Paar $(\dot{x}_1, \dot{x}_2) \in V \times V$ die Abschätzung

$$|\dot{s}_N(f)(\dot{x}_1) - \dot{s}_N(f)(\dot{x}_2)| \leqslant \int\limits_{\mathbf{T}-V} |f(\dot{x}_1 + \dot{y}) - f(\dot{x}_2 + \dot{y})| \cdot |\dot{D}_N(\dot{y})| \, \mathrm{d}\dot{y}$$

$$\leqslant (\sin \tfrac{1}{2}\varepsilon)^{-1} \|\tau(\dot{x}_2 - \dot{x}_1)f - f\|_1. \tag{4.58}$$

Weil die Translation τ eine stetige lineare Darstellung von $\mathbf{T}$ im komplexen Banach-Raum $L^1(\mathbf{T})$ ist (Aufgabe 4.1), folgt die gleichgradige gleichmäßige Stetigkeit der Funktionenfolge $(\dot{s}_N(f))_{N \in \mathbf{N}}$ auf V. Der Grenzübergang (4.57) erfolgt demnach lokal gleichmäßig in V und wegen der Kompaktheit von V auch gleichmäßig in V.   ∎

Notiz. Sind $f \in L^1(\mathbf{T})$, $\dot{g} \in L^1(\mathbf{T})$ Funktionen mit $f(\dot{x}) = \dot{g}(\dot{x})$ für alle Punkte $\dot{x}$ einer Umgebung U von $\dot{x}_0 \in \mathbf{T}$, so gilt

$$\lim_{N \to +\infty} |\dot{s}_N(f)(\dot{x}) - \dot{s}_N(\dot{g})(\dot{x})| = 0 \tag{4.59}$$

gleichmäßig in einer kompakten Umgebung $V \subsetneq U$ von $\dot{x}_0$.

Beispiel 4.4 Auf der n-dimensionalen Torusgruppe $\mathbf{T}^n$ kann die Gültigkeit des Lokalisationsprinzips für $n > 1$ nicht erwartet werden. Dies sieht man durch folgende Überlegung. Sei $Q = \{x \in \mathbf{R}^n \mid |x_j| \leqslant l_j, 1 \leqslant j \leqslant n\}$ ein kompakter n-Quader im $\mathbf{R}^n$ (vgl. Beispiel 4.1(3)) mit $l_j > 0$ für $1 \leqslant j \leqslant n$. Für $0 < \varepsilon < \delta < \pi$ sei $\dot{\Phi}_1 \in \mathscr{C}(\mathbf{T})$ mit $\dot{\Phi}_1(\dot{x}_1) = 0$ für $|x_1| < \varepsilon$ und $\dot{\Phi}_1(\dot{x}_1) = 1$ für $\pi > |x_1| > \delta$. Für $2 \leqslant j \leqslant n$ werde $\dot{\Phi}_j = 1$ gewählt. Führt man dann die Abbildungen

$$\dot{\Phi} = \bigotimes_{1 \leqslant j \leqslant n} \dot{\Phi}_j \colon \mathbf{T}^n \ni (\dot{x}_j)_{1 \leqslant j \leqslant n} \longmapsto \prod_{1 \leqslant j \leqslant n} \dot{\Phi}_j(\dot{x}_j) \quad \text{und}$$

$$L_R \colon \mathscr{C}(\mathbf{T}^n) \ni f \longmapsto \dot{s}_{RQ \cap \mathbf{Z}^n}(\dot{\Phi} f)(\dot{0}) \in \mathbf{C} \tag{4.60}$$

für $R \geqslant 0$ ein, so ist $(L_R)_{R \geqslant 0}$ eine Familie stetiger Linearformen auf dem Banach-Raum $\mathscr{C}(\mathbf{T}^n)$. Für ihre Normen erhält man wegen (4.21) und (4.40) die Abschätzung

$$\|L_R\| = \int_{\mathbf{T}^n} |\dot{\Phi}(\dot{x})\dot{D}_{RQ \cap \mathbf{Z}^n}(\dot{x})|\,d\dot{x}$$

$$\geq \frac{1}{\pi} \int_\delta^\pi \frac{\sin\left(([R l_1] + 1/2)x_1\right)}{\sin(x_1/2)}\,dx_1 \prod_{2 \leq j \leq n} \|\dot{D}_{[R l_j]}\|_1 \tag{4.61}$$

$$\geq C \int_{([R l_1]+\frac{1}{2})\delta}^{([R l_1]+\frac{1}{2})\pi} \frac{|\sin x_1|}{x_1}\,dx_1 \prod_{2 \leq j \leq n} \log [R l_j] \geq C' \prod_{2 < j < n} \log [R l_j]$$

mit Konstanten $C, C' > 0$. Es folgt $\sup_{R \geq 0}\|L_R\| = +\infty$. Nach dem Prinzip der gleichmäßigen

Beschränktheit existiert also eine Funktion $\dot{g} \in \mathscr{C}(\mathbf{T}^n)$ mit $\sup_{R \geq 0}|L_R(\dot{g})| = +\infty$. Die Funktion f
$= \dot{\Phi} \cdot \dot{g} \in \mathscr{C}(\mathbf{T}^n)$ verschwindet auf einer Neutralumgebung U von $\mathbf{T}^n$; die Fourier-Reihe von f
konvergiert aber bei rechteckiger Summation (das Verhältnis der Seitenlängen von RQ bleibt
konstant!) auf keiner Neutralumgebung $V \subsetneqq U$ punktweise gegen f.

Aufgaben

4.1 Zeige, daß für jeden Exponenten $p \in \llbracket 1, +\infty\llbracket$ die Translation τ eine stetige lineare
Darstellung von $\mathbf{T}^n$ in $L^p(\mathbf{T}^n)$ ist. (Betrachte einen geeigneten Untervektorraum von $L^p(\mathbf{T}^n)$, der
überall dicht liegt).

4.2 Fertige eine Skizze der Graphen von D_6 und D_8 an.

4.3 Es seien f und $\dot{g}$ zwei $d\dot{x}$-meßbare komplexwertige Funktionen auf $\mathbf{T}^n$. Zeige, daß die
Funktion $(\dot{x}, \dot{y}) \rightsquigarrow f(\dot{x} - \dot{y})g(\dot{x})$ bezüglich des Produktmaßes $d\dot{x} \otimes d\dot{y}$ auf $\mathbf{T}^n \times \mathbf{T}^n$ meßbar ist.

4.4 Für $z = (z_m)_{m \in \mathbf{Z}^n} \in \ell^1(\mathbf{Z}^n)$ und $w = (w_m)_{m \in \mathbf{Z}^n} \in \ell^1(\mathbf{Z}^n)$ sei $z * w = \left(\sum_{l \in \mathbf{Z}^n} z_l w_{m-l}\right)_{m \in \mathbf{Z}^n}$.

(a) Zeige, daß $\ell^1(\mathbf{Z}^n)$ bezüglich der Verknüpfung $(z, w) \rightsquigarrow z * w$ eine kommutative komplexe
Banach-Algebra mit Einselement ist.

(b) Die Fourier-Transformation $\mathscr{F}_{\mathbf{Z}^n}$ und die Fourier-Kotransformation $\bar{\mathscr{F}}_{\mathbf{Z}^n}$ (vgl. Definition
3.4) sind Algebren-Morphismen von $\ell^1(\mathbf{Z}^n)$ in $\mathscr{C}(\mathbf{T}^n)$.

(c) Bestimme die Algebren-Charaktere $\zeta \neq 0$ von $\ell^1(\mathbf{Z}^n)$.

4.5 Sei $A(\mathbf{T}^n) = \{f \in \mathscr{C}(\mathbf{T}^n) \mid \sum_{m \in \mathbf{Z}^n} |\mathscr{F}_{\mathbf{T}^n} f(m)| < +\infty\}$ der komplexe Vektorraum aller (steti-
gen) Funktionen mit absolut konvergenter Fourier-Reihe auf $\mathbf{T}^n$.

(a) Die Fourier-Transformation $\mathscr{F}_{\mathbf{T}^n}$ ist ein Vektorraum-Isomorphismus von $A(\mathbf{T}^n)$ auf
$\ell^1(\mathbf{Z}^n)$.

(b) Bezüglich der mit Hilfe von $\mathscr{F}_{\mathbf{T}^n}^{-1}$ von $\ell^1(\mathbf{Z}^n)$ auf $A(\mathbf{T}^n)$ transportierten Norm und des
punktweisen Produkts ist $A(\mathbf{T}^n)$ eine (zu $\ell^1(\mathbf{Z}^n)$ isomorphe) kommutative komplexe Banach-
Algebra mit Einselement.

(c) Bestimme das Spektrum von $A(\mathbf{T}^n)$.

4.6 Sei E ein komplexer Fréchet-Raum, d.h. ein vollständig metrisierbarer lokalkonvexer topologischer Vektorraum über $\mathbf{C}$ und $p_k\colon E \to [\![0, + \infty]\!]$ ($k \in \mathbf{N}$) eine Folge nach unten halbstetiger Prä-Normen. Ist M eine fette Teilmenge von E mit $\inf\limits_{k\in\mathbf{N}} p_k(x) < + \infty$ für alle $x \in M$, so existiert ein Index $k_0 \in \mathbf{N}$ derart, daß p_{k_0} auf E endlich und stetig ist. (Für $k \in \mathbf{N}$, $r \in \mathbf{N}$ sei $\bar{B}_{k,r} = \{x \in E \mid p_k(x) \leqslant r\}$. Zeige, daß mindestens eine dieser abgeschlossenen Kugeln einen inneren Punkt besitzt).

4.7 $A(\mathbf{Z}^n)$ ist ein echter Untervektorraum des komplexen Banach-Raumes $\mathscr{C}_0(\mathbf{Z}^n)$. (Zeige mit Hilfe von Satz 4.7 und dem Prinzip der offenen Abbildung, daß $A(\mathbf{Z}^n)$ ein magerer Untervektorraum von $\mathscr{C}_0(\mathbf{Z}^n)$ ist).

4.8 Sei $(b_m)_{m \geqslant 0}$ eine monoton fallende Folge positiver reeller Zahlen. Setzt man $c_m = -c_{-m} = -ib_m$ für alle $m \in \mathbf{N}$, so existiert genau dann ein $f \in L^1(\mathbf{T})$ mit $c_m(f) = c_m$ für alle $m \in \mathbf{Z}$, falls

$$\sum_{m \geqslant 1} \frac{b_m}{m} < + \infty.$$

5   Fourier-Reihen differenzierbarer Funktionen auf $\mathbf{T}^n$

Trotz der „Divergenz-Resultate", wie sie in den Sätzen 4.8 und 4.9 bewiesen worden sind, ist die Fourier-Reihe einer Funktion $f\colon \mathbf{T}^n \to \mathbf{C}$ in vielen Fällen ein geeignetes Mittel, um f auf $\mathbf{T}^n$ zu approximieren: Mit Hilfe von „Glattheitsforderungen" an f können Konvergenz-Ergebnisse gewonnen werden.

Für jeden Multiindex $\alpha = (\alpha_j)_{1 \leqslant j \leqslant n} \in \mathbf{N}^n$ der Länge $|\alpha| = \sum\limits_{1 \leqslant j \leqslant n} \alpha_j$ werde der Differential-operator

$$D^\alpha = \left(\frac{1}{i}\frac{\partial}{\partial x_1}\right)^{\alpha_1} \cdots \left(\frac{1}{i}\frac{\partial}{\partial x_n}\right)^{\alpha_n} \tag{5.1}$$

eingeführt und für jede Zahl $k \in \mathbf{N}$ bezeichne $\mathscr{C}^k(\mathbf{T}^n)$ den komplexen Vektorraum aller Funktionen $f\colon \mathbf{T}^n \to \mathbf{C}$, für die $\tilde{f} = f \circ q\colon \mathbf{R}^n \to \mathbf{C}$ zum Raum $\mathscr{C}^k(\mathbf{R}^n)$ gehört, für die also alle Ableitungen $D^\alpha f$ der Ordnung $|\alpha| \leqslant k$ existieren und zum Raum $\mathscr{C}(\mathbf{R}^n)$ gehören. Durch den Differentialoperator (5.1) wird eine lineare Abbildung $D^\alpha\colon \mathscr{C}^k(\mathbf{T}^n) \to \mathscr{C}(\mathbf{T}^n)$ definiert. Setzt man noch $m^\alpha = \prod\limits_{1 \leqslant j \leqslant n} m_j^{\alpha_j}$ für jedes $m = (m_j)_{1 \leqslant j \leqslant n} \in \mathbf{Z}^n$, so erhält man die folgende wichtige Rechenregel:

Satz 5.1 *Für jede Funktion* $f \in \mathscr{C}^k(\mathbf{T}^n)$, $k \geqslant 0$, *gilt für die Fourier-Koeffizienten ihrer Ableitungen*

$$c_m(D^\alpha f) = m^\alpha c_m(f) \qquad (|\alpha| \leqslant k,\ m \in \mathbf{Z}^n). \tag{5.2}$$

Beweis. Bezeichnet $D^0\colon \mathscr{C}(\mathbf{T}^n) \to \mathscr{C}(\mathbf{T}^n)$ die identische Abbildung, so ist (5.2) für $k = 0$ trivialerweise richtig. Sei (5.2) für $k - 1$ als richtig erkannt ($k \geqslant 1$), und der

Multiindex $\alpha \in \mathbf{N}^n$ habe die Länge $|\alpha| = k$. Dann existiert mindestens eine Koordinate α_j von α mit $\alpha_j \geqslant 1$. Sei $\alpha' = (\alpha'_l)_{1 \leqslant l \leqslant n}$ mit $\alpha'_l = \alpha_l$ für $l \neq j$ und $\alpha'_j = \alpha_j - 1$. Mittels partieller Integration erhält man für jedes $m \in \mathbf{Z}^n$:

$$c_m(\mathrm{D}^\alpha f) = \int_{\mathbf{T}^n} \mathrm{D}^\alpha f(\dot{x})\, \dot{\bar{\chi}}_m(\dot{x})\mathrm{d}\dot{x} = m_j \int_{\mathbf{T}^n} \mathrm{D}^{\alpha'} f(\dot{x})\, \dot{\bar{\chi}}_m(\dot{x})\mathrm{d}\dot{x}$$
$$= m_j \cdot c_m(\mathrm{D}^{\alpha'} f) \tag{5.3}$$

Nach Induktionsvoraussetzung gilt $c_m(\mathrm{D}^{\alpha'} f) = m^{\alpha'} c_m(f)$. Wegen $m_j \cdot m^{\alpha'} = m^\alpha$ folgt (5.2) aus (5.3). ∎

Notiz. Satz 5.1 bleibt gültig, wenn $f \in \mathscr{C}^{k-1}(\mathbf{T}^n)$, $k \geqslant 1$, und $\mathrm{D}^\alpha f \in \mathrm{L}^1(\mathbf{T}^n)$ für $|\alpha| = k$ gesichert ist.

Kombiniert man Satz 5.1 mit dem Lemma von Riemann-Lebesgue (Satz 4.1) oder mit der Plancherel-Identität (3.23), so erhält man

Satz 5.2 *Für die Fourier-Koeffizienten jeder Funktion $f \in \mathscr{C}^k(\mathbf{T}^n)$, $k \geqslant 1$, gilt*

$$c_m(f) = o\left(\prod_{1 \leqslant j \leqslant n} |m_j|^{-\alpha_j} \right) \qquad (|m| \to +\infty,\ m_j \neq 0) \tag{5.4}$$

für alle Multiindizes $\alpha \in \mathbf{N}^n$ der Länge $|\alpha| = k$.

Aus Satz 5.2 erkennt man insbesondere, daß für jede Funktion $f \in \mathscr{C}^k(\mathbf{T}^n)$, $k \geqslant 1$, die zugehörigen Fourier-Koeffizienten die Abkling-Bedingung

$$c_m(f) = o\left((1 + |m|^2)^{-k/2} \right) \qquad (|m| \to +\infty) \tag{5.5}$$

erfüllen.

Zu Satz 5.1 kann folgende Umkehrung bewiesen werden.

Satz 5.3 *Sei $f \in \mathscr{C}(\mathbf{T}^n)$. Existiert eine natürliche Zahl $k \geqslant 1$ und eine Funktion $\dot{g} \in \mathscr{C}(\mathbf{T}^n)$ mit der Eigenschaft*

$$c_m(\dot{g}) = m^\alpha c_m(f) \qquad (m = (m_j)_{1 \leqslant j \leqslant n} \in \mathbf{Z}^n,\ m_j \neq 0) \tag{5.6}$$

für alle $\alpha \in \mathbf{N}^n$ mit $|\alpha| = k$, so gehört f zum Raum $\mathscr{C}^k(\mathbf{T}^n)$.

Beweis. Die Beweisidee wird bereits für $n = 1$ deutlich. Wir beschränken uns deshalb auf diesen Fall. Die Folge $(G_j)_{0 < j < k}$ von Funktionen $G_j : \mathbf{R} \to \mathbf{C}$ werde unter der Annahme $\dot{G}_{j-1} \in \mathscr{C}^{j-1}(\mathbf{T})$ $(j \geqslant 1)$ rekursiv wie folgt definiert:

$$G_0 = g,\quad G_j : \mathbf{R} \ni x \longmapsto \mathrm{i} \int_{-\pi}^{x} [G_{j-1}(y) - c_0(\dot{G}_{j-1})]\mathrm{d}y \qquad (j \geqslant 1) \tag{5.7}$$

Dann erhält man für jedes $x \in \mathbf{R}$

$$G_j(x + 2\pi) = G_j(x) + \mathrm{i} \int_{x}^{x+2\pi} [G_{j-1}(y) - c_0(\dot{G}_{j-1})]\mathrm{d}y$$
$$= G_j(x) + \mathrm{i}c_0(\dot{G}_{j-1}) - \mathrm{i}c_0(\dot{G}_{j-1}) = G_j(x). \tag{5.8}$$

Man sieht: Es gilt $\dot{G}_j \in \mathscr{C}^j(\mathbf{T})$ und $D^1 \dot{G}_j = \dot{G}_{j-1}$ für $1 \leqslant j \leqslant k$. Satz 5.1 impliziert somit

$$c_m(\dot{g}) = m^k c_m(\dot{G}_k) \qquad (m \in \mathbf{Z}). \tag{5.9}$$

Nach Voraussetzung folgt dann

$$c_m(f) = c_m(\dot{G}_k) \qquad (m \in \mathbf{Z}^\times), \tag{5.10}$$

also $f = C + \dot{G}_k$ mit einer Konstanten $C \in \mathbf{C}$ und somit $f \in \mathscr{C}^k(\mathbf{T})$.   ∎

Satz 5.4 (Bernstein) *Für jede Funktion $f \in \mathscr{C}^k(\mathbf{T}^n)$, $n \geqslant 1$, mit $k > n/2$ gilt* $\sum\limits_{m \in \mathbf{Z}^n} |c_m(f)| < +\infty$, *d.h. f gehört zum Raum $A(\mathbf{T}^n)$ (vgl. Aufgabe 4.5).*

Beweis. Für jeden Multiindex $\alpha \in \mathbf{N}^n$ mit $|\alpha| = k$ ist $D^\alpha f \in \mathscr{C}(\mathbf{T}^n) \subseteq L^2(\mathbf{T}^n)$ erfüllt. Wegen (5.2) und der Plancherel-Identität (3.23) folgt

$$\sum_{|\alpha| = k} \left(\sum_{m \in \mathbf{Z}^n} |c_m(f)|^2 |m^\alpha|^2 \right) < +\infty. \tag{5.11}$$

Auf Grund der Multinomialformel, angewandt auf $\left(\sum\limits_{1 \leqslant j \leqslant n} m_j^2 \right)^k = |m|^{2k}$, existiert eine (nur von k und n abhängige) Konstante $C > 0$ mit der Eigenschaft

$$\sum_{|\alpha| = k} |m^\alpha|^2 \geqslant C |m|^{2k} \qquad (m \in \mathbf{Z}^n). \tag{5.12}$$

Die Ungleichung von Cauchy-Schwarz-Bunjakowski für den Hilbert-Raum $\ell^2(\mathbf{Z}^n)$ liefert mit (5.12) die Abschätzung

$$\begin{aligned}
\sum_{|m| > 0} |c_m(f)| &\leqslant \sum_{|m| > 0} \left(|c_m(f)| \left(\sum_{|\alpha| = k} |m^\alpha|^2 \right)^{1/2} C^{-1/2} |m|^{-k} \right) \\
&\leqslant \left(\sum_{|m| > 0} |c_m(f)|^2 \sum_{|\alpha| = k} |m^\alpha|^2 \right)^{1/2} \left(\sum_{|m| > 0} |m|^{-2k} \right)^{1/2} C^{-1/2}.
\end{aligned} \tag{5.13}$$

Für $k > n/2$ konvergiert die Reihe $\sum\limits_{|m| > 0} |m|^{-2k}$. Wegen (5.11) folgt die Behauptung.   ∎

Die in Satz 5.4 bewiesene absolute Konvergenz der Fourier-Reihe von f impliziert insbesondere deren unbedingte und gleichmäßige Konvergenz gegen f. Für die Ordnung der Approximation durch sphärische Partialsummen $(\dot{s}_R(f))_{R \geqslant 0}$ (3.20) kann eine Abschätzung in Abhängigkeit von der Differentiationsordnung angegeben werden. Damit erhält man eine Antwort auf die in Abschn. 1 gestellte Grundfrage (4) der klassischen harmonischen Analyse.

Satz 5.5 *Sei $f \in \mathscr{C}^k(\mathbf{T}^n)$, $n \geqslant 1$, und $k > n/2$. Die Fourier-Reihe $\sum\limits_{m \in \mathbf{Z}^n} c_m(f)\dot{\chi}_m$ von f konvergiert unbedingt und gleichmäßig auf $\mathbf{T}^n$ gegen f. Es existiert eine Konstante $C > 0$ mit*

$$\|\dot{s}_R(f) - f\|_\infty \leqslant C \cdot R^{-k + \frac{n}{2}} \tag{5.14}$$

für jedes $R \geqslant 0$.

Beweis. Sind Z, Z' endliche Teilmengen von $\mathbf{Z}^n$ mit $Z \subseteq Z'$, so gilt

$$\|\dot{s}_Z(f) - \dot{s}_{Z'}(f)\|_\infty \leqslant \sum_{m \in \mathbf{Z}^n - Z} |c_m(f)|. \tag{5.15}$$

Die Ungleichung (5.15) zeigt mit Satz 5.4, daß die Partialsummen $(\dot{s}_Z(f))_{Z \subseteq \mathbf{Z}^n}$ der Fourier-Reihe von f im Banach-Raum $\mathscr{C}(\mathbf{T}^n)$ stets konvergent sind. Ist $\dot{g} \in \mathscr{C}(\mathbf{T}^n)$ der zugehörige Grenzwert, so folgt aus der Stetigkeit und Injektivität der Fourier-Transformation $\mathscr{F}_{\mathbf{T}^n}\colon \mathscr{C}(\mathbf{T}^n) \to \mathscr{C}_0(\mathbf{Z}^n)$ die Gleichheit $\dot{g} = f$. Für $0 \leqslant R \leqslant R'$ folgt wie in (5.13)

$$\|\dot{s}_R(f) - \dot{s}_{R'}(f)\|_\infty \leqslant \sum_{|m| > R} |c_m(f)| \leqslant C_1 \cdot \left(\sum_{|m| > R} |m|^{-2k} \right)^{1/2} \tag{5.16}$$

mit einer nur von f, aber nicht von R abhängigen Konstanten $C_1 > 0$. Außerdem existiert eine von R unabhängige Konstante $C_2 > 0$ mit

$$\sum_{|m| > R} |m|^{-2k} \leqslant C_2 \cdot \int_{|x| > R} |x|^{-2k} \, \mathrm{d}x \leqslant C_2 \cdot R^{-2k+n}. \tag{5.17}$$

Die Abschätzungen (5.16) und (5.17) liefern (5.14). $\blacksquare$

Als Anwendung der vorangegangenen Überlegungen greifen wir auf das Problem der schwingenden Saite zurück, das uns in Abschn. 1 mit Hilfe heuristischer Überlegungen zu den mathematischen Grundfragen der klassischen harmonischen Analyse geführt hat. Wir benutzen die dort eingeführten Bezeichnungen, nehmen aber, um die Notation zu vereinfachen, für die Länge der Saite $L = \pi$ an. Die Auslenkungsfunktion u heißt Lösung des *Cauchy-Problems der schwingenden Saite*, falls u und die Anfangsdaten u_0, v_0 folgende Voraussetzungen erfüllen:

(i) Die reellwertige Funktion $(x, t) \rightsquigarrow u(x, t)$ ist auf dem „Streifen" $[0, \pi] \times \mathbf{R}_+^\times$ definiert und erfüllt die Randbedingungen

$$\lim_{x \to 0+} u(x, t) = 0, \qquad \lim_{x \to \pi-} u(x, t) = 0 \tag{5.18}$$

für jedes $t \in \mathbf{R}_+^\times$ (vgl. (1.15)).

(ii) Die partiellen Ableitungen $\dfrac{\partial^2 u(x, t)}{\partial x^2}$, $\dfrac{\partial^2 u(x, t)}{\partial t^2}$ existieren für jedes Paar $(x, t) \in {]0, \pi[} \times \mathbf{R}_+^\times$ und auf dem offenen Streifen ${]0, \pi[} \times \mathbf{R}_+^\times$ ist die lineare partielle Differentialgleichung

$$\frac{\partial^2 u(x, t)}{\partial x^2} - \frac{\partial^2 u(x, t)}{\partial t^2} = 0 \tag{5.19}$$

erfüllt (vgl. (1.14)).

(iii) Die Grenzwerte $\displaystyle\lim_{x \to 0+} \frac{\partial u(x, t)}{\partial x}$, $\displaystyle\lim_{x \to \pi-} \frac{\partial u(x, t)}{\partial x}$ existieren für $t \in \mathbf{R}_+^\times$ und es gilt

$$\lim_{x \to 0+} \frac{\partial u(x, t)}{\partial t} = 0, \qquad \lim_{x \to \pi-} \frac{\partial u(x, t)}{\partial t} = 0. \tag{5.20}$$

Außerdem existiert $\displaystyle\lim_{x \to 0+} \frac{\partial^2 u(x,t)}{\partial x^2}$ und es gilt $\displaystyle\lim_{x \to 0+} \frac{\partial^2 u(x,t)}{\partial t^2} = 0$ für jedes $t \in \mathbf{R}_+^\times$.

(iv) Die Anfangsauslenkung u_0 und Anfangsgeschwindigkeit v_0 sind stetige reellwertige Funktionen auf $[\![0, \pi]\!]$ mit

$$u_0(0) = u_0(\pi) = 0, \qquad v_0(0) = v_0(\pi) = 0. \tag{5.21}$$

(v) Für jeden Punkt $t \in \mathbf{R}_+^\times$ sind die Funktionen $x \longmapsto u(x,t)$ und $x \longmapsto \dfrac{\partial u(x,t)}{\partial t}$ stetig auf dem Intervall $[\![0, \pi]\!]$ und es gilt

$$\lim_{t \to 0+} \| u(\,\cdot\,, t) - u_0 \|_\infty = 0, \qquad \lim_{t \to 0+} \left\| \frac{\partial u(\,\cdot\,, t)}{\partial t} - v_0 \right\|_\infty = 0. \tag{5.22}$$

(vi) Für jeden Punkt $t \in \mathbf{R}_+^\times$ ist $x \longmapsto \left| \dfrac{\partial^2 u(x,t)}{\partial x^2} \right|$ eine über $]\!]0, \pi[\![$ integrierbare Funktion.

Dann können die Funktionen $x \longmapsto u(x,t)$, u_0, v_0 auf das kompakte Intervall $[\![-\pi, +\pi]\!]$ dadurch fortgesetzt werden, daß für jedes $t \in \mathbf{R}_+^\times$ die folgenden Festsetzungen getroffen werden:

$$u(-x, t) = - u(x, t), \quad u_0(-x) = - u_0(x), \quad v_0(-x) = - v_0(x) \tag{5.23}$$

Mit Hilfe der 2π-periodischen Fortsetzung auf ganz $\mathbf{R}$ entstehen die reellwertigen, auf $\mathbf{T}$ definierten Funktionen $\dot{x} \longmapsto \dot{u}(\dot{x}, t)$, $(t \in \mathbf{R}_+^\times)$, $\dot{u}_0$, $\dot{v}_0$.

Satz 5.6 *Ist die Auslenkungsfunktion u eine Lösung des Cauchy-Problems der schwingenden Saite, so gilt*

$$u(x,t) = \frac{1}{2}(u_0(x+t) + u_0(x-t)) + \frac{1}{2} \int\limits_{x-t}^{x+t} v_0(y)\, \mathrm{d}y \tag{5.24}$$

für jedes Paar $(x, t) \in [\![0, \pi]\!] \times \mathbf{R}_+^\times$. Insbesondere ist u durch die Anfangsauslenkung u_0 und die Anfangsgeschwindigkeit v_0 eindeutig bestimmt.

Beweis. Nach Satz 5.1 gilt für jedes $t \in \mathbf{R}_+^\times$ wegen Voraussetzung (vi)

$$c_m\left(\frac{\partial^2 \dot{u}(\,\cdot\,, t)}{\partial \dot{x}^2} \right) = - m^2 c_m(\dot{u}(\,\cdot\,, t)) \qquad (m \in \mathbf{Z}) \tag{5.25}$$

und außerdem nach der Vertauschungsregel für Ableitung und Integral gemäß (v) bzw. (vi) und (5.19)

$$c_m\left(\frac{\partial \dot{u}(\,\cdot\,, t)}{\partial t} \right) = \frac{\partial}{\partial t} c_m(\dot{u}(\,\cdot\,, t)),$$

$$c_m\left(\frac{\partial^2 \dot{u}(\,\cdot\,, t)}{\partial t^2} \right) = \frac{\partial}{\partial t^2} c_m(\dot{u}(\,\cdot\,, t)). \qquad\qquad (m \in \mathbf{Z}) \tag{5.26}$$

Weil aber aus der Differntialgleichung (5.19) die Gleichung

$$\frac{\partial^2 \dot{u}(\dot{x}, t)}{\partial \dot{x}^2} - \frac{\partial^2 \dot{u}(\dot{x}, t)}{\partial t^2} = 0 \tag{5.27}$$

für jedes Paar $(\dot{x}, t) \in \mathbf{T} \times \mathbf{R}_+^\times$ folgt, erhält man für jedes $m \in \mathbf{Z}$ die gewöhnliche homogene lineare Differentialgleichung

$$\frac{\partial}{\partial t^2} c_m(\dot{u}(\cdot, t)) + m^2 c_m(\dot{u}(\cdot, t)) = 0. \tag{5.28}$$

Die allgemeine Lösung von (5.28) lautet

$$c_m(\dot{u}(\cdot, t)) = \begin{cases} d_m \dot{\chi}_m(t) + d_m' \bar{\dot{\chi}}_m(t) & \text{für } m \neq 0, \\ d_0 + d_0' t & \text{für } m = 0, \end{cases} \tag{5.29}$$

mit reellen Koeffizienten $(d_m)_{m \in \mathbf{Z}}$, $(d_m')_{m \in \mathbf{Z}}$. Wegen (5.23) gilt $d_0 = d_0' = 0$. Nach Voraussetzung (v) folgt

$$c_m(\dot{u}_0) = \begin{cases} d_m + d_m' & \text{für } m \neq 0, \\ 0 & \text{für } m = 0, \end{cases} \tag{5.30}$$

und wegen (5.26) erhält man

$$c_m(\dot{v}_0) = \begin{cases} \mathrm{i} m\, d_m - \mathrm{i} m\, d_m' & \text{für } m \neq 0, \\ 0 & \text{für } m = 0. \end{cases} \tag{5.31}$$

Damit ergeben sich für jedes $t \in \mathbf{R}_+^\times$ die Fourier-Koeffizienten

$$c_m(\dot{u}(\cdot, t)) = \begin{cases} c_m(\dot{u}_0) \frac{1}{2} (\dot{\chi}_m(t) + \bar{\dot{\chi}}_m(t)) + c_m(\dot{v}_0) \frac{1}{2\mathrm{i}m} (\dot{\chi}_m(t) - \bar{\dot{\chi}}_m(t)) & m \neq 0, \\ 0 & m = 0, \end{cases} \tag{5.32}$$

und nach einfacher Rechnung

$$c_m(\dot{u}(\cdot, t)) = c_m\left(\frac{1}{2}(\dot{u}_0(\cdot + i) + \dot{u}_0(\cdot - i))\right) + c_m\left(\frac{1}{2} \int\limits_{-t}^{+t} v_0(\cdot + y)\,\mathrm{d}y\right) \quad (m \in \mathbf{Z}). \tag{5.33}$$

Aus (5.33) erhält man sofort (5.24) wegen der Injektivität der Fourier-Transformation. ∎

Sind umgekehrt u_0 und v_0 ungerade 2π-periodische Funktionen auf $\mathbf{R}$, u_0 zweimal stetig differenzierbar, v_0 einmal stetig differenzierbar, so erfüllt die gemäß (5.24) definierte Funktion u die Schwingungsgleichung (5.19) und die Anfangsbedingungen $u(x, 0) = u_0(x)$ und $\frac{\partial u}{\partial t}(x, 0) = v_0(x)$ für $x \in \mathbf{R}$. Die Fourier-Koeffizienten $(\beta_m(t))_{m \geqslant 1}$ in der Fourier-Reihe $\sum\limits_{m \geqslant 1} \beta_m(t) \sin mx$ der ungeraden, zweimal stetig differenzierbaren, 2π-periodischen Funktion $x \longmapsto u(x, t)$ $(t \in \mathbf{R}_+^\times)$ haben wegen (5.32) die Form

$$\beta_m(t) = 2\mathrm{i}\, c_m\big(\dot{u}(\,\cdot\,,t)\big)$$
$$= A_m \cos mt + \frac{1}{m}\,\tilde{B}_m \sin mt \qquad (m \geqslant 1) \tag{5.34}$$

mit $A_m = 2\mathrm{i}\, c_m(\dot{u}_0)$ und $\tilde{B}_m = 2\mathrm{i}\, c_m(\dot{v}_0)$.

Mit Hilfe von Satz 5.5 folgt dann

Satz 5.7 *Für die Anfangsauslenkung gelte $\dot{u}_0 \in \mathscr{C}^2(\mathbf{T})$, $\check{u}_0 = -\dot{u}_0$, für die Anfangsgeschwindigkeit $\dot{v}_0 \in \mathscr{C}^1(\mathbf{T})$, $\check{v}_0 = -\dot{v}_0$. Setzt man*

$$A_m = \frac{2}{\pi} \int_0^{+\pi} u_0(x) \sin mx \,\mathrm{d}x$$
$$(m \geqslant 1) \tag{5.35}$$
$$B_m = \frac{2}{\pi m} \int_0^{+\pi} v_0(x) \sin mx \,\mathrm{d}x$$

so konvergieren auf $\mathbf{R}$ die Fourier-Reihen $\displaystyle\sum_{m \geqslant 1} A_m \sin mx$, $\displaystyle\sum_{m \geqslant 1} m\, B_m \sin mx$ absolut und gleichmäßig gegen u_0 bzw. v_0. Für die Auslenkung der Saite an der Stelle $x \in \mathbf{R}$ zur Zeit $t \in \mathbf{R}_+^{\times}$ gilt

$$u(x,t) = \sum_{m \geqslant 1} \sin mx\, (A_m \cos mt + B_m \sin mt). \tag{5.36}$$

Die Reihe (5.36) konvergiert absolut und gleichmäßig.

Satz 5.7 liefert eine „klassische" Lösung des Cauchy-Problems der schwingenden Saite und präzisiert die in Abschn. 1 angestellten Betrachtungen. Wir werden in Abschn. 8 auf dieses Problem erneut im Rahmen der Distributionentheorie zurückkommen.

Aufgaben

5.1 Eine Funktion $f\colon \mathbf{T} \to \mathbf{C}$ heißt von beschränkter Variation, falls das Supremum $V(f)$ der Summen $\displaystyle\sum_{1 < k \leqslant n} |f(\dot{x}_k) - f(\dot{x}_{k-1})|$ bezüglich aller Folgen $(\dot{x}_k)_{0 < k \leqslant n}$ endlich vieler Punkte auf $\mathbf{T}$ endlich ist. Beweise die Ungleichung $\displaystyle\sup_{m \in \mathbf{Z}} |m \cdot c_m(f)| \leqslant \frac{1}{2\pi} V(f)$ für jede Funktion $f\colon \mathbf{T} \to \mathbf{C}$ von beschränkter Variation.

$$\left(\text{Beachte, daß } c_m(f) = \frac{1}{2\pi} \int_{-\pi}^{+\pi} f(x)\, \mathrm{d}\left(\frac{\mathrm{e}^{-\mathrm{i}mx}}{-\mathrm{i}m}\right) \text{ für } m \in \mathbf{Z} \text{ gilt}\right).$$

5.2 Ist die Funktion $f \in L^1(\mathbf{T})$ absolut stetig, so gilt $c_m(f) = o\left(\dfrac{1}{m}\right)$ für $|m| \to +\infty$.

5.3 Eine Funktion $f \colon \mathbf{T} \to \mathbf{C}$ ist genau dann holomorph, falls $f \in \mathscr{C}^\infty(\mathbf{T})$ gilt und eine Zahl $r > 0$ existiert mit $\|D^n f\|_\infty \leqslant n! \, r^n$ für $n \in \mathbf{N}^\times$.

5.4 Eine Funktion $f \colon \mathbf{T} \to \mathbf{C}$ ist genau dann holomorph, falls Konstanten $a > 0$ und $C > 0$ existieren mit der Eigenschaft $|c_m(f)| \leqslant C \cdot e^{-a|m|}$ für $m \in \mathbf{Z}$.

5.5 Es sei $P(X) \in \mathbf{C}[X]$ ein Polynom vom Grad $k \geqslant 2$.

(a) Charakterisiere den Vektorraum $\operatorname{Ker} P(D) = \{ f \in \mathscr{C}^k(\mathbf{T}) \mid P(D)f = 0 \}$ (vgl. (5.1)).

(b) Es sind Bedingungen für $g \in \mathscr{C}(\mathbf{T})$ zu finden, die notwendig und hinreichend sind für die Existenz mindestens einer Lösung $f \in \mathscr{C}^k(\mathbf{T})$ der inhomogenen linearen Differentialgleichung $P(D)f = g$ mit konstanten Koeffizienten.

(c) Falls $g \in \mathscr{C}(\mathbf{T})$ die in (b) gefundenen Bedingungen erfüllt, sind sämtliche Lösungen $f \in \mathscr{C}^k(\mathbf{T})$ der Differentialgleichung $P(D)f = g$ anzugeben.

6   Der Satz von Charshiladze-Lozinski

In Satz 4.3 wurde bewiesen, daß für jede endliche Teilmenge $Z \subseteq \mathbf{Z}^n$ die Abbildung $\dot s_Z \colon L^1(\mathbf{T}^n) \to \mathscr{T}_Z(\mathbf{T}^n)$ ein stetiger linearer Projektor ist. Der nachstehende Satz zeigt, daß $\dot s_Z$ unter allen stetigen linearen Projektoren von $L^1(\mathbf{T}^n)$ auf den Untervektorraum $\mathscr{T}_Z(\mathbf{T}^n)$ der Z-spektralen trigonometrischen Polynome auf $\mathbf{T}^n$ minimale Norm aufweist.

Satz 6.1 *Sei Z ein endlicher Teil von $\mathbf{Z}^n$ und L_Z ein stetiger linearer Projektor von $L^1(\mathbf{T}^n)$ auf $\mathscr{T}_Z(\mathbf{T}^n)$. Dann gilt für jedes $f \in L^1(\mathbf{T}^n)$ und jeden Punkt $\dot x \in \mathbf{T}^n$ die Identität*

$$\dot s_Z(f)(\dot x) = \int_{\mathbf{T}^n} \left(\tau(-\dot y) \circ L_Z \circ \tau(\dot y) \right) f(\dot x)\, d\dot y \tag{6.1}$$

(Symmetrisierungsformel von Maschke-Marcinkiewicz-Berman) *und damit die Norm-Abschätzung*

$$\|\dot s_Z\| \leqslant \|L_Z\| \qquad (Z \subseteq \mathbf{Z}^n). \tag{6.2}$$

Beweis. Weil $\dot s_Z$ und L_Z stetige lineare Abbildungen von $L^1(\mathbf{T}^n)$ auf $\mathscr{T}_Z(\mathbf{T}^n)$ sind, genügt es, die Identität (6.1) für die in $L^1(\mathbf{T}^n)$ totale Familie $(\dot\chi_m)_{m \in \mathbf{Z}^n}$ als richtig zu erkennen. Für $m \in Z$ gilt $\dot s_Z(\dot\chi_m) = \dot\chi_m$. Andererseits hat man $\tau(\dot y)\dot\chi_m = \bar{\dot\chi}_m(\dot y)\dot\chi_m$, also wegen $\dot\chi_m(\dot y)\dot\chi_m \in \mathscr{T}_Z(\mathbf{T}^n)$ offenbar $\left(L_Z \circ \tau(\dot y) \right)\dot\chi_m = \tau(\dot y)\dot\chi_m$ für jedes $\dot y \in \mathbf{T}^n$. Es folgt $\left(\tau(-\dot y) \circ L_Z \circ \tau(\dot y) \right)\dot\chi_m = \dot\chi_m$, so daß die Gültigkeit von (6.1) für $f = \dot\chi_m$ ($m \in Z$) evident ist. Sei also jetzt $m \in \mathbf{Z}^n - Z$. Dann gilt $\dot s_Z(\dot\chi_m) = 0$ und $\left(\tau(-\dot y) \circ L_Z \circ \tau(\dot y) \right)\dot\chi_m = \dot\chi_m(\dot y)\left(\tau(-\dot y) \circ L_Z \right)\dot\chi_m$ für jedes $\dot y \in \mathbf{T}^n$. Weil einerseits $\left(\tau(-\dot y) \circ L_Z \right)\dot\chi_m \in \mathscr{T}_Z(\mathbf{T}^n)$ gilt, andererseits $\dot\chi_m$ zu $\mathscr{T}_Z(\mathbf{T}^n)$ hinsichtlich des Skalarproduktes (3.1) orthogonal ist, folgt $\int_{\mathbf{T}^n} \left(\tau(-\dot y) \circ L_Z \circ \tau(\dot y) \right)\dot\chi_m(\dot x)\, d\dot y = 0$ für $\dot x \in \mathbf{T}^n$.

Damit ist die Symmetrisierungsformel (6.1) verifiziert. Aus ihr erhält man für jedes $f \in L^1(\mathbf{T}^n)$ und jeden endlichen Teil $Z \subseteq \mathbf{Z}^n$

$$\int_{\mathbf{T}^n} |\dot{s}_Z(f)(\dot{x})|\,d\dot{x} \leqslant \int_{\mathbf{T}^n} \int_{\mathbf{T}^n} |(\tau(-\dot{y}) \circ L_Z \circ \tau(\dot{y}))f(\dot{x})|\,d\dot{y}\,d\dot{x} \leqslant \|L_Z\| \cdot \|f\|_1. \tag{6.3}$$

Damit folgt die Norm-Minimalität (6.2). ∎

Notiz. Die Identität (6.1) gilt insbesondere für Funktionen $f \in \mathscr{C}(\mathbf{T}^n)$. Der Projektor $\dot{s}_Z \colon \mathscr{C}(\mathbf{T}^n) \to \mathscr{T}_Z(\mathbf{T}^n) \subseteq \mathscr{C}(\mathbf{T}^n)$ hat dann ebenfalls minimale Norm unter allen stetigen linearen Projektoren $L_Z \colon \mathscr{C}(\mathbf{T}^n) \to \mathscr{T}_Z(\mathbf{T}^n)$.

Kombiniert man Satz 6.1 mit Satz 4.6 und Satz 4.7 und beachtet Beispiel 4.1 (3), so erhält man mit dem Prinzip der gleichmäßigen Beschränktheit das folgende „negative Resultat":

Satz 6.2 (Charshiladze-Lozinski) *Sei $Q = \{x \in \mathbf{R}^n \mid |x_j| \leqslant l_j,\ 1 \leqslant j \leqslant n\}$ ein kompakter n-Quader im $\mathbf{R}^n$. Es kann keine Familie $(L_R)_{R \geqslant 0}$ stetiger linearer Projektoren $L_R \colon L^1(\mathbf{T}^n) \to \mathscr{T}_{RQ \cap \mathbf{Z}^n}(\mathbf{T}^n)$ existieren mit der Approximationseigenschaft* $\lim\limits_{R \to +\infty} \|L_R f - f\|_1 = 0$ *für alle* $f \in L^1(\mathbf{T}^n)$.

Entsprechend gilt:

Satz 6.3 *Für jedes $R \geqslant 0$ sei eine Abbildung $L_R \colon \mathscr{C}(\mathbf{T}^n) \to \mathscr{T}_{RQ \cap \mathbf{Z}^n}(\mathbf{T}^n)$ definiert. Dann kann die Familie $(L_R)_{R \geqslant 0}$ höchstens drei der nachstehenden vier Eigenschaften aufweisen:*

(i)   *Jede Abbildung L_R, $R \geqslant 0$, ist stetig.*

(ii)   *Jede Abbildung L_R, $R \geqslant 0$, ist linear.*

(iii) *Jede Abbildung L_R, $R \geqslant 0$, ist idempotent.*

(iv) $(L_R)_{R \geqslant 0}$ *ist ein Approximationsverfahren im komplexen Banach-Raum $\mathscr{C}(\mathbf{T}^n)$,*

     d.h. es gilt $\lim\limits_{R \to +\infty} \|L_R f - f\|_\infty = 0$ *für alle Funktionen* $f \in \mathscr{C}(\mathbf{T}^n)$.

Beispiel 6.1 Seien $f \in \mathscr{C}(\mathbf{T})$ und $N \in \mathbf{N}$ beliebig vorgegeben. Bezeichnet $\mathscr{T}_N$ den komplexen Vektorraum aller trigonometrischen Polynome auf $\mathbf{T}$ vom Grad $\leqslant N$, so zeigt ein Kompaktheitsschluß (Aufgabe 6.1) die Existenz mindestens eines trigonometrischen Polynoms $\dot{p}_N \in \mathscr{T}_N$ mit der Eigenschaft $\|f - \dot{p}_N\|_\infty = \inf\limits_{\dot{q} \in \mathscr{T}_N} \|f - \dot{q}\|_\infty$. Man nennt $\dot{p}_N$ eine *Bestapproximation* (Proximum) zu f in $\mathscr{T}_N$ bezüglich der Čebyšev-Norm. Schreibt man $\dot{p}_N = \sum\limits_{|m| \leqslant N} c_m \dot{\chi}_m$ in der Form $\dot{p}_N = \dot{\chi}_N p(\dot{\chi}_1)$ mit einem Polynom $P(X) = \sum\limits_{0 \leqslant m \leqslant 2N} c_{m-N} X^m \in \mathbf{C}[X]$ vom Grad $\leqslant 2N$, so erkennt man, daß $\dot{p}_N$ im Falle $\dot{p}_N \neq \dot{0}$ höchstens $2N$ Nullstellen auf $\mathbf{T}$ besitzen kann. Wegen $\dim_{\mathbf{C}} \mathscr{T}_N = 2N + 1$ erfüllt demnach $\mathscr{T}_N$ die Haar-Bedingung. Also ist nach dem Satz von Haar die Bestapproximation $\dot{p}_N$ zu f in $\mathscr{T}_N$ eindeutig bestimmt. Setzt man $L_N f = \dot{p}_N$, so ist die so definierte Abbildung $L_N \colon \mathscr{C}(\mathbf{T}) \to \mathscr{T}_N$ stetig, besitzt also die Eigenschaft (i) von Satz 6.3. Die Eigenschaft (iii) ist offensichtlich erfüllt und die Eigenschaft (iv) der Folge $(L_N)_{N \in \mathbf{N}}$ ergibt sich aus dem Approximationssatz von Weierstrass. Mithin muß die Eigenschaft (ii) verletzt sein, d.h. bis auf endlich viele Ausnahmen sind alle Abbildungen $(L_N)_{N \in \mathbf{N}}$ nicht linear.

Da der Untervektorraum $\mathscr{T}_N$ von $\mathscr{C}(\mathbf{T})$ für jedes $N \in \mathbf{N}$ die Haar-Bedingung erfüllt, liegt es nahe, Folgen von Projektoren $(L_N)_{N \in \mathbf{N}}$ mit Hilfe der (trigonometrischen)

Interpolation zu konstruieren. Dazu sei für jedes $N \in \mathbf{N}$ ein Satz von Knoten $(x_n^N)_{|n| \leqslant N}$ auf $\mathbf{R}$ gewählt mit

$$x_{-N}^N < x_{-N+1}^N < \ldots < x_{N-1}^N < x_N^N < x_{-N}^N + 2\pi. \tag{6.4}$$

Führt man dann die trigonometrischen Grundpolynome

$$l_k^N: \mathbf{T} \ni \dot{x} \longmapsto \prod_{\substack{|n| \leqslant N \\ n \neq k}} \frac{\sin \frac{1}{2}(x - x_n^N)}{\sin \frac{1}{2}(x_k^N - x_n^N)} \qquad (|k| \leqslant N) \tag{6.5}$$

ein, so gilt $l_k^N \in \mathscr{T}_N$ für $|k| \leqslant N$ und

$$l_k^N(\dot{x}_n^N) = \begin{cases} 1 & \text{für } k = n, \\ 0 & \text{für } k \neq n. \end{cases} \tag{6.6}$$

Ist $f \in \mathscr{C}(\mathbf{T})$ beliebig vorgegeben, so gehört das trigonometrische Polynom

$$\dot{p}_N = \sum_{|k| \leqslant N} f(\dot{x}_k^N)\, l_k^N \tag{6.7}$$

zum Raum $\mathscr{T}_N$ und interpoliert die Funktion f an den Knoten $(\dot{x}_n^N)_{|n| \leqslant N}$ auf $\mathbf{T}$:

$$\dot{p}_N(\dot{x}_n^N) = f(\dot{x}_n^N) \qquad (|n| \leqslant N) \tag{6.8}$$

Nimmt man an, das trigonometrische Polynom $\dot{q}_N \in \mathscr{T}_N$ besitze ebenfalls die Interpolationseigenschaft (6.8), d.h. es gelte $\dot{q}_N(\dot{x}_n^N) = f(\dot{x}_n^N)$ für $|n| \leqslant N$, so hätte $(\dot{p}_N - \dot{q}_N) \in \mathscr{T}_N$ die $2N + 1$ Nullstellen $(\dot{x}_n^N)_{|n| \leqslant N}$, so daß notwendig $\dot{q}_N = \dot{p}_N$ folgen würde. Der zum Knotensatz $(\dot{x}_n^N)_{|n| \leqslant N}$ gehörende *trigonometrische Interpolator* $L_N: \mathscr{C}(\mathbf{T}) \to \mathscr{T}_N$ ist also durch $L_N f = \dot{p}_N$ wohl-definiert. Die Folge der trigonometrischen Interpolatoren $(L_N)_{N \in \mathbf{N}}$ erfüllt die Eigenschaften (i), (ii) und (iii) von Satz 6.3, so daß notwendig die Eigenschaft (iv) verletzt sein muß. Damit ist gezeigt:

Satz 6.4 *Es existiert keine Knotenmatrix* $(\dot{x}_n^N)_{|n| \leqslant N,\, N \in \mathbf{N}}$ *so daß die zugehörenden trigonometrischen Interpolatoren* $(L_N)_{N \in \mathbf{N}}$ *die Approximationseigenschaft*

$$\lim_{N \to +\infty} \|L_N f - f\|_\infty = 0 \tag{6.9}$$

für alle Funktionen $f \in \mathscr{C}(\mathbf{T})$ *erfüllen.*

Das vorstehende Ergebnis macht insbesondere deutlich, daß die trigonometrische Interpolation kein geeignetes Hilfsmittel ist, den Approximationssatz von Weierstrass zu beweisen, so naheliegend eine solche Beweisidee auf den ersten Blick auch sein mag. Die Technik der approximativen Einheit, die im folgenden Abschnitt behandelt wird, liefert einen einfachen Beweis des Approximationssatzes von Weierstrass.

Aufgaben

6.1 Sei E ein komplexer normierter Vektorraum und H ein endlich dimensionaler Untervektorraum von E. Zu jedem $x \in E$ existiert mindestens ein Element $h_0 \in H$ mit $\|x - h_0\| = \inf_{h \in H} \|x - h\|$. (Es genügt, ein Proximum zu x in der beschränkten Teilmenge $\{h \in H \mid \|h\| \leqslant 2\|x\|\}$ von H zu suchen).

6.2 Sei $(H_N)_{N \in \mathbf{N}}$ eine aufsteigende Folge endlich dimensionaler Untervektorräume des komplexen normierten Vektorraumes E und $(L_N)_{N \in \mathbf{N}}$ ein Folge stetiger linearer Projektoren von E auf H_N. Für $x \in E$ gilt $\lim_{N \to +\infty} \|x - L_N x\| = 0$, falls $\lim_{N \to +\infty} \|L_N\| \cdot \inf_{h \in H_N} \|x - h\| = 0$ erfüllt ist.

6.3 Sei $H = \{f \in \mathscr{C}(\mathbf{T}) \mid \check{f} = f\}$ und L_N ein stetiger linearer Projektor von H auf $\mathscr{T}_N \cap H$.

(a) Zeige, daß für jedes $f \in H$ und jeden Punkt $\dot{x} \in \mathbf{T}$ die Identität $f(\dot{x}) - \dot{s}_N(f)(\dot{x}) = \int_{\mathbf{T}} (\tau(-\dot{s}) \circ (\mathrm{id}_H - L_N) \circ (\tau(-\dot{s}) + \tau(\dot{s})) f(\dot{x}))\, d\dot{s}$ und damit die Ungleichung $2\|\mathrm{id}_H - L_N\| \geqslant \|\mathrm{id}_H - \dot{s}_N\|$ ($N \in \mathbf{N}$) gilt.

(b) Beweise, daß $\|\mathrm{id}_H - \dot{s}_N\| = \|\dot{D}_N\|_1 + 1$ für alle $N \in \mathbf{N}$ gilt. (Betrachte Funktionen in $\mathscr{C}(\mathbf{T})$, welche die Funktion

$$f_\varepsilon \colon \mathbf{T} \ni \dot{x} \longmapsto \begin{cases} -1 & \text{für } |x| \leqslant \varepsilon, \\ \mathrm{sign}\, \dot{D}_N(\dot{x}) & \text{für } \pi > |x| > \varepsilon, \end{cases} \quad (\varepsilon > 0)$$

im Raum $L^\infty(\mathbf{T})$ approximieren).

(c) Es gilt $\|\mathrm{id}_H - L_N\| > \dfrac{2}{\pi^2} \log N + \dfrac{1}{2}$ für $N \in \mathbf{N}$.

6.4 Sei $I = [\![a, b]\!]$ ein kompaktes Teilintervall von $\mathbf{R}$ und $(L_N)_{N \in \mathbf{N}}$ eine Folge stetiger linearer Projektoren von $\mathscr{C}(I)$ auf den Untervektorraum $\mathscr{P}_N(I)$ aller Polynomfunktionen vom Grad $\leqslant N$ auf I. Dann existiert ein $f_0 \in \mathscr{C}(I)$ mit $\sup_{N \in \mathbf{N}} \|f_0 - L_N f_0\|_\infty = +\infty$. (Mit den Bezeichnungen von Aufgabe 6.3 wird durch die Abbildung $f \longmapsto (\mathbf{T} \ni \dot{x} \longmapsto f(\tfrac{1}{2}(b + a) + \tfrac{1}{2}(b - a) \cos x))$ ein isometrischer Isomorphismus von $\mathscr{C}(I)$ auf H definiert).

6.5 Sei G eine (diskret topologisierte) Gruppe endlicher Ordnung und U eine lineare Darstellung von G in einem endlich dimensionalen komplexen Vektorraum E. Zu jedem gegen U stabilen Untervektorraum F von E existiert ein gegen U stabiler Komplementärraum bezüglich E. (Wähle irgendeinen Komplementärraum von F bezüglich E und wende auf den zugehörigen linearen Projektor von E auf F eine (6.1) entsprechende Symmetrisierung an).

7   Approximative Einheiten auf $\mathbf{T}^n$

Die Partialsummen-Operatoren $(\dot{s}_N)_{N \in \mathbf{N}}$ der Fourier-Reihen auf der eindimensionalen Torusgruppe $\mathbf{T}$, die gemäß (4.34) mit Hilfe des Dirichlet-Kerns $(\dot{D}_N)_{N \in \mathbf{N}}$ als Faltungsoperatoren aufgefaßt werden können, sind stetige lineare Projektoren von

$L^1(\mathbf{T})$ auf $\mathcal{T}_N$. Wegen Satz 4.8 bilden sie keine Approximationsverfahren im komplexen Banach-Raum $L^1(\mathbf{T})$. Will man mit Hilfe stetiger linearer Abbildungen $L_N: L^1(\mathbf{T}) \to \mathcal{T}_N (N \in \mathbf{N})$ ein Approximationsverfahren in $L^1(\mathbf{T})$ konstruieren, so muß man notwendig auf die Idempotenz der Abbildungen $(L_N)_{N \in \mathbf{N}}$ verzichten (Satz 6.3). Fordert man noch, daß die Abbildungen L_N vom Faltungstyp sind, also die Form $f \longrightarrow \dot{K}_N * f$ besitzen mit Kernfunktionen $\dot{K}_N \in L^1(\mathbf{T})$, so muß wegen $c_m(\dot{K}_N * f) = c_m(\dot{K}_N) \cdot c_m(f)$ $(m \in \mathbf{Z})$ notwendig $c_m(\dot{K}_N) = 0$ für $|m| > N$ gelten, d.h. es muß $\dot{K}_N$ für $N \in \mathbf{N}$ zum Raum $\mathcal{T}_N$ gehören.

Ein geläufiges Verfahren, um aus den Projektoren $(\dot{s}_N)_{N \in \mathbf{N}}$ stetige lineare Abbildungen $(L_N)_{N \in \mathbf{N}}$ zu konstruieren, welche ein Approximationsverfahren im Raum $L^1(\mathbf{T})$ bilden, besteht darin, daß man eine Mittelung vornimmt. Besonders einfach ist die Bildung der *Cesàro-Mittel* (auch Fejér-Mittel genannt)

$$\dot{\sigma}_N = \frac{1}{N+1} \sum_{0 \leq k \leq N} \dot{s}_k \qquad (N \in \mathbf{N}), \tag{7.1}$$

also der arithmetischen Mittel der Sequenz $(\dot{s}_k)_{0 \leq k \leq N}$. Dann ist $\dot{\sigma}_N: L^1(\mathbf{T}) \to \mathcal{T}_N$ für jedes $N \in \mathbf{N}$ eine stetige lineare Abbildung

$$\dot{\sigma}_N: L^1(\mathbf{T}) \ni f \longrightarrow \dot{F}_N * f \in \mathcal{T}_N \tag{7.2}$$

mit dem trigonometrischen Polynom vom Grad N auf $\mathbf{T}$

$$\dot{F}_N = \frac{1}{N+1} \sum_{0 \leq k \leq N} \dot{D}_k = \sum_{|m| \leq N} \left(1 - \frac{|m|}{N+1}\right) \dot{\chi}_m \tag{7.3}$$

als Kernfunktion. Wegen $\sin^2(x/2) = (1 - \cos x)/2 = -\frac{1}{4} e^{-ix} + \frac{1}{2} - \frac{1}{4} e^{ix}$ erhält man aus der für alle $x \in \mathbf{R}$ gültigen Identität

$$\left(-\frac{1}{4} e^{-ix} + \frac{1}{2} - \frac{1}{4} e^{ix}\right) \sum_{|m| \leq N} \left(1 - \frac{|m|}{N+1}\right) e^{imx} = \frac{1}{N+1}\left(-\frac{1}{4} e^{-i(m+1)x} + \frac{1}{2} - \frac{1}{4} e^{i(m+1)x}\right) \tag{7.4}$$

die folgende Darstellung der Kernfunktion:

$$\dot{F}_N: \mathbf{T} \ni \dot{x} \longrightarrow \begin{cases} \dfrac{1}{N+1} \left[\dfrac{\sin((N+1)/2)x}{\sin(x/2)}\right]^2 & \text{für } \dot{x} \neq \dot{0}, \\[3mm] N+1 & \text{für } \dot{x} = \dot{0}. \end{cases} \tag{7.5}$$

Definition 7.1 Die Folge der trigonometrischen Polynome $(\dot{F}_N)_{N \in \mathbf{N}}$ vom Grad N heißt der Fejér-Kern auf $\mathbf{T}$.

Notiz. Es gilt $\displaystyle\int_{\mathbf{T}} \dot{F}_N(\dot{x}) \, d\dot{x} = \frac{1}{N+1} \sum_{0 \leq k \leq N} \int_{\mathbf{T}} \dot{D}_k(\dot{x}) \, d\dot{x} = 1$ und $\dot{F}_N(\dot{x}) \geq 0$ für $N \in \mathbf{N}$ und $\dot{x} \in \mathbf{T}$.

Satz 7.1 *Die linearen Abbildungen* $\dot\sigma_N\colon \mathrm{L}^1(\mathbf{T}) \to \mathcal{T}_N$ *haben die Norm*

$$\|\dot\sigma_N\| = 1 \qquad (N\in\mathbf{N}). \tag{7.6}$$

Die Gleichungen (7.6) gelten auch, wenn man $(\dot\sigma_N)_{N\in\mathbf{N}}$ *als lineare Abbildungen von* $\mathscr{C}(\mathbf{T})$ *in* $\mathcal{T}_N$ *auffaßt.*

Beweis. Aus $\|\dot F_N\|_1 = 1$ folgt $\|\dot\sigma_N\| \leqslant 1$ für $N\in\mathbf{N}$. Beachtet man $\dot\sigma_N(\dot\chi_0) = \dot\chi_0$, so ergibt sich die Behauptung. ∎

Setzt man den Satz von Weierstrass als bekannt voraus, demzufolge die Familie $(\dot\chi_m)_{m\in\mathbf{Z}}$ total in $\mathscr{C}(\mathbf{T})$ und damit auch total in $\mathrm{L}^1(\mathbf{T})$ liegt, so zeigen Satz 7.1 und die für $N > |m|$ gültige Abschätzung

$$\|\dot\sigma_N(\dot\chi_m) - \dot\chi_m\|_1 = \left\|\left(1 - \frac{|m|}{N+1}\right)\dot\chi_m - \dot\chi_m\right\|_1 \leqslant \frac{|m|}{N+1}, \tag{7.7}$$

daß die Folge $(\dot\sigma_N)_{N\in\mathbf{N}}$ ein Approximationsverfahren im Raum $\mathrm{L}^1(\mathbf{T})$ definiert, also $\lim\limits_{N\to+\infty} \|\dot\sigma_N(f) - f\|_1 = 0$ für alle $f\in\mathrm{L}^1(\mathbf{T})$ gilt. Die entsprechende Aussage gilt natürlich auch für den Raum $\mathscr{C}(\mathbf{T})$. Umgekehrt ist die Methode der Fejér-Mittel geeignet, die Dichtheit des Raumes $\mathcal{T}_\mathbf{Z}(\mathbf{T})$ der trigonometrischen Polynome in $\mathscr{C}(\mathbf{T})$ zu beweisen. Die Argumentation beruht auf einigen einfachen Eigenschaften des Fejér-Kerns und ist unabhängig von früheren, den Approximationssatz von Weierstrass benutzenden Ergebnissen.

Satz 7.2 (Fejér) *Die Fejér-Mittel erfüllen die Approximationseigenschaften*

$$\begin{aligned}
\lim_{N\to+\infty} \|\dot\sigma_N(f) - f\|_p &= 0 \qquad (f\in\mathrm{L}^p(\mathbf{T}),\ p\in[1,+\infty[), \\
\lim_{N\to+\infty} \|\dot\sigma_N(f) - f\|_\infty &= 0 \qquad (f\in\mathscr{C}(\mathbf{T})).
\end{aligned} \tag{7.8}$$

Beweis. Für $f\in\mathrm{L}^p(\mathbf{T})$, $p\in[1,+\infty[$, und fast alle $\dot x\in\mathbf{T}$ gilt

$$\dot\sigma_N(f)(\dot x) - f(\dot x) = \int_\mathbf{T} \dot F_N(\dot y)\, [f(\dot x - \dot y) - f(\dot x)]\,\mathrm{d}\dot y. \tag{7.9}$$

Ist p' der zu p duale Exponent $(1/p + 1/p' = 1)$, so erhält man nach dem Satz von Lebesgue-Fubini und der Ungleichung von Hölder für jedes $\delta\in\,]0,+\pi[$ und jedes Element $\dot h\in\mathrm{L}^{p'}(\mathbf{T})$:

$$\begin{aligned}
\left|\int_\mathbf{T} (\dot\sigma_N(f)(\dot x) - f(\dot x))\,\dot h(\dot x)\,\mathrm{d}\dot x\right| &\leqslant \int_\mathbf{T} \dot F_N(\dot y) \int_\mathbf{T} |f(\dot x - \dot y) - f(\dot x)|\,|\dot h(\dot x)|\,\mathrm{d}\dot x\mathrm{d}\dot y \\[4pt]
&\leqslant \int_\mathbf{T} \dot F_N(y)\, \|\tau(\dot y)f - f\|_p\, \|\dot h\|_{p'}\,\mathrm{d}\dot y \\[4pt]
&= \frac{1}{2\pi} \|\dot h\|_{p'} \int_{|y|<\delta} F_N(y)\, \|\tau(y)f - f\|_p\,\mathrm{d}y \\[4pt]
&\quad + \frac{1}{2\pi} \|\dot h\|_{p'} \int_{\delta<|y|<\pi} F_N(y)\, \|\tau(y)f - f\|_p\,\mathrm{d}y = I_1 + I_2
\end{aligned} \tag{7.10}$$

Zu jedem $\varepsilon > 0$ existiert $\delta > 0$ mit $\|\dot{h}\|_{p'} \|\tau(\dot{y})f - f\|_p \leqslant \varepsilon$ für alle $y \in \mathbf{R}$ mit $|y| < \delta$

(Aufgabe 4.1) und somit gilt $I_1 \leqslant \varepsilon$. Wegen $\quad\displaystyle\sup_{\delta \leqslant |y| \leqslant \pi} F_N(y) \leqslant \frac{1}{(N+1)\sin^2(\delta/2)}$ (7.5)

erhält man für hinreichend großes $N \in \mathbf{N}$

$$I_2 \leqslant \frac{1}{2\pi} 2\|f\|_p \|\dot{h}\|_{p'} \int_{\delta < |y| < \pi} F_N(y)\,\mathrm{d}y \leqslant \frac{2}{N+1}\|f\|_p \|\dot{h}\|_{p'} \frac{1}{\sin^2(\delta/2)} \leqslant \varepsilon. \quad (7.11)$$

Aus (7.10) und (7.11) ergibt sich für hinreichend großes $N \in \mathbf{N}$:

$$\|\dot{\sigma}_N(f) - f\|_p = \sup_{\|h\|_{p'} \leqslant 1} \left| \int_{\mathbf{T}} (\dot{\sigma}_N(f)(\dot{x}) - f(\dot{x})) h(\dot{x})\,\mathrm{d}\dot{x} \right| \leqslant 2\varepsilon$$

Damit ist (7.8) für $\mathrm{L}^p(\mathbf{T})$, $p \in [\![1, +\infty[\![$, bewiesen. Im Fall $\mathscr{C}(\mathbf{T})$ verläuft der Beweis ähnlich.   ∎

Eine direkte Folgerung ist

Satz 7.3 (Weierstrass) *Die Familie* $(\dot{\chi}_m)_{m\in\mathbf{Z}}$ *der Charaktere von* $\mathbf{T}$ *ist total in den komplexen Banachräumen* $\mathrm{L}^p(\mathbf{T})$, $p \in [\![1, +\infty[\![$, *und* $\mathscr{C}(\mathbf{T})$.

Die im Beweis zu Satz 7.2 benutzte Technik ist insofern bemerkenswert, als sie am Beispiel des Fejér-Kerns typische Eigenschaften ausnutzt, die diesen Faltungskern zu einer approximativen Einheit im Sinne der folgenden Definition machen.

Definition 7.2 Für $1 \leqslant j \leqslant n$ bezeichne I_j entweder ein offenes Intervall $]\!]a_j, b_j[\![$ in $\mathbf{R}_+ \cup \{+\infty\}$ oder die Menge $\mathbf{N}$. Sei $I = \underset{1 \leqslant j \leqslant n}{\times} I_j$ und ϱ_0 entweder $a = (a_j)_{1 \leqslant j \leqslant n}$, $b = (b_j)_{1 \leqslant j \leqslant n}$ oder $(+\infty, \ldots, +\infty)$. Eine Familie $(\dot{k}_\varrho)_{\varrho \in I}$ von Elementen aus $\mathrm{L}^1(\mathbf{T}^n)$, $n \geqslant 1$, heißt eine approximative Einheit auf $\mathbf{T}^n$, wenn sie die drei folgenden Eigenschaften besitzt:

(i) $\displaystyle\int_{\mathbf{T}^n} \dot{k}_\varrho(\dot{x})\,\mathrm{d}\dot{x} = 1$ für jedes $\varrho \in I$;

(ii) $\displaystyle\sup_{\varrho \in I} \|\dot{k}_\varrho\|_1 < +\infty$;

(iii)   Für jede Neutralumgebung U von $\mathbf{T}^n$ gilt

$$\lim_{\varrho \to \varrho_0} \int_{\mathbf{T}^n - U} |\dot{k}_\varrho(\dot{y})|\,\mathrm{d}\dot{y} = 0.$$

Erfüllt eine Familie von Elementen $(\dot{k}_\varrho)_{\varrho \in I}$ aus $\mathrm{L}^1(\mathbf{T}^n)$ die Eigenschaft (i), so wird sie Faltungskern auf $\mathbf{T}^n$ genannt.

Satz 7.4 *Für jede approximative Einheit* $(\dot{k}_\varrho)_{\varrho \in I}$ *auf* $\mathbf{T}^n$ *gilt*

$$\lim_{\varrho \to \varrho_0} \|\dot{k}_\varrho * f - f\|_p = 0 \qquad (f \in \mathrm{L}^p(\mathbf{T}^n), \, p \in [\![1, +\infty[\![),$$

$$\lim_{\varrho \to \varrho_0} \|\dot{k}_\varrho * f - f\|_\infty = 0 \qquad (f \in \mathscr{C}(\mathbf{T}^n)).$$

$$(7.12)$$

Beispiele 7.1 (1) Der Dirichlet-Kern $(\dot{D}_{RQ\cap\mathbf{Z}^n})_{R\geqslant 0}$ auf $\mathbf{T}^n$ zum n-Quader Q (Beispiel 4.1(3)) ist ein Faltungskern, aber keine approximative Einheit auf dem $\mathbf{T}^n$, $n\geqslant 1$.

(2) Für jedes j mit $1\leqslant j\leqslant n$ sei $(\dot{k}_{\varrho j})_{\varrho j\in I_j}$ eine approximative Einheit auf $\mathbf{T}$. Setzt man $\dot{k}_\varrho = \underset{1\leqslant j\leqslant n}{\otimes}\ \dot{k}_{\varrho j}$, so ist $(\dot{k}_\varrho)_{\varrho\in I}$ eine approximative Einheit auf $\mathbf{T}^n$. Demnach ist insbesondere $(\dot{F}_N)_{N\in\mathbf{N}^n}$ mit $\dot{F}_N = \underset{1\leqslant j\leqslant n}{\otimes}\ \dot{F}_{N_j}\colon (\dot{x}_j)_{1\leqslant j\leqslant n} \longrightarrow \prod_{1\leqslant j\leqslant n} \dot{F}_{N_j}(\dot{x}_j)$ eine approximative Einheit auf $\mathbf{T}^n$, die als *Fejér-Kern* auf dem $\mathbf{T}^n$ bezeichnet wird. Es gilt offenbar

$$\dot{F}_N = \sum_{\substack{m\in\mathbf{Z}^n \\ |m_j|\leqslant N_j}} \left(\prod_{1\leqslant j\leqslant n} \left(1 - \frac{|m_j|}{N_j + 1} \right) \right) \dot{\chi}_m \qquad (N\in\mathbf{N}^n). \tag{7.13}$$

Satz 7.4, angewandt auf den vorliegenden Fall, liefert den Approximationssatz von Weierstrass für $\mathbf{T}^n$.

(3) Wählt man $n = 1$ und setzt

$$\dot{V}_N = 2\,\dot{F}_{2N+1} - \dot{F}_N \qquad (N\in\mathbf{N}), \tag{7.14}$$

so ist die Folge $(\dot{V}_N)_{N\in\mathbf{N}}$ eine approximative Einheit auf $\mathbf{T}$, die als *de la Vallée-Poussin-Kern* bezeichnet wird. Die Folge $(\dot{\imath}_N)_{N\in\mathbf{N}}$ stetiger linearer Abbildungen $\dot{\imath}_N\colon L^p(\mathbf{T})\ni f \longrightarrow \dot{V}_N * f \in \mathscr{T}_{2N+1}$ definiert gemäß Satz 7.4 ein Approximationsverfahren im Raum $L^p(\mathbf{T})$, $p\in[1, +\infty[$. Entsprechendes gilt auch im Raum $\mathscr{C}(\mathbf{T})$. Wegen $\dot{\imath}_N = 2\dot{\sigma}_{2N+1} - \dot{\sigma}_N = \dfrac{1}{N+1} \sum_{N+1\leqslant k\leqslant 2N+1} \dot{s}_k$ erhält man $\dot{\imath}_N(f) = f$ für jedes trigonometrische Polynom $f\in\mathscr{T}_{N+1}$. Die Abbildungen $(\dot{\imath}_N)_{N\in\mathbf{N}}$ sind jedoch nicht idempotent, was auch wegen Satz 6.3 nicht zutreffen kann; sie reproduzieren jedoch die Elemente von $\mathscr{T}_{N+1}$. Die de la Vallée-Poussin-Mittel $\dot{\imath}_N(f)$ $(N\in\mathbf{N})$ sind besonders nützlich, wenn die f approximierenden trigonometrischen Polynome Koeffizienten haben sollen, welche auf vorgegebenen Intervallen mit den Fourier-Koeffizienten von f übereinstimmen.

(4) Sei $n = 1$ und I_0 das halboffene Intervall $[0,1[$, sowie $\varrho_0 = 1$. Für jedes $r\in I_0$ werde die Abbildung $\mathbf{T}\ni\dot{x}\longrightarrow P(r,\dot{x})\in\mathbf{R}$ durch

$$P(r,x) = 1 + 2 \sum_{m\geqslant 1} r^m \cos mx = \frac{1 - r^2}{1 - 2r\cos x + r^2} \tag{7.15}$$

definiert. Dann ist der sog. *Abel-Poisson-Kern* $(P(r,\cdot))_{r\in]0,1[}$ eine approximative Einheit auf $\mathbf{T}$. Weil $P(r,\dot{x})\geqslant 0$ für $\dot{x}\in\mathbf{T}$ gilt, ist nur die Eigenschaft (iii) in Definition 7.2 nicht unmittelbar einsichtig. Aus der Beziehung

$$P(r,\dot{x}) = \frac{1 - r^2}{(1 - r)^2 + 4r\sin^2(x/2)} \qquad ((r,\dot{x})\in I_0\times\mathbf{T}) \tag{7.16}$$

folgt wegen $\sin^2(x/2)\geqslant x^2/\pi^2$ $(x\in[-\pi, +\pi])$ die Abschätzung

$$P(r,x) \leqslant \frac{\pi^2(1 - r^2)}{4rx^2} \qquad (r\in I_0, x\in[-\pi, +\pi] - \{0\}) \tag{7.17}$$

und daraus die Eigenschaft (iii). Satz 7.4 liefert im vorliegenden Fall die Konvergenz des Abel-Poisson-Verfahrens $P(r,\cdot)*f$ gegen f für $r\to 1 -$ in den Räumen $L^p(\mathbf{T})$, $p\in[1, +\infty[$, und $\mathscr{C}(\mathbf{T})$. Die Funktion $(r,\dot{x})\longrightarrow P(r,x)$ ist (in Polarkoordinaten geschrieben) der Realteil der in der

offenen Einheitskreisscheibe $D = \{z \in \mathbf{C} \mid |z| < 1\}$ holomorphen Funktion $z \longmapsto F(z) =$
$1 + 2 \sum_{m \geqslant 1} z^m = \dfrac{1+z}{1-z}$. Demnach definiert $(r, \dot{x}) \longmapsto P(r, \dot{x})$ eine auf D harmonische Funktion. Faßt
man jede Funktion $f \in \mathscr{C}(\mathbf{T})$ als Randverteilung der Kreisscheibe D auf, so kann das Abel-Poisson-
Mittel $P(r, \cdot) * f$ als (eindeutige) Lösung des Dirichlet-Problems für D interpretiert werden, die bei
radialer Annäherung $r \to 1 -$ an den Rand $\mathbf{S}_1$ die Verteilung f im Raum $\mathscr{C}(\mathbf{T})$ approximiert.

Die Nützlichkeit von approximativen Einheiten soll anhand von zwei Anwendungs-
beispielen verdeutlicht werden.

Satz 7.5 *Für $f \in L^1(\mathbf{T})$ gelte $c_{|m|}(f) = -c_{-|m|}(f) \geqslant 0$ $(m \in \mathbf{Z})$. Dann gilt*

$$\sum_{m \in \mathbf{Z}^\times} \frac{1}{m} \, c_m(f) < +\infty.$$

Beweis. Ohne Beschränkung der Allgemeinheit kann $c_0(f) = 0$ angenommen
werden. Dann gehört die Funktion $\dot{F}\colon \dot{x} \longmapsto \int_0^x f(y)\,dy$ zu $\mathscr{C}(\mathbf{T})$. Nach Satz 5.1 gilt
$c_m(\dot{F}) = \dfrac{1}{\mathrm{i}m}\, c_m(\dot{f})$ für $m \in \mathbf{Z}^\times$. Satz 7.2 liefert

$$\lim_{N \to +\infty} 2 \sum_{1 \leqslant m \leqslant N} \left(1 - \frac{m}{N+1}\right) \frac{1}{m}\, c_m(f) = \mathrm{i}\left(\dot{F}(0) - c_0(\dot{F})\right). \tag{7.18}$$

Mithin gilt

$$\sum_{1 \leqslant m \leqslant N} \frac{1}{m}\, c_m(f) \leqslant \frac{1}{N+1} \sum_{1 \leqslant m \leqslant N} c_m(f) + \frac{1}{2}\,|\dot{F}(0) - c_0(\dot{F})|. \tag{7.19}$$

Die Partialsummen der Reihe $\sum_{m \in \mathbf{Z}^\times} \dfrac{1}{m}\, c_m(f)$ mit nichtnegativen Gliedern sind somit
beschränkt, die Reihe also konvergent. $\blacksquare$

Beispiel 7.2 Da die Reihe $\sum_{m \geqslant 2} \dfrac{1}{m \log m}$ divergiert, folgt aus Satz 7.5, daß kein $f \in L^1(\mathbf{T})$ existiert
mit $c_m(f) = \mathrm{i}(\operatorname{sign} m)/\log|m|$ $(|m| \geqslant 2)$.

Im folgenden bezeichne wieder $D = \{z \in \mathbf{C} \mid |z| < 1\}$ die offene Einheitskreisscheibe
und $\mathscr{H}(D^n)$ den komplexen Vektorraum aller auf $\overline{D}^n \subseteq \mathbf{C}^n$ stetigen komplexwertigen
Funktionen, die in D^n holomorph sind, also in D^n lokal in Potenzreihen entwickelbar
sind. Ferner werde mit den Bezeichnungen von Beispiel 7.1 (4) für $r = (r_j)_{1 \leqslant j \leqslant n} \in I_0^n$ und
$\dot{x} = (\dot{x}_j)_{1 \leqslant j \leqslant n} \in \mathbf{T}^n$ die Funktion

$$(r, \dot{x}) \longmapsto P(r, \dot{x}) = \prod_{1 \leqslant j \leqslant n} P(r_j, \dot{x}_j) \tag{7.20}$$

definiert. Dann ist die Familie $(P(r, \cdot))_{r \in \,]0,1[^n}$ eine approximative Einheit auf $\mathbf{T}^n$.

Satz 7.6 *Eine Funktion $f \in \mathscr{C}(\mathbf{T}^n)$ ist genau dann die Restriktion einer Funktion
$F \in \mathscr{H}(D^n)$, falls ihre Fourier-Koeffizienten die Bedingungen $c_m(f) = 0$ für $m \in \mathbf{Z}^n - \mathbf{N}^n$
erfüllen.*

Beweis. (i) Angenommen, es existiere eine Funktion $F \in \mathcal{H}(D^n)$ mit $F|\mathbf{T}^n = f$. Weil F und $(r, \dot{x}) \rightsquigarrow P(r, \cdot) * f(\dot{x})$ in D^n harmonische Funktionen sind, die wegen Satz 7.4 die gleiche Randverteilung $f \in \mathcal{C}(\mathbf{T}^n)$ aufweisen, besitzt $F(z)$ für jedes $z = (z_j)_{1 \leqslant j \leqslant n}$ $= (r_j\, e^{ix_j})_{1 \leqslant j \leqslant n} \in D^n$ die Integraldarstellung

$$
\begin{aligned}
F(z) &= P(r, \cdot) * f(\dot{x}) \\
&= \sum_{m \in \mathbf{Z}^n} \left(\prod_{1 \leqslant j \leqslant n} r_j^{|m_j|} \right) c_m(f)\, \dot{\chi}_m(\dot{x}).
\end{aligned}
\tag{7.21}
$$

Vergleicht man (7.21) mit der Potenzreihenentwicklung

$$
F(z) = \sum_{m \in \mathbf{N}^n} a_m z^m = \sum_{m \in \mathbf{N}^n} a_m \left(\prod_{1 \leqslant j \leqslant n} r_j^{m_j} \right) \dot{\chi}_m(\dot{x}),
\tag{7.22}
$$

die für alle $z \in D^n$ konvergent ist, so folgt $c_m(f) = 0$ für $m \in \mathbf{Z}^n - \mathbf{N}^n$.

(ii) Sei jetzt $c_m(f) = 0$ für alle $m \in \mathbf{Z}^n - \mathbf{N}^n$ erfüllt. Dann wird durch

$$
F(z) = P(r, \cdot) * f(\dot{x}) = \sum_{m \in \mathbf{N}^n} \left(\prod_{1 \leqslant j \leqslant n} r_j^{m_j} \right) c_m(f)\, \dot{\chi}_m(\dot{x})
\tag{7.23}
$$

eine in D^n holomorphe Funktion $z \rightsquigarrow F(z)$ definiert. Wählt man $f = \dot{\chi}_m$, so läßt sich die Funktion $(r, \dot{x}) \rightsquigarrow P(r, \cdot) * \dot{\chi}_m(\dot{x}) = \prod_{1 \leqslant j \leqslant n} z_j^{m_j}$ stetig auf $\overline{D}^n$ fortsetzen. Die für alle $(r, \dot{x}) \in I_0^n \times \mathbf{T}^n$ und alle $f \in \mathcal{C}(\mathbf{T}^n)$ gültige Abschätzung $|P(r, \cdot) * f(\dot{x})| \leqslant \|f\|_\infty$ zeigt zusammen mit dem Approximationssatz von Weierstrass (Beispiel 7.1 (2)), daß sich F auf $\overline{D}^n$ stetig ausdehnen läßt. Bezeichnet man die (eindeutig bestimmte) Fortsetzung wieder mit F, so gilt $F \in \mathcal{H}(D^n)$ und $F|\mathbf{T}^n = f$ wegen Satz 7.4. ∎

Aufgaben

7.1 Fertige eine Skizze der Graphen von F_6 und F_8 an.

7.2 Sei f eine in D holomorphe Funktion und $g = \mathrm{Re}\, f$. Für $r \in [0, 1[$ und jedes $z \in \mathbf{C}$ mit $|z| < r$ gilt

$$
f(z) = \frac{1}{2\pi} \int_{-\pi}^{+\pi} g(r \cos x,\, r \sin x)\, \frac{r\, e^{ix} + z}{r\, e^{ix} - z}\, dx.
$$

(Berechne die Koeffizienten von $f(z) = \sum_{n \in \mathbf{N}} a_n z^n$ mit Hilfe von g und benutze die Identität $1 + 2 \sum_{m \geqslant 1} (z/r e^{ix})^m = (r e^{ix} + z)/(r e^{ix} - z)$).

7.3 Sei $F \in \mathcal{H}(D)$ und $f = F|\mathbf{T}$.

(a) Zeige mit Hilfe des Integralsatzes von Cauchy, daß $c_m(f) = 0$ für $m \in \mathbf{Z} - \mathbf{N}$ gilt. (Beachte $\int_\gamma F(z) z^m\, dz = 0$ für $m \in \mathbf{N}$ und $\gamma \colon t \rightsquigarrow r e^{it}, r \in [0, 1[$).

(b) Für alle $z = re^{ix} \in D$ gilt $F(z) = P(r, \cdot) * f(\dot{x})$. (Wende die Integralformel von Cauchy an und benutze (a)).

7.4 Zu jeder in D harmonischen und beschränkten Funktion F existiert eine Funktion $f \in L^\infty(\mathbf{T})$ mit $F(z) = P(r, \cdot) * f(\dot{x})$ für $z = re^{ix} \in D$. (Sei $(r_n)_{n \geqslant 1}$ eine gegen 1 monoton wachsende Folge reeller Zahlen und $f_n: \mathbf{T} \ni \dot{x} \longmapsto F(r_n e^{ix})$. Dann ist die Menge $\{f_n \mid n \in \mathbf{N}\}$ relativ kompakt bezüglich der schwachen Topologie $\sigma(L^\infty(\mathbf{T}), L^1(\mathbf{T}))$).

7.5 (a) Der Hardy-Raum $\mathscr{H}^2$ besteht aus allen in D holomorphen Funktionen F, die der

Bedingung $\displaystyle \lim_{r \to 1-} \frac{1}{2\pi} \int_{-\pi}^{+\pi} |f(re^{ix})|^2 \, dx < +\infty$ genügen. Zeige, daß zu jedem $F \in \mathscr{H}^2$ genau eine

Randfunktion $f \in L^2(\mathbf{T})$ existiert mit der Eigenschaft $F(z) = P(r, \cdot) * f(\dot{x})$ für $z = re^{ix} \in D$ (vgl. Beispiel 3.1 (4)).

(b) Es bezeichne $\mathfrak{H}^2$ den komplexen Vektorraum aller in der offenen oberen Halbebene $\{z = x + iy \in \mathbf{C} \mid y > 0\}$ holomorphen Funktionen F, für die $\displaystyle \sup_{y > 0} \int_{\mathbf{R}} |F(x + iy)|^2 \, dx < +\infty$ gilt.

Mit Methoden der Potentialtheorie kann gezeigt werden, daß die Randwerte $f(x) = \lim_{y \to 0+} F(x + iy)$ für fast alle Punkte $x \in \mathbf{R}$ existieren und $f \in L^2(\mathbf{R})$ gilt. Man beweise, daß jede Funktion $F \in \mathfrak{H}^2$ die Integraldarstellung

$$F(z) = \frac{1}{\pi} \int_{\mathbf{R}} \frac{y}{(x-t)^2 + y^2} f(t) \, dt \qquad (z = x + iy, y > 0)$$

besitzt. (Bilde die offene obere Halbebene konform auf D ab und benutze (a)).

7.6 Für jedes $N \in \mathbf{N}$ sei $\dot{\varphi}_N: \mathbf{T} \ni \dot{x} \longmapsto c_N(1 + \cos x)^N$. Die Konstante c_N sei so gewählt, daß $\int_{\mathbf{T}} \dot{\varphi}_N(\dot{x}) \, d\dot{x} = 1 \, (N \in \mathbf{N})$ gilt. Zeige, daß $(\dot{\varphi}_N)_{N \in \mathbf{N}}$ eine approximative Einheit auf $\mathbf{T}$ ist.

7.7 Beweise Satz 7.5 ohne Vorzeichenbedingungen an die Fourier-Koeffizienten. (Benutze die Permanenzeigenschaft der arithmetischen Mittelung von Folgen).

7.8 (a) Sei $\dot{p}_N \in \mathscr{T}_N$ für $N \in \mathbf{N}$. Zeige, daß für jedes $\dot{x} \in \mathbf{T}$ die Identität

$$\dot{p}_N'(\dot{x}) = \frac{1}{2\pi} \int_{-\pi}^{+\pi} p_N(x + y) \, 2N \sin Ny \cdot F_{N-1}(y) \, dy \text{ gilt. (Beweise zunächst die Identität } \dot{p}_N'$$

$= \dot{D}_N' * \dot{p}_N$ für $N \in \mathbf{N}$).

(b) Für jedes $\dot{p}_N \in \mathscr{T}_N$ gilt $\|\dot{p}_N'\|_\infty \leqslant 2N \|\dot{p}_N\|_\infty$ (*Bernstein-Ungleichung*).

(c) Sei $Q = \{x \in \mathbf{R}^n \mid |x_j| \leqslant l_j, 1 \leqslant j \leqslant n\}$ ein kompakter n-Quader im $\mathbf{R}^n$. Für jedes trigonometrische Polynom $\dot{p} \in \mathscr{T}_{Q \cap \mathbf{Z}^n}(\mathbf{T}^n)$ und jeden Multiindex $\alpha \in \mathbf{N}^n$ gilt $\|D^\alpha \dot{p}\|_\infty \leqslant \left(\prod_{1 \leqslant j \leqslant n} (2l_j)^{\alpha_j} \right) \|\dot{p}\|_\infty$.

(d) Man beweise die Aussage von (c) für die Räume $L^p(\mathbf{T}^n)$, $p \in [\![1, +\infty[\![$.

8   Periodische Distributionen

Ein in der Funktionalanalysis geläufiges Verfahren, um stetige lineare Operationen der Analysis, wie z. B. die Differentiation, die Multiplikation mit Funktionen oder die Faltung, auf umfassendere Räume auszudehnen, besteht darin, daß man diese Operationen zunächst auf lokalkonvexen Funktionenräumen, den sogenannten *Grundräumen*, betrachtet, die in dem Sinne klein sind, daß sie in die Standard-Räume stetig eingebettet werden können und dort noch überall dicht liegen. Durch Übergang zu den topologischen Dualräumen und durch Transponieren der stetigen linearen Operationen erhält man dann die gewünschten Fortsetzungen. Dieses Verfahren läßt sich insbesondere auf die Fourier-Transformation $\mathscr{F}_{\mathbf{T}^n}$ auf der n-dimensionalen Torusgruppe $\mathbf{T}^n$ anwenden.

Ein geeigneter Grundraum ist der komplexe Vektorraum $\mathscr{C}^\infty(\mathbf{T}^n) = \bigcap\limits_{k \in \mathbf{N}} \mathscr{C}^k(\mathbf{T}^n)$ aller beliebig oft differenzierbaren, komplexwertigen Funktionen auf $\mathbf{T}^n$. Für jeden Multiindex $\alpha \in \mathbf{N}^n$ wird mit Hilfe der Ableitungsoperatoren (5.1) durch

$$p_\alpha : \mathscr{C}^\infty(\mathbf{T}^n) \ni \dot\varphi \longmapsto \| D^\alpha \dot\varphi \|_\infty \tag{8.1}$$

eine Prä-Norm auf $\mathscr{C}^\infty(\mathbf{T}^n)$ definiert. Versieht man den komplexen Vektorraum $\mathscr{C}^\infty(\mathbf{T}^n)$ mit der gröbsten Topologie, hinsichtlich derer noch jede der Prä-Normen $(p_\alpha)_{\alpha \in \mathbf{N}^n}$ stetig ist, so wird dieser Raum mit $\mathscr{D}(\mathbf{T}^n)$ bezeichnet. Der Raum $\mathscr{D}(\mathbf{T}^n)$ trägt demnach die Topologie der gleichmäßigen Konvergenz für die Funktionen $\dot\varphi \in \mathscr{C}^\infty(\mathbf{T}^n)$ und allen ihren Ableitungen. Man überzeugt sich, daß $\mathscr{D}(\mathbf{T}^n)$ ein komplexer Fréchet-Raum, d. h. ein vollständig metrisierbarer lokalkonvexer topologischer Vektorraum über $\mathbf{C}$ ist.

Zur Charakterisierung des Bildraumes $\mathscr{F}_{\mathbf{T}^n}\,\mathscr{D}(\mathbf{T}^n)$ ist es nach Satz 5.2 naheliegend, den Untervektorraum

$$\mathscr{S}(\mathbf{Z}^n) = \{ c = (c_m)_{m \in \mathbf{Z}^n} \in \mathbf{C}^{\mathbf{Z}^n} \} \, c_m = o\left(\prod_{1 \leqslant j \leqslant n} |m_j|^{-\alpha_j} \right) (|m| \to +\infty, \, m_j \neq 0), \, \alpha \in \mathbf{N}^n \} \tag{8.2}$$

von $\mathrm{A}(\mathbf{Z}^n)$ zu betrachten. Die Elemente des Vektorraumes $\mathscr{S}(\mathbf{Z}^n)$ werden „*rasch abklingende Folgen*" komplexer Zahlen genannt. Der Raum $\mathscr{S}(\mathbf{Z}^n)$ wird ebenfalls zu einem komplexen Fréchet-Raum, falls man ihn mit der durch die Prä-Normen

$$r_\alpha : \mathscr{S}(\mathbf{Z}^n) \ni c \longmapsto \sup_{m \in \mathbf{Z}^n} |m^\alpha c_m| \qquad (\alpha \in \mathbf{N}^n) \tag{8.3}$$

definierten Topologie versieht. Man nennt ihn den über $\mathbf{Z}^n$ modellierten *Schwartz-Bruhat-Raum*.

Notiz. Führt man für jedes $N \in \mathbf{N}$ die Prä-Norm

$$q_N : \mathscr{S}(\mathbf{Z}^n) \ni c \longmapsto \sup_{m \in \mathbf{Z}^n} (1 + |m|^2)^N |c_m| \tag{8.4}$$

ein, so liefert die Multinomialformel $\left(\sum\limits_{1 \leqslant j \leqslant n} m_j \right)^N = \sum\limits_{|\alpha| = N} \dfrac{N!}{\alpha!} m^\alpha \; \left(\alpha! = \prod\limits_{1 \leqslant j \leqslant n} \alpha_j! \right)$ die Existenz einer Konstanten $M > 0$ mit der Eigenschaft $q_N(c) \leqslant M \cdot \sup\limits_{|\alpha| \leqslant 2N} r_\alpha(c)$ für alle $c \in \mathscr{S}(\mathbf{Z}^n)$. Weil andererseits auch die Abschätzung

$$|m^\alpha| \leqslant (1 + |m|^2)^N \qquad (|\alpha| \leqslant 2\,N) \tag{8.5}$$

für $m \in \mathbf{Z}^n$ und damit $r_\alpha(c) \leqslant q_N(c)$ für jedes $c \in \mathscr{S}(\mathbf{Z}^n)$ und jeden Multiindex $\alpha \in \mathbf{N}^n$ mit $|\alpha| \leqslant 2\,N$ gilt, stimmen die von den Prä-Normen $(r_\alpha)_{\alpha \in \mathbf{N}^n}$ und $(q_N)_{N \in \mathbf{N}}$ auf dem Vektorraum $\mathscr{S}(\mathbf{Z}^n)$ definierten lokalkonvexen Topologien überein.

Der folgende Satz zeigt, daß das Raumpaar $(\mathscr{D}(\mathbf{T}^n), \mathscr{S}(\mathbf{Z}^n))$ in der „lokalkonvexen Theorie" der Fourier-Transformation $\mathscr{F}_{\mathbf{T}^n}$ eine ähnliche fundamentale Rolle spielt wie das Paar $(\mathrm{L}^2(\mathbf{T}^n), \ell^2(\mathbf{Z}^n))$ in der Hilbert-Raum-Theorie (Satz 3.4).

Satz 8.1 *Die Fourier-Transformation $\mathscr{F}_{\mathbf{T}^n}$ und die Fourier-Kotransformation $\overline{\mathscr{F}}_{\mathbf{T}^n}$ sind topologische Isomorphismen des komplexen Fréchet-Raumes $\mathscr{D}(\mathbf{T}^n)$ auf den komplexen Fréchet-Raum $\mathscr{S}(\mathbf{Z}^n)$.*

Beweis. Aus Satz 5.2 folgt, daß die Fourier-Transformation $\mathscr{F}_{\mathbf{T}^n}$ den Vektorraum $\mathscr{D}(\mathbf{T}^n)$ in den Vektorraum $\mathscr{S}(\mathbf{Z}^n)$ abbildet. Sei $c = (c_m)_{m \in \mathbf{Z}^n} \in \mathscr{S}(\mathbf{Z}^n)$ eine beliebige rasch abklingende Folge. Dann gehören die Funktionen $\dot\varphi = \sum\limits_{m \in \mathbf{Z}^n} c_m \, \dot\chi_m$ und $\dot\psi_\alpha = \sum\limits_{m \in \mathbf{Z}^n} m^\alpha c_m \, \dot\chi_m$ für $\alpha \in \mathbf{N}^n$ zum Raum $\mathscr{C}(\mathbf{T}^n)$ und es gilt $c_m(\dot\psi_\alpha) = m^\alpha c_m(\dot\varphi)$ für $\alpha \in \mathbf{N}^n$ und $m \in \mathbf{Z}^n$. Nach Satz 5.3 gilt dann sogar $\dot\varphi \in \mathscr{D}(\mathbf{T}^n)$ und $c_m(\dot\varphi) = c_m$ $(m \in \mathbf{Z}^n)$. Die injektive $\mathbf{C}$-lineare Abbildung $\mathscr{F}_{\mathbf{T}^n}$ ist somit surjektiv und damit ein Vektorraum-Isomorphismus von $\mathscr{D}(\mathbf{T}^n)$ auf $\mathscr{S}(\mathbf{Z}^n)$. Dieser Isomorphismus ist aber auch stetig. Nach Satz 5.1 gelten nämlich für $\dot\varphi \in \mathscr{D}(\mathbf{T}^n)$ und $\alpha \in \mathbf{N}^n$ die Abschätzungen

$$r_\alpha(\mathscr{F}_{\mathbf{T}^n} \dot\varphi) = \sup\limits_{m \in \mathbf{Z}^n} |m^\alpha c_m(\dot\varphi)| = \sup\limits_{m \in \mathbf{Z}^n} |c_m(\mathrm{D}^\alpha \dot\varphi)| \leqslant \|\mathrm{D}^\alpha \dot\varphi\|_1 \leqslant p_\alpha(\dot\varphi). \tag{8.6}$$

Nach dem Isomorphiesatz von Banach für bijektive stetige lineare Abbildungen zwischen vollständig metrisierbaren topologischen Vektorräumen ist damit der Beweis geführt. Die Stetigkeit der inversen Abbildung $\mathscr{F}_{\mathbf{T}^n}^{-1}$ läßt sich jedoch auch leicht direkt mit Hilfe der Abschätzung (8.5) nachweisen. Für jedes $\alpha \in \mathbf{N}^n$ und $\dot\varphi \in \mathscr{D}(\mathbf{T}^n)$ erhält man für $l > n/2$ und $N \in \mathbf{N}$ mit $|\alpha| \leqslant 2\,N$:

$$p_\alpha(\dot\varphi) = \left\| \sum\limits_{m \in \mathbf{Z}^n} c_m(\mathrm{D}^\alpha \dot\varphi) \dot\chi_m \right\|_\infty \leqslant \sum\limits_{m \in \mathbf{Z}^n} |m^\alpha c_m(\dot\varphi)| \leqslant \sum\limits_{m \in \mathbf{Z}^n} (1 + |m|^2)^N |c_m(\dot\varphi)|$$

$$= \sum\limits_{m \in \mathbf{Z}^n} (1 + |m|^2)^{N+l} |c_m(\dot\varphi)| / (1 + |m|^2)^l \leqslant C \cdot q_{N+l}(\mathscr{F}_{\mathbf{T}^n} \dot\varphi) \tag{8.7}$$

Dabei ist $C = \sum\limits_{m \in \mathbf{Z}^n} \dfrac{1}{(1 + |m|^2)^l} < +\infty$ gesetzt. Die Ungleichungen (8.7) beweisen die Stetigkeit der linearen Abbildung $\mathscr{F}_{\mathbf{T}^n}^{-1} : \mathscr{S}(\mathbf{Z}^n) \to \mathscr{D}(\mathbf{T}^n)$. Mit der Fourier-Kotransformation verfährt man entsprechend. $\blacksquare$

In Verbindung mit Satz 5.4 zeigt der vorstehende Satz, daß die Fourier-Reihe $\sum\limits_{m \in \mathbf{Z}^n} c_m(\dot\varphi) \, \dot\chi_m$ jeder Funktion $\dot\varphi \in \mathscr{D}(\mathbf{T}^n)$ unbedingt gegen $\dot\varphi$ bezüglich der Topologie des Grundraumes $\mathscr{D}(\mathbf{T}^n)$ konvergiert.

Definition 8.1 Die Elemente des topologischen Duals $\mathscr{D}'(\mathbf{T}^n)$, also die stetigen Linearformen S auf dem Fréchet-Raum $\mathscr{D}(\mathbf{T}^n)$, werden (periodische) komplexe Distributionen auf $\mathbf{T}^n$ genannt.

Die kanonische Bilinearform der Dualität $(\mathscr{D}(\mathbf{T}^n),\ \mathscr{D}'(\mathbf{T}^n))$ wird im folgenden mit

$$\mathscr{D}(\mathbf{T}^n) \times \mathscr{D}'(\mathbf{T}^n) \ni (\dot{\varphi}, S) \longmapsto \langle \dot{\varphi}, S \rangle = S(\dot{\varphi}) \in \mathbf{C} \tag{8.8}$$

bezeichnet.

Beispiele 8.1 (1) Die kanonische Injektion $j: \mathscr{D}(\mathbf{T}^n) \hookrightarrow \mathscr{C}(\mathbf{T}^n)$ ist eine stetige lineare Abbildung. Weil die Charaktere $(\chi_m)_{m \in \mathbf{Z}^n}$ von $\mathbf{T}^n$ dem Grundraum $\mathscr{D}(\mathbf{T}^n)$ angehören, ist das Bild $j(\mathscr{D}(\mathbf{T}^n))$ ein überall dicht liegender Untervektorraum des komplexen Banach-Raumes $\mathscr{C}(\mathbf{T}^n)$. Dann ist die transponierte lineare Abbildung

$$^t j: \mathscr{C}'(\mathbf{T}^n) = \mathscr{M}(\mathbf{T}^n) \ni \mu \longmapsto \left(\mathscr{D}(\mathbf{T}^n) \ni \dot{\varphi} \longmapsto \int_{\mathbf{T}^n} \dot{\varphi}(\dot{x})\, d\mu(\dot{x}) \right) \in \mathscr{D}'(\mathbf{T}^n) \tag{8.9}$$

injektiv. Der Vektorraum $\mathscr{M}(\mathbf{T}^n)$ aller komplexen Radon-Maße auf $\mathbf{T}^n$ kann demnach als Untervektorraum von $\mathscr{D}'(\mathbf{T}^n)$ aufgefaßt werden. Jedes Maß $\mu \in \mathscr{M}(\mathbf{T}^n)$ definiert demnach eine komplexe Distribution auf $\mathbf{T}^n$. Insbesondere ist für jedes $\dot{s} \in \mathbf{T}^n$ das im Punkte $\dot{s}$ aufgepflanzte Dirac-Maß

$$\varepsilon_{\dot{s}}: \mathscr{D}(\mathbf{T}^n) \ni \dot{\varphi} \longmapsto \dot{\varphi}(\dot{s}) \in \mathbf{C} \tag{8.10}$$

eine komplexe Distribution auf $\mathbf{T}^n$.

(2) Jedes Element $f \in L^1(\mathbf{T}^n)$ definiert als Dichte bezüglich des standardisierten Haar-Maßes $d\dot{x}$ auf $\mathbf{T}^n$ ein Maß $f(\dot{x})\, d\dot{x} \in \mathscr{M}(\mathbf{T}^n)$ und damit eine Distribution S_f auf $\mathbf{T}^n$ gemäß

$$\langle \dot{\varphi}, S_f \rangle = \langle \dot{\varphi}, f(\dot{x})\, d\dot{x} \rangle = \int_{\mathbf{T}^n} \dot{\varphi}(\dot{x}) f(\dot{x})\, d\dot{x} \qquad (\dot{\varphi} \in \mathscr{D}(\mathbf{T}^n)). \tag{8.11}$$

Man nennt $S_f \in \mathscr{D}'(\mathbf{T}^n)$ die von $f \in L^1(\mathbf{T}^n)$ *erzeugte Distribution*.

(3) Für jeden Multiindex $\alpha \in \mathbf{N}^n$ definiert die Linearform $\mathscr{D}(\mathbf{T}^n) \ni \dot{\varphi} \longmapsto (-1)^{|\alpha|} D^\alpha \dot{\varphi}(\dot{0}) \in \mathbf{C}$ eine Distribution auf $\mathbf{T}^n$, die im Falle $\alpha \neq 0$ kein Maß ist (Aufgabe 8.1).

Die vorstehenden Beispiele zeigen, daß sich die Sequenz (4.4) injektiver linearer Abbildungen für $k \geqslant 1$ und $1 \leqslant p \leqslant q \leqslant +\infty$ wie folgt erweitern läßt:

$$\mathscr{D}(\mathbf{T}^n) \hookrightarrow \mathscr{C}^k(\mathbf{T}^n) \hookrightarrow \mathscr{C}(\mathbf{T}^n) \hookrightarrow L^q(\mathbf{T}^n) \hookrightarrow L^p(\mathbf{T}^n) \to \mathscr{M}(\mathbf{T}^n) \to \mathscr{D}'(\mathbf{T}^n) \tag{8.12}$$

Demnach lassen sich die über $\mathbf{T}^n$ modellierten Standard-Räume in den Distributionen-Raum $\mathscr{D}'(\mathbf{T}^n)$ einbetten. Versieht man $\mathscr{D}'(\mathbf{T}^n)$ mit der schwachen Topologie $\sigma(\mathscr{D}'(\mathbf{T}^n), \mathscr{D}(\mathbf{T}^n))$, also mit der gröbsten Topologie, bezüglich derer noch sämtliche Auswertungen $\mathscr{D}'(\mathbf{T}^n) \ni S \longmapsto \langle \dot{\varphi}, S \rangle \in \mathbf{C}$ $(\dot{\varphi} \in \mathscr{D}(\mathbf{T}^n))$ der kanonischen Bilinearform (8.8) stetig sind, so sind diese Einbettungen stetig. Die Topologie $\sigma(\mathscr{D}'(\mathbf{T}^n), \mathscr{D}(\mathbf{T}^n))$ wird von den Prä-Normen $S \longmapsto |\langle \dot{\varphi}, S \rangle|$ $(\dot{\varphi} \in \mathscr{D}(\mathbf{T}^n))$ erzeugt, ist also lokalkonvex und hausdorffsch. Führt man für jede Distribution $S \in \mathscr{D}'(\mathbf{T}^n)$ und jeden Punkt $\dot{s} \in \mathbf{T}^n$ die Distributionen

$$\tau(\dot{s})S: \mathscr{D}(\mathbf{T}^n) \ni \dot{\varphi} \longmapsto \langle \tau(-\dot{s})\dot{\varphi}, S \rangle \in \mathbf{C}, \quad \check{S}: \mathscr{D}(\mathbf{T}^n) \ni \dot{\varphi} \longmapsto \langle \check{\varphi}, S \rangle \in \mathbf{C} \tag{8.13}$$

ein, so stehen diese Festsetzungen in Einklang mit den entsprechenden Festsetzungen (4.6) für Maße auf $\mathbf{T}^n$. Man sieht unmittelbar, daß die linearen Abbildungen $S \rightsquigarrow \tau(\dot{s})\, S$ $(\dot{s} \in \mathbf{T}^n)$ und $S \rightsquigarrow \check{S}$ von $\mathscr{D}'(\mathbf{T}^n)$ in sich bezüglich der Topologie $\sigma(\mathscr{D}'(\mathbf{T}^n), \mathscr{D}(\mathbf{T}^n))$ stetig sind. Wird die Distribution $S_f \in \mathscr{D}'(\mathbf{T}^n)$ von einer Funktion $f \in \mathscr{C}^k(\mathbf{T}^n)$ $(k \geqslant 1)$ erzeugt, so liefert partielle Integration für jede Funktion $\dot{\varphi} \in \mathscr{D}(\mathbf{T}^n)$ und jeden Multiindex $\alpha \in \mathbf{N}^n$ mit $|\alpha| \leqslant k$ gemäß (8.11)

$$\langle \mathrm{D}^\alpha \dot{\varphi}, S_f \rangle = \int_{\mathbf{T}^n} \mathrm{D}^\alpha \dot{\varphi}(\dot{x}) f(\dot{x})\, \mathrm{d}\dot{x} = (-1)^{|\alpha|} \int_{\mathbf{T}^n} \dot{\varphi}(\dot{x})\, \mathrm{D}^\alpha f(\dot{x})\, \mathrm{d}\dot{x} = (-1)^{|\alpha|} \langle \dot{\varphi}, S_{\mathrm{D}^\alpha f} \rangle. \quad (8.14)$$

Die Beziehung (8.14) legt es nahe, die Wirkung des Ableitungsoperators D^α auf Distributionen $S \in \mathscr{D}'(\mathbf{T}^n)$ durch

$$\mathrm{D}^\alpha S: \mathscr{D}(\mathbf{T}^n) \ni \dot{\varphi} \rightsquigarrow (-1)^{|\alpha|} \langle \mathrm{D}^\alpha \dot{\varphi}, S \rangle \in \mathbf{C} \qquad (\alpha \in \mathbf{N}^n) \quad (8.15)$$

zu definieren. Die lineare Abbildung $S \rightsquigarrow \mathrm{D}^\alpha S$ des Raumes $\mathscr{D}'(\mathbf{T}^n)$ in sich ist stetig bezüglich $\sigma(\mathscr{D}'(\mathbf{T}^n), \mathscr{D}(\mathbf{T}^n))$.

Beispiele 8.2 (1) Für das im Nullpunkt $\dot{0} \in \mathbf{T}^n$ aufgepflanzte Dirac-Maß ε_0 gelten die Beziehungen

$$\check{\varepsilon}_0 = \varepsilon_0, \qquad \tau(\dot{s})\,\varepsilon_0 = \varepsilon_{\dot{s}} \qquad (\dot{s} \in \mathbf{T}^n), \qquad \mathrm{D}^\alpha \varepsilon_0: \dot{\varphi} \rightsquigarrow (-1)^{|\alpha|}\, \mathrm{D}^\alpha \dot{\varphi}(\dot{0}) \qquad (\alpha \in \mathbf{N}^n). \quad (8.16)$$

(2) Die bezüglich der Topologie $\sigma(\mathscr{D}'(\mathbf{T}^n), \mathscr{D}(\mathbf{T}^n))$ konvergente Reihe $\sum\limits_{m \in \mathbf{Z}^n} \dot{\chi}_m$ definiert eine Distribution $S \in \mathscr{D}'(\mathbf{T}^n)$ wegen $\langle \dot{\varphi}, S \rangle = \langle \dot{\varphi}, \sum\limits_{m \in \mathbf{Z}^n} \dot{\chi}_m \rangle = \sum\limits_{m \in \mathbf{Z}^n} c_{-m}(\dot{\varphi}) = \dot{\varphi}(\dot{0})$ für $\dot{\varphi} \in \mathscr{D}(\mathbf{T}^n)$. Man sieht insbesondere, daß $S = \varepsilon_0$ gilt.

(3) Sei $(\dot{k}_\varrho)_{\varrho \in I}$ eine approximative Einheit auf $\mathbf{T}^n$ im Sinne der Definition 7.2. Die Familie von Distributionen $(S_{k_\varrho})_{\varrho \in I}$ konvergiert im Raum $\mathscr{D}'(\mathbf{T}^n)$ bezüglich der Topologie $\sigma(\mathscr{D}'(\mathbf{T}^n), \mathscr{D}(\mathbf{T}^n))$ für $\varrho \to \varrho_0$ gegen das Dirac-Maß ε_0.

Mit Hilfe von Satz 8.1 lassen sich die Begriffe der Fourier-Transformation und Fourier-Kotransformation auf periodische Distributionen ausdehnen, indem man die Transponierten der entsprechenden inversen Transformationen betrachtet.

Definition 8.2 Die lineare Abbildung

$$ {}^t\mathscr{F}_{\mathbf{T}^n}^{-1}: \mathscr{D}'(\mathbf{T}^n) \to \mathscr{S}'(\mathbf{Z}^n) \quad (8.17)$$

heißt (distributionelle) Fourier-Transformation auf $\mathbf{T}^n$ und wird mit $\mathscr{F}_{\mathbf{T}^n}$ bezeichnet. Entsprechend wird die Abbildung

$$\overline{\mathscr{F}}_{\mathbf{T}^n} = {}^t\overline{\mathscr{F}}_{\mathbf{T}^n}^{-1}: \mathscr{D}'(\mathbf{T}^n) \to \mathscr{S}'(\mathbf{Z}^n) \quad (8.18)$$

die (distributionelle) Fourier-Kotransformation auf $\mathbf{T}^n$ genannt.

Damit folgt aus Satz 8.1 unmittelbar

Satz 8.2 *Die distributionelle Fourier-Transformation $\mathscr{F}_{\mathbf{T}^n}$ und Fourier-Kotransformation $\overline{\mathscr{F}}_{\mathbf{T}^n}$ sind topologische Isomorphismen von $\mathscr{D}'(\mathbf{T}^n)$ auf $\mathscr{S}'(\mathbf{Z}^n)$ bezüglich der schwachen Topologien $\sigma(\mathscr{D}'(\mathbf{T}^n), \mathscr{D}(\mathbf{T}^n))$ und $\sigma(\mathscr{S}'(\mathbf{Z}^n), \mathscr{S}(\mathbf{Z}^n))$.*

Der nachstehende Satz liefert eine Charakterisierung des Duals $\mathscr{S}'(\mathbf{Z}^n)$ von $\mathscr{S}(\mathbf{Z}^n)$.

Satz 8.3 *Der Vektorraum $\mathscr{S}'(\mathbf{Z}^n)$ besteht genau aus den temperierten Folgen komplexer Zahlen, d.h. aus genau den Folgen $s = (s_m)_{m \in \mathbf{Z}^n} \in \mathbf{C}^{\mathbf{Z}^n}$, zu denen eine (von s abhängige) Zahl $N \in \mathbf{N}$ existiert mit*

$$s_m = O\big((1 + |m|^2)^N\big) \qquad (|m| \to +\infty). \tag{8.19}$$

Beweis. Für jedes $m \in \mathbf{Z}^n$ sei die Folge $\varepsilon^{(m)} = (\varepsilon_l^{(m)})_{l \in \mathbf{Z}^n} \in \mathbf{C}^{\mathbf{Z}^n}$ durch

$$\varepsilon_l^{(m)} = \begin{cases} 1 & \text{für } m = l, \\ 0 & \text{für } m \neq l, \end{cases} \tag{8.20}$$

definiert. Dann gilt $\varepsilon^{(m)} \in \mathscr{S}(\mathbf{Z}^n)$ für jedes $m \in \mathbf{Z}^n$ und

$$c = \sum_{m \in \mathbf{Z}^n} c_m \, \varepsilon^{(m)} \tag{8.21}$$

für jedes Element $c = (c_m)_{m \in \mathbf{Z}^n} \in \mathscr{S}(\mathbf{Z}^n)$, denn die Reihe (8.21) konvergiert im Raum $\mathscr{S}(\mathbf{Z}^n)$ gegen c wegen

$$q_N\bigg(c - \sum_{|m| \leqslant k} c_m \, \varepsilon^{(m)}\bigg) = \sup_{|m| > k} (1 + |m|^2)^N |c_m|$$

$$= \sup_{|m| > k} \big((1 + |m|^2)^{N+1} |c_m| / (1 + |m|^2)\big) \quad (N \in \mathbf{N}, \, k \in \mathbf{N}) \tag{8.22}$$

$$\leqslant \frac{1}{1 + k^2} \, q_{N+1}(c).$$

Sei $s \in \mathscr{S}'(\mathbf{Z}^n)$ beliebig gewählt. Setzt man

$$s_m = \langle \varepsilon^{(-m)}, s \rangle \in \mathbf{C} \qquad (m \in \mathbf{Z}^n), \tag{8.23}$$

so folgt aus der Stetigkeit der Linearform $s \colon \mathscr{S}(\mathbf{Z}^n) \to \mathbf{C}$ und aus (8.21) für die kanonische Bilinearform der Dualität $(\mathscr{S}(\mathbf{Z}^n), \mathscr{S}'(\mathbf{Z}^n))$ die Darstellung

$$(c, s) \rightsquigarrow \langle c, s \rangle = \sum_{m \in \mathbf{Z}^n} c_m s_{-m} \in \mathbf{C}. \tag{8.24}$$

Wegen der Stetigkeit von s existieren eine Konstante $C \geqslant 0$ und natürliche Zahlen $(N_j)_{1 \leqslant j \leqslant k}$ mit

$$|\langle c, s \rangle| \leqslant C \cdot \sum_{1 \leqslant j \leqslant k} q_{N_j}(c). \tag{8.25}$$

Setzt man $N = \sup_{1 \leqslant j \leqslant k} N_j$, so erhält man aus (8.23) und (8.25):

$$|s_m| \leqslant C \cdot \sum_{1 \leqslant j \leqslant k} q_{N_j}(\varepsilon^{(-m)}) = C \cdot \sum_{1 \leqslant j \leqslant k} (1 + |m|^2)^{N_j} \qquad (m \in \mathbf{Z}^n) \tag{8.26}$$

$$\leqslant C \cdot k (1 + |m|^2)^N$$

Also ist $s = (s_m)_{m \in \mathbf{Z}^n}$ eine temperierte Folge.

Sei jetzt umgekehrt eine temperierte Folge $s = (s_m)_{m \in \mathbf{Z}^n} \in \mathbf{C}^{\mathbf{Z}^n}$ vorgegeben. Dann gilt für jedes $c = (c_m)_{m \in \mathbf{Z}^n} \in \mathscr{S}(\mathbf{Z}^n)$ mit einer Konstanten $C \geqslant 0$ und einer Zahl $N \in \mathbf{N}$ gemäß (8.24) und (8.19)

$$|\langle c, s \rangle| \leqslant \sum_{m \in \mathbf{Z}^n} |c_m s_{-m}| \leqslant C \cdot \sum_{m \in \mathbf{Z}^n} (1 + |m|^2)^N |c_m| \leqslant C' \cdot q_{N+k}(c), \qquad (8.27)$$

wobei $C' = C \cdot \displaystyle\sum_{m \in \mathbf{Z}^n} \frac{1}{(1 + |m|^2)^k}$, $k > n/2$, gesetzt ist. Mithin gilt $s \in \mathscr{S}'(\mathbf{Z}^n)$. ∎

Für jede Distribution $S \in \mathscr{D}'(\mathbf{T}^n)$ ist also $\mathscr{F}_{\mathbf{T}^n} S$ eine temperierte Folge mit den Gliedern

$$\mathscr{F}_{\mathbf{T}^n} S(m) = \langle \varepsilon^{(-m)}, \mathscr{F}_{\mathbf{T}^n} S \rangle = \langle \mathscr{F}_{\mathbf{T}^n}^{-1} \varepsilon^{(-m)}, S \rangle = \langle \dot{\bar{\chi}}_m, S \rangle \qquad (m \in \mathbf{Z}^n). \quad (8.28)$$

Die komplexen Zahlen

$$\mathscr{F}_{\mathbf{T}^n} S(m) = c_m(S) = \langle \dot{\bar{\chi}}_m, S \rangle \qquad (m \in \mathbf{Z}^n) \qquad (8.29)$$

heißen die *Fourier-Koeffizienten der Distribution* $S \in \mathscr{D}'(\mathbf{T}^n)$; es gilt für die Fourier-Transformation und Fourier-Kotransformation

$$\begin{aligned}
\mathscr{F}_{\mathbf{T}^n}: \ &\mathscr{D}'(\mathbf{T}^n) \ni S \longmapsto (c_m(S))_{m \in \mathbf{Z}^n} \in \mathscr{S}'(\mathbf{Z}^n), \\
\bar{\mathscr{F}}_{\mathbf{T}^n}: \ &\mathscr{D}'(\mathbf{T}^n) \ni S \longmapsto (c_{-m}(S))_{m \in \mathbf{Z}^n} \in \mathscr{S}'(\mathbf{Z}^n).
\end{aligned} \qquad (8.30)$$

Wird $S = S_f$ von einer Funktion $f \in L^1(\mathbf{T}^n)$ erzeugt, so gilt $c_m(S_f) = c_m(f)$, $m \in \mathbf{Z}^n$. Die distributionelle Fourier-Transformation $\mathscr{F}_{\mathbf{T}^n}$ setzt also die klassische Fourier-Transformation des Raumes $L^1(\mathbf{T}^n)$ auf $\mathscr{D}'(\mathbf{T}^n)$ fort.

Der nachstehende Satz zeigt, daß bei Fourier-Reihen im Distributionen-Raum $\mathscr{D}'(\mathbf{T}^n)$ keine Konvergenzstörungen auftreten.

Satz 8.4 *Jede Distribution $S \in \mathscr{D}'(\mathbf{T}^n)$ kann in eine bezüglich der Topologie $\sigma(\mathscr{D}'(\mathbf{T}^n), \mathscr{D}(\mathbf{T}^n))$ konvergente Fourier-Reihe*

$$S = \sum_{m \in \mathbf{Z}^n} c_m(S) \dot{\chi}_m \qquad (8.31)$$

entwickelt werden.

Beweis. Für jede Funktion $\dot{\varphi} \in \mathscr{D}(\mathbf{T}^n)$ und jede endliche Teilmenge $Z \subsetneq \mathbf{Z}^n$ gilt (vgl. (4.14))

$$\begin{aligned}
\langle \dot{\varphi}, \sum_{m \in Z} c_m(S) \dot{\chi}_m \rangle &= \sum_{m \in Z} c_m(S) c_{-m}(\dot{\varphi}) \\
&= \sum_{m \in Z} \langle \dot{\chi}_{-m}, S \rangle c_{-m}(\dot{\varphi}) = \langle \dot{s}_{-Z}(\dot{\varphi}), S \rangle.
\end{aligned} \qquad (8.32)$$

Mit Hilfe des Grenzübergangs $|Z| \to +\infty$ erhält man die Behauptung. ∎

Beispiele 8.3 (1) Gemäß Beispiel 8.2 (2) besitzt das Dirac-Maß ε_0 die Fourier-Reihe

$$\varepsilon_0 = \sum_{m \in \mathbf{Z}^n} \dot{\chi}_m. \qquad (8.33)$$

Wendet man die Translation $\tau(\dot{s})$ an, so erhält man nach Beispiel 8.2 (1)

$$\varepsilon_{\dot{s}} = \sum_{m \in \mathbf{Z}^n} \dot{\bar{\chi}}_m(\dot{s}) \dot{\chi}_m \qquad (\dot{s} \in \mathbf{T}^n). \tag{8.34}$$

(2) Für jeden Punkt $\dot{s} \in \mathbf{T}^n$ und jeden Multiindex $\alpha \in \mathbf{N}^n$ folgt aus (8.34):

$$\mathrm{D}^\alpha \varepsilon_{\dot{s}} = \sum_{m \in \mathbf{Z}^n} m^\alpha \dot{\bar{\chi}}_m(\dot{s}) \dot{\chi}_m \tag{8.35}$$

Um das Faltungsprodukt auf den Distributionen-Raum $\mathscr{D}'(\mathbf{T}^n)$ fortzusetzen, ist es zweckmäßig, zunächst die Faltung $\dot{\varphi} * S$ für jedes Paar $(\dot{\varphi}, S) \in \mathscr{D}(\mathbf{T}^n) \times \mathscr{D}'(\mathbf{T}^n)$ gemäß

$$\dot{\varphi} * S: \ \mathbf{T}^n \ni \dot{x} \longrightarrow \langle \tau(\dot{x}) \check{\dot{\varphi}}, S \rangle \in \mathbf{C} \tag{8.36}$$

zu definieren. Man überzeugt sich, daß (8.36) im Einklang mit (4.24) steht, falls $S = S_f$ von einer Funktion $f \in \mathrm{L}^1(\mathbf{T}^n)$ erzeugt wird. Offenbar gehört die Funktion $\dot{\varphi} * S$ zum Raum $\mathscr{E}(\mathbf{T}^n)$. Der Rechenregel

$$\mathrm{D}^\alpha(\dot{\varphi} * S) = \mathrm{D}^\alpha \dot{\varphi} * S = \dot{\varphi} * \mathrm{D}^\alpha S \qquad (\alpha \in \mathbf{N}^n), \tag{8.37}$$

die man durch vollständige Induktion nach $k = |\alpha|$ beweist, entnimmt man $\dot{\varphi} * S \in \mathscr{D}(\mathbf{T}^n)$ (Aufgabe 8.3). Außerdem ist die lineare Abbildung

$$\mathscr{D}(\mathbf{T}^n) \ni \dot{\varphi} \longrightarrow \dot{\varphi} * S \in \mathscr{D}(\mathbf{T}^n) \tag{8.38}$$

für jede Distribution $S \in \mathscr{D}'(\mathbf{T}^n)$ stetig, denn aus der Stetigkeit der Linearform $\mathscr{D}(\mathbf{T}^n) \ni \dot{\varphi} \longrightarrow \langle \dot{\varphi}, S \rangle \in \mathbf{C}$ folgt die Existenz einer Konstanten $C > 0$ und einer Zahl $k \in \mathbf{N}$ mit

$$|\langle \dot{\varphi}, S \rangle| \leqslant C \cdot \sup_{0 < |\beta| \leqslant k} p_\beta(\dot{\varphi}) \qquad (\dot{\varphi} \in \mathscr{D}(\mathbf{T}^n)). \tag{8.39}$$

Wegen (8.37) folgt die Abschätzung

$$p_\alpha(\dot{\varphi} * S) \leqslant C \cdot \sup_{0 < |\beta| \leqslant k + |\alpha|} p_\beta(\dot{\varphi}) \qquad (\alpha \in \mathbf{N}^n), \tag{8.40}$$

woraus die Stetigkeit der Abbildung (8.38) ersichtlich wird. Damit ist folgende Definition sinnvoll.

Definition 8.3 Seien R und S komplexe Distributionen auf $\mathbf{T}^n$. Die Distribution

$$R * S: \ \mathscr{D}(\mathbf{T}^n) \ni \dot{\varphi} \longrightarrow \langle \dot{\varphi} * \check{S}, R \rangle \in \mathbf{C} \tag{8.41}$$

aus dem Raum $\mathscr{D}'(\mathbf{T}^n)$ wird Faltung (oder Faltungsprodukt) von R und S genannt.

Falls die Distributionen R und S von Funktionen $f \in \mathrm{L}^1(\mathbf{T}^n)$ bzw. $\dot{g} \in \mathrm{L}^1(\mathbf{T}^n)$ erzeugt werden, steht (8.41) im Einklang mit (4.24). Die Morphismus-Eigenschaft $\mathscr{F}_{\mathbf{T}^n}(\dot{f} * \dot{g}) = \mathscr{F}_{\mathbf{T}^n} \dot{f} \, \mathscr{F}_{\mathbf{T}^n} \dot{g}$ läßt sich auch auf die distributionelle Fourier-Transformation (8.30) und die distributionelle Faltung (8.41) ausdehnen. Zunächst gilt für jede Distribution $S \in \mathscr{D}'(\mathbf{T}^n)$ und jeden Charakter $\dot{\chi}_m$ von $\mathbf{T}^n$ gemäß (8.36)

$$\dot{\chi}_{-m} * \check{S}: \ \mathbf{T}^n \ni \dot{x} \longrightarrow \dot{\chi}_m(\dot{x}) \langle \dot{\bar{\chi}}_m, S \rangle \in \mathbf{C} \qquad (m \in \mathbf{Z}^n) \tag{8.42}$$

und somit wegen (8.41) für $R \in \mathscr{D}'(\mathbf{T}^n)$ und $m \in \mathbf{Z}^n$

$$c_m(R * S) = \langle \dot{\bar{\chi}}_m, R * S \rangle = \langle \dot{\bar{\chi}}_m, R \rangle \cdot \langle \dot{\bar{\chi}}_m, S \rangle = c_m(R) \cdot c_m(S). \tag{8.43}$$

Damit ist die Beziehung

$$\mathscr{F}_{\mathbf{T}^n}(R * S) = \mathscr{F}_{\mathbf{T}^n} R \cdot \mathscr{F}_{\mathbf{T}^n} S \tag{8.44}$$

für alle $R, S \in \mathscr{D}'(\mathbf{T}^n)$ bewiesen.

Notiz. Mit Hilfe von (8.42) erkennt man, daß $c_m(\dot{\varphi} * S) = c_m(\dot{\varphi}) \cdot c_m(S)$ für alle trigonometrischen Polynome $\dot{\varphi} \in \mathscr{T}_{\mathbf{Z}^n}(\mathbf{T}^n)$ und alle $m \in \mathbf{Z}^n$ gilt. Da die Charaktere $(\dot{\chi}_m)_{m \in \mathbf{Z}^n}$ auch in $\mathscr{D}(\mathbf{T}^n)$ eine totale Familie bilden und die lineare Abbildung (8.38) stetig ist, folgt aus der Injektivität der distributionellen Fourier-Transformation $\mathscr{F}_{\mathbf{T}^n}$ die Verträglichkeit von (8.36) mit (8.41).

Man überzeugt sich, daß der komplexe Vektorraum $\mathscr{S}'(\mathbf{Z}^n)$ bezüglich der multiplikativen Verknüpfung $(s, t) \longmapsto (s_m \cdot t_m)_{m \in \mathbf{Z}^n}$ eine kommutative Algebra über $\mathbf{C}$ bildet. Weil $\mathscr{F}_{\mathbf{T}^n}$ ein Vektorraum-Isomorphismus von $\mathscr{D}'(\mathbf{T}^n)$ auf $\mathscr{S}'(\mathbf{Z}^n)$ ist (Satz 8.2) und (8.44) gilt, ist $\mathscr{D}'(\mathbf{T}^n)$ bezüglich des Faltungsprodukts ebenfalls eine kommutative Algebra über $\mathbf{C}$. Wegen $R * S = S * R$ sieht man aus (8.41), daß die bilineare Abbildung $(R, S) \longmapsto R * S$ getrennt stetig ist bezüglich der schwachen Topologie $\sigma(\mathscr{D}'(\mathbf{T}^n), \mathscr{D}(\mathbf{T}^n))$. Zusammengefaßt gilt demnach

Satz 8.5 *Bezüglich der Faltung* $\mathscr{D}'(\mathbf{T}^n) \times \mathscr{D}'(\mathbf{T}^n) \ni (R, S) \longmapsto R * S \in \mathscr{D}'(\mathbf{T}^n)$ *bildet* $\mathscr{D}'(\mathbf{T}^n)$ *unter der schwachen Topologie* $\sigma(\mathscr{D}'(\mathbf{T}^n), \mathscr{D}(\mathbf{T}^n))$ *eine kommutative lokalkonvexe topologische Algebra über* $\mathbf{C}$ *mit dem Dirac-Maß* ε_0 *als Einselement. Die distributionelle Fourier-Transformation* $\mathscr{F}_{\mathbf{T}^n}$ *und die Fourier-Kotransformation* $\overline{\mathscr{F}}_{\mathbf{T}^n}$ *sind topologische Algebren-Isomorphismen von* $\mathscr{D}'(\mathbf{T}^n)$ *auf* $\mathscr{S}'(\mathbf{Z}^n)$.

Als Anwendung soll das Cauchy-Problem der schwingenden Saite (Abschn. 5) mit Hilfe von Distributionen auf $\mathbf{T}$ behandelt werden. Ist eine Abbildung $\mathbf{R}_+^\times \ni t \longmapsto S_t \in \mathscr{D}'(\mathbf{T})$ vorgegeben, so heißt diese im Punkte $t_0 \in \mathbf{R}_+^\times$ *differenzierbar*, falls die Funktion $\mathbf{R}_+^\times \ni t \longmapsto \langle \dot{\varphi}, S_t \rangle \in \mathbf{C}$ für jedes $\dot{\varphi} \in \mathscr{D}(\mathbf{T})$ in t_0 differenzierbar ist, falls also eine Distribution $\left.\dfrac{\mathrm{d}}{\mathrm{d}t} S_t\right|_{t=t_0} \in \mathscr{D}'(\mathbf{T})$ existiert mit

$$\lim_{t \to t_0} \frac{1}{t - t_0} \langle \dot{\varphi}, S_t - S_{t_0} \rangle = \left\langle \dot{\varphi}, \left.\frac{\mathrm{d}}{\mathrm{d}t} S_t\right|_{t=t_0} \right\rangle \tag{8.45}$$

für alle $\dot{\varphi} \in \mathscr{D}(\mathbf{T})$. Entsprechend werden die höheren Ableitungen definiert.

Der in Abschn. 5 behandelten klassischen Lösung des Cauchy-Problems der schwingenden Saite kann damit die folgende distributionelle Fassung gegeben werden. In Abweichung zu der in (5.1) eingeführten Konvention wird dabei für den Ableitungsoperator iD kurz D geschrieben.

Satz 8.6 *Vorgegeben seien die periodischen Distributionen* $U_0 \in \mathscr{D}'(\mathbf{T})$, $V_0 \in \mathscr{D}'(\mathbf{T})$. *Dann existiert genau eine zweimal differenzierbare Abbildung* $\mathbf{R}_+^\times \ni t \longmapsto S_t \in \mathscr{D}'(\mathbf{T})$, *die den Bedingungen*

$$\frac{\mathrm{d}}{\mathrm{d}t} S_t = \mathrm{D}^2 S_t \qquad (t \in \mathbf{R}_+^\times),$$

$$\lim_{t \to 0+} S_t = U_0,$$

(8.46)

$$\lim_{t \to 0+} \frac{\mathrm{d}}{\mathrm{d}t} S_t = V_0$$

genügt. Die Grenzwerte in (8.46) sind im Sinne der Topologie $\sigma\big(\mathscr{D}'(\mathbf{T}), \mathscr{D}(\mathbf{T})\big)$ *zu verstehen.*

Beweis. Angenommen, es existiere eine Distributionenschar $(S_t)_{t \in \mathbf{R}_+^\times}$ in $\mathscr{D}'(\mathbf{T})$ mit den Eigenschaften (8.46). Dann ist die Funktion $\mathbf{R}_+^\times \ni t \longrightarrow c_m(S_t) \in \mathbf{C}$ für jedes $m \in \mathbf{Z}$ zweimal stetig differenzierbar und genügt den Bedingungen

$$\mathrm{D}^2 c_m(S_t) = -m^2 c_m(S_t),$$

$$\lim_{t \to 0+} c_m(S_t) = c_m(U_0), \qquad (m \in \mathbf{Z})$$

(8.47)

$$\lim_{t \to 0+} \mathrm{D}\, c_m(S_t) = c_m(V_0).$$

Es folgt

$$c_0(S_t) = c_0(U_0) + c_0(V_0)\, t,$$

$$c_m(S_t) = c_m(U_0) \cos m\, t + \frac{1}{m} c_m(V_0) \sin m\, t \qquad (m \in \mathbf{Z}^\times)$$

(8.48)

für jedes $t \in \mathbf{R}_+^\times$. Falls also eine Distributionenschar $(S_t)_{t \in \mathbf{R}_+^\times}$ mit den Eigenschaften (8.48) existiert, ist diese wegen der Injektivität der Fourier-Transformation $\mathscr{F}_\mathbf{T}$ eindeutig bestimmt.

Umgekehrt werden durch die rechte Seite von (8.48) Funktionen $t \longrightarrow c_0(t)$ und $t \longrightarrow c_m(t)\, (m \in \mathbf{Z}^\times)$ definiert, die den Abschätzungen

$$|c_m(t)| \leqslant |c_m(U_0)| + \frac{1}{|m|} |c_m(V_0)| \qquad (m \in \mathbf{Z}^\times),$$

$$|\mathrm{D}c_m(t)| \leqslant |m\, c_m(U_0)| + |c_m(V_0)| \qquad (m \in \mathbf{Z}),$$

(8.49)

$$|\mathrm{D}^2 c_m(t)| \leqslant |m^2 c_m(U_0)| + |m\, c_m(V_0)| \qquad (m \in \mathbf{Z})$$

für jedes $t \in \mathbf{R}_+^\times$ genügen und die Bedingungen

$$\lim_{t \to 0+} c_m(t) = c_m(U_0), \qquad \lim_{t \to 0+} \mathrm{D}c_m(t) = c_m(V_0)$$

(8.50)

erfüllen. Wegen (8.49) gehört also die Schar $\big((c_m(t))_{m \in \mathbf{Z}}\big)_{t \in \mathbf{R}_+^\times}$ zu $\mathscr{S}'(\mathbf{Z})$ und definiert somit vermöge $\mathscr{F}_\mathbf{T}^{-1}$ eine Distributionenschar $(S_t)_{t \in \mathbf{R}_+^\times}$, die wegen (8.50) die gewünschten Eigenschaften (8.46) aufweist. ∎

Werden die Distributionen U_0 und V_0 von Funktionen $\dot u_0 \in \mathscr{C}^2(\mathbf{T})$, $\check{\dot u}_0 = -\dot u_0$, bzw. $\dot v_0 \in \mathscr{C}^1(\mathbf{T})$, $\check{\dot v}_0 = -\dot v_0$ erzeugt, so steht die in Satz 8.6 gewonnene distributionelle Lösung mit der in Satz 5.7 gefundenen klassischen Lösung $\dot u$ des Cauchy-Problems der schwingenden Saite in Einklang: Für jedes $t \in \mathbf{R}_+^\times$ wird $S_t \in \mathscr{D}'(\mathbf{T})$ von der Funktion $\dot u(\,\cdot\,,t)$ erzeugt. Die Glattheitsforderungen an die Anfangsdaten $\dot u_0$, $\dot v_0$ sind jedoch, physikalisch gesehen, zu restriktiv, weil sie beispielsweise Anfangsauslenkungen u_0 der Form wie in Fig. 2 („gezupfte Saite") ausschließen. Satz 8.6 erfaßt auch diese

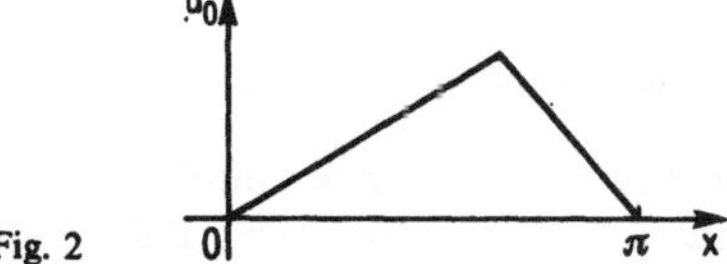

Fig. 2

allgemeinere Situation. Bezeichnet $\mathscr{W}_2^1(\mathbf{T})$ den komplexen Vektorraum aller Funktionen $f \in \mathscr{C}(\mathbf{T})$, deren distributionelle Ableitungen $\mathrm{D}S_f$ zum Hilbert-Raum $L^2(\mathbf{T})$ gehören und werden die Distributionen $U_0 \in \mathscr{D}'(\mathbf{T})$ bzw. $V_0 \in \mathscr{D}'(\mathbf{T})$ von den (ungeraden Funktionen) $\dot u_0 \in \mathscr{W}_2^1(\mathbf{T})$ bzw. $\dot v_0 \in L^2(\mathbf{T})$ erzeugt, so wird die Lösung $(S_t)_{t \in \mathbf{R}_+^\times}$ des Problems (8.46) von einer Familie von Funktionen des Raumes $\mathscr{C}(\mathbf{T})$ erzeugt. Dies überlegt man sich wie folgt. Bei „glatten" Anfangsdaten $\dot u_0 \in \mathscr{C}^2(\mathbf{T})$, $\dot v_0 \in \mathscr{C}^1(\mathbf{T})$ erfüllt die klassische Lösung $\dot u$ für jedes $t \in \mathbf{R}_+^\times$ die Energiegleichung (Aufgabe 1.5)

$$\int\limits_{\mathbf{T}} \left(\left| \frac{\partial \dot u}{\partial \dot x}(\dot x, t) \right|^2 + \left| \frac{\partial \dot u}{\partial t}(\dot x, t) \right|^2 \right) \mathrm{d}\dot x = \int\limits_{\mathbf{T}} \left(\left| \frac{\partial \dot u_0}{\partial \dot x} \right|^2 + |\dot v_0|^2 \right) \mathrm{d}\dot x. \tag{8.51}$$

Aus (8.51) folgt mit der für alle $t \in \mathbf{R}_+^\times$ gültigen Ungleichung (Aufgabe 8.6)

$$\| \dot u(\,\cdot\,,t) \|_\infty^2 \leqslant \pi \int\limits_0^\pi \left| \frac{\partial u}{\partial x}(x, t) \right|^2 \mathrm{d}x \tag{8.52}$$

die Abschätzung

$$\sup_{t \in \mathbf{R}_+^\times} \| \dot u(\,\cdot\,,t) \|_\infty^2 \leqslant C \cdot \int\limits_{\mathbf{T}} \left(\left| \frac{\partial \dot u_0}{\partial x} \right|^2 + |\dot v_0|^2 \right) \mathrm{d}\dot x \tag{8.53}$$

mit einer Konstanten $C > 0$. Versieht man also den Sobolev-Raum $\mathscr{W}_2^1(\mathbf{T})$ mit der Norm $f \longmapsto \| f \|_2 + \| \mathrm{D}S_f \|_2$, so erkennt man aus (8.53): Konvergiert die Folge $(\dot u_{0n})_{n \geqslant 1}$ von Elementen aus $\mathscr{C}^2(\mathbf{T})$ im Sobolev-Raum $\mathscr{W}_2^1(\mathbf{T})$ gegen $\dot u_0 \in \mathscr{W}_2^1(\mathbf{T})$ und die Folge $(\dot v_{0n})_{n \geqslant 1}$ von Elementen aus $\mathscr{C}^1(\mathbf{T})$ im Hilbert-Raum $L^2(\mathbf{T})$ gegen $\dot v_0 \in L^2(\mathbf{T})$, so konvergieren die zugehörigen klassischen Lösungen $(\dot u_n(\,\cdot\,,t))_{n \geqslant 1}$ gleichmäßig auf $\mathbf{T}$ gegen eine stetige Funktion $\dot u(\,\cdot\,,t)$ für jedes $t \in \mathbf{R}_+^\times$. Die von den Funktionen $(\dot u(\,\cdot\,,t))_{t \in \mathbf{R}_+^\times}$ erzeugte Distributionenschar erfüllt (8.46) und stimmt deshalb mit der Schar $(S_t)_{t \in \mathbf{R}_+^\times}$ überein.

Aufgaben

8.1 Zeige, daß die Distribution $D^\alpha \varepsilon_0 \in \mathscr{D}'(\mathbf{T}^n)$ für $\alpha \in \mathbf{N}^n, \alpha \neq 0$, kein Maß auf $\mathbf{T}^n$ ist.

8.2 Zeige, daß jede Distribution $S \in \mathscr{D}'(\mathbf{T}^n)$ von endlicher Ordnung ist, d.h., daß zu S eine Zahl $k \in \mathbf{N}$ und eine Konstante $M > 0$ existieren mit $\;|\langle \dot\varphi, S \rangle| \leqslant M \cdot \sup_{|\alpha| \leqslant k} p_\alpha(\dot\varphi)$ für alle $\dot\varphi \in \mathscr{D}(\mathbf{T}^n)$. (Ist S nicht von endlicher Ordnung, so existiert zu jedem $k \in \mathbf{N}$ eine Funktion $\dot\varphi_k \in \mathscr{D}(\mathbf{T}^n)$ mit $|\langle \dot\varphi_k, S \rangle| \geqslant (k+1) \sup_{|\alpha| \leqslant k} p_\alpha(\dot\varphi_k)$).

8.3 Beweise die Rechenregel (8.37).

8.4 Seien E und F zwei topologische Vektorräume über $\mathbf{C}$, deren Topologien durch Familien Γ bzw. Γ' von Prä-Normen auf E bzw. F definiert werden. Zeige, daß eine lineare Abbildung $f\colon E \to F$ genau dann stetig ist, wenn zu jeder Prä-Norm $q \in \Gamma'$ endlich viele Prä-Normen $(p_j)_{1 < j < k}$ aus Γ und eine Konstante $C > 0$ existieren mit $q(f(x)) \leqslant C \cdot \sup_{1 < j < k} p_j(x)$ für alle $x \in E$.

8.5 Eine Distribution $S \in \mathscr{D}'(\mathbf{T}^n)$ heißt positiv, falls $\langle \dot\varphi, S \rangle \geqslant 0$ gilt für jede Funktion $\dot\varphi \in \mathscr{D}(\mathbf{T}^n)$ mit $\dot\varphi \geqslant 0$. Zeige, daß jede positive Distribution ein (positives) Maß auf $\mathbf{T}^n$ ist. (Beachte, daß für $\dot\varphi = \dot\varphi_1 + i\dot\varphi_2$ die Ungleichungen $-\|\dot\varphi\|_\infty \leqslant \dot\varphi_j(\dot x) \leqslant \|\dot\varphi\|_\infty$ $(\dot x \in \mathbf{T}^n, j \in \{1, 2\})$ erfüllt sind).

8.6 Sei u eine auf dem kompakten Intervall $[\![a, b]\!]$ stetig differenzierbare reellwertige Funktion mit $u(a) = 0$.

(a) Beweise $\|u\|_\infty^2 \leqslant (b-a)\|u'\|_2^2$. (Benutze die Ungleichung von Hölder).

(b) Zeige, daß $\|u\|_2^2 \leqslant (b-a)^2\|u'\|_2^2$ gilt. (*Ungleichung von Wirtinger*).

(c) Zeige, daß unter der zusätzlichen Voraussetzung $u(b) = 0$ der Ungleichung von Wirtinger die Form $\|u\|_2^2 \leqslant ((b-a)^2/\pi^2)\|u'\|_2^2$ gegeben werden kann. Die Konstante $(b-a)^2/\pi^2$ kann nicht mehr verbessert werden. (Man reduziere das Problem auf den Fall $a = -\pi, b = +\pi$ und benutze die Identität von Plancherel).

9 Die Banach-Algebra $\mathscr{M}(\mathbf{T}^n)$

Der Vektorraum $\mathscr{M}(\mathbf{T}^n)$ aller komplexen Radon-Maße auf der n-dimensionalen Torusgruppe $\mathbf{T}^n (n \geqslant 1)$ ist der topologische Dual des Banach-Raumes $\mathscr{C}(\mathbf{T}^n)$ und deshalb bezüglich der Norm

$$\mathscr{M}(\mathbf{T}^n) \ni \mu \longmapsto \|\mu\| = \sup_{\substack{f \in \mathscr{C}(\mathbf{T}^n) \\ \|f\|_\infty < 1}} |\langle f, \mu \rangle| = \int_{\mathbf{T}^n} d|\mu| \tag{9.1}$$

ebenfalls ein komplexer Banach-Raum. Die zugehörige Topologie ist die der gleichmäßigen Konvergenz auf den beschränkten Teilmengen von $\mathscr{C}(\mathbf{T}^n)$, also die starke Topologie $\beta(\mathscr{M}(\mathbf{T}^n), \mathscr{C}(\mathbf{T}^n))$.

Weil $\mathscr{M}(\mathbf{T}^n)$ als Untervektorraum von $\mathscr{D}'(\mathbf{T}^n)$ aufgefaßt werden kann (8.12), ist die Faltung $\dot\varphi * \mu$ gemäß (8.36) für jedes Paar $(\dot\varphi, \mu) \in \mathscr{D}(\mathbf{T}^n) \times \mathscr{M}(\mathbf{T}^n)$ definiert. Die

Fortsetzung der linearen Abbildung $\mathcal{D}(\mathbf{T}^n) \ni \dot{\varphi} \longrightarrow \dot{\varphi} * \mu \in \mathcal{D}(\mathbf{T}^n)$ auf den Raum $\mathscr{C}(\mathbf{T}^n)$ hat die Form $f \longrightarrow f * \mu$ mit

$$f * \mu : \mathbf{T}^n \ni \dot{x} \longrightarrow \langle \tau(\dot{x}) \check{f}, \mu \rangle = \int_{\mathbf{T}^n} f(\dot{x} - \dot{y}) \, d\mu(\dot{y}) \in \mathbf{C}. \tag{9.2}$$

Offensichtlich gilt $f * \mu \in \mathscr{C}(\mathbf{T}^n)$ und

$$\|f * \mu\|_\infty \leqslant \|f\|_\infty \cdot \|\mu\|. \tag{9.3}$$

Die bilineare Abbildung $\mathscr{C}(\mathbf{T}^n) \times \mathcal{M}(\mathbf{T}^n) \ni (\dot{\varphi}, \mu) \longrightarrow \dot{\varphi} * \mu \in \mathscr{C}(\mathbf{T}^n)$ ist demnach stetig. Ist $v \in \mathcal{M}(\mathbf{T}^n)$ ein weiteres Maß, so folgt aus (8.41)

$$\begin{aligned}
\int_{\mathbf{T}^n} f \, d(\mu * v) = \langle f * \check{v}, \mu \rangle &= \int_{\mathbf{T}^n} \int_{\mathbf{T}^n} f(\dot{x} + \dot{y}) \, dv(\dot{x}) \, d\mu(\dot{y}) \\
&= \int_{\mathbf{T}^n} \int_{\mathbf{T}^n} f(\dot{x} + \dot{y}) \, d(\mu \otimes v)(\dot{x}, \dot{y})
\end{aligned} \tag{9.4}$$

für jedes $f \in \mathscr{C}(\mathbf{T}^n)$ und damit $|\langle f, \mu * v \rangle| = |\langle f * \check{v}, \mu \rangle| \leqslant \|f\|_\infty \cdot \|\mu\| \cdot \|v\|$. Es gilt demnach die Ungleichung

$$\|\mu * v\| \leqslant \|\mu\| \cdot \|v\| \qquad (\mu, v \in \mathcal{M}(\mathbf{T}^n)). \tag{9.5}$$

Notiz. Die rechten Seiten der Beziehungen (9.4) erlauben es, das Faltungsprodukt $\mu * v$ für je zwei beschränkte Maße μ und v auf einer beliebigen (multiplikativ geschriebenen) lokalkompakten topologischen Gruppe G zu definieren, indem man

$$\langle f, \mu * v \rangle = \int_G \int_G f(x \cdot y) \, d\mu(x) \, dv(y) \tag{9.6}$$

für jede Funktion f aus dem Raum $\mathscr{K}(G)$ der stetigen komplexwertigen Funktionen auf G mit kompakten Träger setzt.

Beachtet man, daß jedes Maß $\mu = f(\dot{x}) \, d\dot{x} \in \mathcal{M}(\mathbf{T}^n)$, das die Dichte $f \in L^1(\mathbf{T}^n)$ bezüglich des Haar-Maßes $d\dot{x}$ besitzt, die Norm $\|\mu\| = \|f\|_1$ aufweist, so können die vorstehenden Überlegungen wie folgt zusammengefaßt werden:

Satz 9.1 *Hinsichtlich der Norm* (9.1) *und der Faltung* $(\mu, v) \longrightarrow \mu * v$ *als multiplikativer Verknüpfung bildet* $\mathcal{M}(\mathbf{T}^n)$ *eine kommutative komplexe Banach-Algebra mit Einselement* ε_0 *und* $L^1(\mathbf{T}^n)$ *als abgeschlossener Unteralgebra.*

Wegen des Satzes von Lebesgue-Fubini gilt

$$\begin{aligned}
\|f * \mu\|_1 = \int_{\mathbf{T}^n} \left| \int_{\mathbf{T}^n} f(\dot{x} - \dot{y}) \, d\mu(\dot{y}) \right| d\dot{x} &\leqslant \int_{\mathbf{T}^n} \int_{\mathbf{T}^n} |f(\dot{x} - \dot{y})| \, d\dot{x} \, d|\mu|(\dot{y}) \\
&= \|f\|_1 \cdot \|\mu\| < +\infty
\end{aligned} \tag{9.7}$$

für $f \in L^1(\mathbf{T}^n)$, $\mu \in \mathcal{M}(\mathbf{T}^n)$. Demnach ist $L^1(\mathbf{T}^n)$ sogar ein abgeschlossenes Ideal in $\mathcal{M}(\mathbf{T}^n)$.

Die Fourier-Koeffizienten (8.29) der Maße $\mu \in \mathcal{M}(\mathbf{T}^n)$ nehmen die Form

$$c_m(\mu) = \langle \dot{\bar{\chi}}_m, \mu \rangle = \int_{\mathbf{T}^n} \dot{\bar{\chi}}_m(\dot{x})\, d\mu(\dot{x}) \qquad (m \in \mathbf{Z}^n) \tag{9.8}$$

an. Wegen $\sup\limits_{m \in \mathbf{Z}^n} |c_m(\mu)| \leqslant \|\mu\|$ und Satz 8.5 sind die Fourier-Transformation und die Fourier-Kotransformation

$$\begin{aligned}
\mathcal{F}_{\mathbf{T}^n}\colon \mathcal{M}(\mathbf{T}^n) \ni \mu &\longrightarrow (c_m(\mu))_{m \in \mathbf{Z}^n} \in \mathscr{C}^b(\mathbf{Z}^n), \\
\bar{\mathcal{F}}_{\mathbf{T}^n}\colon \mathcal{M}(\mathbf{T}^n) \ni \mu &\longrightarrow (c_{-m}(\mu))_{m \in \mathbf{Z}^n} \in \mathscr{C}^b(\mathbf{Z}^n)
\end{aligned} \tag{9.9}$$

Morphismen zwischen komplexen Banach-Algebren. Die Fourier-Transformation $\mathcal{F}_{\mathbf{T}^n}\colon \mathcal{M}(\mathbf{T}^n) \to \mathscr{C}^b(\mathbf{Z}^n)$ wird oft auch als *Fourier-Stieltjes-Transformation* bezeichnet.

Beispiel 9.1 Für jeden Punkt $\dot{s} \in \mathbf{T}^n$ gilt

$$c_m(\varepsilon_{\dot{s}}) = \langle \dot{\bar{\chi}}_m, \varepsilon_{\dot{s}} \rangle = \dot{\bar{\chi}}_m(\dot{s}) \qquad (m \in \mathbf{Z}^n), \tag{9.10}$$

vgl. Beispiel 8.3 (1). Die Fourier-Koeffizienten der Maße $\mu \in \mathcal{M}(\mathbf{T}^n)$ brauchen also im Unendlichen nicht zu verschwinden.

Der folgende Satz liefert eine Charakterisierung des Bildraumes $\mathrm{B}(\mathbf{Z}^n) = \mathcal{F}_{\mathbf{T}^n}\,\mathcal{M}(\mathbf{T}^n)$.

Satz 9.2 *Die Folge* $(c_m)_{m \in \mathbf{Z}^n} \in \mathbf{C}^{\mathbf{Z}^n}$ *sei vorgegeben. Folgende Aussagen sind äquivalent:*
(i) *Es existiert ein Maß* $\mu \in \mathcal{M}(\mathbf{T}^n)$ *mit* $\|\mu\| \leqslant M$ *und* $c_m(\mu) = c_m$ *für alle* $m \in \mathbf{Z}^n$.
(ii) *Für jedes trigonometrisches Polynom* $\dot{p} \in \mathscr{T}_{\mathbf{Z}^n}(\mathbf{T}^n)$ *gilt*

$$\left| \sum_{m \in \mathbf{Z}^n} c_m(\dot{p})\, c_{-m} \right| \leqslant M \cdot \|\dot{p}\|_\infty. \tag{9.11}$$

Beweis. (i) $\Rightarrow$ (ii): Wegen $\dot{p} = \sum\limits_{m \in \mathbf{Z}^n} c_m(\dot{p})\, \dot{\chi}_m$ gilt $\langle \dot{p}, \mu \rangle = \sum\limits_{m \in \mathbf{Z}^n} c_m(\dot{p})\, c_{-m}(\mu)$ und aus $|\langle \dot{p}, \mu \rangle| \leqslant \|\mu\| \cdot \|\dot{p}\|_\infty$ folgt (9.11).

(ii) $\Rightarrow$ (i): Die Linearform $\mathscr{T}_{\mathbf{Z}^n}(\mathbf{T}^n) \ni \dot{p} \longrightarrow \sum\limits_{m \in \mathbf{Z}^n} c_m(\dot{p})\, c_{-m} \in \mathbf{C}$ ist aufgrund von (9.11) stetig bezüglich der von $\mathscr{C}(\mathbf{T}^n)$ induzierten Topologie und läßt sich deshalb eindeutig zu einer stetigen Linearform $\mu \in \mathscr{C}'(\mathbf{T}^n) = \mathcal{M}(\mathbf{T}^n)$ fortsetzen. Offenbar gilt $\|\mu\| \leqslant M$ und $c_m(\mu) = c_m (m \in \mathbf{Z}^n)$. $\blacksquare$

Mit Hilfe des Begriffs der Folge von positivem Typ kann eine Charakterisierung des Bildes $\mathcal{F}_{\mathbf{T}^n}\,\mathcal{M}_+(\mathbf{T}^n)$ der positiven Maße auf $\mathbf{T}^n$ unter der Fourier-Transformation gegeben werden.

Definition 9.1 Sei G eine multiplikativ geschriebene topologische Gruppe. Eine Funktion $f \in \mathscr{C}(G)$ heißt von positivem Typ, wenn für je endlich viele Punkte $(x_j)_{1 \leqslant j \leqslant N}$ aus G und endlich viele komplexe Zahlen $(c_j)_{1 \leqslant j \leqslant N}$ die Ungleichung

$$\sum_{\substack{1 \leqslant j \leqslant N \\ 1 \leqslant k \leqslant N}} f(x_j^{-1} x_k)\, \bar{c}_j\, c_k \geqslant 0 \tag{9.12}$$

erfüllt ist.

Satz 9.3 *Sei G eine topologische Gruppe und 1 ihr Einselement. Für jede Funktion $f \in \mathscr{C}(G)$ von positivem Typ gilt*

$$f(1) \geq 0, \qquad \check{f} = \bar{f}, \qquad \|f\|_\infty \leq f(1). \tag{9.13}$$

Beweis. Wählt man in (9.12) $N = 1$, $x_1 = 1$ und $c_1 = 1$, so folgt $f(1) \geq 0$. Wählt man $N = 2$, $x_1 = 1$ und $x_2 = x \in G$, so liefert (9.12) die Ungleichung $f(1)\,\bar{c}_1 c_1 + f(x^{-1})\,\bar{c}_1 c_2 + f(x)\,\bar{c}_2 c_1 + f(1)\,\bar{c}_2 c_2 \geq 0$. Für $c_1 = c_2 = 1$ liefert diese Beziehung $f(x) + f(x^{-1}) \in \mathbf{R}$. Ist $f = f_1 + i f_2$ die Zerlegung von f in Real- und Imaginärteil, so muß demnach $\check{f}_2 = -f_2$ gelten. Wählt man $c_1 = 1$ und $c_2 = i$, so folgt $i f(x^{-1}) - i f(x) \in \mathbf{R}$, was $\check{f}_1 = f_1$ impliziert. Damit ist $\check{f} = \bar{f}$ bewiesen. Wählt man schließlich $c_1 = -|f(x)|$ und $c_2 = f(x)$, so ergibt sich $f(1)\,|f(x)|^2 - 2\,|f(x)|^3 + f(1)\,|f(x)|^2 \geq 0$ und damit $|f(x)|^3 \leq f(1)\,|f(x)|^2$. Für alle $x \in G$ mit $f(x) \neq 0$ gilt somit $|f(x)| \leq f(1)$. Wegen $f(1) \geq 0$ ist der Beweis vollständig. ∎

Beispiele 9.2 (1) Sei G eine topologische Gruppe und U eine unitäre Darstellung von G im komplexen Hilbert-Raum E (Definition 2.2). Dann ist für jeden Vektor $x \in E$ die stetige Funktion

$$\Phi_x : G \ni s \longrightarrow (U_s x \mid x) \in \mathbf{C} \tag{9.14}$$

von positivem Typ, denn es gilt für jedes N-Tupel $(s_n)_{1 \leq n \leq N}$ von Elementen aus G und $(c_n)_{1 \leq n \leq N}$ von komplexen Zahlen

$$\sum_{\substack{1 \leq m \leq N \\ 1 \leq n \leq N}} \Phi_x(s_m^{-1} s_n)\,\bar{c}_m c_n = \sum_{\substack{1 \leq m \leq N \\ 1 \leq n \leq N}} (U_{s_m^{-1} s_n} x \mid x)\,\bar{c}_m c_n \tag{9.15}$$

$$= \left(\sum_{1 \leq n \leq N} c_n U_{s_n} x \,\middle|\, \sum_{1 \leq m \leq N} c_m U_{s_m} x \right) = \left\| \sum_{1 \leq n \leq N} c_n U_{s_n} x \right\|^2 \geq 0.$$

Umgekehrt läßt sich zu jeder Funktion $f \in \mathscr{C}(G)$ von positivem Typ auf G eine unitäre Darstellung U von G in einem komplexen Hilbert-Raum E und ein Vektor $x \in E$ derart konstruieren, daß $f = \Phi_x$ gilt. Dies sieht man folgendermaßen ein: Es sei $\mathscr{H}_f$ der von der Menge $\{\delta(s)f \mid s \in G\}$ aufgespannte Untervektorraum von $\mathbf{C}^G$, wobei $\delta(s)f$ für jedes $s \in G$ die Funktion $G \ni t \longrightarrow f(ts) \in \mathbf{C}$ bezeichnet. Für je zwei Elemente

$$\varphi = \sum_{1 \leq j \leq n} \alpha_j \delta(s_j)f, \qquad \psi = \sum_{1 \leq k \leq m} \beta_k \delta(t_k)f \tag{9.16}$$

aus $\mathscr{H}_f$ sei die komplexe Zahl $(\varphi \mid \psi)$ gemäß

$$(\varphi \mid \psi) = \sum_{\substack{1 \leq j \leq n \\ 1 \leq k \leq m}} \alpha_j \bar{\beta}_k f(t_k^{-1} s_j) \tag{9.17}$$

definiert. Den Beziehungen

$$(\varphi \mid \psi) = \sum_{1 \leq k \leq m} \bar{\beta}_k \varphi(t_k^{-1}) = \sum_{\substack{1 \leq j \leq n \\ 1 \leq k \leq m}} \alpha_j \bar{\beta}_k \check{f}(s_j^{-1} t_k) = \sum_{1 \leq j \leq n} \alpha_j \overline{\psi(s_j^{-1})} \tag{9.18}$$

entnimmt man, daß $(\varphi|\psi)$ unabhängig von den in (9.16) gewählten Ausdrücken für φ und ψ ist. Es ist klar, daß $\mathscr{H}_f \times \mathscr{H}_f \ni (\varphi, \psi) \longmapsto (\varphi|\psi) \in \mathbf{C}$ eine positive hermitesche Sesquilinearform ist. Demnach wird durch $\varphi \longmapsto \|\varphi\| = \sqrt{(\varphi|\varphi)}$ eine Prä-Norm auf $\mathscr{H}_f$ definiert. Aus

$$(\varphi|\delta(s^{-1})f) = \varphi(s) \qquad (s \in G) \tag{9.19}$$

und der Ungleichung von Cauchy-Schwarz-Bunjakowski folgt $|\varphi(s)| \leqslant \|\varphi\| \cdot \|\delta(s^{-1})f\|$ für alle $s \in G$. Mithin ist $\|\cdot\|$ eine Norm und $\mathscr{H}_f$ ein komplexer Prähilbert-Raum. Offenbar gilt

$$(\delta(s)\varphi|\delta(s)\psi) = (\varphi|\psi) \qquad (s \in G) \tag{9.20}$$

für jedes Paar $(\varphi, \psi) \in \mathscr{H}_f \times \mathscr{H}_f$. Wählt man für E die vollständige Hülle von $\mathscr{H}_f$ und für U_s die (eindeutig bestimmte) unitäre Erweiterung von $\delta(s)$ für jedes Element $s \in G$, so ist $U: s \longmapsto U_s$ eine unitäre Darstellung von G in E (Aufgabe 9.4) mit $f(s) = (U_s f|f)$ für $s \in G$.

(2) Jeder Charakter (Definition 2.3) einer abelschen topologischen Gruppe G ist von positivem Typ.

Ist $\mu \in \mathscr{M}_+(\mathbf{T}^n)$ ein positives Radon-Maß auf $\mathbf{T}^n$, so ist die Folge $(c_m(\mu))_{m \in \mathbf{Z}^n}$ der Fourier-Koeffizienten von μ von positivem Typ auf $\mathbf{Z}^n$. Ist nämlich Z eine endliche Teilmenge von $\mathbf{Z}^n$ und $(c_m)_{m \in Z}$ eine Sequenz komplexer Zahlen, so gilt

$$\sum_{(m,l) \in Z \times Z} c_{m-l}(\mu)\,\bar{c}_m c_l = \sum_{(m,l) \in Z \times Z} \langle \dot{\chi}_{m-l}, \mu \rangle\, \bar{c}_m c_l. \tag{9.21}$$

Mit Hilfe des Z-spektralen trigonometrischen Polynoms $\dot{p} = \sum_{m \in Z} c_m \dot{\chi}_m \in \mathscr{T}_Z(\mathbf{T}^n)$ erhält man dann

$$\sum_{(m,l) \in Z \times Z} c_{m-l}(\mu)\,\bar{c}_m c_l = \langle |\dot{p}|^2; \mu \rangle \geqslant 0. \tag{9.22}$$

Der nachstehende Satz zeigt, daß das Bild $\mathscr{F}_{\mathbf{T}^n}\mathscr{M}_+(\mathbf{T}^n)$ genau aus den Folgen von positivem Typ besteht.

Satz 9.4 (Bochner-Herglotz) *Eine Folge $z \in \mathbf{C}^{\mathbf{Z}^n}$ ist genau dann von positivem Typ, falls ein Radon-Maß $\mu \in \mathscr{M}_+(\mathbf{T}^n)$ existiert mit $z = \mathscr{F}_{\mathbf{T}^n}\mu$.*

Beweis. Es bleibt zu zeigen, daß zu jeder Folge $z = (z_m)_{m \in \mathbf{Z}^n}$ von positivem Typ ein Maß $\mu \in \mathscr{M}_+(\mathbf{T}^n)$ existiert mit $z_m = c_m(\mu)$ für alle $m \in \mathbf{Z}^n$. Wegen (9.13) gilt $z \in \mathscr{C}^b(\mathbf{Z}^n) \subseteq \mathscr{S}'(\mathbf{Z}^n)$, so daß gemäß Satz 8.2 genau eine Distribution $S \in \mathscr{D}'(\mathbf{T}^n)$ existiert mit $z_m = c_m(S)$ für alle $m \in \mathbf{Z}^n$. Der Beweis ist vollständig, wenn $S \in \mathscr{M}_+(\mathbf{T}^n)$ nachgewiesen ist. Nach Satz 8.4 konvergiert die Fourier-Reihe $\sum_{m \in \mathbf{Z}^n} c_m(S) \dot{\chi}_m$ in der Topologie $\sigma(\mathscr{D}'(\mathbf{T}^n), \mathscr{D}(\mathbf{T}^n))$ gegen S. Insbesondere konvergieren also ihre Cesàro-Mittel (vgl. (7.13))

$$\dot{\sigma}_N(S) = \dot{F}_N * S = \sum_{\substack{m \in \mathbf{Z}^n \\ |m_j| \leqslant N_j}} \left(\prod_{1 \leqslant j \leqslant n} \left(1 - \frac{|m_j|}{N_j + 1}\right) \right) c_m(S)\, \dot{\chi}_m \qquad (N \in \mathbf{N}^n) \tag{9.23}$$

schwach gegen S, d.h.

$$\langle \dot{\varphi}, S \rangle = \lim_{N_j \to +\infty} \langle \dot{\varphi}, \dot{\sigma}_N(S) \rangle \tag{9.24}$$

für jede Funktion $\dot{\varphi} \in \mathscr{C}(\mathbf{T}^n)$. Da z von positivem Typ ist, gilt für jede Folge $(c_m)_{m \in \mathbf{Z}^n}$ komplexer Zahlen die Ungleichung $\sum_{\substack{|m_j| \leqslant N_j \\ |l_j| \leqslant N_j}} z_{m-l} \bar{c}_m c_l \geqslant 0$. Wählt man

nach Fixierung eines beliebigen Punktes $\dot{x} \in \mathbf{T}^n$ die spezielle Folge

$$c_m = \begin{cases} \dot{\bar{\chi}}_m(\dot{x}) & \text{für } |m_j| \leqslant N_j, \ 1 \leqslant j \leqslant n, \\ 0 & \text{sonst,} \end{cases} \qquad (m \in \mathbf{Z}^n) \tag{9.25}$$

so erhält man

$$\sum_{\substack{m \in \mathbf{Z}^n \\ l \in \mathbf{Z}^n}} z_{m-l} \bar{c}_m c_l = \sum_{k \in \mathbf{Z}^n} C_{k,N} z_k \dot{\chi}_k \geqslant 0, \tag{9.26}$$

wobei $C_{k,N} = \prod_{1 \leqslant j \leqslant n} \sup(0, 2N_j + 1 - |k_j|)$ die Anzahl der Paare (m, l) mit $|m_j| \leqslant N_j$, $|l_j|$ $\leqslant N_j (1 \leqslant j \leqslant n)$ angibt, die der Bedingung $m - l = k$ genügen. Ein Vergleich von (9.26) und (9.23) liefert $\dot{\sigma}_{2N}(S) \geqslant \dot{0}$ für $N \in \mathbf{N}^n$. Also gilt $\|\dot{\sigma}_{2N}(S)\|_1 = c_0(S)$ und somit gemäß (9.24)

$$|\langle \dot{\varphi}, S \rangle| \leqslant c_0(S) \|\dot{\varphi}\|_\infty \tag{9.27}$$

für jede Funktion $\dot{\varphi} \in \mathscr{D}(\mathbf{T}^n)$. Die Ungleichungen (9.27) zeigen, daß sich die Distribution $S \in \mathscr{D}'(\mathbf{T}^n)$ auf genau eine Weise zu einer stetigen Linearform μ auf dem Banach-Raum $\mathscr{C}(\mathbf{T}^n)$ fortsetzen läßt, also ein Maß $\mu \in \mathcal{M}_+(\mathbf{T}^n)$ repräsentiert. ∎

Notiz. Ist $S \in \mathscr{D}'(\mathbf{T}^n)$ eine positive Distribution, d.h. gilt $\langle \dot{\varphi}, S \rangle \geqslant 0$ für jede Funktion $\dot{\varphi} \in \mathscr{D}(\mathbf{T}^n)$ mit $\dot{\varphi} \geqslant 0$, so folgt $\dot{\sigma}_N(S) \geqslant 0$ für jedes $N \in \mathbf{N}^n$ wegen $\dot{\sigma}_N(\dot{\varphi}) \geqslant 0$ für $\dot{\varphi} \geqslant 0$. Aus dem voranstehenden Beweis geht hervor, daß S ein positives Radon-Maß auf $\mathbf{T}^n$ ist; vgl. Aufgabe 8.5.

Beispiele 9.3 (1) Sei $N = (N_j)_{1 \leqslant j \leqslant n} \in \mathbf{N}^n$. Dann ist die Folge $z = (z_m)_{m \in \mathbf{Z}^n}$ mit

$$z_m = \begin{cases} \displaystyle\prod_{1 \leqslant j \leqslant n} \left(1 - \frac{|m_j|}{N_j + 1} \right) & \text{für } |m_j| \leqslant N_j, \ 1 \leqslant j \leqslant n, \\ \\ 0 & \text{sonst,} \end{cases} \qquad (m \in \mathbf{Z}^n) \tag{9.28}$$

von positivem Typ wegen $z_m = c_m(\dot{F}_N)$ für $m \in \mathbf{Z}^n$.

(2) Sei $r_j \in [0, 1[$ für $1 \leqslant j \leqslant n$. Dann ist die Folge $z = (z_m)_{m \in \mathbf{Z}^n}$ mit $z_m = \prod_{1 \leqslant j \leqslant n} r_j^{|m_j|}$ von positivem Typ wegen $z_m = c_m(P(r, \cdot))$ mit $r = (r_j)_{1 \leqslant j \leqslant n}$, (7.20).

Satz 9.5 *Eine Funktion $f \in \mathscr{C}(\mathbf{T}^n)$ ist genau dann von positivem Typ, falls die Ungleichung*

$$\langle f, \check{\bar{v}} * v \rangle \geqslant 0 \tag{9.29}$$

für jedes Maß $v \in \mathscr{M}(\mathbf{T}^n)$ erfüllt ist.

Beweis. Wählt man für v die Linearkombination $\sum\limits_{1 < j < N} c_j \varepsilon_{\dot{x}_j}$ von Dirac-Maßen mit endlich vielen Punkten $(\dot{x}_j)_{1 < j < N}$ aus $\mathbf{T}^n$ und komplexen Zahlen $(c_j)_{1 < j < N}$, so impliziert $\langle f, \check{\bar{v}} * v \rangle \geqslant 0$ die Ungleichung (9.12). Ist umgekehrt die Funktion $f \in \mathscr{C}(\mathbf{T}^n)$ von positivem Typ, so existiert gemäß Beispiel 9.2 (1) eine unitäre Darstellung U von $\mathbf{T}^n$ in einem komplexen Hilbert-Raum E und ein Vektor $x \in E$ mit $f(\dot{s}) = (U_{\dot{s}} x \mid x)$ für alle $\dot{s} \in \mathbf{T}^n$. Setzt man $U(v) = \int\limits_{\mathbf{T}^n} U_{\dot{s}} \, dv(\dot{s})$ für jedes Maß $v \in \mathscr{M}(\mathbf{T}^n)$, so erhält man

$$\langle f, \check{\bar{v}} * v \rangle = \int\limits_{\mathbf{T}^n} \int\limits_{\mathbf{T}^n} f(\dot{t} - \dot{s}) \, d\bar{v}(\dot{s}) \, dv(\dot{t}) = \int\limits_{\mathbf{T}^n} \int\limits_{\mathbf{T}^n} (U_{\dot{t}} x \mid U_{\dot{s}} x) \, d\bar{v}(\dot{s}) \, dv(\dot{t}). \quad \text{Mithin folgt also}$$

$$\langle f, \check{\bar{v}} * v \rangle = (U(v)x \mid U(v)x) = \| U(v)x \|^2 \geqslant 0. \qquad \blacksquare$$

Ist $\dot{\varphi} \in \mathscr{C}(\mathbf{T}^n)$ eine beliebige Funktion und wählt man das Maß $v = \dot{\varphi}(\dot{x}) \, d\dot{x}$, so nimmt (9.29) die Form

$$\langle f, \check{\bar{\varphi}} * \dot{\varphi} \rangle = \langle \check{\bar{\varphi}} * \dot{\varphi}, f \rangle \geqslant 0 \tag{9.30}$$

an. Ist umgekehrt die Ungleichung (9.30) für alle Funktionen $\dot{\varphi} \in \mathscr{C}(\mathbf{T}^n)$ erfüllt, so folgt für $v \in \mathscr{M}(\mathbf{T}^n)$, daß $v * \dot{\varphi} \in \mathscr{C}(\mathbf{T}^n)$ und damit $\langle f, \check{\bar{\varphi}} * \check{\bar{v}} * v * \dot{\varphi} \rangle \geqslant 0$ gilt. Setzt man $\dot{\varphi} = \dot{F}_N (N \in \mathbf{N}^n)$, so erhält man für $N_j \to + \infty$ $(1 \leqslant j \leqslant n)$ die Ungleichung (9.29). Weil die Ungleichung (9.30) im Falle $\dot{\varphi} \in \mathscr{D}(\mathbf{T}^n)$ auch für Distributionen $S \in \mathscr{D}'(\mathbf{T}^n)$ sinnvoll ist, kann die Definition 9.1 folgendermaßen erweitert werden.

Definition 9.2 *Eine Distribution $S \in \mathscr{D}'(\mathbf{T}^n)$ heißt von positivem Typ, wenn*

$$\langle \check{\bar{\varphi}} * \dot{\varphi}, S \rangle \geqslant 0 \tag{9.31}$$

für alle $\dot{\varphi} \in \mathscr{D}(\mathbf{T}^n)$ richtig ist.

Nun läßt sich die folgende duale Version von Satz 9.4 beweisen.

Satz 9.6 *Eine Distribution $S \in \mathscr{D}'(\mathbf{T}^n)$ ist genau dann von positivem Typ, falls $c_m(S) \geqslant 0$ für alle $m \in \mathbf{Z}^n$ gilt.*

Beweis. Wählt man in (9.31) $\dot{\varphi} = \dot{\chi}_m$ $(m \in \mathbf{Z}^n)$, so folgt $c_m(S) \geqslant 0$ (4.28). Gilt umgekehrt $c_m(S) \geqslant 0$ für alle $m \in \mathbf{Z}^n$, so erhält man für jedes Z-spektrale trigonometrische Polynom $\dot{p} = \sum\limits_{m \in Z} c_m \dot{\chi}_m \in \mathscr{T}_Z(\mathbf{T}^n) (Z \subseteq \mathbf{Z}^n,$ endlich$)$

$$\langle \check{\bar{p}} * \dot{p}, S \rangle = \sum\limits_{m \in Z} |c_m|^2 c_m(S) \geqslant 0. \tag{9.32}$$

Weil $\mathscr{T}_{\mathbf{Z}^n}(\mathbf{T}^n)$ in $\mathscr{D}(\mathbf{T}^n)$ dicht liegt, gilt (9.31) für alle $\dot{\varphi} \in \mathscr{D}(\mathbf{T}^n)$. $\qquad \blacksquare$

Satz 9.7 *Sei* $f \in L^1(\mathbf{T}^n)$ *von positivem Typ und auf einer Nullumgebung wesentlich beschränkt. Dann gilt* $\sum\limits_{m \in \mathbf{Z}^n} c_m(f) < +\infty$ *und* $d\dot{x}$*-fast überall auf* $\mathbf{T}^n$

$$f(\dot{x}) = \sum_{m \in \mathbf{Z}^n} c_m(f)\,\dot{\chi}_m(\dot{x}). \tag{9.33}$$

Beweis. Die Cesàro-Mittel von f an der Stelle $\dot{0} \in \mathbf{T}^n$ haben die Form

$$\dot{\sigma}_N(f)(\dot{0}) = \dot{F}_N * f(\dot{0}) = \int_{\mathbf{T}^n} f(\dot{x})\,\dot{F}_N(\dot{x})\,d\dot{x} \qquad (N \in \mathbf{N}^n), \tag{9.34}$$

wobei $(\dot{F}_N)_{N \in \mathbf{N}^n}$ den Fejér-Kern (7.13) bezeichnet. Nach Voraussetzung existiert ein $\varepsilon \in \,]0, \pi[\,$ und eine Zahl $M > 0$ mit $|f(\dot{x})| \leqslant M$ für $d\dot{x}$-fast alle Punkte $\dot{x} = (\dot{x}_j)_{1 \leqslant j \leqslant n} \in \mathbf{T}^n$ mit $|x_j| \leqslant \varepsilon\,(1 \leqslant j \leqslant n)$. Damit folgt aus (9.34) die Abschätzung

$$|\dot{\sigma}_N(f)(\dot{0})| \leqslant \frac{M}{(2\pi)^n} \prod_{1 \leqslant j \leqslant n} \int_{-\varepsilon}^{+\varepsilon} F_{N_j}(x_j)\,dx_j$$

$$+ \frac{1}{(2\pi)^n} \frac{1}{\sin^{2n} \varepsilon/2} \left(\prod_{1 \leqslant j \leqslant n} \frac{1}{N_j + 1} \right) \int_{\varepsilon < |x_1| < \pi} \cdots \int_{\varepsilon < |x_n| < \pi} |f(x)|\,dx, \tag{9.35}$$

also $\sup\limits_{N \in \mathbf{N}^n} |\dot{\sigma}_N(f)(\dot{0})| < +\infty$. Wegen (9.23) und Satz 9.6 gilt aber

$$2^n \dot{\sigma}_{2N}(f)(\dot{0}) = \sum_{\substack{m \in \mathbf{Z}^n \\ |m_j| \leqslant N_j}} \left(\prod_{1 \leqslant j \leqslant n} 2\left(1 - \frac{|m_j|}{2N_j + 1}\right) \right) c_m(f) \geqslant \sum_{\substack{m \in \mathbf{Z}^n \\ |m_j| \leqslant N_j}} c_m(f) \tag{9.36}$$

und somit $\sum\limits_{m \in \mathbf{Z}^n} c_m(f) < +\infty$. Also wird durch $\dot{g} = \sum\limits_{m \in \mathbf{Z}^n} c_m(f)\,\dot{\chi}_m$ eine auf $\mathbf{T}^n$ stetige Funktion definiert, die $d\dot{x}$-fast überall mit f übereinstimmt. ∎

Notiz. Für jede Funktion $f \in \mathscr{C}(\mathbf{T}^n)$ von positivem Typ gilt $f = \sum\limits_{m \in \mathbf{Z}^n} c_m(f)\,\dot{\chi}_m$ im Banach-Raum $\mathscr{C}(\mathbf{T}^n)$.

Beispiel 9.4 Ist $\dot{g} \in L^2(\mathbf{T}^n)$ und $f = \dot{g} * \check{\bar{g}} \in L^1(\mathbf{T}^n)$, so gilt $c_m(f) = |c_m(\dot{g})|^2$. Also ist $f \in \mathscr{C}(\mathbf{T}^n)$ und von positivem Typ gemäß Satz 9.6. Aus Satz 9.7 folgt $f(\dot{0}) = \sum\limits_{m \in \mathbf{Z}^n} c_m(f)$ und wegen $f(\dot{0}) = \|\dot{g}\|_2^2$ die Beziehung $\|\dot{g}\|_2^2 = \sum\limits_{m \in \mathbf{Z}^n} |c_m(\dot{g})|^2$. Damit ist die Plancherel-Identität (3.23) auf neue Weise erkannt.

Aufgaben

9.1 Sei S eine (additiv geschriebene) abelsche Halbgruppe mit Neutralelement 0. Eine beschränkte Funktion $f: S \to \mathbf{R}$ heißt von positivem Typ auf S, wenn für jedes $N \in \mathbf{N}$ und jedes N-Tupel $(s_j)_{1 \leqslant j \leqslant N} \in S^N$ die quadratische Matrix $A = (f(s_j + s_k))_{\substack{1 \leqslant j \leqslant N \\ 1 \leqslant k \leqslant N}}$ positiv semidefinit ist, d.h. $(Az|z) \geqslant 0$ für alle $z \in \mathbf{C}^N$ gilt. Zeige, daß jede Funktion f von positivem Typ auf S die nachstehenden Eigenschaften besitzt:

(a) $f(2s) \geqslant 0$ für jedes $s \in S$. Insbesondere gilt $f(0) \geqslant 0$.

(b) $f(s+t)^2 \leqslant f(2s)f(2t)$ für alle Paare $(s,t) \in S \times S$.

(c) $|f(s)| \leqslant f(0)$ für jedes $s \in S$.

(d) Existiert zu jedem $s \in S$ ein Element $t \in S$ mit $s = t + t$ und ist S eine abelsche Gruppe, so ist f eine konstante Funktion $\geqslant 0$.

9.2 Bezeichnungen wie in Aufgabe 9.1. Eine Funktion $g: S \to \mathbf{R}_+$ heißt von negativem Typ auf S, wenn für jedes $N \in \mathbf{N}$ und jedes N-Tupel $S^N \ni (s_j)_{1 \leqslant j \leqslant N}$ die quadratische Matrix $(g(s_j) + g(s_k) - g(s_j + s_k))_{\substack{1 \leqslant j \leqslant N \\ 1 \leqslant k \leqslant N}}$ positiv semidefinit ist. Zeige, daß für jede Funktion $g: S \to \mathbf{R}_+$ die folgenden Aussagen paarweise äquivalent sind:

(a) g ist von negativem Typ auf S.

(b) Für jedes $t > 0$ ist e^{-tg} von positivem Typ auf S.

(c) Ist $N \geqslant 2$, $(s_j)_{1 \leqslant j \leqslant N} \in S^N$, $(c_j)_{1 \leqslant j \leqslant N} \in \mathbf{R}^N$ und $\sum\limits_{1 \leqslant j \leqslant N} c_j = 0$, so gilt $\sum\limits_{\substack{1 \leqslant j \leqslant N \\ 1 \leqslant k \leqslant N}} g(s_j + s_k) c_j c_k \leqslant 0$.

9.3 Bezeichnungen wie in Aufgabe 9.2. Beweise:

(a) Ist g von negativem Typ auf S, so gilt $g(s) \geqslant g(0)$ für jedes $s \in S$.

(b) Mit g ist auch $g - g(0)$ von negativem Typ auf S.

(c) Ist f von positivem Typ auf S, so ist $g = f(0) - f$ von negativem Typ auf S.

9.4 Sei G eine topologische Gruppe, $f \in \mathscr{C}(G)$ eine Funktion von positivem Typ auf G und U die gemäß Beispiel 9.2(1) zu f konstruierte lineare Darstellung von G in E.

(a) Beweise: Für jedes Paar $(x,y) \in E \times E$ ist die Funktion $G \ni s \rightsquigarrow (U_s x|y) \in \mathbf{C}$ stetig. (Betrachte zunächst die Funktion $s \rightsquigarrow (U_s \varphi|\psi)$ für $(\varphi, \psi) \in \mathscr{H}_f \times \mathscr{H}_f$).

(b) Die Darstellung U von G in E ist stetig.

9.5 Sei $A = (a_{jk})_{\substack{1 \leqslant j \leqslant N \\ 1 \leqslant k \leqslant N}} \in \mathbf{M}_N(\mathbf{C})$ eine positiv semidefinite Matrix. Beweise, daß $|a_{jk}|^2 \leqslant a_{jj} \cdot a_{kk}$ für $1 \leqslant j, k \leqslant N$ gilt. (Beachte, daß $a_{jk} = (A e_k|e_j)$ gilt, wobei $(e_j)_{1 \leqslant j \leqslant N}$ die kanonische Basis von $\mathbf{C}^N$ bezeichnet, und daß $\sqrt{A}$ in $\mathbf{M}_N(\mathbf{C})$ existiert. Wende die Ungleichung von Cauchy-Schwarz-Bunjakowski an).

9.6 Sei G eine topologische Gruppe und $f \in \mathscr{C}(G)$.

(a) Zeige, daß f genau dann von positivem Typ ist, falls für jedes N-Tupel $(x_j)_{1 \leqslant j \leqslant N}$ von Elementen aus G die Sesquilinearform mit der Matrix $(f(x_j^{-1} x_k))_{\substack{1 \leqslant j \leqslant N \\ 1 \leqslant k \leqslant N}}$ positiv hermitesch ist.

(b) Beweise mit Hilfe von (a) die Beziehungen (9.13).

9.7 Sei $(f_k)_{k \in \mathbf{N}}$ eine Folge von Funktionen auf $\mathbf{T}^n$ von positivem Typ.

(a) Sind die Funktionen $(f_k)_{k \in \mathbf{N}}$ stetig und konvergieren punktweise auf $\mathbf{T}^n$ gegen $f \in \mathscr{C}(\mathbf{T}^n)$, so ist auch f von positivem Typ.

(b) Gehören die Funktionen $(f_k)_{k \in \mathbf{N}}$ zu $\mathrm{L}^1(\mathbf{T}^n)$ und existiert ein $f \in \mathrm{L}^1(\mathbf{T}^n)$ mit $\lim\limits_{k \to +\infty} c_m(f_k) = c_m(f)$ für alle $m \in \mathbf{Z}^n$, so ist auch f von positivem Typ.

9.8 Sei f eine Funktion auf $\mathbf{T}$ von positivem Typ.

(a) Gilt $f \in \mathscr{C}(\mathbf{T})$ und existiert $\lambda = \lim\limits_{h \to 0} \inf (2f(0) - f(h) - f(-h))/h^2 < +\infty$, so gilt $\sum\limits_{m \in \mathbf{Z}} (1 + m^2) c_m(f) \leqslant f(0) + \lambda$. (Benutze Satz 9.7).

(b) Ist U eine offene Neutralumgebung von $\mathbf{T}$ und gilt $f|U \in \mathscr{C}^\infty(U)$, so ist sogar $f \in \mathscr{C}^\infty(\mathbf{T})$ erfüllt. (Benutze (a), um die Reihe $\sum\limits_{m \in \mathbf{Z}} |m|^{2k} c_m(f)$ für jedes $k \in \mathbf{N}$ abzuschätzen).

9.9 Sei $(\mu_k)_{k \in \mathbf{N}}$ eine Folge von Maßen des Raumes $\mathscr{M}(\mathbf{T}^n)$.

(a) Es konvergiert $(\mu_k)_{k \in \mathbf{N}}$ bezüglich der Topologie $\sigma(\mathscr{M}(\mathbf{T}^n), \mathscr{C}(\mathbf{T}^n))$ gegen $\mu \in \mathscr{M}(\mathbf{T}^n)$ genau dann, falls $\sup\limits_{k \in \mathbf{N}} \|\mu_k\| < +\infty$ und $\lim\limits_{k \to +\infty} c_m(\mu_k) = c_m(\mu)$ für alle $m \in \mathbf{Z}^n$. (Wende den Satz von Banach-Steinhaus an).

(b) Gilt $\sup\limits_{k \in \mathbf{N}} \|\mu_k\| = M < +\infty$ und $\lim\limits_{k \to +\infty} c_m(\mu_k) = c_m$ für alle $m \in \mathbf{Z}^n$, so existiert genau ein Maß $\mu \in \mathscr{M}(\mathbf{T}^n)$ mit $\|\mu\| \leqslant M$ und $c_m(\mu) = c_m$ für $m \in \mathbf{Z}^n$. (Wende Satz 9.2 an).

10 Anwendungen

Im vorliegenden Abschnitt soll die Wirksamkeit der bislang erzielten Resultate an Hand von 4 Beispielen illustriert werden: (I) Lösung des isoperimetrischen Problems nach Hurwitz, (II) Lösung des Fourierschen Ringproblems, (III) Herleitung der Jacobi-Identität für die Theta-Funktion und (IV) Untersuchung der Wärmeleitung im unendlich langen Stab.

(I) Sei C eine glatte, reguläre, einfach geschlossene, ebene Kurve der Länge 1. Es existiert dann eine Parametrisierung $[0, 2\pi] \ni t \longmapsto p(t) = (p_1(t), \ p_2(t)) \in \mathbf{R}^2$ mit $p'(t) \neq 0$ für alle $t \in [0, 2\pi]$ und den folgenden Eigenschaften:

(i) $p(0) = p(2\pi)$

(ii) Die Restriktion $p|[0, 2\pi[$ ist injektiv.

(iii) $p_j \in \mathscr{C}^1(\mathbf{T})$ für $j \in \{1, 2\}$.

Das *isoperimetrische Problem* besteht darin, diejenigen Kurven C zu charakterisieren, bei denen der Flächeninhalt $F(C)$ des von C nach dem Jordanschen Kurvensatz begrenzten beschränkten Gebietes $K \subseteq \mathbf{R}^2$ maximal ist. Eine Lösung liefert der nachstehende

Satz 10.1 (Hurwitz) *Sei C eine glatte, reguläre, einfach geschlossene, ebene Kurve der Länge 1. Dann gilt die isoperimetrische Ungleichung*

$$F(C) \leqslant \frac{1}{4\pi}. \tag{10.1}$$

Gleichheit tritt in (10.1) genau dann ein, wenn C ein Kreis ist.

Beweis. Aus der elementaren Differentialgeometrie ist bekannt, daß ohne Beschränkung der Allgemeinheit t als ausgezeichneter Parameter, nämlich als 2π-fache Bogenlänge, angenommen werden kann (Aufgabe 10.1). Bezeichnet $|\cdot|$ die euklidische Norm des $\mathbf{R}^2$, so gilt

$$2\pi\,|p'(t)| = 2\pi\,\sqrt{p_1'(t)^2 + p_2'(t)^2} = 1 \tag{10.2}$$

für alle $t \in [\![0, 2\pi]\!]$ und somit wegen (5.2) nach der Plancherel-Identität (3.23)

$$\sum_{m \in \mathbf{Z}} m^2\left(|c_m(\dot p_1)|^2 + |c_m(\dot p_2)|^2\right) = \frac{1}{2\pi} \int_0^{2\pi} (p_1'(t)^2 + p_2'(t)^2)\,\mathrm{d}t = \frac{1}{4\pi^2}. \tag{10.3}$$

Wendet man den Satz von Stokes auf das Kompaktum $\overline{K} \subseteq \mathbf{R}^2$ mit Rand $\partial K = C$ und die 1-Differentialform $\omega = p_1\,\mathrm{d}p_2 - p_2\,\mathrm{d}p_1$ der Klasse C^1 an, so folgt aus

$$F(C) = \frac{1}{2} \iint_{\overline{K}} \mathrm{d}\omega = \frac{1}{2} \int_C \omega \tag{10.4}$$

und der Parseval-Identität (3.22) die Gleichung

$$F(C) = \frac{1}{2} \int_0^{2\pi} (p_1(t)\,p_2'(t) - p_2(t)\,p_1'(t))\,\mathrm{d}t \tag{10.5}$$

$$= \pi\,\mathrm{i} \sum_{m \in \mathbf{Z}} m\left(\overline{c_m(\dot p_1)}\,c_m(\dot p_2) - \overline{c_m(\dot p_2)}\,c_m(\dot p_1)\right).$$

Setzt man $\alpha_m = \operatorname{Re} c_m(\dot p_1)$, $\beta_m = \operatorname{Im} c_m(\dot p_1)$, $\gamma_m = \operatorname{Re} c_m(\dot p_2)$, $\delta_m = \operatorname{Im} c_m(\dot p_2)$ für alle $m \in \mathbf{Z}$, so gewinnt man aus (10.3) und (10.5) die Beziehung

$$\frac{1}{4\pi} - F(C) = \pi \sum_{m \in \mathbf{Z}^\times} [(m\alpha_m + \delta_m)^2 + (m\beta_m - \gamma_m)^2 + (m^2 - 1)(\delta_m^2 + \gamma_m^2)]. \tag{10.6}$$

Aus (10.6) entnimmt man die Gültigkeit der isoperimetrischen Ungleichung (10.1). Gilt $F(C) = \dfrac{1}{4\pi}$, so muß notwendig $\alpha_m = \beta_m = \gamma_m = \delta_m = 0$ für $|m| > 1$ und $\alpha_{\pm 1} = \mp\,\delta_{\pm 1}$, $\beta_{\pm 1} = \pm\,\gamma_{\pm 1}$ gelten. Außerdem folgt

$$\alpha_{+1} = \frac{1}{2\pi} \operatorname{Re} \int_0^{2\pi} p_1(t)\,\mathrm{e}^{-\mathrm{i}t}\,\mathrm{d}t = \frac{1}{2\pi} \int_0^{2\pi} p_1(t) \cos t\,\mathrm{d}t = \alpha_{-1} \tag{10.7}$$

und entsprechend $\beta_{+1} = -\beta_{-1}$, $\gamma_{+1} = \gamma_{-1}$, $\delta_{+1} = -\delta_{-1}$. Also gilt $c_1(\dot p_1) = \bar c_{-1}(\dot p_1)$, $c_1(\dot p_2) = \bar c_{-1}(\dot p_2)$, so daß die Funktionen p_1, p_2 die Form

$$p_1\colon t \longmapsto c_0(\dot p_1) + 2\alpha_1 \cos t - 2\beta_1 \sin t, \qquad p_2\colon t \longmapsto c_0(\dot p_2) + 2\beta_1 \cos t + 2\alpha_1 \sin t \tag{10.8}$$

annehmen. (10.8) ist die Parameter-Darstellung eines Kreises in der Ebene $\mathbf{R}^2$ mit dem Mittelpunkt $(c_0(\dot p_1), c_0(\dot p_2))$ und Radius $\dfrac{1}{2\pi}$. $\blacksquare$

(**II**) Gegeben sei ein homogener Ring mit Radius 1, dessen „Dicke" klein ist im Verhältnis zu seinem Umfang. Als mathematisches Modell für einen derartigen Ring benutzen wir den Einheitskreis $\mathbf{S}_1$. Beim *Fourierschen Ringproblem* wird nach der Temperatur $\dot{u}(\dot{x}, t)$ des Ringes in einem beliebigen Punkt $\dot{x} \in \mathbf{T}$ zur Zeit $t > 0$ gefragt, falls zum Zeitpunkt $t = 0$ die durch die stetige Funktion $f: \mathbf{T} \to \mathbf{R}$ gegebene Temperaturverteilung vorliegt und falls die Wärmeabstrahlung vernachlässigt wird. Gesucht wird demnach eine Funktion $\dot{u}: \mathbf{T} \times \mathbf{R}_+^\times \to \mathbf{R}$ mit folgenden Eigenschaften:

(i) Die partiellen Ableitungen $\dot{x} \longrightarrow \dfrac{\partial \dot{u}(\dot{x}, t)}{\partial t}$, $\dot{x} \longrightarrow \dfrac{\partial^2 \dot{u}(\dot{x}, t)}{\partial \dot{x}^2}$ existieren und sind stetig

für jedes $t \in \mathbf{R}_+^\times$ und erfüllen die Wärmeleitungsgleichung

$$\frac{\partial \dot{u}(\dot{x}, t)}{\partial t} - \frac{\partial^2 \dot{u}(\dot{x}, t)}{\partial \dot{x}^2} = 0. \tag{10.9}$$

(ii) Es gilt die Anfangsbedingung

$$\lim_{t \to 0+} \| \dot{u}(\cdot, t) - f \|_\infty = 0. \tag{10.10}$$

Satz 10.2 *Vorgegeben sei die Funktion $f \in \mathscr{C}(\mathbf{T})$. Erfüllt die Funktion $(\dot{x}, t) \longrightarrow \dot{u}(\dot{x}, t)$ die vorstehenden Eigenschaften* (i), (ii), *so gilt*

$$\dot{u}(\cdot, t) = \dot{w}_t * f \tag{10.11}$$

mit dem Faltungskern (,,Weierstrass-Kern") auf $\mathbf{T}$

$$\dot{w}_t = \sum_{m \in \mathbf{Z}} e^{-m^2 t} \dot{\chi}_m \qquad (t \in \mathbf{R}_+^\times). \tag{10.12}$$

Beweis. Gemäß Satz 5.1 gilt für jedes $m \in \mathbf{Z}$ und alle $t \in \mathbf{R}_+^\times$ die Gleichung

$$c_m\left(\frac{\partial^2 \dot{u}(\cdot, t)}{\partial \dot{x}^2}\right) = -m^2 c_m\big(\dot{u}(\cdot, t)\big). \tag{10.13}$$

Wendet man die Vertauschungsregel

$$c_m\left(\frac{\partial \dot{u}(\cdot, t)}{\partial t}\right) = \frac{\partial}{\partial t} c_m\big(\dot{u}(\cdot, t)\big) \tag{10.14}$$

an, so erhält man aus (10.9) die gewöhnlichen Differentialgleichungen

$$\frac{\partial}{\partial t} c_m\big(\dot{u}(\cdot, t)\big) + m^2 c_m\big(\dot{u}(\cdot, t)\big) = 0 \tag{10.15}$$

mit den allgemeinen Lösungen

$$c_m\big(\dot{u}(\cdot, t)\big) = C_m e^{-m^2 t} \qquad (m \in \mathbf{Z}) \tag{10.16}$$

für alle $t \in \mathbf{R}_+^\times$. Die Konstanten $(C_m)_{m \in \mathbf{Z}}$ berechnen sich wegen

$$|c_m\big(\dot{u}(\cdot, t)\big) - c_m(f)| \leqslant \| \dot{u}(\cdot, t) - f \|_\infty \qquad (m \in \mathbf{Z}) \tag{10.17}$$

und (10.10) zu $C_m = c_m(f)$ für $m \in \mathbf{Z}$. Die Folge $(e^{-m^2 t})_{m \in \mathbf{Z}}$ gehört für jedes $t \in \mathbf{R}_+^{\times}$ zum Raum $\mathscr{S}(\mathbf{Z})$. Nach Satz 8.1 ist somit die Funktion $\dot{w}_t = \mathscr{F}_{\mathbf{T}}^{-1}\big((e^{-m^2 t})_{m \in \mathbf{Z}}\big)$ ein Element von $\mathscr{D}(\mathbf{T})$, das wegen $c_m(\dot{w}_t) = e^{-m^2 t}\,(m \in \mathbf{Z})$ und (10.16) die Gleichungen (10.12) und (10.11) erfüllt. ∎

Satz 10.3 *Sei $f \in \mathscr{C}(\mathbf{T})$ vorgegeben. Das Fouriersche Ringproblem besitzt genau eine Lösung $\dot{u}$ mit der Darstellung* (10.11).

Beweis. Die Eindeutigkeit der Lösung $\dot{u}$ ist bereits mit Satz 10.2 gezeigt. Es bleibt nur noch zu zeigen, daß die gemäß (10.11) definierte Funktion $\dot{u}$ die Eigenschaften (i) und (ii) aufweist. Daß die Eigenschaft (i) erfüllt ist, rechnet man sofort nach. Um die Anfangsbedingung (ii) zu verifizieren, werde eine Folge $(\dot{p}_N)_{N \geqslant 1}$ trigonometrischer Polynome mit $\lim\limits_{N \to +\infty} \| f - \dot{p}_N \|_\infty = 0$ gewählt. Setzt man dann $\dot{u}_N(\,\cdot\,, t) = \dot{w}_t * \dot{p}_N$ für $N \in \mathbf{N}$ und $t \in \mathbf{R}_+^{\times}$, so gilt

$$\| \dot{u}(\,\cdot\,, t) - f \|_\infty \leqslant \| \dot{u}_N(\,\cdot\,, t) - \dot{p}_N \|_\infty + \| \dot{w}_t \|_1 \cdot \| f - \dot{p}_N \|_\infty + \| f - \dot{p}_N \|_\infty. \tag{10.18}$$

Man ersieht aus dieser Abschätzung: Gilt

$$\sup_{t \in \mathbf{R}_+^{\times}} \| \dot{w}_t \|_1 < +\infty, \tag{10.19}$$

so genügt es, die Anfangsbedingung (10.10) für trigonometrische Polynome f zu beweisen. In diesem Falle ist aber auch $\dot{u}(\,\cdot\,, t)$ für jedes $t \in \mathbf{R}_+^{\times}$ ein trigonometrisches Polynom mit der Eigenschaft

$$\lim_{t \to 0+} c_m\big(\dot{u}(\,\cdot\,, t)\big) = c_m(f) \qquad (m \in \mathbf{Z}). \tag{10.20}$$

Aus (10.20) folgt aber (10.10) für jedes trigonometrische Polynom f. Es bleibt demnach nur noch die Beschränktheit (10.19) zu beweisen. Aus

$$\| \dot{w}_t \|_1 = \int_{\mathbf{T}} \left| \sum_{m \in \mathbf{Z}} e^{-m^2 t} \dot{\chi}_m(\dot{x}) \right| d\dot{x} \tag{10.21}$$

und der Positivität $\dot{w}_t \geqslant \dot{0}\,(t \in \mathbf{R}_+^{\times})$, die eine unmittelbare Konsequenz der im nächsten Beispiel herzuleitenden Jacobi-Identität (10.23) ist, erhält man jedoch

$$\| \dot{w}_t \|_1 = \sum_{m \in \mathbf{Z}} e^{-m^2 t} \int_{\mathbf{T}} \dot{\chi}_m(\dot{x})\, d\dot{x} = 1 \tag{10.22}$$

für $t \in \mathbf{R}_+^{\times}$. ∎

(III) Für den in (10.12) definierten Weierstrass-Kern $(\dot{w}_t)_{t \in \mathbf{R}_+^{\times}}$ auf $\mathbf{T}$ wird folgendes Resultat bewiesen:

Satz 10.4 *Für jedes $t \in \mathbf{R}_+^{\times}$ gilt die* Jacobi-Identität

$$\dot{w}_t(\dot{x}) = \sqrt{\frac{\pi}{t}} \sum_{m \in \mathbf{Z}} e^{-(x - 2 m \pi)^2 / 4 t} \qquad (\dot{x} \in \mathbf{T}). \tag{10.23}$$

Insbesondere gilt $\dot{w}_t \geqslant \dot{0}$. Somit ist $(\dot{w}_t)_{t \in \mathbf{R}_+^{\times}}$ ein positiver Faltungskern auf $\mathbf{T}$.

Beweis. Führt man für jedes $t \in \mathbf{R}_+^\times$ die durch eine absolut und gleichmäßig konvergente Reihe definierte positive Funktion

$$\mathring{h}_t : \mathbf{T} \ni \mathring{x} \longmapsto \sqrt{\frac{\pi}{t}} \sum_{m \in \mathbf{Z}} e^{-(x-2m\pi)^2/4t} \tag{10.24}$$

aus dem Raum $\mathscr{C}(\mathbf{T})$ ein, so gilt für die Faltung mit $f \in \mathscr{C}(\mathbf{T})$

$$\begin{aligned} (\mathring{h}_t * f)(\mathring{x}) &= \frac{1}{\sqrt{4\pi t}} \sum_{m \in \mathbf{Z}} \int\limits_{(2m-1)\pi}^{(2m+1)\pi} e^{-(x-y)^2/4t} f(y)\, dy \\ &= \frac{1}{\sqrt{4\pi t}} \int\limits_{\mathbf{R}} e^{-(x-y)^2/4t} f(y)\, dy. \end{aligned} \qquad (t \in \mathbf{R}_+^\times) \tag{10.25}$$

Wählt man speziell $f = \mathring{\chi}_m$ mit einer beliebigen Zahl $m \in \mathbf{Z}$, so folgt für jedes $t \in \mathbf{R}_+^\times$ und jeden Punkt $\mathring{x} \in \mathbf{T}$

$$\begin{aligned} (\mathring{h}_t * \mathring{\chi}_m)(\mathring{x}) &= \frac{1}{\sqrt{4\pi t}} \int\limits_{\mathbf{R}} e^{-y^2/4t} \chi_m(x-y)\, dy \\ &= \mathring{\chi}_m(\mathring{x}) \cdot \frac{1}{\sqrt{4\pi t}} \int\limits_{\mathbf{R}} e^{-y^2/4t} e^{-imy}\, dy. \end{aligned} \tag{10.26}$$

Der Beweis ist vollständig, wenn für jedes $t \in \mathbf{R}_+^\times$ und jede Zahl $m \in \mathbf{Z}$ die Identität

$$\frac{1}{\sqrt{4\pi t}} \int\limits_{\mathbf{R}} e^{-y^2/4t} e^{-imy}\, dy = e^{-m^2 t} \tag{10.27}$$

erkannt ist. Denn dann folgt aus (10.26) die Beziehung $\mathring{h}_t * \mathring{\chi}_m = e^{-m^2 t}\, \mathring{\chi}_m$ für jedes $m \in \mathbf{Z}$. Andererseits folgt aus (4.28) die Gleichung $\mathring{w}_t * \mathring{\chi}_m = e^{-m^2 t}\, \mathring{\chi}_m$ für jedes $m \in \mathbf{Z}$ und somit $\mathring{w}_t = \mathring{h}_t$ für jedes $t \in \mathbf{R}_+^\times$, wie behauptet. Bleibt also noch (10.27) zu beweisen. Dazu beachtet man, daß $g: \mathbf{C} \ni z \longmapsto e^{-\frac{1}{4}z^2}$ eine ganze Funktion ist, so daß, falls γ den Rand des Rechtecks mit den Endpunkten $-\xi, +\xi > 0, +\xi + i\eta, -\xi + i\eta$ bezeichnet (s. Fig. 3), nach dem Cauchyschen Integralsatz $\int_\gamma g(z)\, dz = 0$ gilt.

Wegen

$$\left| \int\limits_{\xi}^{\xi+i\eta} g(z)\, dz \right| = \left| i \int\limits_0^\eta e^{-\frac{1}{4}(\xi^2 + y^2)} e^{-i\xi y}\, dy \right| \leqslant |\eta|\, e^{-\frac{1}{4}\xi^2} \tag{10.28}$$

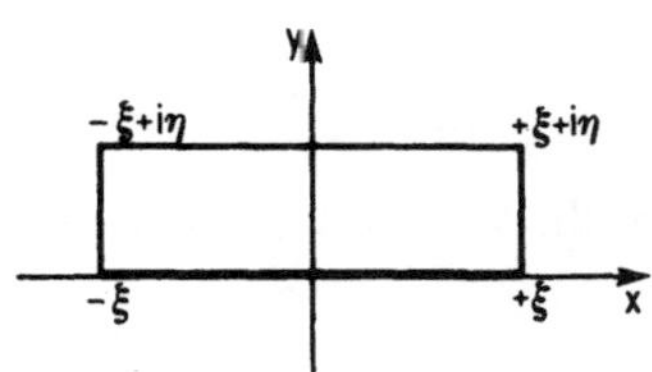

Fig. 3

verschwinden beim Grenzübergang $\xi \to +\infty$ die Integrale über die vertikalen Seiten von γ. Es folgen mit Hilfe des Gauss-Integrals $\int_{\mathbf{R}} g(x)\,dx = \sqrt{2\pi}$ für jedes $t \in \mathbf{R}_+^\times$ die Gleichungen

$$\frac{1}{\sqrt{4\pi t}} \int_{\mathbf{R}} e^{-x^2/4t} e^{-i\eta x}\,dx$$

$$= \frac{1}{\sqrt{4\pi t}} e^{-\eta^2 t} \int_{\mathbf{R}} g\left(\frac{x}{\sqrt{2t}} + i\sqrt{2t}\,\eta\right) dx = \frac{1}{\sqrt{2\pi}} e^{-\eta^2 t} \lim_{\xi \to \infty} \int_{-\xi + i\sqrt{2t}\,\eta}^{\xi + i\sqrt{2t}\,\eta} g(z)\,dz \qquad (10.29)$$

$$= \frac{1}{\sqrt{2\pi}} e^{-\eta^2 t} \lim_{\xi \to \infty} \int_{-\xi}^{+\xi} g(z)\,dz = \frac{1}{\sqrt{2\pi}} e^{-\eta^2 t} \int_{\mathbf{R}} g(x)\,dx = e^{-\eta^2 t}.$$

Damit ist (10.27) verifiziert. ∎

Führt man die Funktion

$$\theta : \mathbf{R}_+^\times \ni t \longmapsto \sum_{m \in \mathbf{Z}} e^{-m^2 \pi t} \qquad (10.30)$$

ein, so gilt $\theta(t) = \dot{w}_{\pi t}(0) = \dot{h}_{\pi t}(0)$ für jedes $t \in \mathbf{R}_+^\times$ nach Satz 10.4. Man erhält also noch das folgende Ergebnis, das eine wichtige Rolle in der Theorie der elliptischen Funktionen spielt.

Satz 10.5 (Jacobi) *Die Theta-Funktion* (10.30) *erfüllt die Funktionalgleichung*

$$\theta(t^{-1}) = \sqrt{t} \cdot \theta(t) \qquad (10.31)$$

für $t \in \mathbf{R}_+^\times$.

Die Beziehung (10.31) kann z.B. dazu benutzt werden, die Funktionalgleichung der Riemannschen Zeta-Funktion zu beweisen (Aufgabe 10.4).

(IV) Denkt man an die in Abschn. 1 gestellte Frage (5) zurück, so fällt auf, daß das auf der rechten Seite von (10.25) auftretende Integral über $\mathbf{R}$ für jede (nicht notwendig periodische) Funktion $f \in \mathscr{C}^b(\mathbf{R})$ existiert. Man überzeugt sich, daß die Funktion

$$u : \mathbf{R} \times \mathbf{R}_+^\times \ni (x, t) \longmapsto \frac{1}{\sqrt{4\pi t}} \int_{\mathbf{R}} e^{-(x-y)^2/4t} f(y)\,dy \qquad (10.32)$$

die Wärmeleitungsgleichung

$$\frac{\partial u}{\partial t} - \frac{\partial^2 u}{\partial x^2} = 0 \qquad (10.33)$$

erfüllt. Wegen des Gauss-Integrals

$$\frac{1}{\sqrt{4\pi t}} \int_{\mathbf{R}} e^{-x^2/4t}\,dx = 1 \qquad (t > 0) \qquad (10.34)$$

folgt für jedes $t \in \mathbf{R}_+^\times$ die Abschätzung

$$\|u(\,\cdot\,,t) - f\|_\infty \leqslant \frac{1}{\sqrt{4\pi t}} \int_\mathbf{R} e^{-x^2/4t} \|\tau(x)f - f\|_\infty \, dx$$

$$= \frac{1}{2\sqrt{\pi}} \int_\mathbf{R} e^{-x^2/4} \|\tau(x\sqrt{t})f - f\|_\infty \, dx \tag{10.35}$$

und somit nach dem Konvergenzsatz von Lebesgue

$$\lim_{t \to 0+} \|u(\,\cdot\,,t) - f\|_\infty = 0. \tag{10.36}$$

Man sieht: $u(x,t)$ gibt die Temperatur eines unendlich langen, dünnen, homogenen Stabes an der Stelle $x \in \mathbf{R}$ zur Zeit $t > 0$ an, wenn im Zeitpunkt $t = 0$ die durch die Funktion $f \in \mathscr{C}^b(\mathbf{R})$ gegebene Temperaturverteilung vorliegt und die Wärmeabstrahlung vernachlässigt wird.

Die Überlegungen zu den Anwendungen (III) und (IV) haben zu Gleichungen geführt, bei denen die Integration über $\mathbf{R}$ statt wie bisher über $\mathbf{T}$ eine Rolle spielt. In Kapitel II wird gezeigt, daß es sich bei (10.32) um die Faltung der (nicht notwendig periodischen) Funktion f mit einer approximativen Einheit im Sinne der additiven topologischen Gruppe $\mathbf{R}$ handelt und daß (10.27) als Fourier-Transformation im Sinne von $\mathbf{R}$ dieses Faltungskerns interpretiert werden kann. An der „Nahtstelle" zwischen der harmonischen Analyse auf $\mathbf{T}$ und auf $\mathbf{R}$ steht bei diesen Betrachtungen die Jacobi-Identität (10.23).

Aufgaben

10.1 Jede glatte reguläre Kurve in der Ebene $\mathbf{R}^2$ besitzt eine Parametrisierung $I \ni t \longrightarrow p(t)$ mit $|p'(t)| = 1$ für alle Punkte t des kompakten Intervalls I.

10.2 Für $t \in \mathbf{R}_+^\times$ sei $\dot{w}_t \colon \mathbf{T}^n \ni \dot{x} \longrightarrow \sum_{m \in \mathbf{Z}^n} e^{-|m|^2 t} \chi_m(\dot{x})$ der Weierstrass-Kern auf $\mathbf{T}^n (n \geqslant 1)$. Zeige, daß die Familie $(\dot{w}_t)_{t>0}$ ein positiver Faltungskern ist. (Beweise eine (10.23) entsprechende Identität für $\dot{x} \in \mathbf{T}^n$).

10.3 (a) Sei $f \in \mathscr{C}^2(\mathbf{T})$. Zeige, ohne Satz 10.4 zu benutzen, daß aus $f \geqslant 0$ in (10.11) stets $\dot{u}(\,\cdot\,,t) \geqslant 0$, $t \in \mathbf{R}_+^\times$, folgt. (Man nehme an, es gelte $\dot{u}(\dot{x}_0, t_0) < 0$ für ein $(x_0, t_0) \in \mathbf{T} \times \mathbf{R}_+^\times$.
Betrachte die partielle Ableitung $\dfrac{\partial \dot{v}}{\partial t}$ der Funktion $\dot{v} \colon \mathbf{T} \times \,]0, t_0] \ni (\dot{x}, t) \longrightarrow e^{\beta t}\dot{u}(\dot{x}, t)$, $\beta \in \mathbf{R}$, an der Stelle, wo $\dot{v}$ minimal ist).

(b) Man folgere aus (a), daß $\dot{w}_t \geqslant 0$ für $t \in \mathbf{R}_+^\times$ gilt.

10.4 Die Riemannsche Zeta-Funktion wird für alle $s \in \mathbf{C}$ mit $\operatorname{Re} s > 1$ durch die Reihe $\zeta(s) = \sum_{n \geqslant 1} \dfrac{1}{n^s}$ definiert. Beweise, daß die Funktion $F \colon s \longrightarrow \pi^{-s/2}\, \Gamma(s/2)\zeta(s)$ auf $\mathbf{C} - \{0, 1\}$

fortgesetzt werden kann und daß diese (ebenfalls mit F bezeichnete) Fortsetzung die Funktionalgleichung $F(s) = F(1 - s)$ für $s \in \mathbf{C} - \{0,1\}$ erfüllt. (Zeige mit Hilfe der Funktion $g = \frac{1}{2}(\theta - 1)$, daß

$$F(s) = \int\limits_{\mathbf{R}_+} t^{s/2} g(t) \frac{\mathrm{d}t}{t} = \int\limits_1^\infty t^{s/2} g(t) \frac{\mathrm{d}t}{t} + \int\limits_1^\infty t^{-s/2} g(1/t) \frac{\mathrm{d}t}{t}$$

gilt und wende die Funktionalgleichung (10.31) an).

10.5 Man untersuche das Dirichlet-Problem für die Einheitskreisscheibe D (Beispiel 7.1 (4)) mit Hilfe der zur Lösung des Problems (II) benutzten Methode.

11   Ergänzungen und Bemerkungen

1. Vorformen der trigonometrischen Polynome und Reihen lassen sich bis auf die Berechnungen der babylonischen Astronomen zurückverfolgen. Auf das Cauchy-Problem der schwingenden Saite wurden Fourier-Reihen von L. Euler (1707–1783) und D. Bernoulli (1701–1784) angewandt. J.B.J. Fourier (1768–1830) gelangte in seiner „Théorie analytique de la chaleur" (erste veröffentlichte Fassung 1822) von dem Problem der Wärmeleitung ausgehend zu den nach ihm benannten Reihen und Integralen. Einen leichten Zugang zu den Arbeiten von Fourier findet man bei Grattan-Guiness [39]. Die Theorie der Fourier-Reihen gab u.a. Anlaß zur Präzisierung des Funktionsbegriffs durch L. Dirichlet (1805–1859), des Integralbegriffs durch B. Riemann (1826–1866) und H. Lebesgue (1875–1941) und zur Schaffung der Mengenlehre durch G. Cantor (1845–1918). Vgl. den Übersichtsartikel von Zygmund [120] und die Quellensammlung von Birkhoff [5] sowie das leicht verständliche Buch von Lanczos [67].

2. Die Charaktere $\{\dot{\chi}_m \mid m \in \mathbf{Z}^n\}$ der n-dimensionalen Torusgruppe $\mathbf{T}^n$, welche den Raum $\mathscr{T}_{\mathbf{Z}^n}(\mathbf{T}^n)$ aller trigonometrischen Polynome auf $\mathbf{T}^n$ aufspannen, weisen eine Reihe bemerkenswerter Eigenschaften auf: (i) Sie bilden ein totales Orthonormalsystem im komplexen Hilbert-Raum $L^2(\mathbf{T}^n)$; (ii) sie sind Eigenfunktionen des Laplace-Operators $\triangle = \sum\limits_{1 \leq j \leq n} \dfrac{\partial^2}{\partial \dot{x}_j^2}$ zu reellen Eigenwerten, (iii) sie erfüllen die Funktional-gleichung $f(\dot{x} + \dot{y}) = f(\dot{x}) f(\dot{y})$. Jede dieser drei Eigenschaften spiegelt einen wichtigen Aspekt der harmonischen Analyse auf $\mathbf{T}^n$ wieder und bringt diese in Verbindung zu anderen Teilen der Analysis. Darüberhinaus ist jede der genannten Eigenschaften Ausgangspunkt für weiterführende Theorien.

Mit der Eigenschaft (i) befaßt sich Abschn. 3; vgl. insbesondere Satz 3.3. Fourier-Reihen können als Entwicklungen nach dem speziellen Orthonormalsystem $\{\dot{\chi}_m \mid m \in \mathbf{Z}^n\}$ aufgefaßt werden. Eine Übersicht über Ergebnisse für Entwicklungen nach allgemeinen Orthogonalsystemen findet sich bei Olevskiĭ [82]. Die Eigenschaft (ii) der Charaktere, die es erlaubt, Fourier-Reihen als Entwicklungen nach Eigenfunktionen von $\triangle$ aufzufassen, ist für die transformationstheoretische Lösungsmethode für Differentialgleichungen von Bedeutung; vgl. z.B. Abschn. 5 und Butzer-Nessel [11]. Die Eigenschaft (iii) schließlich, kann auf Gruppen $G \neq \mathbf{T}^n$ verallgemeinert werden. Dieser Aspekt steht im vorliegenden Text im Vordergrund. Tritt an Stelle der komplexwertigen Funktion f eine operatorwertige Funktion U, so erhält man den Begriff der linearen Gruppendarstellung (Definition 2.2). Falls G nicht abelsch ist, stellt sich die Frage nach „schönen" Funktionen, welche die Rolle der trigonometrischen Polynome übernehmen können. Für den kompakten Fall, vgl. IV.1.

Der Begriff der linearen Gruppendarstellung spielt eine zentrale Rolle in der harmonischen Analyse auf (nicht kommutativen) topologischen Gruppen. Er geht auf G. Frobenius (1849–1917) und I. Schur (1875–1941) zurück. Man konsultiere z.B. Serre [93], Hill [48], Keown [59], Sally [89] und Kirillov [60]. Satz 2.6 gilt auch für beliebige kompakte topologische Gruppen; vgl. Beispiel IV.3.1.

Die Gleichung (2.31) ist die Plancherel-Identität in ihrer einfachsten Form. Eines der Leitmotive der harmonischen Analyse ist die Suche nach Analoga zu dieser fundamentalen Identität.

3. Da die Charaktere von $\mathbf{T}^n$ ein totales Orthonormalsystem des komplexen Hilbert-Raumes $L^2(\mathbf{T}^n)$ bilden (Satz 3.3), ist $L^2(\mathbf{T}^n)$ die Hilbert-Summe eindimensionaler, gegen τ stabiler Untervektorräume. Daß die Familie $\{\chi_m \mid m \in \mathbf{Z}^n\}$ die Punkte von $\mathbf{T}^n$ trennt, ist unmittelbar einsichtig. Allgemeiner besagt der Satz von Gelfand-Raikov, daß jede lokalkompakte topologische Gruppe G hinreichend viele irreduzible unitäre Darstellungen besitzt, um die Punkte von G zu trennen; vgl. Hewitt-Ross [45] und IV.2 für den kompakten Fall. Ein wichtiges Problem der harmonischen Analyse auf G ist die „Zerlegung" der regulären Darstellung in irreduzible Darstellungen. Falls G nicht abelsch ist, brauchen die irreduziblen Darstellungen nicht eindimensional zu sein; vgl. IV.1. und IV.3.

Eine ausführliche Darstellung der Theorie gleichverteilter Folgen (Beispiel 3.1 (3)) findet sich bei Kuipers-Niederreiter [66]. Eine Erweiterung auf beliebige kompakte topologische Gruppen wird in Aufgabe IV.2.7 angeregt.

4. Der Begriff der Faltung (Konvolution), der sich bis auf L. Dirichlet (1805–1859) und K. Weierstrass (1815–1897) zurückverfolgen läßt, ist für die harmonische Analyse von fundamentaler Bedeutung. Ein Grund dafür ist die Tatsache, daß die stetigen Endomorphismen des komplexen Banach-Raumes $L^1(\mathbf{T}^n)$, welche mit allen Translationsoperatoren $\{\tau(\dot{x}) \mid \dot{x} \in \mathbf{T}^n\}$ vertauschbar sind, durch Faltung mit Maßen $\mu \in \mathcal{M}(\mathbf{T}^n)$ (Abschn. 9) entstehen. Derartige Endomorphismen werden L^1-Multiplikatoren genannt (vgl. Larsen [71] und II.6). Alle Lebesgue-Räume $L^p(\mathbf{T}^n)$, $p \in [1, +\infty[$, sind komplexe Banach-Algebren bezüglich des Faltungsprodukts $(f, \dot{g}) \longrightarrow f * \dot{g}$ als multiplikativer Verknüpfung und sogar abgeschlossene Ideale der komplexen Banach-Algebra $L^1(\mathbf{T}^n)$; eine Einführung in die Theorie der Banach-

Algebren findet sich z.B. bei Dieudonné [19], Heuser [44], Hewitt-Ross [45], Mosak [78]. Die Lebesgue-Räume sind außerdem besonders wichtige Beispiele für homogene Banach-Räume. Ein komplexer Banach-Raum E heißt über $\mathbf{T}^n$ homogen modelliert, falls er in $L^1(\mathbf{T}^n)$ stetig eingebettet ist und folgende Eigenschaften aufweist (vgl. Katznelson [58]):

(i)   Für jedes $f \in E$ und jeden Punkt $\dot{s} \in \mathbf{T}^n$ gilt $\tau(\dot{s})f \in E$ und $\|\tau(\dot{s})f\| = \|f\|$.

(ii)   Die Abbildung $\mathbf{T}^n \ni \dot{s} \rightsquigarrow \tau(\dot{s})f \in E$ ist für jedes $f \in E$ stetig.

Es ist meist schwierig, für aufsteigende Folgen von endlichen Frequenzmengen $Z \subseteq \mathbf{Z}^n$ eine exakte asymptotische Abschätzung der Lebesgue-Konstanten $\|\dot{s}_Z\| = \|\dot{D}_Z\|_1$ anzugeben. Die Ungleichung (4.16) führt auf das Problem, die Anzahl $|Z|$ der Gitterpunkte von Z (asymptotisch) abzuschätzen. Bestehen die Mengen Z aus den Gitterpunkten in Kugeln vom Radius $R \geqslant 0$ um den Nullpunkt des Raumes $\mathbf{R}^n$, so wird die Wachstumsordnung von $|Z|$ durch die Wachstumsordnung R^n der Kugelvolumina gegeben. Damit folgt in diesem Fall $\|\dot{s}_Z\| = O(R^{n/2})$, $R \rightarrow +\infty$. In II.7 wird mit verfeinerten Methoden für $n \geqslant 2$ die asymptotische Abschätzung $\|\dot{s}_Z\| = O(R^{(n-1)/2})$ bewiesen. Die Gleichungen (4.22) zeigen, daß für „quaderförmige" Frequenzmengen $Z = RQ \cap \mathbf{Z}^n$, $R \geqslant 0$, die Abschätzung (4.16) grob ist.

Im Jahre 1926 wies A. Kolmogorov die Existenz einer Funktion $f \in L^1(\mathbf{T})$ nach, deren Fourier-Reihe überall divergiert; vgl. Katznelson [58] und Zygmund [119]. Satz 4.8 gilt nicht mehr für Lebesgue-Räume $L^p(\mathbf{T})$ mit Exponenten $p > 1$, denn nach einem Satz von M. Riesz sind die Räume $L^p(\mathbf{T})$ für $p \in \,]1, +\infty[\,$ konjugationsinvariant und die letztere Eigenschaft ist äquivalent zur Konvergenz der Fourier-Reihen aller Elemente $f \in L^p(\mathbf{T})$ im Raum $L^p(\mathbf{T})$ gegen f (Katznelson [58], Zygmund [119]).

5. In den Sätzen 5.4 und 5.5 wird die absolute Konvergenz bzw. die gleichmäßige Konvergenz der Fourier-Reihe von $f \in \mathscr{C}(\mathbf{T}^n)$ mit Hilfe von Differenzierbarkeitsforderungen an f erzwungen. Zieht man lediglich die punktweise Konvergenz der Fourier-Reihe in Betracht, so gilt $\lim\limits_{R \rightarrow +\infty} \dot{s}_R(f)(\dot{x}_0) = \tfrac{1}{2}\big(f(\dot{x}_0 + \dot{0}) + f(\dot{x}_0 - \dot{0})\big)$ für jede Funktion $f: \mathbf{T} \rightarrow \mathbf{C}$, die in einer Umgebung des Punktes $\dot{x}_0 \in \mathbf{T}$ von beschränkter Variation ist (Kufner-Kadlec [65], Hardy-Rogosinski [40], Zygmund [119]). Das überraschendste Ergebnis über die punktweise Konvergenz ist die Bestätigung der Vermutung von N. Lusin (1913) durch L. Carleson im Jahre 1966: Die Fourier-Reihe jeder Funktion $f \in L^2(\mathbf{T})$ konvergiert punktweise $d\dot{x}$-fast überall auf $\mathbf{T}$ (vgl. Hunt [52], [53]). Darüberhinaus gelang R.A. Hunt der Nachweis, daß ein entsprechendes Resultat für alle $f \in L^p(\mathbf{T})$, $p \in \,]1, +\infty[\,$, richtig ist. Bezeichnet P ein Polyeder im $\mathbf{R}^n (n \geqslant 2)$, so gilt für $f \in L^p(\mathbf{T}^n)$, $p \in \,]1, +\infty[\,$, nach Ch. Fefferman und P. Sjölin, $\lim\limits_{R \rightarrow +} \dot{s}_{RP \cap \mathbf{Z}^n}(f)(\dot{x}) = f(\dot{x})$ $d\dot{x}$-fast überall auf $\mathbf{T}^n$ (vgl. Ash [2]).

Eine ausführliche Diskussion des Cauchy-Problems der schwingenden Saite findet sich bei Lanczos [67]. Außerdem wird in diesem Buch die Entstehung der Theorie der Fourier-Reihen sehr eingehend behandelt.

6. Für jede Funktion $f \in L^2(\mathbf{T}^n)$ wird durch $\dot{s}_Z(f)$ die (eindeutig bestimmte) Lösung der Gauss'schen Approximationsaufgabe gegeben, welche nach dem L^2-Proximum zu f

im Raum $\mathscr{T}_Z(\mathbf{T}^n)$ aller trigonometrischen Polynome auf $\mathbf{T}^n$ zur endlichen Frequenzmenge $Z \subseteq \mathbf{Z}^n$ fragt (Satz 3.2). In den Lebesgue-Räumen $L^p(\mathbf{T}^n)$, $p \in \llbracket 1, + \infty \llbracket - \{2\}$, und im Banach-Raum $\mathscr{C}(\mathbf{T}^n)$ ist die Bestimmung einer Bestapproximation nicht mehr in dieser einfachen Weise möglich. Trotzdem ist für die Fourier-Reihen auf $\mathbf{T}^n$ die Kenntnis des Abstandes $d_{Z,p}(f) = \inf_{\dot{q} \in \mathscr{T}_Z(\mathbf{T}^n)} \|f - \dot{q}\|_p$ von Wichtigkeit: Bezeichnet $(Z_k)_{k \in \mathbf{N}}$ eine aufsteigende Folge endlicher Teilmengen von $\mathbf{Z}^n$ mit $\bigcup_{k \in \mathbf{N}} Z_k = \mathbf{Z}^n$, so folgt für jedes $f \in L^p(\mathbf{T}^n)$, $p \in \llbracket 1, + \infty \llbracket$, aus der Beziehung $\lim_{k \to + \infty} \|\dot{s}_{Z_k}\| \cdot d_{Z_k,p}(f) = 0$ stets $\lim_{k \to + \infty} \|\dot{s}_{Z_k}(f) - f\|_p = 0$; vgl. Aufgabe 6.2. Liegen nicht-triviale Abschätzungen für die Lebesgue-Konstanten $(\|\dot{s}_{Z_k}\|)_{k \in \mathbf{N}}$ bezüglich des Raumes $L^p(\mathbf{T}^n)$ vor und kennt man das Wachstumsverhalten der Folge $(d_{Z_k,p}(f))_{k \in \mathbf{N}}$ in Abhängigkeit von Glattheitseigenschaften der Funktion f (Jackson-Sätze), so kann mit Hilfe von Glattheitsforderungen an f die Konvergenz $\lim_{k \to + \infty} \|\dot{s}_{Z_k}(f) - f\|_p = 0$ erreicht werden (Sätze vom Dini-Lipschitz-Typ). Im Falle $n = 1$ vgl. hierzu Zygmund [119] und für $n > 1$ die Arbeiten von Shapiro [96] und Dreseler [26], [27]. Bezüglich der Jackson-Sätze und ihren Umkehrungen (Bernstein-Sätze) sei auf Butzer-Nessel [11], Cheney [13] und Timan [102] verwiesen.

Zum Satz von Charshiladze-Lozinski finden sich bei Cheney [13] und Lorenz-Schönhage [74] interessante Ergänzungen. Eine Erweiterung auf beliebige kompakte topologische Gruppen wurde von Dreseler-Schempp [28] bewiesen. Zur Approximationstheorie auf kompakten Lie-Gruppen konsultiere man z.B. Ragozin [85].

Ist G eine endliche Gruppe und U eine lineare Darstellung von G in einem komplexen Vektorraum E endlicher Dimension, so kann durch Symmetrisieren gezeigt werden, daß zu jedem gegen U stabilen Untervektorraum F von E ein gegen U stabiler Komplementärraum bezüglich E existiert (Aufgabe 6.5). Dies führt zu einem Beweis des für die Darstellungstheorie endlicher Gruppen grundlegenden Satzes von Maschke (vgl. Aufgabe IV.1.2).

7. Die Technik der approximativen Einheiten ist für die harmonische Analyse und allgemeiner für die ganze Approximationstheorie von grundlegender Bedeutung. Eine Übersicht über Anwendungen und weitere Beispiele finden sich bei Butzer-Nessel [11] und Shapiro [94], [95]. Man vergleiche auch Definition III.4.3.

Der wesentliche Unterschied zwischen dem Fejér-Kern und dem Dirichlet-Kern auf $\mathbf{T}$ ist die Positivität des Fejér-Kerns. Weitere Beispiele für positive approximative Einheiten auf $\mathbf{T}$ sind der Abel-Poisson-Kern $(P(r, \cdot))_{r \in]0,1[}$ (Beispiel 7.1(4)) und der Weierstrass-Kern $(\dot{w}_t)_{t \in \mathbf{R}_+^\times}$ (Abschn. 10). Für die Rolle der Positivität bei Summen spezieller Funktionen, vgl. Askey [3]. Weiß man von einem Faltungskern $(\dot{k}_\varrho)_{\varrho \in I}$ auf $\mathbf{T}^n$, daß $\dot{k}_\varrho \geqslant 0$ für alle $\varrho \in I$ erfüllt ist, so gelten die Konvergenzeigenschaften (7.12) genau dann, falls $\lim_{\varrho \to \varrho_0} c_m(\dot{k}_\varrho) = 1$ für alle $m \in \mathbf{Z}^n$ erfüllt ist.

Ein Beweis für die Positivität des Weierstrass-Kerns $(\dot{w}_t)_{t \in \mathbf{R}_+^\times}$ auf $\mathbf{T}$ mit Hilfe eines Maximumprinzips ist in Aufgabe 10.3 skizziert.

Bezüglich der punktweisen Konvergenz der Fejér-Mittel gilt $\lim\limits_{N\to+\infty} \dot\sigma_N(f)(\dot x) = f(\dot x)$ für $f \in L^1(\mathbf{T})$ und $d\dot x$-fast alle Punkte $\dot x \in \mathbf{T}$; vgl. Edwards [31] und Zygmund [119].

8. Eine elementare Darstellung der Theorie periodischer Distributionen findet sich für die Dimension $n = 1$ bei Beals [4]. Außerdem sollten die Originaldarstellung von L. Schwartz [91] sowie Edwards [32] als weiterführende Literatur herangezogen werden.

9. Für die Theorie der Funktionen von positivem Typ sei auf den Übersichtsartikel von Stewart [100] verwiesen. Der Zusammenhang mit der Theorie der Extremalpunkte konvexer Mengen ist in leicht verständlicher Weise bei Jacobs [55] beschrieben. Der Satz V.4.4 von Plancherel-Godement macht die Wichtigkeit der Funktionen von positivem Typ für die harmonische Analyse zu Gelfand-Paaren deutlich.

10. Die Lösung des isoperimetrischen Problems für die Ebene $\mathbf{R}^2$ gehört zu den ältesten Ergebnissen der globalen Differentialgeometrie. Einen anderen, auf E. Schmidt (1939) zurückgehenden Beweis findet man bei do Carmo [23]. Für die Wärmeleitungsgleichung sei auf die Monographie von Widder [117], bezüglich der Theorie der Theta-Funktion z.B. auf Lang [69] verwiesen.

II Harmonische Analyse auf dem n-dimensionalen reellen euklidischen Raum $\mathbf{R}^n$

1 L^1-Theorie der Fourier-Transformation

Von den in I.1 formulierten Grundfragen der klassischen harmonischen Analyse steht eine Beantwortung der Frage (5) noch aus. Auf welche Weise die Fourier-Transformation auf nicht notwendig periodische Funktionen $f\colon \mathbf{R} \to \mathbf{C}$ ausgedehnt werden kann, wird sowohl durch Satz I.2.7 nahe gelegt, in dem die Charaktere der additiven topologischen Gruppe $\mathbf{R}$ bestimmt worden sind, als auch durch die Überlegungen in I.10. Ein Unterschied gegenüber dem bisher Behandelten ist jedoch nicht zu übersehen: Während die eindimensionale Torusgruppe $\mathbf{T}$ kompakt ist (Satz I.1.3), ist $\mathbf{R}$ eine lokalkompakte, nicht kompakte (zusammenhängende abelsche) topologische Gruppe. Dieser Unterschied hat u.a. die folgende Konsequenz: Zwar existiert auch auf $\mathbf{R}$ ein translationsinvariantes Maß μ, d.h. ein Radon-Maß $\mu \in \mathcal{M}(\mathbf{R})$ mit der Eigenschaft $\tau(s)\mu = \mu$ für alle $s \in \mathbf{R}$, nämlich das Lebesgue-Maß dx, aber dx ist nicht beschränkt und kann deshalb nicht mehr so standardisiert werden, daß es die Gesamtmasse 1 trägt. Aus der Tatsache, daß dx unendliche Gesamtmasse besitzt, folgt, daß die Fourier-Transformation für den komplexen Hilbert-Raum $L^2(\mathbf{R})$, von der man wieder besonders schöne Eigenschaften erwarten wird, nicht einfach aus der Fourier-Transformation $\mathcal{F}_{\mathbf{R}}$ des Lebesgue-Raumes $L^1(\mathbf{R})$ durch Restriktion gewonnen werden kann, denn $L^2(\mathbf{R})$ ist kein Untervektorraum von $L^1(\mathbf{R})$.

Es erweist sich als zweckmäßig, die Fourier-Transformation $\mathcal{F}_{\mathbf{R}^n}$ zunächst auf dem Raum $L^1(\mathbf{R}^n)$ zu etablieren. Wir benutzen dazu die übliche Notation: Sind $x = (x_j)_{1 \leqslant j \leqslant n}$, $y = (y_j)_{1 \leqslant j \leqslant n}$ beliebige Vektoren aus dem n-dimensionalen reellen euklidischen Raum $\mathbf{R}^n (n \geqslant 1)$, so bezeichne $(x|y) = \sum_{1 \leqslant j \leqslant n} x_j\, y_j$ ihr kanonisches Skalarprodukt und $x \longmapsto |x| = \sqrt{(x|x)}$ die euklidische Norm auf dem $\mathbf{R}^n$. Für jeden Exponenten $p \in [\![1, +\infty[\![$ sei $L^p(\mathbf{R}^n)$ der komplexe Vektorraum aller Äquivalenzklassen der bezüglich des Lebesgue-Maßes dx meßbaren Funktionen $f\colon \mathbf{R}^n \to \mathbf{C}$ mit $\int_{\mathbf{R}^n} |f|^p dx < +\infty$. Der Raum $L^p(\mathbf{R}^n)$ werde mit der die Topologie der Konvergenz im p-ten Mittel induzierenden Norm

$$f \longmapsto \|f\|_p = \left(\frac{1}{(2\pi)^{n/2}} \int_{\mathbf{R}^n} |f(x)|^p \, dx \right)^{1/p} \tag{1.1}$$

versehen. Entsprechend trage der Raum $L^\infty(\mathbf{R}^n)$ aller Äquivalenzklassen der bezüglich dx meßbaren, wesentlich beschränkten Funktionen $f: \mathbf{R}^n \to \mathbf{C}$ die Norm

$$f \longmapsto \|f\|_\infty = \operatorname*{ess.\ sup}_{x \in \mathbf{R}^n} |f(x)| \,. \tag{1.2}$$

Dann ist $(L^p(\mathbf{R}^n), \|\cdot\|_p)$ für jedes $p \in [\![1, +\infty]\!]$ ein komplexer Banach-Raum.

Definition 1.1 Als Fourier-Transformierte von $f \in L^1(\mathbf{R}^n)$ bezeichnet man die Funktion

$$\mathscr{F}_{\mathbf{R}^n} f: \ \mathbf{R}^n \ni \xi \longmapsto \frac{1}{(2\pi)^{n/2}} \int\limits_{\mathbf{R}^n} f(x)\, e^{-i(\xi|x)}\, dx \in \mathbf{C}. \tag{1.3}$$

Entsprechend heißt die Funktion

$$\bar{\mathscr{F}}_{\mathbf{R}^n} f: \mathbf{R}^n \ni x \longmapsto \frac{1}{(2\pi)^{n/2}} \int\limits_{\mathbf{R}^n} f(\xi)\, e^{i(x|\xi)}\, d\xi \in \mathbf{C} \tag{1.4}$$

die Fourier-Kotransformierte von $f \in L^1(\mathbf{R}^n)$.

Es ist unmittelbar klar, daß für jedes $f \in L^1(\mathbf{R}^n)$ die Abschätzung

$$\|\mathscr{F}_{\mathbf{R}^n} f\|_\infty \leqslant \|f\|_1 \tag{1.5}$$

gilt. Demnach ist die Fourier-Transformation auf dem $\mathbf{R}^n$

$$\mathscr{F}_{\mathbf{R}^n}: L^1(\mathbf{R}^n) \to L^\infty(\mathbf{R}^n) \tag{1.6}$$

eine stetige lineare Abbildung. Entsprechendes gilt auch für die Fourier-Kotransformation $\bar{\mathscr{F}}_{\mathbf{R}^n}$ auf dem $\mathbf{R}^n$.

Beispiele 1.1 (1) Sei $(l_j)_{1 \leqslant j \leqslant n}$ eine Folge reeller Zahlen > 0 und $Q = \underset{1 \leqslant j \leqslant n}{\times} [\![-l_j, \, l_j]\!]$ der kompakte n-Quader mit der Indikatorfunktion 1_Q. Dann ist $\mathscr{F}_{\mathbf{R}^n} 1_Q$ die stetige Ergänzung der Funktion

$$\xi = (\xi_j)_{1 \leqslant j \leqslant n} \longmapsto \left(\frac{2}{\pi}\right)^{n/2} \prod_{1 \leqslant j \leqslant n} \frac{\sin l_j \xi_j}{\xi_j}, \ \ \xi_j \neq 0, \quad (1 \leqslant j \leqslant n) \tag{1.7}$$

auf den ganzen Raum $\mathbf{R}^n$.

(2) Die Gauss-Funktion $g_n: \mathbf{R}^n \ni x \longmapsto e^{-\frac{1}{2}|x|^2}$ $(n \geqslant 1)$ gehört zum Raum $L^1(\mathbf{R}^n)$. Offenbar ist $g_n = g_1^{\otimes n}$ die n-te Tensorpotenz der „Glockenfunktion" g_1. Zur Berechnung der Fourier-Transformierten $\mathscr{F}_{\mathbf{R}^n} g_n$ genügt es deshalb offensichtlich, sich auf den Fall $n = 1$ zu beschränken. Setzt man $h = \mathscr{F}_{\mathbf{R}} g_1$, so erhält man für jeden Punkt $\xi \in \mathbf{R}$ durch Differentiation unter dem Integral und partielle Integration

$$h'(\xi) = \frac{-i}{\sqrt{2\pi}} \int\limits_{\mathbf{R}} x \cdot g_1(x)\, e^{-i\xi x}\, dx = -\frac{1}{\sqrt{2\pi}} \xi \int\limits_{\mathbf{R}} g_1(x)\, e^{-i\xi x}\, dx = -\xi h(\xi). \tag{1.8}$$

Als Lösung der gewöhnlichen Differentialgleichung (1.8) erhält man $h = C \cdot g_1$ mit einer Konstanten $C \in \mathbf{C}$. Aus $h(0) = 1$, $g_1(0) = 1$ folgt $C = 1$ und damit allgemein

$$\mathscr{F}_{\mathbf{R}^n} g_n = g_n \qquad (n \geqslant 1). \tag{1.9}$$

Man sagt, die Funktion g_n sei „*selbst-dual*". Ein zweiter (funktionentheoretischer) Beweis für (1.9) folgt aus (I.10.29), falls $t = \frac{1}{2}$ gesetzt wird.

Die vorstehenden Beispiele lassen erwarten, daß ein Analogon zu Satz I.4.1 auch für die Fourier-Transformation $\mathscr{F}_{\mathbf{R}^n}$ gilt. Wir setzen $A(\mathbf{R}^n) = \mathscr{F}_{\mathbf{R}^n} L^1(\mathbf{R}^n)$ und bezeichnen mit $\mathscr{C}_0(\mathbf{R}^n)$ denjenigen Untervektorraum von $\mathscr{C}^b(\mathbf{R}^n)$, der aus allen stetigen Funktionen $f \colon \mathbf{R}^n \to \mathbf{C}$ besteht, zu denen zu jedem $\varepsilon > 0$ ein $R = R(\varepsilon, f) > 0$ existiert mit $\sup\limits_{|x| > R} |f(x)| < \varepsilon$. Bezüglich der punktweisen Multiplikation und der Čebyšev-Norm ist $\mathscr{C}_0(\mathbf{R}^n)$ eine abgeschlossene Unteralgebra der kommutativen komplexen Banach-Algebra $\mathscr{C}^b(\mathbf{R}^n)$.

Satz 1.1 (Riemann-Lebesgue) *Es gilt die Inklusion* $A(\mathbf{R}^n) \subseteq \mathscr{C}_0(\mathbf{R}^n)$, *d.h. die Fourier-Transformierte* $\mathscr{F}_{\mathbf{R}^n} f$ *jedes Elements* $f \in L^1(\mathbf{R}^n)$ *ist eine auf* $\mathbf{R}^n$ *stetige komplexwertige Funktion, die „im Unendlichen verschwindet".*

Beweis. Für jedes $f \in L^1(\mathbf{R}^n)$ und jedes Paar $(\xi_1, \xi_2) \in \mathbf{R}^n \times \mathbf{R}^n$ gilt die Abschätzung

$$|\mathscr{F}_{\mathbf{R}^n} f(\xi_1) - \mathscr{F}_{\mathbf{R}^n} f(\xi_2)| \leqslant \frac{1}{(2\pi)^{n/2}} \int\limits_{\mathbf{R}^n} |e^{-i(\xi_1|x)} - e^{-i(\xi_2|x)}| \cdot |f(x)|\, dx. \tag{1.10}$$

Anwendung des Satzes von Lebesgue über die majorisierte Konvergenz zeigt die gleichmäßige Stetigkeit der Funktion $\mathbf{R}^n \ni \xi \longmapsto \mathscr{F}_{\mathbf{R}^n} f(\xi) \in \mathbf{C}$. Der Beweis ist vollständig, wenn die Existenz eines überall dicht liegenden Untervektorraums M von $L^1(\mathbf{R})$ nachgewiesen ist mit der Eigenschaft, daß zu jedem $g \in M$ und zu jedem $\varepsilon > 0$ eine Zahl $R > 0$ gewählt werden kann mit $\sup\limits_{|\xi| > R} |\mathscr{F}_{\mathbf{R}^n} g(\xi)| < \varepsilon$. Denn dann kann zu jedem $f \in L^1(\mathbf{R}^n)$ und zu jedem $\varepsilon > 0$ ein Element $g \in M$ gefunden werden mit $\|\mathscr{F}_{\mathbf{R}^n} f - \mathscr{F}_{\mathbf{R}^n} g\|_\infty < \varepsilon$; es folgt

$$\sup_{|\xi| > R} |\mathscr{F}_{\mathbf{R}^n} f(\xi)| \leqslant \sup_{|\xi| > R} |\mathscr{F}_{\mathbf{R}^n} g(\xi)| + \|\mathscr{F}_{\mathbf{R}^n} f - \mathscr{F}_{\mathbf{R}^n} g\|_\infty < 2\varepsilon. \tag{1.11}$$

Für M kann gemäß Beispiel 1.1 (1) der von den Indikatorfunktionen aller kompakten n-Quader über $\mathbf{C}$ aufgespannte Vektorraum gewählt werden. ∎

Eine andere mögliche Wahl für M werden wir in Abschn. 2 kennenlernen.

Wir merken noch das folgende einfache (aber nützliche) Ergebnis an.

Satz 1.2 *Für jedes Paar* $(f, g) \in L^1(\mathbf{R}^n) \times L^1(\mathbf{R}^n)$ *gilt*

$$\int\limits_{\mathbf{R}^n} \mathscr{F}_{\mathbf{R}^n} f(\xi)\, g(\xi)\, d\xi = \int\limits_{\mathbf{R}^n} f(x)\, \mathscr{F}_{\mathbf{R}^n} g(x)\, dx. \tag{1.12}$$

Beweis. Mit Hilfe des Satzes von Lebesgue-Fubini erhält man

$$\int\limits_{\mathbf{R}^n} \mathscr{F}_{\mathbf{R}^n} f(\xi)\, g(\xi)\, \mathrm{d}\xi = \frac{1}{(2\pi)^{n/2}} \int\limits_{\mathbf{R}^n} \left(\int\limits_{\mathbf{R}^n} f(x)\, \mathrm{e}^{-\mathrm{i}(\xi\,|\,x)}\, \mathrm{d}x \right) g(\xi)\, \mathrm{d}\xi$$

$$= \frac{1}{(2\pi)^{n/2}} \int\limits_{\mathbf{R}^n} \left(\int\limits_{\mathbf{R}^n} g(\xi)\, \mathrm{e}^{-\mathrm{i}(\xi\,|\,x)\,\mathrm{d}\xi} \right) f(x)\, \mathrm{d}x \qquad (1.13)$$

$$= \int\limits_{\mathbf{R}^n} f(x)\, \mathscr{F}_{\mathbf{R}^n} g(x)\, \mathrm{d}x. \qquad\blacksquare$$

Notiz. Die Identität (1.12) beruht auf der Selbstdualität (I.2.19) des $\mathbf{R}^n$; mit $f \in \mathrm{L}^1(\mathbf{R}^n)$ ist auch $\mathscr{F}_{\mathbf{R}^n} f$ eine Funktion auf dem $\mathbf{R}^n$.

Bei der Definition der Faltung zweier Funktionen $f \in \mathrm{L}^1(\mathbf{R}^n)$, $g \in \mathrm{L}^1(\mathbf{R}^n)$ lassen wir uns von der Beziehung (I.10.25) leiten. (Auf der linken Seite von (I.10.25) steht die Faltung zweier auf $\mathbf{T}$ definierter Funktionen!) Zunächst ist zu beachten, daß $(x, y) \longmapsto f(x - y)\, g(y)$ eine bezüglich $\mathrm{d}x \otimes \mathrm{d}y$ meßbare Funktion auf $\mathbf{R}^n \times \mathbf{R}^n$ ist. Wegen

$$\frac{1}{(2\pi)^n} \int\limits_{\mathbf{R}^n} \int\limits_{\mathbf{R}^n} |f(x - y)\, g(y)|\, \mathrm{d}x\, \mathrm{d}y = \frac{1}{(2\pi)^{n/2}} \int\limits_{\mathbf{R}^n} |g(y)|\, \frac{1}{(2\pi)^{n/2}} \int\limits_{\mathbf{R}^n} |f(x - y)|\, \mathrm{d}x\, \mathrm{d}y$$

$$= \|f\|_1\, \frac{1}{(2\pi)^{n/2}} \int\limits_{\mathbf{R}^n} |g(y)|\, \mathrm{d}y = \|f\|_1 \cdot \|g\|_1 \qquad (1.14)$$

folgt aus dem Satz von Lebesgue-Fubini, daß die Funktion $y \longmapsto f(x - y)\, g(y)$ für fast alle Punkte $x \in \mathbf{R}^n$ zum Raum $\mathrm{L}^1(\mathbf{R}^n)$ gehört und die für fast alle $x \in \mathbf{R}^n$ definierte Funktion $x \longmapsto \dfrac{1}{(2\pi)^{n/2}} \displaystyle\int\limits_{\mathbf{R}^n} f(x - y)\, g(y)\, \mathrm{d}y$ ein Element von $\mathrm{L}^1(\mathbf{R}^n)$ ist.

Definition 1.2 Für je zwei Elemente $f \in \mathrm{L}^1(\mathbf{R}^n)$, $g \in \mathrm{L}^1(\mathbf{R}^n)$ heißt die für fast alle Punkte $x \in \mathbf{R}^n$ definierte Funktion

$$f * g: \quad x \longmapsto \frac{1}{(2\pi)^{n/2}} \int\limits_{\mathbf{R}^n} f(x - y)\, g(y)\, \mathrm{d}y \qquad (1.15)$$

aus $\mathrm{L}^1(\mathbf{R}^n)$ die Faltung (oder das Faltungsprodukt) von f und g auf dem Raum $\mathbf{R}^n$.

Es ist klar, daß die Abbildung

$$\mathrm{L}^1(\mathbf{R}^n) \times \mathrm{L}^1(\mathbf{R}^n) \ni (f, g) \longmapsto f * g \in \mathrm{L}^1(\mathbf{R}^n) \qquad (1.16)$$

bilinear ist. Aus der Abschätzung (vgl. (1.1) und (1.14))

$$\|f * g\|_1 \leqslant \|f\|_1 \cdot \|g\|_1 \qquad (1.17)$$

folgt ihre Stetigkeit.

Satz 1.3 *Bezüglich der Faltung* (1.16) *als multiplikativer Verknüpfung bildet* L^1(**R**^{n}) *eine kommutative komplexe Banach-Algebra. Die Fourier-Transformation $\mathscr{F}_{\mathbf{R}^n}$ ist ein stetiger Algebren-Morphismus von* L^1(**R**^{n}) *in* $\mathscr{C}_0$(**R**^{n}).

Beweis. Es ist leicht nachzurechnen, daß L^1(**R**^{n}) bezüglich der Faltung (1.16) einen kommutativen Ring bildet. Wegen $c(f*g) = (cf)*g = f*(cg)$ für jedes $c \in \mathbf{C}$ und jedes Paar $(f,g) \in$ L^1(**R**^{n}) $\times$ L^1(**R**^{n}) ist die erste Behauptung bewiesen. Außerdem gelten für jeden Punkt $\xi \in \mathbf{R}^n$ wegen der Translationsinvarianz des Lebesgue-Maßes und des Satzes von Lebesgue-Fubini die Identitäten

$$\mathscr{F}_{\mathbf{R}^n}(f*g)(\xi) = \frac{1}{(2\pi)^{n/2}} \int\limits_{\mathbf{R}^n} (f*g)(x)\, e^{-i(\xi|x)}\, dx$$

$$= \frac{1}{(2\pi)^n} \int\limits_{\mathbf{R}^n} g(y) \int\limits_{\mathbf{R}^n} f(x-y)\, e^{-i(\xi|x)}\, dx\, dy$$

$$= \frac{1}{(2\pi)^n} \int\limits_{\mathbf{R}^n} g(y) \int\limits_{\mathbf{R}^n} f(z)\, e^{-i(\xi|z+y)}\, dz\, dy \qquad (1.18)$$

$$= \frac{1}{(2\pi)^n} \int\limits_{\mathbf{R}^n} g(y)\, e^{-i(\xi|y)} \int\limits_{\mathbf{R}^n} f(z)\, e^{-i(\xi|z)}\, dz\, dy$$

$$= (\mathscr{F}_{\mathbf{R}^n} f)(\xi) \cdot (\mathscr{F}_{\mathbf{R}^n} g)(\xi).$$

Dies vervollständigt den Beweis. ∎

Der folgende Satz zeigt, daß die Faltung auch für Paare aus L^1(**R**^{n}) $\times$ L^p(**R**^{n}) mit Exponenten $p > 1$ definiert werden kann.

Satz 1.4 *Sei* $f \in$ L^1(**R**^{n}) *und* $g \in$ L^p(**R**^{n}) *mit* $p \in\,]1, +\infty[$. *Dann ist die Funktion* $y \rightsquigarrow f(x-y)g(y)$ *für fast alle* $x \in \mathbf{R}^n$ *ein Element von* L^1(**R**^{n}). *Es gehört*

$$f*g: x \rightsquigarrow \frac{1}{(2\pi)^{n/2}} \int\limits_{\mathbf{R}^n} f(x-y)g(y)\, dy \qquad (1.19)$$

zum Raum L^p(**R**^{n}) *und erfüllt* $\|f*g\|_p \leqslant \|f\|_1 \cdot \|g\|_p$.

Beweis. Sei $p' = p/(p-1)$ der zu p duale Exponent ($1/p + 1/p' = 1$) und $h \in$ L$^{p'}$(**R**^{n}) beliebig gewählt. Dann findet man für die bezüglich $dx \otimes dy$ meßbare Funktion $(x,y) \rightsquigarrow f(x-y)g(y)h(x)$ mit der Hölderschen Ungleichung

$$\frac{1}{(2\pi)^n} \int\limits_{\mathbf{R}^n} \int\limits_{\mathbf{R}^n} |f(x-y)g(y)h(x)|\, dy\, dx = \frac{1}{(2\pi)^{n/2}} \int\limits_{\mathbf{R}^n} |f(z)|\, \frac{1}{(2\pi)^{n/2}} \int\limits_{\mathbf{R}^n} |g(x-z)h(x)|\, dx\, dz$$

$$\leqslant \frac{1}{(2\pi)^{n/2}} \int\limits_{\mathbf{R}^n} |f(z)| \cdot \|\tau(z)g\|_p \cdot \|h\|_{p'}\, dz = \|f\|_1 \cdot \|g\|_p \cdot \|h\|_{p'}. \qquad (1.20)$$

Also muß notwendig $\int_{\mathbf{R}^n} |f(x-y)\cdot g(y)|\,\mathrm{d}y$ für fast alle $x \in \mathbf{R}^n$ endlich sein. Es folgt ferner aus (1.20), daß die Abbildung

$$L^{p'}(\mathbf{R}^n) \ni h \longmapsto \frac{1}{(2\pi)^{n/2}} \int_{\mathbf{R}^n} h(x)\,(f*g)(x)\,\mathrm{d}x \in \mathbf{C} \tag{1.21}$$

eine stetige Linearform ist mit Norm $\leqslant \|f\|_1 \cdot \|g\|_p$. Mithin existiert genau ein $k \in L^p(\mathbf{R}^n)$ mit der Eigenschaft

$$\frac{1}{(2\pi)^{n/2}} \int_{\mathbf{R}^n} k(x)\,h(x)\,\mathrm{d}x = \frac{1}{(2\pi)^{n/2}} \int_{\mathbf{R}^n} h(x)\,(f*g)(x)\,\mathrm{d}x \tag{1.22}$$

für alle $h \in L^{p'}(\mathbf{R}^n)$ und

$$\|k\|_p \leqslant \|f\|_1 \cdot \|g\|_p. \tag{1.23}$$

Also muß $k(x) = (f*g)(x)$ für fast alle $x \in \mathbf{R}^n$ gelten, d.h. $f*g \in L^p(\mathbf{R}^n)$ und $\|f*g\|_p$ erfüllt die behauptete Abschätzung. ∎

Durch die lineare Abbildung $f \longmapsto \frac{1}{(2\pi)^{n/2}} f(x)\,\mathrm{d}x$ wird $L^1(\mathbf{R}^n)$ norm-isomorph in den Banach-Raum $\mathcal{M}^1(\mathbf{R}^n) = \mathscr{C}_0'(\mathbf{R}^n)$ aller komplexen Radon-Maße mit endlicher Gesamtmasse eingebettet. Man erhält durch analoge Überlegungen

Satz 1.5 *Sei $\mu \in \mathcal{M}^1(\mathbf{R}^n)$ und $g \in L^p(\mathbf{R}^n)$ mit $p \in [\![1, +\infty[\![$. Dann ist die Funktion*

$$\mu * g: \; x \longmapsto \int_{\mathbf{R}^n} g(x-y)\,\mathrm{d}\mu(y) \tag{1.24}$$

fast überall auf dem Raum $\mathbf{R}^n$ definiert und gehört zum Raum $L^p(\mathbf{R}^n)$. Sie erfüllt die Normabschätzung $\|\mu * g\|_p \leqslant \|\mu\| \cdot \|g\|_p$.

Notiz. Für $p \in [\![1, +\infty[\![$ kann $L^p(\mathbf{R}^n)$ gemäß Satz 1.5 als $\mathcal{M}^1(\mathbf{R}^n)$-Modul aufgefaßt werden.

Jetzt ist es naheliegend, die Faltung $\mu * v$ für Paare $(\mu, v) \in \mathcal{M}^1(\mathbf{R}^n) \times \mathcal{M}^1(\mathbf{R}^n)$ gemäß

$$\int_{\mathbf{R}^n} f\,\mathrm{d}(\mu * v) = \int_{\mathbf{R}^n} \int_{\mathbf{R}^n} f(x_1 + x_2)\,\mathrm{d}\mu(x_1)\,\mathrm{d}v(x_2) \qquad (f \in \mathscr{C}_0(\mathbf{R}^n)) \tag{1.25}$$

zu definieren (vgl. (I.9.6)) und auch die Fourier-Transformationen $\mathscr{F}_{\mathbf{R}^n}$, $\overline{\mathscr{F}}_{\mathbf{R}^n}$ von $L^1(\mathbf{R}^n)$ auf $\mathcal{M}^1(\mathbf{R}^n)$ auszudehnen.

Definition 1.3 Die Abbildung

$$\mathscr{F}_{\mathbf{R}^n}: \; \mathcal{M}^1(\mathbf{R}^n) \ni \mu \longmapsto \left(\mathbf{R}^n \ni \xi \longmapsto \int_{\mathbf{R}^n} e^{-i(\xi|x)}\,\mathrm{d}\mu(x) \in \mathbf{C} \right) \tag{1.26}$$

heißt die Fourier-Stieltjes-Transformation und entsprechend wird

$$\overline{\mathscr{F}}_{\mathbf{R}^n}: \; \mathcal{M}^1(\mathbf{R}^n) \ni \mu \longmapsto \left(\mathbf{R}^n \ni x \longmapsto \int_{\mathbf{R}^n} e^{i(x|\xi)}\,\mathrm{d}\mu(\xi) \in \mathbf{C} \right) \tag{1.27}$$

die Fourier-Stieltjes-Kotransformation auf dem $\mathbf{R}^n$ genannt.

Satz 1.6 *Bezüglich des Faltungsprodukts $(\mu, v) \longrightarrow \mu * v$ als multiplikativer Verknüpfung ist $\mathscr{M}^1(\mathbf{R}^n)$ eine kommutative komplexe Banach-Algebra mit dem Dirac-Maß ε_0 als Einselement. Die Fourier-Stieltjes-Transformation $\mathscr{F}_{\mathbf{R}^n}$ ist ein stetiger Algebren-Morphismus von $\mathscr{M}^1(\mathbf{R}^n)$ in $\mathscr{C}^b(\mathbf{R}^n)$.*

Die Tatsache, daß der Raum $\mathbf{R}^n (n \geqslant 1)$ eine nicht kompakte, lokalkompakte topologische Gruppe bildet, impliziert, daß die Charaktere des $\mathbf{R}^n$ nicht zum Raum $\mathscr{C}_0(\mathbf{R}^n)$ gehören. Sie sind ebenso keine Elemente des Raumes $L^1(\mathbf{R}^n)$. Deshalb ist die Technik der approximativen Einheit, die bereits in I.7 im Zusammenhang mit dem Approximationssatz von Weierstrass dargelegt wurde, auf dem $\mathbf{R}^n$ sogar von noch größerer Bedeutung.

Definition 1.4 Eine Familie $(k_\varrho)_{\varrho > 0}$ von Elementen aus $L^1(\mathbf{R}^n)$ heißt eine approximative Einheit auf $\mathbf{R}^n$, wenn die drei nachstehenden Eigenschaften erfüllt sind:

(i) $$\frac{1}{(2\pi)^{n/2}} \int_{\mathbf{R}^n} k_\varrho(x)\,\mathrm{d}x = 1 \quad \text{für jedes } \varrho > 0;$$

(ii) $$\sup_{\varrho > 0} \|k_\varrho\|_1 = M < +\infty;$$

(iii) Für jedes $\delta > 0$ gilt

$$\lim_{\varrho \to +\infty} \int_{\delta < |y|} |k_\varrho(y)|\,\mathrm{d}y = 0.$$

Falls die Familie $(k_\varrho)_{\varrho > 0}$ nur die Bedingung (i) erfüllt, wird sie Faltungskern auf $\mathbf{R}^n$ genannt.

Satz 1.7 *Für jede approximative Einheit $(k_\varrho)_{\varrho > 0}$ auf $\mathbf{R}^n$ gelten die Approximationseigenschaften*

$$\lim_{\varrho \to +\infty} \|k_\varrho * f - f\|_p = 0 \qquad (f \in L^p(\mathbf{R}^n),\, p \in [1, +\infty[), \tag{1.28}$$

$$\lim_{\varrho \to +\infty} \|k_\varrho * f - f\|_\infty = 0 \qquad (f \in \mathscr{C}_0(\mathbf{R}^n)). \tag{1.29}$$

Beweis. Es genügt, die Approximationseigenschaft (1.28) zu beweisen, da sich (1.29) in entsprechender Weise ergibt (vgl. Aufgabe 1.1).

Seien also $f \in L^p(\mathbf{R}^n)$, $p \geqslant 1$, und $\varepsilon > 0$ beliebig vorgegeben. Es kann $\delta > 0$ gewählt werden mit der Eigenschaft $\|\tau(y)f - f\|_p \cdot M \leqslant \frac{1}{2}\varepsilon$ für alle $y \in \mathbf{R}^n$, die $|y| < \delta$ erfüllen (vgl. Aufgabe I.4.1). Gemäß Eigenschaft (iii) der approximativen Einheiten kann $\varrho_0 > 0$ so festgelegt werden, daß $\varrho \geqslant \varrho_0$ stets $\|f\|_p \cdot \int_{\delta < |y|} |k_\varrho(y)|\,\mathrm{d}y \leqslant \frac{1}{4}\varepsilon$ impliziert.

Wegen $k_\varrho * f \in L^p(\mathbf{R}^n)$ gemäß Satz 1.4 folgt für jedes $\varrho \geqslant \varrho_0$ und jedes $h \in L^{p'}(\mathbf{R}^n)$ nach dem Satz von Lebesgue-Fubini und der Ungleichung von Hölder

$$\left| \int_{\mathbf{R}^n} (k_\varrho * f - f)(x)h(x)\,dx \right| = \frac{1}{(2\pi)^{n/2}} \left| \int_{\mathbf{R}^n} \int_{\mathbf{R}^n} (f(x-y)k_\varrho(y) - f(x)k_\varrho(y))\,dy\,h(x)\,dx \right|$$

$$\leqslant \int_{\mathbf{R}^n} |k_\varrho(y)| \frac{1}{(2\pi)^{n/2}} \int_{\mathbf{R}^n} |f(x-y) - f(x)| \cdot |h(x)|\,dx\,dy$$

$$\leqslant \int_{\mathbf{R}^n} |k_\varrho(y)| \cdot \|\tau(y)f - f\|_p \cdot \|h\|_{p'}\,dy \tag{1.30}$$

$$\leqslant \frac{1}{2} \|h\|_{p'} \frac{\varepsilon}{M} \int_{|y|<\delta} |k_\varrho(y)|\,dy + 2\|f\|_p \cdot \|h\|_{p'} \int_{\delta<|y|} |k_\varrho(y)|\,dy$$

$$\leqslant \|h\|_{p'}\,\varepsilon.$$

Demnach ist die Norm der stetigen Linearform $L^{p'}(\mathbf{R}^n) \ni h \longmapsto \int_{\mathbf{R}^n} (k_\varrho * f - f)(x)h(x)\,dx$
für $\varrho \geqslant \varrho_0$ stets $\leqslant \varepsilon$. Es folgt die Abschätzung $\|k_\varrho * f - f\|_p \leqslant \varepsilon$ für $\varrho \geqslant \varrho_0$ und damit (1.28) im Falle $p \in [\![1, +\infty[\![$. ∎

Beispiele 1.2 (1) Sei $k \in L^1(\mathbf{R}^n)$ eine Funktion mit $\dfrac{1}{(2\pi)^{n/2}} \displaystyle\int_{\mathbf{R}^n} k(x)\,dx = 1$. Definiert man dann die Familie $(k_\varrho)_{\varrho>0}$ gemäß

$$k_\varrho : x \longmapsto \varrho^n k(\varrho x) \qquad (\varrho \in \mathbf{R}^\times_+), \tag{1.31}$$

so ist $(k_\varrho)_{\varrho>0}$ eine approximative Einheit auf $\mathbf{R}^n$. Die Eigenschaften (i)–(iii) in Definition 1.4 erkennt man leicht mit einer Variablentransformation.

(2) Eine Anwendung der Gleichung (I.10.34) im Falle $t = \frac{1}{2}$ und Tensorproduktbildung zeigen, daß im vorstehenden Beispiel für k die Gauss-Funktion g_n (vgl. Beispiel 1.1 (2)) gewählt werden kann. Man nennt die Familie $(w_t)_{t>0}$ mit

$$w_t = g_{n,1/\sqrt{2t}} : x \longmapsto (2t)^{-n/2}\,e^{-|x|^2/4t} \qquad (t \in \mathbf{R}^\times_+) \tag{1.32}$$

den *Gauss-Weierstrass-Kern* auf $\mathbf{R}^n$. Ein Zusammenhang mit den (I.10.12) für $n=1$ eingeführten Funktionen $(\dot{w}_t)_{t \in \mathbf{R}^\times_+}$ (Weierstrass-Kern auf $\mathbf{T}$) ergibt sich mit Hilfe der Poisson-Formel (Abschn. 5). Man erhält für die Fourier-Transformierten

$$\mathscr{F}_{\mathbf{R}^n} w_t : \mathbf{R}^n \ni \xi \longmapsto g_n(\sqrt{2t}\,\xi) = e^{-t|\xi|^2} \qquad (t \in \mathbf{R}^\times_+). \tag{1.33}$$

(3) Für jedes $\varrho > 0$ sei $B_{n,1/\varrho}$ die offene Kugel $\left\{ x \in \mathbf{R}^n \,\middle|\, |x| < \dfrac{1}{\varrho} \right\}$ mit Mittelpunkt im Ursprung und Radius $\dfrac{1}{\varrho}$. Setzt man

$$h_\varrho : \mathbf{R}^n \ni x \longrightarrow \begin{cases} \exp\left(-\dfrac{\varrho^2}{1-|\varrho x|^2}\right) & \text{falls} \quad x \in B_{n,1/\varrho}\,, \\[2ex] 0 & \text{falls} \quad x \notin B_{n,1/\varrho}\,, \end{cases} \tag{1.34}$$

und sodann

$$k_\varrho = \left(\frac{1}{(2\pi)^{n/2}} \int_{\mathbf{R}^n} h_\varrho(x)\,\mathrm{d}x\right)^{-1} h_\varrho, \tag{1.35}$$

so ist $(k_\varrho)_{\varrho>0}$ eine approximative Einheit auf dem $\mathbf{R}^n$. Die Eigenschaften (i)–(iii) in Definition 1.4 folgen nämlich aus $k_\varrho \geqslant 0$ und der Tatsache, daß k_ϱ den Träger $\bar{B}_{n,1/\varrho}$ besitzt. Die Funktionen $(k_\varrho)_{\varrho>0}$ gehören zum Raum $\mathscr{D}(\mathbf{R}^n)$ der beliebig oft differenzierbaren, komplexwertigen Funktionen auf dem $\mathbf{R}^n$ mit kompaktem Träger. Um dies einzusehen, betrachtet man die Funktion

$$f : \mathbf{R} \ni x \longrightarrow \begin{cases} \mathrm{e}^{-1/x} & \text{falls} \quad x > 0, \\[2ex] 0 & \text{falls} \quad x \leqslant 0. \end{cases} \tag{1.36}$$

Dann gilt für die m-te Ableitung $f^{(m)}$ $(m \geqslant 1)$ in jedem Punkt $x \in \mathbf{R}^\times$

$$f^{(m)}(x) = \begin{cases} x^{-2m} p_m(x)\,\mathrm{e}^{-1/x} & \text{falls} \quad x > 0, \\[2ex] 0 & \text{falls} \quad x < 0. \end{cases} \tag{1.37}$$

Dabei bezeichnet $p_m(X) \in \mathbf{R}[X]$ ein Polynom vom Grade $\leqslant m$. Man entnimmt aus (1.37), daß

$$f^{(m)}(0+) = \lim_{x\to 0+} f^{(m)}(x) = \lim_{y\to+\infty} y^{2m} p_m\left(\frac{1}{y}\right) \mathrm{e}^{-y} = 0 = f^{(m)}(0-) \tag{1.38}$$

für jedes $m \geqslant 1$ gilt. Also ist f eine beliebig oft differenzierbare Funktion auf $\mathbf{R}$. Setzt man für jedes $\varrho > 0$

$$g_\varrho : \mathbf{R} \ni t \longrightarrow \begin{cases} \exp\left(-\dfrac{\varrho^2}{1-(\varrho t)^2}\right) & \text{falls} \quad |t| < \dfrac{1}{\varrho}, \\[2ex] 0 & \text{falls} \quad |t| \geqslant \dfrac{1}{\varrho}, \end{cases} \tag{1.39}$$

so gilt

$$g_\varrho : \mathbf{R} \ni t \longrightarrow f\left(\frac{2}{\varrho}\left(\frac{1}{\varrho}+t\right)\right) f\left(\frac{2}{\varrho}\left(\frac{1}{\varrho}-t\right)\right). \tag{1.40}$$

Demnach ist $(g_\varrho)_{\varrho>0}$ eine Familie beliebig oft differenzierbarer Funktionen auf $\mathbf{R}$. Wegen $h_\varrho : \mathbf{R}^n \ni x \longrightarrow g_\varrho(|x|)$ folgt $k_\varrho \in \mathscr{D}(\mathbf{R}^n)$ für jedes $\varrho \in \mathbf{R}_+^\times$.

Satz 1.8 *Falls $f \in L^1(\mathbf{R}^n)$ die Bedingung $\mathscr{F}_{\mathbf{R}^n} f \in L^1(\mathbf{R}^n)$ erfüllt, gilt für $\mathrm{d}x$-fast alle Punkte $x \in \mathbf{R}^n$*

$$\overline{\mathscr{F}}_{\mathbf{R}^n} \circ \mathscr{F}_{\mathbf{R}^n} f(x) = f(x), \qquad \mathscr{F}_{\mathbf{R}^n} \circ \overline{\mathscr{F}}_{\mathbf{R}^n} f(x) = f(x) \tag{1.41}$$

(Fouriersche Inversionsformel).

Beweis. Beachtet man, daß w_t für jedes $t \in \mathbf{R}_+^\times$ eine gerade Funktion auf dem $\mathbf{R}^n$ ist und daß die Beziehung (vgl. (1.9))

$$\mathscr{F}_{\mathbf{R}^n}\left(e^{i(x|\cdot)} g_n(\sqrt{2t} \cdot)\right) = \tau(x)\, w_t \qquad (t \in \mathbf{R}_+^\times) \tag{1.42}$$

für jeden Punkt $x \in \mathbf{R}^n$ gilt, so folgt für jede die Voraussetzungen erfüllende Funktion $f \in L^1(\mathbf{R}^n)$ gemäß Satz 1.2

$$(w_t * f)(x) = \frac{1}{(2\pi)^{n/2}} \int\limits_{\mathbf{R}^n} w_t(x - y) f(y)\,\mathrm{d}y = \frac{1}{(2\pi)^{n/2}} \int\limits_{\mathbf{R}^n} \tau(x)\, w_t(y) f(y)\,\mathrm{d}y$$

$$= \frac{1}{(2\pi)^{n/2}} \int\limits_{\mathbf{R}^n} \mathscr{F}_{\mathbf{R}^n} f(\xi)\, e^{i(x|\xi)} g_n(\sqrt{2t} \cdot \xi)\,\mathrm{d}\xi. \tag{1.43}$$

Wegen Satz 1.7 kann eine Nullfolge $(t_m)_{m \geqslant 1}$ in $\mathbf{R}_+^\times$ so gewählt werden, daß $\lim\limits_{m \to +\infty} w_{t_m} * f(x) = f(x)$ für $\mathrm{d}x$-fast alle Punkte $x \in \mathbf{R}^n$ gilt. Anwendung des Satzes von Lebesgue über die majorisierte Konvergenz auf (1.43) liefert dann wegen $\lim\limits_{m \to +\infty} g_n(\sqrt{2t_m}\, \xi) = 1$ für alle $\xi \in \mathbf{R}^n$ die erste der Inversionsformeln (1.41) für $\mathrm{d}x$-fast alle Punkte $x \in \mathbf{R}^n$. Entsprechend beweist man die zweite Formel (1.41). ∎

Bezüglich der Inversionsformel (1.41) ist darauf hinzuweisen, daß $\overline{\mathscr{F}}_{\mathbf{R}^n} \circ \mathscr{F}_{\mathbf{R}^n} f$ und $\mathscr{F}_{\mathbf{R}^n} \circ \overline{\mathscr{F}}_{\mathbf{R}^n} f$ stetige komplexwertige Funktionen auf dem $\mathbf{R}^n$ sind. Demnach kann f, evtl. nach Modifizierung auf einer Lebesgue-Nullmenge des $\mathbf{R}^n$, zu einer stetigen Funktion auf dem $\mathbf{R}^n$ ergänzt werden.

Satz 1.9 *Die Fourier-Transformation (1.6) ist eine injektive lineare Abbildung.*

Beweis. Aus $f \in L^1(\mathbf{R}^n)$ mit $\mathscr{F}_{\mathbf{R}^n} f = 0$ folgt $f = 0$ nach Satz 1.8. ∎

Satz 1.10 *Sei $f : \mathbf{R}^n \to \mathbf{C}$ eine stetige Funktion mit $f \in L^1(\mathbf{R}^n)$ und $\mathscr{F}_{\mathbf{R}^n} f \in L^1(\mathbf{R}^n)$. Dann gilt für jedes Maß $\mu \in \mathscr{M}^1(\mathbf{R}^n)$ die Gleichung*

$$\int\limits_{\mathbf{R}^n} f(x)\,\mathrm{d}\mu(x) = \frac{1}{(2\pi)^{n/2}} \int\limits_{\mathbf{R}^n} \mathscr{F}_{\mathbf{R}^n} f(\xi)\, \overline{\mathscr{F}}_{\mathbf{R}^n}\, \mu(\xi)\,\mathrm{d}\xi \tag{1.44}$$

(Parseval-Identität).

Beweis. Erfüllt $f \in L^1(\mathbf{R}^n)$ die genannten Voraussetzungen, so erhält man für alle Punkte $x \in \mathbf{R}^n$ gemäß Satz 1.8

$$f(x) = \frac{1}{(2\pi)^{n/2}} \int_{\mathbf{R}^n} \mathscr{F}_{\mathbf{R}^n} f(\xi)\, e^{i(x|\xi)}\, d\xi. \tag{1.45}$$

Nach dem Satz von Lebesgue-Fubini folgt

$$\int_{\mathbf{R}^n} f(x)\, d\mu(x) = \frac{1}{(2\pi)^{n/2}} \int_{\mathbf{R}^n} \int_{\mathbf{R}^n} \mathscr{F}_{\mathbf{R}^n} f(\xi)\, e^{i(x|\xi)}\, d\xi\, d\mu(x)$$

$$\tag{1.46}$$

$$= \frac{1}{(2\pi)^{n/2}} \int_{\mathbf{R}^n} \mathscr{F}_{\mathbf{R}^n} f(\xi)\, \overline{\mathscr{F}}_{\mathbf{R}^n} \mu(\xi)\, d\xi,$$

wie behauptet. ∎

Aufgaben

1.1 Beweise (1.29).

1.2 (a) Für $\varrho \in \mathbf{R}_+^\times$ sei

$$f_\varrho : \mathbf{R} \ni x \longmapsto \begin{cases} 1 - |x|/\varrho & \text{falls } |x| \leqslant \varrho, \\ 0 & \text{falls } |x| > \varrho. \end{cases}$$

Berechne die Fourier-Transformierte $\mathscr{F}_{\mathbf{R}} f_\varrho = F_\varrho$.

(b) Zeige, daß $(F_\varrho)_{\varrho \in \mathbf{R}_+^\times}$ eine approximative Einheit auf $\mathbf{R}$ bildet.

(c) Beweise, daß die Funktionen $f \in L^1(\mathbf{R})$, deren Fourier-Transformierte $\mathscr{F}_{\mathbf{R}} f$ kompakten Träger besitzen, einen überall dichten Untervektorraum von $L^1(\mathbf{R})$ bilden.

(d) Verallgemeinere (b) und (c) auf den Raum $\mathbf{R}^n (n \geqslant 1)$ (vgl. Beispiel I.7.1 (2)).

1.3 Es existiert ein $f \in L^1(\mathbf{R})$ mit $\mathscr{F}_{\mathbf{R}} f(\xi) > 0$ für $\xi \in \mathbf{R}_+^\times$ und $\mathscr{F}_{\mathbf{R}} f(\xi) = 0$ für $\xi \leqslant 0$. (Betrachte die Funktion

$$g : \xi \longmapsto \begin{cases} \xi e^{-\xi} & \text{für } \xi > 0, \\ 0 & \text{für } \xi \leqslant 0, \end{cases}$$

und berechne $\overline{\mathscr{F}}_{\mathbf{R}} g$).

1.4 Berechne $\mathscr{F}_{\mathbf{R}} f$ für die Funktion $f : x \longmapsto e^{e^{-x}} e^x$. (Benutze die Integraldarstellung der Gamma-Funktion Γ).

1.5 Für $\alpha > 0$ sei $f : \mathbf{R}^n \ni x \longmapsto e^{-\alpha|x|}$. Zeige, daß

$$\mathscr{F}_{\mathbf{R}^n} f(\xi) = \sqrt{\frac{2^n}{\pi}}\, \Gamma\left(\frac{n+1}{2}\right) \frac{\alpha}{(\alpha^2 + |\xi|^2)^{(n+1)/2}}$$

für alle $\xi \in \mathbf{R}^n$ gilt. (Benutze die für jedes $\beta > 0$ gültige Identität

$$e^{-\beta} = \frac{1}{\sqrt{\pi}} \int\limits_0^\infty \frac{e^{-u}}{\sqrt{u}} e^{-\beta^2/4u}\, du$$

und wende (1.33) an).

1.6 Für die Funktion $f: \mathbf{R}^n \to \mathbf{C}$ gelte $f \in L^1(\mathbf{R}^n)$. Es existiere eine natürliche Zahl $m \geqslant 1$ so, daß die Funktion $\mathbf{R}^n \ni x \longmapsto |x|^m f(x) \in \mathbf{C}$ zu $L^1(\mathbf{R}^n)$ gehört. Dann besitzt $\mathscr{F}_{\mathbf{R}^n} f$ stetige partielle Ableitungen der Ordnung $\leqslant m$ nach allen n Variablen.

1.7 Sei $k \in L^1(\mathbf{R})$ eine Funktion, welche die Bedingungen $k \geqslant 0$, $\|k\|_1 = 1$ und $\mathscr{F}_{\mathbf{R}} k \in L^1(\mathbf{R})$ erfüllt. Zeige, daß für jedes $f \in L^1(\mathbf{R})$ die Funktionen

$$\mathbf{R} \ni x \longmapsto \frac{1}{\sqrt{2\pi}} \int\limits_{\mathbf{R}} e^{\mathrm{i}x\xi}\, \mathscr{F}_{\mathbf{R}} k\!\left(\frac{\xi}{\varrho}\right) \mathscr{F}_{\mathbf{R}} f(\xi)\, d\xi \in \mathbf{C} \qquad (\varrho \in \mathbf{R}_+^\times)$$

dem Raum $L^1(\mathbf{R})$ angehören und für $\varrho \to +\infty$ im Raum $L^1(\mathbf{R})$ gegen f konvergieren.

2 Rasch abklingende Funktionen

Die Tatsache, daß eine Charakterisierung des Bildraumes $A(\mathbf{R}^n) = \mathscr{F}_{\mathbf{R}^n} L^1(\mathbf{R}^n)$ auf große Schwierigkeiten stößt, und der Wunsch, daß die Fourier-Transformation auch für Elemente des komplexen Hilbert-Raumes $L^2(\mathbf{R}^n)$ zur Verfügung stehen möge, legen es nahe, wie in I.8 zunächst einen (im mengentheoretischen wie topologischen Sinne) „kleinen" Funktionenraum zu betrachten und von dort die Fourier-Transformation auszudehnen. In diesem Grundraum werden folgende Bezeichnungen benutzt: Für $1 \leqslant j \leqslant n$ bewirke der Operator $M_j(\,\cdot\,) = x_j \cdot (\,\cdot\,)$ die Multiplikation mit der j-ten Koordinatenfunktion x_j des Raumes $\mathbf{R}^n$ $(n \geqslant 1)$; für jeden Multiindex $m = (m_j)_{1 \leqslant j \leqslant n} \in \mathbf{N}^n$ der Länge $|m| = \sum\limits_{1 \leqslant j \leqslant n} m_j$ sei $x^m = \prod\limits_{1 \leqslant j \leqslant n} x_j^{m_j}$ $(x \in \mathbf{R}^n)$ und es werde

$$M^m = M_1^{m_1} \cdots M_n^{m_n}, \qquad D^m = \left(\frac{1}{\mathrm{i}} \frac{\partial}{\partial x_1}\right)^{m_1} \cdots \left(\frac{1}{\mathrm{i}} \frac{\partial}{\partial x_n}\right)^{m_n} \tag{2.1}$$

(vgl. (I.5.1)) gesetzt.

Definition 2.1 Die Elemente des komplexen Vektorraumes $\mathscr{S}(\mathbf{R}^n)$ aller beliebig oft differenzierbaren Funktionen $f: \mathbf{R}^n \to \mathbf{C}$, welche die „Abklingbedingungen"

$$q_{N,m}(f) = \sup_{x \in \mathbf{R}^n} (1 + |x|^2)^N |D^m f(x)| < +\infty \qquad (N \in \mathbf{N},\ m \in \mathbf{N}^n) \tag{2.2}$$

erfüllen, werden „rasch abklingende Funktionen" auf dem $\mathbf{R}^n$ genannt (vgl. (I.8.4)).

Im folgenden soll $\mathscr{S}(\mathbf{R}^n)$ stets mit der vom Prä-Normenspektrum $\{q_{N,m} \mid N \in \mathbf{N},\ m \in \mathbf{N}^n\}$ definierten (lokalkonvexen) Topologie versehen werden. $\mathscr{S}(\mathbf{R}^n)$ ist dann ein komplexer Fréchet-Raum, der als über dem $\mathbf{R}^n$ modellierter *Schwartz-Bruhat-Raum* bezeichnet wird. Unter der punktweisen Multiplikation ist $\mathscr{S}(\mathbf{R}^n)$ eine lokalkonvexe topologische Algebra über $\mathbf{C}$.

Notiz. Die Topologie von $\mathscr{S}(\mathbf{R}^n)$ kann auch durch die Familie von Prä-Normen

$$f \longmapsto \sup_{x \in \mathbf{R}^n} |P(x)Q(D)f(x)| \tag{2.3}$$

definiert werden, wobei $P(X) \in \mathbf{C}[X]$, $Q(X) \in \mathbf{C}[X]$ beliebige Polynome in den Unbestimmten $X = (X_j)_{1 < j < n}$ bezeichnen.

Notiz. Offenbar ist $\mathscr{D}(\mathbf{R}^n)$ ein Untervektorraum von $\mathscr{S}(\mathbf{R}^n)$. Die Gauss-Funktion g_n (vgl. Beispiel 1.1(2)) gehört zum Raum $\mathscr{S}(\mathbf{R}^n)$ wegen $D^m g_n \colon \mathbf{R}^n \ni x \longmapsto i^{|m|} x^m g_n(x)$ und $\lim_{|x| \to +\infty} x^m g_n(x) = 0$ für jeden Multiindex $m \in \mathbf{N}^n$. Aber $g_n \notin \mathscr{D}(\mathbf{R}^n)$.

Satz 2.1 *Der komplexe Vektorraum $\mathscr{S}(\mathbf{R}^n)$ ist ein überall dicht liegender Untervektorraum der Lebesgue-Räume $L^p(\mathbf{R}^n)$, $p \in [\![1, +\infty[\![$, und des Banach-Raumes $\mathscr{C}_0(\mathbf{R}^n)$. Die kanonischen Injektionen*

$$\mathscr{S}(\mathbf{R}^n) \hookrightarrow L^p(\mathbf{R}^n), \qquad p \in [\![1, +\infty[\![, \qquad \mathscr{S}(\mathbf{R}^n) \hookrightarrow \mathscr{C}_0(\mathbf{R}^n) \tag{2.4}$$

sind stetige lineare Abbildungen.

Beweis. Der Vektorraum $\mathscr{K}(\mathbf{R}^n)$ aller stetigen komplexwertigen Funktionen auf $\mathbf{R}^n$ mit kompaktem Träger liegt überall dicht sowohl in $L^p(\mathbf{R}^n)$, $p \in [\![1, +\infty[\![$, als auch in $\mathscr{C}_0(\mathbf{R}^n)$. Sei $\varphi \in \mathscr{K}(\mathbf{R}^n)$ beliebig gewählt. Mit den in Beispiel 1.2(3) konstruierten Funktionen $(k_\varrho)_{\varrho \in \mathbf{R}^\ddagger}$ gilt für die „*Regularisierungen*" $k_\varrho * \varphi \in \mathscr{D}(\mathbf{R}^n)$, $\varrho \in \mathbf{R}_+^\times$, wegen

$$\begin{aligned} \mathrm{Supp}(\varphi * k_\varrho) &\subseteq \mathrm{Supp}\,\varphi + \overline{B}_{n,1/\varrho}, \\ D^m(\varphi * k_\varrho) &= \varphi * D^m k_\varrho \quad (m \in \mathbf{N}^n). \end{aligned} \qquad (\varrho \in \mathbf{R}_+^\times) \tag{2.5}$$

Aus Satz 1.7 folgen die Dichtheit von $\mathscr{D}(\mathbf{R}^n)$ in $L^p(\mathbf{R}^n)$, $p \in [\![1, +\infty[\![$, und in $\mathscr{C}_0(\mathbf{R}^n)$ und damit die ersten Behauptungen. Ist $N \in \mathbf{N}$ so gewählt, daß $Np > \frac{1}{2}n$ erfüllt ist, so erhält man für jedes $f \in \mathscr{S}(\mathbf{R}^n)$ aus der für alle Punkte $x \in \mathbf{R}^n$ gültigen Ungleichung

$$|f(x)| \leqslant q_{N,0}(f)(1 + |x|^2)^{-N} \tag{2.6}$$

die Abschätzung der L^p-Norm (1.1)

$$\|f\|_p \leqslant q_{N,0}(f) \cdot \left(\frac{1}{(2\pi)^{n/2}} \int_{\mathbf{R}^n} (1 + |x|^2)^{-Np}\, dx \right)^{1/p}. \tag{2.7}$$

Also ist die kanonische Injektion $\mathscr{S}(\mathbf{R}^n) \hookrightarrow L^p(\mathbf{R}^n)$ für jeden Exponenten $p \in [\![1, +\infty[\![$ stetig (vgl. Aufgabe I.8.4). Die Stetigkeit der kanonischen Injektion $\mathscr{S}(\mathbf{R}^n) \hookrightarrow \mathscr{C}_0(\mathbf{R}^n)$ liegt auf der Hand. ∎

Satz 2.2 (L. Schwartz) *Die Fourier-Transformation*

$$\mathscr{F}_{\mathbf{R}^n} : \mathscr{S}(\mathbf{R}^n) \to \mathscr{S}(\mathbf{R}^n) \tag{2.8}$$

und die Fourier-Kotransformation

$$\overline{\mathscr{F}}_{\mathbf{R}^n} : \mathscr{S}(\mathbf{R}^n) \to \mathscr{S}(\mathbf{R}^n) \tag{2.9}$$

sind zueinander inverse, stetige Automorphismen der lokalkonvexen Faltungsalgebra $\mathscr{S}(\mathbf{R}^n)$ *über* $\mathbf{C}$. *Für jede Funktion* $f \in \mathscr{S}(\mathbf{R}^n)$ *und jeden Multiindex* $m \in \mathbf{N}^n$ *gelten die Regeln*

$$\mathscr{F}_{\mathbf{R}^n}(D^m f) : \mathbf{R}^n \ni \xi \rightsquigarrow (M^m \circ \mathscr{F}_{\mathbf{R}^n} f)(\xi) \in \mathbf{C}, \tag{2.10}$$

$$(D^m \circ \mathscr{F}_{\mathbf{R}^n} f) : \mathbf{R}^n \ni \xi \rightsquigarrow (-1)^{|m|} \, \mathscr{F}_{\mathbf{R}^n}(M^m f)(\xi) \in \mathbf{C}. \tag{2.11}$$

Beweis. Beachtet man, daß $\lim\limits_{|x_j| \to \infty} f(x) = 0$ gilt für jede Funktion $f \in \mathscr{S}(\mathbf{R}^n)$ und für $1 \leqslant j \leqslant n$, so erhält man durch partielle Integration die Identität

$$\mathscr{F}_{\mathbf{R}^n}\left(\frac{1}{i}\frac{\partial f}{\partial x_j}\right)(\xi) = -\frac{1}{i}(-i\,\xi_j)\frac{1}{(2\pi)^{n/2}} \int\limits_{\mathbf{R}^n} f(x)e^{-i(x|\xi)}\, dx$$

$$= \xi_j \cdot \mathscr{F}_{\mathbf{R}^n} f(\xi) = (M_j \circ \mathscr{F}_{\mathbf{R}^n} f)(\xi) \tag{2.12}$$

für jeden Punkt $\xi \in \mathbf{R}^n$. Aus (2.12) folgt (2.10) für jedes $m \in \mathbf{N}^n$. Weil $M_j f \in L^1(\mathbf{R}^n)$ für jede Funktion $f \in \mathscr{S}(\mathbf{R}^n)$ und für $1 \leqslant j \leqslant n$ gilt, kann $\mathscr{F}_{\mathbf{R}^n} f$ unter dem Integral differenziert werden. Man erhält

$$\frac{1}{i}\frac{\partial}{\partial \xi_j} \mathscr{F}_{\mathbf{R}^n} f(\xi) = -\frac{1}{(2\pi)^{n/2}} \int\limits_{\mathbf{R}^n} x_j f(x)\, e^{-i(x|\xi)}\, dx$$

$$= -\mathscr{F}_{\mathbf{R}^n}(M_j f)(\xi) \tag{2.13}$$

und daraus (2.11).

Als nächstes wird die Inklusion

$$\mathscr{F}_{\mathbf{R}^n} \mathscr{S}(\mathbf{R}^n) \subseteqq \mathscr{S}(\mathbf{R}^n). \tag{2.14}$$

bewiesen. Seien $f \in \mathscr{S}(\mathbf{R}^n)$ und $m \in \mathbf{N}^n$ beliebig gewählt. Setzt man $g = (-1)^{|m|} M^m f$, so ist auch $g \in \mathscr{S}(\mathbf{R}^n)$ und es gilt $\mathscr{F}_{\mathbf{R}^n} g = D^m(\mathscr{F}_{\mathbf{R}^n} f)$ gemäß (2.11). Für jeden Multiindex $l \in \mathbf{N}^n$ folgt $M^l \circ D^m(\mathscr{F}_{\mathbf{R}^n} f) = \mathscr{F}_{\mathbf{R}^n}(D^l g)$ gemäß (2.10). Aus $D^l g \in \mathscr{S}(\mathbf{R}^n)$ folgt $D^l g \in L^1(\mathbf{R}^n)$ und somit $\| \mathscr{F}_{\mathbf{R}^n} \circ D^l g \|_\infty < +\infty$. Also gehört die Funktion $\mathscr{F}_{\mathbf{R}^n} f$ zum Raum $\mathscr{S}(\mathbf{R}^n)$. Dies trifft dann auch für $(\mathscr{F}_{\mathbf{R}^n} f)^\vee$ zu, so daß mit (2.14) zugleich die Inklusion

$$\overline{\mathscr{F}}_{\mathbf{R}^n} \mathscr{S}(\mathbf{R}^n) \subseteqq \mathscr{S}(\mathbf{R}^n) \tag{2.15}$$

bewiesen ist. Aus der für alle Multiindizes $l \in \mathbf{N}^n$, $m \in \mathbf{N}^n$ und alle Funktionen $f \in \mathscr{S}(\mathbf{R}^n)$ gültigen Ungleichung

$$\| D^l \circ M^m (\mathscr{F}_{\mathbf{R}^n} f) \|_\infty \leqslant q_{N,m}(f) \frac{1}{(2\pi)^{n/2}} \int\limits_{\mathbf{R}^n} (1 + |x|^2)^{-n} \, dx \qquad (N > |l| + n) \tag{2.16}$$

ersieht man die Stetigkeit der Fourier-Transformation $\mathscr{F}_{\mathbf{R}^n}$. Kombiniert man diese Tatsache mit der Stetigkeit der linearen Abbildung $\mathscr{S}(\mathbf{R}^n) \ni f \longmapsto \check{f} \in \mathscr{S}(\mathbf{R}^n)$, so folgt auch die Stetigkeit der Fourier-Kotransformation $\overline{\mathscr{F}}_{\mathbf{R}^n}$. Nach Satz 1.8 gilt für jede Funktion $f \in \mathscr{S}(\mathbf{R}^n)$:

$$\overline{\mathscr{F}}_{\mathbf{R}^n} \circ \mathscr{F}_{\mathbf{R}^n} f = f, \qquad \mathscr{F}_{\mathbf{R}^n} \circ \overline{\mathscr{F}}_{\mathbf{R}^n} f = f \tag{2.17}$$

Also sind $\mathscr{F}_{\mathbf{R}^n}$, $\overline{\mathscr{F}}_{\mathbf{R}^n}$ zueinander inverse, stetige Automorphismen des Schwartz-Bruhat-Raumes $\mathscr{S}(\mathbf{R}^n)$. Gemäß Satz 1.3 sind es sogar Automorphismen der lokalkonvexen Faltungsalgebra $\mathscr{S}(\mathbf{R}^n)$. ∎

Notiz. Die Fourier-Transformation weist also die bemerkenswerte Eigenschaft auf, daß sie die Operationen der Differentiation und Koordinatenmultiplikation miteinander vertauscht. Bezeichnen $P(X) \in \mathbf{C}[X]$, $Q(X) \in \mathbf{C}[X]$ beliebige Polynome in den Unbestimmten $X = (X_j)_{1 \leqslant j \leqslant n}$ und $P(D)$ bzw. $Q(D)$ die zugehörenden Differentialpolynome, so folgen aus (2.10) und (2.11) die Gleichungen

$$\mathscr{F}_{\mathbf{R}^n}(P(D)f) = P \cdot \mathscr{F}_{\mathbf{R}^n} f, \qquad Q(D)(\mathscr{F}_{\mathbf{R}^n} f) = \mathscr{F}_{\mathbf{R}^n}(\check{Q} \cdot f)$$

für alle Funktionen $f \in \mathscr{S}(\mathbf{R}^n)$; sie drücken eine Dualität zwischen lokalen und globalen Eigenschaften aus.

Wir fügen zwei Folgerungen aus Satz 2.2 an. Die erste umfaßt ein bereits in Satz 1.9 bewiesenes Ergebnis.

Satz 2.3 *Die Fourier-Stieltjes-Transformationen* (1.26), (1.27) *sind injektive lineare Abbildungen.*

Beweis. Sei $\mu \in \mathscr{M}^1(\mathbf{R}^n)$ und $\mathscr{F}_{\mathbf{R}^n} \mu = 0$. Nach Satz 2.2 ist Satz 1.10 auf jede Funktion $f \in \mathscr{S}(\mathbf{R}^n)$ anwendbar. Wegen $\overline{\mathscr{F}}_{\mathbf{R}^n} \mu = 0$ folgt aus der Parseval-Identität (1.44) die Gleichung

$$\int\limits_{\mathbf{R}^n} f(x) \, d\mu(x) = 0 \tag{2.19}$$

für jede Funktion $f \in \mathscr{S}(\mathbf{R}^n)$. Nach Satz 2.1 liegt aber $\mathscr{S}(\mathbf{R}^n)$ im komplexen Banach-Raum $\mathscr{C}_0(\mathbf{R}^n)$ überall dicht. Also muß notwendig $\mu = 0$ gelten. Entsprechend folgt aus $\overline{\mathscr{F}}_{\mathbf{R}^n} \mu = 0$ stets $\mu = 0$. ∎

Satz 2.4 *Für jedes Paar* $(f, g) \in \mathscr{S}(\mathbf{R}^n) \times \mathscr{S}(\mathbf{R}^n)$ *gilt die Gleichung*

$$\int\limits_{\mathbf{R}^n} f(x) \bar{g}(x) \, dx = \int\limits_{\mathbf{R}^n} \mathscr{F}_{\mathbf{R}^n} f(\xi) \cdot \overline{\mathscr{F}_{\mathbf{R}^n} g(\xi)} \, d\xi \tag{2.20}$$

(Parseval-Identität) *und insbesondere*

$$\int_{\mathbf{R}^n} |f(x)|^2 \, dx = \int_{\mathbf{R}^n} |\mathscr{F}_{\mathbf{R}^n} f(\xi)|^2 \, d\xi \tag{2.21}$$

(Plancherel-Identität).

Beweis. Sei $\mu = \dfrac{1}{(2\,\pi)^{n/2}}\,\bar{g}(x)\,dx$. Dann gilt $\mu \in \mathscr{M}^1(\mathbf{R}^n)$ und (1.44) zieht die Identitäten

$$\frac{1}{(2\pi)^{n/2}} \int_{\mathbf{R}^n} f(x)\,\bar{g}(x)\,dx = \frac{1}{(2\pi)^{n/2}} \int_{\mathbf{R}^n} \mathscr{F}_{\mathbf{R}^n} f(\xi)\,\overline{\mathscr{F}}_{\mathbf{R}^n}\,\bar{g}(\xi)\,d\xi$$

$$= \frac{1}{(2\pi)^{n/2}} \int_{\mathbf{R}^n} \mathscr{F}_{\mathbf{R}^n} f(\xi)\,\overline{\mathscr{F}_{\mathbf{R}^n} g}(\xi)\,d\xi \tag{2.22}$$

nach sich. Aus (2.22) folgen (2.20) und (2.21). ∎

Versieht man den komplexen Vektorraum $\mathscr{S}(\mathbf{R}^n)$ mit dem vom Hilbert-Raum $L^2(\mathbf{R}^n)$ induzierten Skalarprodukt $(\,\cdot\mid\cdot\,)$ und der zugehörenden Norm $\|\cdot\|_2$, so ist $\mathscr{S}(\mathbf{R}^n)$ ein komplexer Prähilbert-Raum. Nach Satz 2.4 gelten für jedes Paar $(f,\,g) \in \mathscr{S}(\mathbf{R}^n) \times \mathscr{S}(\mathbf{R}^n)$ die Identitäten

$$(f \mid g) = (\mathscr{F}_{\mathbf{R}^n} f \mid \mathscr{F}_{\mathbf{R}^n}\, g), \tag{2.23}$$

(vgl. (I.3.22)) und

$$\|f\|_2 = \|\mathscr{F}_{\mathbf{R}^n} f\|_2, \tag{2.24}$$

(vgl. (I.3.23)). Demnach ist die Restriktion $\mathscr{F}_{\mathbf{R}^n} \mid \mathscr{S}(\mathbf{R}^n)$ ein unitärer Operator des komplexen Prähilbert-Raumes $\mathscr{S}(\mathbf{R}^n)$. Entsprechendes gilt für die Restriktion $\overline{\mathscr{F}}_{\mathbf{R}^n} \mid \mathscr{S}(\mathbf{R}^n)$. Folglich existieren eindeutig bestimmte, zueinander inverse, unitäre Fortsetzungen $\mathfrak{F}_{\mathbf{R}^n}, \overline{\mathfrak{F}}_{\mathbf{R}^n}$ dieser Restriktionen auf den komplexen Hilbert-Raum $L^2(\mathbf{R}^n)$.

Definition 2.2 Die unitären Operatoren

$$\mathfrak{F}_{\mathbf{R}^n} : L^2(\mathbf{R}^n) \to L^2(\mathbf{R}^n), \qquad \overline{\mathfrak{F}}_{\mathbf{R}^n} : L^2(\mathbf{R}^n) \to L^2(\mathbf{R}^n) \tag{2.25}$$

werden Fourier-Plancherel-Transformation bzw. Fourier-Plancherel-Kotransformation genannt.

Satz 2.5 *Es gelten die Verträglichkeitsbeziehungen*

$$\mathfrak{F}_{\mathbf{R}^n} \mid L^1(\mathbf{R}^n) \cap L^2(\mathbf{R}^n) = \mathscr{F}_{\mathbf{R}^n} \mid L^1(\mathbf{R}^n) \cap L^2(\mathbf{R}^n),$$

$$\overline{\mathfrak{F}}_{\mathbf{R}^n} \mid L^1(\mathbf{R}^n) \cap L^2(\mathbf{R}^n) = \overline{\mathscr{F}}_{\mathbf{R}^n} \mid L^1(\mathbf{R}^n) \cap L^2(\mathbf{R}^n). \tag{2.26}$$

Führt man für jedes $f \in L^2(\mathbf{R}^n)$ und $m \in \mathbf{N}$ die Funktionen

$$f_m: \mathbf{R}^n \ni \xi \longrightarrow \frac{1}{(2\pi)^{n/2}} \int\limits_{|x| \leqslant m} f(x)\,e^{-i(\xi|x)}\,dx \in \mathbf{C},$$

$$\tilde{f}_m: \mathbf{R}^n \ni x \longrightarrow \frac{1}{(2\pi)^{n/2}} \int\limits_{|\xi| \leqslant m} f(\xi)\,e^{i(x|\xi)}\,d\xi \in \mathbf{C} \tag{2.27}$$

ein, so bestehen die Beziehungen

$$\lim_{m \to +\infty} \|\mathfrak{F}_{\mathbf{R}^n} f - f_m\|_2 = 0, \qquad \lim_{m \to +\infty} \|\bar{\mathfrak{F}}_{\mathbf{R}^n} f - \tilde{f}_m\|_2 = 0. \tag{2.28}$$

Beweis. Zu jedem $f \in L^1(\mathbf{R}^n) \cap L^2(\mathbf{R}^n)$ kann eine Folge $(\varphi_m)_{m \in \mathbf{N}}$ von Elementen aus $\mathscr{S}(\mathbf{R}^n)$ gewählt werden mit der Eigenschaft (Aufgabe 2.1)

$$\lim_{m \to +\infty} \|f - \varphi_m\|_1 = \lim_{m \to +\infty} \|f - \varphi_m\|_2 = 0. \tag{2.29}$$

Also konvergiert die Folge $(\mathscr{F}_{\mathbf{R}^n} \varphi_m)_{m \in \mathbf{N}}$ gleichmäßig auf $\mathbf{R}^n$ gegen $\mathscr{F}_{\mathbf{R}^n} f$ und es kann wegen (2.24) eine Teilfolge $(\varphi_{m_k})_{k \in \mathbf{N}}$ ausgewählt werden, so daß $(\mathfrak{F}_{\mathbf{R}^n} \varphi_{m_k})_{k \in \mathbf{N}}$ punktweise dx-fast überall auf dem $\mathbf{R}^n$ gegen $\mathfrak{F}_{\mathbf{R}^n} f$ konvergiert. Wegen $\mathscr{F}_{\mathbf{R}^n} \varphi_m = \mathfrak{F}_{\mathbf{R}^n} \varphi_m$ für $m \in \mathbf{N}$ gilt somit

$$\mathscr{F}_{\mathbf{R}^n} f(\xi) = \mathfrak{F}_{\mathbf{R}^n} f(\xi) \tag{2.30}$$

für $d\xi$-fast alle $\xi \in \mathbf{R}^n$. Mit Hilfe einer analogen Überlegung für die Kotransformationen folgt (2.26).

Für jedes $f \in L^2(\mathbf{R}^n)$ und jedes $m \in \mathbf{N}$ sei $\varphi_m = 1_{\bar{B}_{n,m}} \cdot f$, wobei $1_{\bar{B}_{n,m}}$ die Indikatorfunktion der abgeschlossenen Kugel $\bar{B}_{n,m} = \{x \in \mathbf{R}^n \,\big|\, |x| \leqslant m\}$ mit Mittelpunkt im Ursprung und Radius m bezeichnet. Dann ist $(\varphi_m)_{m \in \mathbf{N}}$ eine Folge von Elementen aus $L^1(\mathbf{R}^n) \cap L^2(\mathbf{R}^n)$ mit $\mathfrak{F}_{\mathbf{R}^n} \varphi_m = f_m$ für $m \in \mathbf{N}$ und

$$\lim_{m \to +\infty} \|f - \varphi_m\|_2 = 0. \tag{2.31}$$

Es folgt gemäß (2.26) und (2.24)

$$\lim_{m \to +\infty} \|\mathfrak{F}_{\mathbf{R}^n} f - f_m\|_2 = \lim_{m \to +\infty} \|\mathfrak{F}_{\mathbf{R}^n} f - \mathfrak{F}_{\mathbf{R}^n} \varphi_m\|_2 = 0. \tag{2.32}$$

Ähnliche Schlüsse für die Fourier-Plancherel-Kotransformation liefern (2.28). ∎

Beispiele 2.1 (1) Mit Hilfe der Fourier-Plancherel-Transformation $\mathfrak{F}_{\mathbf{R}}$ läßt sich eine Integraldarstellung für die Elemente des komplexen Vektorraumes $\mathfrak{H}^2$ aller in der offenen oberen Halbebene $\{z \in \mathbf{C} \,\big|\, z = x + iy,\, y > 0\}$ holomorphen Funktionen F gewinnen, welche der Bedingung

$$\sup_{y > 0} \int_{\mathbf{R}} |F(x + iy)|^2\,dx < +\infty \tag{2.33}$$

genügen (vgl. Aufgabe I.7.5(b)). Zunächst besitzt jede Funktion $F \in \mathfrak{H}^2$ die Cauchy-Integraldarstellung

$$F(z) = \frac{1}{2\pi i} \int_{\mathbf{R}} \frac{f(t)}{t - z}\, \mathrm{d}t \quad (\operatorname{Im} z > 0) \tag{2.34}$$

mit der Randfunktion $f \in L^2(\mathbf{R})$. Betrachtet man nämlich die in der „geschlitzten" Zahlenebene $\mathbf{C}\text{–}\mathbf{R}$ holomorphe Funktion

$$G : z \longmapsto \frac{1}{2\pi i} \int_{\mathbf{R}} \frac{f(t)}{t - z}\, \mathrm{d}t\,, \tag{2.35}$$

(das Integral existiert auf Grund der Ungleichung von Cauchy-Schwarz-Bunjakowski), so gilt wegen $(t - z)^{-1} - (t - \bar{z})^{-1} = 2\mathrm{i}\, y /((x - t)^2 + y^2)$ die Beziehung

$$G(z) - G(\bar{z}) = \frac{1}{\pi} \int_{\mathbf{R}} \frac{y}{(x - t)^2 + y^2}\, f(t)\mathrm{d}t \tag{2.36}$$

und somit nach Aufgabe I.7.5(b)

$$G(\bar{z}) = G(z) - F(z)^{\cdot} \quad (\operatorname{Im} z > 0)\,. \tag{2.37}$$

Es folgt $\dfrac{\partial}{\partial \bar{z}}\, G(\bar{z}) = 0$ falls $\operatorname{Im} z > 0$, d.h. G ist in der offenen unteren Halbebene $\{z \in \mathbf{C} \mid \operatorname{Im} z < 0\}$ konstant. Der Grenzübergang $\operatorname{Im} z \to -\infty$ in (2.35) zeigt $G(z) = 0$ falls $\operatorname{Im} z < 0$. Aus (2.37) und (2.35) folgt dann (2.34). Wegen

$$\frac{1}{\sqrt{2\pi}\,\mathrm{i}} \cdot \frac{1}{t - z} = \frac{1}{\sqrt{2\pi}} \int_{\mathbf{R}_+} \mathrm{e}^{-\mathrm{i}t\xi}\, \mathrm{e}^{\mathrm{i}z\xi}\, \mathrm{d}\xi = \mathscr{F}_{\mathbf{R}}\, \psi_{z'}\,, \tag{2.38}$$

wobei die Funktion

$$\psi_z : \mathbf{R} \ni \xi \longmapsto \begin{cases} \mathrm{e}^{\mathrm{i}z\xi} & \text{falls } \xi \geqslant 0, \\ 0 & \text{falls } \xi < 0, \end{cases} \tag{2.39}$$

für $\operatorname{Im} z > 0$ dem Raum $\mathscr{S}(\mathbf{R})$ angehört, erhält man aus der Cauchy-Integraldarstellung (2.34) zusammen mit der Parseval-Identität und $g = \mathfrak{F}_{\mathbf{R}}\, f \in L^2(\mathbf{R})$ die Gleichungen

$$\begin{aligned} F(z) &= \frac{1}{\sqrt{2\pi}} \int_{\mathbf{R}} f(t) \cdot \mathscr{F}_{\mathbf{R}}\, \psi_z(t)\mathrm{d}t = \frac{1}{\sqrt{2\pi}} \int_{\mathbf{R}} \mathfrak{F}_{\mathbf{R}}\, f(\xi) \cdot \psi_z(\xi)\, \mathrm{d}\xi \\ &= \frac{1}{\sqrt{2\pi}} \int_{\mathbf{R}_+} \mathrm{e}^{\mathrm{i}z\xi}\, g(\xi)\, \mathrm{d}\xi. \end{aligned} \qquad (\operatorname{Im} z > 0) \tag{2.40}$$

Die Integraldarstellung (2.40) der Funktionen $F \in \mathfrak{H}^2$ ist der Inhalt eines Satzes vom *Paley-Wiener-Typ*. Daß auch die Umkehrung gilt, d.h. daß für jedes $g \in L^2(\mathbf{R})$ die Funktion

$$F : z \longmapsto \frac{1}{\sqrt{2\pi}} \int_{\mathbf{R}_+} \mathrm{e}^{\mathrm{i}z\xi}\, g(\xi)\mathrm{d}\xi \tag{2.41}$$

dem Raum $\mathfrak{H}^2$ angehört, sieht man wie folgt ein. Zunächst ist klar, daß durch (2.41) eine in der offenen oberen Halbebene holomorphe Funktion definiert ist. Führt man für jedes $y > 0$ die Funktionen $F_y : \mathbf{R} \ni x \longmapsto F(x + iy) \in \mathbf{C}$ und

$$h_y : t \longmapsto \begin{cases} e^{-yt} g(t) & \text{falls } t \geqslant 0, \\ 0 & \text{falls } t < 0, \end{cases} \tag{2.42}$$

ein, so gilt $F_y = \mathscr{F}_{\mathbf{R}} \, h_y$ gemäß (2.41) und somit $\mathfrak{F}_{\mathbf{R}} \, F_y = h_y$. Die Plancherel-Identität liefert dann

$$\int_{\mathbf{R}} |F(x + iy)|^2 dx = \int_{\mathbf{R}_+} e^{-2yt} |g(t)|^2 dt \leqslant \int_{\mathbf{R}_+} |g(t)|^2 dt \qquad (y > 0). \tag{2.43}$$

Also gilt $F \in \mathfrak{H}^2$.

(2) Führt man für jedes Monom $P(X) = X^m$ vom Grade $m \geqslant 0$ die polynomiale Funktion

$$\mathscr{H}P : \mathbf{R} \ni x \longmapsto \frac{2^{m+(1/2)}}{\sqrt{2\pi}} \int_{\mathbf{R}} e^{-y^2} P(x + iy)\, dy \tag{2.44}$$

ein, so ist klar, daß dadurch eine lineare Abbildung $\mathscr{H} : \mathbf{C}[X] \to \mathbf{C}[X]$ des Vektorraums der Polynome in einer Unbestimmten mit komplexen Koeffizienten in sich definiert wird. Im Falle $P(X) = X^m (m \geqslant 2)$ hat $2^{-m} \mathscr{H}P(X) - P(X)$ einen Grad $\leqslant m - 2$. Offensichtlich gilt $\mathscr{H}\mathbf{R}[X] \subseteq \mathbf{R}[X]$ und $\mathrm{D} \circ \mathscr{H} = \mathscr{H} \circ \mathrm{D}$. Mit den Bezeichnungen (2.1) für $n = 1$ verifiziert man ferner durch vollständige Induktion nach $m \geqslant 0$, und damit für jedes Polynom $P(X) \in \mathbf{C}[X]$, die Beziehung

$$\mathscr{H}(\mathrm{M}P) - 2\mathrm{M} \circ \mathscr{H}P + i \, \mathscr{H}(\mathrm{D}P) = 0. \tag{2.45}$$

Beachtet man, daß eine Anwendung des Operators M auf $P(X)$ den Grad erhöht und eine Anwendung des Operators D eine Erniedrigung des Grades von $P(X)$ bewirkt, so sieht man, daß (2.45) eine Rekursionsformel darstellt, mit deren Hilfe $\mathscr{H}\mathbf{C}[X]$ schrittweise berechnet werden kann. Durch Differenzieren überzeugt man sich, daß die gleiche Rekursionsformel auch von der Funktion $x \longmapsto e^{x^2} P(-i\mathrm{D}) e^{-x^2}$ erfüllt wird. Man erhält somit die Beziehung

$$\mathscr{H}P : \mathbf{R} \ni x \longmapsto e^{x^2} P(-i\mathrm{D}) e^{-x^2} \in \mathbf{C} \tag{2.46}$$

für jedes Polynom $P(X) \in \mathbf{C}[X]$. Man definiert dann mit Hilfe der Gauss-Funktion g_1 (vgl. Beispiel 1.1 (2))

$$\mathscr{W}P = g_1 \cdot \mathscr{H}P \qquad (P(X) \in \mathbf{C}[X]). \tag{2.47}$$

Offenbar ist $\mathscr{W} : \mathbf{C}[X] \to \mathscr{S}(\mathbf{R})$ eine lineare Abbildung. Die Funktionen

$$W_m : \mathbf{R} \ni x \longmapsto \frac{1}{\sqrt{2^{m-(1/2)} \, m!}} \, \mathscr{W}(x^m) \qquad (m \in \mathbf{N}) \tag{2.48}$$

aus dem Raum $\mathscr{S}(\mathbf{R})$ werden *Hermite-Weber-Funktionen* genannt (Aufgabe 2.2). Sie erfüllen wegen (2.45) die Rekursionsformel

$$\sqrt{2(m+1)}\, W_{m+1} = \mathrm{M}W_m - i\mathrm{D}W_m \qquad (m \in \mathbf{N}). \tag{2.49}$$

Anwendung der Fourier-Transformation $\mathscr{F}_{\mathbf{R}}$ liefert gemäß (2.10) und (2.11)

$$\sqrt{2(m+1)}\ \mathscr{F}_{\mathbf{R}} W_{m+1} = -\,\mathrm{i}\,\mathrm{M}\circ\mathscr{F}_{\mathbf{R}} W_m - \mathrm{D}\circ\mathscr{F}_{\mathbf{R}} W_m \tag{2.50}$$

für jedes $m \in \mathbf{N}$. Demnach erfüllen die Funktionenfolgen $((-\mathrm{i})^m W_m)_{m\in\mathbf{N}}$ und $(\mathscr{F}_{\mathbf{R}} W_m)_{m\in\mathbf{N}}$ die gleiche Rekursionsformel. Wegen (1.9) gilt somit

$$\mathscr{F}_{\mathbf{R}} W_m = (-\mathrm{i})^m W_m, \qquad \bar{\mathscr{F}}_{\mathbf{R}} W_m = \mathrm{i}^m W_m \qquad (m\in\mathbf{N}). \tag{2.51}$$

Die Hermite-Weber-Funktionen $(W_m)_{m\in\mathbf{N}}$ sind demnach Eigenfunktionen zu den Eigenwerten $(-\mathrm{i})^m$ bzw. i^m der Fourier-Transformationen $\mathscr{F}_{\mathbf{R}}$ bzw. $\bar{\mathscr{F}}_{\mathbf{R}}$, aufgefaßt als unitäre Automorphismen des komplexen Prähilbert-Raumes $\mathscr{S}(\mathbf{R}) \hookrightarrow \mathrm{L}^2(\mathbf{R})$.

Definition 2.3 Die stetigen Linearformen auf dem Schwartz-Bruhat-Raum $\mathscr{S}(\mathbf{R}^n)$, also die Elemente des Duals $\mathscr{S}'(\mathbf{R}^n)$, werden (komplexe) temperierte Distributionen auf dem $\mathbf{R}^n$ genannt.

Notiz. Für jeden kompakten Teil K des $\mathbf{R}^n$ sei $\mathscr{D}(\mathbf{R}^n; K)$ der Vektorraum aller beliebig oft differenzierbaren komplexwertigen Funktionen auf dem $\mathbf{R}^n$ mit in K enthaltenem Träger. Versieht man $\mathscr{D}(\mathbf{R}^n; K)$ mit der Topologie der gleichmäßigen Konvergenz für die Funktionen und allen ihren Ableitungen und den Grundraum $\mathscr{D}(\mathbf{R}^n)$ mit der (kanonischen) induktiven Limestopologie der Räume $\mathscr{D}(\mathbf{R}^n; K)(\mathbf{R}^n \supseteq K$ kompakt), so ist die natürliche Injektion $j: \mathscr{D}(\mathbf{R}^n) \hookrightarrow \mathscr{S}(\mathbf{R}^n)$ offenbar stetig. Da ihr Bildraum in $\mathscr{S}(\mathbf{R}^n)$ überall dicht liegt, wird $\mathscr{S}'(\mathbf{R}^n)$ durch die transponierte Abbildung ^tj in den Raum $\mathscr{D}'(\mathbf{R}^n)$ aller komplexen Distributionen auf dem $\mathbf{R}^n$ eingebettet. Dies rechtfertigt die Bezeichnungsweise in Definition 2.3.

Beispiele 2.2 (1) Jedes Radon-Maß $\mu \in \mathscr{M}(\mathbf{R}^n)$, zu dem eine Zahl $N\in\mathbf{N}$ existiert mit der Eigenschaft, daß das mit der Dichte $x \longmapsto (1+|x|^2)^{-N}$ versehene Maß $|\mu|$ zu $\mathscr{M}^1(\mathbf{R}^n)$ gehört, heißt *langsam wachsend* (vgl. Aufgabe 2.3). Jedes langsam wachsende Maß μ gehört zu $\mathscr{S}'(\mathbf{R}^n)$, denn aus $\int_{\mathbf{R}^n} (1+|x|^2)^{-N}\mathrm{d}|\mu|(x) < +\infty$ folgt für jede Funktion $\varphi\in\mathscr{D}(\mathbf{R}^n)$ gemäß (2.2) die Abschätzung $|\langle\varphi,\mu\rangle| \leqslant q_{N,0}(\varphi) \int_{\mathbf{R}^n}(1+|x|^2)^{-N}\mathrm{d}|\mu|(x)$. Demnach ist μ eine stetige Linearform auf $\mathscr{D}(\mathbf{R}^n)$ auch hinsichtlich der von $\mathscr{S}(\mathbf{R}^n)$ induzierten Relativtopologie. Es folgt insbesondere die Inklusion $\mathscr{M}^1(\mathbf{R}^n) \subsetneqq \mathscr{S}'(\mathbf{R}^n)$.

(2) Die lineare Abbildung

$$\mathrm{L}^p(\mathbf{R}^n) \ni f \longmapsto S_f = f(x)\mathrm{d}x \in \mathscr{S}'(\mathbf{R}^n) \tag{2.52}$$

definiert wegen der Hölderschen Ungleichung eine natürliche Einbettung

$$\mathrm{L}^p(\mathbf{R}^n) \to \mathscr{S}'(\mathbf{R}^n), \qquad p\in[\![1,+\infty]\!]. \tag{2.53}$$

Versieht man den komplexen Vektorraum $\mathscr{S}'(\mathbf{R}^n)$ mit der schwachen Topologie $\sigma(\mathscr{S}'(\mathbf{R}^n), \mathscr{S}(\mathbf{R}^n))$ und bezeichnet man die Transponierten der Vektorraum-Automorphismen (2.8) und (2.9) wieder mit $\mathscr{F}_{\mathbf{R}^n}$, $\bar{\mathscr{F}}_{\mathbf{R}^n}$, so folgt aus Satz 2.2 das folgende Ergebnis.

Satz 2.6 *Die Fourier-Transformation*

$$\mathscr{F}_{\mathbf{R}^n}: \mathscr{S}'(\mathbf{R}^n) \to \mathscr{S}'(\mathbf{R}^n) \tag{2.54}$$

und die Fourier-Kotransformation

$$\overline{\mathscr{F}}_{\mathbf{R}^n} : \mathscr{S}'(\mathbf{R}^n) \to \mathscr{S}'(\mathbf{R}^n) \tag{2.55}$$

sind stetige, zueinander inverse Automorphismen des lokalkonvexen topologischen Vektorraumes $\mathscr{S}'(\mathbf{R}^n)$ über $\mathbf{C}$.

Notiz. Es sei $S_f \in \mathscr{S}'(\mathbf{R}^n)$ die von $f \in L^2(\mathbf{R}^n)$ gemäß (2.52) erzeugte temperierte Distribution. Dann gilt für jede Funktion $\varphi \in \mathscr{S}(\mathbf{R}^n)$ nach der auf $L^2(\mathbf{R}^n)$ fortgesetzten Parseval-Identität (2.20)

$$\begin{aligned} \langle \varphi, \mathscr{F}_{\mathbf{R}^n} S_f \rangle = \langle \mathscr{F}_{\mathbf{R}^n} \varphi, S_f \rangle &= \int\limits_{\mathbf{R}^n} f(\xi)\, \mathscr{F}_{\mathbf{R}^n} \varphi(\xi)\, \mathrm{d}\xi = \int\limits_{\mathbf{R}^n} f(\xi)\, \overline{\overline{\mathscr{F}}_{\mathbf{R}^n} \bar{\varphi}(\xi)}\, \mathrm{d}\xi \\ &= \int\limits_{\mathbf{R}^n} \mathfrak{F}_{\mathbf{R}^n} f(x)\, \overline{\mathscr{F}_{\mathbf{R}^n} \circ \overline{\mathscr{F}}_{\mathbf{R}^n} \bar{\varphi}(x)}\, \mathrm{d}x \\ &= \int\limits_{\mathbf{R}^n} \mathfrak{F}_{\mathbf{R}^n} f(x)\, \varphi(x)\, \mathrm{d}x = \langle \varphi, S_{\mathfrak{F}_{\mathbf{R}^n} f} \rangle. \end{aligned} \tag{2.56}$$

Demnach setzt die Fourier-Transformation $\mathscr{F}_{\mathbf{R}^n}$ (2.54) die Fourier-Plancherel-Transformation $\mathfrak{F}_{\mathbf{R}^n}$ (2.25) von $L^2(\mathbf{R}^n)$ auf $\mathscr{S}'(\mathbf{R}^n)$ fort. Entsprechendes gilt für die Kotransformationen $\overline{\mathscr{F}}_{\mathbf{R}^n}$ und $\overline{\mathfrak{F}}_{\mathbf{R}^n}$.

Die lineare Abbildung u sei ein Vektorraum-Automorphismus des $\mathbf{R}^n$. Für jede temperierte Distribution $S \in \mathscr{S}'(\mathbf{R}^n)$ wird durch

$$u(S): \mathscr{S}(\mathbf{R}^n) \ni f \rightsquigarrow \frac{1}{|\det u|} \langle f \circ u^{-1}, S \rangle \in \mathbf{C} \tag{2.57}$$

eine Distribution $u(S) \in \mathscr{S}'(\mathbf{R}^n)$ definiert. Man erhält dann für $\mathscr{F}_{\mathbf{R}^n} u(S)$ mit Hilfe des zu u adjungierten Automorphismus u^* von $\mathbf{R}^n$ wegen

$$\langle f, \mathscr{F}_{\mathbf{R}^n} u(S) \rangle = \langle \mathscr{F}_{\mathbf{R}^n} f, u(S) \rangle = \frac{1}{|\det u|} \langle (\mathscr{F}_{\mathbf{R}^n} f) \circ u^{-1}, S \rangle \quad (f \in \mathscr{S}(\mathbf{R}^n)) \tag{2.58}$$

und

$$\begin{aligned} (\mathscr{F}_{\mathbf{R}^n} f) \circ u^{-1} : \mathbf{R}^n \ni \xi \rightsquigarrow &\frac{1}{(2\pi)^{n/2}} \int\limits_{\mathbf{R}^n} f(x) e^{-i(u^{-1}(\xi)|x)}\, \mathrm{d}x \\ = &\frac{1}{(2\pi)^{n/2}} \int\limits_{\mathbf{R}^n} f(x) e^{-i(\xi|(u^*)^{-1}(x))}\, \mathrm{d}x \quad (f \in \mathscr{S}(\mathbf{R}^n)) \\ = &\frac{|\det u|}{(2\pi)^{n/2}} \int\limits_{\mathbf{R}^n} f(u^*(y)) e^{-i(\xi|y)}\, \mathrm{d}y \end{aligned} \tag{2.59}$$

die Gleichungen

$$\begin{aligned} \langle f, \mathscr{F}_{\mathbf{R}^n} u(S) \rangle &= \langle \mathscr{F}_{\mathbf{R}^n}(f \circ u^*), S \rangle \\ &= \frac{1}{|\det u|} \langle f, (u^*)^{-1}(\mathscr{F}_{\mathbf{R}^n} S) \rangle. \end{aligned} \qquad (f \in \mathscr{S}(\mathbf{R}^n)) \tag{2.60}$$

Aufgrund der Definitionen (vgl. I.8)

$$\check{S}: \quad \mathscr{S}(\mathbf{R}^n) \ni f \leadsto \langle \check{f}, S \rangle,$$

$$\tau(x)S: \quad \mathscr{S}(\mathbf{R}^n) \ni f \leadsto \langle \tau(-x)f, S \rangle, \qquad (x \in \mathbf{R}^n)$$

$$\mathrm{e}^{\mathrm{i}(x|\cdot)}S: \quad \mathscr{S}(\mathbf{R}^n) \ni f \leadsto \langle \mathrm{e}^{\mathrm{i}(x|\cdot)}f, S \rangle, \qquad (x \in \mathbf{R}^n) \tag{2.61}$$

$$\mathrm{D}^m S: \quad \mathscr{S}(\mathbf{R}^n) \ni f \leadsto (-1)^{|m|} \langle \mathrm{D}^m f, S \rangle, \quad (m \in \mathbf{N}^n)$$

$$\mathrm{M}^m S: \quad \mathscr{S}(\mathbf{R}^n) \ni f \leadsto \langle \mathrm{M}^m f, S \rangle, \qquad (m \in \mathbf{N}^n)$$

können dann folgende Rechenregeln für die distributionelle Fourier-Transformation $\mathscr{F}_{\mathbf{R}^n}$ und die distributionelle Fourier-Kotransformation $\overline{\mathscr{F}}_{\mathbf{R}^n}$ gesammelt werden:

Satz 2.7 *Für jede temperierte Distribution* $S \in \mathscr{S}'(\mathbf{R}^n)$, *Polynome* $P(X) \in \mathbf{C}[X]$, $Q(X) \in \mathbf{C}[X]$ *und jeden Automorphismus* $u: \mathbf{R}^n \to \mathbf{R}^n$ *gilt*:

$$\begin{aligned}
\overline{\mathscr{F}}_{\mathbf{R}^n} S &= \mathscr{F}_{\mathbf{R}^n} \check{S} = (\mathscr{F}_{\mathbf{R}^n} S)^{\vee}, \\
\mathscr{F}_{\mathbf{R}^n}(\tau(x)S) &= \mathrm{e}^{-\mathrm{i}(x|\cdot)} \mathscr{F}_{\mathbf{R}^n} S, \qquad (x \in \mathbf{R}^n) \\
\mathscr{F}_{\mathbf{R}^n}(\mathrm{e}^{\mathrm{i}(x|\cdot)}S) &= \tau(x) \mathscr{F}_{\mathbf{R}^n} S, \qquad (x \in \mathbf{R}^n) \\
\mathscr{F}_{\mathbf{R}^n}(P(\mathrm{D})S) &= P \cdot \mathscr{F}_{\mathbf{R}^n} S, \\
\mathscr{F}_{\mathbf{R}^n}(Q \cdot S) &= \check{Q}(\mathrm{D}) \mathscr{F}_{\mathbf{R}^n} S, \\
\mathscr{F}_{\mathbf{R}^n}(u(S)) &= \frac{1}{|\det u|}(u^*)^{-1}(\mathscr{F}_{\mathbf{R}^n} S), \\
\mathscr{F}_{\mathbf{R}^n} \circ \overline{\mathscr{F}}_{\mathbf{R}^n} S &= \overline{\mathscr{F}}_{\mathbf{R}^n} \circ \mathscr{F}_{\mathbf{R}^n} S = S.
\end{aligned} \tag{2.62}$$

Beispiele 2.3 (1) Bezeichnet u die Homothetie $\mathbf{R}^n \ni x \leadsto \varrho x \in \mathbf{R}^n$ $(\varrho > 0)$ und wird die Distribution $S = S_g \in \mathscr{S}'(\mathbf{R}^n)$ von $g \in \mathrm{L}^1(\mathbf{R}^n)$ erzeugt (2.52), so erhält man aus Satz 2.7 unter Benutzung der Bezeichnung (1.31)

$$\mathscr{F}_{\mathbf{R}^n}(g_{\frac{1}{\varrho}}) = (\mathscr{F}_{\mathbf{R}^n} g)(\varrho \cdot) \qquad (\varrho > 0). \tag{2.63}$$

(2) Ist $u: \mathbf{R}^n \to \mathbf{R}^n$ eine orthogonale Transformation, also ein Element der orthogonalen Gruppe $\mathbf{O}(n, \mathbf{R})$, $n \geqslant 1$ (vgl. Beispiel I.2.1 (5)), so impliziert Satz 2.7 für jede Distribution $S \in \mathscr{S}'(\mathbf{R}^n)$ die Beziehung

$$\mathscr{F}_{\mathbf{R}^n} u(S) = u(\mathscr{F}_{\mathbf{R}^n} S) . \tag{2.64}$$

Jede temperierte Distribution $S \in \mathscr{S}'(\mathbf{R}^n)$ für die $u(S) = S$ für alle Transformationen $u \in \mathbf{O}(n, \mathbf{R})$ gilt, wird *radiale temperierte Distribution* genannt (vgl. Definition 4.1). Aus (2.64) ersieht man, daß die Fourier-Transformierten radialer temperierter Distributionen wieder radiale temperierte Distributionen sind.

Aus Satz 2.7 erkennt man noch den folgenden Sachverhalt (vgl. Definition I.2.2). Für jedes $x \in \mathbf{R}^n$ sei

$$U_x: \quad \mathscr{S}'(\mathbf{R}^n) \ni S \leadsto \mathrm{e}^{-\mathrm{i}(x|\cdot)} S \in \mathscr{S}'(\mathbf{R}^n). \tag{2.65}$$

Dann ist $U: x \longrightarrow U_x$ eine stetige lineare Darstellung des $\mathbf{R}^n$ im komplexen lokalkonvexen topologischen Vektorraum $\mathscr{S}'(\mathbf{R}^n)$ mit

$$\mathscr{F}_{\mathbf{R}^n} \circ \tau(x) = U_x \circ \mathscr{F}_{\mathbf{R}^n} \qquad (x \in \mathbf{R}^n). \tag{2.66}$$

Das Diagramm

$$
\begin{array}{ccc}
\mathscr{S}'(\mathbf{R}^n) & \xrightarrow{\;\;\tau(x)\;\;} & \mathscr{S}'(\mathbf{R}^n) \\
\Big\downarrow{\scriptstyle \mathscr{F}_{\mathbf{R}^n}} & & \Big\downarrow{\scriptstyle \mathscr{F}_{\mathbf{R}^n}} \\
\mathscr{S}'(\mathbf{R}^n) & \xrightarrow[\;\;U_x\;\;]{} & \mathscr{S}'(\mathbf{R}^n)
\end{array}
\qquad (x \in \mathbf{R}^n) \tag{2.67}
$$

ist demnach kommutativ. Durch Restriktion

$$V = U \,|\, L^2(\mathbf{R}^n): L^2(\mathbf{R}^n) \ni x \longrightarrow U_x \,|\, L^2(\mathbf{R}^n) \tag{2.68}$$

entsteht eine zur sogenannten *regulären Darstellung* τ von $\mathbf{R}^n$ im komplexen Hilbert-Raum $L^2(\mathbf{R}^n)$ äquivalente unitäre Darstellung V; vgl. (I.3.26).

Während es im Falle $G = \mathbf{T}^n$ gelingt, die zu τ äquivalente unitäre Darstellung V durch Einschränkung auf eindimensionale Untervektorräume von $\ell^2(\mathbf{Z}^n)$ in eine Hilbert-Summe irreduzibler unitärer Darstellungen zu zerlegen, ist im Falle $G = \mathbf{R}^n$ dieses Vorgehen nicht mehr möglich. Denn es läßt sich zeigen, daß jeder gegen τ stabile abgeschlossene Untervektorraum von $L^2(\mathbf{R})$ aus den Äquivalenzklassen aller komplexwertigen Funktionen besteht, die außerhalb einer zu diesem Untervektorraum gehörenden dx-meßbaren Teilmenge von $\mathbf{R}$ verschwinden. Der Begriff des direkten Integrals von Hilbert-Räumen, der den Begriff der Hilbert-Summe verallgemeinert, gestattet es jedoch, auch in diesem Falle V als „Summe" eindimensionaler und damit irreduzibler unitärer Darstellungen aufzufassen.

Sei X ein lokalkompakter topologischer Raum, μ ein positives Radon-Maß von X und H ein separabler komplexer Hilbert-Raum. Es bezeichne $\mathfrak{M}$ den komplexen Vektorraum aller μ-meßbaren Abbildungen von X in H, d.h. es trifft $f \in \mathfrak{M}$ genau dann zu, falls $X \ni x \longrightarrow (f(x) \,|\, a) \in \mathbf{C}$ für alle $a \in H$ eine μ-meßbare Funktion ist. Bezeichnet $(a_n)_{n \in \mathbf{N}}$ eine totale orthonormale Folge in H, so gilt für $f \in \mathfrak{M}$ nach der Plancherel-Identität (I.3.24)

$$\|f(x)\|^2 = \sum_{n \in \mathbf{N}} |(f(x) \,|\, a_n)|^2. \tag{2.69}$$

Also ist für $f \in \mathfrak{M}$ die Funktion $x \longrightarrow \|f(x)\|^2$ μ-meßbar.

Definition 2.4 Der komplexe Vektorraum $\mathfrak{H}$ aller Abbildungen $f \in \mathfrak{M}$ mit $\int_X \|f(x)\|^2 \, d\mu(x) < +\infty$ ist bezüglich des Skalarprodukts

$$\mathfrak{H} \times \mathfrak{H} \ni (f, g) \longrightarrow (f \,|\, g) = \int_X (f(x) \,|\, g(x)) \, d\mu(x) \in \mathbf{C} \tag{2.70}$$

ein Hilbert-Raum; $\mathfrak{H}$ heißt das *direkte Integral* der Familie $(H_x)_{x \in X}$ komplexer Hilbert-Räume $H_x = H$. Man schreibt

$$\mathfrak{H} = \int_X^{\oplus} H_x \, d\mu(x). \tag{2.71}$$

Eine Abbildung $X \ni x \longmapsto A(x) \in \mathscr{L}(H_x)$ heißt μ-*meßbar*, falls $x \longmapsto A(x)f(x)$ für jedes $f \in \mathfrak{H}$ stets μ-meßbar ist. Gilt $M = \operatorname{ess.\,sup}_{x \in X} \|A(x)\| < +\infty$, so wird wegen

$$\int_X \|A(x)f(x)\|^2 \, d\mu(x) \leqslant M^2 \int_X \|f(x)\|^2 d\mu(x) \tag{2.72}$$

durch die Zuordnung

$$A : \mathfrak{H} \ni f \longmapsto (X \ni x \longmapsto A(x) f(x)) \in \mathfrak{H} \tag{2.73}$$

eine Abbildung $A \in \mathscr{L}(\mathfrak{H})$ definiert. Man schreibt

$$A = \int_X^{\oplus} A(x) d\mu(x). \tag{2.74}$$

Ist insbesondere $(U^x)_{x \in X}$ eine Familie unitärer Darstellungen der topologischen Gruppe G im komplexen Hilbert-Raum $H_x = H$ und ist die Abbildung $x \longmapsto U_s^x$ für jedes $s \in G$ μ-meßbar, so wird, wie man sich überlegt, durch

$$U : G \ni s \longmapsto U_s = \int_X^{\oplus} U_s^x \, d\mu(x) \tag{2.75}$$

eine unitäre Darstellung von G in $\mathfrak{H} = \int_X^{\oplus} H_x \, d\mu(x)$ definiert. Man nennt

$$U = \int_X^{\oplus} U^x \, d\mu(x) \tag{2.76}$$

das *direkte Integral* der Familie $(U^x)_{x \in X}$ unitärer Darstellungen von G und sagt, die unitäre Darstellung U von G in $\mathfrak{H}$ *zerfalle* in die unitären Teildarstellungen $(U^x)_{x \in X}$ von G in H_x.

Satz 2.8 *Für die unitäre Darstellung* (2.68) *der additiven topologischen Gruppe* $\mathbf{R}^n$ *im komplexen Hilbert-Raum* $L^2(\mathbf{R}^n)$ *gilt*

$$V = \frac{1}{(2\pi)^{n/2}} \int_{\mathbf{R}^n}^{\oplus} \bar{\chi}_y \, dy. \tag{2.77}$$

Beweis. Sei X der Dual $\widehat{\mathbf{R}^n}$ der additiven topologischen Gruppe $G = \mathbf{R}^n$. Nach Satz I.2.8 kann $\widehat{\mathbf{R}^n}$ mit $\mathbf{R}^n$ identifiziert werden. Wählt man für μ das Maß $\dfrac{1}{(2\pi)^{n/2}} dx$ und für H den eindimensionalen Hilbert-Raum $\mathbf{C}$, so folgt die Beziehung

$$V_x = \frac{1}{(2\pi)^{n/2}} \int_{\mathbf{R}^n}^{\oplus} \bar{\chi}_y(x) dy \qquad (x \in \mathbf{R}^n), \tag{2.78}$$

wie behauptet. ∎

Wählt man $G = \mathbf{T}^n$, $X = \hat{G} = \mathbf{Z}^n$ (Satz I.2.8) und für μ das Maß, welches jedem Gitterpunkt $m \in \mathbf{Z}^n$ die Zahl 1 zuweist, so erhält man die in (I.3.26) beschriebene Situation, welche für beliebige kompakte topologische Gruppen G in Kapitel IV näher betrachtet wird.

Aufgaben

2.1 Seien p_1, p_2 beliebige Exponenten aus dem Intervall $[1, +\infty[$.

(a) Zu jedem $f \in L^{p_1}(\mathbf{R}^n) \cap L^{p_2}(\mathbf{R}^n)$ existiert eine Folge $(f_m)_{m \in \mathbf{N}}$ von Funktionen aus $\mathscr{K}(\mathbf{R}^n)$ mit $\lim\limits_{m \to +\infty} \|f - f_m\|_{p_1} = \lim\limits_{m \to +\infty} \|f - f_m\|_{p_2} = 0$. (Beweise die Behauptung für Funktionen mit endlichem Wertevorrat und glätte dann).

(b) Zu jedem $f \in L^{p_1}(\mathbf{R}^n) \cap L^{p_2}(\mathbf{R}^n)$ existiert eine Folge $(\varphi_m)_{m \in \mathbf{N}}$ von Funktionen aus $\mathscr{S}(\mathbf{R}^n)$ mit $\lim\limits_{m \to +\infty} \|f - \varphi_m\|_{p_1} = \lim\limits_{m \to +\infty} \|f - \varphi_m\|_{p_2} = 0$. (Benutze (a) und Beispiel 1.2 (3))

2.2 (a) Berechne die Hermite-Weber-Funktionen $(W_m)_{1 \leqslant m \leqslant 5}$.

(b) Zeige, daß $\dfrac{1}{m!} W_m(x)$ der mit $\dfrac{1}{\sqrt{2^{m-(1/2)} m!}}$ multiplizierte Koeffizient von w^m in der Potenzreihenentwicklung von $e^{(1/2)x^2 - (x-w)^2}$ ist.

2.3 (a) Eine Funktion $g \colon \mathbf{R}^n \to \mathbf{C}$ heißt langsam wachsend, wenn eine Konstante $M \geqslant 0$ und eine Zahl $N \in \mathbf{N}$ existieren mit $|g(x)| \leqslant M(1 + |x|^2)^N$ für alle $x \in \mathbf{R}^n$. Ist g beliebig oft differenzierbar und sind alle Ableitungen langsam wachsend, so heißt g temperiert. Zeige: Für jede temperierte Funktion $g \colon \mathbf{R}^n \to \mathbf{C}$ ist die lineare Abbildung $\mathscr{S}(\mathbf{R}^n) \ni f \longmapsto f \cdot g \in \mathscr{S}(\mathbf{R}^n)$ stetig

(b) Die bilineare Abbildung $\mathscr{S}(\mathbf{R}^n) \times \mathscr{S}(\mathbf{R}^n) \ni (f, g) \longmapsto fg \in \mathscr{S}(\mathbf{R}^n)$ ist stetig.

(c) Die bilineare Abbildung $\mathscr{S}(\mathbf{R}^n) \times \mathscr{S}(\mathbf{R}^n) \ni (f, g) \longmapsto f * g \in \mathscr{S}(\mathbf{R}^n)$ ist stetig.

2.4 (a) Die Funktion $f \colon \mathbf{R} \to \mathbf{R}$ sei ungerade und gehöre zum Raum $L^1(\mathbf{R})$. Zeige, daß
$$\sup_{a > 1} \left| \int_1^a (\mathscr{F}_{\mathbf{R}} f(\xi) / \xi) \, d\xi \right| < +\infty. \quad \text{(Es gilt } \mathscr{F}_{\mathbf{R}} f(\xi) = -\frac{i}{\sqrt{2\pi}} \int_{\mathbf{R}} f(x) \sin \xi x \, dx \text{ für alle Punkte}$$
$\xi \in \mathbf{R}$).

(b) Konstruiere eine Funktion $g \in \mathscr{C}_0(\mathbf{R})$ mit der Eigenschaft $g \notin A(\mathbf{R})$.

(c) Beweise, daß $A(\mathbf{R}^n)$ eine zur komplexen Banach-Algebra $L^1(\mathbf{R}^n)$ isomorphe komplexe Banach-Algebra ist, die in $\mathscr{C}_0(\mathbf{R}^n)$ stetig und überall dicht eingebettet, jedoch von $\mathscr{C}_0(\mathbf{R}^n)$ verschieden ist.

2.5 Sei $F \in \mathfrak{H}^2$ mit der Randfunktion $f \in L^2(\mathbf{R})$. Zeige, daß $\mathfrak{F}_{\mathbf{R}} f(\xi) = 0$ für fast alle Punkte $\xi < 0$ gilt.

2.6 (a) Der Träger von $\varphi \in \mathscr{D}(\mathbf{R}^n)$ sei in $\bar{B}_{n,r}(r > 0)$ enthalten. Zeige, daß sich $\mathscr{F}_{\mathbf{R}^n} \varphi$ zu einer ganzen Funktion auf dem Raum $\mathbf{C}^n$ fortsetzen läßt.

(b) Für jedes $r > 0$ sei $\mathscr{H}_r(\mathbf{C}^n)$ der komplexe Vektorraum aller ganzen Funktionen f auf $\mathbf{C}^n$ mit der Eigenschaft, daß eine Konstante $C > 0$ existiert mit $|z^m f(z)| \leqslant C e^{r|\mathrm{Im}\, z|}$ für $z \in \mathbf{C}^n$, $m \in \mathbf{N}^n$ ($\mathrm{Im}\, z = (\mathrm{Im}\, z_1, \ldots, \mathrm{Im}\, z_n)$). Beweise, daß $\mathscr{F}_{\mathbf{R}^n} \varphi \in \mathscr{H}_r(\mathbf{C}^n)$ gilt für jedes $\varphi \in \mathscr{D}(\mathbf{R}^n)$ mit Supp $\varphi \subseteq \bar{B}_{n,r}$.

(c) Zu jeder Funktion $f \in \mathcal{H}_r(\mathbf{C}^n)$, $r > 0$, existiert genau eine Funktion $\varphi \in \mathcal{D}(\mathbf{R}^n)$ mit $f = \mathcal{F}_{\mathbf{R}^n}\varphi$ und $\operatorname{Supp}\varphi \subseteq \bar{B}_{n,r}$ (*Satz von Paley-Wiener*). (Sei $\varphi = \bar{\mathcal{F}}_{\mathbf{R}^n}f$. Dann gilt $\varphi \in \mathscr{C}^\infty(\mathbf{R}^n)$. Um $\varphi(\xi) = 0$ für alle $\xi \in \mathbf{R}^n$ mit $|\xi| > r$ zu beweisen, integriere man in jeder Koordinate über ein Rechteck wie in I.10(III)).

2.7 (a) Zeige, daß auf dem komplexen Vektorraum $\mathcal{D}(\mathbf{R}^n)$ die folgenden Normen äquivalent sind:

$$\varphi \rightsquigarrow |\varphi|_m = \left(\sum_{|\alpha| \leqslant m} \|\mathrm{D}^\alpha \varphi\|_2^2 \right)^{1/2},$$

$$\varphi \rightsquigarrow \|\varphi\|_{(m)} = \|\psi_m \cdot \mathcal{F}_{\mathbf{R}^n}\varphi\|_2, \qquad (m \in \mathbf{N})$$

$$\varphi \rightsquigarrow \|\!|\varphi|\!\|_m = (\triangle^m \varphi | \varphi)^{1/2},$$

wobei $\psi_m \colon \mathbf{R}^n \ni \xi \rightsquigarrow (1 + |\xi|^2)^{m/2}$ und $\triangle$ den Laplace-Operator des $\mathbf{R}^n$ bezeichnet.
(b) Für jedes $s \in \mathbf{R}_+$ werde der Sobolev-Raum $W^s(\mathbf{R}^n)$ durch

$$W^s(\mathbf{R}^n) = \{f \in \mathrm{L}^2(\mathbf{R}^n) \mid \psi_s \cdot \mathfrak{F}_{\mathbf{R}^n}f \in \mathrm{L}^2(\mathbf{R}^n)\}$$

definiert, wobei $\psi_s \colon \mathbf{R}^n \ni \xi \rightsquigarrow (1 + |\xi|^2)^{s/2}$ gesetzt ist. Zeige, daß für $s \in \mathbf{N}$ der Raum $W^s(\mathbf{R}^n)$ die vollständige Hülle von $\mathcal{D}(\mathbf{R}^n)$ bezüglich der in (a) genannten (äquivalenten) Normen ist.
(c) Zeige, daß für $s, t \in \mathbf{R}_+^\times$ die Inklusionen $\mathcal{D}(\mathbf{R}^n) \subseteq \bigcap_{l \geqslant 0} W^l(\mathbf{R}^n) \subseteq W^{s+t}(\mathbf{R}^n) \subseteq W^s(\mathbf{R}^n) \subseteq \mathrm{L}^2(\mathbf{R}^n)$ gelten.

3 Funktionen von positivem Typ

Der Begriff der Funktion von positivem Typ auf einer Gruppe wurde in Definition I.9.1 eingeführt. Es zeigt sich (Beispiel I.9.2.(1)), daß zwischen den stetigen Funktionen von positivem Typ auf einer topologischen Gruppe G und den unitären Darstellungen von G ein enger Zusammenhang besteht. Dieser Zusammenhang liefert sofort die nachstehenden Ergebnisse.

Satz 3.1 *Es sei G eine topologische Gruppe und f_1, f_2 seien stetige Funktionen auf G von positivem Typ. Dann ist auch $f = f_1 \cdot f_2$ eine stetige Funktion von positivem Typ auf G.*

Beweis. Es existieren unitäre Darstellungen U^j von G in komplexen Hilbert-Räumen E_j und Vektoren $x_j^0 \in E_j$ mit

$$f_j \colon G \ni s \rightsquigarrow (U_s^j x_j^0 | x_j^0) \in \mathbf{C} \qquad (j \in \{1, 2\}). \tag{3.1}$$

Auf dem Tensorprodukt-Vektorraum $E_1 \otimes E_2$ existiert genau ein Skalarprodukt $(\,\cdot\,|\,\cdot\,)$ mit der Eigenschaft

$$(x_1 \otimes x_2 | y_1 \otimes y_2) = (x_1|y_1) \cdot (x_2|y_2) \tag{3.2}$$

für alle Paare $(x_j, y_j) \in E_j \times E_j$ ($j \in \{1,2\}$). Sei $E = E_1 \hat{\otimes} E_2$ die vollständige Hülle von $E_1 \otimes E_2$ bezüglich der von diesem Skalarprodukt induzierten Norm. Dann existiert zu jedem Element $s \in G$ genau ein unitärer Automorphismus $U_s = U_s^1 \otimes U_s^2$ des komplexen Hilbert-Raumes E mit der Eigenschaft

$$U_s(x_1 \otimes x_2) = U_s^1 x_1 \otimes U_s^2 x_2 \qquad (s \in G) \tag{3.3}$$

für alle Paare $(x_1, x_2) \in E_1 \times E_2$ und $U = U^1 \otimes U^2 \colon G \ni s \rightsquigarrow U_s^1 \otimes U_s^2$ ist eine unitäre Darstellung von G in E. Setzt man $x^0 = x_1^0 \otimes x_2^0$, so gilt für jedes Element $s \in G$ offenbar

$$\begin{aligned}
f(s) = f_1(s) \cdot f_2(s) &= (U_s^1 x_1^0 | x_1^0) \cdot (U_s^2 x_2^0 | x_2^0) \\
&= ((U_s^1 \otimes U_s^2)(x_1^0 \otimes x_2^0) | x_1^0 \otimes x_2^0) = (U_s x^0 | x^0).
\end{aligned} \tag{3.4}$$

Gemäß Beispiel I.9.2(1) ist demnach auch $f \in \mathscr{C}(G)$ von positivem Typ.   ∎

Satz 3.2 Für jedes Maß positive Maß $\mu \in \mathscr{M}^1(\mathbf{R}^n)$ ist die Fourier-Stieltjes-Kotransformierte $\overline{\mathscr{F}}_{\mathbf{R}^n} \mu$ von positivem Typ auf dem $\mathbf{R}^n$ und es gilt $\mu(\mathbf{R}^n) = \overline{\mathscr{F}}_{\mathbf{R}^n} \mu(0)$.

Beweis. Für jedes $x \in \mathbf{R}^n$ sei

$$U_x \colon \mathrm{L}^2(\mathbf{R}^n, \mu) \ni f \rightsquigarrow \big(\mathbf{R}^n \ni \xi \rightsquigarrow \mathrm{e}^{\mathrm{i}(x|\xi)} f(\xi)\big). \tag{3.5}$$

Dann ist U eine unitäre Darstellung von $\mathbf{R}^n$ im komplexen Hilbert-Raum $\mathrm{L}^2(\mathbf{R}^n, \mu)$. Wegen $\overline{\mathscr{F}}_{\mathbf{R}^n} \mu \colon G \ni x \rightsquigarrow (U_x 1 | 1)$ (vgl. (1.27)) folgt, daß $\overline{\mathscr{F}}_{\mathbf{R}^n} \mu$ von positivem Typ auf dem $\mathbf{R}^n$ ist und $\mu(\mathbf{R}^n) = \overline{\mathscr{F}}_{\mathbf{R}^n} \mu(0)$ gilt.   ∎

Beispiele 3.1 (1) Jeder Charakter $\mathrm{e}^{\mathrm{i}(\cdot|\xi)}$, $\xi \in \mathbf{R}^n$, der additiven topologischen Gruppe $\mathbf{R}^n$ ist von positivem Typ (Beispiel I.9.2.(2)). Man ersieht dies auch aus Satz 3.2 wegen der für $\xi \in \mathbf{R}^n$ gültigen Identität $\mathrm{e}^{\mathrm{i}(\cdot|\xi)} = \overline{\mathscr{F}}_{\mathbf{R}^n} \varepsilon_\xi$.

(2) Die Gauss-Funktion $g_n \colon \mathbf{R}^n \to \mathbf{C}$ ist von positivem Typ wegen $\overline{\mathscr{F}}_{\mathbf{R}^n} g_n = g_n$; vgl. (1.9). Deshalb besteht der Gauss-Weierstrass-Kern $(w_t)_{t>0}$ aus Funktionen von positivem Typ auf dem $\mathbf{R}^n$ (Beispiel 1.2(2)).

(3) Für jedes $\alpha > 0$ sind die Funktionen $\mathbf{R}^n \ni x \rightsquigarrow \mathrm{e}^{-\alpha|x|}$ und $\mathbf{R}^n \ni x \rightsquigarrow \dfrac{\alpha}{(\alpha^2 + \xi|^2)^{(n+1)/2}}$ von positivem Typ; vgl. Aufgabe 1.5.

Satz I.9.4 von Bochner-Herglotz läßt vermuten, daß auch die Umkehrung von Satz 3.2 gültig ist. Zum Beweis sind einige Vorbereitungen erforderlich (vgl. Satz I.9.2).

Satz 3.3 *Für jede Funktion $\varphi \in \mathscr{C}(\mathbf{R}^n)$ sind die beiden folgenden Aussagen äquivalent:*
(i) *Es existiert ein Maß $\mu \in \mathscr{M}^1(\mathbf{R}^n)$ mit $\overline{\mathscr{F}}_{\mathbf{R}^n} \mu = \varphi$ und $\|\mu\| \leqslant M$.*
(ii) *Für alle Funktionen $f \in \mathscr{S}(\mathbf{R}^n)$ gilt $\varphi \cdot \mathscr{F}_{\mathbf{R}^n} f \in \mathrm{L}^1(\mathbf{R}^n)$ und*

$$\frac{1}{(2\pi)^{n/2}} \left| \int\limits_{\mathbf{R}^n} \varphi(\xi) \cdot \mathscr{F}_{\mathbf{R}^n} f(\xi)\, \mathrm{d}\xi \right| \leqslant M \cdot \|f\|_\infty. \tag{3.6}$$

Beweis. (i) $\Rightarrow$ (ii): Aus $\overline{\mathscr{F}}_{\mathbf{R}^n} \mu = \varphi$ mit $\mu \in \mathscr{M}^1(\mathbf{R}^n)$ folgt $\varphi \in \mathscr{C}^b(\mathbf{R}^n)$ und damit $\varphi \cdot \mathscr{F}_{\mathbf{R}^n} f \in \mathrm{L}^1(\mathbf{R}^n)$ für alle Funktionen $f \in \mathscr{S}(\mathbf{R}^n)$. Aus der Parseval-Identität (1.44) erhält man

$$\int_{\mathbf{R}^n} f(x)\,\mathrm{d}\mu(x) = \frac{1}{(2\pi)^{n/2}} \int_{\mathbf{R}^n} \varphi(\xi) \cdot \mathscr{F}_{\mathbf{R}^n} f(\xi)\,\mathrm{d}\xi \tag{3.7}$$

und daraus (3.6).

(ii) $\Rightarrow$ (i): Die Zuordnung

$$\mathscr{S}(\mathbf{R}^n) \ni f \longmapsto \frac{1}{(2\pi)^{n/2}} \int_{\mathbf{R}^n} \varphi(\xi) \cdot \mathscr{F}_{\mathbf{R}^n} f(\xi)\,\mathrm{d}\xi \in \mathbf{C} \tag{3.8}$$

definiert eine Linearform auf dem komplexen Vektorraum $\mathscr{S}(\mathbf{R}^n)$, die wegen (3.6) stetig ist bezüglich der Topologie der gleichmäßigen Konvergenz von $\mathscr{S}(\mathbf{R}^n)$. Diese läßt sich auf genau eine Weise zu einer stetigen Linearform μ auf den komplexen Banach-Raum $\mathscr{C}_0(\mathbf{R}^n)$ fortsetzen. Es gilt $\mu \in \mathscr{M}^1(\mathbf{R}^n)$, $\|\mu\| \leqslant M$ und aufgrund der Parseval-Identität (1.14)

$$\frac{1}{(2\pi)^{n/2}} \int_{\mathbf{R}^n} \varphi(\xi)\,\mathscr{F}_{\mathbf{R}^n} f(\xi)\,\mathrm{d}\xi = \int_{\mathbf{R}^n} f(\xi)\,\mathrm{d}\mu(\xi) = \frac{1}{(2\pi)^{n/2}} \int_{\mathbf{R}^n} \overline{\mathscr{F}}_{\mathbf{R}^n} \mu(\xi)\,\mathscr{F}_{\mathbf{R}^n} f(\xi)\,\mathrm{d}\xi \tag{3.9}$$

für alle Funktionen $f \in \mathscr{S}(\mathbf{R}^n)$. Es folgt $\varphi = \overline{\mathscr{F}}_{\mathbf{R}^n}\mu$ fast überall auf dem $\mathbf{R}^n$ und wegen $\varphi \in \mathscr{C}(\mathbf{R}^n)$ die Identität $\overline{\mathscr{F}}_{\mathbf{R}^n}\mu = \varphi$ auf dem ganzen Raum $\mathbf{R}^n$. ∎

Satz 3.4 *Es bezeichnen $(\mu_m)_{m\in\mathbf{N}}$ eine Folge von Maßen in $\mathscr{M}^1(\mathbf{R}^n)$ mit der Eigenschaft, daß $M = \sup_{m\in\mathbf{N}} \|\mu_m\| < +\infty$ und die Folge $(\overline{\mathscr{F}}_{\mathbf{R}^n}\mu_m)_{m\in\mathbf{N}}$ punktweise auf dem Raum $\mathbf{R}^n$ gegen eine Funktion $\varphi \in \mathscr{C}(\mathbf{R}^n)$ konvergiert. Dann existiert ein Maß $\mu \in \mathscr{M}^1(\mathbf{R}^n)$ mit $\varphi = \overline{\mathscr{F}}_{\mathbf{R}^n}\mu$ und $\|\mu\| \leqslant M$.*

Beweis. Für jedes $m \in \mathbf{N}$ werde $\varphi_m = \overline{\mathscr{F}}_{\mathbf{R}^n}\mu_m$ gesetzt. Dann gilt $\sup_{m\in\mathbf{N}} \|\varphi_m\|_\infty \leqslant M$ und aufgrund von (3.6)

$$\frac{1}{(2\pi)^{n/2}} \left| \int_{\mathbf{R}^n} \varphi_m(\xi) \cdot \mathscr{F}_{\mathbf{R}^n} f(\xi)\,\mathrm{d}\xi \right| \leqslant M \cdot \|f\|_\infty \tag{3.10}$$

für jede Funktion $f \in \mathscr{S}(\mathbf{R}^n)$ und alle $m \in \mathbf{N}$. Aus dem Konvergenzsatz von Lebesgue und Satz 3.3 folgt die Behauptung. ∎

Bezüglich eines analogen „Stetigkeitssatzes" für $\mathbf{T}^n$ sei auf Aufgabe I.9.9 verwiesen.

Satz 3.5 *Sei $(\mu_m)_{m\in\mathbf{N}}$ eine Folge Radonscher Wahrscheinlichkeitsmaße auf dem $\mathbf{R}^n$ mit der Eigenschaft, daß die Folge $(\overline{\mathscr{F}}_{\mathbf{R}^n}\mu_m)_{m\in\mathbf{N}}$ gleichmäßig auf den kompakten Teilmengen des $\mathbf{R}^n$ gegen eine Funktion $\varphi\colon \mathbf{R}^n \to \mathbf{C}$ konvergiert. Dann ist φ eine stetige Funktion von positivem Typ und es existiert ein Radonsches Wahrscheinlichkeitsmaß μ auf dem $\mathbf{R}^n$ mit $\varphi = \overline{\mathscr{F}}_{\mathbf{R}^n}\mu$.*

Beweis. Es ist klar, daß $\varphi\colon \mathbf{R}^n \to \mathbf{C}$ eine stetige Funktion ist. Wegen Satz 3.2 und (I.9.12) ist φ von positivem Typ. Aus Satz 3.4 folgt die Existenz eines Maßes $\mu \in \mathscr{M}^1(\mathbf{R}^n)$ mit $\varphi = \overline{\mathscr{F}}_{\mathbf{R}^n}\mu$. Es gilt $\mu(\mathbf{R}^n) = \varphi(0) = \lim_{m\to\infty} \overline{\mathscr{F}}_{\mathbf{R}^n}\mu_m(0) = \lim_{m\to\infty} \mu_m(\mathbf{R}^n) = 1$.

Also bleibt nur noch $\mu \geqslant 0$ zu zeigen. Für jede Funktion $f \geqslant 0$ aus $\mathscr{S}(\mathbf{R}^n)$ und jedes $m \in \mathbf{N}$ gilt nach der Parseval-Identität (1.44)

$$0 \leqslant \int_{\mathbf{R}^n} f(x)\,\mathrm{d}\mu_m(x) = \frac{1}{(2\pi)^{n/2}} \int_{\mathbf{R}^n} \mathscr{F}_{\mathbf{R}^n} f(\xi)\, \overline{\mathscr{F}}_{\mathbf{R}^n}\mu_m(\xi)\,\mathrm{d}\xi. \tag{3.11}$$

Der Grenzübergang $m \to \infty$ mit Hilfe des Konvergenzsatzes von Lebesgue und erneute Anwendung von (1.44) liefert $\mu \geqslant 0$. ∎

Satz 3.6 *Sei $f\colon \mathbf{R}^n \to \mathbf{C}$ eine stetige Funktion von positivem Typ und $(w_t)_{t>0}$ der Gauss-Weierstrass-Kern auf dem $\mathbf{R}^n$ (Beispiel 1.2(2)). Dann gilt*

$$\frac{1}{(2\pi)^{n/2}} \int_{\mathbf{R}^n} f(x)\,w_t(x)\,\mathrm{d}x \geqslant 0 \qquad (t \in \mathbf{R}_+^\times). \tag{3.12}$$

Beweis. Für jedes Paar $(t,s) \in \mathbf{R}_+^\times \times \mathbf{R}_+^\times$ gilt $w_t * w_s = w_{t+s}$ wegen $\mathscr{F}_{\mathbf{R}^n}(w_t * w_s) = \mathscr{F}_{\mathbf{R}^n} w_t \cdot \mathscr{F}_{\mathbf{R}^n} w_s = \mathscr{F}_{\mathbf{R}^n} w_{t+s}$ (1.33). Fixiert man eine Zahl $t > 0$ und setzt $\mu = \frac{1}{(2\pi)^{n/2}} w_{t/2}\,\mathrm{d}x$, so ist μ wegen $\mu(\mathbf{R}^n) = \overline{\mathscr{F}}_{\mathbf{R}^n}\mu(0) = \overline{\mathscr{F}}_{\mathbf{R}^n} w_{t/2}(0) = g_n(0) = 1$ ein Radonsches Wahrscheinlichkeitsmaß auf dem $\mathbf{R}^n$. Es folgt

$$\frac{1}{(2\pi)^n} \int_{\mathbf{R}^n} f(x)\,w_t(x)\,\mathrm{d}x = \langle f, \mu * \mu \rangle. \tag{3.13}$$

Sei eine unitäre Darstellung U des $\mathbf{R}^n$ im komplexen Hilbert-Raum E und ein Vektor $\xi \in E$ so gewählt, daß $f\colon x \rightsquigarrow (U_x\xi \,|\, \xi)$ gilt. Dann wird durch

$$U(\mu)\colon E \ni \xi \rightsquigarrow \int_{\mathbf{R}^n} U_x\xi\,\mathrm{d}\mu(x) \in E \tag{3.14}$$

ein stetiger Endomorphismus von E definiert. Es gilt (vgl. Satz I.9.5)

$$\begin{aligned}
\langle f, \check{\bar{\mu}} * \mu \rangle &= \int_{\mathbf{R}^n}\int_{\mathbf{R}^n} (U_x\xi \,|\, U_y\xi)\,\mathrm{d}\check{\bar{\mu}}(y)\,\mathrm{d}\mu(x) \\
&= (U(\mu)\xi \,|\, U(\mu)\xi) = \|U(\mu)\xi\|^2 \geqslant 0.
\end{aligned} \tag{3.15}$$

Kombiniert man (3.13) mit (3.15) und beachtet $\check{\bar{\mu}} = \mu$, so folgt die Behauptung. ∎

Die angekündigte Umkehrung von Satz 3.2 lautet wie folgt:

Satz 3.7 (Bochner) *Zu jeder stetigen Funktion $f\colon \mathbf{R}^n \to \mathbf{C}$ von positivem Typ existiert genau ein positives Radon-Maß $\mu \in \mathscr{M}^1(\mathbf{R}^n)$ mit der Gesamtmasse $\mu(\mathbf{R}^r) = f(0)$ und $f = \overline{\mathscr{F}}_{\mathbf{R}^n}\mu$.*

Beweis. Weil die Fourier-Stieltjes-Kotransformation (1.27) eine injektive Abbildung ist (Satz 2.3), braucht nur die Existenz eines Maßes $\mu \in \mathcal{M}^1_+(\mathbf{R}^n)$ mit der geforderten Eigenschaft $f = \mathscr{F}_{\mathbf{R}^n}\mu$ nachgewiesen zu werden. Falls $f(0) = 0$ gilt, folgt $f = 0$ nach (I.9.13) und mithin $\mu = 0$. Wegen $f(0) \geqslant 0$ kann also ohne Beschränkung der Allgemeinheit $f(0) = 1$ vorausgesetzt werden. Mit Hilfe des Gauss-Weierstrass-Kerns $(w_t)_{t>0}$ werden dann die Funktionen

$$f_m = (2m)^{n/2}\, w_m\, f \qquad (m \in \mathbf{N}^\times) \tag{3.16}$$

gebildet. Aus $f \in \mathscr{C}^b(\mathbf{R}^n)$ und $w_m \in \mathscr{S}(\mathbf{R}^n)$ folgt $f_m \in L^1(\mathbf{R}^n) \cap L^2(\mathbf{R}^n)$ für $m \in \mathbf{N}^\times$. Mit Hilfe der Beziehung $\bar{f} = \check{f}$, $\bar{w}_m = \check{w}_m$ rechnet man sofort nach, daß $\mathscr{F}_{\mathbf{R}^n} f_m$ für jedes $m \in \mathbf{N}^\times$ eine reellwertige Funktion ist. Genauer gilt $\mathscr{F}_{\mathbf{R}^n} f_m \geqslant 0$ für jedes $m \in \mathbf{N}^\times$. Um dies einzusehen, genügt der Nachweis der Ungleichung

$$\frac{1}{(2\pi)^{n/2}} \int\limits_{\mathbf{R}^n} \mathscr{F}_{\mathbf{R}^n} f_m(\xi)\, g(\xi)\, d\xi \geqslant 0 \qquad (m \in \mathbf{N}^\times) \tag{3.17}$$

für jede Funktion $g \geqslant 0$ aus $\mathscr{S}(\mathbf{R}^n)$. Denn nimmt man $\mathscr{F}_{\mathbf{R}^n} f_m(\xi_0) < 0$ in irgend einem Punkt $\xi_0 \in \mathbf{R}^n$ an, so ist die stetige Funktion $\mathscr{F}_{\mathbf{R}^n} f_m$ in einer Umgebung von ξ_0 noch < 0. Damit ist auch die Faltung $\mathscr{F}_{\mathbf{R}^n} f_m * k_\varrho(\xi_0) < 0$ (Beispiel 1.2(3)) für hinreichend großes $\varrho > 0$ im Widerspruch zu (3.17) für $g = \tau(\xi_0) k_\varrho$. Nach Satz 3.2 ist die Funktion $\mathscr{F}_{\mathbf{R}^n} g$ für jede Funktion $g \geqslant 0$ aus $\mathscr{S}(\mathbf{R}^n)$ von positivem Typ. Demnach (Satz 3.1) ist auch die Funktion $f \cdot \mathscr{F}_{\mathbf{R}^n} g$ von positivem Typ. Satz 3.6 impliziert dann

$$\frac{1}{(2\pi)^{n/2}} \int\limits_{\mathbf{R}^n} f_m(x)\, \mathscr{F}_{\mathbf{R}^n} g(x)\, dx \geqslant 0 \qquad (m \in \mathbf{N}^\times) \tag{3.18}$$

Eine Anwendung von Satz 1.2 liefert (3.17) für jede Funktion $g \geqslant 0$ aus $\mathscr{S}(\mathbf{R}^n)$. Aufgrund der Parseval-Identität und (1.33) gilt

$$\frac{1}{(2\pi)^{n/2}} \int\limits_{\mathbf{R}^n} \mathscr{F}_{\mathbf{R}^n} f_m(\xi)\, e^{-k^{-1}|\xi|^2}\, d\xi = \frac{1}{(2\pi)^{n/2}} \int\limits_{\mathbf{R}^n} f_m(x)\, w_{1/k}(x)\, dx$$
$$= w_{1/k} * f_m(0). \tag{3.19}$$

Nach dem Satz über die monotone Konvergenz erhält man somit durch den Grenzübergang $k \to +\infty$

$$\frac{1}{(2\pi)^{n/2}} \int\limits_{\mathbf{R}^n} \mathscr{F}_{\mathbf{R}^n} f_m(\xi)\, d\xi = f_m(0) = 1. \tag{3.20}$$

Man entnimmt daraus, daß die Elemente der Folge $(\mathscr{F}_{\mathbf{R}^n} f_m)_{m \geqslant 1}$ dem Raum $L^1(\mathbf{R}^n) \cap L^2(\mathbf{R}^n)$ angehören. Aus Satz 1.8 folgen somit für die Maße $\mu_m = \dfrac{1}{(2\pi)^{n/2}}\, \mathscr{F}_{\mathbf{R}^n} f_m \cdot d\xi \in \mathcal{M}^1_+(\mathbf{R}^n)\ (m \in \mathbf{N}^\times)$ die Identitäten

$$f_m = \bar{\mathscr{F}}_{\mathbf{R}^n} \circ \mathscr{F}_{\mathbf{R}^n} f_m = \bar{\mathscr{F}}_{\mathbf{R}^n} \mu_m \qquad (m \in \mathbf{N}^\times). \tag{3.21}$$

Die Folge $(f_m)_{m\in\mathbf{N}^\times}$ konvergiert punktweise und monoton wachsend auf dem Raum $\mathbf{R}^n$ gegen f und somit nach dem Satz von Dini auch gleichmäßig auf den kompakten Teilmengen des $\mathbf{R}^n$. Also existiert nach Satz 3.5 ein Radonsches Wahrscheinlichkeitsmaß μ auf dem $\mathbf{R}^n$ mit der gewünschten Eigenschaft. ∎

Aufgaben

3.1 Zeige, daß die im Beweis zu Satz 3.2 konstruierte unitäre Darstellung (3.5) als Restriktion einer stetigen Darstellung von $\mathbf{R}^n$ in $\mathscr{S}'(\mathbf{R}^n)$ gewonnen werden kann.

3.2 Es bezeichne $(\mu_m)_{m\in\mathbf{N}}$ eine Folge von Maßen in $\mathscr{M}^1(\mathbf{R}^n)$ mit $M = \sup_{m\in\mathbf{N}} \|\mu_m\| < +\infty$. Konvergiert die Folge $(\mathscr{F}_{\mathbf{R}^n}\mu_m)_{m\in\mathbf{N}}$ bezüglich der schwachen Topologie $\sigma(L^\infty(\mathbf{R}^n), L^1(\mathbf{R}^n))$ gegen $\varphi \in L^\infty(\mathbf{R}^n)$, so existiert ein Maß $\mu \in \mathscr{M}^1(\mathbf{R}^n)$ mit $\varphi = \mathscr{F}_{\mathbf{R}^n}\mu$ und $\|\mu\| \leqslant M$. (Beweise eine geeignete Version von Satz 3.3).

3.3 Man sagt, eine Funktion $\varphi: \mathbf{R}^n \to \mathbf{C}$ erfülle eine Bochner-Bedingung mit der Konstanten $M > 0$, falls für jede endliche Folge $(\alpha_m)_{1 < m < N}$ komplexer Zahlen und jede endliche Folge $(x_m)_{1 < m < N}$ von Punkten aus $\mathbf{R}^n$ die Ungleichung $\left| \sum_{1 < m < N} \alpha_m \varphi(x_m) \right| \leqslant M \cdot \left\| \sum_{1 < m < N} \alpha_m e^{i(x_m|\cdot)} \right\|_\infty$ erfüllt ist.

(a) Erfüllt $\varphi \in L^\infty(\mathbf{R}^n)$ eine Bochner-Bedingung mit der Konstanten $M > 0$ und gilt $f \in L^1(\mathbf{R}^n)$, $\|f\|_1 \leqslant 1$, so erfüllt auch $\varphi * f$ eine Bochner-Bedingung mit der Konstanten M.

(b) Erfüllt $\varphi \in L^\infty(\mathbf{R}^n)$ eine Bochner-Bedingung mit der Konstanten $M > 0$ und gilt $f \in L^1(\mathbf{R}^n)$, $\mathscr{F}_{\mathbf{R}^n} f \in L^1(\mathbf{R}^n)$, $\|\mathscr{F}_{\mathbf{R}^n} f\|_1 \leqslant 1$, so erfüllt auch $\varphi \cdot f$ eine Bochner-Bedingung mit der Konstanten M.

(c) Gilt $\mu \in \mathscr{M}^1(\mathbf{R}^n)$, $\|\mu\| \leqslant M$, so erfüllt $\mathscr{F}_{\mathbf{R}^n}\mu$ eine Bochner-Bedingung mit der Konstanten M.

3.4 Sei $\varphi: \mathbf{R}^n \to \mathbf{C}$ eine dx-meßbare Funktion, die eine Bochner-Bedingung mit der Konstanten $M > 0$ erfüllt. Dann existiert genau ein Maß $\mu \in \mathscr{M}^1(\mathbf{R}^n)$ mit $\|\mu\| \leqslant M$ und $\mathscr{F}_{\mathbf{R}^n}\mu(x) = \varphi(x)$ für dx-fast alle Punkte $x \in \mathbf{R}^n$. (Beachte, daß der Gauss-Weierstrass-Kern $(w_t)_{t>0}$ (Beispiel 1.2(2)) die Eigenschaften $\|w_t\|_1 = 1$, $\lim_{t\to 0} \mathscr{F}_{\mathbf{R}^n} w_t = 1$ gleichmäßig auf den kompakten Teilen des $\mathbf{R}^n$, und $\mathscr{F}_{\mathbf{R}^n} w_t \in L^1(\mathbf{R}^n) \cap L^2(\mathbf{R}^n)$ erfüllt. Für jedes Paar $(t,s) \in \mathbf{R}_+^\times \times \mathbf{R}_+^\times$ sei $\varphi_{t,s} = (\varphi \cdot w_s) * w_t$. Zeige mit Hilfe von Aufgabe 3.3, daß $\|\mathscr{F}_{\mathbf{R}^n}\varphi_{t,s}\|_1 \leqslant M$ gilt).

3.5 Sei $(\mu_\iota)_{\iota\in I}$ eine gerichtete Familie von Maßen in $\mathscr{M}^1(\mathbf{R}^n)$ mit $M = \sup_{\iota\in I} \|\mu_\iota\| < +\infty$ und es konvergiere $(\mathscr{F}_{\mathbf{R}^n}\mu_\iota)_{\iota\in I}$ punktweise gegen die Funktion $\varphi: \mathbf{R}^n \to \mathbf{C}$. Dann existiert genau ein Maß $\mu \in \mathscr{M}^1(\mathbf{R}^n)$ mit $\mathscr{F}_{\mathbf{R}^n}\mu = \varphi$ und $\|\mu\| \leqslant M$. (Wende die Ergebnisse der Aufgaben 3.3 (c) und 3.4 an).

3.6 (a) Seien f und g Funktionen aus dem Raum $\mathscr{C}(\mathbf{R}^n)$ und es gelte $\dfrac{\partial}{\partial x_j} f = g$ im Raum $\mathscr{D}'(\mathbf{R}^n)$ für ein $j \in \mathbf{N}$ mit $1 \leqslant j \leqslant n$. Dann gilt $\dfrac{\partial}{\partial x_j} f = g$ in $\mathscr{C}(\mathbf{R}^n)$ (*Lemma von Du Bois-Reymond*). (Bilde $f * k_\varrho$ und $g * k_\varrho$ mit der in Beispiel 1.2(3) konstruierten approximativen Einheit $(k_\varrho)_{\varrho > 0}$ auf $\mathbf{R}^n$ und beachte $\dfrac{\partial}{\partial x_j} (f * k_\varrho) = g * k_\varrho$. Benutze den Hauptsatz der Differential- und Integralrechnung).

(b) Die Funktion $f \in \mathscr{C}(\mathbf{R}^n)$ sei von positivem Typ und ihre Einschränkung auf eine offene Nullumgebung des $\mathbf{R}^n$ sei $2k$-mal stetig differenzierbar ($k \geq 1$). Dann gilt $f \in \mathscr{C}^{2k}(\mathbf{R}^n)$. (Ist $\triangle$ der Laplace-Operator des $\mathbf{R}^n$ und $g = (1 - \triangle)^k f$ im Raum $\mathscr{S}'(\mathbf{R}^n)$, so gehört $\mathscr{F}_{\mathbf{R}^n} g$ zu $\mathscr{M}^1(\mathbf{R}^n)$ und $g \in \mathscr{C}(\mathbf{R}^n)$ ist von positivem Typ. Zeige, daß $D^m f \in \mathscr{C}(\mathbf{R}^n)$ für $|m| \leq 2k$ gilt. Wende das Lemma von Du Bois-Reymond an).

3.7 Sei $f \in L^2(\mathbf{R}^n)$. Dann ist $f * \breve{\bar{f}} \in \mathscr{C}(\mathbf{R}^n)$ eine Funktion von positivem Typ.

4 Radiale Funktionen

Im Gegensatz zum Begriff der Funktion von positivem Typ, der für beliebige Gruppen formulierbar ist (Definition I.9.1), hängt der bereits in Beispiel 2.3(3) erwähnte Begriff der Radialität von spezifischen Eigenschaften des n-dimensionalen reellen euklidischen Raumes $\mathbf{R}^n$ ab. Genauer gesagt: Er beruht auf der Tatsache, daß $\mathbf{R}^n - \{0\}$ ($n \geq 2$) homöomorph zum Produkt $\mathbf{S}_{n-1} \times \mathbf{R}_+^\times$ ist, wobei die kompakte $(n-1)$-Sphäre $\mathbf{S}_{n-1} = \{x \in \mathbf{R}^n \mid |x| = 1\}$ die (stetig und transitiv operierende) Symmetriegruppe $\mathbf{O}(n, \mathbf{R})$ (Beispiel I.2.1(5)) aufweist.

Definition 4.1 Eine Funktion $f: \mathbf{R}^n \to \mathbf{C}$ heißt radial, falls $f \circ u = f$ für jedes $u \in \mathbf{O}(n, \mathbf{R})$ gilt ($n \geq 1$).

Zu jeder radialen Funktion f existiert demnach genau eine Funktion $f_0: \mathbf{R}_+ \to \mathbf{C}$ mit der Eigenschaft

$$f(x) = f_0(|x|) \qquad (x \in \mathbf{R}^n), \tag{4.1}$$

und f ist genau dann stetig, falls f_0 stetig ist. Aus Satz 2.7 folgt, daß für jede radiale Funktion $f \in L^1(\mathbf{R}^n)$ sowohl $\mathscr{F}_{\mathbf{R}^n} f$ als auch $\overline{\mathscr{F}}_{\mathbf{R}^n} f$ radiale Funktionen sind.

Beispiel 4.1 Die Gauss-Funktion g_n und die Funktion $f: \mathbf{R}^n \ni x \longmapsto e^{-\alpha|x|}$ ($\alpha > 0$) sind radial. Vgl. (1.9) und Aufgabe 1.5.

Sei jetzt $n \geq 2$ und $f \in L^1(\mathbf{R}^n)$ radial. Dann gilt für jeden Punkt $\mathbf{R}^n \ni \zeta = \zeta' \cdot s$ mit $\zeta' \in \mathbf{S}_{n-1}, s \in \mathbf{R}_+$ nach dem Satz von Lebesgue-Fubini und dem Transformationssatz für mehrfache Integrale

$$\mathscr{F}_{\mathbf{R}^n} f(\zeta) = \frac{1}{(2\pi)^{n/2}} \int_{\mathbf{R}^n} f(x)\, e^{-i(\zeta|x)}\, dx$$

$$= \frac{1}{(2\pi)^{n/2}} \int_{\mathbf{R}_+} f_0(r) \left(\int_{\mathbf{S}_{n-1}} e^{-irs(\zeta'|x')}\, \sigma^{(n-1)}(x') \right) r^{n-1}\, dr. \tag{4.2}$$

Dabei bezeichnet $\sigma^{(n-1)}$ die *Raumwinkel-Form* auf der nach außen orientierten $(n-1)$-Sphäre $\mathbf{S}_{n-1}$. Es gilt $\int_{\mathbf{R}_+} |f_0(r)| r^{n-1}\, dr < +\infty$. Um in (4.2) das über $\mathbf{S}_{n-1}$

erstreckte Integral auszuwerten, kann zunächst über die $(n-2)$-Sphäre mit Radius $\sin\theta$ und sodann bezüglich θ über das Intervall $[\![0,\pi]\!]$ integriert werden. Bezeichnet

$$\Omega_n = \int\limits_{\mathbf{S}_{n-1}} \sigma^{(n-1)} = \frac{n\,\pi^{n/2}}{\Gamma((n/2)+1)} \qquad (n\geqslant 2) \tag{4.3}$$

das Oberflächenmaß der $\mathbf{S}_{n-1}$, so erhält man die Identitäten

$$\frac{1}{(2\pi)^{n/2}} \int\limits_{\mathbf{S}_{n-1}} e^{-irs(\zeta'|x')}\,\sigma^{(n-1)}(x') = \frac{\Omega_{n-1}}{(2\pi)^{n/2}} \int\limits_0^\pi e^{-irs\cdot\cos\theta}\,\sin^{n-2}\theta\,d\theta$$

$$= \frac{1}{2^{(n-2)/2}\sqrt{\pi}\,\Gamma\!\left(\frac{n-1}{2}\right)} \int\limits_{-1}^{+1} e^{irs\eta}\,(1-\eta^2)^{(n-3)/2}\,d\eta. \tag{4.4}$$

Die linke Seite von (4.4) ist die Fourier-Stieltjes-Transformierte an der Stelle $\zeta'\in\mathbf{S}_{n-1}$ des von der Differentialform $\dfrac{1}{(2\pi)^{n/2}}\,\sigma^{(n-1)}$ induzierten Maßes auf dem $\mathbf{R}^n$ mit dem Träger $\mathbf{S}_{n-1}$ und der Gesamtmasse $\dfrac{\Omega_n}{(2\pi)^{n/2}}$ (vgl. Aufgabe 4.1). Die rechte Seite läßt sich mit Hilfe der *Bessel-Funktion* $\mathscr{I}_{(n-2)/2}$ ausdrücken. Dazu sei an die Definition der Bessel-Funktionen $(\mathscr{I}_m)_{m\in\mathbf{Z}}$ erinnert: Für jedes $z\in\mathbf{C}$ ist $\mathscr{I}_m(z)$ der m-te Fourier-Koeffizient der stetigen Funktion $\mathbf{T}\ni t\longmapsto e^{izsint}\in\mathbf{C}$. Demnach gilt (Definition I.3.1)

$$\mathscr{I}_m(z) = \frac{1}{2\pi} \int\limits_{-\pi}^{+\pi} e^{izsint}\,e^{-imt}\,dt \qquad (m\in\mathbf{Z}). \tag{4.5}$$

Man beachte, daß diese Funktionen die Rekursionsgleichungen

$$\left(\frac{1}{z}\frac{d}{dz}\right)\frac{\mathscr{I}_m(z)}{z^m} = -\frac{\mathscr{I}_{m+1}(z)}{z^{m+1}} \qquad (z\in\mathbf{C}^\times,\ m\in\mathbf{N}) \tag{4.6}$$

erfüllen, denn man erhält

$$\left(\frac{1}{z}\frac{d}{dz}\right)\frac{\mathscr{I}_m(z)}{z^m} = -\frac{1}{z^{m+1}}\left(m\,\frac{\mathscr{I}_m(z)}{z} - \frac{d}{dz}\mathscr{I}_m(z)\right)$$

$$= -\frac{1}{z^{m+1}}\left(\frac{m}{2\pi z}\int\limits_{-\pi}^{+\pi} e^{izsint}\,e^{-imt}\,dt - \frac{1}{2\pi}\int\limits_{-\pi}^{+\pi}\left(\frac{d}{dz}e^{izsint}\right)e^{-imt}\,dt\right)$$

$$= -\frac{1}{2\pi z^{m+1}}\int\limits_{-\pi}^{+\pi}\left[\left(\frac{i}{z}\frac{d}{dt}\right)(e^{izsint}\,e^{-imt}) + \cos t\,e^{izsint}\,e^{-imt} - i\sin t\,e^{izsint}\,e^{-imt}\right]dt$$

$$= -\frac{1}{2\pi z^{m+1}}\int\limits_{-\pi}^{+\pi} e^{izsint}\,e^{-i(m+1)t}\,dt = -\frac{\mathscr{I}_{m+1}(z)}{z^{m+1}}. \tag{4.7}$$

Da die Funktionen $(\tilde{\mathscr{I}}_m)_{m \in \mathbf{N}}$, die für $z \in \mathbf{C}$ gemäß

$$\tilde{\mathscr{I}}_m(z) = \frac{(z/2)^m}{\Gamma((2m+1)/2)\sqrt{\pi}} \int\limits_{-1}^{+1} e^{iz\eta} (1-\eta^2)^{(2m-1)/2}\, d\eta \tag{4.8}$$

erklärt sind, wegen

$$\left(\frac{1}{z}\frac{d}{dz}\right) \frac{\tilde{\mathscr{I}}_m(z)}{z^m} = \frac{i2^{-m}}{z\Gamma((2m+1)/2)\sqrt{\pi}} \int\limits_{-1}^{+1} e^{iz\eta}\, \eta(1-\eta^2)^{(2m-1)/2}\, d\eta$$

$$= -\frac{2^{-m}(2m+1)^{-1}}{\Gamma((2m+1)/2)\sqrt{\pi}} \int\limits_{-1}^{+1} e^{iz\eta}(1-\eta^2)^{(2m+1)/2}\, d\eta \qquad (z \in \mathbf{C}^{\times}) \tag{4.9}$$

$$= -\frac{\tilde{\mathscr{I}}_{m+1}(z)}{z^{m+1}}$$

ebenfalls die Rekursionsgleichungen (4.6) erfüllen, folgt aus $\mathscr{I}_0 = \tilde{\mathscr{I}}_0$ offenbar $\mathscr{I}_m = \tilde{\mathscr{I}}_m$ für jedes $m \in \mathbf{N}$. Weil aber das Integral (4.8) für $z \in \mathbf{R}_+^{\times}$ auch dann noch existiert, falls $m \in \mathbf{N}$ durch eine beliebige reelle Zahl $\alpha > -1/2$ ersetzt wird, definiert man die *Bessel-Funktion $\mathscr{I}_\alpha$* (erster Art) *zum Index $\alpha > -\frac{1}{2}$* durch

$$\mathscr{I}_\alpha: \mathbf{R}_+^{\times} \ni r \longmapsto \frac{(r/2)^\alpha}{\Gamma((2\alpha+1)/2)\sqrt{\pi}} \int\limits_{-1}^{+1} e^{ir\eta}(1-\eta^2)^{(2\alpha-1)/2}\, d\eta, \tag{4.10}$$

und es folgt aus (4.4) und (4.10) die wichtige Beziehung

$$\frac{1}{(2\pi)^{n/2}} \int\limits_{\mathbf{S}_{n-1}} e^{-irs(\xi'|x')} \cdot \sigma^{(n-1)}(x') = \frac{1}{(rs)^{(n-2)/2}} \mathscr{I}_{(n-2)/2}(rs). \tag{4.11}$$

Denkt man an die Ausgangsgleichung (4.2) zurück, so ist damit folgendes Ergebnis bewiesen:

Satz 4.1 *Sei $n \geqslant 2$ und $f \in \mathrm{L}^1(\mathbf{R}^n)$ eine radiale Funktion. Dann gilt* (vgl. (4.1)) *für die Fourier-Transformierte*

$$\mathscr{F}_{\mathbf{R}^n} f(\xi) = \frac{1}{|\xi|^{(n-2)/2}} \int\limits_{\mathbf{R}_+} f_0(r)\, r^{n/2}\, \mathscr{I}_{(n-2)/2}(r|\xi|)\, dr \tag{4.12}$$

für jeden Punkt $\xi \in \mathbf{R}^n$.

Für jedes $\delta \geqslant 0$ sei die radiale Funktion $K_\delta \geqslant 0$ wie folgt definiert:

$$K_\delta: \mathbf{R}^n \ni x \longmapsto \begin{cases} (1-|x|^2)^\delta & \text{falls } |x| \leqslant 1, \\ 0 & \text{falls } |x| > 1. \end{cases} \tag{4.13}$$

Aus (4.12) folgt für jedes $\xi \in \mathbf{R}^n$ die Beziehung

$$\mathscr{F}_{\mathbf{R}^n} K_\delta(\xi) = \frac{1}{|\xi|^{(n-2)/2}} \int_0^1 (1-r^2)^\delta \, r^{n/2} \, \mathscr{I}_{(n-2)/2}(r|\xi|) \, dr. \tag{4.14}$$

Die rechte Seite von (4.14) kann mit Hilfe der Bessel-Funktion $\mathscr{I}_{(n/2)+\delta}$ ausgedrückt werden. Um dies einzusehen, beachtet man zunächst, daß die Exponentialreihe

$$e^{ir\eta} = \sum_{m \geqslant 0} i^m \frac{r^m}{m!} \eta^m \tag{4.15}$$

für jedes $r \in \mathbf{R}_+$ gleichmäßig für alle $\eta \in [\![-1, +1]\!]$ konvergiert und daß die Beta-Funktion $B: (x, y) \longmapsto \int_0^1 t^{x-1}(1-t)^{y-1} \, dt$ für jedes Paar $(x, y) \in \mathbf{R}_+^\times \times \mathbf{R}_+^\times$ die Beziehung $B(x, y) = \Gamma(x) \cdot \Gamma(y) / \Gamma(x+y)$ erfüllt. Mit Hilfe der Beziehung $\sqrt{\pi} \, \Gamma(2m) = 2^{2m-1} \Gamma(m) \Gamma((2m+1)/2)$ erhält man dann aus (4.10) die Reihendarstellung der Bessel-Funktion

$$\mathscr{I}_\alpha: \mathbf{R}_+^\times \ni r \longmapsto \left(\frac{r}{2}\right)^\alpha \sum_{m \geqslant 0} \frac{(-1)^m \left(\frac{r}{2}\right)^{2m}}{m! \, \Gamma(m+\alpha+1)} \qquad \left(\alpha > -\frac{1}{2}\right) \tag{4.16}$$

und deshalb für das in (4.14) auftretende Integral (mit $\alpha = (n-2)/2$)

$$\int_0^1 (1-r^2)^\delta \, r^{n/2} \, \mathscr{I}_\alpha(r|\xi|) \, dr = \left(\frac{|\xi|}{2}\right)^\alpha \sum_{m \geqslant 0} \frac{(-1)^m \left(\frac{|\xi|}{2}\right)^{2m}}{2 \cdot m! \, \Gamma(m+\alpha+1)} \int_0^1 t^{m+\alpha}(1-t)^\delta \, dt$$

$$= 2^\delta \, \Gamma(\delta+1) \frac{1}{|\xi|^{\delta+1}} \, \mathscr{I}_{\alpha+\delta+1}(|\xi|). \tag{4.17}$$

Mithin gilt für $\xi \in \mathbf{R}^n$

$$\mathscr{F}_{\mathbf{R}^n} K_\delta(\xi) = 2^\delta \, \Gamma(\delta+1) \frac{1}{|\xi|^{((n-2)/2)+\delta+1}} \, \mathscr{I}_{((n-2)/2)+\delta+1}(|\xi|). \tag{4.18}$$

Beachtet man die aus der Theorie der Bessel-Funktionen bekannte asymptotische Abschätzung $\mathscr{I}_\alpha(r) = O(r^{-1/2})$ für $r \to +\infty$ und $\alpha > -\frac{1}{2}$, so zeigt die Gleichung (4.18), daß die Funktion

$$k_\delta = \mathscr{F}_{\mathbf{R}^n} K_\delta \qquad (\delta > 0) \tag{4.19}$$

zum Raum $L^1(\mathbf{R}^n)$ gehört, falls $\displaystyle\int_1^\infty \frac{r^{n-1} \, r^{-1/2}}{r^{((n-2)/2)+\delta+1}} \, dr < +\infty$ ist.

Wählt man also $\delta > \tfrac{1}{2}(n-1)$, so gilt $\dfrac{1}{(2\pi)^{n/2}}\displaystyle\int_{\mathbf{R}^n} \mathscr{k}_\delta(\xi)\,\mathrm{d}\xi = K_\delta(0) = 1$ (Satz 1.8). Mithin ist der sog. *Bochner-Riesz-Kern* $(\mathscr{k}_{\delta,\varrho})_{\varrho>0}$ für jedes $\delta > \tfrac{1}{2}(n-1)$ eine approximative Einheit auf dem $\mathbf{R}^n$ (Beispiel 1.2(1)). Für $f \in L^p(\mathbf{R}^n)$, $p \in \llbracket 1, +\infty \llbracket$, oder $f \in \mathscr{C}_0(\mathbf{R}^n)$ wird

$$\mathscr{R}_{\delta,\varrho}f = \mathscr{k}_{\delta,\varrho} * f \qquad (\varrho > 0) \tag{4.20}$$

Bochner-Riesz-Mittel von f genannt. Satz 1.7 liefert im vorliegenden Falle das folgende Resultat:

Satz 4.2 *Sei* $f \in L^p(\mathbf{R}^n)$, $p \in \llbracket 1, +\infty \llbracket$, $n \geqslant 2$, *und* $\delta > \tfrac{1}{2}(n-1)$. *Dann gilt für die Bochner-Riesz-Mittel*

$$\lim_{\varrho \to +\infty} \|\mathscr{R}_{\delta,\varrho}f - f\|_p = 0. \tag{4.21}$$

Im Falle $f \in \mathscr{C}_0(\mathbf{R}^n)$ *gilt entsprechend für* $\delta > \tfrac{1}{2}(n-1)$

$$\lim_{\varrho \to +\infty} \|\mathscr{R}_{\delta,\varrho}f - f\|_\infty = 0. \tag{4.22}$$

Notiz. Man nennt die Zahl $\tfrac{1}{2}(n-1)$ den *kritischen Index* des Bochner-Riesz-Verfahrens, da $(\mathscr{k}_{\frac{1}{2}(n-1),\varrho})_{\varrho>0}$ keine approximative Einheit auf dem $\mathbf{R}^n$ mehr ist.

Faßt man die radialen Funktionen des Raumes $L^1(\mathbf{R}^n)$ zu einem (abgeschlossenen) Untervektorraum $L^1(\mathbf{R}^n)_0$ von $L^1(\mathbf{R}^n)$ zusammen, so ist leicht nachzurechnen, daß $L^1(\mathbf{R}^n)_0$ stabil ist gegenüber dem Faltungsprodukt $(f,g) \longrightarrow f*g$ der komplexen Banach-Algebra $L^1(\mathbf{R}^n)$. Die Restriktion der Fourier-Transformation $\mathscr{F}_{\mathbf{R}^n}$ bildet $L^1(\mathbf{R}^n)_0$ in den (abgeschlossenen) Untervektorraum $\mathscr{C}_0(\mathbf{R}^n)_0$ von $\mathscr{C}_0(\mathbf{R}^n)$ der stetigen, radialen, im Unendlichen verschwindenden, komplexwertigen Funktionen auf dem $\mathbf{R}^n$ ab, und die Abbildung $f \longrightarrow f_0$ liefert einen isometrischen Vektorraum-Isomorphismus von $L^1(\mathbf{R}^n)_0$ auf $L^1\!\left(\mathbf{R}_+; \dfrac{\Omega_n}{(2\pi)^{n/2}}\, r^{n-1}\,\mathrm{d}r\right)$. Definiert man also für $\alpha = (n-2)/2$, $n \geqslant 2$, das positive Radon-Maß (vgl. (4.3))

$$\mu_\alpha = \frac{1}{2^\alpha\,\Gamma(\alpha+1)}\, r^{2\alpha+1}\,\mathrm{d}r \tag{4.23}$$

auf $\mathbf{R}_+$, so wird $L^1(\mathbf{R}_+; \mu_\alpha)$ bezüglich der multiplikativen Verknüpfung $\#_\alpha$ zu einer kommutativen komplexen Banach-Algebra, falls

$$f_0 \mathbin{\underset{\alpha}{\#}} g_0 = (f*g)_0 \tag{4.24}$$

für jedes Paar $(f,g) \in L^1(\mathbf{R}^n)_0 \times L^1(\mathbf{R}^n)_0$ gesetzt wird. Führt man die Funktion (vgl. (4.16))

$$\mathscr{J}_\alpha : \mathbf{R}_+ \ni r \longrightarrow \begin{cases} \Gamma(\alpha+1)\left(\dfrac{2}{r}\right)^\alpha \mathscr{J}_\alpha(r) & \text{für } r > 0, \\[2ex] 1 & \text{für } r = 0, \end{cases} \tag{4.25}$$

und für jedes $f_0 \in L^1(\mathbf{R}_+ ; \mu_\alpha)$ die Abbildung

$$\mathscr{F}^\alpha_{\mathbf{R}_+} f_0 \colon \mathbf{R}_+ \ni r \longmapsto \int_{\mathbf{R}_+} f_0(s)\, \mathscr{J}_\alpha(rs)\, d\mu_\alpha(s) \in \mathbf{C} \tag{4.26}$$

ein, so zeigt Satz 4.1 zusammen mit Satz 1.3 und Satz 1.9, daß

$$\mathscr{F}^\alpha_{\mathbf{R}_+} \colon L^1(\mathbf{R}_+ ; \mu_\alpha) \to \mathscr{C}_0(\mathbf{R}_+) \qquad (\alpha = (n-2)/2,\ n \geqslant 2) \tag{4.27}$$

ein injektiver und stetiger Morphismus zwischen kommutativen komplexen Banach-Algebren ist.

Definition 4.2 Der stetige Algebren-Morphismus (4.27) wird Hankel-Transformation zum Index $\alpha = (n-2)/2$, $n \geqslant 2$, genannt.

Satz 4.3 *Sei* $\alpha = (n-2)/2$, $n \geqslant 2$. *Für jedes Paar* (f_0, g_0) *von Funktionen aus dem Raum* $L^1(\mathbf{R}_+, \mu_\alpha)$ *gilt*

$$f_0 \mathbin{\#_\alpha} g_0 \colon \mathbf{R}_+ \ni r \longmapsto \int_{\mathbf{R}_+} \int_{\mathbf{R}_+} \Phi_\alpha(r,s,t)\, f_0(s)\, g_0(t)\, d\mu_\alpha(s)\, d\mu_\alpha(t) \tag{4.28}$$

mit dem Integralkern

$$\Phi_\alpha \colon \mathbf{R}_+ \times \mathbf{R}_+ \times \mathbf{R}_+ \ni (r,s,t) \longmapsto \begin{cases} \dfrac{2^{3\alpha-1}\, \Gamma(\alpha+1)^2\, \triangle(r,s,t)^{2\alpha-1}}{\sqrt{\pi}\, \Gamma(\alpha+\frac{1}{2}) \cdot (rst)^{2\alpha}}, \\[2mm] 0. \end{cases} \tag{4.29}$$

Dabei ist in (4.29) der erste Wert genau dann zu wählen, falls ein Dreieck mit den Seiten r, s, t *und dem Flächeninhalt* $\triangle(r,s,t) \neq 0$ *existiert.*

Beweis. Zu beliebigen Funktionen $(f,g) \in L^1(\mathbf{R}^n)_0 \times L^1(\mathbf{R}^n)_0$ werde mit Hilfe der Funktion (4.29) die Abbildung (4.28) konstruiert und mit h_0 bezeichnet. Dann gilt wegen (4.26) für jedes $u \in \mathbf{R}_+$ die Gleichung

$$\mathscr{F}^\alpha_{\mathbf{R}_+} h_0(u) = \int_{\mathbf{R}_+} \int_{\mathbf{R}_+} \int_{\mathbf{R}_+} \Phi_\alpha(r,s,t)\, f_0(s)\, g_0(t)\, \mathscr{J}_\alpha(ur)\, d\mu_\alpha(s)\, d\mu_\alpha(t)\, d\mu_\alpha(r). \tag{4.30}$$

Die *Formel von Sonine* (vgl. Beispiel V.3.2(2))

$$\int_{\mathbf{R}_+} \mathscr{J}_\alpha(ur)\, \Phi_\alpha(r,s,t)\, d\mu_\alpha(r) = \mathscr{J}_\alpha(us) \cdot \mathscr{J}_\alpha(ut) \qquad (s \in \mathbf{R}^\times_+,\ t \in \mathbf{R}^\times_+,\ u \in \mathbf{R}_+) \tag{4.31}$$

ergibt zusammen mit dem Satz von Lebesgue-Fubini und (4.24)

$$\begin{aligned} \mathscr{F}^\alpha_{\mathbf{R}_+} h_0(u) &= \int_{\mathbf{R}_+} \int_{\mathbf{R}_+} f_0(s)\, \mathscr{J}_\alpha(us)\, g_0(t)\, \mathscr{J}_\alpha(ut)\, d\mu_\alpha(s)\, d\mu_\alpha(t) \\[2mm] &= \mathscr{F}^\alpha_{\mathbf{R}_+} f_0(u) \cdot \mathscr{F}^\alpha_{\mathbf{R}_+} g_0(u) = \mathscr{F}^\alpha_{\mathbf{R}_+} (f_0 \mathbin{\#_\alpha} g_0)(u) \end{aligned} \tag{4.32}$$

für jedes $u \in \mathbf{R}_+$. Die Injektivität der Hankel-Transformation $\mathscr{F}^\alpha_{\mathbf{R}_+}$ liefert $h_0 = f_0 \mathbin{\#_\alpha} g_0$, wie behauptet. ∎

Aufgrund von (4.26) und (4.28) ist es naheliegend, die einschränkende Bedingung $\alpha = (n-2)/2$ fallen zu lassen und sowohl die Hankel-Transformation $\mathscr{F}^\alpha_{\mathbf{R}_+}$ als auch das Faltungsprodukt $\underset{\alpha}{\#}$ auf $L^1(\mathbf{R}_+;\mu_\alpha)$ für jedes $\alpha > -\tfrac{1}{2}$ zu definieren. Zunächst überzeugt man sich mit Hilfe der Beziehungen

$$\Phi_\alpha \geqslant 0 \qquad (\alpha > -1/2) \tag{4.33}$$

und ($u = 0$ in der Formel (4.31) von Sonine)

$$\int_{\mathbf{R}_+} \Phi_\alpha(r,s,t)\,\mathrm{d}\mu_\alpha(r) = 1 \qquad (\alpha > -1/2), \tag{4.34}$$

daß durch die gemäß (4.28) definierte bilineare Abbildung $(f_0,g_0) \rightsquigarrow f_0 \underset{\alpha}{\#} g_0$ der komplexe Lebesgue-Raum $L^1(\mathbf{R}_+;\mu_\alpha)$ für jedes $\alpha > -\tfrac{1}{2}$ in sich abgebildet wird und daß

$$\|f_0 \underset{\alpha}{\#} g_0\|_1 \leqslant \|f_0\|_1 \cdot \|g_0\|_1 \tag{4.35}$$

gilt. Die bereits verwendete asymptotische Abschätzung $\mathscr{I}_\alpha(r) = O(r^{-1/2})$ für $r \to \infty$ zeigt zusammen mit (4.25), daß $\mathscr{I}_\alpha \in \mathscr{C}_0(\mathbf{R}_+)$ für $\alpha > -1/2$ gilt. Also existiert $M_\alpha = \sup_{r \in \mathbf{R}_+} \mathscr{I}_\alpha(r)$. Nimmt man $M_\alpha > 1$ an, so existiert wegen $\mathscr{I}_\alpha(0) = 1$ eine Zahl $r_1 \in \mathbf{R}_+^\times$ mit $M_\alpha = \mathscr{I}_\alpha(r_1)$ und es folgt aus (4.31), (4.33) und (4.34)

$$\begin{aligned}
M_\alpha^2 = \mathscr{I}_\alpha(r_1) \cdot \mathscr{I}_\alpha(r_1) &= \int_{\mathbf{R}_+} \mathscr{I}_\alpha(r) \cdot \Phi_\alpha(r,r_1,r_1)\,\mathrm{d}\mu_\alpha(r) \\
&\leqslant M_\alpha \cdot \int_{\mathbf{R}_+} \Phi_\alpha(r,r_1,r_1)\,\mathrm{d}\mu_\alpha(r) = M_\alpha,
\end{aligned} \tag{4.36}$$

im Widerspruch zur Annahme. Also muß notwendig $\sup_{r \in \mathbf{R}_+} \mathscr{I}_\alpha(r) \leqslant 1$ gelten. Durch einen analogen Schluß mit $\inf_{r \in \mathbf{R}_+} \mathscr{I}_\alpha(r)$ folgt schließlich $\|\mathscr{I}_\alpha\|_\infty \leqslant 1$ für jeden Index $\alpha > -\tfrac{1}{2}$. Der Satz von der majorisierten Konvergenz zeigt mithin, daß für jedes $f_0 \in L^1(\mathbf{R}_+;\mu_\alpha)$ die gemäß (4.26) definierte Hankel-Transformierte

$$\mathbf{R}_+ \ni r \rightsquigarrow \mathscr{F}_{\mathbf{R}_+}^\alpha f_0(r) \in \mathbf{C} \qquad (\alpha > -1/2) \tag{4.37}$$

eine stetige Funktion ist, also wegen

$$\|\mathscr{F}_{\mathbf{R}_+}^\alpha f_0\|_\infty \leqslant \|f_0\|_1 \tag{4.38}$$

zum Raum $\mathscr{C}^b(\mathbf{R}_+)$ gehört. Somit ist

$$\mathscr{F}_{\mathbf{R}_+}^\alpha : L^1(\mathbf{R}_+;\mu_\alpha) \to \mathscr{C}^b(\mathbf{R}_+) \qquad (\alpha > -1/2) \tag{4.39}$$

eine stetige lineare Abbildung. Weil die Formel von Sonine (4.31) für jeden Index $\alpha > -\tfrac{1}{2}$ gültig ist, besteht die Funktionalgleichung

$$\mathscr{F}_{\mathbf{R}_+}^\alpha (f_0 \underset{\alpha}{\#} g_0) = (\mathscr{F}_{\mathbf{R}_+}^\alpha f_0) \cdot (\mathscr{F}_{\mathbf{R}_+}^\alpha g_0) \qquad (\alpha > -\tfrac{1}{2}) \tag{4.40}$$

für jedes Paar $(f_0, g_0) \in L^1(\mathbf{R}_+ ; \mu_\alpha) \times L^1(\mathbf{R}_+ ; \mu_\alpha)$. Für $\alpha > -\frac{1}{2}$ sei

$$k_\varrho^\alpha : \mathbf{R}_+ \ni r \longmapsto 2^{\alpha+1} \varrho^{2\alpha+2} e^{-(\varrho r)^2} \qquad (\varrho \in \mathbf{R}_+^\times). \tag{4.41}$$

Man verifiziert (vgl. Definition 1.4) die nachstehenden Eigenschaften:

(i) $\qquad \int\limits_{\mathbf{R}_+} k_\varrho^\alpha(r)\, d\mu_\alpha(r) = 1 \qquad$ für $\varrho > 0$, $\alpha > -\frac{1}{2}$;

(ii) $\qquad k_\varrho^\alpha \geqslant 0 \qquad\qquad\qquad$ für $\varrho > 0$, $\alpha > -\frac{1}{2}$;

(iii) Für jedes $\delta > 0$ gilt

$$\lim_{\varrho \to +\infty} \int\limits_{\delta < r} k_\varrho^\alpha(r)\, d\mu_\alpha(r) = 0 \qquad (\alpha > -\tfrac{1}{2}).$$

Notiz. Ist $k^\alpha \in L^1(\mathbf{R}_+ ; \mu_\alpha)$ eine beliebige Funktion mit $\int\limits_{\mathbf{R}_+} k^\alpha(r)\, d\mu_\alpha(r) = 1$, so erfüllt die Familie $(k_\varrho^\alpha)_{\varrho > 0}$ mit $k_\varrho^\alpha : r \longmapsto \varrho^{2\alpha+2} k(\varrho r)$ die vorstehenden Eigenschaften (i) bis (iii); vgl. Beispiel 1.2(1).

Wie im Beweis zu Satz 1.7 folgt

$$\lim_{\varrho \to +\infty} \| k_\varrho^\alpha \underset{\alpha}{\#} f_0 - f_0 \|_1 = 0 \qquad (\alpha > -\tfrac{1}{2}) \tag{4.42}$$

für jede Funktion $f_0 \in L^1(\mathbf{R}_+ ; \mu_\alpha)$. Mit Hilfe der Potenzreihenentwicklung (4.16) von $\mathscr{J}_\alpha$ gewinnt man $\mathscr{F}_{\mathbf{R}_+}^\alpha k_\varrho^\alpha : \mathbf{R}_+ \ni r \longmapsto e^{-r^2/4\varrho^2}$ (Aufgabe 4.1). Man ersieht daraus noch die Eigenschaften

(iv) $\qquad \mathscr{F}_{\mathbf{R}_+}^\alpha k_\varrho^\alpha \in L^1(\mathbf{R}_+ ; \mu_\alpha) \quad$ für $\varrho > 0$, $\alpha > -\frac{1}{2}$;

(v) $\qquad \mathscr{F}_{\mathbf{R}_+}^\alpha \circ \mathscr{F}_{\mathbf{R}_+}^\alpha k_\varrho^\alpha = k_\varrho^\alpha \quad$ für $\varrho > 0$, $\alpha > -\frac{1}{2}$.

Der Satz von Lebesgue-Fubini liefert somit für jede Funktion $f_0 \in L^1(\mathbf{R}_+ ; \mu_\alpha)$ und jedes $r \in \mathbf{R}_+$, falls $\varrho > 0$ und $\alpha > -1/2$:

$$\begin{aligned}
\mathscr{F}_{\mathbf{R}_+}^\alpha \left(\mathscr{F}_{\mathbf{R}_+}^\alpha k_\varrho^\alpha \cdot \mathscr{F}_{\mathbf{R}_+}^\alpha f_0 \right)(r) &= \int\limits_{\mathbf{R}_+} \mathscr{F}_{\mathbf{R}_+}^\alpha k_\varrho^\alpha(s) \cdot \mathscr{F}_{\mathbf{R}_+}^\alpha f_0(s) \cdot \mathscr{J}_\alpha(rs)\, d\mu_\alpha(s) \\[2mm]
&= \int\limits_{\mathbf{R}_+} \mathscr{F}_{\mathbf{R}_+}^\alpha k_\varrho^\alpha(s)\, \mathscr{J}_\alpha(rs) \int\limits_{\mathbf{R}_+} f_0(t)\, \mathscr{J}_\alpha(st)\, d\mu_\alpha(t)\, d\mu_\alpha(s) \\[2mm]
&= \int\limits_{\mathbf{R}_+} f_0(t) \int\limits_{\mathbf{R}_+} \mathscr{F}_{\mathbf{R}_+}^\alpha k_\varrho^\alpha(s)\, \mathscr{J}_\alpha(sr)\, \mathscr{J}_\alpha(st)\, d\mu_\alpha(s)\, d\mu_\alpha(t) \\[2mm]
&= \int\limits_{\mathbf{R}_+} f_0(t) \int\limits_{\mathbf{R}_+} \mathscr{F}_{\mathbf{R}_+}^\alpha k_\varrho^\alpha(s) \int\limits_{\mathbf{R}_+} \mathscr{J}_\alpha(su)\, \Phi_\alpha(u, r, t)\, d\mu_\alpha(s)\, d\mu_\alpha(t)\, d\mu_\alpha(u) \\[2mm]
&= \int\limits_{\mathbf{R}_+} f_0(t) \int\limits_{\mathbf{R}_+} \Phi_\alpha(u, r, t)\, k_\varrho^\alpha(u)\, d\mu_\alpha(t)\, d\mu_\alpha(u) \\[2mm]
&= \int\limits_{\mathbf{R}_+} \int\limits_{\mathbf{R}_+} \Phi_\alpha(u, r, t)\, k_\varrho^\alpha(u)\, f_0(t)\, d\mu_\alpha(u)\, d\mu_\alpha(t) \\[2mm]
&= \left(k_\varrho^\alpha \underset{\alpha}{\#} f_0 \right)(r)
\end{aligned} \tag{4.43}$$

Beim Grenzübergang $\varrho \to +\infty$ erhält man somit wegen (4.42) für jede Funktion $f_0 \in \mathrm{L}^1(\mathbf{R}_+; \mu_\alpha)$ mit $\mathscr{F}^\alpha_{\mathbf{R}_+} f_0 \in \mathrm{L}^1(\mathbf{R}_+; \mu_\alpha)$ die *Inversionsformel*

$$\mathscr{F}^\alpha_{\mathbf{R}_+} \circ \mathscr{F}^\alpha_{\mathbf{R}_+} f_0 = f_0 \qquad (\alpha > -\tfrac{1}{2}). \tag{4.44}$$

Die Hankel-Transformation (4.39) ist also insbesondere injektiv und somit $\underset{\alpha}{\#}$ eine assoziative und kommutative Verknüpfung auf $\mathrm{L}^1(\mathbf{R}_+; \mu_\alpha)$. Der von der Menge $\{k^\alpha_\varrho \underset{\alpha}{\#} f_0 \,|\, f_0 \in \mathrm{L}^1(\mathbf{R}_+; \mu_\alpha),\, \varrho > 0\}$ aufgespannte Untervektorraum M von $\mathrm{L}^1(\mathbf{R}_+; \mu_\alpha)$ liegt wegen (4.42) überall dicht in $\mathrm{L}^1(\mathbf{R}_+; \mu_\alpha)$ und zu jedem $g \in M$ und zu jedem $\varepsilon > 0$ kann eine Zahl $r_0 \in \mathbf{R}^\times_+$ gewählt werden mit $\sup\limits_{r > r_0} |\mathscr{F}^\alpha_{\mathbf{R}_+} g(r)| < \varepsilon$. Daraus folgt wie im Beweis zu Satz 1.1 die Inklusion $\mathscr{F}^\alpha_{\mathbf{R}_+} (\mathrm{L}^1(\mathbf{R}_+; \mu_\alpha)) \subseteqq \mathscr{C}_0(\mathbf{R}_+)$ für jedes $\alpha > -\tfrac{1}{2}$, also zusammengefaßt der

Satz 4.4 *Sei* $\alpha > -1/2$. *Die Hankel-Transformation*

$$\mathscr{F}^\alpha_{\mathbf{R}_+} : \mathrm{L}^1(\mathbf{R}_+; \mu_\alpha) \to \mathscr{C}_0(\mathbf{R}_+) \tag{4.45}$$

ist ein injektiver Morphismus zwischen kommutativen komplexen Banach-Algebren.

Die Hankel-Transformation $\mathscr{F}^\alpha_{\mathbf{R}_+}$ und das Faltungsprodukt $\underset{\alpha}{\#}$ auf $\mathrm{L}^1(\mathbf{R}_+; \mu_\alpha)$ weisen also für $\alpha > -\tfrac{1}{2}$ auch dann noch die von der Fourier-Transformation geläufigen Eigenschaften auf, wenn die Bedingung $\alpha = (n-2)/2$, $n \geqslant 2$, nicht erfüllt ist. Durch die vorstehenden Überlegungen ist die Grundlage für den Aufbau einer L^2-Theorie der Hankel-Transformation $\mathscr{F}^\alpha_{\mathbf{R}_+}$ für beliebige Indizes $\alpha > -\tfrac{1}{2}$ geschaffen (Aufgabe 4.5).

Aufgaben

4.1 Es bezeichne $\mu_{n-1} \in \mathscr{M}^1(\mathbf{R}^n)$ das von der Raumwinkel-Form $\sigma^{(n-1)}$ auf der nach außen orientierten Sphäre $\mathbf{S}_{n-1}$ $(n \geqslant 2)$ induzierte Maß mit der Gesamtmasse

$$\mu_{n-1}(\mathbf{R}^n) = \frac{1}{(2\pi)^{n/2}} \int_{\mathbf{S}_{n-1}} \sigma^{(n-1)} = \frac{\Omega_n}{(2\pi)^{n/2}}.$$

Dann ist $f = \mathscr{F}_{\mathbf{R}^n} \mu_{n-1}$ eine stetige radiale Funktion von positivem Typ auf dem $\mathbf{R}^n$.

(a) Die Funktion f kann zu einer ganzen holomorphen Funktion auf dem Raum $\mathbf{C}^n$ fortgesetzt werden. Bezeichnet $\triangle$ den Laplace-Operator des Raumes $\mathbf{R}^n$, so gilt $(1 + \triangle)f = 0$. (Beachte, daß μ_{n-1} den kompakten Träger $\mathbf{S}_{n-1}$ besitzt und $K_1 \mu_{n-1} = 0$ (vgl. (4.13)) gilt).

(b) Die Funktion f_0 erfüllt die gewöhnliche Differentialgleichung

$$f''_0(r) + \frac{n-1}{r} f'_0(r) + f_0(r) = 0 \text{ auf } \mathbf{R}^\times_+. \text{ (Schreibe } \triangle \text{ in sphärischen Polarkoordinaten).}$$

(c) Die Funktion f_0 kann von $\mathbf{R}_+$ zu einer ganzen holomorphen Funktion $\mathbf{C} \ni z \longmapsto \sum\limits_{m \geqslant 0} a_{2m} z^{2m}$ fortgesetzt werden. Die Koeffizienten $(a_{2m})_{m \geqslant 0}$ erfüllen die Rekursionsformel

$$a_{2m} = -\frac{a_{2m-2}}{2m(n-2+2m)} \;(m \geqslant 1) \quad \text{mit} \quad a_0 = \frac{1}{2^{\alpha}\,\Gamma(\alpha+1)}, \; \alpha = (n-2)/2.$$

(d) Zeige, daß $f_0 = a_0 \mathscr{J}_\alpha$ gilt und führe einen neuen Beweis für Satz 4.1.

4.2 (a) Setze das Faltungsprodukt $\#_\alpha$ für $\alpha > -1/2$ von $L^1(\mathbf{R}_+ ; \mu_\alpha)$ auf $\mathscr{M}^1(\mathbf{R}_+)$ fort.

(Zerlege jedes $\mu \in \mathscr{M}^1(\mathbf{R}_+)$ eindeutig in $\mu = \mu' + a\,\varepsilon_0$, wobei der Träger von $\mu' \in \mathscr{M}^1(\mathbf{R}_+)$ in $\mathbf{R}_+^\times$ enthalten ist und $a \in \mathbf{C}$ gilt).

(b) Setze die Hankel-Transformation (4.45) für $\alpha > -1/2$ zur Hankel-Stieltjes-Transformation $\mathscr{F}_{\mathbf{R}_+}^\alpha : \mathscr{M}^1(\mathbf{R}_+) \to \mathscr{C}^b(\mathbf{R}_+)$ fort und beweise, daß $\mathscr{F}_{\mathbf{R}_+}^\alpha$ ein stetiger injektiver Morphismus zwischen kommutativen komplexen Banachalgebren mit Einselementen ist.

4.3 Sei $(\mu_\varrho)_{\varrho > 0}$ eine Familie von Maßen aus $\mathscr{M}^1(\mathbf{R}_+)$ mit $M = \sup\limits_{\varrho > 0} \|\mu_\varrho\| < +\infty$, zu der eine Funktion $\varphi \in \mathscr{C}(\mathbf{R}_+)$ existiert mit $\lim\limits_{\varrho \to \infty} \mathscr{F}_{\mathbf{R}_+}^\alpha \mu_\varrho(r) = \varphi(r), \alpha > -\tfrac{1}{2}$, für jedes $r \in \mathbf{R}_+$. Dann existiert ein Maß $\mu \in \mathscr{M}^1(\mathbf{R}_+)$ mit $\mathscr{F}_{\mathbf{R}_+}^\alpha \mu = \varphi$ und $\|\mu\| \leqslant M$. (Beachte $\mathscr{J}_\alpha \in \mathscr{C}_0(\mathbf{R}_+)$ und ziehe den Satz von Alaoglu-Bourbaki über die schwache Kompaktheit abgeschlossener und beschränkter Teilmengen des starken Duals von Banach-Räumen heran).

4.4 Beweise eine zu Satz 3.3 analoge Aussage für die Hankel-Stieltjes-Transformation und folgere daraus den Stetigkeitssatz der Aufgabe 4.3.

4.5 Definiere eine Hankel-Plancherel-Transformation $\mathfrak{F}_{\mathbf{R}_+}^\alpha : L^2(\mathbf{R}_+ ; \mu_\alpha) \to L^2(\mathbf{R}_+ ; \mu_\alpha)$ für $\alpha > -\tfrac{1}{2}$ und studiere ihre Eigenschaften. (Man lasse sich von den Eigenschaften der Fourier-Plancherel-Transformation leiten).

4.6 (a) Zeige, daß die Bessel-Funktionen $\mathscr{I}_\alpha, \mathscr{J}_\alpha$ mit Hilfe von (4.16) für beliebige Indizes $\alpha \in \mathbf{C}$ definiert werden können und beweise, daß $\mathscr{I}_{1/2}(r) = \sqrt{\dfrac{2}{\pi r}}\,\sin r$ für $r \in \mathbf{R}_+^\times$ gilt.

(b) Beweise, daß $\mathscr{I}_{-1/2}(r) = \sqrt{\dfrac{2}{\pi r}}\,\cos r$ für $r \in \mathbf{R}_+^\times$ gilt.

(c) Beweise die Rekursionsformel $\mathscr{I}_{\alpha-1}(r) + \mathscr{I}_{\alpha+1}(r) = \dfrac{2\alpha}{r}\,\mathscr{I}_\alpha(r)$ für $\alpha \in \mathbf{C}, r \in \mathbf{R}_+^\times$ und zeige, daß sich die Funktionen $\mathscr{I}_{n+1/2}(n \in \mathbf{N})$ mit Hilfe elementarer Funktionen ausdrücken lassen.

4.7 (a) Beweise $s^{2\alpha} \mathscr{J}_\alpha(rs) = \dfrac{2\Gamma(\alpha+1)}{\sqrt{\pi}\,\Gamma(\alpha+1/2)} \displaystyle\int_0^s \cos r t\, (s^2 - t^2)^{\alpha - \frac{1}{2}}\,\mathrm{d}t \quad (r,s \in \mathbf{R}_+) \quad \text{für} \quad \alpha \in \mathbf{C},$ $\mathrm{Re}\,\alpha > -\tfrac{1}{2}$.

(b) Für jede Funktion $f \in \mathscr{K}(\mathbf{R}_+)$ gilt mit $\mathrm{Re}\,\alpha > -1/2$

$$\mathscr{F}_{\mathbf{R}_+}^\alpha f : \mathbf{R}_+ \ni r \longmapsto \sqrt{2/\pi} \int_{\mathbf{R}_+} \cos r t\, \frac{2}{2^{\alpha + 1/2}\,\Gamma(\alpha + 1/2)} \int_s^\infty f(s)\, s\, (s^2 - t^2)^{\alpha - 1/2}\,\mathrm{d}s\,\mathrm{d}t.$$

4.8 (a) Sei $p \in [\![1, 2n/(n+1)[\![$ und $f \in L^p(\mathbf{R}^n)$, $n \geq 2$, radial. Dann wird $\mathscr{F}_{\mathbf{R}^n} f$ für $\xi \in \mathbf{R}^n - \{0\}$ durch (4.12) gegeben und es gilt die Abschätzung $\sup\limits_{t>0} |t^{n/p'} \mathscr{F}_{\mathbf{R}_+}^{(n-2)/2} f_0(t)| \leq C_p \cdot \|f\|_p$ mit $1/p + 1/p' = 1$ und einer Konstanten $C_p > 0$. Insbesondere ist $\mathscr{F}_{\mathbf{R}^n} f$ auf $\mathbf{R}^n - \{0\}$ stetig. (Benutze die Höldersche Ungleichung und $\mathscr{S}_\alpha(r) = O(r^{-1/2})$ für $r \to +\infty$ und $\alpha > -\frac{1}{2}$).

(b) Sei $p \in [\![1, 2n/(n+1)[\![$, $\varkappa \in [\![0, n(1/p - 1/2) - 1/2[\![\cap \mathbf{N}$ und $f \in L^p(\mathbf{R}^n)$ radial. Dann gilt $\sup\limits_{t>0} |t^{\varkappa + n/p'} D^\varkappa \mathscr{F}_{\mathbf{R}_+}^{(n-2)/2} f_0(t)| \leq C_p \cdot \|f\|_p$ mit $C_p > 0$.

5 Poisson-Formeln

Die Überlegungen in I.10 führten über die harmonische Analyse auf der Torusgruppe $\mathbf{T}$ hinaus zur harmonischen Analyse auf $\mathbf{R}$. Es ist reizvoll, jetzt den umgekehrten Standpunkt einzunehmen und die harmonische Analyse auf der n-dimensionalen Torusgruppe $\mathbf{T}^n(n \geq 1)$ von der additiven Gruppe $\mathbf{R}^n$ aus zu betrachten. Dazu ist es zunächst notwendig, aus einer beliebigen Funktion $f\colon \mathbf{R}^n \to \mathbf{C}$ eine 2π-periodische Funktion zu konstruieren. Es gibt mehrere Methoden, um dies zu erreichen. Gehört etwa f dem Raum $L^1(\mathbf{R}^n)$ an, so kann man die Funktion

$$g\colon \mathbf{R}^n \ni x \longmapsto (2\pi)^{n/2} \sum_{m \in \mathbf{Z}^n} f(x + 2\pi m) \tag{5.1}$$

bilden und dann zu $\dot{g} \in L^1(\mathbf{T}^n)$ übergehen. Ein anderer Weg besteht darin, die Fourier-Transformierte $\mathscr{F}_{\mathbf{R}^n} f \in \mathscr{C}_0(\mathbf{R}^n)$ auf das Gitter $(2\pi \mathbf{Z})^n$ einzuschränken und dann die Funktion

$$\mathbf{T}^n \ni \dot{x} \longmapsto \sum_{m \in \mathbf{Z}^n} \mathscr{F}_{\mathbf{R}^n} f(m)\, \dot{\chi}_m(\dot{x}) \tag{5.2}$$

zu betrachten. Die Poisson-Formel besagt im wesentlichen, daß diese beiden Wege zum gleichen Ergebnis führen. Genauer gilt

Satz 5.1 *Die Funktion $f\colon \mathbf{R}^n \to \mathbf{C}$ gehöre zum Raum $L^1(\mathbf{R}^n)$. Dann ist die gemäß (5.1) definierte Funktion $\dot{g}$ ein Element des Raumes $L^1(\mathbf{T}^n)$ mit $\|\dot{g}\|_1 \leq \|f\|_1$, und es gelten die Identitäten*

$$c_m(\dot{g}) = \mathscr{F}_{\mathbf{R}^n} f(m) \tag{5.3}$$

für alle Multiindizes $m \in \mathbf{Z}^n$.

Beweis. Bezeichnet I das kompakte Intervall $[\![-\pi, +\pi]\!] \subseteq \mathbf{R}$, so können die Lebesgue-Räume $L^1(\mathbf{T}^n)$ und $L^1\!\left(I^n; \dfrac{1}{(2\pi)^n}\, dx\right)$ kanonisch identifiziert werden (I.2.20). Man erhält

$$\|\dot g\|_1 = \int_{\mathbf{T}^n} |\dot g(\dot x)|\,\mathrm{d}\dot x = \frac{1}{(2\pi)^{n/2}} \int_{I^n} \left| \sum_{m \in \mathbf{Z}^n} f(x + 2\pi m) \right| \mathrm{d}x$$

$$\leqslant \frac{1}{(2\pi)^{n/2}} \sum_{m \in \mathbf{Z}^n} \int_{I^n} |f(x + 2\pi m)|\,\mathrm{d}x = \frac{1}{(2\pi)^{n/2}} \sum_{m \in \mathbf{Z}^n} \int_{\{2\pi m\} + I^n} |f(x)|\,\mathrm{d}x \qquad (5.4)$$

$$= \frac{1}{(2\pi)^{n/2}} \int_{\mathbf{R}^n} |f(x)|\,\mathrm{d}x = \|f\|_1 < +\infty.$$

Dabei wurde die Parkettierung $\mathbf{R}^n = \bigcup_{m \in \mathbf{Z}^n} \{2\pi m\} + I^n$ benutzt. Also gilt tatsächlich $\dot g \in L^1(\mathbf{T}^n)$ und man erhält in analoger Weise die Fourier-Koeffizienten

$$c_m(\dot g) = \int_{\mathbf{T}^n} \dot g(\dot x)\, \dot{\bar\chi}_m(\dot x)\,\mathrm{d}\dot x = \frac{1}{(2\pi)^{n/2}} \int_{I^n} \left(\sum_{m' \in \mathbf{Z}^n} f(x + 2\pi m') \right) \bar\chi_m(x)\,\mathrm{d}x$$

$$= \frac{1}{(2\pi)^{n/2}} \sum_{m' \in \mathbf{Z}^n} \int_{\{2\pi m'\} + I^n} f(x)\, \bar\chi_m(x)\,\mathrm{d}x = \frac{1}{(2\pi)^{n/2}} \int_{\mathbf{R}^n} f(x)\, \bar\chi_m(x)\,\mathrm{d}x \qquad (5.5)$$

$$= \mathscr{F}_{\mathbf{R}^n} f(m)$$

für jedes $m \in \mathbf{Z}^n$. Damit ist bereits alles bewiesen. ∎

Eine unmittelbare Folgerung ist

Satz 5.2 *Sei $f\colon \mathbf{R}^n \to \mathbf{C}$ eine Funktion aus $L^1(\mathbf{R}^n)$ mit der Eigenschaft, daß für jedes $x \in \mathbf{R}^n$ stets $\sum_{m \in \mathbf{Z}^n} |f(x + 2\pi m)| < +\infty$ gilt. Ist die Funktion (5.1) stetig auf dem Raum $\mathbf{R}^n$ und die Bedingung $\sum_{m \in \mathbf{Z}^n} |\mathscr{F}_{\mathbf{R}^n} f(m)| < +\infty$ erfüllt, so gilt*

$$(2\pi)^{n/2} \sum_{m \in \mathbf{Z}^n} f(x + 2\pi m) = \sum_{m \in \mathbf{Z}^n} \mathscr{F}_{\mathbf{R}^n} f(m)\, \chi_m(x) \qquad (5.6)$$

für jedes $x \in \mathbf{R}^n$ und insbesondere

$$(2\pi)^{n/2} \sum_{m \in \mathbf{Z}^n} f(2\pi m) = \sum_{m \in \mathbf{Z}^n} \mathscr{F}_{\mathbf{R}^n} f(m) \qquad (5.7)$$

(Poisson-Formel).

Beweis. Wegen (5.3) gehört die Folge $(c_m(\dot g))_{m \in \mathbf{Z}^n}$ der Fourier-Koeffizienten von $\dot g \in \mathscr{C}(\mathbf{T}^n)$ zum Raum $\ell^1(\mathbf{Z}^n)$. Also gilt die Gleichheit

$$\dot g = \sum_{m \in \mathbf{Z}^n} \mathscr{F}_{\mathbf{R}^n} f(m)\, \dot\chi_m. \qquad (5.8)$$

Aus (5.8) folgt (5.6) und für $x = 0$ die Poisson-Formel (5.7). ∎

Notiz. Die Voraussetzungen von Satz 5.2 erfüllt jede (stetige) Funktion $f \colon \mathbf{R}^n \to \mathbf{C}$, zu der Zahlen $M > 0$, $\varepsilon > 0$ existieren mit $|f(x)| \leqslant M(1 + |x|)^{-n-\varepsilon}$ für alle $x \in \mathbf{R}^n$, $|\mathscr{F}_{\mathbf{R}^n} f(\xi)| \leqslant M \cdot (1 + |\xi|)^{-n-\varepsilon}$ für alle $\xi \in \mathbf{R}^n$. Die Gleichungen (5.6), (5.7) sind insbesondere für jede Funktion $f \in \mathscr{S}(\mathbf{R}^n)$ gültig.

Die vorstehende Notiz gibt Anlaß zu einer distributionentheoretischen Deutung der Poisson-Formel (5.7). Es ist klar, daß die Distribution $S = \sum\limits_{m \in \mathbf{Z}^n} \varepsilon_m$ auf dem Raum $\mathbf{R}^n$ als diskretes Maß mit der Einheitsmasse in jedem Gitterpunkt $m \in \mathbf{Z}^n$ temperiert ist, also zum Raum $\mathscr{S}'(\mathbf{R}^n)$ gehört (Definition 2.3). Die Fourier-Transformierte $\mathscr{F}_{\mathbf{R}^n} S$ gehört wiederum zu $\mathscr{S}'(\mathbf{R}^n)$ (Satz 2.6) und (5.7) liefert

Satz 5.3 *Im Raum $\mathscr{S}'(\mathbf{R}^n)$ der komplexen temperierten Distributionen auf dem $\mathbf{R}^n$ gilt die Gleichung*

$$\mathscr{F}_{\mathbf{R}^n}\left(\sum_{m \in \mathbf{Z}^n} \varepsilon_m\right) = (2\pi)^{n/2} \sum_{m \in \mathbf{Z}^n} \varepsilon_{2\pi m}. \tag{5.9}$$

Die Beziehung (5.9) kann auch leicht direkt hergeleitet und aus ihr dann (5.7) gefolgert werden. Weil offenbar $\tau(m') S = S$ für jedes $m' \in \mathbf{Z}^n$ gilt, folgt aus (2.62) durch Fourier-Transformation $(e^{-i(m'|\xi)} - 1)\, \mathscr{F}_{\mathbf{R}^n} S = 0$ für jedes $\xi \in \mathbf{R}^n$. Also hat $\mathscr{F}_{\mathbf{R}^n} S \in \mathscr{S}'(\mathbf{R}^n)$ als Träger das Gitter $(2\pi \mathbf{Z})^n$ und ist somit ein diskretes Maß auf dem $\mathbf{R}^n$. Andererseits erfüllt S die Gleichung $(1 - e^{2\pi i(m'|\cdot)}) S = 0$ für jedes $m' \in \mathbf{Z}^n$. Mithin gilt wiederum nach (2.62) $\tau(2\pi m')\, \mathscr{F}_{\mathbf{R}^n} S = \mathscr{F}_{\mathbf{R}^n} S$ für alle $m' \in \mathbf{Z}^n$. Demnach pflanzt $\mathscr{F}_{\mathbf{R}^n} S$ jedem Gitterpunkt von $(2\pi \mathbf{Z})^n$ die gleiche Masse $a \in \mathbf{C}$ auf. Es folgt

$$\mathscr{F}_{\mathbf{R}^n} S = a \sum_{m \in \mathbf{Z}^n} \varepsilon_{2\pi m}. \tag{5.10}$$

Wendet man beide Seiten von (5.10) auf die Funktion w_π des Gauss-Weierstrass-Kerns $(w_t)_{t>0}$ an (vgl. (1.32)), so folgt aus (1.33), daß $a = (2\pi)^{n/2}$ gilt.

Beispiele 5.1 (1) Wendet man $(n = 1)$ die Poisson-Formel (5.7) bei festem $t \in \mathbf{R}_+^\times$ auf die zum Raum $\mathscr{S}(\mathbf{R})$ gehörende Funktion $f \colon \mathbf{R} \ni x \rightsquigarrow g_1(\sqrt{t/2\pi} \cdot x) \in \mathbf{R}$ an (Beispiel 1.1(2)), so erhält man wegen (1.9) und (2.63) die in Satz I.10.5 bewiesene Funktionalgleichung (I.10.31) der Theta-Funktion (I.10.30).

(2) Seien $f \in \mathscr{S}(\mathbf{R}^n)$ und $k \in \mathbf{N}^\times$ beliebig. Wird (5.7) auf die Funktion $\mathbf{R}^n \ni x \rightsquigarrow f(kx) \in \mathbf{C}$ angewandt, so folgt aus (2.63) die Gleichung

$$\sum_{m \in \mathbf{Z}^n} f(2\pi k m) = \frac{1}{(2\pi)^{n/2}} \frac{1}{k^n} \sum_{m \in \mathbf{Z}^n} \mathscr{F}_{\mathbf{R}^n} f\left(\frac{1}{k} m\right). \tag{5.11}$$

Beim Grenzübergang $k \to \infty$ konvergiert die linke Seite von (5.11) gegen $f(0)$ und die rechte Seite gegen

$$\frac{1}{(2\pi)^{n/2}} \int_{\mathbf{R}^n} \mathscr{F}_{\mathbf{R}^n} f(\xi)\, d\xi = \bar{\mathscr{F}}_{\mathbf{R}^n} \circ \mathscr{F}_{\mathbf{R}^n} f(0).$$

Man erhält für jedes $x \in \mathbf{R}^n$ gemäß (2.62)

$$\begin{aligned}
f(x) &= \tau(-x) f(0) = \tau(-x)\, \bar{\mathscr{F}}_{\mathbf{R}^n} \circ \mathscr{F}_{\mathbf{R}^n} f(0) \\
&= \bar{\mathscr{F}}_{\mathbf{R}^n}(e^{i(x|\cdot)} \cdot \mathscr{F}_{\mathbf{R}^n} f(0)) = \bar{\mathscr{F}}_{\mathbf{R}^n} \circ \mathscr{F}_{\mathbf{R}^n} f(x).
\end{aligned} \tag{5.12}$$

Weil entsprechend auch $f = \mathscr{F}_{\mathbf{R}^n} \circ \bar{\mathscr{F}}_{\mathbf{R}^n} f$ gilt, sind die Fourierschen Inversionsformeln (1.41) für Funktionen $f \in \mathscr{S}(\mathbf{R}^n)$ erneut bewiesen.

(3) Die Funktion $f \colon \mathbf{R} \ni x \longmapsto e^{-\alpha|x|}$ $(\alpha > 0)$ besitzt die Fourier-Transformierte $\mathscr{F}_{\mathbf{R}} f$:

$$\mathbf{R} \ni \xi \longmapsto \sqrt{\frac{2}{\pi}} \frac{\alpha}{\alpha^2 + \xi^2} \quad \text{(vgl. Aufgabe 1.5). Mit (5.7) folgt}$$

$$\sum_{m \in \mathbf{Z}} \frac{1}{\alpha^2 + m^2} = \frac{\pi}{\alpha} \sum_{m \in \mathbf{Z}} e^{-2\pi\alpha|m|} = \frac{\pi}{\alpha} \left(\frac{2}{1 - e^{-2\pi\alpha}} - 1 \right) = \frac{\pi}{\alpha} \frac{1 + e^{-2\pi\alpha}}{1 - e^{-2\pi\alpha}} \tag{5.13}$$

und daraus die Identität (vgl. (I.3.40))

$$\frac{1}{\alpha} + 2\alpha \sum_{m \geqslant 1} \frac{1}{\alpha^2 + m^2} = \pi \frac{1 + e^{-2\pi\alpha}}{1 - e^{-2\pi\alpha}}, \tag{5.14}$$

die bereits in Beispiel I.3.1(2) zur Berechnung der Werte $\zeta(2)$, $\zeta(4)$, $\zeta(6)$ und $\zeta(8)$ hergeleitet wurde.

Aufgaben

5.1 (a) Existiert zur (komplexen) Distribution $T \in \mathscr{D}'(\mathbf{R})$ eine Zahl $\ell > 0$ mit $\tau(\ell) T = T$, so gilt $T \in \mathscr{S}'(\mathbf{R})$. (Wähle eine Testfunktion $\varphi \in \mathscr{D}(\mathbf{R})$, die in einer Umgebung des Punktes $\frac{1}{2}\ell$ den Wert 1 besitzt, außerhalb des Intervalls $[\![0,\ell]\!]$ verschwindet und die Bedingung $0 \leqslant \varphi(x) \leqslant 1$ für alle $x \in \mathbf{R}$ erfüllt. Ist ψ die ℓ-periodische Fortsetzung von φ auf ganz $\mathbf{R}$, so gilt $T = \psi \cdot T + (1 - \psi) \cdot T$. Betrachte die Terme dieser Summe einzeln).

(b) Verallgemeinere das Ergebnis von (a) auf Distributionen $T \in \mathscr{D}'(\mathbf{R}^n)$, $n \geqslant 1$.

5.2 Sei Q eine positiv definite quadratische Form in n reellen Variablen, also $Q(x) = (u(x)|x)$ für alle $x \in \mathbf{R}^n$ mit einem Automorphismus u des $\mathbf{R}^n$ und $Q' \colon \mathbf{R}^n \ni x \longmapsto (u^{-1}(x)|x)$. Dann gilt

$$(2\pi)^{n/2} \sum_{m \in \mathbf{Z}^n} e^{-\frac{1}{2}Q(2\pi m)} = \frac{1}{\sqrt{|\det u|}} \sum_{m' \in \mathbf{Z}^n} e^{-\frac{1}{2}Q'(m')}.$$

5.3 Beweise mit Hilfe der Poisson-Formel (5.7) für jede gerade Funktion $f \in \mathscr{S}(\mathbf{R})$ die Formel von Euler-MacLaurin

$$\sum_{n \geqslant 0} f(n) = \int_{\mathbf{R}_+} f(x)\, dx + \frac{1}{2} f(0) + \sum_{m \geqslant 1} (-1)^m \frac{B_m}{(2m)!} f^{(2m-1)}(0).$$

Dabei ist $(B_m)_{m \geqslant 1}$ die Folge der Bernoulli-Zahlen (vgl. Aufgabe I.3.4).

5.4 Zu jedem Maß $\mu \in \mathscr{M}^1(\mathbf{R}^n)$ wird durch $v = \sum_{m \in \mathbf{Z}^n} (\mathscr{F}_{\mathbf{R}^n} \mu)(m) \dot{\chi}_m$ ein Maß $v \in \mathscr{M}(\mathbf{T}^n)$ definiert mit $\|v\| \leqslant \|\mu\|$. (Betrachte die stetige Linearform $\mathscr{C}(\mathbf{T}^n) \ni f \longmapsto \int_{\mathbf{R}^n} f(x)\, d\mu(x)$).

5.5 Zur Funktion $\varphi \colon \mathbf{R}^n \to \mathbf{C}$ existiert genau dann ein Maß $\mu \in \mathscr{M}^1(\mathbf{R}^n)$ mit $\varphi = \mathscr{F}_{\mathbf{R}^n} \mu$, falls es eine Familie $(v_\lambda)_{\lambda > 0}$ von Maßen in $\mathscr{M}(\mathbf{T}^n)$ und eine Konstante $C > 0$ gibt mit $\sup_{\lambda > 0} \|v_\lambda\| \leqslant C$ und $\mathscr{F}_{\mathbf{T}^n} v_\lambda(m) = \varphi(\lambda m)$ für $m \in \mathbf{Z}^n$ und $\lambda > 0$. (Benutze Satz 3.3 und approximiere das in (3.6) auftretende Integral durch Riemann-Summen. Wende dann die Poisson-Formel und die Parseval-Identität an).

6 Faltungskerne

Der Begriff des Faltungskerns auf $\mathbf{T}^n$ wurde in Definition I.7.2 und der des Faltungskerns auf $\mathbf{R}^n$ in Definition 1.4 eingeführt. Es zeigt sich, daß viele Faltungskerne auf $\mathbf{T}^n$ dadurch entstehen, daß man Faltungskerne auf $\mathbf{R}^n$ periodisch macht, wie dies im Zusammenhang mit der Poisson-Formel im vorangegangenen Abschnitt beschrieben wurde. Entsprechende Verhältnisse liegen auch bei den approximativen Einheiten auf $\mathbf{T}^n$ bzw. $\mathbf{R}^n$ vor.

Satz 6.1 *Sei $(k_\varrho)_{\varrho>0}$ ein Faltungskern auf $\mathbf{R}^n$. Dann ist die Familie $(\dot{g}_\varrho)_{\varrho>0}$ von Funktionen*

$$\dot{g}_\varrho : \mathbf{T}^n \ni \dot{x} \longmapsto (2\pi)^{n/2} \sum_{m \in \mathbf{Z}^n} k_\varrho(x + 2\pi m) \qquad (\varrho > 0) \tag{6.1}$$

ein Faltungskern auf $\mathbf{T}^n$. Ist $(k_\varrho)_{\varrho>0}$ eine approximative Einheit auf $\mathbf{R}^n$, so ist auch die Familie (6.1) eine approximative Einheit auf $\mathbf{T}^n$.

Beweis. Bezeichnet I das kompakte Intervall $[\![-\pi, +\pi]\!]$ von $\mathbf{R}$, so gilt für $\varrho > 0$:

$$\begin{aligned}
\int_{\mathbf{T}^n} \dot{g}_\varrho(\dot{x})\,d\dot{x} &= \frac{1}{(2\pi)^{n/2}} \int_{I^n} \sum_{m \in \mathbf{Z}^n} k_\varrho(x + 2\pi m)\,dx \\[2mm]
&= \frac{1}{(2\pi)^{n/2}} \int_{\mathbf{R}^n} k_\varrho(x)\,dx = 1
\end{aligned} \tag{6.2}$$

Ist $(k_\varrho)_{\varrho>0}$ eine approximative Einheit auf $\mathbf{R}^n$, so gilt $\sup\limits_{\varrho>0} \|\dot{g}_\varrho\|_1 \leqslant \sup\limits_{\varrho>0} \|k_\varrho\|_1 = M < +\infty$ und zu jeder Neutralumgebung U von $\mathbf{T}^n$ existiert ein $\delta > 0$ mit

$$\begin{aligned}
\int_{\mathbf{T}^n - U} |\dot{g}_\varrho(\dot{y})|\,d\dot{y} &\leqslant \frac{1}{(2\pi)^{n/2}} \int_{I^n - \{x \in I^n \,\mid\, |x| \geqslant \delta\}} \sum_{m \in \mathbf{Z}^n} |k_\varrho(x + 2\pi m)|\,dx \\[2mm]
&\leqslant \frac{1}{(2\pi)^{n/2}} \int_{\delta < |x|} |k_\varrho(x)|\,dx.
\end{aligned}$$

Damit sind die Eigenschaften (i) bis (iii) von Definition I.7.2 für $(\dot{g}_\varrho)_{\varrho>0}$ bewiesen. ∎

Ist $k \in L^1(\mathbf{R}^n)$ und $\dfrac{1}{(2\pi)^{n/2}} \displaystyle\int_{\mathbf{R}^n} k(x)\,dx = 1$, so liefert das Beispiel 1.2(1) eine approximative Einheit $(k_\varrho)_{\varrho>0}$ auf $\mathbf{R}^n$ und damit gemäß Satz 6.1 eine approximative Einheit $(\dot{g}_\varrho)_{\varrho>0}$ auf $\mathbf{T}^n$. Für die Anwendungen ist häufig eine Kenntnis der Fourier-Transformierten $(\mathscr{F}_{\mathbf{R}^n} k_\varrho)_{\varrho>0}$ erforderlich. Da die explizite Berechnung der Fourier-Transformierten meist schwierig ist, geht man von Funktionen $\lambda \in \mathscr{C}_0(\mathbf{R}^n)$ aus und fragt nach der Existenz von Funktionen $k \in L^1(\mathbf{R}^n)$ mit $\lambda = \mathscr{F}_{\mathbf{R}^n} k$. Dann gilt

$\mathscr{F}_{\mathbf{R}^n} k_\varrho(\xi) = \lambda\left(\dfrac{1}{\varrho}\xi\right)$ für $\xi \in \mathbf{R}^n$ und $\varrho > 0 \, (2.63)$. Es entsteht somit das Problem, bei einer

Funktion $\lambda \in \mathscr{C}_0(\mathbf{R}^n)$ zu entscheiden, ob sie dem Raum $A(\mathbf{R}^n) = \mathscr{F}_{\mathbf{R}^n} L^1(\mathbf{R}^n)$ angehört oder nicht. Die Aufgabe, entsprechende Kriterien bereitzustellen wird leichter, wenn man sich auf radiale Funktionen λ (Definition 4.1) beschränkt, weil dann das Bochner-Riesz-Mittel als wirksames Werkzeug zur Verfügung steht.

Sei $k \in \mathbf{N}$ fixiert und $\mathscr{B}\mathscr{V}_{k+1}(\mathbf{R}_+)$ der komplexe Vektorraum aller Funktionen $\lambda\colon \mathbf{R}_+ \to \mathbf{C}$ mit $\lim\limits_{x \to +\infty} \lambda(x) = 0$, deren (klassische) Ableitungen $\lambda^{(j)}$ für $1 \leqslant j \leqslant k - 1$ auf jedem kompakten Teil von $\mathbf{R}_+$ absolut stetig sind, deren dx-fast überall existierenden k-ten Ableitungen $\lambda^{(k)}$ auf jedem kompakten Teilintervall von $\mathbf{R}_+^\times$ von beschränkter Variation sind und $\int\limits_0^\infty x^k\,|d\lambda^{(k)}(x)| < +\infty$ erfüllen. Man beachte, daß alle Funktionen $\lambda \in \mathscr{C}^k(\mathbf{R}_+)$ mit absolut stetiger k-ter Ableitung $\lambda^{(k)}$ und $\int\limits_0^\infty x^k\,|\lambda^{(k+1)}(x)|\,dx < +\infty$ zum Raum $\mathscr{B}\mathscr{V}_{k+1}(\mathbf{R}_+)$ gehören.

Satz 6.2 *Für $0 \leqslant k' \leqslant k$ gelten die Inklusionen*

$$\mathscr{B}\mathscr{V}_{k+1}(\mathbf{R}_+) \subseteq \mathscr{B}\mathscr{V}_{k'+1}(\mathbf{R}_+) \qquad (k \in \mathbf{N},\ k' \in \mathbf{N}). \tag{6.3}$$

Beweis. Sei $\lambda \in \mathscr{B}\mathscr{V}_{k+1}(\mathbf{R}_+)$. Dann gilt für jedes Paar $(x, y) \in \mathbf{R}_+ \times \mathbf{R}_+$ offenbar

$$\lambda^{(k)}(y) - \lambda^{(k)}(x) = \int\limits_x^y d\lambda^{(k)}(t). \tag{6.4}$$

Aus (6.4) folgt $\lim\limits_{\substack{x \to +\infty \\ y \to +\infty}} \left(\lambda^{(k)}(y) - \lambda^{(k)}(x)\right) = 0$. Also existiert der Grenzwert $\lambda_\infty^{(k)} = \lim\limits_{y \to +\infty} \lambda^{(k)}(y)$ und es gilt

$$\lambda_\infty^{(k)} - \lambda^{(k)}(x) = \int\limits_x^\infty d\lambda^{(k)}(t) \qquad (x \in \mathbf{R}_+). \tag{6.5}$$

Um $\lambda_\infty^{(k)} = 0$ zu beweisen, folgert man aus (6.5) für $x > 1$ die Identität

$$\lambda_\infty^{(k)} \int\limits_1^x (x-t)^{k-1}\,dt - \int\limits_1^x \lambda^{(k)}(t)\,(x-t)^{k-1}\,dt = \int\limits_1^x \left((x-t)^{k-1}\int\limits_t^\infty d\lambda^{(k)}(s)\right)dt \tag{6.6}$$

und daraus durch Integration der einzelnen Terme unter Benutzung der Taylor-Formel und des Satzes von Lebesgue-Fubini und schließlich durch Multiplikation mit $k\,x^{-k}$ die Beziehung

$$\lambda_\infty^{(k)} (x-1)^k x^{-k} - k!\,x^{-k}\lambda(x) + \sum_{0 \leqslant j \leqslant k-1} \frac{k!}{(k-1-j)!}(x-1)^{k-1-j} x^{-k}\lambda^{(k-1-j)}(1)$$

$$= \int\limits_1^x \left((1-x^{-1})^k - (1 - s x^{-1})^k\right) d\lambda^{(k)}(s) + (x-1)^k x^{-k} \int\limits_x^\infty d\lambda^{(k)}(s). \tag{6.7}$$

Der Grenzübergang $x \to +\infty$ in (6.7) liefert mit Hilfe des Satzes von Lebesgue, wie behauptet, $\lambda_\infty^{(k)} = 0$. Somit folgt aus (6.5), wieder nach dem Satz von Lebesgue-Fubini,

$$\int_0^\infty x^{k-1} |d\lambda^{(k-1)}(x)| = \int_0^\infty x^{k-1} |\lambda^{(k)}(x)| \, dx \leqslant \int_0^\infty x^{k-1} \int_x^\infty |d\lambda^{(k)}(t)| \, dx \tag{6.8}$$

$$\leqslant \int_0^\infty t^k |d\lambda^{(k)}(t)|.$$

Die Beziehungen (6.8) zeigen, daß $\mathscr{BV}_{k+1}(\mathbf{R}_+) \subseteq \mathscr{BV}_k(\mathbf{R}_+)$ gilt. Damit ist (6.3) bewiesen. ∎

Satz 6.3 *Jede Funktion* $\lambda \in \mathscr{BV}_{k+1}(\mathbf{R}_+)$, $k \in \mathbf{N}$, *besitzt die Integraldarstellung*

$$\lambda(x) = \frac{(-1)^{k+1}}{k!} \int_x^\infty (t-x)^k \, d\lambda^{(k)}(t) \qquad (x \in \mathbf{R}_+). \tag{6.9}$$

Beweis. Die rechte Seite von (6.9) nimmt für $x \in \mathbf{R}_+^\times$ und $k \in \mathbf{N}^\times$ nach partieller Integration die Form

$$\frac{(-1)^{k+1}}{k!} (t-x)^k \lambda^{(k)}(t) \Big|_x^\infty + \frac{(-1)^k}{(k-1)!} \int_x^\infty (t-x)^{k-1} \lambda^{(k)}(t) \, dt \tag{6.10}$$

an. Wegen (6.5) mit $\lambda_\infty^{(k)} = 0$ erhält man für $x \in \mathbf{R}_+^\times$

$$|x^k \lambda^{(k)}(x)| \leqslant x^k \int_x^\infty |d\lambda^{(k)}(t)| \leqslant \int_x^\infty t^k |d\lambda^{(k)}(t)| < +\infty. \tag{6.11}$$

Aus (6.11) folgt $\lim\limits_{x \to +\infty} x^k \lambda^{(k)}(x) = 0$, so daß sich (6.10) auf den Term

$$\frac{(-1)^k}{(k-1)!} \int_x^\infty (t-x)^{k-1} \lambda^{(k)}(t) \, dt$$

reduziert. Wiederholte Anwendung dieser Argumentation führt zu (6.9) für $x \in \mathbf{R}_+^\times$. Wegen der Stetigkeit der rechten Seite von (6.9) in Abhängigkeit von x folgt die Behauptung. ∎

Definition 6.1 Eine Funktion $\lambda: \mathbf{R}^n \to \mathbf{C}$ heißt ein L^1-Multiplikator auf $\mathbf{R}^n$, falls zu jedem $f \in L^1(\mathbf{R}^n)$ ein $g \in L^1(\mathbf{R}^n)$ existiert mit der Eigenschaft

$$\lambda \cdot \mathscr{F}_{\mathbf{R}^n} f = \mathscr{F}_{\mathbf{R}^n} g. \tag{6.12}$$

Satz 6.4 *Sei* λ *ein* L^1-*Multiplikator auf* $\mathbf{R}^n$. *Dann wird durch* (6.12) *eine stetige lineare Abbildung* $L^1(\mathbf{R}^n) \ni f \longmapsto g \in L^1(\mathbf{R}^n)$ *definiert.*

Beweis. Aufgrund von Satz 1.9 ist klar, daß durch die Zuordnung $f \longmapsto g$ eine $\mathbf{C}$-lineare Abbildung des Vektorraumes $L^1(\mathbf{R}^n)$ in sich definiert wird. Da $L^1(\mathbf{R}^n)$ ein komplexer Banach-Raum ist, genügt es, die Graph-Abgeschlossenheit der linearen Abbildung $f \rightsquigarrow g$ nachzuweisen: Sind $(f_m)_{m \geqslant 0}$, $(g_m)_{m \geqslant 0}$ Folgen in $L^1(\mathbf{R}^n)$ mit $\lambda \cdot \mathscr{F}_{\mathbf{R}^n} f_m = \mathscr{F}_{\mathbf{R}^n} g_m (m \in \mathbf{N})$, die gegen $f \in L^1(\mathbf{R}^n)$ bzw. $g \in L^1(\mathbf{R}^n)$ konvergieren, so folgt (6.12) und damit die Behauptung. ∎

Satz 6.5 *Sei* $k > \frac{1}{2}(n-1)$, $n \geqslant 1$, *und* $\lambda \in \mathscr{BV}_{k+1}(\mathbf{R}_+)$. *Dann ist die Funktion* $\mathbf{R}^n \ni x \rightsquigarrow \lambda(|x|^2) \in \mathbf{C}$ *ein (radialer)* L^1-*Multiplikator auf* $\mathbf{R}^n$.

Beweis. Es genügt, die Existenz einer Konstanten $C > 0$ nachzuweisen mit

$$\| \mathscr{F}_{\mathbf{R}^n}^{-1}(\lambda(|\cdot|^2) \cdot \mathscr{F}_{\mathbf{R}^n} f) \|_1 \leqslant C \cdot \|f\|_1 \tag{6.13}$$

für alle Funktionen $f \in \mathscr{S}(\mathbf{R}^n)$, denn aus (6.12) und Satz 6.4 folgt (6.13) und umgekehrt impliziert (6.13) wegen der Dichtheit von $\mathscr{S}(\mathbf{R}^n)$ in $L^1(\mathbf{R}^n)$ (Satz 2.1) auch (6.12). Sei also $f \in \mathscr{S}(\mathbf{R}^n)$ beliebig gewählt. Dann gilt nach Satz 6.3, Satz 1.8 und dem Satz von Lebesgue-Fubini für alle $x \in \mathbf{R}^n$

$$\mathscr{F}_{\mathbf{R}^n}^{-1}\left(\lambda(|\cdot|^2) \mathscr{F}_{\mathbf{R}^n} f\right)(x) = \frac{(-1)^{k+1}}{(2\pi)^{n/2} k!} \int_{\mathbf{R}^n} \int_{|\xi|^2}^{\infty} (t - |\xi|^2)^k \, d\lambda^{(k)}(t) \, \mathscr{F}_{\mathbf{R}^n} f(\xi) \, e^{i(x|\xi)} \, d\xi$$

$$= \frac{(-1)^{k+1}}{(2\pi)^{n/2} k!} \int_0^{\infty} t^k \int_{|\xi|^2 < t} \left(1 - \frac{|\xi|^2}{t}\right)^k \mathscr{F}_{\mathbf{R}^n} f(\xi) \, e^{i(x|\xi)} \, d\xi \, d\lambda^{(k)}(t). \tag{6.14}$$

Mit Hilfe der Funktion (4.19) folgt somit

$$\mathscr{F}_{\mathbf{R}^n}^{-1}\left(\lambda(|\cdot|^2) \mathscr{F}_{\mathbf{R}^n} f\right)(x) = \frac{(-1)^{k+1}}{k!} \int_0^{\infty} t^k (\mathscr{k}_{k,\sqrt{t}} * f)(x) \, d\lambda^{(k)}(t) \quad (x \in \mathbf{R}^n). \tag{6.15}$$

Da der Bochner-Riesz-Kern $(\mathscr{k}_{\delta,\varrho})_{\varrho > 0}$ für $\delta > \frac{1}{2}(n-1)$ eine approximative Einheit auf dem $\mathbf{R}^n$ ist (vgl. Satz 4.2), folgt die Ungleichung (6.13) aus (6.15) durch Vertauschen der L^1-Norm mit dem Integral. ∎

Beispiele 6.1 (1) Sei $\alpha > 0$. Dann gehört die Funktion $t \rightsquigarrow (1 + \sqrt{t})^{-\alpha}$ zum Raum $\mathscr{BV}_{k+1}(\mathbf{R}_+)$ für jedes $k \in \mathbf{N}$ (Aufgabe 6.1). Deshalb ist $\mathbf{R}^n \ni x \rightsquigarrow (1 + |x|)^{-\alpha}$ nach Satz 6.5 für jedes $n \geqslant 1$ ein L^1-Multiplikator auf $\mathbf{R}^n$.

(2) Für jedes $k \in \mathbf{N}$ sei

$$R_k : \mathbf{R}^n \ni x \rightsquigarrow \begin{cases} (1 - |x|)^k & \text{falls } |x| \leqslant 1, \\ 0 & \text{falls } |x| > 1. \end{cases} \tag{6.16}$$

Dann gilt $R_k(x) = (1 + |x|)^{-k} K_k(x)$ für $x \in \mathbf{R}^n$ (vgl. (4.13)). Da die Funktion $\mathbf{R}^n \ni x \rightsquigarrow (1 + |x|)^{-k}$ nach dem vorausgegangenen Beispiel ein L^1-Multiplikator auf $\mathbf{R}^n$ ist und $K_k \in A(\mathbf{R}^n)$ gemäß (4.19) für $k > \frac{1}{2}(n-1)$ erfüllt ist, gilt $R_k \in A(\mathbf{R}^n)$ für jedes $k \in \mathbf{N}$ mit $k > \frac{1}{2}(n-1)$. Setzt man $r_k = \mathscr{F}_{\mathbf{R}^n} R_k$, so wird die approximative Einheit $(r_{k,\varrho})_{\varrho > 0}$ auf dem $\mathbf{R}^n$ *Riesz-Kern* genannt.

Satz 6.6 *Sei* $\lambda \in \mathscr{BV}_{k+1}(\mathbf{R}_+)$ *mit* $k > \frac{1}{2}(n-1)$, $n \geq 1$. *Dann gehört die radiale Funktion* $x \longmapsto \lambda(|x|)$ *zum Raum* $A(\mathbf{R}^n)$.

Beweis. Gemäß Satz 6.3 und dem Satz von Lebesgue-Fubini gilt ähnlich wie im Beweis zu Satz 6.5:

$$\| \mathscr{F}_{\mathbf{R}^n}^{-1} \lambda(|\cdot|) \|_1 = \frac{1}{k!} \left\| \int_0^\infty t^k \frac{1}{(2\pi)^{n/2}} \int_{|\xi| < t} \left(1 - \frac{|\xi|}{t}\right)^k e^{i(\cdot|\xi)} \, d\xi \, d\lambda^{(k)}(t) \right\|_1$$

$$\tag{6.17}$$

$$\leq \frac{1}{k!} \int_0^\infty t^k \, |d\lambda^{(k)}(t)| \cdot \|r_k\|_1 < +\infty$$

Die Behauptung folgt damit aus Satz 1.9.   ∎

Satz 6.7 *Sei* $(c^\varrho)_{\varrho > 0}$ *eine Familie von Folgen* $c^\varrho = (c_m^\varrho)_{m \in \mathbf{Z}^n} \in \mathscr{C}_0(\mathbf{Z}^n)$. *Existiert eine Funktion* $\lambda \in \mathscr{BV}_{k+1}(\mathbf{R}_+)$ *mit* $k > \frac{1}{2}(n-1)$ *und* $c_m^\varrho = \lambda(|m|/\varrho)$ *für* $m \in \mathbf{Z}^n$ *und* $\varrho > 0$, *so gilt* $c^\varrho \in A(\mathbf{Z}^n)$ *und für die zugehörige Familie* $(\dot{g}_\varrho)_{\varrho > 0}$ *von Funktionen aus* $L^1(\mathbf{T}^n)$ *mit* $c^\varrho = \mathscr{F}_{\mathbf{T}^n} \dot{g}_\varrho$ *ist* $\sup\limits_{\varrho > 0} \|\dot{g}_\varrho\|_1 < +\infty$ *erfüllt.*

Beweis. Nach Satz 6.6 existiert $k \in L^1(\mathbf{R}^n)$ mit $\mathscr{F}_{\mathbf{R}^n} k(\xi) = \lambda(|\xi|)$ für $\xi \in \mathbf{R}^n$. Konstruiert man zur approximativen Einheit $(k_\varrho)_{\varrho > 0}$ (Beispiel 1.2(1)) gemäß (6.1) die Funktionen $(\dot{g}_\varrho)_{\varrho > 0}$, so folgt die Behauptung aus Satz 5.1.   ∎

Beispiele 6.2 (1) Sei $\eta \colon \mathbf{R} \to \mathbf{R}$ eine unendlich oft differenzierbare, gerade Funktion mit $\eta(t) = 1$ für $|t| \geq 1$, die in einer Nullumgebung verschwindet. Für $\alpha > 0$ gehört dann die Funktion $\mathbf{R}_+ \ni t \longmapsto \eta(t) t^{-\alpha}$ zum Raum $\mathscr{BV}_{k+1}(\mathbf{R}_+)$ für alle $k \in \mathbf{N}$. Also gehört die Folge $(|m|^{-\alpha})_{m \in \mathbf{Z}^n - \{0\}}$ zu $A(\mathbf{Z}^n)$.

(2) Die folgenden Funktionen gehören zum Raum $A(\mathbf{R}^n)$:

$$R_k \colon \mathbf{R}^n \ni x \longmapsto \begin{cases} (1-|x|)^k & \text{falls } |x| \leq 1, \\ 0 & \text{falls } |x| > 1, \end{cases} \qquad (k > \tfrac{1}{2}(n-1)), \tag{6.18}$$

$$K_k \colon \mathbf{R}^n \ni x \longmapsto \begin{cases} (1-|x|^2)^k & \text{falls } |x| \leq 1, \\ 0 & \text{falls } |x| > 1, \end{cases} \qquad (k > \tfrac{1}{2}(n-1)), \tag{6.19}$$

$$\mathbf{R}^n \ni x \longmapsto e^{-|x|^\varkappa} \qquad (\varkappa > 0), \tag{6.20}$$

$$\mathbf{R}^n \ni x \longmapsto (1+|x|^2)^{-\varkappa/2} \qquad (\varkappa > 0), \tag{6.21}$$

$$\mathbf{R}^n \ni x \longmapsto (1+|x|^\varkappa)^{-1} \qquad (\varkappa > 0). \tag{6.22}$$

Die zugehörigen approximativen Einheiten auf $\mathbf{R}^n$ werden *Riesz-Kern* (Beispiel 6.1(2)), *Bochner-Riesz-Kern* (vgl. (4.19)). *verallgemeinerter Gauss-Weierstrass-Kern, Bessel-Kern* bzw. *verallgemeinerter Picard-Kern* genannt (Aufgabe 6.2).

Aufgaben

6.1 Für $\alpha > 0$ gehört die Funktion $t \longmapsto (1 + \sqrt{t})^{-\alpha}$ zu $\mathscr{B}\mathscr{V}_{k+1}(\mathbf{R}_+)$ für alle $k \in \mathbf{N}$.

6.2 Zeige, daß die Funktionen (6.20), (6.21), (6.22) zum Raum $A(\mathbf{R}^n)$ gehören.

6.3 (a) Sei $f: \mathbf{R}_+ \to \mathbf{R}$ eine stetige konvexe Funktion. Dann existiert eine monoton wachsende Funktion ψ auf $\mathbf{R}_+$ mit $f(x) - f(0) = \int_0^x \psi(x)\,dx$ für alle $x \in \mathbf{R}_+$. (Zeige, daß f absolut stetig ist mit Hilfe der Tatsache, daß f lokal eine Lipschitz-Bedingung der Ordnung 1 erfüllt).
(b) Die Funktion $f: \mathbf{R}_+ \to \mathbf{R}$ gehöre zu $\mathscr{C}_0(\mathbf{R}_+)$ und sei auf $\mathbf{R}_+^\times$ konvex. Dann gehört f zum Raum $\mathscr{B}\mathscr{V}_2(\mathbf{R}_+)$. (Beachte $\psi(x) \leqslant 0$ für $x \in \mathbf{R}_+^\times$ und $\lim\limits_{x \to \infty} x\,\psi(x) = 0$).

6.4 (a) Für $\delta \geqslant 0$ sei
$$K_\delta^+ : \mathbf{R}_+ \ni x \longmapsto \begin{cases} (1 - x^2)^\delta & \text{für } x \leqslant 1, \\ 0 & \text{für } x \geqslant 1, \end{cases}$$

und $k_\delta^\alpha = \mathscr{F}_{\mathbf{R}_+}^\alpha K_\delta^+$ für $\alpha > -\frac{1}{2}$. Dann gilt $k_\delta^\alpha \in L^1(\mathbf{R}_+; \mu_\alpha)$ für $\delta > \alpha + \frac{1}{2}$. (Man gehe wie im Beweis zu Satz 4.2 vor).
(b) Sei $\lambda \in \mathscr{B}\mathscr{V}_{k+1}(\mathbf{R}_+)$ und $k > \alpha + \frac{1}{2}$. Dann gehört λ zum Raum $\mathscr{F}_{\mathbf{R}_+}^\alpha L^1(\mathbf{R}_+; \mu_\alpha)$. (Vgl. den Beweis zu Satz 6.6).

6.5 (a) Seien $(\tau_\varrho)_{\varrho > 0}$ und $(\zeta_\varrho)_{\varrho > 0}$ Familien von L^1-Multiplikatoren auf $\mathbf{R}^n$ und $(T_\varrho)_{\varrho > 0}$ bzw. $(S_\varrho)_{\varrho > 0}$ die zugehörigen Operatoren von $L^1(\mathbf{R}^n)$ in $L^1(\mathbf{R}^n)$. Sei $(\lambda_\varrho)_{\varrho > 0}$ eine weitere Familie von L^1-Multiplikatoren, deren zugehörige Operatoren $(L_\varrho)_{\varrho > 0}$ die Bedingung $\sup\limits_{\varrho > 0} \|L_\varrho\| = M < +\infty$ erfüllen. Aus $\tau_\varrho - 1 = \lambda_\varrho(\zeta_\varrho - 1)$ folgt $\|T_\varrho f - f\| \leqslant M \cdot \|S_\varrho f - f\|$ für $f \in L^1(\mathbf{R}^n)$ und $\varrho > 0$.
(b) Sei $B: \mathbf{R}^n \ni x \longmapsto (1 + |x|) \cdot e^{-|x|}$. Zeige daß $((\mathscr{F}_{\mathbf{R}^n} B)_\varrho)_{\varrho > 0}$ eine approximative Einheit auf $\mathbf{R}^n$ ist. Vergleiche diese approximative Einheit mit Hilfe von (a) mit dem Gauss-Weierstrass-Kern.

(Zeige, daß die Funktionen $\lambda: \mathbf{R}_+ \ni t \longmapsto \dfrac{1 - e^{-t^2}}{1 - (1 + t)e^{-t}}$ und $1/\lambda$ zum Raum $\mathscr{B}\mathscr{V}_{k+1}(\mathbf{R}_+)$ für jedes $k \in \mathbf{N}$ gehören. Dazu verifiziere man

$$\int_1^\infty t^k |\lambda^{(k+1)}(t)|\,dt < +\infty \quad \text{und} \quad \int_0^1 t^k |\lambda^{(k+1)}(t)|\,dt < +\infty).$$

6.6 Zeige, daß die Funktion (6.21) für $\varkappa > 0$ die Fourier-Transformierte
$$\xi \longmapsto 2^{-\varkappa/2}(2\pi)^{(n-\varkappa)/2} \frac{1}{\Gamma(\varkappa/2)} \int_0^\infty e^{-\pi|\xi|^2/s}\, e^{-s/4\pi} s^{(-n+\varkappa-2)/2}\,ds$$
besitzt.

7 Anwendungen

Es sollen drei Anwendungen der harmonischen Analyse auf dem Raum $\mathbf{R}^n$ näher betrachtet werden: (I) Die Heisenbergsche Ungleichung (im Falle $n = 1$), (II) eine Abschätzung der sphärischen Lebesgue-Konstanten für Fourier-Reihen von Funktionen auf $\mathbf{T}^n$ und (III) der Satz von Minkowski über die in konvexen Punktmengen enthaltenen Gitterpunkte.

(I) Zunächst sei daran erinnert, daß die gemäß (2.48) definierten Hermite-Weber-Funktionen $(W_m)_{m\in\mathbf{N}}$ Eigenfunktionen zu den Eigenwerten $(-\mathrm{i})^m$ der Fourier-Transformation $\mathscr{F}_\mathbf{R}$ sind (Beispiel 2.1(2)). Sie bilden außerdem ein totales Orthonormalsystem im komplexen Hilbert-Raum $L^2(\mathbf{R})$. Dies sieht man wie folgt ein: Die Hermite-Polynome $H_m\colon \mathbf{R}\ni x \rightsquigarrow \mathscr{H}(x^m)$ $(m\in\mathbf{N})$ erfüllen wegen (2.44) die gewöhnliche Differentialgleichung $DH_m = -2\,m\mathrm{i}\,H_{m-1}$ $(m\in\mathbf{N}^\times)$. In Verbindung mit (2.45) folgt $H_{m+1} - 2MH_m + \mathrm{i}\,DH_m = 0$. Wegen (2.46) gilt $D(g_1^2 H_{m-1}) = \mathrm{i}\,g_1^2 H_m$ für $m\in\mathbf{N}^\times$. Partielle Integration liefert für jedes Paar $(m, m')\in\mathbf{N}\times\mathbf{N}$ die Beziehung

$$\int_\mathbf{R} \mathrm{e}^{-x^2} H_m(x) H_{m'}(x)\mathrm{d}x = \mathrm{i}\cdot \int_\mathbf{R} \mathrm{e}^{-x^2} H_{m-1}(x) DH_{m'}(x)\mathrm{d}x. \tag{7.1}$$

Wiederholte Anwendung von (7.1) ergibt $(W_m\,|\,W_{m'}) = 0$ falls $m \neq m'$ und $\|W_m\|_2 = \|W_{m-1}\|_2$ für $m\in\mathbf{N}^\times$, so daß wegen $\|W_0\|_2 = 1$ die Normierung $\|W_m\|_2 = 1\,(m\in\mathbf{N})$ evident ist. Es bleibt zu zeigen, daß $(W_m)_{m\in\mathbf{N}}$ eine totale Folge im Hilbert-Raum $L^2(\mathbf{R})$ ist, d.h. daß für jedes $f\in L^2(\mathbf{R})$ aus $(f\,|\,W_m) = 0$ für alle $m\in\mathbf{N}$ notwendig $f = 0$ folgt. Dazu wird die Funktion

$$F\colon \mathbf{C}\ni z \rightsquigarrow \frac{1}{\sqrt{2\pi}}\int_\mathbf{R} \mathrm{e}^{-\mathrm{i}xz-(1/2)x^2}\cdot \bar{f}(x)\,\mathrm{d}x \in \mathbf{C} \tag{7.2}$$

betrachtet, welche die Fourier-Transformierte $\mathscr{F}_\mathbf{R}(g_1\cdot\bar{f})$ von $\mathbf{R}$ auf ganz $\mathbf{C}$ holomorph fortsetzt. Wegen

$$D^m F\colon \mathbf{C}\ni z \rightsquigarrow \frac{(-1)^m}{\sqrt{2\pi}}\int_\mathbf{R} x^m\,\mathrm{e}^{-\mathrm{i}xz-(1/2)x^2}\,\bar{f}(x)\,\mathrm{d}x \in \mathbf{C} \qquad (m\in\mathbf{N}) \tag{7.3}$$

und der Surjektivität der linearen Abbildung $\mathscr{H}\colon \mathbf{C}[X]\to\mathbf{C}[X]$ (Beispiel 2.1(2)) folgt $D^m F(0) = 0$ für alle $m\in\mathbf{N}$. Also muß notwendig $F = 0$ sein, d.h. es gilt insbesondere $\mathscr{F}_\mathbf{R}(g_1\cdot\bar{f}) = 0$. Gemäß Satz 1.9 folgt $g_1\cdot\bar{f} = 0$ und damit $f = 0$. Somit ist gezeigt, daß $(W_m)_{m\in\mathbf{N}}$ eine Hilbert-Basis von $L^2(\mathbf{R}^n)$ bildet.

Sei jetzt $f\in L^2(\mathbf{R})$ so, daß $Mf\in L^2(\mathbf{R})$ gilt. Dann folgt aus (2.49)

$$2(Mf\,|\,W_m) = \sqrt{2(m+1)}\,(f\,|\,W_{m+1}) + \sqrt{2m}\,(f\,|\,W_{m-1}) \tag{7.4}$$

für jedes $m\in\mathbf{N}$ und somit, falls $M\circ\mathfrak{F}_\mathbf{R}\,f\in L^2(\mathbf{R})$ gilt, wegen (2.51) und der Unitarität von $\mathfrak{F}_\mathbf{R}$:

$$2(M\circ\mathfrak{F}_\mathbf{R}\,f\,|\,W_m) = \sqrt{2(m+1)}\,(-\mathrm{i})^{m+1}(f\,|\,W_{m+1}) + \sqrt{2m}\,(-\mathrm{i})^{m-1}(f\,|\,W_{m-1}) \tag{7.5}$$

Also liefert die Plancherel-Identität (I.3.24)

$$\frac{1}{\sqrt{2\pi}}\int_\mathbf{R} x^2(|f(x)|^2 + |\mathfrak{F}_\mathbf{R}f(x)|^2)\mathrm{d}x = \sum_{m\geqslant 0}(m+1)|(f\,|\,W_{m+1})|^2 + \sum_{m\geqslant 1} m\,|(f\,|\,W_{m-1})|^2$$
$$= \sum_{m\geqslant 0}(2m+1)|(f\,|\,W_m)|^2. \tag{7.6}$$

Von (7.6) liest man das folgende Ergebnis ab.

Satz 7.1 *Für jede Funktion $f \in L^2(\mathbf{R})$ mit $Mf \in L^2(\mathbf{R})$ und $Df \in L^2(\mathbf{R})$ gilt*

$$\|Mf\|_2^2 + \|M \circ \mathfrak{F}_{\mathbf{R}} f\|_2^2 \geqslant \|f\|_2^2. \tag{7.7}$$

Gleichheit tritt in (7.7) genau dann ein, wenn f fast überall mit einem Vielfachen der Gauss-Funktion g_1 übereinstimmt.

Konstruiert man zur Funktion $f: \mathbf{R} \to \mathbf{C}$ aus dem Raum $L^2(\mathbf{R})$ und zum Parameter $\alpha \in \mathbf{R}_+^{\times}$ die Funktion $f_\alpha: \mathbf{R} \ni x \rightsquigarrow \dfrac{1}{\sqrt{\alpha}} f\left(\dfrac{x}{\alpha}\right) \in \mathbf{C}$, so gilt $f_\alpha \in L^2(\mathbf{R})$ und $\mathfrak{F}_{\mathbf{R}} f_\alpha(x) = \sqrt{\alpha} f(\alpha x)$ für fast alle $x \in \mathbf{R}$. Wendet man Satz 6.1 auf f_α an, so erhält man

$$\alpha^2 \|Mf\|_2^2 + \frac{1}{\alpha^2} \|M \circ \mathfrak{F}_{\mathbf{R}} f\|_2^2 \geqslant \|f\|_2^2 \qquad (\alpha \in \mathbf{R}_+^{\times}). \tag{7.8}$$

Durch Minimieren der linken Seite bezüglich α folgt aus (7.8) der

Satz 7.2 *Für jede Funktion $f \in L^2(\mathbf{R})$ mit $Mf \in L^2(\mathbf{R})$ und $Df \in L^2(\mathbf{R})$ gilt*

$$\|Mf\|_2 \cdot \|M \circ \mathfrak{F}_{\mathbf{R}} f\|_2 \geqslant \tfrac{1}{2} \|f\|_2^2 \tag{7.9}$$

(Heisenbergsche Ungleichung).

In der Sprache der Quantenmechanik kann der überall dicht definierte, selbstadjungierte Operator M im komplexen Hilbert-Raum $L^2(\mathbf{R})$ als Lage-Observable und der Operator D als zugehörige Impuls-Observable aufgefaßt werden. Da wegen (2.10) der Anwendung von D auf die Wellenfunktion $f \in L^2(\mathbf{R})$ mit $\|f\|_2 = 1$, $\|Df\|_2 = \|M \circ \mathfrak{F}_{\mathbf{R}} f\|_2 < +\infty$ die Anwendung von M auf die Fourier-Transformierte $\mathfrak{F}_{\mathbf{R}} f$ entspricht, läßt sich die Heisenbergsche Ungleichung (7.9) folgendermaßen interpretieren: Die Lage und der Impuls eines quantentheoretischen Teilchens können nicht gleichzeitig beliebig genau lokalisiert werden (Aufgabe 7.2).

(II) Mit den in I.4 eingeführten Bezeichnungen soll für den sphärischen Dirichlet-Kern $(\dot{D}_N)_{N \in \mathbf{N}}$ auf der n-dimensionalen Torusgruppe $\mathbf{T}^n (n \geqslant 2)$ die asymptotische Abschätzung

$$\|\dot{D}_N\|_1 = O(N^{(n-1)/2}) \qquad (N \to +\infty) \tag{7.10}$$

bewiesen werden. Dazu genügt es, eine Folge $(\dot{g}_N)_{N \in \mathbf{N}}$ trigonometrischer Polynome auf $\mathbf{T}^n$ zu konstruieren mit den folgenden Eigenschaften: Für die Fourier-Koeffizienten gilt

$$c_m(\dot{g}_N) = \begin{cases} 1 & \text{falls} \quad |m| \leqslant N, \\ a_{N,m} & \text{falls} \quad N < |m| \leqslant N+1, \\ 0 & \text{falls} \quad |m| > N+1, \end{cases} \tag{7.11}$$

wobei $|m|$ die euklidische Norm des Gitterpunktes $m \in \mathbf{Z}^n$ und $a_{N,m} \in [\![0,1]\!]$ ist, und für die L^1-Norm gilt

$$\|\dot{g}_N\|_1 \leqslant M_n \cdot N^{(n-1)/2} \qquad (N \in \mathbf{N}^{\times}), \tag{7.12}$$

wobei $M_n \geqslant 0$ eine nicht von N abhängige Konstante bezeichnet. Denn dann besitzt $\dot{g}_N$ für jedes $N \in \mathbf{N}$ die Darstellung

$$\dot{g}_N = \dot{D}_N + \dot{h}_N \tag{7.13}$$

mit $\dot{h}_N = \displaystyle\sum_{N < |m| \leqslant N+1} a_{N,m}\, \dot{\chi}_m$. Es folgt mit der Plancherel-Identität (I.2.31)

$$\|\dot{h}_N\|_1 \leqslant \|\dot{h}_N\|_2 = \left\| \sum_{N < |m| \leqslant N+1} a_{N,m}\, \dot{\chi}_m \right\|_2 \leqslant \left(\sum_{N < |m| \leqslant N+1} 1 \right)^{1/2}. \tag{7.14}$$

Da aber die Anzahl der Gitterpunkte $m \in \mathbf{Z}^n$ in der Kugelschale zwischen den abgeschlossenen konzentrischen Kugeln $\bar{B}_{n,N}$ und $\bar{B}_{n,N+1}$ im $\mathbf{R}^n$ mit $O(N^{(n-1)})$ für $N \to \infty$ anwächst, folgt die zu beweisende Abschätzung (7.10) aus (7.13), (7.12) und (7.14).

Zur Konstruktion der trigonometrischen Polynome $(\dot{g}_N)_{N \in \mathbf{N}}$ mit den Eigenschaften (7.11) und (7.12) werden mit Hilfe der approximativen Einheit $(k_\varrho)_{\varrho > 0}$ aus Beispiel 1.2(3) und den Indikatorfunktionen der kompakten Kugeln $\bar{B}_{n,N+\frac{1}{2}}$ die Funktionen

$$G_N = 1_{\bar{B}_{n,N+\frac{1}{2}}} * k_2 \qquad (N \in \mathbf{N}^\times) \tag{7.15}$$

aus dem Raum $\mathscr{D}(\mathbf{R}^n)$ gebildet. Für die Folge $(G_N)_{N \in \mathbf{N}^\times}$ rechnet man die folgenden Eigenschaften nach (Aufgabe 7.3):

(i) $G_N(\xi) = 1$ für $\xi \in \bar{B}_{n,N}$,

(ii) $G_N(\xi) = 0$ für $\xi \in \mathbf{R}^n - \bar{B}_{n,N+1}$,

(iii) $G_N(\xi) \in [\![0,1]\!]$ für $\xi \in \mathbf{R}^n$.

Insbesondere gilt also $G_N \in \mathscr{S}(\mathbf{R}^n)$ und damit auch $\mathscr{F}_{\mathbf{R}^n} G_N \in \mathscr{S}(\mathbf{R}^n)$ für jedes $N \in \mathbf{N}^\times$. Aus (7.15) folgt

$$\mathscr{F}_{\mathbf{R}^n} G_N = (\mathscr{F}_{\mathbf{R}^n} 1_{B_{n,N+(1/2)}}) \cdot (\mathscr{F}_{\mathbf{R}^n} k_2) \qquad (N \in \mathbf{N}^\times). \tag{7.16}$$

Beachtet man (mit $B_n = B_{n,1}$)

$$\mathscr{F}_{\mathbf{R}^n} 1_{B_{n,N+(1/2)}}(x) = (N + \tfrac{1}{2})^n \cdot \mathscr{F}_{\mathbf{R}^n} 1_{B_n}((N + \tfrac{1}{2})x) \qquad (x \in \mathbf{R}^n) \tag{7.17}$$

(vgl. (2.63)), so erhält man aus (7.16) wegen der Beschränktheit der Funktionen $\mathscr{F}_{\mathbf{R}^n} 1_{B_n}$ und $\mathscr{F}_{\mathbf{R}^n} k_2$ auf dem $\mathbf{R}^n$

$$\sup_{N \in \mathbf{N}^\times} \frac{1}{(2\pi)^{n/2}} \int_{\bar{B}_{n,1/N}} |\mathscr{F}_{\mathbf{R}^n} G_N(x)|\, \mathrm{d}x < +\infty. \tag{7.18}$$

Die Gleichung (4.18) liefert im Falle $\delta = 0$:

$$\mathscr{F}_{\mathbf{R}^n} 1_{\bar{B}_n}(x) = |x|^{-n/2}\, \mathscr{I}_{n/2}(|x|) \qquad (x \in \mathbf{R}^n) \tag{7.19}$$

Wegen $\mathscr{I}_{n/2}(|x|) = O(|x|^{-1/2})$ für $|x| \to +\infty$ folgt

$$\mathscr{F}_{\mathbf{R}^n} 1_{\bar{B}_n}(x) = O(|x|^{-(n+1)/2}) \qquad (|x| \to +\infty) \tag{7.20}$$

und mithin für jedes $N \in \mathbf{N}^{\times}$

$$\frac{1}{(2\pi)^{n/2}} \cdot \int\limits_{\mathbf{R}^n - \dot{B}_{n,1/N}} |\mathscr{F}_{\mathbf{R}^n} G_N(x)|\,\mathrm{d}x \leqslant M_n' N^n \cdot \int\limits_{\mathbf{R}^n - \dot{B}_{n,1/N}} (N|x|)^{-(n+1)/2} \cdot |\mathscr{F}_{\mathbf{R}^n} k_2(x)|\,\mathrm{d}x$$

$$\leqslant M_n' \cdot N^{(n-1)/2} \cdot \int\limits_{\mathbf{R}^n} |x|^{-(n+1)/2} \cdot |\mathscr{F}_{\mathbf{R}^n} k_2(x)|\,\mathrm{d}x \tag{7.21}$$

mit einer Konstanten $M_n' \geqslant 0$. Wegen $n \geqslant 2$ existiert das letzte Integral. Setzt man $M_n = M_n' \cdot \int\limits_{\mathbf{R}^n} |x|^{-(n+1)/2} \cdot |\mathscr{F}_{\mathbf{R}^n} k_2(x)|\,\mathrm{d}x$, so gilt nach (7.21)

(iv) $\| \mathscr{F}_{\mathbf{R}^n} G_N \|_1 \leqslant M_n N^{(n-1)/2}$ $(N \in \mathbf{N}^{\times})$.

Konstruiert man nach Satz 5.1 zu $\mathscr{F}_{\mathbf{R}^n} G_N \in L^1(\mathbf{R}^n)$ die Funktion $\dot{g}_N \in L^1(\mathbf{T}^n)$ für jedes $N \in \mathbf{N}^{\times}$, so gilt

$$c_m(\dot{g}_N) = G_N(m) \qquad (m \in \mathbf{Z}^n) \tag{7.22}$$

sowie $\| \dot{g}_N \|_1 \leqslant \| \mathscr{F}_{\mathbf{R}^n} G_N \|_1$. Aus den Eigenschaften (i) − (iv) der Folge $(G_N)_{N \in \mathbf{N}^{\times}}$ ergibt sich, daß die Folge $(\dot{g}_N)_{N \in \mathbf{N}^{\times}}$ die Bedingungen (7.11) und (7.12) erfüllt.

Man beachte, daß Satz I.4.3 in Verbindung mit Satz I.4.6 die etwas unschärfere Abschätzung $\| \dot{D}_N \|_1 = O(N^{n/2})(N \to +\infty)$ liefert, da die Anzahl der Gitterpunkte $m \in \mathbf{Z}^n$, die in $\dot{B}_{n,N}$ enthalten sind, mit N^n anwächst.

Während bei sphärischer Aufsummierung der Fourier-Reihe die Lebesgue-Konstanten höchstens mit $N^{(n-1)/2}(n \geqslant 2)$ wachsen, liefert quaderförmiges Summieren (Beispiel I.4.1 (3) und Satz I.4.7) nur ein Anwachsen mit $(\log N)^n$ $(n \geqslant 1)$ für $N \to +\infty$.

(III) Als dritte Anwendung folgt ein Beweis von

Satz 7.3 (Minkowski) *Es bezeichne M eine beschränkte $\mathrm{d}x$-meßbare Teilmenge des Raumes $\mathbf{R}^n(n \geqslant 1)$. Gilt $-M = M, \frac{1}{2}M + \frac{1}{2}M \subseteq M$ und für das Volumen $\int\limits_M \mathrm{d}x > (4\pi)^n$, so existiert mindestens ein Gitterpunkt $m \in (2\pi \mathbf{Z})^n - \{0\}$ mit $m \in M$.*

Beweis. Der Träger der Funktion $f = 1_{\frac{1}{2}M} * 1_{\frac{1}{2}M}$ ist in der Menge $\frac{1}{2}M + \frac{1}{2}M \subseteq M$ enthalten und somit kompakt. Demnach gilt $f \in \mathscr{K}(\mathbf{R}^n)$ und $\mathscr{F}_{\mathbf{R}^n} f \geqslant 0$. Die Funktion $\dot{g}$ sei zu f gemäß (5.1) konstruiert. Dann gilt $\dot{g} \in \mathscr{C}(\mathbf{T}^n)$ und wegen (5.3) auch $c_m(\dot{g}) \geqslant 0$ für $m \in \mathbf{Z}^n$. Gemäß Satz I.9.6 ist $\dot{g}$ von positivem Typ, so daß nach Satz I.9.7 die Konvergenz $\sum\limits_{m \in \mathbf{Z}^n} c_m(\dot{g}) < +\infty$ gesichert ist. Eine Anwendung von Satz 5.2 liefert

$(2\pi)^{n/2} \cdot \sum\limits_{m \in \mathbf{Z}^n} f(2\pi m) = \sum\limits_{m \in \mathbf{Z}^n} \mathscr{F}_{\mathbf{R}^n} f(m)$. Angenommen, es gelte $M \cap (2\pi \mathbf{Z})^n = \{0\}$.

Dann ist $f(2\pi m) = 0$ für $m \in \mathbf{Z}^n - \{0\}$ und somit $(2\pi)^{n/2} f(0) = \sum\limits_{m \in \mathbf{Z}^n} \mathscr{F}_{\mathbf{R}^n} f(m)$ $\geqslant \mathscr{F}_{\mathbf{R}^n} f(0)$. Wegen der Symmetrie $-M = M$ folgt

$$(2\pi)^{n/2} f(0) = \int\limits_{\mathbf{R}^n} 1_{\frac{1}{2}M}(-x) \cdot 1_{\frac{1}{2}M}(x)\,\mathrm{d}x = \int\limits_{\mathbf{R}^n} 1_{\frac{1}{2}M}(x)\,\mathrm{d}x = \int\limits_{\frac{1}{2}M} \mathrm{d}x.$$

Andererseits gilt

$$\mathscr{F}_{\mathbf{R}^n} f(0) = \frac{1}{(2\pi)^{n/2}} \int\limits_{\mathbf{R}^n} f(x)\,\mathrm{d}x = \frac{1}{(2\pi)^n} \left(\int\limits_{\frac{1}{2}M} \mathrm{d}x \right)^2$$

und damit $\int\limits_{\frac{1}{2}M} \mathrm{d}x \leqslant (2\pi)^n$. Es folgt $\int\limits_{M} \mathrm{d}x \leqslant (4\pi)^n$ im Widerspruch zur Voraussetzung. ∎

Aufgaben

7.1 (a) Zeige, daß die Hermite-Weber-Funktionen $(W_m)_{m\in\mathbf{N}}$ Eigenfunktionen zu den Eigenwerten $-(2m+1)$ des selbstadjungierten Differentialoperators $-\mathrm{D}^2 - \mathrm{M}^2$ in $\mathrm{L}^2(\mathbf{R})$ mit dem (überall dichten) Definitionsbereich $\mathscr{S}(\mathbf{R})$ sind.
(b) Beweise mit Hilfe von (a) die Orthogonalität $(W_m \mid W_{m'}) = 0$ für $(m, m') \in \mathbf{N} \times \mathbf{N}$, $m \neq m'$.

7.2 Sei $f \in \mathrm{L}^2(\mathbf{R})$ der Zustand eines quantenmechanischen Systems mit $\|f\|_2 = 1$, $\mathrm{M}f \in \mathrm{L}^2(\mathbf{R})$ und $\mathrm{D}f \in \mathrm{L}^2(\mathbf{R})$. Dann gilt für die Varianzen $\delta(f, \mathrm{M}) = \|\mathrm{M}f - (\mathrm{M}f \mid f) f\|_2$ und $\delta(f, \mathrm{D}) = \|\mathrm{D}f - (\mathrm{D}f \mid f) f\|_2$ der Operatoren M bzw. D die Unschärferelation $\delta^2(f, \mathrm{M}) \cdot \delta^2(f, \mathrm{D}) \geqslant 1/2$. (Benutze die Ungleichung (7.9)).

7.3 Verifiziere die Eigenschaften (i)–(iii) der gemäß (7.15) definierten Funktionen $(G_N)_{N\in\mathbf{N}^\times}$.

7.4 Man beweise im Falle $n = 1$ die asymptotische Abschätzung $\|\dot{D}_N\|_1 = O(\log N)$ $(N \to +\infty)$ (vgl. Satz I.4.7) in analoger Weise wie in Anwendung (II). (Wähle an Stelle von k_2 in (7.15) die Funktion $1_{[-\frac{1}{2}, +\frac{1}{2}]}$).

7.5 Sei K eine nichtleere kompakte Teilmenge des $\mathbf{R}^n$ ($n \geqslant 2$) mit $\lambda K \subseteqq K$ für $\lambda \in [\![0,1]\!]$.
(a) Für $R > 0$, $Q = \{x = (x_j)_{1 \leqslant j \leqslant n} \in \mathbf{R}^n \mid |x_j| \leqslant 1, 1 \leqslant j \leqslant n\}$ und $B_R = \bigcup\limits_{m \in RK \cap \mathbf{Z}^n} m + Q$ gilt für den $RK \cap \mathbf{Z}^n$-spektralen Dirichlet-Kern von $\mathbf{T}^n$ die L^1-Abschätzung

$$\|\dot{D}_{RK \cap \mathbf{Z}^n}\|_1 \leqslant 4^{-n} \int\limits_{I^n} \Big| \int\limits_{B_R} \mathrm{e}^{\mathrm{i}(x|\xi)}\,\mathrm{d}x \Big|\,\mathrm{d}\xi.$$

(Benutze Beispiel 1.1(1)).
(b) Für $R > 0$ bezeichne P_R die Vereinigung aller abgeschlossenen Würfel des $\mathbf{R}^n$ mit Mittelpunkten $\dfrac{m}{R} \in K$ ($m \in \mathbf{Z}^n$) und Kantenlängen $\dfrac{1}{R}$. Dann gilt

$$\|\dot{D}_{RK \cap \mathbf{Z}^n}\|_1 \leqslant \frac{(2\pi)^{n/2}}{4^n} \left(\int\limits_{RI^n} |\mathscr{F}_{\mathbf{R}^n} 1_K(\xi)|\,\mathrm{d}\xi + \int\limits_{RI^n} |\mathscr{F}_{\mathbf{R}^n} \psi_R(\xi)|\,\mathrm{d}\xi \right)$$

mit $\quad \psi_R : \mathbf{R}^n \ni x \longmapsto \begin{cases} 1 & \text{falls } x \in P_R - K, \\ -1 & \text{falls } x \in K - P_R, \\ 0 & \text{sonst.} \end{cases}$

(c) Es bezeichne $(\partial K)_\varepsilon$ die Vereinigung aller offenen Kugeln mit Mittelpunkten auf dem Rand ∂K von K und Radien $\varepsilon > 0$ und M_ε das Lebesgue-Maß der Menge $(\partial K)_\varepsilon$. Gilt

$\lim_{\varepsilon \to 0+} \sup M_\varepsilon / 2\varepsilon < + \infty$, so besteht die asymptotische Abschätzung

$$\|D_{RK \cap \mathbf{Z}^n}\|_1 \leqslant \frac{(2\pi)^{n/2}}{4^n} \int\limits_{RI^n} |\mathscr{F}_{\mathbf{R}^n} 1_K(\xi)| \, d\xi + O(R^{(n-1)/2}) \qquad (R \to +\infty).$$

(Wende die Ungleichung von Cauchy-Schwarz-Bunjakowski und die Plancherel-Identität an und berücksichtige, daß sich das Volumen der symmetrischen Differenz von K und P_R wie $O\left(\dfrac{1}{R}\right)$ für $R \to +\infty$ verhält).

(d) Führe einen neuen Beweis für (7.10) mit Hilfe von (c).

(e) Erfüllt K außer der in (c) genannten Bedingung noch $|\mathscr{F}_{\mathbf{R}^n} 1_K(\xi)| = O(|\xi|^{-(n+1)/2})$ $(|\xi| \to +\infty)$, so folgt $\|\dot{D}_{RK \cap \mathbf{Z}^n}\|_1 = O(R^{(n-1)/2})(R \to +\infty)$.

7.6 Sei M eine abgeschlossene und beschränkte Teilmenge des $\mathbf{R}^n$ mit $-M = M$ und $\frac{1}{2}M + \frac{1}{2}M \subseteq M$. Aus $\int\limits_M dx \geqslant (4\pi)^n$ folgt die Existenz mindestens eines Gitterpunktes $m \in (2\pi\mathbf{Z})^n - \{0\}$ mit $m \in M$.

7.7 (a) Sei u ein Vektorraum-Automorphismus des $\mathbf{R}^n$ und M eine dx-meßbare beschränkte Teilmenge des $\mathbf{R}^n$ mit $-M = M$ und $\frac{1}{2}M + \frac{1}{2}M \subseteq M$. Aus $\int\limits_M dx \geqslant (4\pi)^n |\det u|$ folgt die Existenz mindestens eines Gitterpunktes $m \in u((2\pi\mathbf{Z})^n) - \{0\}$ mit $m \in M$.

(b) Zu u existiert ein Gitterpunkt $x \in \mathbf{Z}^n$ mit der Eigenschaft, daß $\xi = (\xi_j)_{1 < j < n} = u(x)$ die Bedingung $\sum\limits_{1 < j < n} |\xi_j| \leqslant (n! \, |\det u|)^{1/n}$ erfüllt. (Benutze die Tatsache, daß die Punktmenge $\{\xi = (\xi_j)_{1 < j < n} \in \mathbf{R}^n \, | \, \sum\limits_{1 < j < n} |\xi_j| \leqslant r\}$ für $r > 0$ das Volumen $\dfrac{1}{n!}(2r)^n$ besitzt).

8 Ergänzungen und Bemerkungen

1. Der natürliche Bereich für die Definition der Fourier-Transformation $\mathscr{F}_{\mathbf{R}^n}$ ist die Faltungsalgebra $L^1(\mathbf{R}^n)$. Aber nur in wenigen Fällen kann die Fourier-Transformierte $\mathscr{F}_{\mathbf{R}^n} f$ für Funktionen $f \in L^1(\mathbf{R}^n)$ explizit berechnet werden. Das ist mit einer der Gründe, warum (ebenso wie im Falle der Torusgruppe $\mathbf{T}^n$) der Bildraum $A(\mathbf{R}^n) = \mathscr{F}_{\mathbf{R}^n} L^1(\mathbf{R}^n)$ so schwierig zu charakterisieren ist. In Satz 6.6 wird für radiale Funktionen eine handliche Bedingung angegeben, welche hinreichend ist für die Zugehörigkeit zum Raum $A(\mathbf{R}^n)$.

Zur harmonischen Analyse auf dem $\mathbf{R}^n$ vgl. Stein-Weiss [99], Stein [97], Donoghue [24], sowie den Übersichtsartikel von Weiss [114].

2. Der Schwartz-Bruhat-Raum $\mathscr{S}(\mathbf{R}^n)$ der rasch abklingenden Funktion auf dem $\mathbf{R}^n$ ist deshalb der Fourier-Transformation $\mathscr{F}_{\mathbf{R}^n}$ besser angepaßt als der Banach-Raum $L^1(\mathbf{R}^n)$, weil sein Bild $\mathscr{F}_{\mathbf{R}^n} \mathscr{S}(\mathbf{R}^n) = \mathscr{S}(\mathbf{R}^n)$ bekannt ist (Satz 2.2). Verschärft man die Abklingbedingungen (2.2) zu den Forderungen $|f(x)| \leqslant C \cdot e^{-\varkappa|x|}$, $|\mathscr{F}_{\mathbf{R}^n} f(\xi)|$

$\leqslant C' \cdot \mathrm{e}^{-\beta|\xi|}$ $(x \in \mathbf{R}^n, \xi \in \mathbf{R}^n)$ mit positiven Konstanten C, C', α, β, $(\alpha\beta \leqslant \pi^2)$, so besagt ein Satz von G. H. Hardy, daß notwendig $f = 0$ oder $f: \mathbf{R}^n \ni x \rightsquigarrow C \cdot \mathrm{e}^{-\alpha|x|}$ gelten muß (vgl. Dym-McKean [30]). Eine Charakterisierung des Bildraumes $\mathscr{F}_{\mathbf{R}^n}\mathscr{D}(\mathbf{R}^n)$ wird durch den Satz von Paley-Wiener geliefert (vgl. Aufgabe 2.6).

Der auf der Plancherel-Identität (2.21) beruhende Weg, ausgehend vom Schwartz-Bruhat-Raum $\mathscr{S}(\mathbf{R}^n)$ zu einer Fourier-Transformation auf $L^p(\mathbf{R}^n)$ für $p = 2$ zu gelangen, ist für alle Exponenten $p \in [\![1, 2]\!]$ gangbar, da die a priori-Ungleichung von Hausdorff-Young $\|\mathscr{F}_{\mathbf{R}^n}f\|_{p'} \leqslant \|f\|_p$ für alle Funktionen $f \in \mathscr{S}(\mathbf{R}^n)$ besteht und $\mathscr{S}(\mathbf{R}^n)$ überall dicht im Lebesgue-Raum $L^p(\mathbf{R}^n)$ liegt (Methode der Raum-Interpolation; vgl. Stein-Weiss [99]). Die Elemente $f \in L^p(\mathbf{R}^n)$, $p > 2$, können als temperierte Distributionen, also als Elemente des Raumes $\mathscr{S}'(\mathbf{R}^n)$, aufgefaßt werden und ihre Fourier-Transformierten $\mathscr{F}_{\mathbf{R}^n}f$ gehören deshalb zu $\mathscr{S}'(\mathbf{R}^n)$ (Satz 2.6).

Ist $R \in \mathscr{S}'(\mathbf{R}^n)$ eine beliebige temperierte Distribution und S eine „rasch abklingende" Distribution auf dem Raum $\mathbf{R}^n$, so kann die Faltung $R * S$ definiert werden und es gilt auch in diesem Falle $\mathscr{F}_{\mathbf{R}^n}(R * S) = (\mathscr{F}_{\mathbf{R}^n}R) \cdot (\mathscr{F}_{\mathbf{R}^n}S)$; vgl. Horváth [51] und Trèves [105]. Die Behandlung linearer partieller Differentialgleichungen mit Hilfe der Fourier-Transformation findet man bei Hörmander [50], Szmydt [101] und Trèves [106].

Für Anwendungen der Fourier-Transformation auf die Approximation von Funktionen mehrerer Variabler, vgl. Nikol'skiĭ [81].

3. Eine Distribution $S \in \mathscr{D}'(\mathbf{R}^n)$ heißt von positivem Typ, falls $\langle \check{\bar{\varphi}} * \varphi, S \rangle \geqslant 0$ für jede Funktion $\varphi \in \mathscr{D}(\mathbf{R}^n)$ erfüllt ist; vgl. Definition I.9.2. Nach einem Satz von L. Schwartz [91] ist $S \in \mathscr{D}'(\mathbf{R}^n)$ genau dann von positivem Typ, falls $S \in \mathscr{S}'(\mathbf{R}^n)$ und $\mathscr{F}_{\mathbf{R}^n}S$ ein positives Radon-Maß auf $\mathbf{R}^n$ ist.

Eine wichtige Konsequenz aus Satz 3.7 ist der Satz von M.H. Stone, demzufolge zu jeder unitären Darstellung U des $\mathbf{R}^n$ in dem komplexen Hilbert-Raum H ein H-wertiges Spektral-Maß E existiert mit $U_x = \int_{\mathbf{R}^n} \mathrm{e}^{-\mathrm{i}(x|\xi)}\mathrm{d}E(\xi)$ für alle $x \in \mathbf{R}^n$.

Umgekehrt kann der Satz von Bochner auch aus dem Satz von Stone hergeleitet werden. Denn zu jeder Funktion $f \in \mathscr{C}(\mathbf{R}^n)$ von positivem Typ existiert gemäß Beispiel I.9.1 ein komplexer Hilbert-Raum H und ein Vektor $\alpha \in H$ mit $f(x) = (U_x\alpha \,|\, \alpha)$ für alle $x \in \mathbf{R}^n$. Aus $U_x = \int_{\mathbf{R}^n} \mathrm{e}^{\mathrm{i}(x|\xi)}\mathrm{d}E(\xi)$ für $x \in \mathbf{R}^n$ folgt $f(x) = \int_{\mathbf{R}^n} \mathrm{e}^{\mathrm{i}(x|\xi)}\mathrm{d}\mu_\alpha(\xi)$ mit $\mu_\alpha: \mathbf{R}^n \supseteq A \rightsquigarrow (E(A)\alpha|\alpha)$. Eine andere Möglichkeit, den Satz von Bochner zu beweisen, beruht auf Satz I.9.4 und Aufgabe 5.5.

4. Die Fourier-Transformierte radialer Funktionen auf dem $\mathbf{R}^n$ sind radiale Funktionen (also letztlich Funktionen einer Variablen), die durch ein Integral mit einem mit $O(r^{-(n-1)/2})$ abklingenden Kern definiert sind; vgl. (4.11). An die Stelle der Charaktere $x \rightsquigarrow \mathrm{e}^{-\mathrm{i}(x|\xi)}$ der additiven Gruppe $\mathbf{R}^n$ bei der Fourier-Transformation $\mathscr{F}_{\mathbf{R}^n}$ treten die Funktionen $\mathscr{J}_\alpha$ zum Index $\alpha = (n-2)/2$ bei der Hankel-Transformation $\mathscr{F}_{\mathbf{R}_+}^\alpha$; auf diese Weise kommt also die Theorie der Bessel-Funktionen zum Tragen.

Dies hat unter anderem die folgende Konsequenz: Während die Fourier-Transformierte $\mathscr{F}_{\mathbf{R}^n} f$ einer beliebigen Funktion $f \in L^p(\mathbf{R}^n)$, $p \in [\![1, 2]\!]$, dem Raum $L^{p'}(\mathbf{R}^n)$ angehört, ist bei radialem $f \in L^p(\mathbf{R}^n)$ die Funktion $\mathscr{F}_{\mathbf{R}_+}^{\alpha} f_0$ auf $\mathbf{R}_+^{\times}$ stetig für Exponenten $p \in [\![1, 2n/(n+1)[\![$ (Aufgabe 4.8); vgl. den Übersichtsartikel von Stein [98] und, für die Hankel-Transformation, Hirschman [49].

Die Formel (4.31) von Sonine wird in V. 3 aus der Produktformel von Gegenbauer gewonnen.

5. Es zeigt sich, daß in den Anwendungen die Poisson-Formel häufig durch die Plancherel-Identität ersetzt werden kann. Es seien in diesem Zusammenhang die Beispiele 5.1(3) und I.3.1(2) erwähnt. Ferner sei darauf hingewiesen, daß der von C. L. Siegel angegebene, ursprüngliche Beweis für Satz 7.3 mit der Plancherel-Identität arbeitet (Chandrasekharan [12]), während der in Anwendung (III) des Abschnitts 7 dargestellte Beweis auf der Poisson-Formel beruht.

Eine Erweiterung von Satz 5.1 und des in Aufgabe 5.5 angegebenen Ergebnisses für L^p-Multiplikatoren findet sich bei Stein-Weiss [99].

6. Faltungskerne im Sinne der Definition 1.4 geben Anlaß zu Familien von Integraloperatoren vom Faltungstyp. Liegt sogar eine approximative Einheit zugrunde, so bilden diese Integraloperatoren eine Approximation der Identität (vgl. Satz 1.7). Die fundamentale Bedeutung dieser Technik, z. B. für die Approximationstheorie, beruht auf der Tatsache, daß das Faltungsprodukt „gute" Eigenschaften der Funktionen (z. B. ihre Differenzierbarkeit) erhält; vgl. Shapiro [94], [95]. Läßt man in dem Faltungsprodukt $\mathscr{S}(\mathbf{R}^n) \ni f \longmapsto k * f$ für den Kern k temperierte Distributionen auf $\mathbf{R}^n$ zu, so gelangt man zu einer Klasse von Integraloperatoren, welche die singulären Integraloperatoren (wie z. B. die Hilbert-Transformation) umfaßt (Stein [97]). Nach einem Satz von Hörmander existiert zu jeder stetigen linearen Abbildung $L: L^p(\mathbf{R}^n) \to L^q(\mathbf{R}^n)$ $(p, q \in [\![1, +\infty]\!])$, die mit allen Translationen vertauschbar ist, eine Distribution $k \in \mathscr{S}'(\mathbf{R}^n)$ mit $L \mid \mathscr{S}(\mathbf{R}^n): f \longmapsto k * f$. Man nennt derartige Abbildungen L auch $(L^p(\mathbf{R}^n), L^q(\mathbf{R}^n))$-Multiplikatoren; vgl. für den Fall $p = q = 1$ die äquivalente Definition 6.1. Für die Multiplikatorentheorie konsultiere man Larsen [71] und Stein [97].

Mit Hilfe des Steinschen Interpolationssatzes (Stein-Weiss [99]) kann bewiesen werden, daß die zum Riesz-Kern $(r_{k,\varrho})_{\varrho > 0}$ und die zum Bochner-Riesz-Kern $(\ell_{k,\varrho})_{\varrho > 0}$ (Beispiel 6.2.(2)) gehörenden Faltungsoperatoren für $k > (n-1) \left| \dfrac{1}{p} - \dfrac{1}{2} \right|$ gleichmäßig beschränkte $(L^p(\mathbf{R}^n), L^p(\mathbf{R}^n))$-Multiplikatoren sind. Für $k > (n-1) \left| \dfrac{1}{p} - \dfrac{1}{2} \right|$, $p \in [\![1, +\infty[\![$ und $\lambda \in \mathscr{B} \mathscr{V}_{k+1}(\mathbf{R}_+)$ (Trebels [104]) kann man dann analog zu Satz 6.5 beweisen, daß $\mathbf{R}^n \ni x \longmapsto \lambda(|x|) \in \mathbf{C}$ ein (radialer) $(L^p(\mathbf{R}^n), L^p(\mathbf{R}^n))$-Multiplikator ist. Für Exponenten $p \in]\!]1, +\infty[\![$ wurde von Bonami-Clerc [6] ein schärferes Multiplikatoren-Resultat vom Marcinkiewicz-Typ angegeben.

7. Einen Beweis der Heisenbergschen Ungleichung im Rahmen der funktionalanalytischen Formulierung der Quantenmechanik findet sich z. B. bei Triebel [107].

Für jede bezüglich des Nullpunktes sternförmige Teilmenge K des $\mathbf{R}^n$, deren Rand einen beschränkten oberen Minkowski-Inhalt besitzt (vgl. die in Aufgabe 7.5(c) gemachten Voraussetzungen) hat Yudin [118] die Abschätzung $\|D_{RK\cap\mathbf{Z}^n}\|_1 = O(R^{(n-1)/2})\,(R \to +\infty)$ bewiesen.

Den ursprünglichen, von C. L. Siegel angegebenen Beweis für den Satz von Minkowski findet man neben Anwendungen auf die Geometrie der Zahlen bei Chandrasekharan [12].

Zweiter Teil

III Das Haar-Maß auf lokalkompakten topologischen Gruppen

1 Die Existenz des Haar-Maßes

In den Überlegungen der Kapitel I und II spielen die Gruppenalgebren $L^1(\mathbf{T}^n)$ und $L^1(\mathbf{R}^n)$ eine wichtige Rolle. Die multiplikative Verknüpfung dieser kommutativen komplexen Banach-Algebren ist die Faltung, deren Eigenschaften – darauf wurde mehrfach hingewiesen – eng mit der Translationsinvarianz der Maße $\mathrm{d}x$ auf $\mathbf{T}^n$ bzw. $\dfrac{1}{(2\pi)^{n/2}}\,\mathrm{d}x$ auf $\mathbf{R}^n$ verknüpft sind. Da $\mathbf{T}^n$ und $\mathbf{R}^n$ (additive abelsche) lokalkompakte topologische Gruppen sind, stellt sich die Frage, ob auf jeder derartigen Gruppe G translationsinvariante Radon-Maße existieren. Daß diese Frage sogar für alle (nicht notwendig abelschen) lokalkompakten topologischen Gruppen bejaht werden kann, hat nicht nur für die harmonische Analyse weitreichende Konsequenzen. Erwähnt seien an dieser Stelle lediglich die Zahlentheorie und die Integralgeometrie, für die translationsinvariante Radon-Maße ebenfalls wichtige Hilfsmittel darstellen.

Im folgenden bezeichne G stets eine (multiplikativ geschriebene) lokalkompakte topologische Gruppe (Definition I.2.1). Da G nicht abelsch zu sein braucht, kann nicht wie bisher von Translationen $\tau(s)$ schlechthin gesprochen werden, sondern es muß sorgfältig zwischen *Linkstranslationen* $\gamma(s)$: $G \ni x \longmapsto sx \in G$ und *Rechtstranslationen* $\delta(s)$: $G \ni x \longmapsto xs^{-1} \in G$ unterschieden werden ($s \in G$). Für jede Funktion f: $G \to \mathbf{C}$ wird definiert:

$$\gamma(s)f\colon G \ni x \longmapsto f(s^{-1}x), \qquad \delta(s)f\colon G \ni x \longmapsto f(xs) \qquad (s \in G) \tag{1.1}$$

Die *Inversion* $\check{}$: $G \ni x \longmapsto x^{-1} \in G$ soll auf f natürlich gemäß

$$\check{f}\colon G \ni x \longmapsto f(x^{-1}) \in \mathbf{C} \tag{1.2}$$

wirken; vgl. (I.4.5). Bezeichnet $\mathscr{K}(G)$ den $\mathbf{C}$-Vektorraum aller stetigen komplexwertigen Funktionen auf G mit kompaktem Träger und versieht man $\mathscr{K}(G)$ mit seiner kanonischen induktiven Limestopologie, so ist der Vektorraum $\mathscr{M}(G) = \mathscr{K}'(G)$ aller komplexen Radon-Maße auf G sein (topologischer) Dual. Für jede Funktion $f \in \mathscr{K}(G)$ und jedes Maß $\mu \in \mathscr{M}(G)$ setzt man

$$\int_G f\,\mathrm{d}(\gamma(s)\mu) = \int_G \gamma(s^{-1})f\,\mathrm{d}\mu, \qquad \int_G f\,\mathrm{d}(\delta(s)\mu) = \int_G \delta(s^{-1})f\,\mathrm{d}\mu \qquad (s \in G), \tag{1.3}$$

sowie $\quad\displaystyle\int_G f\,\mathrm{d}\check{\mu} = \int_G \check{f}\,\mathrm{d}\mu. \tag{1.4}$

Man nennt $\mu \in \mathcal{M}(G)$ ein *linksinvariantes* Maß auf G, falls $\gamma(s)\,\mu = \mu$ für alle $s \in G$ gilt. Im Falle $\delta(s)\,\mu = \mu$ für alle $s \in G$ spricht man von einem *rechtsinvarianten* Maß μ auf G. Trifft $\check{\mu} = \mu$ zu, so wird μ ein *symmetrisches* Maß auf G genannt.

Definition 1.1 Sei G eine lokalkompakte topologische Gruppe. Jedes Radon-Maß $\mu \neq 0$ auf G, das positiv und linksinvariant ist, heißt ein *linkes Haar-Maß* auf G. Entsprechend sind die *rechten Haar-Maße* auf G erklärt.

Notiz. Der Träger jedes linken und jedes rechten Haar-Maßes auf G stimmt mit ganz G überein.

Nimmt man einmal an, es existiere ein linkes Haar-Maß $\mu \in \mathcal{M}(G)$ und bezeichnet $K \neq \emptyset$ eine beliebige kompakte Teilmenge von G und U irgendeine offene, relativ kompakte Umgebung des Neutralelements, so existieren endlich viele Elemente $(s_j)_{1 \leqslant j \leqslant n}$ in G mit $K \subseteq \bigcup_{1 \leqslant j \leqslant n} s_j\, U$. Aus der Invarianz von μ gegen die Linkstranslationen $(\gamma(s_j))_{1 \leqslant j \leqslant n}$ folgt $\mu(K) \leqslant \sum_{1 \leqslant j \leqslant n} \mu(s_j\, U) = n\,\mu(U)$. Wegen $0 < \mu(U) < +\infty$ erhält man $\mu(K)\,/\mu(U) \leqslant n$. Bedeutet also $(K\colon U)$ die kleinste ganze Zahl $n \geqslant 0$ mit der Eigenschaft, daß K durch eine Familie $(s_j\, U)_{1 \leqslant j \leqslant n}$ überdeckt werden kann, so liefert $(K\colon U)$ einen ersten Anhaltspunkt über das „Größenverhältnis" der beiden Mengen K und U bezüglich des Maßes μ. Fixiert man sodann in einem zweiten Schritt eine kompakte „Eichmenge" $K_0 \subseteq G$ mit nichtleerem Innern, so gilt $(K_0\colon U) > 0$ und der Quotient

$$I_U(K) = \frac{(K\colon U)}{(K_0\colon U)} \tag{1.5}$$

gibt, grob gesprochen, das Größenverhältnis der Mengen K und K_0 bezüglich μ an. Da die Zahl $I_U(K)$ durch die Topologie von G wohl-definiert, aber unabhängig vom vorgegebenen Maß μ ist, wird man erwarten, daß wenn U eine Basis des Neutralumgebungsfilters von G durchläuft, dann $I_U(K)$ gegen eine Zahl $I(K) \geqslant 0$ konvergiert und daß I wegen $I_U(K_0) = 1$, $I_U(sK) = I_U(K)\,(s \in G)$ zu einem Haar-Maß auf G fortgesetzt werden kann. Tatsächlich führen diese heuristischen Überlegungen zu einem Existenzbeweis für Haar-Maße. Technisch geht man, wie stets in der funktionalanalytischen Integrationstheorie, nicht direkt vom Maß (kompakter) Mengen, sondern von stetigen Linearformen auf dem lokalkonvexen topologischen Vektorraum $\mathcal{K}(G)$ aus.

Sei $\mathcal{K}_+(G) = \{g \in \mathcal{K}(G) \mid g \geqslant 0\}$ und $\mathcal{K}_+^{\times}(G) = \mathcal{K}_+(G) - \{0\}$. Zu jedem Paar von reellwertigen Funktionen $(f, g) \in \mathcal{K}(G) \times \mathcal{K}_+^{\times}(G)$ existieren Zahlen $(c_j)_{1 \leqslant j \leqslant n}$ in $\mathbf{R}_+$ und Elemente $(s_j)_{1 \leqslant j \leqslant n}$ in G mit $f \leqslant \sum_{1 \leqslant j \leqslant n} c_j\,\gamma(s_j)\,g$ (Aufgabe 1.1). Bezeichnet $(f\colon g)$ *das Infimum aller Summen* $\sum_{1 \leqslant j \leqslant n} c_j$ *bezüglich der Tupel* $(c_1, \ldots, c_n, s_1, \ldots, s_n)$ *mit der Majorisierungseigenschaft* $f \leqslant \sum_{1 \leqslant j \leqslant n} c_j\,\gamma(s_j)\,g$, *so gilt* (Aufgabe 1.2)

$$(\gamma(s)f:g) = (f:g) \qquad\qquad \text{für } (f, g)\in\mathscr{K}(G)\times\mathscr{K}^{\times}_{+}(G),\ s\in G, \quad (1.6)$$

$$((f_1 + f_2):g) \leqslant (f_1:g) + (f_2:g) \qquad\qquad \text{für } f_1, f_2\in\mathscr{K}(G),\ g\in\mathscr{K}^{\times}_{+}(G), \quad (1.7)$$

$$(cf:g) = c\cdot(f:g) \qquad\qquad \text{für } (f,g)\in\mathscr{K}(G)\times\mathscr{K}^{\times}_{+}(G),\ c\in\mathbf{R}_{+}, \quad (1.8)$$

$$(f:h) \leqslant (f:g)\cdot(g:h) \qquad\qquad \text{für } f\in\mathscr{K}(G),\ g,\ h\in\mathscr{K}^{\times}_{+}(G), \quad (1.9)$$

$$\sup_{x\in G}f(x)\,/\sup_{x\in G}g(x) \leqslant (f:g) \qquad\qquad \text{für } (f,g)\in\mathscr{K}(G)\times\mathscr{K}^{\times}_{+}(G). \quad (1.10)$$

Fixiert man eine Funktion $f_0\in\mathscr{K}^{\times}_{+}(G)$ und konstruiert mit ihrer Hilfe für jedes $g\in\mathscr{K}^{\times}_{+}(G)$ die Abbildung

$$I_g:\ \mathscr{K}^{\times}_{+}(G)\ni f\longmapsto \frac{(f:g)}{(f_0:g)}\in\mathbf{R}_{+}, \tag{1.11}$$

so folgt $I_g\big(\gamma(s)f\big) = I_g(f)$ für alle $f\in\mathscr{K}^{\times}_{+}(G)$, $s\in G$, aus (1.6), $I_g(f_1+f_2)\leqslant I_g(f_1)$ $+ I_g(f_2)$ für $f_1, f_2\in\mathscr{K}^{\times}_{+}(G)$ aus (1.7) und $I_g(cf) = c\cdot I_g(f)$ für $f\in\mathscr{K}^{\times}_{+}(G)$, $c\in\mathbf{R}_{+}$ aus (1.8). Der folgende Satz zeigt, daß I_g „fast" additiv ist, wenn der Träger der Funktion $g\in\mathscr{K}^{\times}_{+}(G)$ „klein" ausfällt.

Satz 1.1 *Die Funktionen f_1, $f_2\in\mathscr{K}^{\times}_{+}(G)$ und die Zahl $\varepsilon > 0$ seien vorgegeben. Dann existiert eine Umgebung U des Neutralelements von G mit der Eigenschaft*

$$I_g(f_1) + I_g(f_2) \leqslant I_g(f_1 + f_2) + \varepsilon \tag{1.12}$$

für alle Funktionen $g\in\mathscr{K}^{\times}_{+}(U)$.

Beweis. Die Zahl $\delta > 0$ sei beliebig und die Funktion $h\in\mathscr{K}_{+}(G)$ so gewählt, daß $h(s) = 1$ gilt für alle Punkte $s\in G$, die dem Träger von $f_1 + f_2\in\mathscr{K}^{\times}_{+}(G)$ angehören. Setzt man dann $f = f_1 + f_2 + \delta h$, $h_k(s) = f_k(s)/f(s)$ für alle Punkte $s\in G$ mit $f(s) \neq 0$ und $h_k(s) = 0$, falls $f(s) = 0$ gilt, so folgt $h_k\in\mathscr{K}^{\times}_{+}(G)$ für $k\in\{1, 2\}$. Die Funktionen h_k sind also insbesondere gleichmäßig stetig auf G. Es existiert demnach eine kompakte Umgebung U des Neutralelements so, daß $|h_k(s)-h_k(t)|\leqslant\delta$ für alle Paare $(s,t)\in G\times G$ mit $s^{-1}t\in U$ ausfällt $(k\in\{1, 2\})$. Wählt man eine beliebige Funktion $g\in\mathscr{K}^{\times}_{+}(U)$ sowie Familien $(c_j)_{1<j<n}$ in $\mathbf{R}^{\times}_{+}$ und $(s_j)_{1<j<n}$ in G mit $f\leqslant\sum_{1<j<n}c_j\gamma(s_j)g$, so folgt

$$f_k = f\cdot h_k \leqslant \sum_{1<j<n}c_j h_k\cdot\gamma(s_j)g \leqslant \sum_{1<j<n}c_j\cdot(h_k(s_j) + \delta)\gamma(s_j)g \tag{1.13}$$

für $k\in\{1, 2\}$. Mithin gilt

$$(f_k:g) \leqslant \sum_{1<j<n}c_j(h_k(s_j) + \delta) \qquad (k\in\{1, 2\}) \tag{1.14}$$

und wegen $h_1 + h_2 \leqslant 1$ offenbar

$$(f_1 : g) + (f_2 : g) \leqslant (1 + 2\delta)(f : g)$$
$$\leqslant (1 + 2\delta)\left[((f_1 + f_2) : g) + \delta(h : g)\right]. \qquad (1.15)$$

Folglich ist die Ungleichung

$$I_g(f_1) + I_g(f_2) \leqslant (1 + 2\delta)\left[I_g(f_1 + f_2) + \delta\, I_g(h)\right] \qquad (1.16)$$

erfüllt. Für hinreichend kleines $\delta > 0$ ergibt sich (1.12).   ∎

Satz 1.2 (Haar) *Auf jeder lokalkompakten topologischen Gruppe G existiert mindestens ein linkes und ein rechtes Haar-Maß.*

Beweis (A. Weil). Es genügt, die Existenz eines linken Haar-Maßes μ auf G nachzuweisen, weil dann $\breve{\mu}$ ein rechtes Haar-Maß auf G ist.

Dazu werde im Beweis zu Satz 1.1 nach Fixierung einer Eichfunktion $f_0 \in \mathscr{K}_+^\times(G)$ zu jeder Funktion $g \in \mathscr{K}_+^\times(G)$ die Abbildung (1.11) konstruiert. Aus (1.9) und (1.10) entnimmt man

$$I_g(f) \in \left[\!\left[\frac{1}{(f_0 : f)}, (f_0 : f)\right]\!\right] \subseteq \mathbf{R}_+^\times \qquad (1.17)$$

für jedes $f \in \mathscr{K}_+^\times(G)$. Bezeichnet $\mathfrak{B}$ die Filterbasis der kompakten Umgebungen des Neutralelements von G, so ist $\{\mathscr{K}_+^\times(U) \mid U \in \mathfrak{B}\}$ eine Filterbasis in $\mathscr{K}_+^\times(G)$. Der in $\mathscr{K}_+^\times(G)$ erzeugte Filter läßt sich (nach dem Zornschen Theorem) zu einem Ultrafilter $\mathfrak{U}$ verfeinern. Wegen der Kompaktheit des in (1.17) auftretenden abgeschlossenen Intervalls existiert somit der Grenzwert $\lim_g I_g(f) = I(f)$ entlang $\mathfrak{U}$ für jede Funktion $f \in \mathscr{K}_+^\times(G)$. Es gilt $I(\gamma(s)f) = I(f)$ für alle $f \in \mathscr{K}_+^\times(G)$ und $s \in G$ gemäß (1.6), $I(f_1 + f_2) = I(f_1) + I(f_2)$ für alle $f_1, f_2 \in \mathscr{K}_+^\times(G)$ gemäß (1.7) und Satz 1.1, ferner natürlich $I(c \cdot f) = c \cdot I(f)$ für alle $f \in \mathscr{K}_+^\times(G)$, $c \in \mathbf{R}_+^\times$ gemäß (1.8) und $I(f_0) = 1$. Jede Funktion $f \in \mathscr{K}(G)$ läßt sich (auf nicht notwendig eindeutige Weise) als Differenz $f = f_1 - f_2$ von Funktionen $f_k \in \mathscr{K}_+(G)$ schreiben ($k \in \{1,2\}$). Setzt man $I(0) = 0$ und

$$\langle f, \mu \rangle = I(f_1) - I(f_2), \qquad (1.18)$$

so überzeugt man sich sofort, daß $\mu : \mathscr{K}(G) \ni f \longmapsto \langle f, \mu \rangle$ eine wohl-definierte positive Linearform $\neq 0$ auf $\mathscr{K}(G)$ ist. Wegen (1.6) ist μ linksinvariant, also ein linkes Haar-Maß auf G.   ∎

Notiz. Die Voraussetzung der Lokalkompaktheit in Satz 1.2 ist wesentlich. Auf einer vollständigen topologischen Gruppe, die nicht lokalkompakt ist, existiert nicht notwendig ein linksinvariantes reguläres Borel-Maß $\neq 0$ (vgl. Aufgabe 1.4). Ist G eine reelle lineare Lie-Gruppe (Definition IV.4.2), so kann die Existenz eines Haar-Maßes μ auf G durch „Verkleben lokaler Daten" bewiesen werden: μ ist dann ein *Lebesguesches Maß*.

Das folgende Ergebnis ist unmittelbar klar:

Satz 1.3 *Es seien G_1, G_2 lokalkompakte topologische Gruppen und μ_1 bzw. μ_2 ein linkes Haar-Maß auf G_1 bzw. G_2. Dann ist das Produkt $\mu_1 \otimes \mu_2$ ein linkes Haar-Maß auf $G_1 \times G_2$.*

Entsprechendes gilt selbstverständlich für rechte Haar-Maße.

Aufgaben

1.1 Zeige, daß zu jedem Paar von reellwertigen Funktionen $(f,g) \in \mathcal{K}(G) \times \mathcal{K}^{\times}_{+}(G)$ Zahlen $(c_j)_{1<j<n}$ in $\mathbf{R}_+$ und Elemente $(s_j)_{1<j<n}$ in G existieren mit $f \leqslant \sum\limits_{1<j<n} c_j \gamma(s_j) g$. (Sei $\varepsilon > 0$ so gewählt, daß $U = \{s \in G \mid g(s) > \varepsilon\} \neq \emptyset$ gilt. Dann existieren Elemente $(s_j)_{1<j<n}$ in G mit $\mathrm{Supp}(f) \subseteq \bigcup\limits_{1<j<n} s_j\, U$).

1.2 Verifiziere die Beziehungen (1.6) bis (1.10).

1.3 Sei G eine metrisierbare und separable lokalkompakte topologische Gruppe. Führe den Beweis für die Existenz eines linken Haar-Maßes $\mu \in \mathcal{M}(G)$ statt durch Ultrafilterverfeinerung mit Hilfe einer Teilfolgenauswahl.

1.4 Sei G die additive Gruppe eines unendlich dimensionalen (komplexen separablen) Hilbert-Raumes E. Zeige, daß auf G kein translationsinvariantes Borel-Maß μ existiert, das auf den beschränkten Borel-Mengen von G endlich ist und $\mu(U) > 0$ erfüllt für jede offene Teilmenge $U \neq \emptyset$ von G. (Sei $(e_j)_{j\in\mathbf{N}}$ eine Hilbert-Basis von E. Betrachte die Folge $(\overline{B}_j)_{j\in\mathbf{N}}$ abgeschlossener Kugeln in E mit Mittelpunkt e_j und Radius $\tfrac{1}{2}$).

1.5 Sei G eine lokalkompakte topologische Gruppe und μ ein linkes (oder rechtes) Haar-Maß auf G. Zeige, daß G genau dann kompakt ist, falls $\mu(G) < +\infty$ gilt.

1.6 Bezeichnungen wie in Aufgabe 1.5. G ist dann und nur dann diskret, falls $\mu(\{x\}) > 0$ für einen Punkt $x \in G$ gilt.

1.7 Sei G eine endliche Gruppe. Zeige, daß $\mathbf{C}^G \ni f \rightsquigarrow \sum\limits_{s\in G} f(s) \in \mathbf{C}$ ein linkes und rechtes Haar-Maß auf G ist.

1.8 Sei G die Gruppe aller affinen Abbildungen $s : x \rightsquigarrow ax + b$ $(a \in \mathbf{R}^{\times}, b \in \mathbf{R})$ von $\mathbf{R}$ auf sich. Zeige, daß G auf natürliche Weise eine nicht abelsche, lokalkompakte topologische Gruppe ist und konstruiere ein linkes und ein rechtes Haar-Maß auf G. (Ordne jeder Funktion $f \in \mathcal{K}(G)$ eine Funktion $f^{\times} \in \mathcal{K}(\mathbf{R}^{\times}_{+} \times \mathbf{R})$ zu und bestimme eine Gewichtsfunktion $w \in \mathscr{C}(\mathbf{R}^{\times}_{+} \times \mathbf{R})$ so, daß durch $\langle f, \mu \rangle = \int\limits_{\mathbf{R}^{\times}_{+}} \int\limits_{\mathbf{R}} f^{\times}(x,y)\, w(x,y)\, \mathrm{d}x\, \mathrm{d}y$ $(f \in \mathcal{K}(G))$ ein linkes Haar-Maß μ auf G definiert wird. Verfahre entsprechend bei der Konstruktion eines rechten Haar-Maßes auf G).

1.9 Sei G eine kompakte topologische Gruppe. Beweise, daß jedes linke Haar-Maß μ auf G auch ein rechtes Haar-Maß ist und μ durch die Bedingung $\mu(G) = 1$ eindeutig bestimmt ist. (Beweise, daß $\check{\mu} = \mu$ gilt).

1.10 Sei μ ein linkes Haar-Maß auf der lokalkompakten topologischen Gruppe G. Die Komplementärmenge jeder μ-Nullmenge in G liegt überall dicht in G.

2   Die Unität des Haar-Maßes

Es ist eine bemerkenswerte und für die explizite Berechnung des Haar-Maßes konkret vorgegebener lokalkompakter topologischer Gruppen G auch in der Praxis wichtige Tatsache, daß man aus jedem linken (bzw. rechten) Haar-Maß μ auf G durch Multiplikation mit Proportionalitätsfaktoren > 0 bereits alle linken (bzw. rechten) Haar-Maße auf G erhält.

Satz 2.1 (von Neumann) *Es sei G eine lokalkompakte topologische Gruppe und μ_1, μ_2 zwei linke (oder rechte) Haar-Maße auf G. Dann existiert eine reelle Zahl $c > 0$ mit $\mu_2 = c \cdot \mu_1$.*

Beweis. Zunächst seien μ_1, μ_2 linke Haar-Maße auf G. Wählt man $f \in \mathscr{K}(G)$ so, daß $\langle f, \mu_1 \rangle = \int_G f \, d\mu_1 \neq 0$ ausfällt und führt sodann die Funktion

$$\nabla_f : G \ni s \longmapsto \frac{1}{\langle f, \mu_1 \rangle} \int_G f(ts) \, d\mu_2(t) \in \mathbf{C} \tag{2.1}$$

ein, so läßt sich mit Hilfe von ∇_f das Produkt $\langle f, \mu_1 \rangle \cdot \langle g, \check{\mu}_2 \rangle$ für jede Funktion $g \in \mathscr{K}(G)$ folgendermaßen schreiben:

$$
\begin{aligned}
\langle f, \mu_1 \rangle \cdot \langle g, \check{\mu}_2 \rangle &= \int_G \left(\int_G f(s) g(ts) \, d\check{\mu}_2(t) \right) d\mu_1(s) \\
&= \int_G \left(\int_G f(s) g(ts) \, d\mu_1(s) \right) d\check{\mu}_2(t) \\
&= \int_G \left(\int_G f(t^{-1} s) g(s) \, d\mu_1(s) \right) d\check{\mu}_2(t) \\
&= \int_G g(s) \left(\int_G f(ts) \, d\mu_2(t) \right) d\mu_1(s) \\
&= \langle f, \mu_1 \rangle \int_G g(s) \cdot \nabla_f(s) \, d\mu_1(s)
\end{aligned}
\tag{2.2}
$$

Mit einer einfachen Überlegung überzeugt man sich von der Stetigkeit der Funktion (2.1) (Aufgabe 2.1). Es folgt $g \cdot \nabla_f \in \mathscr{K}(G)$ und gemäß (2.2)

$$\check{\mu}_2 = \nabla_f \cdot \mu_1 \tag{2.3}$$

für alle Funktionen $f \in \mathscr{K}(G)$ mit $\langle f, \mu_1 \rangle \neq 0$. Erfüllt auch $h \in \mathscr{K}(G)$ die Bedingung $\langle h, \mu_1 \rangle \neq 0$, so folgt aus (2.3) und der Tatsache, daß μ_1 den Träger G aufweist, die Gleichung $\nabla_f = \nabla_h$. Demnach hängt $\nabla_f = \nabla_G$ in Wahrheit nicht von der Wahl der Funktion f ab. Ist 1 das Neutralelement von G und setzt man $c = \nabla_G(1)$, so folgt aus (2.1) die Beziehung

$$c \cdot \langle f, \mu_1 \rangle = \langle f, \mu_2 \rangle \tag{2.4}$$

für alle $f \in \mathscr{K}(G)$ mit $\langle f, \mu_1 \rangle \neq 0$. Die Linearformen $c \cdot \mu_1$ und μ_2 stimmen also auf $\mathscr{K}(G)$ in der Komplementärmenge einer Hyperebene überein. Also muß $\mu_2 = c \cdot \mu_1$ und $c > 0$ gültig sein. Sind μ_1, μ_2 beides rechte Haar-Maße auf G, so implizieren die vorausgegangenen Überlegungen $\check{\mu}_2 = c \cdot \check{\mu}_1$, so daß auch in diesem Falle $\mu_2 = c \cdot \mu_1$ mit einem Faktor $c > 0$ erfüllt ist. ∎

Die für alle Paare $(s, t) \in G \times G$ gültige Gleichung $\gamma(t) \circ \delta(s) = \delta(s) \circ \gamma(t)$ zeigt, daß mit jedem linken Haar-Maß μ auf G für jedes $s \in G$ auch $\delta(s)\mu$ wieder ein linkes Haar-Maß auf G ist. Nach Satz 2.1 folgt die Existenz einer Zahl $\Delta_G(s) > 0$ mit der Eigenschaft

$$\delta(s)\mu = \Delta_G(s)\mu \qquad (s \in G). \tag{2.5}$$

Es ist klar, daß für jedes Element $s \in G$ die Zahl $\Delta_G(s) \in \mathbf{R}_+^\times$ durch die Gleichung (2.5) eindeutig festgelegt wird, aber von der Wahl des linken Haar-Maßes μ unabhängig ist. Wegen $\delta(st) = \delta(s) \circ \delta(t)$ für alle Paare $(s, t) \in G \times G$ ist $\Delta_G : G \ni s \longmapsto \Delta_G(s) \in \mathbf{R}_+^\times$ ein Gruppen-Morphismus. Offenbar gilt

$$\int_G f(xs)\,\mathrm{d}\mu(x) = \check{\Delta}_G(s) \cdot \int_G f(x)\,\mathrm{d}\mu(x) \tag{2.6}$$

für jede Funktion $f \in \mathscr{K}(G)$ und jedes Element $s \in G$. Demnach ist Δ_G eine stetige Abbildung.

Definition 2.1 Ist G eine lokalkompakte topologische Gruppe, so heißt der stetige Gruppen-Morphismus Δ_G von G in die multiplikative Gruppe $\mathbf{R}_+^\times$ die Modularfunktion von G. Im Falle $\Delta_G = 1$ wird G eine unimodulare Gruppe genannt.

Bei unimodularen Gruppen stimmen also die linken und die rechten Haar-Maße überein; sie sind symmetrisch. Trivialerweise ist jede abelsche lokalkompakte topologische Gruppe unimodular. Wichtig ist noch das folgende Ergebnis (vgl. Aufgabe 1.9).

Satz 2.2 *Jede kompakte topologische Gruppe G ist unimodular.*

Beweis. Die Abbildung $\varphi = \log \circ \Delta_G$ ist ein stetiger Gruppen-Morphismus von G in die additive topologische Gruppe $\mathbf{R}$. Mithin ist $P = \varphi(G)$ eine kompakte Untergruppe von $\mathbf{R}$. Gemäß Satz I.1.2 folgt $P = \{0\}$, also $\Delta_G = 1$. ∎

Jedes linke Haar-Maß μ auf einer kompakten topologischen Gruppe G ist demnach auch ein rechtes Haar-Maß auf G. Wegen $\mu(G) < +\infty$ kann in diesem Falle μ durch die Bedingung $\mu(G) = 1$ eindeutig festgelegt werden. Man nennt dann μ das *standardisierte* Haar-Maß auf G.

Beispiele 2.1 (1) Das standardisierte Haar-Maß der kompakten n-dimensionalen Torusgruppe $\mathbf{T}^n$ wurde in Definition I.2.4 angegeben.

(2) Das Lebesgue-Maß $\mathrm{d}x = \mathrm{d}x_1 \otimes \cdots \otimes \mathrm{d}x_n$ ist ein Haar-Maß auf der additiven lokalkompakten Gruppe $\mathbf{R}^n (n \geqslant 1)$. In Kap. II wurde dieses Haar-Maß stets mit dem Proportionalitäts-

faktor $\dfrac{1}{(2\pi)^{n/2}}$ versehen. Damit weist das Maß $\dfrac{1}{(2\pi)^{n/2}}\,g_n(x)\,dx$ mit der Gauss-Funktion g_n als Dichte die Gesamtmasse 1 auf.

(3) Für die multiplikative lokalkompakte Gruppe $\mathbf{R}_+^\times$ ist $\dfrac{dx}{x}$ ein Haar-Maß, denn es gilt

$$\int\limits_{\mathbf{R}_+^\times} f(x)\,\frac{dx}{x} = \int\limits_{\mathbf{R}_+^\times} f(sx)\,\frac{dx}{x} \text{ für jede Funktion } f\in\mathscr{K}(\mathbf{R}_+^\times) \text{ und jede Zahl } s\in\mathbf{R}_+^\times.$$

(4) Identifiziert man die Produktgruppe $\mathbf{R}_+^\times \times \mathbf{T}$ mit der multiplikativen Gruppe $\mathbf{C}^\times$ vermöge des Isomorphismus $\mathbf{R}_+^\times \times \mathbf{T} \ni (r,\dot{x}) \longmapsto rx \in \mathbf{C}^\times$, so erkennt man, daß $\dfrac{1}{r}\,dr \otimes d\dot{x}$ ein Haar-Maß auf $\mathbf{C}^\times$ ist.

(5) Die lineare Gruppe $\mathbf{GL}(n,\mathbf{R})$ $(n\geqslant 1)$ aller invertierbaren n-reihigen Matrizen mit reellen Elementen (Beispiel I.2.1(5)) bildet eine offene Teilmenge des $\mathbf{R}^{n^2}$ und somit eine lokalkompakte, nicht kompakte, topologische Gruppe. Für jede Matrix $S\in\mathbf{GL}(n,\mathbf{R})$ hat die Jacobi-Matrix der Linkstranslation $\gamma(S)\colon \mathbf{GL}(n,\mathbf{R}) \ni X \longmapsto SX \in \mathbf{GL}(n,\mathbf{R})$ die Blockgestalt (mit n^2 Zeilen und Spalten):

$$\begin{bmatrix} S & 0 & \ldots & 0 & 0 \\ 0 & S & \ldots & 0 & 0 \\ \cdot & \cdot & & \cdot & \cdot \\ \cdot & \cdot & & \cdot & \cdot \\ \cdot & \cdot & & \cdot & \cdot \\ 0 & 0 & \ldots & S & 0 \\ 0 & 0 & \ldots & 0 & S \end{bmatrix} \tag{2.7}$$

Also gilt $\det\gamma(S) = (\det S)^n$. Nach dem Transformationssatz für Integrale ist somit

$$|\det X|^{-n} \cdot \bigotimes_{\substack{1\leqslant j\leqslant n \\ 1\leqslant k\leqslant n}} dx_{jk} \qquad \left(X = (x_{jk})_{\substack{1\leqslant j\leqslant n \\ 1\leqslant k\leqslant n}} \right) \tag{2.8}$$

ein (linkes und rechtes) Haar-Maß auf $\mathbf{GL}(n,\mathbf{R})$. Insbesondere ist $\mathbf{GL}(n,\mathbf{R})$ eine unimodulare Gruppe. Im Falle $n=1$ ist (2.8) das Haar-Maß $\dfrac{dx}{|x|}$ der multiplikativen Gruppe $\mathbf{R}^\times$.

(6) Die spezielle unitäre Gruppe $\mathbf{SU}(2,\mathbf{C})$ besteht aus allen 2-reihigen, quadratischen Matrizen X mit komplexen Elementen, welche die Bedingungen $X\,{}^t\overline{X} = 1_2$, $\det X = 1$ erfüllen. Weil durch die Abbildung

$$\Phi\colon \mathbf{S}_3 \ni (x_j)_{1\leqslant j\leqslant 4} \longmapsto X = \begin{pmatrix} x_1 + i\,x_2 & -x_3 + i\,x_4 \\ x_3 + i\,x_4 & x_1 - i\,x_2 \end{pmatrix} \in \mathbf{SU}(2,\mathbf{C}) \tag{2.9}$$

ein Homöomorphismus der 3-Sphäre $\mathbf{S}_3$ auf $\mathbf{SU}(2,\mathbf{C})$ definiert wird, ist $\mathbf{SU}(2,\mathbf{C})$ eine zusammenhängende kompakte topologische Gruppe. Bezeichnet v_3 das von der Raumwinkel-Form $\sigma^{(3)}$ auf der nach außen orientierten Sphäre $\mathbf{S}_3$ induzierte Maß mit der Gesamtmasse

$v_3(\mathbf{R}^4) = v_3(\mathbf{S}_3) = \int_{\mathbf{S}_3} \sigma^{(3)} = \Omega_4 = 2\pi^2$ (II.4.3), so ist das Bild $\Phi\left(\dfrac{1}{2\pi^2}\,v_3\right)$ das standardisierte Haar-Maß der Gruppe $\mathrm{SU}(2, \mathbf{C})$.

(7) Die von allen Matrizen der Form

$$s = \begin{pmatrix} e^{i\theta} & 0 \\ z & 1 \end{pmatrix} \in \mathrm{GL}(2, \mathbf{C}) \qquad (\theta \in \mathbf{T},\ z \in \mathbf{C}) \tag{2.10}$$

gebildete abgeschlossene Untergruppe $I(2)$ der linearen Gruppe $\mathrm{GL}(2, \mathbf{C})$ heißt die *Gruppe der (eigentlichen) Isometrien* der komplexen Zahlenebene $\mathbf{C}$. Es gilt die Zerlegung

$$s = \begin{pmatrix} e^{i\theta} & 0 \\ 0 & 1 \end{pmatrix} \begin{pmatrix} 1 & 0 \\ z & 1 \end{pmatrix} = r(\theta) \cdot t(z). \tag{2.11}$$

Dabei repräsentiert $r(\theta)$ den „Rotationsanteil" und $t(z)$ den „Translationsanteil" der durch die Matrix $s \in I(2)$ gegebenen starren Selbstabbildung der Ebene $\mathbf{C}$. Es ist klar, daß $\{r(\theta) \mid \theta \in \mathbf{T}\}$ und $\{t(z) \mid z \in \mathbf{C}\}$ abgeschlossene Untergruppen von $I(2)$ sind, welche zu $\mathbf{T}$ bzw. zu $\mathbf{C}$ isomorph sind. Mithin ist $I(2)$ homöomorph zum Produktraum $\mathbf{T} \times \mathbf{C}$ (genauer: $I(2)$ ist das *semidirekte Produkt* von $\mathbf{T}$ und $\mathbf{C}$). Weil das Lebesgue-Maß $dz = dx \otimes dy$ invariant ist gegen die Isometrien $z \longmapsto r_0 z + z_0\,(r_0 \in \mathbf{S}_1,\, z_0 \in \mathbf{C})$ und $r(\theta) \cdot t(z) \cdot r(\theta_0) \cdot t(z_0) = r(\theta + \theta_0)\, t(r_0 z + z_0)$ gilt, wird durch das Produkt-Maß

$$d\theta \otimes dx \otimes dy \tag{2.12}$$

ein (linkes und rechtes) Haar-Maß auf $I(2)$ definiert. Insbesondere ist $I(2)$ eine unimodulare, lokalkompakte, nicht kompakte topologische Gruppe.

Aufgaben

2.1 Beweise, daß die Funktion (2.1) stetig ist.

2.2 (a) Berechne die Modularfunktion Δ_G der affinen Gruppe G von $\mathbf{R}$, d.h. der Gruppe aller affinen Abbildungen $s: x \longmapsto ax + b$ $(a \in \mathbf{R}^\times,\, b \in \mathbf{R})$ von $\mathbf{R}$ auf sich (vgl. Aufgabe 1.8).
(b) Bestimme die Modularfunktion der affinen Gruppe des $\mathbf{R}^n (n \geqslant 1)$.

2.3 Konstruiere ein Haar-Maß der komplexen linearen Gruppe $\mathrm{GL}(n, \mathbf{C})$.

2.4 Sei $T(n, \mathbf{R})^\times$ die aus allen invertierbaren oberen Dreiecksmatrizen aus $\mathrm{M}_n(\mathbf{R})$ gebildete abgeschlossene Untergruppe von $\mathrm{GL}(n, \mathbf{R})$. Berechne ein linkes und ein rechtes Haar-Maß von $T(n, \mathbf{R})^\times$; bestimme die zugehörige Modularfunktion $\Delta_{T(n,\,\mathbf{R})^\times}$. Verfahre entsprechend mit der Gruppe $T(n, \mathbf{C})^\times$.

3   Integration auf homogenen Mannigfaltigkeiten

Auch auf lokalkompakten topologischen Räumen X, auf denen eine topologische Gruppe G (eine „Symmetriegruppe" von X) transitiv und stetig operiert, kann (unter gewissen technischen Zusatzvoraussetzungen) auf natürliche Weise ein durch Invarianzeigenschaften gekennzeichnetes Radon-Maß definiert werden.

Definition 3.1 Sei X ein hausdorffscher topologischer Raum und G eine (multiplikative) topologische Gruppe. Jedem Element $s \in G$ sei ein Homöomorphismus $X \ni x \rightsquigarrow s \cdot x = s(x) \in X$ von X auf sich zugeordnet, so daß folgende Eigenschaften erfüllt sind:

(i)   Es gilt $(s\,t) \cdot x = s \cdot (t \cdot x)$ für alle $x \in X$, und $s, t \in G$.

(ii)   Die Abbildung $G \times X \ni (s, x) \rightsquigarrow s \cdot x \in X$ ist stetig.

(iii)   Zu jedem Paar $(x, y) \in X \times X$ existiert ein Element $s \in G$ mit $s \cdot x = y$.

Dann heißt X eine homogene Mannigfaltigkeit, auf der G stetig und transitiv operiert. X wird auch kurz eine G-homogene Mannigfaltigkeit genannt.

Notiz. Dem Neutralement von G ist dann der identische Homöomorphismus id_X zugeordnet.

Eine spezielle Klasse von homogenen Mannigfaltigkeiten erhält man, wenn man zu einer topologischen Gruppe G und einer abgeschlossenen Untergruppe K die Menge $G/K = \{\dot{s} = s \cdot K \mid s \in G\}$ aller *Linksrestklassen* mod K betrachtet. Versieht man die Menge G/K mit der Quotiententopologie, also mit der feinsten Topologie bezüglich der noch die kanonische Surjektion $q\colon G \ni s \rightsquigarrow \dot{s} \in G/K$ stetig ist, so wird G/K zu einer homogenen Mannigfaltigkeit, auf der G vermöge $(s, \dot{t}) \rightsquigarrow (s\,t) \cdot K$ (von links) transitiv und stetig operiert. Unter milden Voraussetzungen können auf diese Weise alle lokalkompakten homogenen Mannigfaltigkeiten realisiert werden. Dies zeigt der nachstehende Satz, welcher den Begriff des Lindelöf-Raumes benutzt: Ein topologischer Raum wird *Lindelöf-Raum* genannt, falls jede offene Überdeckung eine abzählbare Überdeckung enthält (vgl. Aufgabe 3.4).

Satz 3.1 *Sei G eine lokalkompakte topologische Gruppe, die ein Lindelöf-Raum ist. G operiere transitiv und stetig auf dem lokalkompakten topologischen Raum X. Bezeichnet $K = \{s \in G \mid s(x_0) = x_0\}$ den Stabilisator eines beliebigen Punktes $x_0 \in X$, so ist K eine abgeschlossene Untergruppe von G und die Abbildung $s \cdot K \rightsquigarrow s(x_0)$ ein Homöomorphismus von G/K auf X.*

Beweis. Trivialerweise ist K eine Untergruppe von G. Wegen der Stetigkeit der Abbildung $\Phi\colon G \ni s \rightsquigarrow s(x_0) \in X$ ist K in G abgeschlossen. Weil die kanonische Surjektion $q\colon G \to G/K$ eine stetige und offene Abbildung ist, bleibt zu zeigen, daß Φ eine offene Abbildung von G auf X ist. Anders ausgedrückt: Für jeden Punkt $s \in G$ und jede Umgebung U von s in G ist $\Phi(U)$ eine Umgebung von $\Phi(s) = s(x_0)$ in X. Zu U kann eine kompakte Neutralumgebung V in G mit $V = V^{-1}$ und $s \cdot V \cdot V \subseteq U$ gewählt werden und zu V eine Folge $(s_n)_{n \in \mathbf{N}}$ von Elementen aus G mit $G = \bigcup_{n \in \mathbf{N}} s_n \cdot V$. Die Transitivität der Operation von G auf X impliziert $X = \bigcup_{n \in \mathbf{N}} s_n \cdot V(x_0)$. Jede der Mengen $s_n \cdot V(x_0)$ $(n \in \mathbf{N})$ ist kompakt und mithin abgeschlossen in X. Als lokalkompakter topologischer Raum ist aber X ein Baire-Raum. Demnach besitzt mindestens eine Menge $s_{n_0} \cdot V(x_0)$ $(n_0 \in \mathbf{N})$ einen inneren Punkt in X. Folglich muß die Menge $V(x_0)$ einen inneren Punkt $v(x_0)$ in X mit $v \in V$ besitzen. Dann ist aber x_0 ein innerer Punkt von $v^{-1}(V(x_0)) \subseteq V^{-1} \cdot V(x_0) = V \cdot V(x_0)$, und somit $s(x_0) = \Phi(s)$ innerer Punkt von $U(x_0) = \Phi(U)$ in X, d.h. $\Phi(U)$ ist eine Umgebung von $\Phi(s) = s(x_0)$ in X. ∎

Notiz. Ist G eine kompakte topologische Gruppe, die transitiv und stetig auf dem hausdorffschen topologischen Raum X operiert und bezeichnet wieder K den Stabilisator eines beliebigen Punktes $x_0 \in X$, so ist unmittelbar klar, daß G/K und X homöomorph sind. Es ist ferner klar, daß sich alle vorstehenden Überlegungen auf den Fall übertragen lassen, daß an Stelle von G/K der Raum $K \setminus G = \{K \cdot s \mid s \in G\}$ aller *Rechtsrestklassen* mod K betrachtet wird.

Bezeichnet X eine lokalkompakte G-homogene Mannigfaltigkeit, so ist klar, wie die Homöomorphismen $\gamma(s)$: $X \ni x \longrightarrow s(x) \in X$ auf Funktionen f: $X \to \mathbf{C}$ und Maße $\mu \in \mathscr{M}(X)$ wirken; vgl. (1.1) und (1.3).

Satz 3.2 *Sei G eine lokalkompakte topologische Gruppe und K eine abgeschlossene Untergruppe von G. Bezeichnet v ein linkes Haar-Maß auf K und führt man für jedes $f \in \mathscr{K}(G)$ die stetige Funktion*

$$f^\flat: G/K \ni \dot{s} \longrightarrow \int_K f(s\,t)\,dv(t) \in \mathbf{C} \qquad (\dot{s} = q(s)) \tag{3.1}$$

mit kompaktem Träger ein, so wird durch jedes positive Radon-Maß $\lambda \neq 0$ auf G/K mit $\gamma(s)\lambda = \lambda$ für alle $s \in G$ durch

$$\mathscr{K}(G) \ni f \longrightarrow \langle f, \mu \rangle = \int_{G/K} f^\flat(\dot{s})\,d\lambda(\dot{s}) \tag{3.2}$$

ein linkes Haar-Maß μ auf G definiert. Sind G und K unimodulare Gruppen (Definition 2.1) und μ, v Haar-Maße auf G bzw. K, so existiert umgekehrt auf G/K genau ein positives Radon-Maß λ mit $\gamma(s)\lambda = \lambda$ für $s \in G$ und

$$\int_G f(s)\,d\mu(s) = \int_{G/K} f^\flat(\dot{s})\,d\lambda(\dot{s}) \qquad (f \in \mathscr{K}(G)). \tag{3.3}$$

Beweis. Die lineare Abbildung $\mathscr{K}(G) \ni f \longrightarrow f^\flat \in \mathscr{K}(G/K)$ ist surjektiv. Sei nämlich eine beliebige Funktion $f' \in \mathscr{K}(G/K)$ vorgegeben und $C' = \mathrm{Supp}(f')$. Dann existiert eine kompakte Teilmenge C von G mit $q(C) = C'$ (Aufgabe 3.1). Ferner bezeichne C_K einen kompakten Teil von K mit $v(C_K) > 0$. Dann weist die kompakte Teilmenge $L = C \cdot C_K$ von G das Bild $q(L) = C'$ auf. Wählt man die Funktion $g \in \mathscr{K}_+(G)$ so, daß $g(s) > 0$ für $s \in L$ gilt, so ist $g^\flat(\dot{s}) > 0$ für $\dot{s} \in C'$ und die Funktion

$$f: G \ni s \longrightarrow \begin{cases} g(s)\,\dfrac{f'(\dot{s})}{g^\flat(\dot{s})} & \text{falls } \dot{s} \in C', \\ 0 & \text{sonst,} \end{cases}$$

gehört zum Raum $\mathscr{K}(G)$. Wegen $f^\flat = g^\flat \dfrac{f'}{g^\flat} = f'$ ist die Surjektivität der Abbildung $f \longrightarrow f^\flat$ bewiesen. Insbesondere wird also durch die Linearform (3.2) ein positives Radon-Maß $\mu \neq 0$ auf G definiert, das wegen

$$\langle f, \gamma(s)\mu \rangle = \langle \gamma(s^{-1})f, \mu \rangle$$

$$= \int_{G/K} (\gamma(s^{-1})f)^\flat(\dot{x})\,d\lambda(\dot{x}) \qquad (f \in \mathscr{K}(G),\, s \in G) \tag{3.4}$$

$$= \int_{G/K} \gamma(s^{-1})f^\flat(\dot{x})\,d\lambda(\dot{x}) = \langle f, \mu \rangle$$

ein linkes Haar-Maß auf G ist. Umgekehrt wird durch (3.3) genau ein positives Radon-Maß λ auf G/K definiert, falls $f^\flat = 0$ auf G/K stets $\langle f, \mu \rangle = 0$ impliziert. Dies erkennt man wie folgt. Sei $\varphi \in \mathcal{K}(G/K)$ so gewählt, daß $\varphi(\dot{s}) = 1$ für $\dot{s} \in q(\mathrm{Supp}\,f)$ gilt und die Funktion $g \in \mathcal{K}(G)$ sei so bestimmt, daß $g^\flat = \varphi$ gewährleistet ist. Dann folgt aufgrund des Satzes von Lebesgue-Fubini

$$
\begin{aligned}
0 &= \int\limits_G \int\limits_K g(s) f(s\,t)\,\mathrm{d}v(t)\,\mathrm{d}\mu(s) = \int\limits_K \int\limits_G g(s) f(s\,t)\,\mathrm{d}\mu(s)\,\mathrm{d}v(t) \\[2mm]
&= \int\limits_K \int\limits_G g(s\,t) f(s)\,\mathrm{d}\mu(s)\,\mathrm{d}v(t) = \int\limits_G \int\limits_K g(s\,t) f(s)\,\mathrm{d}v(t)\,\mathrm{d}\mu(s) \qquad\qquad (3.5) \\[2mm]
&= \int\limits_G f(s)\,\mathrm{d}\mu(s) = \langle f, \mu \rangle.
\end{aligned}
$$

Die Invarianz $\gamma(s)\lambda = \lambda$ für $s \in G$ folgt aus (3.3) und der Invarianz (3.4) des Haar-Maßes μ von G gegen Linkstranslationen. ∎

Definition 3.2 Ist K eine abgeschlossene Untergruppe der lokalkompakten Gruppe G, sind K und G unimodulare Gruppen und bezeichnen v und μ Haar-Maße auf K bzw. G, so heißt das durch (3.3) eindeutig festgelegte positive Radon-Maß λ auf G/K das Quotientenmaß μ/v von μ und v. Entsprechend ist auf dem Raum $K \setminus G$ das Maß $v \setminus \mu$ definiert.

Beispiele 3.1 (1) Sei $n \geqslant 2$. Die Einheitssphäre $\mathbf{S}_{n-1} = \{x \in \mathbf{R}^n \mid |x| = 1\}$ ist ein kompakter topologischer Raum auf dem die spezielle orthogonale Gruppe $\mathrm{SO}(n, \mathbf{R})$ (Beispiel I.2.1(5)) als Drehgruppe stetig operiert. Ist $x \in \mathbf{S}_{n-1}$ ein beliebiger Punkt und $\mathbf{1} = (0, 0, \ldots, 1) \in \mathbf{S}_{n-1}$, der „Nordpol", so gilt $s \cdot \mathbf{1} = x$ für die Matrix $s = (s_{jk})_{\substack{1 \leqslant j \leqslant n \\ 1 \leqslant k \leqslant n}} \in \mathrm{SO}(n, \mathbf{R})$ genau dann, falls ihre letzte Spalte $(s_{jn})_{1 \leqslant j \leqslant n}$ mit dem Vektor $x = (x_j)_{1 \leqslant j \leqslant n}$ übereinstimmt. Demnach operiert die kompakte topologische Gruppe $\mathrm{SO}(n, \mathbf{R})$ transitiv und stetig auf der Sphäre $\mathbf{S}_{n-1}$. Der zu $\mathbf{1}$ gehörende Stabilisator besteht genau aus den Matrizen der Form

$$
s = \begin{bmatrix}
 & & & 0 \\
 & t & & \vdots \\
 & & & 0 \\
0 & \cdots & 0 & 1
\end{bmatrix}
\qquad (t \in \mathrm{SO}(n-1, \mathbf{R})) \qquad\qquad (3.6)
$$

und kann demnach mit der speziellen orthogonalen Gruppe $\mathrm{SO}(n-1, \mathbf{R})$ identifiziert werden; die kompakte homogene Mannigfaltigkeit $\mathrm{SO}(n, \mathbf{R})/\mathrm{SO}(n-1, \mathbf{R})$ und die Sphäre $\mathbf{S}_{n-1}$ sind also homöomorph. Bei Kenntnis des standardisierten Haar-Maßes v der $\mathrm{SO}(n-1, \mathbf{R})$ und des Oberflächenmaßes Ω_n der $\mathbf{S}_{n-1}$ kann das standardisierte Haar-Maß μ der Gruppe $\mathrm{SO}(n, \mathbf{R})$ gemäß Satz 3.2 berechnet werden (vgl. (3.11)): Man erhält

$$
\int\limits_{\mathrm{SO}(n,\mathbf{R})} f(s)\,\mathrm{d}\mu(s) = \frac{1}{\Omega_n} \int\limits_{\mathbf{S}_{n-1}} f^\flat(\dot{x})\,\sigma^{(n-1)}(\dot{x}) \qquad (f \in \mathscr{C}(\mathrm{SO}(n, \mathbf{R}))), \qquad\qquad (3.7)
$$

wobei $\sigma^{(n-1)}$ die Raumwinkel-Form der nach außen orientierten Sphäre $\mathbf{S}_{n-1}$ bezeichnet und

$$\Omega_n = \int\limits_{\mathbf{S}_{n-1}} \sigma^{(n-1)} = \frac{n\,\pi^{n/2}}{\Gamma((n/2)+1)} \quad \text{(II.4.3)} \text{ gilt. Jeder Punkt } \dot{x} \in \mathbf{S}_{n-1} \text{ kann in der Form}$$

$\dot{x} = t \cdot a(\theta) \cdot 1$ geschrieben werden mit $t \in \mathrm{SO}(n-1, \mathbf{R})$ und der zu $\mathrm{GL}(n, \mathbf{R})$ gehörenden Matrix

$$a(\theta) = \begin{bmatrix} 1 & 0 & \dots & 0 & 0 & 0 \\ 0 & 1 & \dots & 0 & 0 & 0 \\ \cdot & \cdot & & \cdot & \cdot & \cdot \\ \cdot & \cdot & & \cdot & \cdot & \cdot \\ \cdot & \cdot & & \cdot & \cdot & \cdot \\ 0 & 0 & \dots & 1 & 0 & 0 \\ 0 & 0 & \dots & 0 & \boxed{\begin{matrix} \cos\theta & -\sin\theta \\ \sin\theta & \cos\theta \end{matrix}} \end{bmatrix} \quad (\theta \in [\![0, \pi]\!]). \tag{3.8}$$

Die $\mathrm{SO}(n-1, \mathbf{R})$-Bahn $S^\theta = \{t \cdot a(\theta) \cdot 1 \mid t \in \mathrm{SO}(n-1, \mathbf{R})\}$ ist im Falle $n \geqslant 3$ für jedes $\theta \in [\![0, \pi]\!]$ eine kompakte $(n-2)$-Sphäre mit Radius $\sin\theta$, auf der die Gruppe $\mathrm{SO}(n-1, \mathbf{R})$ transitiv und stetig operiert. Der zum Punkt $a(\theta) \cdot 1$ gehörende Stabilisator ist gemäß (3.6) isomorph zur Gruppe $\mathrm{SO}(n-2, \mathbf{R})$. Das standardisierte $\mathrm{SO}(n-1, \mathbf{R})$-invariante Radon-Maß λ der $\mathbf{S}_{n-2}$ hängt mit dem Lebesgueschen Oberflächenmaß $\sigma_\theta^{(n-2)}$ von S^θ gemäß

$$\sigma_\theta^{(n-2)} = \Omega_{n-1} \cdot (\sin^{n-2}\theta) \cdot \lambda, \qquad (\theta \in [\![0, \pi]\!], n \geqslant 3) \tag{3.9}$$

zusammen. Wegen (3.3) folgt für jede Funktion $f \in \mathscr{C}(\mathrm{SO}(n, \mathbf{R}))$

$$\int\limits_{\mathbf{S}_{n-1}} f^\flat(\dot{x})\,\sigma^{(n-1)}(\dot{x}) = \Omega_{n-1} \int\limits_0^\pi \int\limits_{\mathrm{SO}(n-1, \mathbf{R})} f^\flat(t \cdot a(\theta) \cdot 1)\,\sin^{n-2}\theta\,\mathrm{d}v(t)\,\mathrm{d}\theta, \tag{3.10}$$

und mithin gilt aufgrund von (3.7) die Beziehung

$$\int\limits_{\mathrm{SO}(n, \mathbf{R})} f(s)\,\mathrm{d}\mu(s) = \frac{\Omega_{n-1}}{\Omega_n} \int\limits_{\mathrm{SO}(n-1, \mathbf{R})} \int\limits_{\mathrm{SO}(n-1, \mathbf{R})} \int\limits_0^\pi f(t\,a(\theta)\,t')\,\sin^{n-2}\theta\;\mathrm{d}\theta\,\mathrm{d}v(t)\,\mathrm{d}v(t'). \tag{3.11}$$

(2) Die Gruppe $I(n)$ der (eigentlichen) *Isometrien* des reellen euklidischen Raumes $\mathbf{R}^n (n \geqslant 1)$ wird von den Abbildungen $s: x \rightsquigarrow ux + y$ $(u \in \mathrm{SO}(n, \mathbf{R}), y \in \mathbf{R}^n)$ gebildet. Die Elemente $s \in I(n)$ können als Matrizen der Form

$$s = \begin{pmatrix} u & 0 \\ y & 1 \end{pmatrix} \in \mathrm{GL}(n+1, \mathbf{R}) \tag{3.12}$$

mit $u \in \mathrm{SO}(n, \mathbf{R})$, $y \in \mathbf{R}^n$ geschrieben werden; vgl. Beispiel 2.1(7). Läßt man die Gruppe $\mathrm{GL}(n+1, \mathbf{R})$ auf natürliche Weise von rechts auf dem reellen euklidischen Raum $\mathbf{R}^{n+1}$ operieren, so operiert die abgeschlossene Untergruppe $I(n)$ auf der inhomogenen Hyperebene $\{(x_j)_{1 < j < n+1} \mid x_{n+1} = 1\}$, die mit dem Raum $\mathbf{R}^n$ identifiziert werden kann, transitiv und stetig. Mithin gilt $\mathbf{R}^n = \mathrm{SO}(n, \mathbf{R}) \setminus I(n)$ für $n \geqslant 1$. Bezeichnet v das standardisierte Haar-Maß der $\mathrm{SO}(n, \mathbf{R})$, so gilt gemäß Satz 3.2 für ein Haar-Maß μ der lokalkompakten Gruppe $I(n)$ die Beziehung

$$\int\limits_{I(n)} f(s)\,\mathrm{d}\mu(s) = \int\limits_{\mathbf{R}^n} \int\limits_{\mathrm{SO}(n, \mathbf{R})} f(\begin{smallmatrix} u & 0 \\ y & 1 \end{smallmatrix})\,\mathrm{d}v(u)\,\mathrm{d}y \qquad (f \in \mathscr{K}(I(n))). \tag{3.13}$$

Demnach kann μ mit dem Produkt-Maß $v \otimes dy$ identifiziert werden. Insbesondere ist $I(n)$ eine unimodulare lokalkompakte topologische Gruppe. Setzt man wieder $\mathbf{1} = (0, 0, \ldots, 0, 1) \in \mathbf{R}^{n+1}$, so folgt aus (3.13)

$$\int\limits_{I(n)} f(s)\,d\mu(s) = \int\limits_{\mathbf{R}_+} \int\limits_{SO(n,\,\mathbf{R})} \int\limits_{SO(n,\,\mathbf{R})} f\left(\begin{smallmatrix} u \cdot (1 \cdot t) & 0 \\ & 1 \end{smallmatrix}\right) r^{n-1}\,dv(u)\,dv(t)\,dr \tag{3.14}$$

für $f \in \mathscr{K}(I(n))$.

(3) Die Gruppe $\mathbf{SL}(2, \mathbf{C})$ besteht aus allen Matrizen $s \in \mathbf{M}_2(\mathbf{C})$ der Form

$$s = \begin{pmatrix} \alpha & \beta \\ \gamma & \delta \end{pmatrix} \qquad (\alpha,\,\beta,\,\gamma,\,\delta \in \mathbf{C},\ \alpha\delta - \beta\gamma = 1). \tag{3.15}$$

Identifiziert man den Raum $\mathbf{R}^4$ mit dem Untervektorraum von $\mathbf{M}_2(\mathbf{C})$ aller zweireihigen hermiteschen Matrizen vermöge der Abbildung

$$\mathbf{R}^4 \ni x = (x_j)_{0 \leqslant j \leqslant 3} \longrightarrow X = \begin{pmatrix} x_0 + x_1 & x_2 + ix_3 \\ x_2 - ix_3 & x_0 - x_1 \end{pmatrix} \in \mathbf{M}_2(\mathbf{C}), \tag{3.16}$$

so operiert die Gruppe $\mathbf{SL}(2, \mathbf{C})$ stetig auf $\mathbf{R}^4$ gemäß

$$(s,\,x) \longrightarrow sXs^*. \tag{3.17}$$

Wegen $\det(sXs^*) = \det X = x_0^2 - \sum\limits_{1 \leqslant j \leqslant 3} x_j^2$ für $s \in \mathbf{SL}(2, \mathbf{C})$ ist die „*Lorentz-Norm*" $\mathbf{R}^4 \ni x$

$= (x_j)_{0 \leqslant j \leqslant 3} \longrightarrow \|x\| = \left(x_0^2 - \sum\limits_{1 \leqslant j \leqslant 3} x_j^2\right)^{1/2}$ stabil gegen die Aktion der Gruppe $\mathbf{SL}(2, \mathbf{C})$. Bezeichnet $\mathbf{O}(1, 3, \mathbf{R})$ die Gruppe aller Endomorphismen des $\mathbf{R}^4$, welche die Lorentz-Norm $\|\cdot\|$ erhalten, so wird durch

$$\Phi : \mathbf{SL}(2, \mathbf{C}) \ni s \longrightarrow (x \longrightarrow sXs^*) \in \mathbf{O}(1, 3, \mathbf{R}) \tag{3.18}$$

ein Gruppen-Morphismus definiert, dessen Kern aus allen Matrizen $s \in \mathbf{SL}(2, \mathbf{C})$ besteht, welche die Beziehung $sXs^* = X$ für alle hermiteschen Matrizen $X \in \mathbf{M}_2(\mathbf{C})$ erfüllen. Es folgt $\ker \Phi = \{1_2, -1_2\}$. Ferner berechnet man als Bilder der zu $\mathbf{SL}(2, \mathbf{C})$ gehörenden Matrizen

$$e(\varphi) = \begin{pmatrix} e^{i\varphi/2} & 0 \\ 0 & e^{-i\varphi/2} \end{pmatrix}, \qquad a(\theta) = \begin{pmatrix} \cos\theta/2 & i\sin\theta/2 \\ i\sin\theta/2 & \cos\theta/2 \end{pmatrix} \qquad (\varphi,\,\theta \in \mathbf{R}) \tag{3.19}$$

unter dem Morphismus Φ die Matrizen

$$\Phi(e(\varphi)) = \begin{bmatrix} 1 & 0 & 0 & 0 \\ 0 & 1 & 0 & 0 \\ 0 & 0 & \cos\varphi & -\sin\varphi \\ 0 & 0 & \sin\varphi & \cos\varphi \end{bmatrix}, \quad \Phi(a(\theta)) = \begin{bmatrix} 1 & 0 & 0 & 0 \\ 0 & \cos\theta & 0 & \sin\theta \\ 0 & 0 & 1 & 0 \\ 0 & -\sin\theta & 0 & \cos\theta \end{bmatrix}. \tag{3.20}$$

Weil die kompakte Untergruppe $\mathbf{SU}(2, \mathbf{C})$ von $\mathbf{SL}(2, \mathbf{C})$ gemäß Beispiel 2.1(6) zur Einheitssphäre $\mathbf{S}_3$ homöomorph ist, kann jedes Element $t \in \mathbf{SU}(2, \mathbf{C})$ mit Hilfe von Euler-Winkeln $(\varphi_1, \theta, \varphi_2) \in \mathbf{R}^3$ in der Form $t = e(\varphi_1) \cdot a(\theta) \cdot e(\varphi_2)$ geschrieben werden. Für jedes Element $u \in \mathbf{SO}(3, \mathbf{R})$ besteht die Zerlegung

$$u = \begin{bmatrix} 1 & 0 & 0 \\ 0 & \cos\varphi_1 & -\sin\varphi_1 \\ 0 & \sin\varphi_1 & \cos\varphi_1 \end{bmatrix} \begin{bmatrix} \cos\theta & 0 & \sin\theta \\ 0 & 1 & 0 \\ -\sin\theta & 0 & \cos\theta \end{bmatrix} \begin{bmatrix} 1 & 0 & 0 \\ 0 & \cos\varphi_2 & -\sin\varphi_2 \\ 0 & \sin\varphi_2 & \cos\varphi_2 \end{bmatrix}. \tag{3.21}$$

Somit folgt aus (3.20) für das Bild der Untergruppe $SU(2, \mathbf{C})$ unter dem Morphismus Φ:

$$\Phi(SU(2, \mathbf{C})) = \left\{ \begin{pmatrix} 1 & 0 \\ 0 & u \end{pmatrix} \mid u \in SO(3, \mathbf{R}) \right\} \subseteq O(1, 3, \mathbf{R}) \tag{3.22}$$

Für jedes $s \in SL(2, \mathbf{C})$ ist $p = (s^* s)^{1/2}$ eine positiv definite Matrix mit $\det p = 1$. Offenbar gehört $t_0 = sp^{-1}$ zu $SU(2, \mathbf{C})$. Es existiert ein Element $t_1 \in U(2, \mathbf{C})$ mit

$$t_1 p t_1^* = \begin{pmatrix} e^\lambda & 0 \\ 0 & e^{-\lambda} \end{pmatrix} = \alpha(\lambda), \tag{3.23}$$

wobei $\{e^\lambda, e^{-\lambda}\}$ mit $\lambda \in \mathbf{R}$ die Eigenwerte der Matrix p sind. Man überlegt sich leicht, daß in (3.23) sogar $t_1 \in SU(2, \mathbf{C})$ angenommen werden darf. Es folgt $s = t_0 t_1^{-1} \alpha(\lambda) t_1$. Demnach existieren zu jeder Matrix $s \in SL(2, \mathbf{C})$ Elemente $t, t' \in SU(2, \mathbf{C})$ mit der Eigenschaft

$$s = t \alpha(\lambda) t' \qquad (\lambda \in \mathbf{R}) \tag{3.24}$$

(*Cartan-Zerlegung* von $SL(2, \mathbf{C})$). Läßt man in (3.24) nur Werte $\lambda \in \mathbf{R}_+$, zu, so wird der Parameter λ durch die Matrix $s \in SL(2, \mathbf{C})$ eindeutig festgelegt (Aufgabe 3.5). Setzt man also $A_+ = \{\alpha(\lambda) \mid \lambda \in \mathbf{R}_+\}$ und $K = SU(2, \mathbf{C})$, so besteht die Cartan-Zerlegung $SL(2, \mathbf{C}) = KA_+ K$. Wegen

$$\Phi(\alpha(\lambda)) = \begin{bmatrix} \cosh\lambda & \sinh\lambda & 0 & 0 \\ \sinh\lambda & \cosh\lambda & 0 & 0 \\ 0 & 0 & 1 & 0 \\ 0 & 0 & 0 & 1 \end{bmatrix} \qquad (\lambda \in \mathbf{R}_+) \tag{3.25}$$

besteht die Untergruppe $\Phi(SL(2, \mathbf{C}))$ aus Matrizen der Form

$$\begin{bmatrix} 1 & 0 \\ 0 & \boxed{u} \end{bmatrix} \begin{bmatrix} \cosh\lambda & \sinh\lambda & 0 & 0 \\ \sinh\lambda & \cosh\lambda & 0 & 0 \\ 0 & 0 & 1 & 0 \\ 0 & 0 & 0 & 1 \end{bmatrix} \begin{bmatrix} 1 & 0 \\ 0 & \boxed{u'} \end{bmatrix} \qquad (u, u' \in SO(3, \mathbf{R})). \tag{3.26}$$

Man überzeugt sich (Aufgabe 3.6), daß $\Phi(SL(2, \mathbf{C}))$ mit der Neutralkomponente von $SO(1, 3, \mathbf{R})$, also mit der Untergruppe

$$\left\{ s = (s_{jk})_{\substack{0 \leq j \leq 3 \\ 0 \leq k \leq 3}} \in O(1, 3, \mathbf{R}) \mid \det s = 1, s_{00} > 0 \right\} \tag{3.27}$$

übereinstimmt.

Als nächstes wird gezeigt, daß die homogene Mannigfaltigkeit $SL(2, \mathbf{C})/SU(2, \mathbf{C})$ mit der

Hyperboloidschale $H = \left\{ x = (x_j)_{0 \leq j \leq 3} \in \mathbf{R}^4 \mid \|x\|^2 = x_0^2 - \sum_{1 \leq j \leq 3} x_j^2 = 1, x_0 > 0 \right\}$ identifiziert

werden kann. Es ist klar, daß die lokalkompakte topologische Gruppe $SO(1, 3, \mathbf{R})$ stetig auf H operiert. Um zu zeigen, daß $SL(2, \mathbf{C})$ transitiv auf H operiert, genügt der Nachweis, daß zu jedem Punkt $x = (x_j)_{0 \leq j \leq 3} \in H$ eine Matrix $s \in SL(2, \mathbf{C})$ existiert, deren Bild unter Φ den Punkt

$\mathbf{1}_4 = (1, 0, 0, 0)$ in x überführt: $\Phi(s)\,\mathbf{1}_4 = x$. Setzt man $x_0 = \cosh\lambda$ und $(x_j)_{1<j<3} = (\sinh\lambda)\cdot u\mathbf{1}_3$ mit einer geeigneten Matrix $u \in \mathbf{SO}(3, \mathbf{R})$, so erhält man

$$\begin{bmatrix} 1 & 0 \\ 0 & \boxed{u} \end{bmatrix} \begin{bmatrix} \cosh\lambda & \sinh\lambda & 0 & 0 \\ \sinh\lambda & \cosh\lambda & 0 & 0 \\ 0 & 0 & 1 & 0 \\ 0 & 0 & 0 & 1 \end{bmatrix} \begin{bmatrix} 1 \\ 0 \\ 0 \\ 0 \end{bmatrix} = \begin{bmatrix} x_0 \\ x_1 \\ x_2 \\ x_3 \end{bmatrix}. \tag{3.28}$$

Es bleibt der Stabilisator von $\mathbf{SL}(2, \mathbf{C})$ bezüglich des Punktes $\mathbf{1}_4$ zu berechnen. Angenommen, es gelte $\Phi(s_1)\mathbf{1}_4 = \Phi(s_2)\mathbf{1}_4$ für Elemente $s_j \in \mathbf{SL}(2, \mathbf{C})$, $j \in \{1, 2\}$. Aus (3.24) folgt wegen (3.22)

$$\Phi(s_j) = \begin{pmatrix} 1 & 0 \\ 0 & u_j \end{pmatrix} \Phi(\alpha(\lambda_j)) \begin{pmatrix} 1 & 0 \\ 0 & u_j{}' \end{pmatrix} \tag{3.29}$$

mit Matrizen $u_j, u_j' \in \mathbf{SO}(3, \mathbf{R})$ und Parametern $\lambda_j \in \mathbf{R}_+$, $j \in \{1, 2\}$. Also muß $\lambda_1 = \lambda_2 = \lambda$ gelten und die ersten Spalten von u_1 und u_2 stimmen überein. Es folgt

$$\Phi(s_1^{-1} s_2) = \begin{bmatrix} 1 & 0 \\ 0 & \boxed{u_1'^{-1}} \end{bmatrix} \Phi(\alpha(-\lambda)) \begin{bmatrix} 1 & 0 & 0 & 0 \\ 0 & u_{11} & u_{21} & u_{31} \\ 0 & . & . & . \\ 0 & . & . & . \end{bmatrix} \begin{bmatrix} 1 & 0 & \dots \\ 0 & u_{11} & \dots \\ 0 & u_{21} & \dots \\ 0 & u_{31} & \dots \end{bmatrix} \Phi(\alpha(\lambda)) \begin{bmatrix} 1 & 0 \\ 0 & \boxed{u_2'} \end{bmatrix}$$

$$\tag{3.30}$$

$$= \begin{bmatrix} 1 & 0 \\ 0 & \boxed{u_1'^{-1}} \end{bmatrix} \begin{bmatrix} 1 & 0 & 0 & 0 \\ 0 & 1 & 0 & 0 \\ 0 & 0 & & \\ 0 & 0 & \boxed{v} & \end{bmatrix} \begin{bmatrix} 1 & 0 \\ 0 & \boxed{u_2'} \end{bmatrix}$$

mit $v \in \mathbf{O}(2, \mathbf{R})$. Demnach gilt $\Phi(s_1^{-1} s_2) \in \Phi(\mathbf{SU}(2, \mathbf{C}))$ und somit $s_1^{-1} s_2 \in \mathbf{SU}(2, \mathbf{C})$, d.h. H ist mit der homogenen Mannigfaltigkeit $\mathbf{SL}(2, \mathbf{C})/\mathbf{SU}(2, \mathbf{C})$ identifizierbar.

Zur Konstruktion eines Haar-Maßes μ von $\mathbf{SL}(2, \mathbf{C})$ wird H als Teilmenge des *oberen Lichtkegels*

$$\Gamma = \left\{ x = (x_j)_{0<j<3} \in \mathbf{R}^4 \,\middle|\, \|x\|^2 = x_0^2 - \sum_{1<j<3} x_j^2 > 0,\ x_0 > 0 \right\} \tag{3.31}$$

betrachtet. Führt man für die Punkte $x \in \Gamma$ hyperbolische Polarkoordinaten $(r, \lambda, \theta, \varphi)$ ein gemäß

$$\begin{aligned} x_0 &= r \cosh\lambda \\ x_1 &= r \sinh\lambda \cos\theta \\ x_2 &= r \sinh\lambda \sin\theta \sin\varphi \\ x_3 &= r \sinh\lambda \sin\theta \cos\varphi \end{aligned} \qquad (r \in \mathbf{R}_+^\times,\ \lambda \in \mathbf{R}_+,\ \theta \in [\![0, \pi]\!],\ \varphi \in [\![-\pi, +\pi]\!]), \tag{3.32}$$

so gilt für jede Funktion $f \in \mathcal{K}(\Gamma)$ die Beziehung

$$\int_\Gamma f(x)\,dx = \int_0^\infty \int_0^\infty \int_0^\pi \int_{-\pi}^{+\pi} F(r, \lambda, \theta, \varphi)\, r^3 \sinh^2\lambda \sin\theta\, dr\, d\lambda\, d\theta\, d\varphi, \tag{3.33}$$

falls man $F(r, \lambda, \theta, \varphi) = f(x)$ in den Punkten $x \in \Gamma$ setzt. Es folgt somit gemäß (3.24)

$$\int_{\mathrm{SL}(2,\mathbf{C})} f(s)\,\mathrm{d}\mu(s) = \int_0^\infty \int_{\mathrm{SU}(2,\mathbf{C}) \times \mathrm{SU}(2,\mathbf{C})} f(t\,\alpha(\lambda)\,t')\,\sinh^2\lambda\,\mathrm{d}\lambda\,\mathrm{d}v(t)\,\mathrm{d}v(t') \tag{3.34}$$

für jede Funktion $f \in \mathscr{K}(\mathrm{SL}(2, \mathbf{C}))$. Das standardisierte Haar-Maß v der kompakten Gruppe $\mathrm{SU}(2, \mathbf{C})$ wurde in Beispiel 2.1(6) berechnet. Aus (3.34) folgt die Unimodularität von $\mathrm{SL}(2, \mathbf{C})$ wegen

$$\int_{\mathrm{SL}(2,\,\mathbf{C})} \check{f}(s)\,\mathrm{d}\mu(s) = \int_0^\infty \int_{\mathrm{SU}(2,\mathbf{C}) \times \mathrm{SU}(2,\mathbf{C})} \check{f}(t\,\alpha(\lambda)\,t')\,\sinh^2\lambda\,\mathrm{d}\lambda\,\mathrm{d}v(t)\,\mathrm{d}v(t')$$

$$= \int_0^\infty \int_{\mathrm{SU}(2,\,\mathbf{C}) \times \mathrm{SU}(2,\mathbf{C})} f(t'^{-1}\,a(-\pi)\,\alpha(\lambda)\,a(\pi)\,t^{-1})\,\sinh^2\lambda\,\mathrm{d}\lambda\,\mathrm{d}v(t)\,\mathrm{d}v(t') \tag{3.35}$$

$$= \int_{\mathrm{SL}(2,\mathbf{C})} f(s)\,\mathrm{d}\mu(s).$$

(4) Die Gruppe $\mathrm{SL}(2, \mathbf{R})$ besteht aus allen Matrizen $s \in \mathbf{M}_2(\mathbf{R})$ der Form

$$s = \begin{pmatrix} \alpha & \beta \\ \gamma & \delta \end{pmatrix} \qquad (\alpha, \beta, \gamma, \delta \in \mathbf{R},\ \alpha\delta - \beta\gamma = 1). \tag{3.36}$$

Identifiziert man den Raum $\mathbf{R}^3$ mit dem Untervektorraum von $\mathbf{M}_2(\mathbf{R})$ aller zweireihigen symmetrischen Matrizen vermöge der Abbildung

$$\mathbf{R}^3 \ni x = (x_j)_{0 \leqslant j < 2} \rightsquigarrow X = \begin{pmatrix} x_0 + x_1 & x_2 \\ x_2 & x_0 - x_1 \end{pmatrix} \in \mathbf{M}_2(\mathbf{R}), \tag{3.37}$$

so operiert die Gruppe $\mathrm{SL}(2, \mathbf{R})$ stetig auf $\mathbf{R}^3$ gemäß

$$(s, x) \rightsquigarrow s\,X\,{}^t s. \tag{3.38}$$

Offenbar ist die Lorentz-Norm $\mathbf{R}^3 \ni x = (x_j)_{0 < j < 2} \rightsquigarrow \|x\| = (x_0^2 - (x_1^2 + x_2^2))^{1/2}$ stabil gegen die Aktion der Gruppe $\mathrm{SL}(2, \mathbf{R})$. Bezeichnet $\mathbf{O}(1,2, \mathbf{R})$ die Gruppe aller Endomorphismen des $\mathbf{R}^3$, welche die Lorentz-Norm erhalten, so wird durch die Abbildung

$$\Phi: \mathrm{SL}(2, \mathbf{R}) \ni s \rightsquigarrow (x \rightsquigarrow s\,X\,{}^t s) \in \mathbf{O}(1, 2, \mathbf{R}) \tag{3.39}$$

ein Gruppen-Morphismus mit $\ker \Phi = \{1_2, -1_2\}$ definiert. Ist $s \in \mathrm{SL}(2, \mathbf{R})$ und $p = ({}^t s s)^{1/2}$, so gehört $t_0 = s p^{-1}$ zu $\mathrm{SO}(2, \mathbf{R})$. Weil $p \in \mathbf{M}_2(\mathbf{R})$ eine positive Matrix mit $\det p = 1$ ist, existiert ein Element $t_1 \in \mathbf{O}(2, \mathbf{R})$ mit

$$t_1\,p\,{}^t t_1 = \begin{pmatrix} \mathrm{e}^\lambda & 0 \\ 0 & \mathrm{e}^{-\lambda} \end{pmatrix} = \alpha(\lambda), \tag{3.40}$$

wobei $\{\mathrm{e}^\lambda, \mathrm{e}^{-\lambda}\}$ mit $\lambda \in \mathbf{R}$ die Eigenwerte der Matrix p sind. In (3.40) kann sogar $t_1 \in \mathrm{SO}(2, \mathbf{R})$ gewählt werden. Jedes Element $s \in \mathrm{SL}(2, \mathbf{R})$ erlaubt demnach eine Cartan-Zerlegung

$$s = t\,\alpha(\lambda)\,t' \qquad (\lambda \in \mathbf{R}_+) \tag{3.41}$$

mit Elementen t, $t' \in \mathbf{SO}(2, \mathbf{R})$. Das Bild $\Phi(\mathbf{SL}(2, \mathbf{R}))$ stimmt mit der Untergruppe

$$\left\{ s = (s_{jk})_{\substack{0 \leqslant j < 2 \\ 0 \leqslant k < 2}} \in \mathbf{O}(1, 2, \mathbf{R}) \mid \det s = 1,\ s_{00} > 0 \right\} \tag{3.42}$$

von $\mathbf{O}(1, 2, \mathbf{R})$ überein und die homogene Mannigfaltigkeit $\mathbf{SL}(2, \mathbf{R})/\mathbf{SO}(2, \mathbf{R})$ kann mit der Hyperboloidschale $\{x = (x_j)_{0 \leqslant j < 2} \in \mathbf{R}^3 \mid x_0^2 - (x_1^2 + x_2^2) = 1,\ x_0 > 0\}$ identifiziert werden. Für das Haar-Maß μ der Gruppe $\mathbf{SL}(2, \mathbf{R})$ erhält man die Beziehung

$$\int\limits_{\mathbf{SL}(2,\mathbf{R})} f(s)\,\mathrm{d}\mu(s) = \int\limits_0^\infty \int\limits_0^\pi \int\limits_{-\pi}^{+\pi} f(\mathrm{e}^{\mathrm{i}\theta}\,\alpha(\lambda)\,\mathrm{e}^{\mathrm{i}\theta'})\,\sinh \lambda\,\mathrm{d}\lambda\,\mathrm{d}\theta\,\mathrm{d}\theta' \tag{3.43}$$

für jede Funktion $f \in \mathcal{K}(\mathbf{SL}(2, \mathbf{R}))$. Mit Hilfe von (3.43) kann man sich wieder überzeugen, daß $\mathbf{SL}(2, \mathbf{R})$ eine unimodulare lokalkompakte Gruppe ist.

Aufgaben

3.1 Sei G eine lokalkompakte topologische Gruppe, K eine abgeschlossene Untergruppe und $q: G \to G/K$ die kanonische Surjektion. Zu jeder kompakten Teilmenge C' von G/K existiert eine kompakte Teilmenge C von G mit $C' = q(C)$.

3.2 (a) Die Gruppe $\mathbf{SL}(2, \mathbf{R})$ operiert auf der offenen oberen Halbebene

$H = \{z = x + \mathrm{i}\,y \in \mathbf{C} \mid y > 0\}$ gemäß $(s, z) \longmapsto \dfrac{\alpha z + \beta}{\gamma z + \delta}$, $s = \begin{pmatrix} \alpha & \beta \\ \gamma & \delta \end{pmatrix} \in \mathbf{SL}(2, \mathbf{R})$, transitiv und

stetig. Zeige, daß der Stabilisator bezüglich des Punktes $\mathrm{i} \in H$ mit der Gruppe $\mathbf{SO}(2, \mathbf{R})$ identifiziert werden kann

(b) Zeige, daß die Differentialform $\dfrac{1}{y^2}\,\mathrm{d}x \wedge \mathrm{d}y$ stabil ist gegen die Aktion der Gruppe $\mathbf{SL}(2, \mathbf{R})$.

Berechne mit Hilfe von Satz 3.2 ein Haar-Maß von $\mathbf{SL}(2, \mathbf{R})$.

3.3 Durch die Transformation $c: z \longmapsto \dfrac{z - \mathrm{i}}{z + \mathrm{i}}$ wird die offene obere Halbebene H konform auf die offene Einheitskreisscheibe $D = \{z \in \mathbf{C} \mid |z| < 1\}$ abgebildet.

(a) Die Menge aller biholomorphen Abbildungen $h: H \to H$ wird durch $h \longmapsto c \circ h \circ c^{-1}$ auf die Menge aller biholomorphen Abbildungen $D \to D$ abgebildet.

(b) Sei $C = \dfrac{1}{\sqrt{2}} \begin{pmatrix} 1 & -\mathrm{i} \\ 1 & +\mathrm{i} \end{pmatrix} \in \mathbf{U}(2, \mathbf{C})$. Zeige, daß die Gruppe $\mathbf{SU}(1, 1, \mathbf{C}) = C \cdot \mathbf{SL}(2, \mathbf{R}) \cdot C^{-1}$

aus allen Matrizen $\begin{pmatrix} \alpha & \beta \\ \bar{\beta} & \bar{\alpha} \end{pmatrix} \in \mathbf{M}_2(\mathbf{C})$ besteht mit $|\alpha|^2 - |\beta|^2 = 1$. Bestimme den Stabilisator von $\mathbf{SU}(1, 1, \mathbf{C})$ bezüglich des Nullpunktes der komplexen Zahlenebene $\mathbf{C}$.

(c) Beweise, daß durch $\mathbf{SU}(1, 1, \mathbf{C})/\{1_2, -1_1\}$ sämtliche biholomorphen Abbildungen von D auf sich gegeben werden. (Bestimme sämtliche biholomorphen Abbildungen der durch Hinzunahme eines Punktes kompaktifizierten komplexen Zahlenebene auf sich).

(d) Zeige, daß die Hyperboloidschale $\{x = (x_j)_{0 \leqslant j < 2} \in \mathbf{R}^3 \mid x_0^2 - (x_1^2 + x_2^2) = 1,\ x_0 > 0\}$ durch

$x \longmapsto \dfrac{x_1}{x_0} + \mathrm{i}\,\dfrac{x_2}{x_0}$ bijektiv auf D abgebildet wird. Fertige eine Skizze an!

3.4 (a) Jeder topologische Raum mit einer abzählbaren offenen Basis ist ein Lindelöf-Raum. Jeder kompakte topologische Raum ist ein Lindelöf-Raum.

(b) Jeder abgeschlossene Unterraum eines Lindelöf-Raumes ist ein Lindelöf-Raum.

(c) Seien X, Y topologische Räume und $f\colon X \to Y$ eine stetige Abbildung. Mit X ist auch das Bild $f(X)$ ein Lindelöf-Raum.

3.5 Zu jedem $s \in SL(2, \mathbf{C})$ existiert genau ein $\lambda \in \mathbf{R}_+$, so daß die Cartan-Zerlegung (3.24) gültig ist.

3.6 Zeige, daß das Bild der Gruppe $SL(2, \mathbf{C})$ unter dem Gruppen-Morphismus (3.18) mit der Neutralkomponente (3.27) von $SO(1, 3, \mathbf{R})$ übereinstimmt. (Betrachte die Bilder der Matrizen (3.19) und (3.23)).

4 Die Faltung

Das Faltungsprodukt von Funktionen und Maßen, das bereits im Falle der n-dimensionalen Torusgruppe $\mathbf{T}^n$ (I.4, I.9) und der additiven Gruppe $\mathbf{R}^n$ (II.1) eine wichtige Rolle gespielt hat, läßt sich auf jeder beliebigen lokalkompakten topologischen Gruppe G definieren (vgl. (I.9.6)). Ist G nicht abelsch, so geht jedoch die Kommutativität des Faltungsprodukts verloren.

Sei G eine beliebige (multiplikativ geschriebene) lokalkompakte topologische Gruppe; es bezeichne wieder 1 das Neutralement von G. Der komplexe Vektorraum $\mathscr{C}_0(G)$ aller im Unendlichen verschwindenden, stetigen Funktionen $f\colon G \to \mathbf{C}$ ist bezüglich der Čebyšev-Norm $f \longmapsto \|f\|_\infty = \sup_{x \in G} |f(x)|$ ein komplexer Banach-Raum, in welchem der Untervektorraum $\mathscr{K}(G)$ der stetigen komplexwertigen Funktionen auf G mit kompaktem Träger überall dicht liegt. Der Dualraum $\mathscr{C}_0'(G)$ ist der komplexe Vektorraum $\mathscr{M}^1(G)$ aller Radon-Maße auf G mit endlicher Gesamtmasse. Hinsichtlich der Norm

$$\mu \longmapsto \|\mu\| = \sup_{\|f\|_\infty \leq 1} |\langle f, \mu \rangle| = \int_G \mathrm{d}|\mu| \tag{4.1}$$

ist $\mathscr{M}^1(G)$ ein komplexer Banach-Raum. Die zugehörige Topologie ist gerade die starke Topologie $\beta\big(\mathscr{M}^1(G), \mathscr{C}_0(G)\big)$.

Definition 4.1 Seien μ, $v \in \mathscr{M}^1(G)$ Radon-Maße mit endlicher Gesamtmasse auf G. Dann wird durch

$$\langle f, \mu * v \rangle = \int_G \int_G f(x \cdot y)\, \mathrm{d}\mu(x)\mathrm{d}v(y) \qquad (f \in \mathscr{K}(G)) \tag{4.2}$$

ein Radon-Maß $\mu * v \in \mathscr{M}^1(G)$ definiert; $\mu * v$ heißt das Faltungsprodukt von μ und v.

Notiz. Man kann in (4.2) alle Funktionen $f \in \mathscr{C}_0(G)$ zulassen.

Mit Hilfe der Abschätzung

$$\sup_{\|f\|_\infty \leqslant 1} |\langle f, \mu * v \rangle| \leqslant \int_G d|\mu| \cdot \int_G d|v| = \|\mu\| \cdot \|v\| \tag{4.3}$$

überlegt man sich das folgende Resultat:

Satz 4.1 *Bezüglich der Faltung* $(\mu, v) \rightsquigarrow \mu * v$ *ist* $\mathscr{M}^1(G)$ *eine komplexe Banach-Algebra mit dem Dirac-Maß* ε_1 *als Einselement; diese ist genau dann kommutativ, falls* G *abelsch ist.*

Beispiele 4.1 (1) Für jedes Maß $\mu \in \mathscr{M}^1(G)$ gilt

$$\varepsilon_s * \mu = \gamma(s)\mu, \qquad \mu * \varepsilon_s = \delta(s^{-1})\mu \qquad (s \in G). \tag{4.4}$$

(2) Für $s, t \in G$ gilt $\varepsilon_s * \varepsilon_t = \varepsilon_{st}$, d.h. die Abbildung $\Phi: s \rightsquigarrow \varepsilon_s$ ist ein Gruppen-Isomorphismus von G auf die Gruppe $\Phi(G) \subsetneqq \mathscr{M}^1(G)$.

(3) Die Menge alle Linearkombinationen $\sum\limits_{s \in G} a_s \varepsilon_s$ mit komplexen Koeffizienten a_s $(s \in G)$, die bis auf endlich viele Ausnahmen alle verschwinden, bildet eine Unteralgebra $\mathbf{C}[G]$ von $\mathscr{M}^1(G)$ wegen

$$\left(\sum_{s \in G} a_s \varepsilon_s \right) * \left(\sum_{s \in G} a_s' \varepsilon_s \right) = \sum_{t \in G} \left(\sum_{ss' = t} a_s a_s' \right) \varepsilon_t. \tag{4.5}$$

Man nennt $\mathbf{C}[G]$ die *Gruppenalgebra* von G über dem Körper $\mathbf{C}$.

(4) Eine Funktion $f \in \mathscr{C}^b(G)$ ist genau dann von positivem Typ (Definition I.9.1), falls

$$\langle f, \overset{\smile}{\bar{v}} * v \rangle \geqslant 0 \tag{4.6}$$

für alle Radon-Maße $v \in \mathscr{M}^1(G)$ gilt; der Beweis verläuft analog zum Beweis von Satz I.9.5.

Notiz. Da die Banach-Algebra $\mathscr{M}^1(G)$ bei nicht abelscher, lokalkompakter Gruppe G nicht kommutativ ist, zieht man sich, um sich auf die Theorie der kommutativen Banach-Algebren stützen zu können, in der harmonischen Analyse häufig auf kommutative Unteralgebren von $\mathscr{M}^1(G)$ zurück; vgl. die Theorie der Gelfand-Paare in den Kapiteln IV und V.

Für die folgenden Überlegungen sei G der Einfachheit halber als unimodulare lokalkompakte topologische Gruppe (Definition 2.1) vorausgesetzt. Fixiert man ein Haar-Maß μ von G, so können die Lebesgue-Räume $L^p(G) = L^p(G; \mu)$ zu den Exponenten $p \in [\![1, + \infty]\!]$ gebildet werden.

Definition 4.2 Für jedes Maß $v \in \mathscr{M}^1(G)$ und jedes $g \in L^p(G), p \in [\![1, + \infty[\![$, werden die durch

$$v * g(x) = \int_G g(s^{-1} x)\, dv(s), \qquad g * v(x) = \int_G g(x s^{-1})\, dv(s) \tag{4.7}$$

μ-fast überall auf G definierten Funktionen $v * g$ und $g * v$ die Faltung von v und g bzw. g und v genannt.

Bettet man $L^1(G)$ isometrisch in $\mathcal{M}^1(G)$ dadurch ein, daß man die Elemente von $L^1(G)$ als Dichte des fixierten Haar-Maßes μ von G auffaßt, so steht im Falle $p = 1$ die Definition 4.2 im Einklang mit Definition 4.1. Wie in II.1 ergibt sich mit Hilfe der Hölderschen Ungleichung der

Satz 4.2 *Für jeden Exponenten* $p \in [\![1, + \infty[\![$ *werden durch*

$$\mathcal{M}^1(G) \times L^p(G) \ni (v, g) \longrightarrow v * g \in L^p(G),$$
$$L^p(G) \times \mathcal{M}^1(G) \ni (g, v) \longrightarrow g * v \in L^p(G) \tag{4.8}$$

stetige **C**-*bilineare Abbildungen mit* $\|v * g\|_p \leqslant \|v\| \cdot \|g\|_p$ *und* $\|g * v\|_p \leqslant \|g\|_p \cdot \|v\|$ *definiert; insbesondere ist* $L^p(G)$ *bezüglich der Faltung ein* $\mathcal{M}^1(G)$-*Bimodul.*

Beispiel 4.2 Die Zuordnung $\gamma\colon G \ni s \longrightarrow (L^2(G) \ni f \longrightarrow \varepsilon_s * f \in L^2(G))$ ist eine stetige lineare Darstellung von G (Definition I.2.2), die wegen $\|\varepsilon_s * f\|_2 = \|f\|_2$ unitär ist. Man nennt γ die *linksreguläre* Darstellung von G im komplexen Hilbert-Raum $L^2(G)$. Entsprechend ist die *rechtsreguläre* Darstellung δ von G in $L^2(G)$ definiert.

Gilt $f \in L^1(G)$, so erhält man gemäß (4.7) für die Faltung mit $g \in L^p(G)$, $p \in [\![1, + \infty[\![$, für μ-fast alle Punkte $x \in G$ die Beziehung

$$f * g(x) = \int\limits_G g(s^{-1}x)f(s)\,\mathrm{d}\mu(s) = \int\limits_G f(xs^{-1})g(s)\,\mathrm{d}\mu(s) \tag{4.9}$$

und $L^1(G)$ ist ein abgeschlossenes (zweiseitiges) Ideal der komplexen Banach-Algebra $\mathcal{M}^1(G)$.

Der Begriff der approximativen Einheit (I.7 und II.1) läßt sich ebenfalls allgemein fassen.

Definition 4.3 Sei J eine gerichtete Menge. Eine Familie $(k_\varrho)_{\varrho \in J}$ von Elementen aus $L^1(G)$ heißt eine approximative Einheit auf G, falls gilt:

(i) $\quad \int\limits_G k_\varrho(x)\,\mathrm{d}\mu(x) = 1 \qquad$ für jedes $\varrho \in J$;

(ii) $\quad \sup\limits_{\varrho \in J} \|k_\varrho\|_1 = M < + \infty$;

(iii) $\quad$ Für jede Neutralumgebung U in G gilt

$$\lim_{\varrho \in J} \int\limits_{G - U} |k_\varrho(x)|\,\mathrm{d}\mu(x) = 0$$

entlang des Abschnittsfilters von J.

Mit einer analogen Argumentation wie im Beweis zu Satz II.1.7 erhält man den nachstehenden „Regularisierungssatz":

Satz 4.3 *Sei* $(k_\varrho)_{\varrho \in J}$ *eine approximative Einheit auf* G. *Dann gilt für jedes* $f \in L^p(G)$, $p \in [\![1, + \infty[\![$,

$$\lim_{\varrho \in J} \|k_\varrho * f - f\|_p = 0, \tag{4.10}$$

und für jede Funktion $f \in \mathscr{C}_0(G)$

$$\lim_{\varrho \in J} \| k_\varrho * f - f \|_\infty = 0 \, . \tag{4.11}$$

Beispiel 4.3 Sei $\mathfrak{B}$ eine Neutralumgebungsbasis von G. Da der Träger von μ mit ganz G übereinstimmt, existiert zu jeder Umgebung $U \in \mathfrak{B}$ eine Funktion $f_U \in \mathscr{K}_+(G)$ mit $\operatorname{Supp}(f_U) \subseteq U$ und $\int_G f_U(s)\,d\mu(s) \neq 0$. Man kann also sogar $\int_G f_U(s)\,d\mu(s) = 1$ erreichen. Demnach ist $(f_U)_{U \in \mathfrak{B}}$ eine approximative Einheit auf G.

Aufgaben

4.1 Sei G eine (nicht notwendig unimodulare) lokalkompakte topologische Gruppe, μ ein linkes Haar-Maß von G und Δ_G die Modularfunktion (Definition 2.1).

(a) Zeige, daß für jedes $f \in L^1(G)$ und jedes Maß $v \in \mathscr{M}^1(G)$ die Beziehung $f * v(x) = \int_G \breve{\Delta}_G(s) f(x s^{-1})\,dv(s)$ für μ-fast alle Punkte $x \in G$ gilt.

(b) Für jedes Paar $(f, g) \in L^1(G) \times L^1(G)$ gilt $f * g(x) = \int_G \breve{g}(s) f(x s)\,d\mu(s)$ und $f * g(x) = \int_G \breve{\Delta}_G(s) g(s x) \breve{f}(s)\,d\mu(s)$ für μ-fast alle Punkte $x \in G$.

4.2 Bezeichnungen wie in Aufgabe 4.1. Sei p' der zu $p \in [\![1, +\infty[\![$ duale Exponent und $v \in \mathscr{M}^1(G)$ so, daß $\int_G \Delta_G(s)^{-1/p'}\,d|v|(s) < +\infty$ erfüllt ist. Für jedes $f \in L^p(G)$ existiert $f * v(x) = \int_G \breve{\Delta}_G(s) f(x s^{-1})\,dv(s)$ für μ-fast alle Punkte $x \in G$ und es gilt

$$\| f * v \|_p \leqslant \| f \|_p \cdot \int_G \Delta_G(s)^{-1/p'}\,d|v|(s) \, .$$

4.3 Sei G eine unimodulare lokalkompakte topologische Gruppe mit einem Haar-Maß μ und K eine kompakte Untergruppe von G mit dem standardisierten Haar-Maß v. Zeige, daß $L^1(G/K; \mu/v)$ zu einer abgeschlossenen Unteralgebra von $L^1(G)$ isomorph ist.

4.4 Sei G eine unimodulare lokalkompakte topologische Gruppe. Zeige, daß die Abbildung $\pi \colon G \times G \ni (s, t) \longmapsto (L^2(G) \ni f \longmapsto \varepsilon_s * f * \varepsilon_{t^{-1}} \in L^2(G))$ eine unitäre Darstellung der direkten Produktgruppe $G \times G$ im komplexen Hilbert-Raum $L^2(G)$ ist.

4.5 Sei G eine kompakte topologische Gruppe mit dem Neutralelemeat 1. Zu jeder stetigen **C**-linearen Abbildung $T \colon \mathscr{C}(G) \to \mathscr{C}(G)$ mit der Eigenschaft $\gamma(s) \circ T = T \circ \gamma(s)$ für alle $s \in G$ existiert genau ein Maß $v \in \mathscr{M}(G)$ mit $T \colon f \longmapsto v * f$ und $\| T \| = \| v \|$. (Betrachte die stetige Linearform $\mathscr{C}(G) \ni f \longmapsto (Tf)(1) \in \mathbf{C}$).

4.6 Für je zwei (diskret topologisierte) endliche Gruppen G_1, G_2 ist die Gruppenalgebra $\mathbf{C}[G_1 \times G_2]$ des direkten Produkts $G_1 \times G_2$ über $\mathbf{C}$ isomorph zu $\mathbf{C}[G_1] \otimes \mathbf{C}[G_2]$.

5 Ergänzungen und Bemerkungen

1. Haar-Maße auf speziellen linearen Lie-Gruppen (Definition IV.4.2) sind schon seit langem bekannt und explizit berechnet worden. Die Grundlage für die harmonische Analyse auf lokalkompakten topologischen Gruppen wurde aber erst im Jahre 1933 von A. Haar geschaffen. Er wies die Existenz (aber nicht die Unität) eines linken Haar-Maßes auf jeder lokalkompakten topologischen Gruppe G mit einer abzählbaren offenen Basis nach. A.Weil [113] zeigte dann, daß Abzählbarkeitsforderungen an die Topologie von G überflüssig sind. In Nachbin [79] findet sich der Beweis für die Existenz und Unität des Haar-Maßes sowohl nach A. Weil als auch nach H. Cartan. Die Konstruktion von H. Cartan beruht auf dem Cauchyschen Konvergenzkriterium und kommt ohne „Zornifikation" aus. Vgl. auch Bourbaki [7], Dieudonné [19], Dinculeanu [22], Gaal [34], Hewitt-Ross [45], Lang [68] und Lutz [75]. In Dunkl-Ramirez [29] ist der Existenz- und Eindeutigkeitsbeweis von Bredon [10] wiedergegeben.

2. Die Unität des Haar-Maßes wurde im Jahre 1934 von J. von Neumann bewiesen; vgl. außer der oben zitierten Literatur zur Theorie des Haar-Maßes auch Loomis [73]. Wegen Satz 2.1 können alle Haar-Maße auf (linearen) Lie-Gruppen als Lebesguesche Maße mit Hilfe geeigneter Koordinatisierungen explizit berechnet werden. Jede zusammenhängende halbeinfache Lie-Gruppe G ist unimodular, da für jeden stetigen Gruppen-Morphismus $f\colon G \to \mathbf{R}_+^\times$ notwendig $f = 1$ gilt.

3. Es entspricht dem Standpunkt des „Erlanger Programms" von F. Klein, bei einer geometrischen Struktur die zugehörenden Symmetriegruppen zu untersuchen. Deshalb nennt man homogene Mannigfaltigkeiten gelegentlich auch Kleinsche Räume.

Besonders geeignet sind Räume von Funktionen, die auf homogenen Mannigfaltigkeiten definiert sind, als Darstellungsräume linearer Gruppendarstellungen; vgl. Kap. IV. Zur Integration auf homogenen Mannigfaltigkeiten, vgl. Bourbaki [7] und Nachbin [79]. Die Theorie der symmetrischen Räume ist in der Monographie von Helgason [42] ausführlich dargestellt. Man findet bei Helgason [42], [43] Integralformeln zu Cartan-Zerlegungen zusammenhängender halbeinfacher Lie-Gruppen mit endlichem Zentrum, welche die Formeln (3.34) und (3.43) als Spezialfälle umfassen. Die Methode der Einführung von Polarkoordinaten ist bei Helgason [43] sehr allgemein gefaßt.

Anwendungen der Integrationstheorie auf homogenen Mannigfaltigkeiten finden sich z.B. bei Santaló [90].

4. Das Faltungsprodukt ist dann etwas schwieriger zu handhaben, falls die zugrunde liegende lokalkompakte topologische Gruppe G nicht unimodular ist; vgl. die Aufgaben 4.1 und 4.2.

Für eine beliebige unimodulare lokalkompakte topologische Gruppe G gilt $L^1(G) * L^p(G) \subseteq L^p(G)$ gemäß (4.8) für jeden Exponenten $p \in [\![1, +\infty[\![$. Falls G abelsch ist, trifft $L^p(G) * L^2(G) \subseteq L^2(G)$ nur dann zu, falls G kompakt oder $p = 1$ erfüllt ist. Für jede zusammenhängende halbeinfache Lie-Gruppe G mit endlichem Zentrum ist jedoch die Inklusion $L^p(G) * L^2(G) \subseteq L^2(G)$ für jeden Exponenten $p \in [\![1, 2[\![$ erfüllt (Kunze-Stein-Phänomen); vgl. Cowling [17].

Der Satz von Maschke besagt, daß die Gruppenalgebra $\mathbf{C}[G]$ jeder endlichen Gruppe G über $\mathbf{C}$ halbeinfach ist; vgl. Aufgabe IV.1.2. Damit ist die Struktur von $\mathbf{C}[G]$ völlig geklärt. Allgemeinere Fassungen des Satzes von Maschke finden sich z. B. bei Lang [70], Kasch [57] und Curtis-Reiner [18].

In Hewitt-Ross [46] sind für kompakte Gruppen G eine Reihe von approximativen Einheiten mit „komfortablen" Eigenschaften und weitere Anwendungen der Regularisierungsmethode angegeben.

IV Harmonische Analyse auf kompakten topologischen Gruppen

1 Der Satz von Peter-Weyl

Aufgrund von Satz I.2.4 sind die irreduziblen unitären Darstellungen der abelschen topologischen Gruppen G stets eindimensional, können also mit Hilfe der Charaktere von G (Definition I.2.3) vollständig beschrieben werden. Im Falle $G = \mathbf{T}^n$ ist die Menge $\widehat{\mathbf{T}^n}$ der Charaktere so reichhaltig, daß sie ein totales Orthonormalsystem im komplexen Hilbert-Raum $L^2(\mathbf{T}^n)$ bilden (Satz I.3.3). Dies hat zur Folge (vgl. das Diagramm (I.3.26)), daß die reguläre Darstellung τ von $\mathbf{T}^n$ in $L^2(\mathbf{T}^n)$ in eindimensionale Darstellungen „zerfällt". Das Ziel des vorliegenden Abschnitts ist zu zeigen, daß die irreduziblen unitären Darstellungen der kompakten topologischen Gruppen G endlich dimensional sind und daß sich jede unitäre Darstellung einer kompakten topologischen Gruppe G aus endlich dimensionalen, irreduziblen, unitären Darstellungen „zusammensetzt". Insbesondere · gilt dies für die linksreguläre Darstellung $\gamma : s \rightsquigarrow (f \rightsquigarrow \varepsilon_s * f)$ von G: Der komplexe Hilbert-Raum $L^2(G)$ ist eine Hilbert-Summe endlich dimensionaler, gegen γ stabiler Untervektorräume, die aus stetigen Funktionen $G \to \mathbf{C}$ bestehen. Ihre direkte Summe kann als Ersatz für die trigonometrischen Polynome im abelschen Fall (Definition I.2.5) betrachtet werden.

Definition 1.1 Sei G eine topologische Gruppe, $(E_i)_{i \in I}$ eine Familie komplexer Hilbert-Räume und $(U_i)_{i \in I}$ eine Familie unitärer Darstellungen von G in E_i. Ist $E = \widehat{\bigoplus_{i \in I}} E_i$
$$= \left\{ x = (x_i)_{i \in I} \in \underset{i \in I}{\times}\, E_i \,\Big|\, \sum_{i \in I} \|x_i\|^2 < +\infty \right\}$$
die Hilbert-Summe der Familie $(E_i)_{i \in I}$, so wird die unitäre Darstellung $U = \widehat{\bigoplus_{i \in I}} U_i : G \ni s \rightsquigarrow (E \ni x \rightsquigarrow (U_i(s)x_i)_{i \in I} \in E)$ von G in E die Hilbert-Summe der Familie $(U_i)_{i \in I}$ genannt. Ist umgekehrt der Darstellungsraum $E = \widehat{\bigoplus_{i \in I}} E_i$ einer unitären Darstellung U von G die Hilbert-Summe der Familie $(E_i)_{i \in I}$ abgeschlossener, paarweise orthogonaler, gegen U stabiler Untervektorräume und bezeichnet U_i die Einschränkung $G \ni s \rightsquigarrow U_s | E_i$ $(i \in I)$, so gilt $U = \widehat{\bigoplus_{i \in I}} U_i$ und man sagt, U zerfalle in die unitären Teildarstellungen $(U_i)_{i \in I}$ von G in E_i. Bezeichnet V eine beliebige unitäre Darstellung von G und ist V zu mindestens einer Teildarstellung U_i von U unitär äquivalent, so nennt man V in U enthalten. Die Mächtigkeit $(U:V)$ der Menge $\{i \in I \mid U_i$ *ist äquivalent zu* $V\}$ heißt Vielfachheit von V in U und man sagt im Falle $(U:V) < \infty$, V sei $(U:V)$-fach in U enthalten.

Notiz. Für beliebige lokalkompakte, nicht kompakte, topologische Gruppen G erweist sich dieser Begriff des Zerfallens einer unitären Darstellung von G in unitäre Teildarstellungen als nicht umfassend genug. Man benötigt in diesem Fall den Begriff des direkten Integrals von unitären Darstellungen; vgl. Satz II.2.8 für $G = \mathbf{R}^n$.

Beispiel 1.1 Fixiert man im komplexen Vektorraum $\mathbf{C}^n$ ($n \geqslant 1$) die kanonische Basis und versieht $\mathbf{C}^n$ mit dem kanonischen Skalarprodukt $(z, w) \longmapsto (z \,|\, w) = \sum_{1 \leqslant j \leqslant n} z_j \bar{w}_j$, so definiert jede Matrix $s = (s_{jk})_{\substack{1 \leqslant j \leqslant n \\ 1 \leqslant k \leqslant n}}$ der kompakten Gruppe $\mathrm{U}(n, \mathbf{C})$ (Beispiel I.2.1 (5)) einen unitären Automorphismus $U_s : \mathbf{C}^n \ni z \longmapsto s \cdot z = \left(\sum_{1 \leqslant k \leqslant n} s_{jk} z_k \right)_{1 \leqslant j \leqslant n} \in \mathbf{C}^n$ des komplexen Hilbert-Raumes $\mathbf{C}^n$. Offenbar ist die unitäre Darstellung $U : \mathrm{U}(n, \mathbf{C}) \ni s \longmapsto U_s$ in $\mathbf{C}^n$ irreduzibel. Die Menge der Diagonalmatrizen $H = \{\mathrm{diag}(e^{it_j})_{1 \leqslant j \leqslant n} \,\{\, (t_j)_{1 \leqslant j \leqslant n} \in \mathbf{T}^n\}$ bildet eine zur n-dimensionalen Torusgruppe $\mathbf{T}^n$ isomorphe abgeschlossene (abelsche) Untergruppe von $\mathrm{U}(n, \mathbf{C})$. Die Einschränkung $H \ni s \longmapsto U_s$ zerfällt in n eindimensionale unitäre Teildarstellungen von H in $\mathbf{C}$.

Notiz. Seien G eine kompakte topologische Gruppe, K eine abgeschlossene Untergruppe von G und μ bzw. ν die zugehörenden standardisierten Haar-Maße. Dann operiert G vermöge γ: $s \longmapsto (f \longmapsto \varepsilon_s * f)$ in natürlicher Weise auf $L^1(G)$. Jeder abgeschlossene, gegen γ stabile Untervektorraum E des komplexen Hilbert-Raumes $L^2(G/K; \mu/\nu)$ gibt wegen $\gamma(s)(\mu/\nu) = \mu/\nu$ für $s \in G$ (Definition III.3.2) Anlaß zu einer unitären Darstellung von G in E. Die Zerlegung derartiger Darstellungen in irreduzible unitäre Teildarstellungen spielt in der Theorie der kompakten Gelfand-Paare (V.1) eine wichtige Rolle.

Definition 1.2 Sei U eine unitäre Darstellung der topologischen Gruppe G im komplexen Hilbert-Raum E. Existiert ein Vektor $x_0 \in E$ mit der Eigenschaft, daß die Bahnen $\{U_s x_0 \,|\, s \in G\}$ eine totale Teilmenge von E bilden, so wird x_0 ein Totalisator von U genannt. Besitzt U mindestens eine Totalisator $x_0 \in E$, so nennt man die Darstellung U (topologisch) zyklisch.

Notiz. Falls die unitäre Darstellung U von G irreduzibel ist, liefert jeder Vektor $x_0 \neq 0$ in E einen Totalisator.

Satz 1.1 *Jede unitäre Darstellung U der topologischen Gruppe G im komplexen Hilbert-Raum E ist Hilbert-Summe einer Familie $(U_\iota)_{\iota \in I}$ unitärer Teildarstellungen, die sämtlich zyklisch sind.*

Beweis. Sei $\mathscr{J}$ die Menge aller Familien $(F_\iota)_{\iota \in I}$ abgeschlossener, paarweise orthogonaler, gegen U stabiler Untervektorräume von E mit der Eigenschaft, daß die Teildarstellung $G \ni s \longmapsto U_s \,|\, F_\iota$ zyklisch ist für jedes $\iota \in I$. Dann ist $\mathscr{J}$ hinsichtlich der mengentheoretischen Inklusion induktiv geordnet. Nach dem Zornschen Theorem existiert mindestens ein maximales Element $(E_\iota)_{\iota \in I}$ in $\mathscr{J}$. Es gilt $E = \bigoplus_{\iota \in I} E_\iota$. Nimmt man nämlich die Existenz eines Vektors $x_0 \in \left(\bigoplus_{\iota \in I} E_\iota \right)^{\perp}$ im orthogonalen Komplement bezüglich E mit $x_0 \neq 0$ an, so ist der von der Bahn $\{U_s x_0 \,|\, s \in G\}$ topologisch erzeugte abgeschlossene Untervektorraum E_0 derart, daß $(E_\iota)_{\iota \in I} \cup E_0$ die Familie $(E_\iota)_{\iota \in I}$ echt umfaßt. Dies widerspricht aber offensichtlich der Maximalität von $(E_\iota)_{\iota \in I}$ in $\mathscr{J}$. ∎

Satz 1.2 (Gurevič) *Jede unitäre Darstellung U einer kompakten topologischen Gruppe G im komplexen Hilbert-Raum E ist Hilbert-Summe endlich dimensionaler, irreduzibler, unitärer Teildarstellungen.*

Beweis. Aufgrund von Satz 1.1 kann vorausgesetzt werden, daß U einen Totalisator $x_0 \in E$ der Norm $\|x_0\| = 1$ besitzt. Bezeichnet μ das standardisierte Haar-Maß von G, so wird durch die Abbildung

$$\Phi\colon E \times E \ni (x, y) \longrightarrow \int_G (U_s x | x_0) \cdot (x_0 | U_s y)\, d\mu(s) \in \mathbf{C} \tag{1.1}$$

eine hermitesche Sesquilinearform auf E definiert. Weil Φ der Abschätzung

$$|\Phi(x, y)| \leqslant \|x\| \cdot \|y\| \tag{1.2}$$

für alle Paare $(x, y) \in E \times E$ genügt, existiert genau ein stetiger hermitescher Operator $K\colon E \to E$, der sog. *Weyl-Operator*, mit der Eigenschaft

$$(Kx | y) = \int_G (U_s x | x_0) \cdot (x_0 | U_s y)\, d\mu(s) \qquad ((x, y) \in E \times E). \tag{1.3}$$

Wegen

$$(Kx | x) = \int_G |(U_s x | x_0)|^2\, d\mu(s) \geqslant 0 \qquad (x \in E) \tag{1.4}$$

ist dieser Operator positiv und nicht ausgeartet. Denn aus $(Kx | x) = 0$ folgt $(U_s x | x_0) = (x | U_{s^{-1}} x_0) = 0$ für alle $s \in G$ und damit $x = 0$, weil x_0 ja ein Totalisator von U ist. Als nächstes wird gezeigt, daß der Weyl-Operator $K\colon E \to E$ eine kompakte lineare Abbildung ist, d.h. daß K von jeder beschränkten Teilmenge von E ein relativ kompaktes Bild entwirft. Anders ausgedrückt: Zu jeder Folge $(x_n)_{n \in \mathbf{N}}$ in E mit $\sup_{n \in \mathbf{N}} \|x_n\| = M < +\infty$ existiert eine Teilfolge $(x_{n_k})_{k \in \mathbf{N}}$, deren Bild $(Kx_{n_k})_{k \in \mathbf{N}}$ in E konvergiert. Da die abgeschlossene Kugel $\{x \in E \,|\, \|x\| \leqslant M\}$ nach dem Satz von Banach-Bourbaki $\sigma(E, E')$-kompakt ist, existiert eine Teilfolge $(x_{n_k})_{k \in \mathbf{N}}$ von $(x_n)_{n \in \mathbf{N}}$, die bezüglich der schwachen Topologie $\sigma(E, E')$ gegen eine Punkt $x \in E$ konvergiert. Wegen

$$\sup_{k \in \mathbf{N}} |(U_s x_{n_k} | x_0) \cdot (x_0 | U_t x_{n_k}) \cdot (U_{ts^{-1}} x_0 | x_0)| \leqslant M^2 \tag{1.5}$$

für alle Paare $(s, t) \in G \times G$ gilt nach dem Lebesgueschen Satz von der majorisierten Konvergenz

$$\lim_{k \to \infty} \|Kx_{n_k}\|^2 = \lim_{k \to \infty} (Kx_{n_k} | Kx_{n_k})$$

$$= \lim_{k \to \infty} \int_G (U_s x_{n_k} | x_0) \cdot (x_0 | U_s \circ Kx_{n_k})\, d\mu(s)$$

$$= \lim_{k \to \infty} \int_G \int_G (U_s x_{n_k} | x_0) \cdot (x_0 | U_t x_{n_k})(U_{ts^{-1}} x_0 | x_0)\, d\mu(s)\, d\mu(t) \tag{1.6}$$

$$= \int_G \int_G (U_s x | x_0)(x_0 | U_t x)(U_{ts^{-1}} x_0 | x_0)\, d\mu(s)\, d\mu(t)$$

$$= \|Kx\|^2.$$

Mithin folgt aus der Stetigkeit von K bezüglich der schwachen Topologie $\sigma(E, E')$:

$$\lim_{k \to \infty} \| K x - K x_{n_k} \|^2 = \lim_{k \to \infty} (\| K x \|^2 - (K x | K x_{n_k}) - (K x_{n_k} | K x) + \| K x_{n_k} \|^2)$$

$$= \| K x \|^2 - (K x | K x) - (K x | K x) + \| K x \|^2 = 0 \tag{1.7}$$

Demnach ist $(K x_{n_k})_{k \in \mathbf{N}}$ eine in E konvergente Folge, also K tatsächlich ein nicht ausgearteter, positiver, kompakter Operator in E.

Es sei (λ_n) die (endliche oder unendliche) Folge der Eigenwerte des Weyl-Operators K. Dann gilt $\lambda_n > 0$ und der Hilbert-Raum

$$E = \widehat{\bigoplus_n} E(\lambda_n) \tag{1.8}$$

ist aufgrund der Spektraltheorie kompakter Operatoren die Hilbert-Summe der zugehörenden Eigenräume von K. Jeder dem Eigenwert $\lambda_n > 0$ entsprechende Eigenraum $E(\lambda_n)$ von K ist endlich dimensional. Wegen der Identitäten

$$(K \circ U_s x | y) = \int_G (U_{ts} x | x_0)(x_0 | U_t y) \, d\mu(t)$$

$$= \int_G (U_t x | x_0)(x_0 | U_{ts^{-1}} y) \, d\mu(t)$$

$$= (K x | U_{s^{-1}} y) \qquad\qquad ((x, y) \in E \times E) \tag{1.9}$$

$$= (U_s \circ K x | y),$$

die für alle $s \in G$ gelten, hat man die Vertauschungsrelationen

$$K \circ U_s = U_s \circ K \qquad (s \in G) \tag{1.10}$$

und damit die Stabilität

$$U_s\big(E(\lambda_n)\big) \subseteqq E(\lambda_n) \qquad (s \in G) \tag{1.11}$$

der Eigenräume des Weyl-Operators K gegen U. Wegen (1.8) ist somit U die Hilbert-Summe der Einschränkungen (U_n) von U auf die Eigenräume $E(\lambda_n)$ und (U_n) ist eine (endliche oder unendliche) Folge endlich dimensionaler, unitärer Darstellungen von G. Aufgrund des nachstehenden Satzes ist der Beweis vollständig. ∎

Satz 1.3 *Jede endlich dimensionale, unitäre Darstellung U der topologischen Gruppe G im komplexen Hilbert-Raum E ist Hilbert-Summe (endlich vieler) irreduzibler unitärer Teildarstellungen.*

Beweis. Vollständige Induktion nach $n = \dim_{\mathbf{C}} E$. Im Falle $n = 1$ ist die Behauptung richtig, weil jede eindimensionale unitäre Darstellung von G notwendig irreduzibel ist. Angenommen, die Behauptung sei richtig, falls U die Dimension $< n$ besitzt. Sei $F \neq \{0\}$ ein gegen U stabiler Untervektorraum von E minimaler Dimension über $\mathbf{C}$. Dann ist auch das orthogonale Komplement $F^\perp$ von F bezüglich E gegen U stabil. Wegen $\dim_{\mathbf{C}} F^\perp < n$ kann die Induktionsvoraussetzung auf die Einschränkung

$G \ni s \rightsquigarrow U_s | F^\perp$ angewandt werden. Beachtet man, daß die unitäre Teildarstellung $G \ni s \rightsquigarrow U_s | F$ irreduzibel ist, so folgt die Behauptung. ∎

Die vorstehenden Überlegungen lassen sich wie folgt zusammenfassen: Bei einer kompakten topologischen Gruppe G kann jede unitäre Darstellung U in drei Schritten in eine Hilbert-Summe endlich dimensionaler, irreduzibler, unitärer Teildarstellungen zerlegt werden. 1. Schritt: Zerlegung durch „Zornifikation" in zyklische Darstellungen. 2. Schritt: Zerlegung mit Hilfe der Spektraltheorie kompakter Operatoren in endlich dimensionale Darstellungen. 3. Schritt: Zerlegung (in elementarer Weise) in irreduzible Darstellungen. – Nach Ausführung dieser drei Schritte nennt man die Darstellung U *vollständig reduziert*. Insbesondere folgt aus den vorstehenden Überlegungen der

Satz 1.4 *Jede irreduzible unitäre Darstellung einer kompakten topologischen Gruppe G ist endlich dimensional.*

Demnach kann jedem Element $\varrho \in \hat{G}$ des Duals von G eine natürliche Zahl $n_\varrho \in \mathbf{N}^\times$, die Dimension eines beliebigen Repräsentanten $U^{(\varrho)}$ der Äquivalenzklasse ϱ, zugeordnet werden. Man nennt n_ϱ die *Dimension der Klasse ϱ*. Ordnet man jeder unitären Darstellung $s \rightsquigarrow V_s$ von G die kontragrediente Darstellung $\overline{V}: s \rightsquigarrow {}^t(V_s^{-1}) = {}^t V_{s^{-1}}$ von G zu, so wird offenbar dadurch eine involutorische Bijektion $\varrho \rightsquigarrow \bar{\varrho}$ des Duals $\hat{G}$ auf sich hervorgerufen. Man nennt $\bar{\varrho} \in \hat{G}$ die zu $\varrho \in \hat{G}$ kontragrediente Äquivalenzklasse. Offenbar gilt $n_{\bar{\varrho}} = n_\varrho$ für alle $\varrho \in \hat{G}$.

Jetzt möge wieder die in Satz 1.2 beschriebene Situation zugrunde gelegt werden: U sei eine unitäre Darstellung der kompakten topologischen Gruppe G im komplexen Hilbert-Raum E und $(U_\iota)_{\iota \in I}$ eine Familie endlich dimensionaler, irreduzibler, unitärer Darstellungen von G in Hilbert-Räumen $(E_\iota)_{\iota \in I}$ mit $U = \bigoplus_{\iota \in I} U_\iota$, $E = \bigoplus_{\iota \in I} E_\iota$. Für jede Äquivalenzklasse $\varrho \in \hat{G}$ sei

$$M_\varrho = \bigoplus_{\iota \in I} \{ E_\iota \mid U_\iota \in \bar{\varrho} \} \tag{1.12}$$

gesetzt. Dann gilt

$$E = \bigoplus_{\varrho \in \hat{G}} \{ M_\varrho \mid M_\varrho \neq \{0\} \}. \tag{1.13}$$

Sei F ein gegen U stabiler, abgeschlossener Untervektorraum von E mit der Eigenschaft, daß die restringierte Darstellung $G \ni s \rightsquigarrow U_s | F$ zu $\varrho \in \hat{G}$ gehört. Bezeichnet $P: E \to F$ den zugehörigen Orthogonalprojektor, so impliziert die Stabilität von F gegen U die Vertauschungsrelation $U_s \circ P = P \circ U_s$ $(s \in G)$. Also ist $P(E_\iota)$ für jedes $\iota \in I$ ein gegen U stabiler, abgeschlossener Untervektorraum von F, d.h. es trifft $P(E_\iota) = \{0\}$ oder $P(E_\iota) = F$ zu. Im letzteren Fall gilt $U_\iota \in \varrho$. Demnach impliziert $U_\iota \notin \varrho$ notwendig $P(E_\iota) = \{0\}$ und damit $F \subseteq E_\iota^\perp$. Also gilt $F \subseteq \bigcap \{ E_\iota^\perp \mid U_\iota \notin \varrho \} = M_{\bar{\varrho}}$. Somit ist folgender Sachverhalt bewiesen:

Satz 1.5 *Für jedes $\varrho \in \hat{G}$ ist $M_{\bar{\varrho}}$ der kleinste abgeschlossene Untervektorraum von E, der alle gegen U stabilen, abgeschlossenen Untervektorräume F von E umfaßt, auf welchen* *die Einschränkung $G \ni s \rightsquigarrow U_s \,|\, F$ eine Darstellung der Klasse ϱ hervorruft. Insbesondere ist $M_{\tilde{\varrho}}$ unabhängig von der gewählten Zerlegung $U = \bigoplus_{\iota \in I} U_\iota$.*

Definition 1.3 Man nennt $\{M_\varrho \,|\, M_\varrho \neq \{0\}, \; \varrho \in \hat{G}\}$ die isotypen Komponenten des komplexen Hilbert-Raumes E.

Für jede unitäre Darstellung U der kompakten topologischen Gruppe G in E stimmt die Mächtigkeit d_ϱ der Menge aller Repräsentanten $U^{(\varrho)}$ der Klasse $\varrho \in \hat{G}$, deren Hilbert-Summe zu der Teildarstellung $U_\varrho \colon G \ni s \rightsquigarrow U_s|M_{\tilde{\varrho}}$ unitär äquivalent ist, mit der Vielfachheit $(U \colon U^{(\varrho)})$ von $U^{(\varrho)}$ in U überein. Man nennt $d_\varrho = (U \colon \varrho)$ die *Vielfachheit von ϱ in U* und $(U_\varrho)_{\varrho \in G}$ die Familie der *isotypen Teildarstellungen* von U. Insbesondere gelten die folgenden Resultate:

Satz 1.6 *Der komplexe Hilbert-Raum E ist die Hilbert-Summe seiner isotypen Komponenten $(M_\varrho)_{\varrho \in G}$. Es gilt $\dim_{\mathbf{C}} M_\varrho = d_\varrho \, n_\varrho$ für alle Klassen $\varrho \in \hat{G}$. Die unitäre Darstellung U von G ist die Hilbert-Summe ihrer isotypen Teildarstellungen $(U_\varrho)_{\varrho \in G}$.*

Satz 1.7 *Seien $U = \bigoplus_{\iota \in I} U_\iota$, $U = \bigoplus_{\varkappa \in J} V_\varkappa$ Zerlegungen der unitären Darstellung U von G in irreduzible unitäre Teildarstellungen von G. Dann existiert eine bijektive Abbildung η von I auf J derart, daß U_ι und $V_{\eta(\iota)}$ für jedes $\iota \in I$ unitär äquivalente Darstellungen von G sind.*

Außerdem wird das folgende Ergebnis benötigt, wobei μ wie zuvor das standardisierte Haar-Maß der kompakten topologischen Gruppe G mit dem Neutralelement 1 bezeichnet.

Satz 1.8 *Es seien U, V zwei unitäre Darstellungen der kompakten topologischen Gruppe G in den komplexen Hilbert-Räumen E bzw. F und $(x,v) \in E \times E$, $(y, w) \in F \times F$ zwei beliebige Paare von Vektoren. Sind U, V irreduzibel und nicht unitär äquivalent, so gilt für jedes Element $t \in G$*

$$\int_G (U_{ts^{-1}} x \,|\, v) \cdot (V_s y \,|\, w) \, \mathrm{d}\mu(s) = 0. \tag{1.14}$$

Beweis. Es ist klar, daß für jedes $t \in G$ durch die Zuordnung

$$L \colon E \ni x \rightsquigarrow \int_G (U_{ts^{-1}} x \,|\, v) \cdot V_s y \, \mathrm{d}\mu(s) \in F \tag{1.15}$$

eine stetige lineare Abbildung von E in F definiert wird. Für jedes Element $s_0 \in G$ und jeden Vektor $x \in E$ gilt

$$L \circ U_{s_0} x = \int_G (U_t \circ U_{s^{-1}} \circ U_{s_0} x \,|\, v) \cdot V_s y \, \mathrm{d}\mu(s) \in F \tag{1.16}$$

und die Transformation $\gamma(s_0) \colon G \ni s \rightsquigarrow s_0 \cdot s \in G$ führt die rechte Seite von (1.16) in $V_{s_0} \circ L x$ über. Also gelten die Identitäten

$$L \circ U_s = V_s \circ L \qquad (s \in G). \tag{1.17}$$

Daraus folgt für den adjungierten Operator $L^*\colon F \to E$ offenbar

$$U_s \circ L^* = L^* \circ V_s \qquad (s \in G). \tag{1.18}$$

Mithin gelten für den stetigen positiven hermiteschen Operator $L^* \circ L\colon E \to E$ die Vertauschungsrelationen

$$(L^* \circ L) \circ U_s = U_s \circ (L^* \circ L) \qquad (s \in G). \tag{1.19}$$

Das Lemma von Schur (Satz I.2.3) impliziert $L^* \circ L = c \cdot \mathrm{id}_E$ mit einer Zahl $c \in \mathbf{R}_+$. Aus (1.17) folgt, daß $\mathrm{im}\, L$ gegen V und $\ker L$ gegen U stabil ist. Wegen der Irreduzibilität von U und V ist also $\mathrm{im}\, L = \{0\}$ oder $\mathrm{im}\, L = F$ und $\ker L = \{0\}$ oder $\ker L = E$.

Die Annahme $L \neq 0$ würde also $c > 0$ implizieren und dann nach sich ziehen, daß U und V vermöge des Isomorphismus $\dfrac{1}{\sqrt{c}}\, L$ von E auf F unitär äquivalent wären. Dies steht aber im Widerspruch zu den Voraussetzungen. Also muß notwendig $L = 0$ gelten. Es folgt $(Lx \mid w) = 0$ für jedes $x \in E$ und jedes $w \in F$, wie behauptet. ∎

Betrachtet man im Falle $E = F$, $U = V$ die in (1.15) definierte stetige lineare Abbildung

$$L\colon E \ni x \longmapsto \int_G (U_{ts^{-1}} x \mid v) \cdot U_s y \, \mathrm{d}\mu(s) \in E, \tag{1.20}$$

so implizieren die Vertauschungsrelationen

$$L \circ U_s = U_s \circ L \qquad (s \in G) \tag{1.21}$$

und die Irreduzibilität von U, daß $L = 0$ gilt oder daß $L\colon E \to E$ eine bijektive lineare Abbildung ist. Da im letzteren Fall für jeden Eigenwert $\lambda \in \mathbf{C}$ von L auch $L - \lambda\,\mathrm{id}_E$ die Vertauschungsrelationen (1.21) erfüllt, aber nicht bijektiv ist, gilt in jedem Falle

$$L = \lambda\,\mathrm{id}_E \tag{1.22}$$

mit einer Zahl $\lambda \in \mathbf{C}$. Bezeichnet $n = \dim_{\mathbf{C}} E$ die Dimension von U (Satz 1.4), so folgt durch Spurbildung

$$\lambda = \frac{1}{n}\,\mathrm{Tr}\, L. \tag{1.23}$$

Nun besitzt aber die lineare Abbildung

$$L_0\colon E \ni x \longmapsto (U_{ts^{-1}} x \mid v)\, U_s y \in E \tag{1.24}$$

für alle Paare $(t, s) \in G \times G$, $(v, y) \in E \times E$ die Spur

$$\mathrm{Tr}\, L_0 = (U_{ts^{-1}} \circ U_s y \mid v) = (U_t y \mid v); \tag{1.25}$$

denn die Gleichungen (1.25) sind im Falle $y = 0$ trivial. Ergänzt man im Falle $y \neq 0$ den Vektor $U_s y \neq 0$ zu einer Basis von E, so weist die zugehörige Matrix von L_0 lediglich in der ersten Zeile Elemente auf, die von Null verschieden sein können. Die

Gleichungen (1.25) sind somit auch in diesem Falle richtig. Mithin liefern (1.20) und (1.22) mit $\lambda = \dfrac{1}{n}\,\mathrm{Tr}\,L_0$ den

Satz 1.9 *Es sei U eine irreduzible unitäre Darstellung der kompakten topologischen Gruppe G im komplexen Hilbert-Raum E der Dimension $n \geq 1$. Dann besteht für alle Paare $(x,v) \in E \times E$, $(y,w) \in E \times E$ und jedes Element $t \in G$ die Gleichung*

$$\int\limits_{G} (U_{ts^{-1}}x\,|\,v)\cdot(U_s y\,|\,w)\,\mathrm{d}\mu(s) = \frac{1}{n}\,(U_t y\,|\,v)\cdot(x\,|\,w). \tag{1.26}$$

Definition 1.4 Sei G eine kompakte topologische Gruppe und $U^{(\varrho)}$ eine beliebige Darstellung von G im komplexen Hilbert-Raum E_ϱ, welche der Äquivalenzklasse $\varrho \in \hat{G}$ angehört. Ist $n_\varrho = \dim_{\mathbf{C}} E_\varrho$ die Dimension von ϱ und bezeichnet $(a_j^{(\varrho)})_{1\leq j \leq n_\varrho}$ eine Orthonormalbasis von E_ϱ, so werden die stetigen Funktionen

$$m_{jk}^{(\varrho)}\colon\ G \ni s \longmapsto (U_s^{(\varrho)} a_k^{(\varrho)}\,|\,a_j^{(\varrho)}) \in \mathbf{C} \qquad (1\leq j, k \leq n_\varrho) \tag{1.27}$$

die Koordinatenfunktionen von $U^{(\varrho)} \in \varrho$ bezüglich der Orthonormalbasis $(a_j^{(\varrho)})_{1\leq j\leq n_\varrho}$ genannt.

Weil man jedem Wechsel des Repräsentanten $U^{(\varrho)} \in \varrho$ den Übergang zu einer geeigneten Orthonormalbasis des zugehörenden Darstellungsraumes entsprechen lassen kann, hängt der von den Koordinatenfunktionen $\{m_{jk}^{(\varrho)}\,|\,1\leq j, k \leq n_\varrho\}$ von $U^{(\varrho)}$ aufgespannte Untervektorraum $\mathfrak{a}_\varrho$ von $\mathscr{C}(G)$ nur von $\varrho \in \hat{G}$ ab. Offenbar gelten für jedes $\varrho \in \hat{G}$ die Beziehungen

$$m_{kj}^{(\varrho)} = \bar{\breve{m}}_{jk}^{(\varrho)}, \qquad m_{jk}^{(\varrho)}(1) = \delta_{jk} \qquad (1\leq j, k \leq n_\varrho), \tag{1.28}$$

wobei 1 das Neutralelement von G und δ_{jk} das Kronecker-Symbol bezeichnet. Aus (1.14) folgt gemäß (III.4.9)

$$m_{jk}^{(\varrho)} * m_{hl}^{(\varrho')} = 0 \qquad (1\leq j, k \leq n_\varrho,\ 1\leq h, l \leq n_{\varrho'}) \tag{1.29}$$

falls $\varrho \neq \varrho'$ und aus (1.26) für jedes $\varrho \in \hat{G}$

$$m_{jk}^{(\varrho)} * m_{hl}^{(\varrho)} = \frac{1}{n_\varrho}\,\delta_{kh}\,m_{jl}^{(\varrho)} \qquad (1\leq j, k, h, l \leq n_\varrho). \tag{1.30}$$

Außerdem gelten bezüglich des Skalarprodukts im komplexen Hilbert-Raum $L^2(G)$ die Gleichungen

$$(m_{jk}^{(\varrho)}\,|\,m_{hl}^{(\varrho')}) = 0 \qquad (1\leq j, k \leq n_\varrho,\ 1\leq h, l \leq n_{\varrho'}) \tag{1.31}$$

falls $\varrho \neq \varrho'$ erfüllt ist, und

$$(m_{jk}^{(\varrho)}\,|\,m_{hl}^{(\varrho)}) = \frac{1}{n_\varrho}\,\delta_{jh}\,\delta_{kl} \qquad (1\leq j, k, h, l \leq n_\varrho) \tag{1.32}$$

für jedes $\varrho \in \hat{G}$. Insbesondere sind also für jedes $\varrho \in \hat{G}$ und für $1 \leqslant k \leqslant n_\varrho$ die zur Orthonormalbasis $(a_j^{(\varrho)})_{1 \leqslant j \leqslant n_\varrho}$ von E_ϱ konstruierten Koordinatenfunktionen $\{m_{jk}^{(\varrho)} \mid 1 \leqslant j \leqslant n_\varrho\} \subseteq L^2(G)$ orthogonal. Sie spannen deshalb einen n_ϱ-dimensionalen Untervektorraum $I_k^{(\varrho)}$ $(1 \leqslant k \leqslant n_\varrho)$ von $\mathfrak{a}_\varrho$ auf. Weil für jedes Paar $(s, t) \in G \times G$ die Gleichungen

$$m_{jk}^{(\varrho)}(s\,t) = \sum_{1 \leqslant h \leqslant n_\varrho} m_{jh}^{(\varrho)}(s)\, m_{hk}^{(\varrho)}(t) \qquad (1 \leqslant j, k \leqslant n_\varrho) \tag{1.33}$$

bestehen, ist somit $I_k^{(\varrho)}$ $(1 \leqslant k \leqslant n_\varrho)$ stabil gegen die linksreguläre Darstellung $\gamma\colon G \ni s \rightsquigarrow (L^2(G) \ni f \rightsquigarrow \varepsilon_s * f \in L^2(G))$ von G im komplexen Hilbert-Raum $L^2(G)$. Führt man für jedes $s \in G$ die unitäre Matrix

$$m^{(\varrho)}(s) = \big(m_{jk}^{(\varrho)}(s)\big)_{\substack{1 \leqslant j \leqslant n_\varrho \\ 1 \leqslant k \leqslant n_\varrho}} \in U(n_\varrho, \mathbf{C}) \qquad (\varrho \in \hat{G}) \tag{1.34}$$

ein, so repräsentiert $m^{(\varrho)}\colon G \ni s \rightsquigarrow m^{(\varrho)}(s)$ eine *unitäre Darstellung von G im Hilbert-Raum* $\mathbf{C}^{n_\varrho}$ (bezüglich des kanonischen Skalarprodukts) und es gilt $m^{(\varrho)} \in \varrho$. Die Einschränkung von $\gamma(s)$ auf $I_k^{(\varrho)}$ besitzt für jedes $s \in G$ und für $1 \leqslant k \leqslant n_\varrho$ die Matrix $^tm^{(\varrho)}(s^{-1}) = \bar{m}^{(\varrho)}(s) = m^{(\bar\varrho)}(s)$ (1.28) bezüglich der Basis $\{m_{jk}^{(\varrho)} \mid 1 \leqslant j \leqslant n_\varrho\}$ von $I_k^{(\varrho)}$. Also gehört jede der Teildarstellungen $G \ni s \rightsquigarrow \gamma(s)|I_k^{(\varrho)}$ $(1 \leqslant k \leqslant n_\varrho)$ zu $\bar\varrho$. Ferner ist $I_k^{(\varrho)}$ $(1 \leqslant k \leqslant n_\varrho)$ bezüglich der Faltung ein linker $\mathcal{M}(G)$-Modul. Denn für jedes Radon-Maß $v \in \mathcal{M}(G)$ und jedes $t \in G$ gilt gemäß (III.4.7), (1.33) und (1.28)

$$v * m_{jk}^{(\varrho)}(t) = \int_G m_{jk}^{(\varrho)}(s^{-1}\,t)\,dv(s)$$

$$= \sum_{1 \leqslant h \leqslant n_\varrho} \Big(\int_G \bar{m}_{hj}^{(\varrho)}(s)\,dv(s)\Big)\, m_{hk}^{(\varrho)}(t). \qquad (1 \leqslant j,\, k \leqslant n_\varrho) \tag{1.35}$$

Insbesondere kann also $I_k^{(\varrho)}$ als *Linksideal* der komplexen Faltungsalgebra $L^2(G)$ aufgefaßt werden. Sei $I \neq \{0\}$ ein weiteres Linksideal von $L^2(G)$ mit $I \subseteq I_k^{(\varrho)}$. Dann ist I in $L^2(G)$ abgeschlossen und durch Regularisieren (Satz III.4.3) überzeugt man sich sofort, daß mit jeder Funktion $f \in I$ auch $\varepsilon_s * f$ in I liegt für jedes $s \in G$. Demnach ist I stabil gegen die linksreguläre Darstellung γ von G. Da aber die Teildarstellung $G \ni s \rightsquigarrow \gamma(s)|I_k^{(\varrho)}$ irreduzibel ist, muß notwendig $I = I_k^{(\varrho)}$ gelten. Demnach ist $(I_k^{(\varrho)})_{1 \leqslant k \leqslant n_\varrho}$ eine Familie *minimaler* Linksideale von $L^2(G)$ mit $I_k^{(\varrho)} * I_l^{(\varrho')} = \{0\}$ $(1 \leqslant k \leqslant n_\varrho, 1 \leqslant l \leqslant n_{\varrho'}, \varrho \neq \varrho')$ aufgrund von (1.29) und $I_k^{(\varrho)} * I_l^{(\varrho)} = I_l^{(\varrho)}$ $(1 \leqslant k, l \leqslant n_\varrho)$ für jedes $\varrho \in \hat{G}$ wegen (1.30). Für $m_k^{(\varrho)} = n_\varrho \cdot m_{kk}^{(\varrho)} \in I_k^{(\varrho)}$ gilt $m_k^{(\varrho)} * m_l^{(\varrho)} = \delta_{kl}\, m_l^{(\varrho)}$ (1.30), d.h. $m_k^{(\varrho)}$ ist ein *idempotentes* Element von $I_k^{(\varrho)}$ mit $\check{m}_k^{(\varrho)} = \bar{\check{m}}_k^{(\varrho)} = m_k^{(\varrho)}$, $m_k^{(\varrho)}(1) = n_\varrho$ (1.28) und $\|m_k^{(\varrho)}\|_2^2 = n_\varrho \geqslant 1$ (1.32). Offenbar gilt die Beziehung $I_k^{(\varrho)} = L^2(G) * m_k^{(\varrho)}$, also $I_k^{(\varrho)} = I_k^{(\varrho)} * m_k^{(\varrho)}$ $(1 \leqslant k \leqslant n_\varrho)$ und $I_k^{(\varrho)} * m_l^{(\varrho)} = \{0\}$ $(1 \leqslant k, l \leqslant n_\varrho, k \neq l)$. Außerdem ist

$$\mathfrak{a}_\varrho = \bigoplus_{1 \leqslant k \leqslant n_\varrho} I_k^{(\varrho)} \qquad (\varrho \in \hat{G}) \tag{1.36}$$

die direkte Summe der paarweise orthogonalen (1.32) und isomorphen minimalen Linksideale $(I_k^{(\varrho)})_{1 \leqslant k \leqslant n_\varrho}$. Man sieht: Für jedes $\varrho \in \hat{G}$ ist $\mathfrak{a}_\varrho$ ein n_ϱ^2-dimensionaler

Untervektorraum von $\mathscr{C}(G)$ und $\{\sqrt{n_\varrho}\, m_{jk}^{(\varrho)} \mid 1 \leqslant j, k \leqslant n_\varrho\}$ eine Orthonormalbasis von $\mathfrak{a}_\varrho$ (1.32) bezüglich des kanonischen Skalarprodukts von $L^2(G)$. Wegen (1.35) und der entsprechenden Beziehung

$$m_{jk}^{(\varrho)} * v(t) = \int\limits_G m_{jk}^{(\varrho)}(ts^{-1})\, dv(s)$$
$$= \sum\limits_{1 \leqslant h \leqslant n_\varrho} \left(\int\limits_G \overline{m}_{kh}^{(\varrho)}(s)\, dv(s) \right) m_{jh}^{(\varrho)}(t) \qquad (1 \leqslant j, k \leqslant n_\varrho) \qquad (1.37)$$

für jedes $v \in \mathscr{M}(G)$ und jedes $t \in G$ ist $(\mathfrak{a}_\varrho)_{\varrho \in \hat{G}}$ eine Familie von $\mathscr{M}(G)$-Bimoduln bezüglich der Faltung und somit insbesondere eine Familie *zweiseitiger Ideale* der Faltungsalgebra $L^2(G)$. Offenbar gilt $I_k^{(\varrho)} = \mathfrak{a}_\varrho * m_k^{(\varrho)}$ $(1 \leqslant k \leqslant n_\varrho)$. Aus (1.29) folgt

$$\mathfrak{a}_\varrho * \mathfrak{a}_{\varrho'} = \{0\} \qquad (\varrho \neq \varrho') \qquad (1.38)$$

und (1.30) impliziert, daß $\mathfrak{a}_\varrho$ für jedes $\varrho \in \hat{G}$ bezüglich der Faltung eine zur Matrizenalgebra $\mathbf{M}_{n_\varrho}(\mathbf{C})$ isomorphe Algebra ist. Weil $\mathbf{M}_{n_\varrho}(\mathbf{C})$ eine einfache Algebra über $\mathbf{C}$ ist (Aufgabe 1.1), bildet $(\mathfrak{a}_\varrho)_{\varrho \in \hat{G}}$ eine Familie *minimaler* zweiseitiger Ideale in der komplexen Faltungsalgebra $L^2(G)$. Sei u_ϱ das Neutralelement der einfachen Algebra $\mathfrak{a}_\varrho(\varrho \in \hat{G})$. Dann folgt aus (1.30)

$$u_\varrho = \sum\limits_{1 \leqslant k \leqslant n_\varrho} m_k^{(\varrho)} = n_\varrho \cdot \sum\limits_{1 \leqslant k \leqslant n_\varrho} m_{kk}^{(\varrho)} \qquad (\varrho \in \hat{G}), \qquad (1.39)$$

also $\mathfrak{a}_\varrho = L^2(G) * u_\varrho$, und aus (1.28) noch

$$\check{u}_{\bar\varrho} = \check{\bar{u}}_\varrho = u_\varrho, \qquad u_\varrho(1) = n_\varrho^2 \qquad (\varrho \in \hat{G}). \qquad (1.40)$$

Sei $f \in L^2(G)$ beliebig. Dann gilt nach dem Satz von Lebesgue-Fubini und (1.40) für $1 \leqslant j, k \leqslant n_\varrho$ und $\varrho \in \hat{G}$

$$(f - f * u_\varrho \mid m_{jk}^{(\varrho)}) = (f \mid m_{jk}^{(\varrho)}) - (u_\varrho * f \mid m_{jk}^{(\varrho)})$$
$$= (f \mid m_{jk}^{(\varrho)}) - (f \mid \check{\bar{u}} * m_{jk}^{(\varrho)}) = 0. \qquad (1.41)$$

Somit ist $f - f * u_\varrho$ orthogonal zum minimalen zweiseitigen Ideal $\mathfrak{a}_\varrho$ und insbesondere $f - f * m_k^{(\varrho)}$ orthogonal zum minimalen Linksideal $I_k^{(\varrho)}$ für $1 \leqslant k \leqslant n_\varrho$ und $\varrho \in \hat{G}$.

Satz 1.10 (Peter-Weyl) *Sei G eine kompakte topologische Gruppe mit dem Dual $\hat{G}$. Dann existiert eine Familie $(\mathfrak{a}_\varrho)_{\varrho \in \hat{G}}$ einfacher, endlich dimensionaler Faltungsalgebren über* $\mathbf{C}$*, deren Hilbert-Summe den komplexen Hilbert-Raum $L^2(G)$ ergibt:*

$$L^2(G) = \widehat{\bigoplus\limits_{\varrho \in \hat{G}}} \mathfrak{a}_\varrho \qquad (1.42)$$

Jede Algebra $\mathfrak{a}_\varrho(\varrho \in \hat{G})$ besteht aus stetigen komplexwertigen Funktionen auf G. Sie ist isomorph zu einer Matrizenalgebra $\mathbf{M}_{n_\varrho}(\mathbf{C})$ und bildet ein minimales zweiseitiges Ideal in der komplexen Faltungsalgebra $L^2(G)$. Der Orthogonalprojektor Q_ϱ von $L^2(G)$ auf $\mathfrak{a}_\varrho$ wird durch Faltung mit dem Neutralelement $u_\varrho \in \mathfrak{a}_\varrho$ gegeben gemäß

$$Q_\varrho : L^2(G) \ni f \rightsquigarrow f * u_\varrho = u_\varrho * f \in \mathfrak{a}_\varrho \qquad (\varrho \in \hat{G}), \qquad (1.43)$$

so daß für jedes $f \in L^2(G)$ die Zerlegung

$$f = \sum_{\varrho \in \hat{G}} (f * u_\varrho) \tag{1.44}$$

im Sinne der L^2-Konvergenz besteht.

Beweis. Es bleibt lediglich noch die Gültigkeit der Gleichung (1.42) für die Familie $(\mathfrak{a}_\varrho)_{\varrho \in \hat{G}}$ paarweise orthogonaler (1.31), zweiseitiger Ideale von $L^2(G)$ zu beweisen. Gemäß Satz 1.6 ist der Beweis vollständig, wenn die minimalen zweiseitiger Ideale $\{\mathfrak{a}_\varrho \mid \varrho \in \hat{G}\}$ von $L^2(G)$ als die isotypen Komponenten des komplexen Hilbert-Raumes $L^2(G)$ erkannt sind. Sei $\varrho \in \hat{G}$ beliebig gewählt und F ein gegen die linksreguläre Darstellung γ von G in $L^2(G)$ stabiler, abgeschlossener Untervektorraum von $L^2(G)$ mit der Eigenschaft, daß die Einschränkung $G \ni s \longmapsto \gamma(s) \mid F$ zu ϱ gehört. Dann kann eine aus genau n_ϱ Funktionen $\{f_j \mid 1 \leqslant j \leqslant n_\varrho\}$ bestehende Hilbert-Basis von F gewählt werden mit

$$\gamma(s) f_k = \sum_{1 \leqslant j \leqslant n_\varrho} m_{jk}^{(\varrho)}(s) f_j \qquad (1 \leqslant k \leqslant n_\varrho) \tag{1.45}$$

für $s \in G$. Für jedes Element $g \in L^2(G)$ folgt dann für $1 \leqslant k \leqslant n_\varrho$ gemäß (1.39) und (1.32)

$$\begin{aligned}
(f_k * u_{\bar{\varrho}} \mid g) &= \left(\sum_{1 \leqslant j \leqslant n_\varrho} \left(\int_G m_{jk}^{(\varrho)}(s)\, u_{\bar{\varrho}}(s)\, d\mu(s) \right) f_j \,\Big|\, g \right) \\
&= \left(\sum_{1 \leqslant j \leqslant n_\varrho} \left(n_\varrho \cdot \sum_{1 \leqslant h \leqslant n_\varrho} (m_{jk}^{(\varrho)} \mid m_{hh}^{(\varrho)}) \right) f_j \,\Big|\, g \right) \\
&= (f_k \mid g).
\end{aligned} \tag{1.46}$$

Es gelten also die Gleichungen

$$f_k = f_k * u_{\bar{\varrho}} \qquad (1 \leqslant k \leqslant n_\varrho) \tag{1.47}$$

im Raum $L^2(G)$. Wegen $u_{\bar{\varrho}} \in \mathscr{C}(G)$ folgt $f_k \in \mathscr{C}(G)$ und $Q_{\bar{\varrho}}(f_k) = f_k \in \mathfrak{a}_{\bar{\varrho}}$ für $1 \leqslant k \leqslant n_\varrho$. Demnach besteht die Inklusion $F \subseteq \mathfrak{a}_{\bar{\varrho}}$. Aufgrund von Satz 1.5 ist der Beweis erbracht. ∎

Notiz. Die Vielfachheit von ϱ in der linksregulären Darstellung γ von G ist $(\gamma : \varrho) = n_\varrho \geqslant 1$ für jedes $\varrho \in \hat{G}$, d.h. ϱ ist n_ϱ-fach in γ enthalten. Insbesondere ist die unitäre Darstellung $m^{(\varrho)} \in \varrho$ von G im Hilbert-Raum $\mathbf{C}^{n_\varrho}$ n_ϱ-fach in γ enthalten. Die n_ϱ^2-dimensionalen unitären Darstellungen $\{G \ni s \longmapsto \gamma(s) \mid \mathfrak{a}_{\bar{\varrho}} \mid \varrho \in \hat{G}\}$ bilden die Familie der isotypen Teildarstellungen von γ.

Der Satz von Peter-Weyl erlaubt noch eine andere Interpretation. Wegen $\dim_{\mathbf{C}} \mathfrak{a}_\varrho = n_\varrho^2 = n_{\bar{\varrho}} n_\varrho$ ist klar, daß die Vektorräume $E_{\bar{\varrho}} \otimes E_\varrho$ und $\mathfrak{a}_\varrho$ über $\mathbf{C}$ $(\varrho \in \hat{G})$ isomorph sind. Identifiziert man $E_{\bar{\varrho}}$ mit dem Antiraum des komplexen Hilbert-Raumes E_ϱ, so wird durch die $\mathbf{C}$-lineare Abbildung $T_\varrho : E_{\bar{\varrho}} \otimes E_\varrho \to \mathscr{C}(G)$, welche für jedes Paar $(x, y) \in E_{\bar{\varrho}} \times E_\varrho$ dem Vektor $x \otimes y$ die stetige Funktion $G \ni s \longmapsto (U_s^{(\varrho)} y \mid x) \in \mathbf{C}$

zuordnet, ein Vektorraum-Isomorphismus von $E_{\bar{\varrho}} \otimes E_{\varrho}$ auf $\mathfrak{a}_{\varrho}$ geliefert. Es gilt insbesondere

$$\mathfrak{a}_{\varrho} = T_{\varrho}(E_{\bar{\varrho}} \otimes E_{\varrho}),$$
$$u_{\varrho} = n_{\varrho} \cdot T_{\varrho}\left(\sum_{1 < k < n_{\varrho}} (a_k^{(\varrho)} \otimes a_k^{(\varrho)}) \right). \qquad (\varrho \in \hat{G}) \qquad (1.48)$$

Setzt man für jedes Paar $(s, t) \in G \times G$ die **C**-lineare Abbildung $\pi(s, t) = \gamma(s) \circ \delta(t)$ von $\mathscr{C}(G)$ auf den ganzen Raum $L^2(G)$ fort gemäß

$$\pi(s, t) : L^2(G) \ni f \longmapsto \varepsilon_s * f * \varepsilon_{t^{-1}} \in L^2(G) \qquad (1.49)$$

(vgl. Aufgabe III.4.4), so ist dann offenbar $\pi : G \times G \ni (s, t) \longmapsto \pi(s, t)$ eine unitäre Darstellung der kompakten Gruppe $G \times G$ im komplexen Hilbert-Raum $L^2(G)$ mit den irreduziblen unitären Teildarstellungen $\{ \pi_{\varrho} : (s, t) \longmapsto \pi(s, t) | \mathfrak{a}_{\varrho} \} \varrho \in \hat{G} \}$. Setzt man ferner $U^{(\bar{\varrho}, \varrho)} : G \times G \ni (s, t) \longmapsto U_s^{(\bar{\varrho})} \otimes U_t^{(\varrho)}$, so gelten die Vertauschungsrelationen

$$T_{\varrho} \circ U_{(s, t)}^{(\bar{\varrho}, \varrho)} = \pi_{\varrho}(s, t) \circ T_{\varrho} \qquad ((s, t) \in G \times G) \qquad (1.50)$$

für jede Klasse $\varrho \in \hat{G}$. Wird also der Tensorprodukt-Raum $E_{\bar{\varrho}} \otimes E_{\varrho}$ mit seinem natürlichen Skalarprodukt (II.3.2) versehen, so ist $U^{(\bar{\varrho}, \varrho)}$ eine unitäre Darstellung von $G \times G$ in dem komplexen Hilbert-Raum $E_{\bar{\varrho}} \otimes E_{\varrho}$ und die Abbildung $T_{\varrho} \circ (T_{\varrho}^* \circ T_{\varrho})^{-1/2}$ ein Hilbert-Raum-Isomorphismus von $E_{\bar{\varrho}} \otimes E_{\varrho}$ auf $\mathfrak{a}_{\varrho}$, welcher ebenfalls die Vertauschungsrelationen (1.50) erfüllt. Die Hilbert-Summe $\bigoplus_{\varrho \in G} U^{(\bar{\varrho}, \varrho)}$ irreduzibler unitärer Darstellungen von $G \times G$ liefert mithin eine zu π unitär äquivalente Darstellung der kompakten topologischen Gruppe $G \times G$.

Eine weitere Konsequenz aus dem Satz von Peter-Weyl schließt sich an. Die Beziehungen (1.38) zeigen, daß u_{ϱ} für jedes $\varrho \in \hat{G}$ zum Zentrum der Faltungsalgebra $L^2(G)$ gehört. Also gehört mit jedem f auch die Orthogonalprojektion $Q_{\varrho}(f) = f * u_{\varrho}$ von f auf $\mathfrak{a}_{\varrho}$ zum Zentrum von $L^2(G)$. Weil aber das Zentrum der komplexen Algebra $\mathfrak{a}_{\varrho}$ mit **C** $\cdot u_{\varrho}$ übereinstimmt – denn $\mathbf{M}_{n_{\varrho}}(\mathbf{C})$ besitzt das Zentrum $\mathbf{C} \cdot 1_{n_{\varrho}}$ – ergibt sich der

Satz 1.11 *Sei G eine kompakte topologische Gruppe. Das Zentrum der komplexen Faltungsalgebra $L^2(G)$ stimmt mit der Hilbert-Summe $\bigoplus_{\varrho \in G} \mathbf{C} \cdot u_{\varrho}$ eindimensionaler Untervektorräume überein. Ist G abelsch, so gilt $\mathfrak{a}_{\varrho} = \mathbf{C} \cdot u_{\varrho}$, $n_{\varrho} = 1$, für jedes $\varrho \in \hat{G}$.*

Für die Faltung im Untervektorraum $\mathscr{C}(G)$ von $L^2(G)$ gilt folgendes Resultat:

Satz 1.12 *Für je zwei Funktionen f, g aus $\mathscr{C}(G)$ besteht die Gleichung*

$$f * g = \sum_{\varrho \in \hat{G}} \left(\sum_{\substack{1 < j < n_{\varrho} \\ 1 < k < n_{\varrho}}} n_{\varrho}(g | m_{jk}^{(\varrho)}) (f * m_{jk}^{(\varrho)}) \right) \qquad (1.51)$$

im Sinne der Topologie der gleichmäßigen Konvergenz auf G.

Beweis. Faßt man $g \in \mathscr{C}(G)$ als Element des komplexen Hilbert-Raumes $L^2(G)$ auf, so folgt aus (1.42), weil ja $\{\sqrt{n_\varrho}\, m_{jk}^{(\varrho)}\}\, 1 \leqslant j, k \leqslant n_\varrho\}$ eine Orthonormalbasis von $\mathfrak{a}_\varrho\,(\varrho \in \hat{G})$ repräsentiert,

$$g = \sum_{\varrho \in \hat{G}} \left(\sum_{\substack{1 \leqslant j \leqslant n_\varrho \\ 1 \leqslant k \leqslant n_\varrho}} n_\varrho (g \mid m_{jk}^{(\varrho)})\, m_{jk}^{(\varrho)} \right) \tag{1.52}$$

im Sinne der L^2-Konvergenz. Da $L^2(G) \ni h \longmapsto f * h \in \mathscr{C}(G)$ eine stetige lineare Abbildung ist, ergibt sich (1.51). ∎

Satz 1.13 *Die Koordinatenfunktionen* $\{m_{jk}^{(\varrho)}\}\, 1 \leqslant j,\ k \leqslant n_\varrho,\ \varrho \in \hat{G}\}$ *bilden eine totale Teilmenge des mit der Čebyšev-Norm versehenen komplexen Banach-Raumes* $\mathscr{C}(G)$.

Beweis. Sei $g \in \mathscr{C}(G)$ beliebig. Zu jedem $\varepsilon > 0$ kann durch Regularisieren (Satz III.4.3) eine Funktion $f \in \mathscr{C}(G)$ gefunden werden mit $\|f * g - g\|_\infty < \varepsilon$. Beachtet man, daß in der Identität (1.51) die Funktionen $\{f * m_{jk}^{(\varrho)}\}\, 1 \leqslant j, k \leqslant n_\varrho\}$ zum zweiseitigen Ideal $\mathfrak{a}_\varrho$ für jedes $\varrho \in \hat{G}$ gehören, so folgt die Behauptung. ∎

Bezeichnet Z eine beliebige Teilmenge des Duals $\hat{G}$, so nennt man die Elemente der direkten Summe

$$\mathscr{T}_Z(G) = \bigoplus_{\varrho \in Z} \mathfrak{a}_\varrho = \bigoplus_{\varrho \in Z} T_\varrho(E_{\bar\varrho} \otimes E_\varrho) \tag{1.53}$$

Z-spektrale trigonometrische Polynome auf der kompakten topologischen Gruppe G. Falls G abelsch ist, steht diese Begriffsbildung im Einklang mit Definition I.2.5. Der komplexe Vektorraum $\mathscr{T}(G) = \mathscr{T}_{\hat{G}}(G)$ aller trigonometrischen Polynome auf G liegt überall dicht im Banach-Raum $\mathscr{C}(G)$ über $\mathbf{C}$.

Aufgaben

1.1 Für jedes natürliche $n \geqslant 1$ ist die Matrizenalgebra $\mathbf{M}_n(\mathbf{C})$ eine einfache Algebra über $\mathbf{C}$, d.h. $\{0\}$ und $\mathbf{M}_n(\mathbf{C})$ sind die einzigen zweiseitigen Ideale von $\mathbf{M}_n(\mathbf{C})$. (Sei $(E_{jk})_{\substack{1 \leqslant j \leqslant n \\ 1 \leqslant k \leqslant n}}$ die kanonische Basis von $\mathbf{M}_n(\mathbf{C})$. Für jede Matrix $A = (a_{jk})_{\substack{1 \leqslant j \leqslant n \\ 1 \leqslant k \leqslant n}} \in \mathbf{M}_n(\mathbf{C})$ gilt $a_{jk} \cdot 1_n = \sum_{1 \leqslant l \leqslant n} E_{lj} A E_{kl}$, so daß jedes zweiseitige Ideal $\neq \{0\}$ von $\mathbf{M}_n(\mathbf{C})$ die Einheitsmatrix 1_n enthält).

1.2 Eine Algebra heißt halbeinfach, falls sie direkte Summe endlich vieler einfacher Unteralgebren ist. Beweise den Satz von Maschke: Für jede endliche Gruppe G ist die Gruppenalgebra $\mathbf{C}[G]$ von G über dem Körper $\mathbf{C}$ (Beispiel III.4.1(3)) halbeinfach.

1.3 Sei G eine kompakte Gruppe und für jede Klasse $\varrho \in \hat{G}$ seien Koordinatenfunktionen $(m_{jk}^{(\varrho)})_{\substack{1 \leqslant j \leqslant n_\varrho \\ 1 \leqslant k \leqslant n_\varrho}}$ von $U^{(\varrho)} \in \varrho$ bezüglich einer Orthonormalbasis $(a_j^{(\varrho)})_{1 \leqslant j \leqslant n_\varrho}$ des Darstellungsraumes E_ϱ gewählt.

(a) Für jedes $f \in L^2(G)$ gilt $f = \sum_{\varrho \in \hat{G}} n_\varrho \cdot \sum_{\substack{1 \leqslant j \leqslant n_\varrho \\ 1 \leqslant k \leqslant n_\varrho}} (f \mid m_{jk}^{(\varrho)})\, m_{jk}^{(\varrho)}$ im Sinne der L^2-Konvergenz.

(b) Zu jeder Familie $\{\alpha_{jk}^{(\varrho)} \in \mathbf{C} \mid 1 \leqslant j, k \leqslant n_\varrho, \varrho \in \hat{G}\}$ mit $\displaystyle\sum_{\varrho \in \hat{G}} n_\varrho \cdot \sum_{\substack{1 \leqslant j \leqslant n_\varrho \\ 1 \leqslant k \leqslant n_\varrho}} |\alpha_{jk}^{(\varrho)}|^2 < +\infty$ existiert

genau ein $g \in \mathrm{L}^2(G)$ mit der Eigenschaft $(g \mid m_{jk}^{(\varrho)}) = \alpha_{jk}^{(\varrho)}$ für $1 \leqslant j, k \leqslant n_\varrho, \varrho \in \hat{G}$.

1.4 Sei G eine kompakte Gruppe und Z eine Teilmenge des Duals $\hat{G}$.

(a) Beweise, daß $\mathcal{T}_Z(G)$ für jedes $Z \subseteq \hat{G}$ ein zweiseitiges Ideal der komplexen Faltungsalgebra $\mathrm{L}^2(G)$ ist.

(b) Man gebe hinreichende Bedingungen für Z an, die gewährleisten, daß $\mathcal{T}_Z(G)$ eine Unteralgebra der komplexen Banach-Algebra $\mathscr{C}(G)$ (mit der punktweisen multiplikativen Verknüpfung) ist. (Beachte, daß für Klassen $\varrho_j \in \hat{G}_j$ und Repräsentanten $U^{(\varrho_j)} \in \varrho_j (j \in \{1,2\})$ die unitäre Darstellung $G \ni s \longmapsto U_s^{(\varrho_1)} \otimes U_s^{(\varrho_2)}$ von G nicht notwendig irreduzibel ist. Wende auf diese Darstellung Satz 1.3 an).

(c) Beweise, daß $\mathcal{T}_Z(G)$ genau dann im Raum $\mathscr{C}(G)$ überall dicht liegt (bezüglich der Topologie der gleichmäßigen Konvergenz), falls $Z = \hat{G}$ gilt. (Argumentiere mit dem Satz von Stone-Weierstrass).

1.5 Sei G eine kompakte Gruppe, welche eine treue unitäre Darstellung besitzt, d.h. eine unitäre Darstellung U von G in den komplexen Hilbert-Raum E, bei welcher der Morphismus $G \ni s \longmapsto U_s$ injektiv ist. Beweise Satz 1.13 direkt. (Bilde die Hilbert-Summe von U, der kontragredienten Darstellung $\bar{U}$ und der trivialen Darstellung $s \longmapsto \mathrm{id}_E$ von G und betrachte die zugehörenden Tensorpotenzen).

2   Charaktere kompakter topologischer Gruppen

Es bezeichne wie bisher G eine kompakte topologische Gruppe mit dem standardisierten Haar-Maß μ und dem Dual $\hat{G}$.

Definition 2.1 Für jedes $\varrho \in \hat{G}$ wird die stetige komplexwertige Funktion auf G

$$\chi_\varrho = \frac{1}{n_\varrho} u_\varrho = \frac{1}{n_\varrho} \sum_{1 \leqslant k \leqslant n_\varrho} m_k^{(\varrho)} = \sum_{1 \leqslant k \leqslant n_\varrho} m_{kk}^{(\varrho)} = \operatorname{Tr} m^{(\varrho)} \tag{2.1}$$

(vgl. (1.39)) der zum minimalen zweiseitigen Ideal $\mathfrak{a}_\varrho$ von $\mathrm{L}^2(G)$ gehörende Charakter von G genannt.

Da die konstanten komplexwertigen Funktionen auf G ein eindimensionales zweiseitiges Ideal $\mathfrak{a}_{\varrho_0}$ von $\mathrm{L}^2(G)$ bilden, ist der zugehörende Charakter die konstante Funktion $\chi_{\varrho_0}: G \ni s \longmapsto 1$. Man nennt $\mathfrak{a}_{\varrho_0}$ das *triviale Ideal* von $\mathrm{L}^2(G)$ und χ_{ϱ_0} den *trivialen Charakter* von G. Offenbar gilt (vgl. (1.48))

$$\chi_\varrho = \operatorname{Tr} U^{(\varrho)} = T_\varrho \left(\sum_{1 \leqslant k \leqslant n_\varrho} (a_k^{(\varrho)} \otimes a_k^{(\varrho)}) \right) \qquad (\varrho \in \hat{G}). \tag{2.2}$$

Beispiel 2.1 Für jedes $\varrho \in \hat{G}$ besitzt die n_ϱ^2-dimensionale irreduzible Teildarstellung $\pi_\varrho: G \times G \ni (s, t) \longmapsto \pi(s, t) \mid \mathfrak{a}_\varrho$ der unitären Darstellung π von $G \times G$ in $\mathrm{L}^2(G)$ (1.49) aufgrund von (1.50) den Charakter $\operatorname{Tr} U^{(\bar{\varrho}, \varrho)} = \operatorname{Tr} U^{(\bar{\varrho})} \otimes \operatorname{Tr} U^{(\varrho)} = \chi_{\bar{\varrho}} \otimes \chi_\varrho$.

Definition 2.2 Eine Funktion $f\colon G \to \mathbb{C}$ heißt zentral, wenn ihre Äquivalenzklasse zum Zentrum der komplexen Faltungsalgebra $L^2(G)$ gehört.

Die Struktur des Zentrums von $L^2(G)$ wurde in Satz 1.11 geklärt. Für jede zentrale Funktion f gilt $f*g = g*f$ μ-fast überall auf G für alle $g \in L^2(G)$. Da die Funktionen $f*g$ und $g*f$ auf G stetig sind und der Träger von μ mit ganz G übereinstimmt, besteht gemäß (III.4.9) die Gleichung

$$\int\limits_{G} g(t^{-1})\,(f(s\,t) - f(t\,s))\,\mathrm{d}\mu(t) = 0 \tag{2.3}$$

für alle $s \in G$. Falls $f\colon G \to \mathbb{C}$ stetig ist, kann (2.3) nur dann gültig sein, wenn $f(s\,t) = f(t\,s)$ für alle $s,\,t \in G$ erfüllt ist.

Die zentralen Funktionen in $\mathscr{C}(G)$ sind demnach genau diejenigen stetigen Funktionen $f\colon G \to \mathbb{C}$, die den Bedingungen $f(s\,t\,s^{-1}) = f(t)$ für alle $s,\,t \in G$ genügen, also bereits durch die Werte auf den Klassen konjugierter Elemente von G festgelegt sind. Weil $(u_\varrho)_{\varrho\in\hat{G}}$ eine Familie stetiger zentraler Funktionen auf G ist, ist auch jeder Charakter $\chi_\varrho\,(\varrho \in \hat{G})$ von G eine stetige zentrale Funktion. Es gilt demnach

$$\chi_\varrho(s\,t\,s^{-1}) = \chi_\varrho(t) \qquad ((s,\,t) \in G \times G). \tag{2.4}$$

Man erkennt (2.4) natürlich auch aus $m^{(\varrho)}(s\,t\,s^{-1}) = m^{(\varrho)}(s)\,m^{(\varrho)}(t)\,m^{(\varrho)}(s^{-1})$ durch Spurbildung. Aus (1.28) folgt

$$\begin{aligned} \check{\chi}_{\bar\varrho} &= \bar{\check{\chi}}_\varrho = \chi_\varrho, \\ \chi_\varrho(1) &= n_\varrho. \end{aligned} \qquad (\varrho \in \hat{G}) \tag{2.5}$$

Weil u_ϱ das Neutralelement der komplexen Faltungsalgebra $\mathfrak{a}_\varrho$ ist, gilt ferner

$$\chi_\varrho * \chi_{\varrho'} = 0 \qquad (\varrho \neq \varrho'),$$

$$\chi_\varrho * \chi_\varrho = \frac{1}{n_\varrho}\,\chi_\varrho \qquad (\varrho \in \hat{G}). \tag{2.6}$$

Aus (1.31) und (1.32) erhält man außerdem

$$(\chi_\varrho \mid \chi_{\varrho'}) = 0 \qquad (\varrho \neq \varrho'),$$

$$\|\chi_\varrho\|_2^2 = \sum_{1 \leqslant k \leqslant n_\varrho} \|m_{kk}^{(\varrho)}\|_2^2 = 1 \qquad (\varrho \in \hat{G}). \tag{2.7}$$

Während also die Funktionen $\{\sqrt{n_\varrho}\,m_{jk}^{(\varrho)} \mid 1 \leqslant j, k \leqslant n_\varrho,\ \varrho \in \hat{G}\}$ eine Hilbert-Basis des komplexen Hilbert-Raumes $L^2(G)$ bilden (1.42), wird durch die Charaktere $\{\chi_\varrho \mid \varrho \in \hat{G}\}$ von G eine Hilbert-Basis des Zentrums der Faltungsalgebra $L^2(G)$ gegeben. Es folgt

Satz 2.1 *Für jede zentrale Funktion $f \in L^2(G)$ gilt*

$$f = \sum_{\varrho \in \hat{G}} (f \mid \chi_\varrho)\,\chi_\varrho = \sum_{\varrho \in \hat{G}} n_\varrho(f * \chi_\varrho) \tag{2.8}$$

im Sinne der L^2-Konvergenz.

Die Stetigkeit der linearen Abbildung $L^2(G) \ni h \rightsquigarrow f * h \in \mathscr{C}(G)$ für jede Funktion $f \in \mathscr{C}(G)$ impliziert

Satz 2.2 *Sind* f, g *zentrale Funktionen aus dem Banach-Raum* $\mathscr{C}(G)$, *so gilt*

$$f * g = \sum_{\varrho \in G} (g \mid \chi_\varrho) \cdot (f * \chi_\varrho) \tag{2.9}$$

im Sinne der Topologie der gleichmäßigen Konvergenz auf G.

Satz 2.3 *Hinsichtlich der Topologie der gleichmäßigen Konvergenz auf* G *bildet die Menge* $\{\chi_\varrho \mid \varrho \in \hat{G}\}$ *der Charaktere von* G *eine totale Teilmenge des Vektorraumes aller stetigen zentralen Funktionen auf* G.

Beweis. Sei $g \in \mathscr{C}(G)$ eine beliebige zentrale Funktion. Die Behauptung folgt aus Satz 2.2, falls zu jedem $\varepsilon > 0$ eine zentrale Funktion $f \in \mathscr{C}(G)$ gewählt werden kann mit $\|f * g - g\|_\infty < \varepsilon$. Die letztere Bedingung kann durch Regularisieren (Satz III.4.3) erfüllt werden, wenn gewährleistet ist, daß zu jeder gegen alle inneren Automorphismen von G stabilen Neutralumgebung W eine zentrale Funktion $h_W \in \mathscr{C}(G)$ mit Supp $(h_W) \subseteq W$, $h_W \geqslant 0$, $\int_G h_W(s) \, d\mu(s) = 1$ existiert und wenn man sich davon überzeugt hat, daß alle derartigen Umgebungen W eine Neutralumgebungsbasis von G bilden (Beispiel III.4.3).

Sei U eine beliebige Neutralumgebung in G. Dann läßt sich eine Neutralumgebung U_1 wählen mit $U_1^3 \subseteq U$. Zu jedem festen Punkt $s \in G$ existiert eine Neutralumgebung U_s in G mit $s U_s s^{-1} \subseteq U_1$. Also kann eine Umgebung V_s von s in G gewählt werden mit $V_s U_s V_s^{-1} \subseteq U$. Es existieren endlich viele Punkte $\{s_j \in G \mid 1 \leqslant j \leqslant n\}$ mit der Überdeckungseigenschaft $G = \bigcup_{1 \leqslant j \leqslant n} V_{s_j}$. Setzt man $U_0 = \bigcap_{1 \leqslant j \leqslant n} U_{s_j}$, so gilt $W = \bigcup_{t \in G} t U_0 t^{-1} \subseteq U$. Sei $k_W \geqslant 0$ eine beliebige stetige Funktion auf G mit Supp $(k_W) \subseteq W$ und $k_W(1) > 0$. Dann leistet die stetige zentrale Funktion $h_W \colon G \ni t \rightsquigarrow c_W \int_G k_W(s \, t \, s^{-1}) \, d\mu(s)$ bei geeignet gewählter Konstanten $c_W > 0$ bereits das Gewünschte. ∎

Die vorstehenden Überlegungen zeigen, daß zu jedem Punkt $s \in G$ mit $s \neq 1$ eine zentrale Funktion $h \in \mathscr{C}(G)$ gewählt werden kann mit $h(s) = 0$, $h(1) = 1$. Wegen Satz 2.3 kann dann nicht $\chi_\varrho(s) = \chi_\varrho(1)$ für alle Äquivalenzklassen $\varrho \in \hat{G}$ erfüllt sein, d.h. es gilt

Satz 2.4 *Zu jedem Punkt* $s \in G$ *mit* $s \neq 1$ *existiert mindestens ein Charakter* χ_ϱ *von* G *mit* $\chi_\varrho(s) \neq \chi_\varrho(1)$. *Die Menge* $\{\chi_\varrho \mid \varrho \in \hat{G}\}$ *der Charaktere trennt also die Punkte von* G.

Insbesondere gilt $\bigcap_{\varrho \in \hat{G}} \ker U^{(\varrho)} = \{1\}$. Man drückt diese Tatsache häufig wie folgt aus:

Jede kompakte topologische Gruppe G besitzt „hinreichend viele" irreduzible unitäre Darstellungen.

Beispiele 2.2 (1) Die Funktion $f\colon G \to \mathbf{C}$ erfülle die Beziehung $f(s\,t) = f(s) \cdot f(t)$ für μ-fast alle $s \in G$ und μ-fast alle $t \in G$. Gehört die Äquivalenzklasse von f zu $L^2(G) - \{0\}$, so ist $\mathbf{C} \cdot f$ gemäß (III.4.9) ein minimales zweiseitiges Ideal von $L^2(G)$ der Dimension 1. Somit existiert ein $\varrho \in \hat{G}$ mit $\mathfrak{a}_\varrho = \mathbf{C} \cdot f$, $n_\varrho = 1$. Es folgt $\chi_\varrho(s) = f(s)$ für μ-fast alle $s \in G$. Demnach ist χ_ϱ ein stetiger (also beschränkter) Morphismus von G in die multiplikative topologische Gruppe $\mathbf{C}^\times$, also ein abelscher Charakter von G (Definition I.2.3). Bei jeder kompakten abelschen Gruppe G ist jeder Charakter von G abelsch. In diesem Falle bilden die Charaktere von G eine Hilbert-Basis von $L^2(G)$ (Satz 1.10) und eine totale Teilmenge des komplexen Banach-Raumes $\mathscr{C}(G)$ (Satz 2.3).

(2) Sei G eine (diskret topologisierte) endliche Gruppe der Ordnung h und r die Anzahl der Elemente der Menge $\hat{G}$. Dann stimmt r mit der Anzahl der Klassen konjugierter Elemente von G und mit der Dimension des Zentrums der Gruppenalgebra $\mathbf{C}[G] = \mathscr{M}^1(G) = L^1(G) = L^2(G)$ von G über dem Körper $\mathbf{C}$ überein (Beispiel III.4.1 (3)). Da die zentralen Funktionen auf G genau auf den Klassen konjugierter Elemente von G konstant sind, wird insbesondere jeder Charakter $\chi_{\varrho_j}(1 \leqslant j \leqslant r)$ von G durch seine Werte χ_{jk} $(1 \leqslant k \leqslant r)$ auf diesen Klassen festgelegt. Bezeichnen $(h_k)_{1 < k < r}$ die Anzahlen der Elemente dieser Klassen, so folgt $\dfrac{1}{h} \sum_{1 < k < r} h_k \chi_{jk} \bar{\chi}_{lk} = \delta_{jl}$ für $1 \leqslant j,\, l \leqslant r$, also $\left(\sqrt{\dfrac{h_k}{h}}\, \chi_{jk} \right)_{\substack{1 < j < r \\ 1 < k < r}} \in \mathrm{U}(r, \mathbf{C})$.

Aufgaben

2.1 Sei f eine komplexe Linearform auf der Matrizenalgebra $\mathbf{M}_n(\mathbf{C})$, $n \geqslant 1$, mit $f(A \cdot B) = f(B \cdot A)$ für alle $A,\, B \in \mathbf{M}_n(\mathbf{C})$. Dann existiert eine Zahl $\lambda \in \mathbf{C}$ mit $f = \lambda \cdot \mathrm{Tr}$.

2.2 Sei G eine kompakte topologische Gruppe und $Z \subseteq \hat{G}$. Charakterisiere das Zentrum der komplexen Faltungsalgebra $\mathscr{T}_Z(G)$ und zeige, daß dieses genau dann im Zentrum der Faltungsalgebra $L^2(G)$ überall dicht liegt, falls $Z = \hat{G}$ erfüllt ist.

2.3 Man studiere die Eigenschaften der Charaktere endlicher Gruppen (vgl. Aufgabe I.2.4).

2.4 Sei G eine kompakte topologische Gruppe mit dem standardisierten Haar-Maß μ. Beweise, daß für jedes $\varrho \in \hat{G}$ der Charakter χ_ϱ von G der Weylschen Integralgleichung $n_\varrho \cdot \int_G \chi_\varrho(x\,s\,x^{-1}\,t)\,d\mu(x) = \chi_\varrho(s) \cdot \chi_\varrho(t)$, $(s, t) \in G \times G$, genügt.

2.5 Sei G eine kompakte Gruppe, die eine Neutralumgebung U besitzt, welche keine nicht triviale Untergruppe von G umfaßt. Dann existiert eine endlich dimensionale, treue, unitäre Darstellung V von G; vgl. Aufgabe 1.5. (Bezeichnet F die Komplementärmenge des Inneren von U, so ist $\bigcap_{\varrho \in \hat{G}} (F \cap \ker U^{(\varrho)}) = \emptyset$. Es existieren also endlich viele unitäre Darstellungen $U^{(\varrho_j)} \in \varrho_j$ $(1 \leqslant j \leqslant r)$ mit der Eigenschaft $\bigcap_{1 \leqslant j \leqslant r} (F \cap \ker U^{(\varrho_j)}) = \emptyset$. Betrachte die Hilbert-Summe der Darstellungen $(U^{(\varrho_j)})_{1 \leqslant j \leqslant r}$ von G).

2.6 Sei G eine kompakte Gruppe mit standardisiertem Haar-Maß μ und $\varrho \in \hat{G}$ eine Klasse mit $\varrho \neq \bar{\varrho}$. Dann gilt $\int_G \chi_\varrho(s^2)\,d\mu(s) = 0$.

2.7 Bezeichnungen wie in der vorangehenden Aufgabe. Eine Folge $(s_m)_{m \geqslant 1}$ von Punkten auf G heißt gleichverteilt, falls $\lim_{M \to +\infty} \dfrac{1}{M} \sum_{1 < m < M} f(s_m) = \int_G f(s)\,d\mu(s)$ für jede Funktion $f \in \mathscr{C}(G)$

gilt (vgl. Beispiel I.3.1(3)). Zeige, daß $(s_m)_{m>1}$ genau dann gleichverteilt ist, wenn $\lim\limits_{M\to+\infty}\ \sum\limits_{1\leq m\leq M} m^{(\varrho)}(s_m)=0$ für alle Klassen $\varrho\in\hat{G}$ mit $\varrho\neq\varrho_0$ erfüllt ist.

2.8 Sei E ein reeller topologischer Vektorraum, E' sein topologischer Dual und $E\times E'\ni (x,x')\rightsquigarrow\langle x,x'\rangle\in\mathbf{R}$ die zur Dualität (E,E') gehörende kanonische Bilinearform.

(a) Zeige, daß die Charaktere χ der additiven Gruppe G von E die Gestalt $\chi\colon G\ni x\rightsquigarrow e^{i\langle x,x'\rangle}\in\mathbf{C}^\times$ $(x'\in E')$ aufweisen.

(b) Beweise, daß es abelsche topologische Gruppen G gibt mit $\hat{G}=\{1\}$. (Sei μ ein Radon-Maß auf dem lokalkompakten topologischen Raum X mit $\mu(\{x\})=0$ für alle $x\in X$. Wähle für G die additive Gruppe des reellen topologischen Vektorraumes $L^p_{\mathbf{R}}(X;\mu)$, $p\in\,]0,1[$).

3 Die Fourier-Transformation auf kompakten Gruppen

Es sei wie bisher G eine kompakte topologische Gruppe mit dem standardisierten Haar-Maß μ. Bezeichnet V eine beliebige unitäre Darstellung von G in dem komplexen Hilbert-Raum E, so ist V gemäß Satz 1.2 Hilbert-Summe endlich dimensionaler, irreduzibler, unitärer Darstellungen von G. Diese vollständigen Reduzierungen von V sollen jetzt genauer betrachtet werden.

Es ist klar, daß für jedes Radon-Maß $v\in\mathcal{M}(G)$ durch die Zuordnung

$$V(v)\colon E\ni x\rightsquigarrow \int_G V_s\, x\,\mathrm{d}v(s)\in E \tag{3.1}$$

eine stetige lineare Abbildung von E in sich definiert wird; für jedes Paar $(x,y)\in E\times E$ gilt $(V(v)\,x\,|\,y)=\int_G(V_s\,x\,|\,y)\,\mathrm{d}v(s)$. Wegen $V(\varepsilon_s)=V_s$ für alle $s\in G$ ist die Abbildung $v\rightsquigarrow V(v)$ eine Ausdehnung des Morphismus $V\colon s\rightsquigarrow V_s$ von G auf ganz $\mathcal{M}(G)$. Gemäß (III.4.2) erhält man für alle Paare $(v,v')\in\mathcal{M}(G)\times\mathcal{M}(G)$ und $(x,y)\in E\times E$ die Gleichungen

$$(V(v*v')\,x\,|\,y)=\int_G(V_r\,x\,|\,y)\,\mathrm{d}(v*v')(r)=\int_G\int_G(V_{st}\,x\,|\,y)\,\mathrm{d}v(s)\mathrm{d}v'(t)$$

$$=\int_G\int_G(V_t\,x\,|\,V_s^*\,y)\,\mathrm{d}v(s)\,\mathrm{d}v'(t)=\int_G(V(v')\,x\,|\,V_s^*\,y)\,\mathrm{d}v(s) \tag{3.2}$$

$$=\int_G(V_s(V(v')\,x)\,|\,y)\,\mathrm{d}v(s)=(V(v)\circ V(v')\,x\,|\,y),$$

also $V(v*v')=V(v)\circ V(v')$. Demnach ist $v\rightsquigarrow V(v)$ ein Morphismus der komplexen Faltungsalgebra $\mathcal{M}(G)$ in die komplexe Algebra $\mathcal{L}(E)$ aller stetigen Endomorphismen von E. Insbesondere gilt $V(\varepsilon_1)=\mathrm{id}_E$. Wegen

$$(V(v)^*\,x\,|\,y)=\overline{(V(v)\,y\,|\,x)}=\int_G\overline{(V_s\,y\,|\,x)}\,\mathrm{d}\bar{v}(s)$$
$$((x,y)\in E\times E) \tag{3.3}$$

$$=\int_G(V_{s^{-1}}\,x\,|\,y)\,\mathrm{d}\bar{v}(s)=\int_G(V_s\,x\,|\,y)\,\mathrm{d}\check{\bar{v}}(s)=(V(\check{\bar{v}})\,x\,|\,y)$$

gilt $V(\check{v}) = V(v)^*$ für jedes Maß $v \in \mathcal{M}(G)$. Bettet man den Raum $\mathrm{L}^1(G)$ durch die Injektion $f \rightsquigarrow f \cdot \mu$ kanonisch in die Faltungsalgebra $\mathcal{M}(G)$ ein, so folgt

$$(V(f)x \mid y) = \int_G f(s) \cdot (V_s x \mid y)\, \mathrm{d}\mu(s) \qquad (f \in \mathrm{L}^1(G)) \tag{3.4}$$

für jedes Paar $(x, y) \in E \times E$ und $V(f): E \ni x \rightsquigarrow \int_G f(s) V_s x\, \mathrm{d}\mu(s) \in E$ ist für jedes $f \in \mathrm{L}^1(G)$ eine stetige lineare Abbildung von E in sich. Offenbar liefert $\mathrm{L}^1(G) \ni f \rightsquigarrow V(f) \in \mathcal{L}(E)$ einen Algebren-Morphismus mit $V(\check{f}) = V(f)^*$. Wählt man insbesondere für f das Neutralelement u_ϱ der einfachen Faltungsalgebra $\mathfrak{a}_\varrho$, so ist $V(u_\varrho)$ für jedes $\varrho \in \hat{G}$ ein wohl-definierter, stetiger Endomorphismus von E. Aus der Faltungs-Idempotenz von u_ϱ und $\check{u}_\varrho = u_\varrho$ (1.40) für jedes $\varrho \in \hat{G}$ folgt, daß $V(u_\varrho)$ ein Orthogonal-projektor von E ist. Demnach ist der zugehörende Bildraum im $V(u_\varrho)$ ein abgeschlossener Untervektorraum von E, der wegen $V(\varepsilon_s) \circ V(u_\varrho) = V(\varepsilon_s * u_\varrho) = V(u_\varrho * \varepsilon_s) = V(u_\varrho) \circ V(\varepsilon_s)$ für $s \in G$ stabil gegen V ist. Aus $u_\varrho * u_{\varrho'} = 0$ für $\varrho \neq \varrho'$ (1.38) folgt $V(u_\varrho) \circ V(u_{\varrho'}) = 0$, d.h. (im $V(u_\varrho))_{\varrho \in \hat{G}}$ ist eine Familie paarweise orthogonaler, gegen V stabiler, abgeschlossener Untervektorräume des komplexen Hilbert-Raumes E.

Sei $\varrho \in \hat{G}$ so gewählt, daß $M_\varrho = \mathrm{im}\, V(u_\varrho) \neq \{0\}$ gewährleistet ist. Aufgrund von Satz 1.2 ist die unitäre Teildarstellung $V_\varrho: G \ni s \rightsquigarrow V_s \mid M_{\bar\varrho}$ von G eine Hilbert-Summe $V_\varrho = \bigoplus_{\iota \in I} V_\iota^\varrho$ irreduzibler unitärer Darstellungen $(V_\iota^\varrho)_{\iota \in I}$ von G mit endlich dimensionalen Darstellungsräumen $(E_\iota^\varrho)_{\iota \in I}$ über $\mathbf{C}$. Es gilt $M_{\bar\varrho} = \bigoplus_{\iota \in I} E_\iota^\varrho$. Zerlegt man die isotypen Komponenten $(\mathfrak{a}_\varrho)_{\varrho \in \hat{G}}$ von $\mathrm{L}^2(G)$ gemäß (1.36) in direkte Summen paarweise orthogonaler und isomorpher minimaler Linksideale $(\mathrm{I}_k^{(\varrho)})_{1 \leqslant k \leqslant n_\varrho}$, so ist für jede Klasse $\varrho' \in \hat{G}$, jeden Index $\iota \in I$ und jeden Punkt $x_\iota^{\varrho'} \neq 0$ in $E_\iota^{\varrho'}$ die $\mathbf{C}$-lineare Abbildung $T_\iota^{\varrho'}: \mathrm{I}_k^{(\varrho)} \ni f \rightsquigarrow V_\iota^{\varrho'}(f) x_\iota^{\varrho'} \in E_\iota^{\varrho'}$ $(1 \leqslant k \leqslant n_\varrho)$ für $\varrho \neq \varrho'$ die Nullabbildung und im Falle $\varrho = \varrho'$ für mindestens ein k ein Vektorraum-Isomorphismus von $\mathrm{I}_k^{(\varrho)}$ auf E_ι^ϱ. Wegen $T_\iota^\varrho \circ \gamma(s) f = V_\iota^\varrho(\varepsilon_s * f) x_\iota^\varrho = V_\iota^\varrho(s) \circ T_\iota^\varrho(f)$ für alle $s \in G$ und $f \in \mathrm{I}_k^{(\varrho)}$ schließt man, daß sämtliche Darstellungen $(V_\iota^\varrho)_{\iota \in I}$ zu jeder der Darstellungen $G \ni s \rightsquigarrow \gamma(s) \mid \mathrm{I}_k^{(\varrho)}$ $(1 \leqslant k \leqslant n_\varrho)$ unitär äquivalent sind und deshalb zur Klasse ϱ gehören. Um schließlich nachzuweisen, daß $(M_\varrho)_{\varrho \in \hat{G}}$ die Familie der isotypen Komponenten des komplexen Hilbert-Raumes E ist, kann man analog wie im Beweis zu Satz 1.10 bezüglich der zweiseitigen Ideale $(\mathfrak{a}_\varrho)_{\varrho \in \hat{G}}$ von $\mathrm{L}^2(G)$ vorgehen. Sei F ein gegen V stabiler, abgeschlossener Untervektorraum von E mit der Eigenschaft, daß die Einschränkung $G \ni s \rightsquigarrow V_s \mid F$ zu ϱ gehört. Weil n_ϱ die Dimension der Klasse ϱ bezeichnet, existiert eine Orthonormalbasis $\{f_j \mid 1 \leqslant j \leqslant n_\varrho\}$ in F mit

$$V_s f_k = \sum_{1 \leqslant j \leqslant n_\varrho} m_{jk}^{(\varrho)}(s) f_j \qquad (1 \leqslant k \leqslant n_\varrho) \tag{3.5}$$

für alle $s \in G$. Man erhält für jeden Vektor $y \in E$ gemäß (3.4) und (1.39)

$$(V(u_{\bar\varrho}) f_k \mid y) = \int_G (V_s f_k \mid y)\, u_{\bar\varrho}(s)\, \mathrm{d}\mu(s) = \left(\sum_{1 \leqslant j \leqslant n_\varrho} \left(\int_G m_{jk}^{(\varrho)}(s)\, u_{\bar\varrho}(s)\, \mathrm{d}\mu(s) \right) f_j \,\middle|\, y \right)$$

$$\qquad\qquad\qquad\qquad\qquad (1 \leqslant k \leqslant n_\varrho) \tag{3.6}$$

$$= \left(\sum_{1 \leqslant j \leqslant n_\varrho} \left(n_\varrho \cdot \sum_{1 \leqslant h \leqslant n_\varrho} (m_{jk}^{(\varrho)} \mid m_{hh}^{(\varrho)}) \right) f_j \,\middle|\, y \right) = (f_k \mid y),$$

also $V(u_{\tilde{\varrho}})f_k = f_k$ $(1 \leqslant k \leqslant n_\varrho)$ (3.7)

und damit $F \subseteq M_{\tilde{\varrho}}$. Aufgrund von Satz 1.5 sind also $(M_\varrho)_{\varrho \in \hat{G}}$ tatsächlich die isotypen Komponenten von E. Die Mächtigkeit der Indexmenge I stimmt mit der Vielfachheit $d_\varrho = (V : \varrho)$ von ϱ in V überein und $(V_\varrho)_{\varrho \in \hat{G}}$ sind die isotypen Teildarstellungen von V.

Gestützt auf Satz 1.6 können die vorstehenden Überlegungen folgendermaßen zusammengefaßt werden:

Satz 3.1 *Sei V eine beliebige unitäre Darstellung der kompakten topologischen Gruppe G im komplexen Hilbert-Raum E. Dann ist $\{V(u_\varrho) \,|\, V(u_\varrho) \neq 0, \; \varrho \in \hat{G}\}$ eine Familie von Orthogonalprojektoren von E auf die isotypen Komponenten $(M_\varrho)_{\varrho \in \hat{G}}$ von E. Es gilt*

$$E = \bigoplus_{\varrho \in \hat{G}} M_\varrho, \; \dim_{\mathbb{C}} M_\varrho = d_\varrho \, n_\varrho \; \textit{für alle } \varrho \in \hat{G} \textit{ und } V = \bigoplus_{\varrho \in \hat{G}} V_\varrho.$$

Notiz. Falls V die linksreguläre Darstellung γ von G in $E = L^2(G)$ ist, gilt $M_\varrho = \mathfrak{a}_\varrho$, $\gamma(u_\varrho) = Q_\varrho$ (1.43) und $d_\varrho = (\gamma : \varrho) = n_\varrho$ für jedes $\varrho \in \hat{G}$.

Satz 3.2 *Sei V eine unitäre Darstellung der kompakten topologischen Gruppe im endlich dimensionalen Hilbert-Raum E und $d_\varrho = (V : \varrho)$ die Vielfachheit der Klasse $\varrho \in \hat{G}$ in V. Dann gilt für die Funktion $\operatorname{Tr} V : G \ni s \rightsquigarrow \operatorname{Tr} V_s \in \mathbb{C}$ die Beziehung*

$$\operatorname{Tr} V = \sum_{\varrho \in \hat{G}} d_\varrho \, \chi_\varrho .$$ (3.8)

Insbesondere ist $\operatorname{Tr} V \in \mathscr{C}(G)$ eine zentrale Funktion, welche der Bedingung

$$\|\operatorname{Tr} V\|_2^2 = \sum_{\varrho \in \hat{G}} d_\varrho^2$$ (3.9)

genügt.

Beweis. Die unitäre Darstellung $m^{(\varrho)}$ von G im Hilbert-Raum $\mathbb{C}^{n_\varrho}$ ist d_ϱ-fach in V enthalten. Also gilt wegen (2.1), da die Spur einer linearen Abbildung unabhängig ist von der Wahl der Basis, auf welche die zugehörende Matrix bezogen ist,

$$\operatorname{Tr} V_s = \sum_{\varrho \in \hat{G}} d_\varrho \operatorname{Tr} m^{(\varrho)}(s) = \sum_{\varrho \in \hat{G}} d_\varrho \chi_\varrho(s) \qquad (s \in G).$$ (3.10)

Aus (3.10) und (2.7) folgt (3.9).   ∎

Der vorstehende Satz liefert unmittelbar das folgende Irreduzibilitätskriterium:

Satz 3.3 *Eine endlich dimensionale unitäre Darstellung V der kompakten Gruppe G ist genau dann irreduzibel, falls $\|\operatorname{Tr} V\|_2 = 1$ gilt.*

Außerdem folgt aus (3.8) und der linearen Unabhängigkeit der Charaktere über $\mathbb{C}$ noch der

Satz 3.4 *Zwei endlich dimensionale unitäre Darstellungen V^1 und V^2 der kompakten Gruppe G sind genau dann unitär äquivalent, falls $\operatorname{Tr} V^1 = \operatorname{Tr} V^2$ erfüllt ist.*

Beispiel 3.1 Seien G_j kompakte topologische Gruppen, $\varrho_j \in \hat{G}_j$ beliebige Äquivalenzklassen und $U^{(\varrho_j)} \in \varrho_j$ zugehörende Repräsentanten $(j \in \{1, 2\})$. Dann ist $U^{(\varrho_1, \varrho_2)}: G_1 \times G_2 \ni (s_1, s_2) \longmapsto U_{s_1}^{(\varrho_1)} \otimes U_{s_2}^{(\varrho_2)}$ eine irreduzible unitäre Darstellung von $G_1 \times G_2$ wegen $\| \operatorname{Tr} U^{(\varrho_1, \varrho_2)} \|_2 = \| \chi_{\varrho_1} \otimes \chi_{\varrho_2} \|_2 = \| \chi_{\varrho_1} \|_2 \cdot \| \chi_{\varrho_2} \|_2 = 1$ (2.7). Die Menge $\{ \chi_{\varrho_1} \otimes \chi_{\varrho_2} \} (\varrho_1, \varrho_2) \in \hat{G}_1 \times \hat{G}_2 \}$ bildet eine Hilbert-Basis des Zentrums der Faltungsalgebra $L^2(G_1 \times G_2)$, denn für jedes Element f aus diesem Zentrum folgt aus $(f \mid \chi_{\varrho_1} \otimes \chi_{\varrho_2}) = 0$ für alle Paare $(\varrho_1, \varrho_2) \in \hat{G}_1 \times \hat{G}_2$ stets $f = 0$. Ist also U eine beliebige irreduzible unitäre Darstellung von $G_1 \times G_2$ mit dem Charakter χ, so existiert ein Paar $(\varrho_1, \varrho_2) \in \hat{G}_1 \times \hat{G}_2$ mit $\chi = \chi_{\varrho_1} \otimes \chi_{\varrho_2}$. Mithin ist U zu $U^{(\varrho_1, \varrho_2)}$ unitär äquivalent. Bezeichnet $\hat{G}_1 \otimes \hat{G}_2$ die Menge aller Äquivalenzklassen der Darstellungen $\{ U^{(\varrho_1, \varrho_2)} \} (\varrho_1, \varrho_2) \in \hat{G}_1 \times \hat{G}_2 \}$ von $G_1 \times G_2$, so gilt demnach $\widehat{G_1 \times G_2} = \hat{G}_1 \otimes \hat{G}_2$.

Sei $f \in L^2(G)$ beliebig. Dann gilt gemäß (1.44) und (1.39)

$$f = \sum_{\varrho \in \hat{G}} \left(\sum_{1 \leq k \leq n_\varrho} f * m_k^{(\varrho)} \right) \tag{3.11}$$

im Sinne der L^2-Konvergenz. Wegen (vgl. (III.4.9) und (3.4))

$$\sum_{1 \leq k \leq n_\varrho} f * m_k^{(\varrho)}(t) = \sum_{1 \leq k \leq n_\varrho} \int_G m_k^{(\varrho)}(s^{-1} t) f(s) \, d\mu(s)$$

$$= n_\varrho \cdot \operatorname{Tr} \left(\int_G m^{(\varrho)}(s^{-1} t) f(s) \, d\mu(s) \right)$$

$$= n_\varrho \cdot \operatorname{Tr} \left(\int_G m^{(\varrho)}(s^{-1}) f(s) \, d\mu(s) \cdot m^{(\varrho)}(t) \right) \qquad (t \in G) \tag{3.12}$$

$$= n_\varrho \cdot \operatorname{Tr} \left(m^{(\varrho)}(\check{f}) \cdot m^{(\varrho)}(t) \right)$$

nimmt die Identität (3.11) die Form einer *Fourierschen Inversionsformel*

$$f = \sum_{\varrho \in \hat{G}} n_\varrho \operatorname{Tr}(m^{(\varrho)}(\check{f}) \cdot m^{(\varrho)}) \qquad (f \in L^2(G)) \tag{3.13}$$

an. Diese Überlegungen führen zu der folgenden

Definition 3.1 Sei G eine kompakte topologische Gruppe mit dem Dual $\hat{G}$ und $f \in L^1(G)$. Dann heißt die Abbildung

$$\mathscr{F}_G f: \hat{G} \ni \varrho \longmapsto {}^t m^{(\varrho)}(f) = m^{(\varrho)}(\check{f}) \in \mathbf{M}_{n_\varrho}(\mathbf{C}) \tag{3.14}$$

die Fourier-Transformierte von f.

Es gilt demnach $\mathscr{F}_G f(\varrho) = \int_G f(s^{-1}) m^{(\varrho)}(s) \, d\mu(s) \in \mathbf{M}_{n_\varrho}(\mathbf{C})$ für jedes Element $f \in L^1(G)$ und jede Klasse $\varrho \in \hat{G}$. Bezeichnet $\mathfrak{M}(\hat{G}, \mathbf{C})$ die Menge aller Abbildungen $\varphi: \hat{G} \to \bigcup_{\varrho \in \hat{G}} \mathbf{M}_{n_\varrho}(\mathbf{C})$ mit der Eigenschaft $\varphi(\varrho) \in \mathbf{M}_{n_\varrho}(\mathbf{C})$ für jedes $\varrho \in \hat{G}$, so trägt $\mathfrak{M}(\hat{G}, \mathbf{C})$ auf natürliche Weise die Struktur einer komplexen Algebra bei „fasernweise" definierten Verknüpfungen.

Satz 3.5 *Die Fourier-Transformation*

$$\mathscr{F}_G\colon \mathrm{L}^1(G) \to \mathfrak{M}(\hat{G}, \mathbf{C}) \tag{3.15}$$

ist eine injektive lineare Abbildung. Es gilt (in dieser Reihenfolge)

$$\mathscr{F}_G(f * g) = \mathscr{F}_G(g) \cdot \mathscr{F}_G(f) \tag{3.16}$$

für jedes Paar $(f, g) \in \mathrm{L}^1(G) \times \mathrm{L}^1(G)$, d.h. $\mathscr{F}_G$ *ist ein Algebren-Antimorphismus.*

Beweis. Die Linearität der Abbildung (3.15) liegt auf der Hand. Für $f \in \mathrm{L}^1(G)$ gelte $\mathscr{F}_G f = 0$, also $m^{(\varrho)}(f) = 0$ für jedes $\varrho \in \hat{G}$. Es folgt $\int_G f(s)\, m_{jk}^{(\varrho)}(s)\, \mathrm{d}\mu(s) = 0$ für $1 \leqslant j, k \leqslant n_\varrho$ und alle $\varrho \in \hat{G}$. Satz 1.12 impliziert $\int_G g(s)\, f(s)\, \mathrm{d}\mu(s) = 0$ für alle Funktionen $g \in \mathscr{C}(G)$. Demnach gilt $f \cdot \mu = 0$ in $\mathscr{M}(G)$ und somit auch $f = 0$ im Raum $\mathrm{L}^1(G)$. Die Identität (3.16) folgt unmittelbar aus (3.14). ∎

Für jeden Endomorphismus $T \in \mathscr{L}(\mathbf{C}^n)$ bezeichne im folgenden $\|T\|_2$ die durch $\|T\|_2^2 = \mathrm{Tr}(T \cdot {}^t\bar{T}) = \mathrm{Tr}(T \cdot T^*)$ definierte *Hilbert-Schmidt-Norm*.

Definition 3.2 Sei G eine kompakte topologische Gruppe mit dem Dual $\hat{G}$. Dann wird mit $\mathrm{L}^2(\hat{G})$ der komplexe Untervektorraum $\{\varphi \in \mathfrak{M}(\hat{G}, \mathbf{C}) \mid \sum_{\varrho \in \hat{G}} n_\varrho \cdot \|\varphi(\varrho)\|_2^2 < +\infty\}$ von $\mathfrak{M}(\hat{G}, \mathbf{C})$ bezeichnet.

Es ist klar, daß $\mathrm{L}^2(\hat{G})$ bezüglich des Skalarproduktes

$$(\varphi, \psi) \longmapsto (\varphi \mid \psi) = \sum_{\varrho \in \hat{G}} n_\varrho \cdot \mathrm{Tr}(\varphi(\varrho) \cdot \psi(\varrho)^*) \tag{3.17}$$

ein komplexer Hilbert-Raum ist.

Satz 3.6 *Für jede kompakte topologische Gruppe G ist die Fourier-Transformation*

$$\mathscr{F}_G\colon \mathrm{L}^2(G) \to \mathrm{L}^2(\hat{G}) \tag{3.18}$$

ein isometrischer Isomorphismus zwischen komplexen Hilbert-Räumen.

Beweis. Gemäß (3.13) und (3.14) gilt für jedes $f \in \mathrm{L}^2(G)$ die *Fouriersche Inversionsformel*

$$f = \sum_{\varrho \in \hat{G}} n_\varrho\, \mathrm{Tr}\left(\mathscr{F}_G f(\varrho) \cdot m^{(\varrho)}\right) \tag{3.19}$$

im komplexen Hilbert-Raum $\mathrm{L}^2(G)$ und somit die *Plancherel-Identität*

$$\|f\|_2^2 = \sum_{\varrho \in \hat{G}} n_\varrho\, \|\mathscr{F}_G f(\varrho)\|_2^2 \tag{3.20}$$

(vgl. (I.3.24)). Ist $\varphi \in \mathrm{L}^2(\hat{G})$ vorgegeben, so existiert das Element

$$f = \sum_{\varrho \in \hat{G}} n_\varrho\, \mathrm{Tr}\left(\varphi(\varrho) \cdot m^{(\varrho)}\right) \tag{3.21}$$

im Raum $L^2(G)$ und es gilt $\mathscr{F}_G f = \varphi$. Mithin ist die **C**-lineare Abbildung (3.17) isometrisch und surjektiv. ■

Satz 3.7 *Sei $f \in L^1(G)$. Dann gilt $f \in L^2(G)$ genau dann, falls $\mathscr{F}_G f \in L^2(\hat{G})$ zutrifft.*

Beweis. Aus Satz 3.6 folgt, daß $f \in L^2(G)$ stets $\mathscr{F}_G f \in L^2(\hat{G})$ impliziert. Gilt umgekehrt $f \in L^1(G)$ und $\mathscr{F}_G f \in L^2(\hat{G})$, so existiert nach Satz 3.6 genau ein $g \in L^2(G)$ mit $\mathscr{F}_G g = \mathscr{F}_G f$. Wegen $L^2(G) \subseteq L^1(G)$ gilt auch $g \in L^1(G)$ und somit $f = g$ in $L^1(G)$ gemäß Satz 3.5. Es folgt $f \in L^2(G)$. ■

Satz 3.8 (Riemann-Lebesgue) *Sei $f \in L^1(G)$ und $\| \mathscr{F}_G f(\varrho) \|$ für jedes $\varrho \in \hat{G}$ die Norm des Endomorphismus $\mathscr{F}_G f(\varrho) \in \mathscr{L}(\mathbf{C}^{n_\varrho})$. Für jedes $\varepsilon > 0$ ist die Menge von Äquivalenzklassen*

$$\{\varrho \in \hat{G} \mid \| \mathscr{F}_G f(\varrho) \| > \varepsilon\} \tag{3.22}$$

endlich.

Beweis. Für jeden Endomorphismus $T \in \mathscr{L}(\mathbf{C}^{n_\varrho})$ gilt die Normabschätzung

$$\| T \| \leqslant \| T \|_2 \leqslant \sqrt{n_\varrho} \, \| T \| \tag{3.23}$$

(Aufgabe 3.1). Die Plancherel-Identität (3.20) liefert die Endlichkeit der Menge (3.22) für jedes $f \in L^2(G)$. Weil aber $L^2(G)$ im Banach-Raum $L^1(G)$ überall dicht liegt und $\| \mathscr{F}_G f(\varrho) \| \leqslant \| f \|_1$ für jedes $f \in L^1(G)$ und jedes $\varrho \in \hat{G}$ gilt, folgt die Behauptung. ■

Aufgaben

3.1 Beweise die Ungleichungen (3.23).

3.2 Man setze die Fourier-Transformation (3.15) zur Fourier-Stieltjes-Transformation $\mathscr{F}_G : \mathscr{M}(G) \to \mathfrak{M}(\hat{G}, \mathbf{C})$ fort. Zeige, daß die Fortsetzung $\mathscr{F}_G$ injektiv ist und die Gleichung $\mathscr{F}_G(v * v') = \mathscr{F}_G(v') \cdot \mathscr{F}_G(v)$ für jedes Paar $(v, v') \in \mathscr{M}(G) \times \mathscr{M}(G)$ erfüllt. Charakterisiere das Bild des Zentrums von $\mathscr{M}(G)$ unter $\mathscr{F}_G$.

3.3 Sei G eine kompakte topologische Gruppe mit dem Dual $\hat{G}$. Zeige, daß die Algebren-Charaktere ζ des Zentrums von $L^1(G)$ genau von der Form $\zeta : f \longmapsto \dfrac{1}{n_\varrho} \operatorname{Tr}(\mathscr{F}_G f(\varrho)) \in \mathbf{C}$ $(\varrho \in \hat{G})$ sind. (Weil ζ stetig ist, genügt es, die Einschränkung von ζ auf das Zentrum der Faltungsalgebra $\mathscr{T}(G)$ zu betrachten).

3.4 Sei G eine kompakte topologische Gruppe. Erfüllt $\varphi \in \mathfrak{M}(\hat{G}, \mathbf{C})$ die Bedingung $(\mathscr{F}_G f) \cdot \varphi \in \mathscr{F}_G(\mathscr{C}(G))$ für alle $f \in \mathscr{C}(G)$, so ist die lineare Abbildung $T : \mathscr{C}(G) \to \mathscr{C}(G)$ mit $\mathscr{F}_G(Tf) = (\mathscr{F}_G f) \cdot \varphi$ für alle $f \in \mathscr{C}(G)$, stetig und erfüllt die Bedingung $T \circ \gamma(s) = \gamma(s) \circ T$ für jedes $s \in G$. (Wende den Satz vom abgeschlossenen Graphen an).

3.5 Sei G eine lokalkompakte topologische Gruppe. Eine unitäre Darstellung V von G im komplexen Hilbert-Raum E heißt kompakt, falls $V(f) : E \to E$ ein kompakter Operator für jedes $f \in \mathscr{K}(G)$ ist. Zeige, daß jede kompakte unitäre Darstellung von G zu der Hilbert-Summe einer Familie irreduzibler Darstellungen von G mit endlicher Vielfachheit unitär äquivalent ist. (Wende die Spektraltheorie kompakter Operatoren an).

4 Elementare Theorie der linearen Lie-Gruppen

Im nächsten Abschnitt sollen am Beispiel der speziellen unitären Gruppe $SU(2, \mathbf{C})$ (Beispiel I.2.1(5)) einige der bislang erzielten Ergebnisse aus der Darstellungstheorie kompakter topologischer Gruppen verdeutlicht werden. Die Gruppe $SU(2, \mathbf{C})$ ist eine kompakte reelle lineare Lie-Gruppe im Sinne der weiter unten stehenden Definition 4.2. Deshalb sind einige elementare Eigenschaften der linearen Lie-Gruppen bereitzustellen. Die Kompaktheit braucht zunächst nicht vorausgesetzt zu werden.

Die assoziative Algebra $\mathbf{M}_n(\mathbf{C})$ aller komplexen Matrizen mit n Zeilen und n Spalten ist bezüglich der Hilbert-Schmidt-Norm $A \rightsquigarrow \|A\|_2 = (\mathrm{Tr}(A'\bar{A}))^{1/2} = (\mathrm{Tr}(AA^*))^{1/2}$ eine komplexe Banach-Algebra mit der Einheitsmatrix 1_n als Einselement. Demnach ist für jedes $A \in \mathbf{M}_n(\mathbf{C})$ das *Exponential*

$$\exp A = \sum_{k \geqslant 0} \frac{1}{k!} A^k \qquad (A^0 = 1_n) \tag{4.1}$$

in $\mathbf{M}_n(\mathbf{C})$ wohl-definiert und es gilt $\|\exp A\|_2 \leqslant \exp \|A\|_2$, $\exp('A) = {}'(\exp A)$, $\exp(\bar{A}) = \overline{\exp A}$ für alle $A \in \mathbf{M}_n(\mathbf{C})$. Ist $P \in \mathbf{GL}(n, \mathbf{C})$, so gilt $PA^k P^{-1} = (PAP^{-1})^k$ für jedes $k \in \mathbf{N}$, und mithin

$$P(\exp A) P^{-1} = \exp(PAP^{-1}) \qquad (A \in \mathbf{M}_n(\mathbf{C})). \tag{4.2}$$

Wählt man in (4.2) die Matrix $P \in \mathbf{GL}(n, \mathbf{C})$ speziell so, daß PAP^{-1} eine (obere) Dreiecksmatrix ist mit den Eigenwerten von A in der Hauptdiagonale, so erkennt man aus (4.2) die Beziehung

$$\det(\exp A) = e^{\mathrm{Tr} A} \qquad (A \in M_n(\mathbf{C})). \tag{4.3}$$

Wichtig ist vor allem die Tatsache, daß für vertauschbare Matrizen $A, B \in \mathbf{M}_n(\mathbf{C})$ die übliche Produktformel

$$(\exp A) \cdot (\exp B) = \exp(A + B) \qquad (AB = BA) \tag{4.4}$$

gültig ist (Aufgabe 4.1). Wegen $\exp 0 = 1_n$ gehört also $\exp A$ zu $\mathbf{GL}(n, \mathbf{C})$ für jedes $A \in \mathbf{M}_n(\mathbf{C})$ und man hat für die inverse Matrix

$$(\exp A)^{-1} = \exp(-A) \qquad (A \in \mathbf{M}_n(\mathbf{C})). \tag{4.5}$$

Erfüllt $A \in \mathbf{M}_n(\mathbf{C})$ die Bedingung $\|A - 1_n\|_2 < 1$, so ist der *Logarithmus*

$$\log A = \sum_{k \geqslant 1} \frac{(-1)^{k-1}}{k} (A - 1_n)^k \tag{4.6}$$

in $\mathbf{M}_n(\mathbf{C})$ wohl-definiert. Die komplexe Exponentialfunktion $z \rightsquigarrow e^z$ bildet den offenen Streifen $S = \{z = x + iy \in \mathbf{C} \mid y \in \,] -\pi, +\pi[\,\}$ bijektiv auf die „geschlitzte" komplexe Zahlenebene $S' = \mathbf{C} - \{z = x + iy \in \mathbf{C} \mid x \leqslant 0\}$ ab und besitzt $\log$ als inverse Abbildung. Liegen also die Eigenwerte der Matrix $A \in \mathbf{M}_n(\mathbf{C})$ in der Menge S', so existiert aufgrund des holomorphen Funktionalkalküls $\log A \in \mathbf{M}_n(\mathbf{C})$ und es gilt

$$\exp(\log A) = A. \tag{4.7}$$

Erfüllt insbesondere $A \in \mathbf{M}_n(\mathbf{C})$ die Bedingung $\|A - 1_n\|_2 < 1$, so ist (4.7) eine für die unendlichen Reihen (4.1) und (4.6) gültige Identität. Liegen umgekehrt die Eigenwerte der Matrix $B \in \mathbf{M}_n(\mathbf{C})$ in der Menge S, so gilt entsprechend

$$\log(\exp B) = B. \tag{4.8}$$

Die Gleichung (4.8) kann als eine für die unendlichen Reihen (4.1) und (4.6) gültige Identität aufgefaßt werden, falls $\|B\|_2 < \log 2$ (und damit $\|\exp B - 1_n\|_2 \leqslant (\exp \|B\|_2)$ $- 1 < 1$) gewährleistet ist.

Bezeichnet man für je zwei Matrizen $X, Y \in \mathbf{M}_n(\mathbf{C})$ mit

$$[X, Y] = XY - YX \in \mathbf{M}_n(\mathbf{C}) \tag{4.9}$$

ihr *Lie-Produkt*, so gilt

Satz 4.1 *Seien X, Y beliebige Matrizen aus $\mathbf{M}_n(\mathbf{C})$. Dann besteht die asymptotische Formel*

$$(\exp tX)(\exp tY) = \exp\left\{ t(X + Y) + \frac{1}{2}t^2[X, Y] + O(t^3) \right\} \tag{4.10}$$

für $t \to 0+$.

Beweis. Gemäß (4.6) gilt für jede Matrix $A \in \mathbf{M}_n(\mathbf{C})$ mit $\|A - 1_n\|_2 < 1$ die Beziehung

$$\log A = (A - 1_n) - \frac{1}{2}(A - 1_n)^2 + O(\|A - 1_n\|_2^3). \tag{4.11}$$

Setzt man $A = (\exp tX) \cdot (\exp tY) = 1_n + t(X + Y) + \frac{1}{2}t^2(X^2 + 2XY + Y^2) + O(t^3)$

für hinreichend kleine Werte $t > 0$ in (4.11) ein, so erhält man

$$\begin{aligned}
\log((\exp tX) \cdot (\exp tY)) &= \left\{ t(X + Y) + \frac{1}{2}t^2(X^2 + 2XY + Y^2) + O(t^3) \right\} \\
&\quad - \frac{1}{2}\left\{ t(X + Y) + \frac{1}{2}t^2(X^2 + 2XY + Y^2) + O(t^3) \right\}^2 + O(t^3) \\
&= t(X + Y) + \frac{1}{2}t^2[X, Y] + O(t^3).
\end{aligned} \tag{4.12}$$

Aus (4.7) folgt dann die Behauptung. ∎

Sind X, Y beliebige Matrizen aus $\mathbf{GL}(n, \mathbf{C})$ und bezeichnet

$$\langle X, Y \rangle = XYX^{-1}Y^{-1} \in \mathbf{GL}(n, \mathbf{C}) \tag{4.13}$$

den zugehörenden *Kommutator*, so beweist man mit Hilfe einer entsprechenden Rechnung die folgende asymptotische Formel:

Satz 4.2 *Für je zwei Matrizen $X, Y \in \mathbf{M}_n(\mathbf{C})$ gilt*

$$\langle \exp tX, \exp tY \rangle = \exp\{ t^2[X, Y] + O(t^3) \} \qquad (t \to 0+). \tag{4.14}$$

Die Sätze 4.1 und 4.2 implizieren

Satz 4.3 *Sind X, Y beliebige Matrizen aus $\mathbf{M}_n(\mathbf{C})$, so bestehen die folgenden Grenzwert-Beziehungen in $\mathbf{M}_n(\mathbf{C})$:*

$$\exp(X+Y) = \lim_{k\to\infty} \left(\left(\exp\frac{1}{k}X\right)\cdot\left(\exp\frac{1}{k}Y\right)\right)^k, \tag{4.15}$$

$$\exp[X,Y] = \lim_{k\to\infty} \left\langle\left(\exp\frac{1}{k}X\right),\left(\exp\frac{1}{k}Y\right)\right\rangle^{k^2}. \tag{4.16}$$

Beweis. Gemäß (4.10) und (4.4) folgt für jede Zahl $k\in\mathbf{N}$

$$\left(\left(\exp\frac{1}{k}X\right)\cdot\left(\exp\frac{1}{k}Y\right)\right)^k = \left(\exp\left\{\frac{1}{k}(X+Y)+O\left(\frac{1}{k^2}\right)\right\}\right)^k$$
$$= \exp\left\{X+Y+O\left(\frac{1}{k}\right)\right\}, \tag{4.17}$$

und daraus (4.15). Die Beziehung (4.16) ergibt sich mit Hilfe von (4.14) auf analoge Weise. ∎

Definition 4.1 Sei K ein kommutativer Körper und $\mathfrak{g}$ ein K-Vektorraum. Man nennt $\mathfrak{g}$ eine Lie-Algebra über K, falls eine K-bilineare Abbildung $\mathfrak{g}\times\mathfrak{g}\ni(X,Y)\rightsquigarrow[X,Y]\in\mathfrak{g}$ definiert ist mit den folgenden Eigenschaften:

(i) $[X,X]=0$ für jedes $X\in\mathfrak{g}$,

(ii) $[X,[Y,Z]]+[Y,[Z,X]]+[Z,[X,Y]]=0$ für $X,Y,Z\in\mathfrak{g}$ (*Jacobi-Identität*).

Notiz. Aus (i) folgt $[X,Y]=-[Y,X]$ für jedes Paar $(X,Y)\in\mathfrak{g}\times\mathfrak{g}$. Jedes Ideal von $\mathfrak{g}$ ist also zweiseitig. Die Jacobi-Identität kann auch in der Form $[X,[Y,Z]]=[[X,Y],Z]+[Y,[X,Z]]$ geschrieben werden. Mithin ist $\mathfrak{c}=\{X\in\mathfrak{g}\,|\,[X,Y]=0,\,Y\in\mathfrak{g}\}$ ein Ideal von $\mathfrak{g}$, das *Zentrum* von $\mathfrak{g}$.

Beispiele 4.1 (1) Jede assoziative K-Algebra A ist bezüglich der Verknüpfung $(x,y)\rightsquigarrow[x,y] = xy-yx$ eine Lie-Algebra über K, die man mit $\mathrm{L}(A)$ bezeichnet.

(2) Wählt man speziell für A die assoziative Endomorphismenalgebra eines Vektorraumes E über K, so erhält man im vorstehenden Beispiel die üblicherweise mit $\mathfrak{gl}(E)$ bezeichnete *Lie-Algebra über K der Endomorphismen* von E. Im Falle $E=K^n$ ($n\geqslant1$), also $A=\mathbf{M}_n(K)$, schreibt man $\mathfrak{gl}(n,K)$ anstelle von $\mathfrak{gl}(E)$.

(3) Es sei A ein K-Vektorraum und $A\times A\ni(x,y)\rightsquigarrow xy\in A$ eine K-bilineare Abbildung. Eine Abbildung $\mathrm{D}:A\to A$ wird eine *K-Derivation* von A genannt, wenn sie K-linear ist und die Beziehung $\mathrm{D}(xy)=(\mathrm{D}x)y+x(\mathrm{D}y)$ für jedes Paar $(x,y)\in A\times A$ erfüllt. Sind $\mathrm{D}_1,\mathrm{D}_2$ zwei K-Derivationen von A, so ist auch die K-lineare Abbildung $[\mathrm{D}_1,\mathrm{D}_2]:A\ni x\rightsquigarrow\mathrm{D}_1(\mathrm{D}_2 x)-\mathrm{D}_2(\mathrm{D}_1 x)\in A$ eine K-Derivation. Die aus allen K-Derivationen von A bestehende Unteralgebra der Endomorphismenalgebra von A bildet bezüglich der Verknüpfung $(\mathrm{D}_1,\mathrm{D}_2)\rightsquigarrow[\mathrm{D}_1,\mathrm{D}_2]$ eine Lie-Algebra über K, die man mit $\mathrm{Der}(A)$ bezeichnet.

(4) Sei M ein offener Teil des reellen euklidischen Raumes $\mathbf{R}^n$ ($n\geqslant1$). Dann bildet der Vektorraum $\mathscr{C}_\mathbf{R}^\infty(M)$ über $\mathbf{R}$ aller auf M beliebig oft differenzierbaren reellwertigen Funktionen bezüglich der punktweisen Multiplikation eine assoziative $\mathbf{R}$-Algebra. Man nennt $\mathrm{Der}(\mathscr{C}_\mathbf{R}^\infty(M))$ die reelle *Lie-Algebra der Vektorfelder* auf M. Es ist bekannt, daß jede

R-Derivation D von $\mathscr{C}_{\mathbf{R}}^{\infty}(M)$, also jedes Vektorfeld auf M, als Richtungsableitung aufgefaßt werden kann: Für jede Funktion $f \in \mathscr{C}_{\mathbf{R}}^{\infty}(M)$ und je zwei Punkte $x = (x_j)_{1 \leqslant j \leqslant n}$, $y = (y_j)_{1 \leqslant j \leqslant n}$

aus M gilt $f(x) = f(y) + \displaystyle\sum_{1 \leqslant j \leqslant n} (x_j - y_j) g_j(x)$ mit Funktionen g_j: $M \ni x \rightsquigarrow \displaystyle\int_0^1 \frac{\partial}{\partial x_j} f(y + t(x-y)) \mathrm{d}t$

aus $\mathscr{C}_{\mathbf{R}}^{\infty}(M)$ $(1 \leqslant j \leqslant n)$. Es folgt $\mathrm{D}f(y) = \displaystyle\sum_{1 \leqslant j \leqslant n} \frac{\partial f}{\partial x_j}(y) \mathrm{D}\, y_j$. Bezeichnet also $(\mathrm{pr}_j)_{1 \leqslant j \leqslant n}$ die Familie der Koordinatenprojektionen des $\mathbf{R}^n$, so erkennt man $\mathrm{D} = \displaystyle\sum_{1 \leqslant j \leqslant n} \mathrm{Dpr}_j\, \partial_j$ auf M als Richtungsableitung.

Satz 4.4 *Sei G' eine abgeschlossene Untergruppe der lokalkompakten Gruppe* $\mathrm{GL}(n, \mathbf{C})$. *Dann ist*

$$\mathfrak{g} = \{ X \in \mathfrak{gl}(n, \mathbf{C}) \mid \exp tX \in G', t \in \mathbf{R} \} \tag{4.18}$$

eine reelle Lie-Unteralgebra von $\mathfrak{gl}(n, \mathbf{C})$, *d.h. ein* $\mathbf{R}$-*Untervektorraum von* $\mathfrak{gl}(n, \mathbf{C})$ *mit* $[X, Y] \in \mathfrak{g}$ *für* $X, Y \in \mathfrak{g}$.

Beweis. Es ist klar, daß mit $X \in \mathfrak{g}$, $r \in \mathbf{R}$ auch stets rX zu $\mathfrak{g}$ gehört. Für jedes $X \in \mathfrak{g}$ gilt $X + Y \in \mathfrak{g}$ gemäß (4.15) und $[X, Y] \in \mathfrak{g}$ gemäß (4.16) wegen der Abgeschlossenheit von G' in $\mathrm{GL}(n, \mathbf{C})$. ∎

Definition 4.2 Sei G eine topologische Gruppe. Existiert eine Zahl $n \in \mathbf{N}$ so, daß G isomorph ist zu einer abgeschlossenen Untergruppe G' der lokalkompakten Gruppe $\mathrm{GL}(n, \mathbf{C})$, so wird G eine (reelle) lineare Lie-Gruppe genannt. Die gemäß (4.18) definierte reelle Lie-Algebra $\mathfrak{g}$ heißt die Lie-Algebra $\mathrm{Lie}(G)$ von G.

Notiz. Die Lie-Algebren von $\mathrm{GL}(n, \mathbf{R})$, $\mathrm{SL}(n, \mathbf{C})$, $\mathrm{U}(n, \mathbf{C})$, $\mathrm{O}(n, \mathbf{C})$ (Beispiel I.2.1 (5)) werden mit den entsprechenden kleinen Frakturbuchstaben bezeichnet. Sei $\mathfrak{g}$ die Lie-Algebra von $\mathrm{GL}(n, \mathbf{C})$. Dann ist $\mathfrak{g}$ eine reelle Lie-Unteralgebra von $\mathfrak{gl}(n, \mathbf{C})$. Aus (4.5) folgt aber $\mathfrak{gl}(n, \mathbf{C}) \subseteq \mathfrak{g}$, so daß $\mathfrak{gl}(n, \mathbf{C})$ die Lie-Algebra von $\mathrm{GL}(n, \mathbf{C})$ ist.

Satz 4.5 *Für jede natürliche Zahl n gilt*

$$\begin{aligned}
\mathfrak{gl}(n, \mathbf{R}) &= \{ X \in \mathfrak{gl}(n, \mathbf{C}) \mid \overline{X} = X \}, \\
\mathfrak{sl}(n, \mathbf{C}) &= \{ X \in \mathfrak{gl}(n, \mathbf{C}) \mid \mathrm{Tr}\, X = 0 \}, \\
\mathfrak{u}(n, \mathbf{C}) &= \{ X \in \mathfrak{gl}(n, \mathbf{C}) \mid X^* + X = 0 \}, \\
\mathfrak{o}(n, \mathbf{C}) &= \{ X \in \mathfrak{gl}(n, \mathbf{C}) \mid {}^t X + X = 0 \}.
\end{aligned} \tag{4.19}$$

Beweis. Aus $X \in \mathfrak{gl}(n, \mathbf{R})$ folgt $\exp tX \in \mathrm{GL}(n, \mathbf{R})$, also $\overline{\exp tX} = \exp tX$ für jedes $t \in \mathbf{R}$. Differenziert man nach t und setzt $t = 0$, so folgt $\overline{X} = X$. Erfüllt umgekehrt $X \in \mathfrak{gl}(n, \mathbf{C})$ die Bedingung $\overline{X} = X$, so folgt $\overline{\exp tX} = \exp tX$ für $t \in \mathbf{R}$, also $X \in \mathfrak{gl}(n, \mathbf{R})$. Die Matrix $X \in \mathfrak{gl}(n, \mathbf{C})$ gehört zu $\mathfrak{sl}(n, \mathbf{C})$ genau dann, wenn $\det(\exp tX) = 1$ für alle $t \in \mathbf{R}$ gilt, also gemäß (4.3) dann und nur dann, wenn $\mathrm{Tr}\, X = 0$ erfüllt ist. Entsprechend gehört $X \in \mathfrak{gl}(n, \mathbf{C})$ genau dann zu $\mathfrak{u}(n, \mathbf{C})$, falls $(\exp tX)^* \cdot (\exp tX) = 1_n$ für jedes $t \in \mathbf{R}$ gilt. Differenziert man wieder nach t und setzt $t = 0$, so folgt $X^* + X = 0$. Umgekehrt impliziert $X^* + X = 0$ natürlich $\exp tX^* = \exp(-tX) = (\exp tX)^{-1}$ gemäß (4.5), also $(\exp tX)^* \cdot (\exp tX) = 1_n$. Auf analoge Weise folgt die restliche Identität von (4.19). ∎

Sind G, H (reelle) lineare Lie-Gruppen mit $\mathfrak{g} = \mathrm{Lie}(G)$, $\mathfrak{h} = \mathrm{Lie}(H)$ und sind sowohl G als auch H abgeschlossene Untergruppen der gleichen Gruppe $\mathrm{GL}(n, \mathbf{C})$, $n \in \mathbf{N}$, so ist offenbar $\mathfrak{g} \cap \mathfrak{h}$ die Lie-Algebra von $G \cap H$.

Beispiel 4.2 Wegen $\mathrm{SL}(n, \mathbf{R}) = \mathrm{SL}(n, \mathbf{C}) \cap \mathrm{GL}(n, \mathbf{R})$, $\mathrm{SU}(n, \mathbf{C}) = \mathrm{SL}(n, \mathbf{C}) \cap \mathrm{U}(n, \mathbf{C})$, $\mathrm{O}(n, \mathbf{R}) = \mathrm{O}(n, \mathbf{C}) \cap \mathrm{GL}(n, \mathbf{R})$, $\mathrm{SO}(n, \mathbf{R}) = \mathrm{O}(n, \mathbf{R}) \cap \mathrm{SL}(n, \mathbf{R})$ folgt aus (4.19):

$$\begin{aligned}
\mathfrak{sl}(n, \mathbf{R}) &= \{X \in \mathfrak{gl}(n, \mathbf{C}) \mid \mathrm{Tr}\, X = 0, \overline{X} = X\}, \\
\mathfrak{su}(n, \mathbf{C}) &= \{X \in \mathfrak{gl}(n, \mathbf{C}) \mid \mathrm{Tr}\, X = 0, X^* + X = 0\}, \\
\mathfrak{o}(n, \mathbf{R}) &= \{X \in \mathfrak{gl}(n, \mathbf{C}) \mid {}^t X + X = 0, \overline{X} = X\}, \\
\mathfrak{so}(n, \mathbf{R}) &= \{X \in \mathfrak{gl}(n, \mathbf{C}) \mid {}^t X + X = 0, \overline{X} = X\} = \mathfrak{o}(n, \mathbf{R}).
\end{aligned} \qquad (4.20)$$

Mit der gleichen Technik wie im Beweis zu Satz I.27 erhält man

Satz 4.6 *Jeder stetige Morphismus χ der additiven Gruppe $\mathbf{R}$ in die lineare Gruppe $\mathrm{GL}(n, \mathbf{C})$ ist differenzierbar auf ganz $\mathbf{R}$. Es gilt*

$$\chi : \mathbf{R} \ni t \longmapsto \exp tX \in \mathrm{GL}(n, \mathbf{C}). \qquad (4.21)$$

Definition 4.3 Sei K ein kommutativer Körper und $\mathfrak{g}, \mathfrak{g}'$ seien zwei Lie-Algebren über K. Jede K-lineare Abbildung $f : \mathfrak{g} \to \mathfrak{g}'$ mit der Eigenschaft

$$f([X, Y]) = [f(X), f(Y)] \qquad ((X, Y) \in \mathfrak{g} \times \mathfrak{g}), \qquad (4.22)$$

heißt ein Morphismus von $\mathfrak{g}$ in $\mathfrak{g}'$. Ist f bijektiv, so wird f ein Isomorphismus von $\mathfrak{g}$ auf $\mathfrak{g}'$ genannt.

Beispiele 4.3 (1) Sei $\mathfrak{g}$ eine Lie-Algebra über K und $X \in \mathfrak{g}$ beliebig gewählt. Dann ist die K-lineare Abbildung $\mathrm{ad}_\mathfrak{g} X : \mathfrak{g} \ni Y \longmapsto [X, Y] \in \mathfrak{g}$ eine Derivation von $\mathfrak{g}$ (Beispiel 4.1 (3)) wegen $(\mathrm{ad}_\mathfrak{g} X)\,[Y, Z] = [X, [Y, Z]] = [[X, Y], Z] + [Y, [X, Z]] = [(\mathrm{ad}_\mathfrak{g} X)\, Y, Z] + [Y, (\mathrm{ad}_\mathfrak{g} X)\, Z]$ für alle Y, Z aus $\mathfrak{g}$. Die K-lineare Abbildung $\mathfrak{g} \ni X \longmapsto \mathrm{ad}_\mathfrak{g} X \in \mathrm{Der}(\mathfrak{g})$ definiert wegen $(\mathrm{ad}_\mathfrak{g} [X, Y])\, Z = [[X, Y], Z] = [X, [Y, Z]] - [Y, [X, Z]] = (\mathrm{ad}_\mathfrak{g} X)\,((\mathrm{ad}_\mathfrak{g} Y)\, Z) - (\mathrm{ad}_\mathfrak{g} Y)\,((\mathrm{ad}_\mathfrak{g} X)\, Z) = [\mathrm{ad}_\mathfrak{g} X, \mathrm{ad}_\mathfrak{g} Y]\, Z$ einen Morphismus $\mathrm{ad}_\mathfrak{g} : \mathfrak{g} \to \mathrm{Der}(\mathfrak{g})$. Es gilt $[\mathrm{D}, \mathrm{ad}_\mathfrak{g} X] = \mathrm{ad}_\mathfrak{g}(\mathrm{D}X)$ für $X \in \mathfrak{g}$ und $\mathrm{D} \in \mathrm{Der}(\mathfrak{g})$.

(2) Bezeichnet $N \geqslant 1$ eine natürliche Zahl, so ist $\mathrm{GL}(N, \mathbf{R})$ ein offener Teil des Raumes $\mathbf{R}^{N^2}$. Gemäß Beispiel 4.1 (4) kann die reelle Lie-Algebra $L = \mathrm{Der}\big(\mathscr{C}_\mathbf{R}^\infty (\mathrm{GL}(N, \mathbf{R}))\big)$ der Vektorfelder auf $\mathrm{GL}(N, \mathbf{R})$ und der Untervektorraum $L_0 = \{\mathrm{D} \in L \mid \mathrm{D} \circ \gamma(s) = \gamma(s) \circ \mathrm{D},\ s \in \mathrm{GL}(N, \mathbf{R})\}$ gebildet werden. Weil mit $\mathrm{D}_1 \in L_0, \mathrm{D}_2 \in L_0$ auch stets $[\mathrm{D}_1, \mathrm{D}_2] \in L_0$ gilt, ist L_0 eine reelle Lie-Algebra. Für jede Matrix $X \in \mathbf{M}_N(\mathbf{R})$ und jede Funktion $f \in \mathscr{C}_\mathbf{R}^\infty (\mathrm{GL}(N, \mathbf{R}))$ gehört offenbar auch die Funktion

$$\mathscr{L}_X f : \mathrm{GL}(N, \mathbf{R}) \ni s \longmapsto \left(\frac{\mathrm{d}}{\mathrm{d}t} f(s \cdot (\exp t X)) \right)_{t=0} \in \mathbf{R} \qquad (4.23)$$

zum Vektorraum $\mathscr{C}_\mathbf{R}^\infty (\mathrm{GL}(N, \mathbf{R}))$ und die $\mathbf{R}$-lineare Abbildung $\mathscr{L}_X$ des Raumes $\mathscr{C}_\mathbf{R}^\infty (\mathrm{GL}(N, \mathbf{R}))$ in sich zu L_0. Die Funktion $\varphi : \mathbf{M}_N(\mathbf{R}) \ni X \longmapsto f(\exp X) \in \mathbf{R}$ ist beliebig oft differenzierbar und es gilt $\mathscr{L}_X f(1_N) = \varphi'(0) X$. Somit ist $\mathscr{L} : \mathbf{M}_N(\mathbf{R}) \ni X \longmapsto \mathscr{L}_X \in L_0$ eine injektive $\mathbf{R}$-lineare Abbildung. Jede $\mathbf{R}$-Derivation $\mathrm{D} \in L_0$ kann als Richtungsableitung im Neutralelement 1_N von $\mathrm{GL}(N, \mathbf{R})$

aufgefaßt werden. Genauer: Für jede Funktion $f \in \mathscr{C}_{\mathbf{R}}^{\infty}(\mathbf{GL}(N, \mathbf{R}))$ gilt $\mathrm{D}f(1_N)$ $= \sum\limits_{\substack{1 \leqslant j \leqslant N \\ 1 \leqslant k \leqslant N}} x_{jk} \, \partial_{jk} f(1_N)$, wobei sich die Matrix $X = (x_{jk})_{\substack{1 \leqslant j \leqslant N \\ 1 \leqslant k \leqslant N}} \in \mathbf{M}_N(\mathbf{R})$ aus den Ko-

ordinatenprojektionen $(\mathrm{pr}_{jk})_{\substack{1 \leqslant j \leqslant N \\ 1 \leqslant k \leqslant N}}$ gemäß $x_{jk} = \mathrm{Dpr}_{jk}(1_N)$ $(1 \leqslant j, k \leqslant N)$ ergibt. Aus

(4.23) folgt dann $\mathscr{L}_X = \mathrm{D}$. Demnach ist die Abbildung $\mathscr{L}$ auch surjektiv, also ein $\mathbf{R}$-Vektorraum-Isomorphismus von $\mathbf{M}_N(\mathbf{R})$ auf L_0. Bezeichnet $\mathrm{D}' \in L_0$ irgendeine weitere $\mathbf{R}$-Derivation und $Y = (y_{jk})_{\substack{1 \leqslant j \leqslant N \\ 1 \leqslant k \leqslant N}}$ mit $y_{jk} = \mathrm{D}'\mathrm{pr}_{jk}(1_N)$ die zugehörige Matrix aus $\mathbf{M}_N(\mathbf{R})$, so gilt $\mathscr{L}_{[X,Y]} = [\mathrm{D}, \mathrm{D}'] = [\mathscr{L}_X, \mathscr{L}_Y]$. Also ist $\mathscr{L} : \mathfrak{gl}(N, \mathbf{R}) \to L_0$ ein Isomorphismus reeller Lie-Algebren. Wenn keine Mißverständnisse zu befürchten sind, ist es bequem, $X \in \mathfrak{gl}(N, \mathbf{R})$ und $\mathscr{L}_X \in L_0$ zu identifizieren.

(3) Zwar braucht eine Lie-Algebra $\mathfrak{g}$ über K laut Definition 4.1 nicht assoziativ zu sein, man kann jedoch $\mathfrak{g}$ stets in eine assoziative Algebra über K mit Einselelement einbetten. Sei $\mathrm{Tens}(\mathfrak{g}) = \bigoplus\limits_{n \geqslant 0} \mathfrak{g}^{\otimes n}$ die *Tensoralgebra* des K-Vektorraumes $\mathfrak{g}$ und J das in $\mathrm{Tens}(\mathfrak{g})$ von den Tensoren $\{X \otimes Y - Y \otimes X - [X, Y]\} \{(X, Y) \in \mathfrak{g} \times \mathfrak{g}\}$ erzeugte zweiseitige Ideal. Dann ist $\mathrm{U}(\mathfrak{g}) = \mathrm{Tens}(\mathfrak{g})/J$ eine assoziative Algebra über K mit Einselement. Die Restriktion φ_0 des kanonischen Morphismus $\mathrm{Tens}(\mathfrak{g}) \to \mathrm{Tens}(\mathfrak{g})/J$ auf $\mathfrak{g}$ ist eine K-lineare Abbildung von $\mathfrak{g}$ in $\mathrm{U}(\mathfrak{g})$ mit der Eigenschaft $[\varphi_0(X), \varphi_0(Y)] = \varphi_0(X)\varphi_0(Y) - \varphi_0(Y)\varphi_0(X) = \varphi_0([X, Y])$ für alle $X \in \mathfrak{g}, Y \in \mathfrak{g}$, da $X \otimes Y - Y \otimes X$ und $[X, Y] \bmod J$ kongruente Elemente in $\mathrm{Tens}(\mathfrak{g})$ sind. Also ist $\varphi_0 : \mathfrak{g} \to \mathrm{L}(\mathrm{U}(\mathfrak{g}))$ ein Morphismus. Ist A eine weitere assoziative Algebra über K mit Einselement und $\psi : \mathfrak{g} \to \mathrm{L}(A)$ ein Morphismus, so existiert ein Morphismus $\varphi : \mathrm{U}(\mathfrak{g}) \to A$ mit der Faktorisierungseigenschaft $\psi = \varphi \circ \varphi_0$:

$$(4.24)$$

Ist nämlich φ' der (eindeutig bestimmte) Morphismus von $\mathrm{Tens}(\mathfrak{g})$ in A, der die Einselemente ineinander überführt und ψ fortsetzt, so gilt $\varphi'(X \otimes Y - Y \otimes X - [X, Y]) = \psi(X)\psi(Y) - \psi(Y)\psi(X) - \psi([X, Y]) = 0$ für alle Paare $(X, Y) \in \mathfrak{g} \times \mathfrak{g}$. Demnach gilt $J \subseteq \ker \varphi'$, so daß ein Morphismus $\varphi : \mathrm{U}(\mathfrak{g}) \to A$ existiert mit der gewünschten Faktorisierungseigenschaft. Man nennt $\mathrm{U}(\mathfrak{g})$ die *einhüllende Algebra* der Lie-Algebra $\mathfrak{g}$ über K.

(4) Sei G eine reelle lineare Lie-Gruppe und U eine stetige lineare Darstellung von G in dem n-dimensionalen komplexen Vektorraum E. Satz 4.6 zeigt, daß für jedes $X \in \mathfrak{g} = \mathrm{Lie}(G)$ der stetige Morphismus $\mathbf{R} \ni t \longmapsto U_{\exp tX} \in \mathbf{GL}(n, \mathbf{C})$ auf ganz $\mathbf{R}$ differenzierbar ist. Mithin ist

$$U_* : \mathfrak{g} \ni X \longmapsto \left(\frac{\mathrm{d}}{\mathrm{d}t} U_{\exp tX}\right)_{t=0} \in \mathfrak{gl}(n, \mathbf{C}) \tag{4.25}$$

eine wohl-definierte Abbildung mit

$$U_{\exp tX} = \exp(t U_*(X)) \qquad (t \in \mathbf{R}) \tag{4.26}$$

für alle $X \in \mathfrak{g}$. Es ist klar, daß für $X \in \mathfrak{g}$, $r \in \mathbf{R}$ stets $U_*(rX) = rU_*(X)$ gilt. Für jedes $Y \in \mathfrak{g}$ und $t \in \mathbf{R}$ erhält man ferner gemäß (4.26) und (4.15) die Gleichungen

$$\exp t \, U_*(X + Y) = U_{\exp t(X+Y)} = \lim_{k \to \infty} \left(U\!\left(\exp\tfrac{t}{k}X\right) \cdot \left(\exp\tfrac{t}{k}Y\right) \right)^k$$

$$= \lim_{k \to \infty} \left(\left(\exp\tfrac{t}{k}U_*(X)\right) \cdot \left(\exp\tfrac{t}{k}U_*(Y)\right) \right)^k = \exp t(U_*(X) + U_*(Y)).$$

Demnach gilt $U_*(X+Y) = U_*(X) + U_*(Y)$, d.h. $U_* : \mathfrak{g} \to \mathfrak{gl}(n, \mathbf{C})$ ist eine $\mathbf{R}$-lineare Abbildung. Aus (4.16) folgt auf analoge Weise $U_*([X,Y]) = [U_*(X), U_*(Y)]$ für jedes Paar $(X, Y) \in \mathfrak{g} \times \mathfrak{g}$. Also ist U_* ein Morphismus reeller Lie-Algebren.

(5) Mit den Bezeichnungen des vorangegangenen Beispiels gehört mit $X \in \mathfrak{g}$ für jedes Element $s \in G$ auch stets sXs^{-1} zu $\mathfrak{g}$ (4.2). Also ist $\mathrm{Ad}_{\mathfrak{g}}\, s : \mathfrak{g} \ni X \longmapsto sXs^{-1} \in \mathfrak{g}$ eine $\mathbf{R}$-lineare Abbildung und $\mathrm{Ad}_{\mathfrak{g}} : G \ni s \longmapsto \mathrm{Ad}_{\mathfrak{g}}\, s$ eine endlich dimensionale stetige lineare Darstellung von G in dem reellen Vektorraum $\mathfrak{g}$. Für jedes Paar $(X, Y) \in \mathfrak{g} \times \mathfrak{g}$ gilt $((\mathrm{Ad}_{\mathfrak{g}})_*\, X)\, Y =$

$$= \left(\frac{\mathrm{d}}{\mathrm{d}t}(\exp t X)\, Y (\exp(-t X))\right)_{t=0} = XY - YX = [X, Y] \quad (4.5) \text{ und somit } (\mathrm{Ad}_{\mathfrak{g}})_* = \mathrm{ad}_{\mathfrak{g}}.$$

Definition 4.4 Sei $\mathfrak{g}$ eine endlich dimensionale Lie-Algebra über dem kommutativen Körper K. Die symmetrische Bilinearform

$$B_{\mathfrak{g}} : \mathfrak{g} \times \mathfrak{g} \ni (X, Y) \longmapsto \mathrm{Tr}(\mathrm{ad}_{\mathfrak{g}} X \circ \mathrm{ad}_{\mathfrak{g}} Y) \in K \tag{4.27}$$

wird Killing-Form von $\mathfrak{g}$ genannt. Falls $B_{\mathfrak{g}}$ nicht ausgeartet ist, heißt $\mathfrak{g}$ eine halbeinfache Lie-Algebra über K.

Sei $\mathfrak{g}$ halbeinfach und $n = \dim_K \mathfrak{g}$. Bezeichnet $(X_j)_{1 \leqslant j \leqslant n}$ eine Basis von $\mathfrak{g}$ und $(g^{jk})_{\substack{1 \leqslant j \leqslant n \\ 1 \leqslant k \leqslant n}}$ die Inverse der Matrix $(g_{jk})_{\substack{1 \leqslant j \leqslant n \\ 1 \leqslant k \leqslant n}}$ mit den Elementen $g_{jk} = B_{\mathfrak{g}}(X_j, X_k)$, so rechnet man direkt nach, daß

$$\Omega(\mathfrak{g}) = \sum_{\substack{1 \leqslant j \leqslant n \\ 1 \leqslant k \leqslant n}} g^{jk} X_j X_k \in U(\mathfrak{g}) \tag{4.28}$$

unabhängig von der in $\mathfrak{g}$ gewählten Basis ist.

Definition 4.5 Sei $\mathfrak{g}$ eine n-dimensionale halbeinfache Lie-Algebra über dem kommutativen Körper K. Dann heißt das gemäß (4.28) definierte Element $\Omega(\mathfrak{g})$ der einhüllenden Algebra $U(\mathfrak{g})$ das Casimir-Element von $\mathfrak{g}$.

Setzt man $X^j = \sum_{1 \leqslant k \leqslant n} g^{jk} X_k$ $(1 \leqslant j \leqslant n)$, so gilt $\Omega(\mathfrak{g}) = \sum_{1 \leqslant j \leqslant n} X_j X^j$ und $B_{\mathfrak{g}}(X^j, X_k)$ $= \sum_{1 \leqslant l \leqslant n} g^{jl} g_{lk} = \delta_{jk}$ $(1 \leqslant j, k \leqslant n)$. Zu beliebigem $X \in \mathfrak{g}$ können offensichtlich Matrizen $(c_{jk})_{\substack{1 \leqslant j \leqslant n \\ 1 \leqslant k \leqslant n}}$, $(d_{jk})_{\substack{1 \leqslant j \leqslant n \\ 1 \leqslant k \leqslant n}}$ in $\mathbf{M}_n(K)$ gewählt werden mit

$$[X_j, X] = \sum_{1 \leqslant k \leqslant n} c_{jk} X_k, \qquad [X^j, X] = \sum_{1 \leqslant k \leqslant n} d_{jk} X^k \qquad (1 \leqslant j \leqslant n). \tag{4.29}$$

Dann gilt (vgl. Aufgabe 4.5)

$$d_{jk} = B_{\mathfrak{g}}([X^j, X], X_k) = B_{\mathfrak{g}}(X^j, [X, X_k]) = - B_{\mathfrak{g}}(X^j, [X_k, X]) = - c_{kj} \qquad (4.30)$$

für $1 \leqslant j,\, k \leqslant n$ und somit

$$[\Omega(\mathfrak{g}), X] = \sum_{1 \leqslant j \leqslant n} [X_j X^j, X] = \sum_{1 \leqslant j \leqslant n} [X_j, X] X^j + \sum_{1 \leqslant j \leqslant n} X_j [X^j, X]$$

$$= \sum_{\substack{1 \leqslant j \leqslant n \\ 1 \leqslant k \leqslant n}} c_{jk} X_k X^j + \sum_{\substack{1 \leqslant j \leqslant n \\ 1 \leqslant k \leqslant n}} d_{jk} X_j X^k = 0 \qquad (4.31)$$

für alle $X \in \mathfrak{g}$. Da die einhüllende Algebra $U(\mathfrak{g})$ von $\{1, \varphi_0(\mathfrak{g})\}$ über K erzeugt wird (4.24), gilt

Satz 4.7 *Das Casimir-Element $\Omega(\mathfrak{g})$ jeder endlich dimensionalen halbeinfachen Lie-Algebra $\mathfrak{g}$ über K gehört dem Zentrum der einhüllenden Algebra $U(\mathfrak{g})$ an.*

Beispiel 4.3(2) gibt Anlaß zu folgender

Definition 4.6 Sei G eine reelle lineare Lie-Gruppe, $X \in \mathfrak{g} = \mathrm{Lie}(G)$ und $f: G \to \mathbf{C}$ eine stetige Funktion. Existiert

$$\mathcal{L}_X f(s) = \left(\frac{\mathrm{d}}{\mathrm{d}t} f(s \cdot (\exp tX)) \right)_{t=0} \qquad (s \in G), \qquad (4.32)$$

so heißt $\mathcal{L}_X f(s)$ die Lie-Ableitung von f längs X im Punkte $s \in G$.

Man setzt $\mathscr{C}^0(G) = \mathscr{C}(G)$ und definiert für jede Zahl $k \in \mathbf{N}^\times$ den komplexen Vektorraum

$$\mathscr{C}^k(G) = \{ f \in \mathscr{C}(G) \mid \mathcal{L}_X f \in \mathscr{C}^{k-1}(G), X \in \mathfrak{g} \}. \qquad (4.33)$$

Es ist klar, daß $\mathscr{C}^\infty(G) = \bigcap_{k \in \mathbf{N}} \mathscr{C}^k(G)$ eine assoziative Algebra über $\mathbf{C}$ bezüglich der punktweisen Multiplikation ist und $\mathcal{L}_X \in \mathrm{Der}\,(\mathscr{C}^\infty(G))$ für jedes $X \in \mathfrak{g}$ gilt.

Notiz. Die reelle lineare Lie-Gruppe $G = \mathbf{SO}(2, \mathbf{R})$ kann mit der eindimensionalen Torusgruppe $\mathbf{T}$ identifiziert werden. In diesem Falle stimmt $\mathscr{C}^k(G)$ mit dem in I.5 betrachteten Vektorraum $\mathscr{C}^k(\mathbf{T})$, $k \geqslant 1$, überein.

Man kann beweisen, daß für jede reelle lineare Lie-Gruppe G und jede Funktion $f \in \mathscr{C}^\infty(G)$ die Abbildung $\varphi: \mathfrak{g} \ni X \longmapsto f(\exp X) \in \mathbf{C}$ auf dem endlich dimensionalen reellen Vektorraum $\mathfrak{g}$ beliebig oft differenzierbar ist. Die Abbildung $\mathcal{L}: \mathfrak{g} \ni X \longmapsto \mathcal{L}_X \in \mathrm{Der}\,(\mathscr{C}^\infty(G))$ ist wegen $\mathcal{L}_X f(1) = \varphi'(0) \cdot X$ für alle $X \in \mathfrak{g}$ offensichtlich $\mathbf{R}$-linear und injektiv. Um zu zeigen, daß $\mathcal{L}$ ein Morphismus reeller Lie-Algebren ist, macht man sich zunächst für $f \in \mathscr{C}^\infty(G)$ und $(X, Y) \in \mathfrak{g} \times \mathfrak{g}$ die Beziehung

$$\mathcal{L}_{\mathrm{Ad}_{\mathfrak{g}}(\exp tX)Y} \circ \delta(\exp tX) f(s) = (\mathcal{L}_Y f)(s \cdot \exp tX) \qquad (s \in G, t \in \mathbf{R}) \qquad (4.34)$$

klar. Aus (4.34) folgt wegen (4.2) für jedes $t \in \mathbf{R}^{\times}$:

$$\frac{1}{t}\left((\mathscr{L}_Y f)(s \cdot \exp tX) - \mathscr{L}_Y f(s)\right)$$

$$= \frac{1}{t}\left(\mathscr{L}_{\mathrm{Ad}_{\mathfrak{g}}(\exp tX)Y} \circ \delta(\exp tX) f(s) - \mathscr{L}_Y \circ \delta(\exp tX) f(s)\right) \tag{4.35}$$

$$+ \frac{1}{t}\left(\mathscr{L}_Y \circ \delta(\exp tX) f(s) - \mathscr{L}_Y f(s)\right)$$

Der Grenzübergang $t \to 0$ liefert wegen der $\mathbf{R}$-Linearität von $\mathscr{L}$ und $(\mathrm{Ad}_{\mathfrak{g}})_* = \mathrm{ad}_{\mathfrak{g}}$ (Beispiel 4.3(5)) die Gleichung

$$\mathscr{L}_X(\mathscr{L}_Y f)(s) = \mathscr{L}_{[X,Y]} f(s) + \mathscr{L}_Y(\mathscr{L}_X f)(s) \qquad (s \in G) \tag{4.36}$$

für jede Funktion $f \in \mathscr{C}^{\infty}(G)$. Demnach gilt

$$\mathscr{L}_{[X,Y]} = [\mathscr{L}_X, \mathscr{L}_Y] \qquad ((X, Y) \in \mathfrak{g} \times \mathfrak{g}), \tag{4.37}$$

so daß die Abbildung $\mathscr{L}$ auf genau eine Weise von $\mathfrak{g}$ auf die einhüllende Algebra $\mathrm{U}(\mathfrak{g})$ zu einem injektiven Morphismus $\mathscr{L} : \mathrm{U}(\mathfrak{g}) \to \mathrm{Der}\left(\mathscr{C}^{\infty}(G)\right)$ reeller Lie-Algebren fortgesetzt werden kann. Wegen $\mathscr{L}_{\mathrm{Ad}_{\mathfrak{g}} s(X)} = \delta(s) \circ \mathscr{L}_X \circ \delta(s^{-1})$ für alle $s \in G$ und $X \in \mathfrak{g}$ erhält man nach Identifizierung der Elemente $\mathrm{D} \in \mathrm{U}(\mathfrak{g})$ und $\mathscr{L}_{\mathrm{D}} \in \mathrm{Der}\left(\mathscr{C}^{\infty}(G)\right)$ die Beziehung

$$\mathrm{Ad}_{\mathrm{U}(\mathfrak{g})} s(\mathrm{D}) = \delta(s) \circ \mathrm{D} \circ \delta(s^{-1}) \qquad (s \in G). \tag{4.38}$$

Setzt man $n = \dim_{\mathbf{R}} \mathfrak{g}$ und wählt eine beliebige Basis $(X_j)_{1 \leq j \leq n}$ in $\mathfrak{g}$, so kann jedes Element $\mathrm{D} \in \mathrm{U}(\mathfrak{g})$ in der Form $\mathrm{D} = \sum\limits_{m \in \mathbf{N}^n} \alpha_m \prod\limits_{1 \leq j \leq n} X_j^{m_j}$ geschrieben werden mit reellen Koeffizienten $(\alpha_m)_{m \in \mathbf{N}^n}$, die bis auf endlich viele verschwinden. Versteht man unter der *Ordnung* von D die größte Länge $|m| = \sum\limits_{1 \leq j \leq n} m_j$ aller Multiindizes $m = (m_j)_{1 \leq j \leq n} \in \mathbf{N}^n$ mit $\alpha_m \neq 0$, so ist diese unabhängig von der in $\mathfrak{g}$ gewählten Basis. Für jedes $X \in \mathfrak{g}$ ist die Ordnung von $\mathrm{ad}_{\mathrm{U}(\mathfrak{g})} X(\mathrm{D}) = X\mathrm{D} - \mathrm{D}X$ nicht größer als die Ordnung von D. Somit kann $\exp(\mathrm{ad}_{\mathrm{U}(\mathfrak{g})} X)(\mathrm{D})$ durch die Reihe $\sum\limits_{m \geq 0} \frac{1}{m!}(\mathrm{ad}_{\mathrm{U}(\mathfrak{g})} X)^m(\mathrm{D})$ definiert werden, deren Glieder sämtlich einem endlich dimensionalen Untervektorraum von $\mathrm{U}(\mathfrak{g})$ angehören. Wegen $\mathrm{Ad}_{\mathfrak{g}} \exp X = \exp(\mathrm{ad}_{\mathfrak{g}} X)$ (4.26) folgt die Gleichung

$$\mathrm{Ad}_{\mathrm{U}(\mathfrak{g})} \exp X(\mathrm{D}) = \sum\limits_{m \geq 0} \frac{1}{m!}(\mathrm{ad}_{\mathrm{U}(\mathfrak{g})} X)^m(\mathrm{D}) \qquad (X \in \mathfrak{g}, \mathrm{D} \in \mathrm{U}(\mathfrak{g})). \tag{4.39}$$

Aus (4.39) erhält man den

Satz 4.8 *Sei G eine reelle lineare Lie-Gruppe mit* $\mathfrak{g} = \mathrm{Lie}(G)$. *Für* $X \in \mathfrak{g}$, $\mathrm{D} \in \mathrm{U}(\mathfrak{g})$ *mit* $\mathrm{D}X = X\mathrm{D}$, *gilt*

$$\mathrm{D} \circ \delta(\exp X) = \delta(\exp X) \circ \mathrm{D}. \tag{4.40}$$

Falls G zusammenhängend ist und D *dem Zentrum von* U (g) *angehört, hat man* D $\circ \delta(s)$
$= \delta(s) \circ$ D *für alle* $s \in G$.

Beweis. Setzt man in (4.38) für s das Element $(\exp X) \in G$ ein und beachtet, daß die
rechte Seite von (4.39) wegen $DX = XD$ mit D übereinstimmt, so erhält man
$\delta(\exp X) \circ D \circ \delta(\exp(- X)) = D$, also die Gleichung (4.40). In G kann eine Neutralumgebung V so gewählt werden, daß jedes Element $s \in V$ in der Form $s = \exp X$ mit
geeignetem $X \in$ g geschrieben werden kann (Aufgabe 4.9). Es folgt $D \circ \delta(s) = \delta(s) \circ D$
für alle Elemente D aus dem Zentrum von U (g) und alle $s \in V$. Die Menge
$\{s \in G \mid D \circ \delta(s) = \delta(s) \circ D\}$ ist mithin offen-abgeschlossen in G und stimmt bei
zusammenhängender linearer Lie-Gruppe mit ganz G überein.   ∎

Satz 4.9 *Sei G eine kompakte reelle lineare Lie-Gruppe mit dem Dual $\hat{G}$ und $U^{(\varrho)}$ eine
unitäre Darstellung von G der Klasse $\varrho \in \hat{G}$ in dem komplexen Hilbert-Raum E_ϱ der
Dimension n_ϱ. Dann gilt für die Koordinatenfunktionen (Definition 1.4) von $U^{(\varrho)}$
bezüglich einer beliebigen Orthonormalbasis $(a_j^{(\varrho)})_{1 < j < n_\varrho}$ von E_ϱ:*

$$m_{jk}^{(\varrho)} \in \mathscr{C}^\infty (G) \qquad (1 \leqslant j, k \leqslant n_\varrho) \tag{4.41}$$

*Insbesondere ist der Raum $\mathscr{T} (G)$ aller trigonometrischen Polynome auf G ein
Untervektorraum des komplexen Vektorraumes $\mathscr{C}^\infty (G)$.*

Beweis. Die Behauptung ergibt sich unmittelbar aus Beispiel 4.3 (4), angewandt auf
die unitäre Darstellung $m^{(\varrho)} : s \longmapsto m^{(\varrho)}(s)$ (1.34) von G in $\mathbf{C}^{n_\varrho}$.   ∎

Definition 4.7 Eine zusammenhängende reelle lineare Lie-Gruppe G heißt halbeinfach, falls g $=$ Lie(G) eine halbeinfache reelle Lie-Algebra ist.

Bei halbeinfachen reellen linearen Lie-Gruppen G ist das Casimir-Element
$\Omega(g) \in U (g)$ wohl-definiert. Identifiziert man wieder $\Omega(g)$ mit $\mathscr{L}_{\Omega(g)} \in$ Der $(\mathscr{C}^\infty (G))$, so
erhält man den

Satz 4.10 *Sei G eine kompakte halbeinfache reelle lineare Lie-Gruppe und $\Omega(g)$ das
Casimir-Element von g $=$ Lie(G). Die Funktionen der n_ϱ^2-dimensionalen Untervektor-
räume $(a_\varrho)_{\varrho \in \hat{G}}$ von $\mathscr{T} (G)$ sind Eigenfunktionen von $\Omega(g)$ zu komplexen Eigenwerten
$(\lambda_\varrho)_{\varrho \in \hat{G}}$.*

Beweis. Es gilt $\Omega(g) \circ \gamma(s) = \gamma(s) \circ \Omega(g)$ und weil $\Omega(g)$ zum Zentrum der einhüllenden
Algebra U (g) gehört (Satz 4.7), auch $\Omega(g) \circ \delta(s) = \delta(s) \circ \Omega(g)$ für alle $s \in G$ (Satz 4.8).
Gemäß Satz 4.9 ist $\Omega(g)$ eine $\mathbf{C}$-lineare Abbildung des komplexen Vektorraumes $\mathscr{T} (G)$
in den komplexen Vektorraum $\mathscr{C}^\infty (G)$. Jeder der Untervektorräume $(a_\varrho)_{\varrho \in \hat{G}}$ von $\mathscr{T} (G)$
wird von $\Omega(g)$ in sich abgebildet, weil $\Omega(g)$ mit den zugehörenden Orthogonalprojek-
toren $Q_\varrho = \gamma(u_\varrho) (\varrho \in \hat{G})$ (1.43) vertauschbar ist. Die Kerne der $\mathbf{C}$-linearen Abbildungen
$\{(\Omega(g) \mid a_\varrho) - \lambda \operatorname{id}_{a_\varrho} \mid \lambda \in \mathbf{C}\}$ $(\varrho \in \hat{G})$ sind zweiseitige Ideale der komplexen Faltungsalgebren $(a_\varrho)_{\varrho \in \hat{G}}$. Da diese aber einfach sind, müssen Skalare $\lambda_\varrho \in \mathbf{C}$ existieren mit
$(\Omega(g) \mid a_\varrho) - \lambda_\varrho \operatorname{id}_{a_\varrho} = 0$ für $\varrho \in \hat{G}$.   ∎

Aufgaben

4.1 Seien $n \geq 1$ eine natürliche Zahl und A, B vertauschbare Matrizen aus $\mathbf{M}_n(\mathbf{C})$. Beweise (4.4). (Zeige, daß $\left(\dfrac{A^n}{n!} \cdot \dfrac{B^m}{m!} \right)_{(n,m) \in \mathbf{N} \times \mathbf{N}}$ eine summierbare Familie ist).

4.2 Sei $A \in \mathbf{M}_n(\mathbf{C})$ mit dem Spektrum $\sigma(A) = \{\lambda_1, \ldots, \lambda_r\}$. Zeige, daß die Vielfachheiten der Eigenwerte $\{\lambda_1, \ldots, \lambda_r\}$ von A mit den Vielfachheiten der Eigenwerte $\{e^{\lambda_1}, \ldots, e^{\lambda_r}\}$ von $\exp A$ übereinstimmen.

4.3 Sei G eine reelle lineare Lie-Gruppe mit der Neutralkomponente G_1 und der Lie-Algebra $\mathfrak{g}$. Zeige, daß $\exp(\mathfrak{g}) \subseteq G_1$ gilt, aber $\exp(\mathfrak{g}) \neq G_1$ eintreten kann. (Wähle $G = \mathbf{GL}(2, \mathbf{R})$ und beweise, daß $s = \begin{pmatrix} -1 & 1 \\ 0 & -1 \end{pmatrix} \in G_1$ und $s \notin \exp(\mathfrak{g})$ gilt. Dazu nehme man die Existenz eines Elementes $X \in \mathfrak{gl}(2, \mathbf{R})$ mit $s = \exp X$ an und transformiere X auf Diagonalgestalt).

4.4 Sei G eine zusammenhängende abelsche reelle lineare Lie-Gruppe, $\mathfrak{g} = \mathrm{Lie}(G)$, und $n = \dim_{\mathbf{R}} \mathfrak{g}$. Dann ist G zu einem Produkt $\mathbf{T}^p \times \mathbf{R}^{n-p}$ $(0 \leq p \leq n)$ isomorph. (Zeige, daß $\exp$ ein Morphismus der additiven Gruppe von $\mathfrak{g}$ auf G und der Kern von $\exp$ diskret ist. Wende Aufgabe I.1.10 an).

4.5 Sei $\mathfrak{g}$ eine halbeinfache Lie-Algebra über dem kommutativen Körper K mit der Killing-Form $B_{\mathfrak{g}}$.

(a) Zeige, daß $B_{\mathfrak{g}}(X, [Y, Z]) = B_{\mathfrak{g}}(Y, [Z, X]) = B_{\mathfrak{g}}(Z, [X, Y])$ für alle $X, Y, Z \in \mathfrak{g}$ gilt.

(b) Sei $\mathfrak{a}$ ein Ideal in $\mathfrak{g}$, d.h. ein Untervektorraum von $\mathfrak{g}$ mit $[\mathfrak{a}, \mathfrak{g}] \subseteq \mathfrak{a}$. Falls $\mathfrak{a}$ kommutativ ist, gilt $\mathfrak{a} = \{0\}$.

(c) Mit $\mathfrak{a}$ ist auch $\mathfrak{a}^{\perp} = \{X \in \mathfrak{g} \mid B_{\mathfrak{g}}(X, Y) = 0 \text{ für alle } Y \in \mathfrak{a}\}$ ein Ideal in $\mathfrak{g}$. Die Lie-Algebren $\mathfrak{a}$ und $\mathfrak{a}^{\perp}$ über K sind halbeinfach und es gilt $\mathfrak{g} = \mathfrak{a} \oplus \mathfrak{a}^{\perp}$.

4.6 Eine endlich dimensionale Lie-Algebra $\mathfrak{h}$ über dem kommutativen Körper K heißt einfach, falls $\mathfrak{h}$ nicht kommutativ ist und $\{0\}$ und $\mathfrak{h}$ die einzigen Ideale in $\mathfrak{h}$ sind.

(a) Beweise, daß jede halbeinfache Lie-Algebra $\mathfrak{g}$ über K direkte Summe endlich vieler Ideale $(\mathfrak{g}_j)_{1 \leq j \leq r}$ ist, welche einfache Lie-Algebren über K und paarweise orthogonal bezüglich der Killing-Form $B_{\mathfrak{g}}$ sind. (Wende Aufgabe 4.5 an).

(b) Jedes Ideal $\mathfrak{a}$ von $\mathfrak{g}$ ist direkte Summe einer Teilfamilie von $(\mathfrak{g}_j)_{1 \leq j \leq r}$.

4.7 Für jede halbeinfache Lie-Algebra $\mathfrak{g}$ über dem kommutativen Körper K ist $\mathrm{ad}_{\mathfrak{g}} : \mathfrak{g} \to \mathrm{Der}(\mathfrak{g})$ ein Isomorphismus von Lie-Algebren über K. (Zeige zunächst mit Hilfe von Aufgabe 4.5, daß der Morphismus $\mathrm{ad}_{\mathfrak{g}}$ injektiv ist. Wegen $\mathrm{ad}_{\mathfrak{g}}(DX) = [D, \mathrm{ad}_{\mathfrak{g}} X]$ (Beispiel 4.3(1)) für $X \in \mathfrak{g}$ und $D \in \mathrm{Der}(\mathfrak{g})$ ist das Bild $\mathrm{ad}_{\mathfrak{g}}(\mathfrak{g})$ von $\mathfrak{g}$ ein Ideal in $\mathrm{Der}(\mathfrak{g})$. Betrachte den Orthogonalraum von $\mathrm{ad}_{\mathfrak{g}}(\mathfrak{g})$ in $\mathrm{Der}(\mathfrak{g})$ bezüglich der Killing-Form $B_{\mathrm{Der}(\mathfrak{g})}$).

4.8 Sei G eine kompakte reelle lineare Lie-Gruppe und $\mathfrak{g} = \mathrm{Lie}(G)$. Ist $\mathfrak{c}$ das Zentrum von $\mathfrak{g}$, so existiert ein Ideal $\mathfrak{h}$ in $\mathfrak{g}$ mit $\mathfrak{g} = \mathfrak{c} \oplus \mathfrak{h}$, das eine reelle halbeinfache Lie-Algebra ist. (Konstruiere ein Skalarprodukt auf $\mathfrak{g}$ so, daß die linearen Abbildungen $\{\mathrm{Ad}_{\mathfrak{g}} s \mid s \in G\}$ Isometrien von $\mathfrak{g}$ sind).

4.9 Sei G eine abgeschlossene Untergruppe der Gruppe $\mathbf{GL}(n, \mathbf{C})$, $\mathfrak{g} = \mathrm{Lie}(G)$, und $\mathfrak{m}$ ein $\mathbf{R}$-Untervektorraum von $\mathfrak{gl}(n, \mathbf{C})$ mit $\mathfrak{g} \oplus \mathfrak{m} = \mathfrak{gl}(n, \mathbf{C})$.

(a) Es existiert eine Nullumgebung W in $\mathfrak{m}$ mit der Eigenschaft $\exp X \notin G$ für alle $X \in W - \{0\}$. (Angenommen, die Behauptung sei falsch. Dann existiert eine Folge $(Y_m)_{m \in \mathbf{N}}$ von Elementen aus $\mathfrak{m}$ mit $\lim_{m \to \infty} Y_m = 0$, $\|Y_m\|_2 \leqslant 2$, $Y_m \neq 0$, $\exp Y_m \in G$ $(m \in \mathbf{N})$. Wähle $n_m \in \mathbf{N}$ so, daß $X_m = n_m Y_m$ und $1 \leqslant \|X_m\|_2 \leqslant 2$ für $m \in \mathbf{N}$ gilt. Zeige mit Hilfe der Kompaktheit der Kugelschale $\{X \in \mathfrak{m} \mid 1 \leqslant \|X\|_2 \leqslant 2\}$, daß ein $X \in \mathfrak{m} - \{0\}$ existiert, welches zu $\mathfrak{g}$ gehört).

(b) In $\mathbf{GL}(n, \mathbf{C})$ kann eine Neutralumgebung V und in $\mathfrak{g}$ eine Nullumgebung U gewählt werden mit der Eigenschaft $V \cap G = \exp(U)$. (Es existieren offene Nullumgebungen U in $\mathfrak{g}$ und U' in $\mathfrak{m}$, so daß die Abbildung $(X, X') \rightsquigarrow \exp X \cdot \exp X'$ ein Diffeomorphismus von $U \times U'$ auf eine Neutralumgebung von $\mathbf{GL}(n, \mathbf{C})$ ist. Benutze (a)).

4.10 Sei $G = \mathbf{SL}(n, \mathbf{C})$ bzw. $= \mathbf{U}(n, \mathbf{C})$, $n \geqslant 1$, und $\mathfrak{g} = \mathrm{Lie}(G)$. Beweise direkt, daß eine offene Nullumgebung U in $\mathfrak{gl}(n, \mathbf{C})$ existiert, so daß $\exp(\mathfrak{g} \cap U) = G \cap \exp(U)$ gilt und $\exp: U \to \exp(U)$ ein komplex-analytischer Diffeomorphismus ist.

4.11 Sei $n \geqslant 1$ eine natürliche Zahl. Zeige, daß für jedes $X \in \mathfrak{gl}(n, \mathbf{R})$ die Abbildung

$$\mathscr{L}_X: \mathscr{C}^\infty(\mathbf{R}^n) \ni f \rightsquigarrow \left(\mathbf{R}^n \ni x \rightsquigarrow \left(\frac{\mathrm{d}}{\mathrm{d}t} f(x \cdot (\exp tX)) \right)_{t=0} \right) \quad \text{eine Derivation von } \mathscr{C}^\infty(\mathbf{R}^n) \text{ und}$$

$\mathscr{L}: X \rightsquigarrow \mathscr{L}_X$ ein Morphismus $\mathfrak{gl}(n, \mathbf{R}) \to \mathrm{Der}(\mathscr{C}^\infty(\mathbf{R}^n))$ reeller Lie-Algebren ist. (Fasse $\mathscr{L}_X f$ als Richtungsableitung von $f \in \mathscr{C}^\infty(\mathbf{R}^n)$ auf).

5   Die spezielle unitäre Gruppe $SU(2, \mathbf{C})$

Zur Illustration der vorstehenden Überlegungen dient die Gruppe $SU(2, \mathbf{C})$ aller komplexen zweireihigen quadratischen Matrizen $s = \begin{pmatrix} \alpha & -\bar{\beta} \\ \beta & \bar{\alpha} \end{pmatrix}$ mit $\det s = |\alpha|^2 + |\beta|^2 = 1$ (Beispiel III.2.1 (6)). Die $SU(2, \mathbf{C})$ ist das einfachste Beispiel für eine nicht abelsche, zusammenhängende, kompakte, topologische Gruppe. Das Ziel besteht insbesondere darin, zu jeder Klasse ϱ des Duals der $SU(2, \mathbf{C})$ einen Repräsentanten anzugeben. Die Lösung dieser Aufgabe wird durch die folgende Bemerkung erleichtert: Ist G eine kompakte topologische Gruppe mit dem standardisierten Haar-Maß μ und U eine stetige lineare Darstellung von G in dem endlich dimensionalen topologischen Vektorraum E über $\mathbf{C}$, so kann U als unitär betrachtet werden. Ist nämlich $(x, y) \rightsquigarrow (x|y)$ ein Skalarprodukt auf E, so wird durch $(x, y) \rightsquigarrow \int_G (U_s x | U_s y) \, d\mu(s)$ ein Skalarprodukt auf E definiert, bezüglich dessen U eine unitäre stetige lineare Darstellung von G im komplexen Hilbert-Raum E repräsentiert.

Mit V^1 werde die übliche stetige lineare Operation der $SU(2, \mathbf{C})$ auf dem Raum $\mathbf{C}^2$ bezeichnet:

$$V_s^1: \mathbf{C}^2 \ni \begin{pmatrix} z_1 \\ z_2 \end{pmatrix} \rightsquigarrow s \cdot \begin{pmatrix} z_1 \\ z_2 \end{pmatrix} = \begin{pmatrix} \alpha z_1 - \bar{\beta} z_2 \\ \beta z_1 + \bar{\alpha} z_2 \end{pmatrix} \in \mathbf{C}^2. \tag{5.1}$$

Es ist klar, daß V^1 eine stetige lineare Darstellung V^n auf dem komplexen Vektorraum $\mathscr{P}_n$ der homogenen Polynome aus $\mathbf{C}[z_1, z_2]$ vom Grad $n \geqslant 0$ hervorruft. Da $\mathscr{P}_n$ von den Monomen $\{z_1^{n-k} z_2^k \mid 0 \leqslant k \leqslant n\}$ über $\mathbf{C}$ aufgespannt wird, also $\dim_{\mathbf{C}} \mathscr{P}_n = n + 1$ gilt, können die stetigen linearen Darstellungen $(V^n)_{n \geqslant 0}$ der $\mathrm{SU}(2, \mathbf{C})$ nach der Vorbemerkung als unitär betrachtet werden.

Es ist klar, daß die Diagonalmatrizen

$$H = \left\{ r(i) = \begin{pmatrix} e^{it} & 0 \\ 0 & e^{-it} \end{pmatrix} \mid i \in \mathbf{T} \right\} \tag{5.2}$$

eine abgeschlossene Untergruppe der $\mathrm{SU}(2, \mathbf{C})$ bilden, die zur eindimensionalen kompakten Torusgruppe $\mathbf{T}$ isomorph ist. Da jede normale Matrix aus $\mathbf{M}_n(\mathbf{C})$ mit Hilfe einer unitären Matrix auf Diagonalgestalt transformiert werden kann, existieren zu jedem Element $t \in \mathrm{SU}(2, \mathbf{C})$ ein Element $r \in H$ und ein Element $s \in \mathrm{SU}(2, \mathbf{C})$ mit der Eigenschaft

$$t = s r s^{-1}. \tag{5.3}$$

Jedes Element $t \in \mathrm{SU}(2, \mathbf{C})$ ist demnach zu einem Element $r \in H$ konjugiert, so daß die Charaktere der Gruppe $\mathrm{SU}(2, \mathbf{C})$ bereits durch ihre Werte auf der Untergruppe H eindeutig festgelegt sind (2.4). Für jeden Punkt $i \in \mathbf{T}$ gilt

$$\begin{aligned} V^n_{r(i)} (z_1^{n-k} z_2^k) &= (e^{it} z_1)^{n-k} \cdot (e^{-it} z_2)^k \\ &= e^{i(n-2k)t} \cdot z_1^{n-k} z_2^k. \end{aligned} \qquad (0 \leqslant k \leqslant n) \tag{5.4}$$

Somit ist $\mathrm{diag}\,(e^{i(n-2k)t})_{0 \leqslant k \leqslant n}$ die Matrix von $V^n_{r(i)}$ bezüglich der Basis $\{z_1^{n-k} z_2^k \mid 0 \leqslant k \leqslant n\}$ von $\mathscr{P}_n$ $(n \geqslant 0)$. Man erhält für die Spur in jedem Punkt $i \in \mathbf{T}$ und für jedes $n \geqslant 0$:

$$\begin{aligned} \mathrm{Tr}\, V^n_{r(i)} &= \sum_{0 \leqslant k \leqslant n} e^{i(n-2kt)} \\ &= \begin{cases} \dfrac{\sin(n+1)t}{\sin t} & \text{falls} \quad \Delta(i) = e^{it} - e^{-it} \neq 0, \\ n+1 & \text{falls} \quad \Delta(i) = 0. \end{cases} \end{aligned} \tag{5.5}$$

Damit ist folgendes Ergebnis bewiesen:

Satz 5.1 *Für die unitären stetigen linearen Darstellungen $(V^n)_{n \geqslant 0}$ der Gruppe $\mathrm{SU}(2, \mathbf{C})$ in den komplexen Hilbert-Räumen $(\mathscr{P}_n)_{n \geqslant 0}$ gilt*

$$\mathrm{Tr}\, V^n_{r(i)} = \check{C}_n(\cos t) \qquad (i \in \mathbf{T},\ n \geqslant 0), \tag{5.6}$$

wobei $(\check{C}_n)_{n \geqslant 0}$ die Folge der Čebyšev-Polynome zweiter Art bezeichnet.

Kombiniert man die Sätze 3.3 und 5.1, so erhält man die gesuchte Klassifizierung der unitären stetigen linearen Darstellungen der $\mathrm{SU}(2, \mathbf{C})$.

Satz 5.2 *Genau die zu den Elementen der Folge $(V^n)_{n \geqslant 0}$ gehörenden Äquivalenzklassen unitärer Darstellungen der Gruppe $\mathrm{SU}(2, \mathbf{C})$ bilden den Dual der $\mathrm{SU}(2, \mathbf{C})$.*

Beweis. Bezeichnet μ das standardisierte Haar-Maß der kompakten Gruppe $SU(2, \mathbf{C})$, so gilt nach Beispiel III.2.1(6) wegen $\Omega_4 = 2\pi^2$ (II.4.3):

$$\int\limits_{SU(2,\mathbf{C})} f(s)\,d\mu(s) = \frac{1}{2\pi^2} \int\limits_{\mathbf{S}_3} f \circ \Phi(x)\,\sigma^{(3)}(x) \qquad (f \in \mathscr{C}(SU(2,\mathbf{C}))) \tag{5.7}$$

Es existiert demnach ein Radon-Maß $v_1 \in \mathscr{M}(\mathbf{T})$ derart, daß für jede zentrale Funktion $f \in \mathscr{C}(SU(2, \mathbf{C}))$ die Identität

$$\frac{1}{2\pi^2} \int\limits_{\mathbf{S}_3} f \circ \Phi(x)\,\sigma^{(3)}(x) = \int\limits_{\mathbf{T}} f \circ r(i)\,dv_1(i) \tag{5.8}$$

erfüllt ist. Zur Berechnung von v_1 dient die Beziehung

$$\left(\sum_{1 < j < 4} x_j\,dx_j \right) \wedge \sigma^{(3)} = dx_1 \wedge dx_2 \wedge dx_3 \wedge dx_4 \tag{5.9}$$

zwischen der Raumwinkel-Form $\sigma^{(3)}$ der nach außen orientierten Sphäre $\mathbf{S}_3$ und der kanonischen 4-Differentialform (Volumenform) $dx_1 \wedge dx_2 \wedge dx_3 \wedge dx_4$ auf $\mathbf{R}^4 - \{0\}$. In der Komplementärmenge der Hyperebene $\{(x_j)_{1<j<4} \in \mathbf{R}^4 \mid x_4 = 0\}$ kann demnach $\sigma^{(3)}$ in der Gestalt

$$\sigma^{(3)} = -\frac{1}{x_4} \cdot dx_1 \wedge dx_2 \wedge dx_3 \tag{5.10}$$

geschrieben werden. Führt man für die Punkte $(x_j)_{1<j<4} \in \mathbf{S}_3$ sphärische Polarkoordinaten (t_1, t_2, t_3) ein gemäß

$$\begin{aligned}
x_1 &= \cos t_1 \\
x_2 &= \sin t_1 \cos t_2 \\
x_3 &= \sin t_1 \sin t_2 \cos t_3 \\
x_4 &= \sin t_1 \sin t_2 \sin t_3
\end{aligned} \qquad (t_1,\, t_2 \in [\![0, \pi]\!],\, t_3 \in [\![-\pi, +\pi]\!]), \tag{5.11}$$

so erhält man aus (5.10) für die Raumwinkel-Form der Sphäre $\mathbf{S}_3$

$$\sigma^{(3)} = (\sin^2 t_1 \cdot \sin t_2) \cdot dt_1 \wedge dt_2 \wedge dt_3\,. \tag{5.12}$$

Wegen $\Phi\big((\cos t, \sin t, 0, 0)\big) = r(i)$ für $i \in \mathbf{T}$ liefern (5.8) und (5.12) für das gesuchte Maß auf $\mathbf{T}$ (vgl. (5.5)):

$$v_1 = \frac{1}{2} |\Delta(i)|^2\,di \tag{5.13}$$

Somit gilt für $n \in \mathbf{N}$:

$$\begin{aligned}
\| \operatorname{Tr} V^n \|_2^2 &= \int\limits_{SU(2,\mathbf{C})} \operatorname{Tr} V_s^n \cdot \overline{\operatorname{Tr} V_s^n}\,d\mu(s) = \frac{1}{2} \int\limits_{\mathbf{T}} |\operatorname{Tr} V_{r(i)}^n \cdot \Delta(i)|^2\,di \\
&= \frac{1}{\pi} \int\limits_{-\pi}^{+\pi} \sin^2(n+1)\,t\,dt = 1
\end{aligned} \tag{5.14}$$

Gemäß Satz 3.3 ist demnach $(V^n)_{n \geqslant 0}$ eine Folge irreduzibler unitärer Darstellungen, die wegen $\dim_{\mathbf{C}} \mathscr{P}_n = n + 1$ paarweise inäquivalent sind. Angenommen, V sei eine irreduzible unitäre Darstellung der Gruppe $\mathbf{SU}(2, \mathbf{C})$, die zu keiner der Darstellungen $(V^n)_{n \geqslant 0}$ unitär äquivalent ist. Dann folgt aus (2.7):

$$(\operatorname{Tr} V \mid \operatorname{Tr} V^n) = \frac{1}{2} \int_{\mathbf{T}} \operatorname{Tr} V_{r(i)} \, \Delta(i) \cdot \overline{\operatorname{Tr} V^n_{r(i)} \, \Delta(i)} \, \mathrm{d}i = 0 \qquad (n \in \mathbf{N}) \tag{5.15}$$

Wegen (2.5) und $\check{\Delta} = - \Delta$ gilt $\operatorname{Tr} V_{\check{r}} = - \operatorname{Tr} V_r$, d.h. $\mathbf{T} \ni i \rightsquigarrow \operatorname{Tr} V_{r(i)} \in \mathbf{C}$ ist eine ungerade stetige Funktion, die zu den Funktionen $\mathbf{T} \ni i \rightsquigarrow \sin(n + 1)t \; (n \geqslant 0)$ orthogonal ist. Aufgrund von Satz I.3.3 muß also $\operatorname{Tr} V_{r(i)} = 0$ für alle Punkte $i \in \mathbf{T}$ gelten. Andererseits ist aber gemäß (2.5) $\operatorname{Tr} V_{r(0)} \neq 0$, so daß tatsächlich keine irreduzible unitäre Darstellung V von $\mathbf{SU}(2, \mathbf{C})$ mit der genannten Eigenschaft existieren kann.   ∎

Von jetzt an wird die Tatsache genutzt, daß $\mathbf{SU}(2, \mathbf{C})$ eine reelle lineare Lie-Gruppe ist. Die zugehörige reelle Lie-Algebra wird gemäß (4.20) durch

$$\mathfrak{su}(2, \mathbf{C}) = \left\{ \begin{pmatrix} a\mathrm{i} & -b + c\mathrm{i} \\ b + c\mathrm{i} & -a\mathrm{i} \end{pmatrix} \{a, b, c \in \mathbf{R} \right\} \tag{5.16}$$

gegeben. Offensichtlich bilden die Matrizen aus $\mathbf{M}_2(\mathbf{C})$ der Form

$$X_1 = \frac{1}{2} \begin{pmatrix} 0 & \mathrm{i} \\ \mathrm{i} & 0 \end{pmatrix}, \qquad X_2 = \frac{1}{2} \begin{pmatrix} 0 & -1 \\ 1 & 0 \end{pmatrix}, \qquad X_3 = \frac{1}{2} \begin{pmatrix} \mathrm{i} & 0 \\ 0 & -\mathrm{i} \end{pmatrix} \tag{5.17}$$

eine $\mathbf{R}$-Basis des Vektorraumes $\mathfrak{su}(2, \mathbf{C})$. Für ihre Lie-Produkte errechnet man gemäß (4.9)

$$[X_2, X_3] = X_1, \qquad [X_3, X_1] = X_2, \qquad [X_1, X_2] = X_3, \tag{5.18}$$

und ihre Exponentiale besitzen wegen

$$\left(\frac{\mathrm{d}}{\mathrm{d}t} \cos \frac{1}{2} t \right)_{t=0} = 0, \left(\frac{\mathrm{d}}{\mathrm{d}t} \sin \frac{1}{2} t \right)_{t=0} = \frac{1}{2}, \left(\frac{\mathrm{d}}{\mathrm{d}t} \mathrm{e}^{\frac{1}{2}\mathrm{i}t} \right)_{t=0} = \frac{1}{2}\mathrm{i}$$

die folgende Gestalt:

$$\exp t X_1 = \begin{bmatrix} \cos \frac{1}{2} t & \mathrm{i} \sin \frac{1}{2} t \\ \mathrm{i} \sin \frac{1}{2} t & \cos \frac{1}{2} t \end{bmatrix},$$

$$\exp t X_2 = \begin{bmatrix} \cos \frac{1}{2} t & -\sin \frac{1}{2} t \\ \sin \frac{1}{2} t & \cos \frac{1}{2} t \end{bmatrix}, \qquad (t \in \mathbf{R}) \tag{5.19}$$

$$\exp t X_3 = \begin{bmatrix} \mathrm{e}^{\frac{1}{2}\mathrm{i}t} & 0 \\ 0 & \mathrm{e}^{-\frac{1}{2}\mathrm{i}t} \end{bmatrix}.$$

Um die Morphismen $(V_*^n)_{n \geqslant 0}$ (vgl. Beispiel 4.3(4)) von $\mathfrak{su}(2, \mathbf{C})$ in $\mathfrak{gl}(\mathscr{P}_n)$ zu berechnen, bezeichne $(f_k)_{0 \leqslant k \leqslant n}$ die $\mathbf{C}$-Basis $\{z_1^{n-k} z_2^k \mid 0 \leqslant k \leqslant n\}$ von $\mathscr{P}_n$. Setzt man noch $f_{-1} = 0$, so erhält man folgendes Resultat:

Satz 5.3 *Für jede Zahl* $n \in \mathbf{N}$ *gilt*

$$V_*^n (X_1) f_k = \frac{1}{2} \mathrm{i}(k f_{k-1} + (n-k) f_{k+1}),$$

$$V_*^n (X_2) f_k = -\frac{1}{2}(k f_{k-1} - (n-k) f_{k+1}), \qquad (0 \leqslant k \leqslant n) \tag{5.20}$$

$$V_*^n (X_3) f_k = \frac{1}{2} \mathrm{i}(n - 2k) f_k.$$

Beweis. Gemäß (4.25) und (5.19) gilt für jedes Paar $(z_1, z_2) \in \mathbf{C}^2$:

$$(V_*^n (X_1) f_k)(z_1, z_2) = \left(\frac{\mathrm{d}}{\mathrm{d}t} \left[\left(z_1 \cos \frac{1}{2} t + \mathrm{i} z_2 \sin \frac{1}{2} t \right)^{n-k} \left(\mathrm{i} z_1 \sin \frac{1}{2} t + z_2 \cos \frac{1}{2} t \right)^k \right] \right)_{t=0}$$

$$= \frac{1}{2} \mathrm{i}(n-k) f_{k+1}(z_1, z_2) + \frac{1}{2} \mathrm{i} k f_{k-1}(z_1, z_2) \tag{5.21}$$

Auf entsprechende Weise ergeben sich die übrigen Identitäten in (5.20).   ∎

Satz 5.4 $SU(2, \mathbf{C})$ *ist eine zusammenhängende kompakte halbeinfache reelle lineare Lie-Gruppe. Das Casimir-Element* $\Omega = \Omega(\mathfrak{su}(2, \mathbf{C}))$ *wird durch*

$$\Omega = -\frac{1}{2} \sum_{1 \leqslant j \leqslant 3} X_j^2 \tag{5.22}$$

gegeben und es gilt

$$V_*^n (\Omega) = \frac{1}{8} n(n + 2) 1_{n+1} \qquad (n \in \mathbf{N}). \tag{5.23}$$

Beweis. Von den Gleichungen (5.18) liest man die folgenden Beziehungen ab:

$$\mathrm{ad}_{\mathfrak{su}(2,\mathbf{C})} X_1 = \begin{bmatrix} 0 & 0 & 0 \\ 0 & 0 & -1 \\ 0 & 1 & 0 \end{bmatrix}, \quad \mathrm{ad}_{\mathfrak{su}(2,\mathbf{C})} X_2 = \begin{bmatrix} 0 & 0 & 1 \\ 0 & 0 & 0 \\ -1 & 0 & 0 \end{bmatrix}, \quad \mathrm{ad}_{\mathfrak{su}(2,\mathbf{C})} X_3 = \begin{bmatrix} 0 & -1 & 0 \\ 1 & 0 & 0 \\ 0 & 0 & 0 \end{bmatrix}$$

$$\tag{5.24}$$

Ist also B die Killing-Form der $\mathfrak{su}(2, \mathbf{C})$, so folgt $B(X_j, X_k) = -2\delta_{jk}$ für $1 \leqslant j, k \leqslant 3$. Demnach ist B nicht ausgeartet, also $\mathfrak{su}(2, \mathbf{C})$ eine halbeinfache reelle Lie-Algebra und das zugehörende Casimir-Element Ω besitzt die Gestalt (5.22). Damit erhält man gemäß (5.20) für jede Zahl $n \in \mathbf{N}$:

$$V_*^n(\Omega)f_k = -\frac{1}{2}\left[V_*^n(X_1)\left(\frac{1}{2}\mathrm{i}(kf_{k-1}+(n-k)f_{k+1})\right) - V_*^n(X_2)\left(\frac{1}{2}(kf_{k-1}-(n-k)f_{k+1})\right)\right.$$

$$\left. + V_*^n(X_3)\left(\frac{1}{2}\mathrm{i}(n-2k)f_k\right)\right] \qquad (0 \leqslant k \leqslant n) \qquad (5.25)$$

$$= \frac{1}{8}(2k(n-k+1)+2(k+1)(n-k)+(n-2k)^2)f_k = \frac{1}{8}(n^2+2n)f_k,$$

womit auch (5.23) als richtig erkannt ist. $\blacksquare$

Satz 5.5 *Für jedes $n \in \mathbf{N}$ seien $(m_{jk}^{(n)})_{\substack{0 \leqslant j \leqslant n \\ 0 \leqslant k \leqslant n}}$ die Koordinatenfunktionen der unitären Darstellung V^n der $\mathrm{SU}(2,\mathbf{C})$ bezüglich einer Orthonormalbasis von $\mathscr{P}_n$. Dann gilt*

$$\Omega\, m_{jk}^{(n)} = \frac{1}{8}\, n(n+2)\, m_{jk}^{(n)} \qquad (0 \leqslant j, k \leqslant n) \qquad (5.26)$$

für jede Zahl $n \in \mathbf{N}$.

Beweis. Aufgrund von Satz 4.9 gilt $m_{jk}^{(n)} \in \mathscr{C}^\infty(\mathrm{SU}(2,\mathbf{C}))$ für $0 \leqslant j, k \leqslant n$ und jedes $n \in \mathbf{N}$. Sind $s \in \mathrm{SU}(2,\mathbf{C})$ und $X \in \mathfrak{su}(2,\mathbf{C})$ beliebig gewählt, so folgt aus $\mathscr{L}_X V_s^n = V_s^n V_*^n(X)$ die Beziehung $\Omega V_s^n = V_s^n V_*^n(\Omega)$. Somit liefert (5.23), daß $(m_{jk}^{(n)})_{\substack{0 \leqslant j \leqslant n \\ 0 \leqslant k \leqslant n}}$ im Raum $\mathscr{T}(\mathrm{SU}(2,\mathbf{C}))$ Eigenfunktionen von Ω zum Eigenwert $\frac{1}{8}n(n+2)$ sind. $\blacksquare$

Identifiziert man den Dual $\widehat{\mathrm{SU}}(2,\mathbf{C})$ mit der Menge $\mathbf{N}$ (Satz 5.2), so erhält man ferner das nachstehende Ergebnis:

Satz 5.6 *Für jede Funktion $f \in \mathscr{C}^2(\mathrm{SU}(2,\mathbf{C}))$ und jede Zahl $m \in \mathbf{N}$ gilt*

$$\mathscr{F}_{\mathrm{SU}(2,\mathbf{C})}(\Omega^m f): \mathbf{N} \ni n \longmapsto \left(\frac{1}{8}n(n+2)\right)^m \mathscr{F}_{\mathrm{SU}(2,\mathbf{C})}f(n). \qquad (5.27)$$

Beweis. Für je zwei Funktionen f, g aus $\mathscr{C}^1(\mathrm{SU}(2,\mathbf{C}))$ und jedes $X \in \mathfrak{su}(2,\mathbf{C})$ gilt gemäß (4.31)

$$(\mathscr{L}_X f \mid g) = \int_{\mathrm{SU}(2,\mathbf{C})} \left(\frac{\mathrm{d}}{\mathrm{d}t}f(s \cdot (\exp tX))\right)_{t=0} \bar{g}(s)\,\mathrm{d}\mu(s)$$

$$= \frac{\mathrm{d}}{\mathrm{d}t}\left(\int_{\mathrm{SU}(2,\mathbf{C})} f(s)\bar{g}(s \cdot (\exp -tX))\,\mathrm{d}\mu(s)\right)_{t=0} \qquad (5.28)$$

$$= -\int_{\mathrm{SU}(2,\mathbf{C})} f(s)\left(\frac{\mathrm{d}}{\mathrm{d}t}\bar{g}(s \cdot (\exp tX))\right)_{t=0}\mathrm{d}\mu(s) = -(f \mid \mathscr{L}_X g)$$

und somit, falls f und g den Raum $\mathscr{C}^2(\mathrm{SU}(2, \mathbf{C}))$ angehören,

$$(\Omega f \mid g) = (f \mid \Omega g). \tag{5.29}$$

Das Casimir-Element Ω von $\mathfrak{su}(2, \mathbf{C})$ ist also selbstadjungiert im komplexen Hilbert-Raum $\mathrm{L}^2(\mathrm{SU}(2, \mathbf{C}))$. Aufgrund von (3.14) und (5.23) gilt somit für jede Funktion $f \in \mathscr{C}^2(\mathrm{SU}(2, \mathbf{C}))$:

$$\mathscr{F}_{\mathrm{SU}(2,\mathbf{C})}(\Omega f)(n) = V^n(\Omega \check{f}) = \Omega V^n(\check{f}) = V^n(\check{f}) V^n_*(\Omega)$$

$$= \frac{1}{8} n(n+2)\, \mathscr{F}_{\mathrm{SU}(2,\mathbf{C})} f(n) \qquad (n \in \mathbf{N}) \tag{5.30}$$

Aus (5.30) folgt (5.27) für jede Zahl $m \in \mathbf{N}$ durch vollständige Induktion. ∎

Als Anwendung ergibt sich

Satz 5.7 *Für jede Funktion $f \in \mathscr{C}^2(\mathrm{SU}(2, \mathbf{C}))$ konvergiert die zugehörende Fourier-Reihe*

$$\mathrm{SU}(2, \mathbf{C}) \ni s \longmapsto \sum_{n \geqslant 0} (n+1) \operatorname{Tr}\left(\mathscr{F}_{\mathrm{SU}(2, \mathbf{C})} f(n) \cdot V^n_s\right) \in \mathbf{C} \tag{5.31}$$

absolut und gleichmäßig gegen die Funktion $s \longmapsto f(s)$.

Beweis. Beachtet man, daß $V^n_s \in \mathrm{U}(n+1, \mathbf{C})$ für jedes $s \in \mathrm{SU}(2, \mathbf{C})$ die Hilbert-Schmidt-Norm $\| V^n_s \|_2 = (n+1)^{1/2}$ $(n \in \mathbf{N})$ besitzt, so erhält man mit Hilfe der Ungleichung von Cauchy-Schwarz-Bunjakowski und (5.27)

$$\sup_{s \in \mathrm{SU}(2,\mathbf{C})} \sum_{n \geqslant 1} \left| (n+1) \operatorname{Tr}\left(\mathscr{F}_{\mathrm{SU}(2,\mathbf{C})} f(n) V^n_s\right)\right| \leqslant \sum_{n \geqslant 1} (n+1)^{3/2} \| \mathscr{F}_{\mathrm{SU}(2,\mathbf{C})} f(n)\|_2$$

$$= 8 \cdot \sum_{n \geqslant 1} \frac{(n+1)^{3/2}}{n(n+2)} \| \mathscr{F}_{\mathrm{SU}(2,\mathbf{C})}(\Omega f)(n)\|_2 \tag{5.32}$$

$$\leqslant 8 \cdot \left(\sum_{n \geqslant 1} (n+1) \| \mathscr{F}_{\mathrm{SU}(2,\mathbf{C})}(\Omega f)(n)\|_2^2\right)^{1/2} \cdot \left(\sum_{n \geqslant 1} \frac{(n+1)^2}{n^2(n+2)^2}\right)^{1/2}.$$

Die Plancherel-Identität (3.20) und (I.3.36) liefern somit

$$\sup_{s \in \mathrm{SU}(2,\mathbf{C})} \sum_{n \geqslant 1} \left| (n+1) \operatorname{Tr}\left(\mathscr{F}_{\mathrm{SU}(2,\mathbf{C})} f(n) V^n_s\right)\right| \leqslant 8 \cdot \| \Omega f\|_2 \cdot \left(\sum_{n \geqslant 1} \frac{1}{n^2}\right)^{1/2} = \frac{8\pi}{\sqrt{6}} \cdot \| \Omega f\|_2. \tag{5.33}$$

Dies beweist die absolute und gleichmäßige Konvergenz der Fourier-Reihe (5.31) von f auf $\mathrm{SU}(2, \mathbf{C})$. Die Summenfunktion ist also stetig auf $\mathrm{SU}(2, \mathbf{C})$ und stimmt mithin wegen (3.19) mit f überein. ∎

Durch Satz 5.6 wird eine Charakterisierung der Funktionen $f \in \mathscr{C}^\infty(\mathrm{SU}(2, \mathbf{C}))$ mit Hilfe von $\mathscr{F}_{\mathrm{SU}(2,\mathbf{C})} f$ nahegelegt. Dazu führt man den komplexen Vektorraum

$$\mathscr{S}((\widehat{\mathrm{SU}}(2, \mathbf{C})) = \{\varphi \in \mathfrak{M}(\widehat{\mathrm{SU}}(2, \mathbf{C}), \mathbf{C}) \mid \| \varphi(n)\|_2 = O(n^{-k})\ (n \to \infty)\ \text{für alle } k \in \mathbf{N}\}$$

$$\tag{5.34}$$

ein und nennt die Elemente von $\mathscr{S}(\widehat{\mathrm{SU}}(2,\mathbf{C}))$ „*rasch abklingende*" Funktionen auf dem Dual $\widehat{\mathrm{SU}}(2,\mathbf{C}) = \mathbf{N}$. Dann gilt

Satz 5.8 *Eine Funktion* $f \in \mathscr{C}(\mathrm{SU}(2,\mathbf{C}))$ *gehört genau dann zum Raum* $\mathscr{C}^\infty(\mathrm{SU}(2,\mathbf{C}))$, *falls* $\mathscr{F}_{\mathrm{SU}(2,\mathbf{C})} f \in \mathscr{S}(\widehat{\mathrm{SU}}(2,\mathbf{C}))$ *gilt.*

Beweis. Sei $f \in \mathscr{C}^\infty(\mathrm{SU}(2,\mathbf{C}))$. Dann folgert man aus der Plancherel-Identität (3.20), angewandt auf $\Omega^k f \in \mathrm{L}^2(\mathrm{SU}(2,\mathbf{C}))$, $k \in \mathbf{N}$, daß $\lim\limits_{n \to \infty} \| \mathscr{F}_{\mathrm{SU}(2,\mathbf{C})} (\Omega^k f)(n) \|_2 = 0$ gilt. Wegen (5.27) folgt $\lim\limits_{n \to \infty} n^{2k} \| \mathscr{F}_{\mathrm{SU}(2,\mathbf{C})} f(n) \|_2 = 0$, also $\mathscr{F}_{\mathrm{SU}(2,\mathbf{C})} f \in \mathscr{S}(\widehat{\mathrm{SU}}(2,\mathbf{C}))$. Es werde jetzt umgekehrt $\mathscr{F}_{\mathrm{SU}(2,\mathbf{C})} f \in \mathscr{S}(\widehat{\mathrm{SU}}(2,\mathbf{C}))$ vorausgesetzt. Wegen

$$\sup_{s \in \mathrm{SU}(2,\mathbf{C})} \sum_{n \geqslant 0} |(n+1) \operatorname{Tr}(\mathscr{F}_{\mathrm{SU}(2,\mathbf{C})} f(n) V_s^n)| \leqslant \sum_{n \geqslant 0} (n+1)^{3/2} \| \mathscr{F}_{\mathrm{SU}(2,\mathbf{C})} f(n) \|_2 \tag{5.35}$$

konvergiert die Fourier-Reihe (5.31) absolut und gleichmäßig gegen die Funktion $\mathrm{SU}(2,\mathbf{C}) \ni s \longmapsto f(s) \in \mathbf{C}$. Es folgt für jedes $s \in \mathrm{SU}(2,\mathbf{C})$ und $X \in \mathfrak{su}(2,\mathbf{C})$

$$f(s \cdot \exp t X) = \sum_{n \geqslant 0} (n+1) \operatorname{Tr}(\mathscr{F}_{\mathrm{SU}(2,\mathbf{C})} f(n) \cdot V_{s \cdot \exp t X}^n) \qquad (t \in \mathbf{R}). \tag{5.36}$$

Gliedweise Differentiation der rechten Seite an der Stelle $t \in \mathbf{R}$ liefert die unendliche Reihe $\sum\limits_{n \geqslant 0} (n+1) \operatorname{Tr}(\mathscr{F}_{\mathrm{SU}(2,\mathbf{C})} f(n) \cdot V_{s \cdot \exp t X}^n V_*^n(X))$. Wegen $\| V_s^n \|_2 = (n+1)^{1/2}$ $(n \in \mathbf{N})$ kann man dadurch zu einer (von der Variablen $s \in \mathrm{SU}(2,\mathbf{C})$ unabhängigen) Majorante dieser Reihe gelangen, daß man die Normen $\| V_*^n(X) \|_2$ abschätzt. Da $X \in \mathfrak{su}(2,\mathbf{C})$ eine normale Matrix mit $\operatorname{Tr} X = 0$ ist, kann ein Element $s_0 \in \mathrm{SU}(2,\mathbf{C})$ so gefunden werden, daß $s_0 X s_0^{-1} = \frac{1}{2} \operatorname{diag}(z_0, -z_0)$ mit $z_0 = a_0 + i b_0 \in \mathbf{C}$ gilt. Aus $X^* + X = 0$ (vgl. (4.20)) folgt $a_0 = 0$, also (vgl. Beispiel 4.2(5))

$$(\mathrm{Ad}_{\mathfrak{su}(2,\mathbf{C})} s_0) X = s_0 X s_0^{-1} = \frac{b_0}{2} \begin{pmatrix} i & 0 \\ 0 & -i \end{pmatrix} = b_0 X_3 \qquad (b_0 \in \mathbf{R}) \tag{5.37}$$

und somit

$$\| X \|_2 = \| (\mathrm{Ad}_{\mathfrak{su}(2,\mathbf{C})} s_0) X \|_2 = |b_0| \cdot \| X_3 \|_2 = \frac{|b_0|}{\sqrt{2}}. \tag{5.38}$$

Da die Eigenfunktionen $((k!(n-k)!)^{-1/2} f_k)_{0 \leqslant k \leqslant n}$ von $V_*^n(X_3)$ in $\mathscr{P}_n$ (5.20) eine Orthonormalbasis von $\mathscr{P}_n$ bezüglich des durch

$$\left(\sum_{0 \leqslant k \leqslant n} a_k z_1^{n-k} z_2^k \,\middle|\, \sum_{0 \leqslant k \leqslant n} b_k z_1^{n-k} z_2^k \right) = \sum_{0 \leqslant k \leqslant n} k!(n-k)! \, a_k \bar{b}_k \qquad (a_k, b_k \in \mathbf{C}, 0 \leqslant k \leqslant n)$$

festgelegten Skalarprodukts $(.\,|\,.)$ bilden (Aufgabe 5.3), erhält man die Abschätzung

$$\| V_*^n(X) \|_2^2 = \| V_{s_0}^n \cdot V_*^n(X) V_{s_0^{-1}}^n \|_2^2 = \| V_*^n(b_0 X_3) \|_2^2$$

$$= b_0^2 \sum_{0 \leqslant k \leqslant n} \| V_*^n(X_3) f_k \|_2^2 \leqslant \frac{1}{4} b_0^2 \sum_{0 \leqslant k \leqslant n} (n-2k)^2 \leqslant \frac{1}{4} b_0^2 (n+1) n^2. \tag{5.39}$$

Beachtet man (5.38), so folgt schließlich

$$\| V_*^n (X) \|_2 \leqslant n(n + 1)^{1/2} \| X \|_2 \qquad (n \in \mathbf{N}), \tag{5.40}$$

und somit für alle $t \in \mathbf{R}$ und $s \in SU(2, \mathbf{C})$ die Abschätzung

$$\sum_{n \geqslant 0} (n + 1) | \mathrm{Tr} \, (\mathscr{F}_{SU(2,\mathbf{C})} f(n) \, V_{s \cdot \exp t X}^n V_*^n (X)) |$$

$$\leqslant \left(\sum_{n \geqslant 0} n(n + 1)^2 \| \mathscr{F}_{SU(2,\mathbf{C})} f(n) \|_2 \right) \| X \|_2 . \tag{5.41}$$

Demnach existiert die Lie-Ableitung von f (4.32)

$$\mathscr{L}_X f(s) = \sum_{n \geqslant 0} (n + 1) \, \mathrm{Tr} \, (\mathscr{F}_{SU(2,\mathbf{C})} f(n) \, V_s^n \, V_*^n (X)) \tag{5.42}$$

in jedem Punkt $s \in SU(2, \mathbf{C})$ längs $X \in \mathfrak{su}(2, \mathbf{C})$ und es gilt $\mathscr{L}_X f \in \mathscr{C} (SU(2, \mathbf{C}))$. Vollständige Induktion liefert $f \in \mathscr{C}^\infty (SU(2, \mathbf{C}))$. ∎

Für jedes $\mathrm{D} \in \mathrm{U} (\mathfrak{su}(2, \mathbf{C}))$ wird durch $p_{\mathrm{D}} \colon \mathscr{C}^\infty (SU(2, \mathbf{C})) \ni f \longmapsto \| \mathrm{D} f \|_\infty$ eine Prä-Norm auf dem komplexen Vektorraum $\mathscr{C}^\infty (SU(2, \mathbf{C}))$ und für jedes $r \in \mathbf{R}_+$ durch $q_r \colon \mathscr{S} (\widehat{SU}(2, \mathbf{C})) \ni \varphi \longmapsto \sup_{n \in \mathbf{N}} n^r \| \varphi(n) \|_2$ einePrä-Norm auf dem komplexen Vektorraum $\mathscr{S} (\widehat{SU}(2, \mathbf{C}))$ definiert.

Die Prä-Normenspektren $\{ p_{\mathrm{D}} \, | \, \mathrm{D} \in \mathrm{U} (\mathfrak{su}(2, \mathbf{C})) \}$ und $\{ q_r \, | \, r \in \mathbf{R}_+ \}$ erzeugen vollständige hausdorffsche lokalkonvexe Vektorraumtopologien auf $\mathscr{C}^\infty (SU(2, \mathbf{C}))$ bzw. auf $\mathscr{S} (\widehat{SU}(2, \mathbf{C}))$. Den durch $\{ p_{\mathrm{D}} \, | \, \mathrm{D} \in \mathrm{U}(\mathfrak{su}(2, \mathbf{C})) \}$ topologisierten Vektorraum $\mathscr{C}^\infty (SU(2, \mathbf{C}))$ bezeichnet man auch mit $\mathscr{D}((SU(2, \mathbf{C}))$ (vgl. Abschn. I.8).

Satz 5.9 *Die Fourier-Transformation*

$$\mathscr{F}_{SU(2,\mathbf{C})} \colon \mathscr{D} (SU(2, \mathbf{C})) \to \mathscr{S} (\widehat{SU}(2, \mathbf{C})) \tag{5.43}$$

ist ein Isomorphismus zwischen lokalkonvexen topologischen Vektorräumen über **C**.

Beweis. Da stetige Funktionen, die μ-fast überall auf der Gruppe $SU(2, \mathbf{C})$ übereinstimmen, gleich sind, folgt aus Satz 3.3, daß (5.43) eine injektive lineare Abbildung ist. Sie ist außerdem surjektiv wegen Satz 5.8. Weil $\mathscr{D} (SU(2, \mathbf{C}))$ und $\mathscr{S} (\widehat{SU}(2, \mathbf{C}))$ komplexe Fréchet-Räume sind, genügt es, die Stetigkeit der Abbildung (5.43) zu beweisen. Für jede Funktion $f \in \mathscr{D} (SU(2, \mathbf{C}))$ und alle Zahlen $m, n \in \mathbf{N}$ gilt gemäß Satz 5.6 die Abschätzung

$$\left(\frac{1}{8} n(n + 2) \right)^m \| \mathscr{F}_{SU(2,\mathbf{C})} f(n) \|_2 = \| \mathscr{F}_{SU(2,\mathbf{C})} (\Omega^m f) (n) \|_2$$

$$= \| V^n (\Omega^m f) \|_2 \leqslant \int_{SU(2,\mathbf{C})} | \Omega^m f(s) | \cdot \| V_s^n \|_2 \, \mathrm{d}\mu(s) \tag{5.44}$$

$$\leqslant (n + 1)^{1/2} \| \Omega^m f \|_\infty .$$

Es gilt demnach $n^{2m-1/2} \| \mathscr{F}_{\mathrm{SU}(2,\mathbf{C})} f(n) \|_2 \leqslant 8^m \| \Omega^m f \|_\infty$ für alle $n \in \mathbf{N}$ und somit

$$q_{2m-\frac{1}{2}} (\mathscr{F}_{\mathrm{SU}(2,\mathbf{C})} f) \leqslant 8^m p_{\Omega^m} (f). \tag{5.45}$$

Wählt man also zu $r \in \mathbf{R}_+$ die Zahl $m \in \mathbf{N}$ so, daß $r \leqslant 2m - \frac{1}{2}$ erfüllt ist, so folgt $q_r (\mathscr{F}_{\mathrm{SU}(2,\mathbf{C})} f) \leqslant 8^m p_{\Omega^m} (f)$. Daraus ist die Stetigkeit der linearen Abbildung (5.43) zu entnehmen. ∎

Aufgaben

5.1 Beweise, daß auf $\mathbf{C}^2$ kein Skalarprodukt existiert, hinsichtlich dessen die stetige lineare Darstellung $x \longmapsto \begin{pmatrix} 1 & 0 \\ x & 1 \end{pmatrix}$ von $\mathbf{R}$ in $\mathbf{C}^2$ unitär ist.

5.2 Zeige, daß der Zentralisator der Untergruppe (5.2) von $\mathrm{SU}(2, \mathbf{C})$, d.h. die Menge der $s \in \mathrm{SU}(2, \mathbf{C})$, welche mit allen Elementen von H vertauschbar sind, mit H übereinstimmt. Demnach ist H eine maximale abelsche Untergruppe von $\mathrm{SU}(2, \mathbf{C})$.

5.3 Beweise, das V^n für jedes $n \in \mathbf{N}$ bezüglich des durch

$$\left(\sum_{0 \leqslant k \leqslant n} a_k z_1^{n-k} z_2^k \,\Bigg|\, \sum_{0 \leqslant k \leqslant n} b_k z_1^{n-k} z_2^k \right) = \sum_{0 \leqslant k \leqslant n} k!(n-k)! \, a_k \bar{b}_k \qquad (a_k, b_k \in \mathbf{C}, \, 0 \leqslant k \leqslant n)$$

festgelegten Skalarprodukts $(.\,|\,.)$ auf $\mathscr{P}_n$ eine unitäre Darstellung der Gruppe $\mathrm{SU}(2,\mathbf{C})$ in $\mathscr{P}_n$ ist.

(Sei $\omega = \mathrm{e}^{\frac{2\pi i}{n}}$ die n-te primitive Einheitswurzel. Zeige, daß die Polynome $\{(z_1 + \omega^k z_2)^n \mid 0 \leqslant k \leqslant n - 1\} \cup \{z_2^n\}$ eine Basis von $\mathscr{P}_n$ über $\mathbf{C}$ bilden).

5.4 Die reelle Lie-Algebra $\mathfrak{su}(2, \mathbf{C})$ ist hinsichtlich des Skalarprodukts $(X, Y) \longmapsto -\frac{1}{2} B(X, Y)$ ein dreidimensionaler reeller euklidischer Raum. Die zugehörige Gruppe aller (orientierungserhaltenden) Rotationen kann mit der Gruppe $\mathrm{SO}(3, \mathbf{R})$ identifiziert werden.

(a) Die Abbildung $\mathrm{Ad}_{\mathfrak{su}(2,\mathbf{C})}$ ist ein stetiger Gruppen-Morphismus von $\mathrm{SU}(2,\mathbf{C})$ in $\mathrm{SO}(3,\mathbf{R})$ mit dem Kern $\{-1_2, +1_2\}$. (Beachte, daß $\mathrm{SU}(2,\mathbf{C})$ eine zusammenhängende topologische Gruppe ist).

b) Der Gruppen-Morphismus $\mathrm{Ad}_{\mathfrak{su}(2,\mathbf{C})} \colon \mathrm{SU}(2,\mathbf{C}) \to \mathrm{SO}(3,\mathbf{R})$ ist surjektiv. (Berechne $\mathrm{Ad}_{\mathfrak{su}(2,\mathbf{C})} \exp t X_j$ für $t \in \mathbf{R}$ und die in (5.17) angegebenen Matrizen $(X_j)_{1 < j < 3}$; vgl. (5.19)).

5.5 (a) Zu jeder Zahl $n \in \mathbf{N}$ existiert eine irreduzible unitäre Darstellung U^n der Gruppe $\mathrm{SO}(3,\mathbf{R})$ mit $U^n \circ \mathrm{Ad}_{\mathfrak{su}(2,\mathbf{C})} = V^{2n}$. (Beachte, daß der Kern von V^{2n} für jedes $n \in \mathbf{N}$ den Kern von $\mathrm{Ad}_{\mathfrak{su}(2,\mathbf{C})}$ umfaßt).

(b) Jede irreduzible unitäre Darstellung von $\mathrm{SO}(3, \mathbf{R})$ ist zu genau einer der Darstellungen $(U^n)_{n \geqslant 0}$ unitär äquivalent.

6   Ergänzungen und Bemerkungen

1. Die Darstellungstheorie kompakter Lie-Gruppen wurde von Peter und Weyl [83] im Jahre 1926 begründet. Die Konstruktion des Haar-Maßes (Satz III.1.2) ermöglichte es, ihre Theorie auf beliebige kompakte topologische Gruppen G auszudehnen. Der Satz von Peter-Weyl (Satz 1.10) liefert nicht nur die isotypen Teildarstellungen der linksregulären Darstellung γ von G im komplexen Hilbert-Raum $L^2(G)$, sondern für jede beliebige unitäre Darstellung V von G auch die zugehörenden isotypen Teildarstellungen $(V_\varrho)_{\varrho \in \hat{G}}$ (Satz 3.1).

Von Konvergenzfragen abgesehen treten viele Wesenszüge der harmonischen Analyse auf kompakten topologischen Gruppen bereits schon in der harmonischen Analyse auf endlichen Gruppen zutage, vgl. z. B. Serre [93], Lang [70], Curtis-Reiner [18] und Dornhoff [25]. Der Satz von Peter-Weyl reduziert sich dann auf den Satz von Maschke, demzufolge die Gruppenalgebra $\mathbf{C}[G]$ jeder endlichen Gruppe G über dem Körper $\mathbf{C}$ halbeinfach ist (Aufgabe 1.2).

Die Tatsache, daß bei jeder kompakten topologischen Gruppe G die Vielfachheit $(\gamma : \varrho)$ von $\varrho \in \hat{G}$ in γ mit der Dimension n_ϱ von ϱ übereinstimmt, liegt aus der Sicht des Reziprozitätssatzes von Frobenius (Satz V.1.1) daran, daß γ die von der trivialen Darstellung der Untergruppe $\{1\}$ induzierte Darstellung ist (Definition V.1.3) und die Restriktion jeder Darstellung $U^{(\varrho)} \in \varrho$ auf $\{1\}$ die triviale Darstellung von $\{1\}$ genau n_ϱ-fach enthält. Ist G eine kompakte (lineare) Lie-Gruppe, so können die Dimensionen $(n_\varrho)_{\varrho \in \hat{G}}$ aus Strukturdaten von G berechnet werden; vgl. Abschn. 5.

Weitere Informationen zur harmonischen Analyse auf beliebigen kompakten topologischen Gruppen G findet man z.B. bei Hewitt-Ross [46], Gaal [34], Weiss [115] und Dunkl-Ramirez [29]. Das Problem, zu jeder Klasse $\varrho \in \hat{G}$ einen Repräsentanten zu konstruieren, wird in Hewitt-Ross [46] für eine Reihe von einfachen Fällen detailliert behandelt. Für den Fall $G = \mathrm{SU}(2, \mathbf{C})$, vgl. Abschn. 5; für $G = \mathrm{SO}(n, \mathbf{R})$, $n \geqslant 3$, und $G = \mathrm{U}(n, \mathbf{C})$, $n \geqslant 2$, vgl. Abschn. V.2.

Der Satz von Peter-Weyl ist bei Dieudonné [20] aus der Sicht der Darstellungstheorie vollständiger komplexer Hilbert-Algebren behandelt. Darstellungen kompakter Gruppen in topologischen Vektorräumen wurden von Johnson [56] studiert.

2. Eine ausführliche Darstellung der Charaktertheorie endlicher Gruppen findet sich z.B. bei Ledermann [72] und Isaacs [54].

Bezeichnet G eine kompakte topologische Gruppe mit dem standardisierten Haar-Maß μ und dem Neutralelement 1, so konvergiert für beliebige $g \in L^2(G)$ und $h \in L^2(G)$ die Reihe $\sum\limits_{\varrho \in \hat{G}} n_\varrho (g * h * \chi_\varrho)$ absolut und gleichmäßig auf G gegen die Funktion $f = g * h \in \mathscr{C}(G)$. Führt man

$$\Theta_\varrho(f) = \int_G f(s)\,\chi_\varrho(s)\,\mathrm{d}\mu(s) = \int_G f(s)\,\mathrm{Tr}\,m^{(\varrho)}(s)\,\mathrm{d}\mu(s) = \mathrm{Tr}\,m^{(\varrho)}(f) = \mathrm{Tr}\,\mathscr{F}_G f$$

(vgl. (3.1) und (3.14)) für $\varrho \in \hat{G}$ ein, so folgt $f(1) = \sum_{\varrho \in G} n_\varrho \, \Theta_\varrho (\check{f})$. Prägt man also $\hat{G}$ die diskrete Topologie auf und bezeichnet μ_G das Radon-Maß auf $\hat{G}$, welches in jedem Punkt $\varrho \in \hat{G}$ die Masse n_ϱ aufweist, so gilt

$$f(1) = \int_G \Theta_\varrho (\check{f}) \, \mathrm{d}\mu_G(\varrho)$$

für alle $f \in \mathrm{L}^2(G) * \mathrm{L}^2(G)$. Ist G irgendeine unimodulare lokalkompakte topologische Gruppe und V eine beliebige unitäre Darstellung von G in einem komplexen separablen Hilbert-Raum E, so wird V eine Darstellung der Spurklasse genannt, falls für jede Funktion $f \in \mathcal{K}(G)$ die lineare Abbildung $V(f): E \to E$ (3.1) ein Operator der Spurklasse ist, d.h. falls für jede Hilbert-Basis $(x_n)_{n \geqslant 1}$ von E die Reihe $\mathrm{Tr}\, V(f) = \sum_{n \geqslant 1} (V(f) x_n | x_n)$ konvergent und unabhängig von der Wahl der Hilbert-Basis ist. Ist U eine irreduzible unitäre Darstellung von G der Spurklasse, so heißt die Abbildung $\mathcal{K}(G) \ni f \rightsquigarrow \mathrm{Tr}\, U(f) \in \mathbf{C}$ der Charakter von U. Bezeichnet $\hat{G}$ die Menge aller Äquivalenzklassen irreduzibler unitärer Darstellungen von G der Spurklasse, so stellt sich die Aufgabe, auf $\hat{G}$ explizit ein Plancherel-Maß μ_G so zu konstruieren, daß

$$\langle \varepsilon_1, f \rangle = f(1) = \int_G \Theta_\omega (\check{f}) \, \mathrm{d}\mu_G(\omega) \qquad (U^{(\omega)} \in \omega)$$

mit $\Theta_\omega(f) = \mathrm{Tr}\, U^{(\omega)}(f)$ für eine geeignete Klasse „glatter" Funktionen $f \in \mathcal{K}(G)$ gilt. Für beliebige halbeinfache Lie-Gruppen mit endlichem Zentrum wurde dieses Problem von Harish-Chandra gelöst; bei Wallach [110] ist ein Spezialfall behandelt.

Für kompakte zusammenhängende halbeinfache Lie-Gruppen G können die Charaktere von G mit Hilfe der Charakterformel von H. Weyl berechnet werden. Für den Fall $G = \mathbf{SU}(2, \mathbf{C})$, vgl. Abschn. 5.

3. Die Fourier-Transformation $\mathcal{F}_G: \mathrm{L}^2(G) \to \mathrm{L}^2(\hat{G})$ ist gemäß Satz 3.6 für jede kompakte topologische Gruppe G ein isometrischer Isomorphismus. Analog zum komplexen Hilbert-Raum $\mathrm{L}^2(\hat{G})$ (Definition 3.2) läßt sich für jeden Exponenten $p \in [\![1, +\infty]\!]$ ein komplexer Banach-Raum $\mathrm{L}^p(\hat{G}) \subseteq \mathfrak{M}(\hat{G}, \mathbf{C})$ definieren. Für $p \in [\![1, 2]\!]$ ist dann $\mathcal{F}_G: \mathrm{L}^p(G) \to \mathrm{L}^{p'}(\hat{G})\,(1/p + 1/p' = 1)$ eine stetige lineare Abbildung mit $\| \mathcal{F}_G f \|_{p'} \leqslant \| f \|_p$ für alle $f \in \mathrm{L}^p(G)$ (Ungleichung von Hausdorff-Young). Zur Bedeutung der Banach-Räume $\mathrm{L}^p(\hat{G})$ für die harmonische Analyse auf kompakten topologischen Gruppen, insbesondere für Fragen der absoluten Konvergenz von Fourier-Reihen und der Theorie der Multiplikatoren auf G, konsultiere man z.B. Hewitt-Ross [46] und Dunkl-Ramirez [29].

4. Bezeichnet G eine reelle lineare Lie-Gruppe, die zu einer abgeschlossenen Untergruppe G' von $\mathbf{GL}(n, \mathbf{C})$ isomorph ist, und $\mathfrak{g}$ ihre Lie-Algebra der Dimension m über $\mathbf{R}$, so existiert eine offene Nullumgebung U in $\mathfrak{gl}(n, \mathbf{C})$ derart, daß $\exp(\mathfrak{g} \cap U) = G' \cap \exp(U)$ gilt und $\exp: U \to \exp(U)$ ein komplex-analytischer Diffeomorphismus ist (Aufgaben 4.9 und 4.10). Es lassen sich $2n^2$ $\mathbf{R}$-lineare Koordinatenfunktionen $(x_j)_{1 \leqslant j \leqslant 2n^2}$ auf $\mathfrak{gl}(n, \mathbf{C})$ wählen mit $\mathfrak{g} = \{X \in \mathfrak{gl}(n, \mathbf{C}) \,\}\, x_j(X) = 0, \ m + 1 \leqslant j \leqslant 2n^2\}$.

Durch die Abbildung log kann die offene Neutralumgebung $\exp(U)$ von $\mathbf{GL}(n, \mathbf{C})$ mit der offenen Nullumgebung U in $\mathfrak{gl}(n, \mathbf{C})$ identifiziert werden. Zugleich wird durch log eine reell-analytische Koordinatentransformation der Real- und Imaginärteile der Matrixelemente von $T \in \exp(U)$ auf die Koordinaten $(x_j(\log T))_{1 < j < 2n^2}$ gegeben. Durch die Einschränkung der Abbildung log: $\exp(U) \to U$ auf G' kann die offene Neutralumgebung $G' \cap \exp(U)$ von G' mit der offenen Nullumgebung $\mathfrak{g} \cap U$ von $\mathfrak{g}$ identifiziert werden, wobei die Koordinaten $((x_j(\log T))_{1 < j < m}$ als Koordinaten von $T \in G' \cap \exp(U)$ betrachtet werden.

Führt man für jede offene Nullumgebung $V \subseteq U$ von $\mathfrak{gl}(n, \mathbf{C})$ und jedes Element $s_0 \in G'$ die Menge $W_{s_0} = s_0 \cdot \exp(\mathfrak{g} \cap V) = G' \cap s_0 \cdot \exp(V)$ ein, so ist W_{s_0} eine offene Umgebung von s_0 in G und durch $\Phi_{s_0}: W_{s_0} \ni s \rightsquigarrow \log(s_0^{-1} s)$ wird W_{s_0} bijektiv auf die offene Nullumgebung $\mathfrak{g} \cap V$ von $\mathfrak{g}$ abgebildet. Man kann V so wählen, daß folgende Eigenschaften erfüllt sind:

(i) Falls $W_{s_0} \cap W_{t_0} \neq \emptyset$ für ein Paar $(s_0, t_0) \in G' \times G'$ erfüllt ist, ist die Abbildung $\Phi_{s_0}(s) \rightsquigarrow \Phi_{t_0}(s)$ $(s \in W_{s_0} \cap W_{t_0})$ reell-analytisch.

(ii) Zu jedem Paar $(s_0, t_0) \in G' \times G'$ existiert eine Umgebung $N_{(s_0, t_0)}$ von (s_0, t_0) in $G' \times G'$ mit der Eigenschaft, daß die Abbildung $(\Phi_{s_0}(s), \Phi_{t_0}(t)) \rightsquigarrow \Phi_{s_0 t_0}(s t)$ $((s, t) \in N_{(s_0, t_0)})$ reell-analytisch ist.

(iii) Zu jedem Punkt $s_0 \in G'$ existiert eine Umgebung N_{s_0} in G' mit der Eigenschaft, daß $\Phi_{s_0}(s) \rightsquigarrow \Phi_{s_0^{-1}}(s^{-1})$ $(s \in N_{s_0})$ eine reell-analytische Abbildung ist.

Demnach trägt jede reelle lineare Lie-Gruppe G die Struktur einer reell-analytischen Mannigfaltigkeit, wobei die Gruppenstruktur und die Mannigfaltigkeitsstruktur in dem Sinne miteinander verträglich sind, daß die Abbildung $G \times G \ni (s, t) \rightsquigarrow s^{-1} t \in G$ reell-analytisch ist. Derartige Gruppen nennt man (reelle) Lie-Gruppen. Bezeichnet H eine Untergruppe von G, die zugleich eine Untermannigfaltigkeit von G ist, so nennt man H eine Liesche Untergruppe von G. Jede Liesche Untergruppe einer reellen Lie-Gruppe G ist notwendigerweise abgeschlossen in G. Man kann umgekehrt zeigen, daß jede abgeschlossene Untergruppe H einer reellen Lie-Gruppe G eine Liesche Untergruppe von G ist (Satz von E. Cartan). Ein Beweis dieses Resultats im Falle $G = \mathbf{GL}(n, \mathbf{C})$, $H = G'$, wurde oben angedeutet.

Unter der Lie-Algebra $\mathfrak{g}$ einer reellen Lie-Gruppe G versteht man die reelle Lie-Algebra aller Vektorfelder $\mathrm{D} \in \mathrm{Der}\left(\mathscr{C}^\infty(G)\right)$ mit $\mathrm{D} \circ \gamma(s) = \gamma(s) \circ \mathrm{D}$, $s \in G$. Der Vektorraum $\mathfrak{g}$ über $\mathbf{R}$ kann mit dem Tangentialraum von G im Neutralelement $1 \in G$ identifiziert werden. Zu jedem $X \in \mathfrak{g}$ existiert genau ein analytischer Morphismus χ der additiven Gruppe $\mathbf{R}$ in G mit $X = \chi'(0)$. Man setzt $\chi(1) = \exp X$ und nennt $\mathfrak{g} \ni X \rightsquigarrow \exp X$ die Exponentialabbildung von G.

Für jede reelle lineare Lie-Gruppe G stimmt $\mathrm{Lie}(G)$ mit der reellen Lie-Algebra $\mathfrak{g}$ von G überein, aufgrund von Satz 4.6 wird durch (4.1) die Exponentialabbildung von G geliefert und die gemäß (4.33) definierten Räume $\mathscr{C}^k(G)$, $k \in \mathbf{N}^\times$, sind Räume differenzierbarer komplexwertiger Funktionen auf G. Es ist klar, daß für jede Funktion $f \in \mathscr{C}^\infty(G)$ die Abbildung $\varphi: \mathfrak{g} \ni X \rightsquigarrow f(\exp X) \in \mathbf{C}$ beliebig oft differenzierbar ist.

Jede kompakte reelle Lie-Gruppe K besitzt eine Neutralumgebung welche keine nicht triviale Untergruppe von K umfaßt. Gemäß Aufgabe 2.5 existiert eine endlich dimensionale, treue, unitäre Darstellung von K, so daß K eine reelle lineare Lie-Gruppe ist.

Zur Theorie der Lie-Gruppen vgl. z.B. Sagle-Walde [88], Chevalley [14], Adams [1], Varadarajan [108], Helgason [42], Dieudonné [20] und Bourbaki [9].

5. Die für die Gruppe $SU(2, \mathbf{C})$ entwickelte Theorie läßt sich auf beliebige zusammenhängende kompakte halbeinfache reelle Lie-Gruppen G verallgemeinern. In G existiert ein maximaler Torus T, d.h. eine maximale zusammenhängende abelsche Untergruppe von G. Sei $\mathfrak{g}$ die Lie-Algebra von G und $\mathfrak{t}$ die Lie-Algebra von T. Für jede endlich dimensionale unitäre Darstellung V von G ist dann $V_*(\mathfrak{t})$ eine Familie kommutierender schiefhermitescher Matrizen, so daß eine unitäre Matrix P und rein imaginärwertige Linearformen $(\lambda_j)_{1 \leq j \leq k}$ auf $\mathfrak{t}$ gewählt werden können mit $P V_*(Y) P^{-1} = \operatorname{diag}(\lambda_j(Y))_{1 \leq j \leq k}$ für alle $Y \in \mathfrak{t}$. Man nennt die Familie $(\lambda_j)_{1 \leq j \leq k}$ die Gewichte von V. Durch $(X, Y) \rightsquigarrow (X \mid Y) = - B_\mathfrak{g}(X, Y)$ wird ein Skalarprodukt auf dem reellen Vektorraum $\mathfrak{g}$ definiert und $\operatorname{Ad}_\mathfrak{g}$ ist eine orthogonale Darstellung von G in $\mathfrak{g}$. Jedes Gewicht $\neq 0$ von $\operatorname{Ad}_\mathfrak{g}$ heißt eine Wurzel von G bezüglich T.

Zu jeder rein imaginärwertigen Linearform λ auf $\mathfrak{t}$ existiert genau ein Element $H_\lambda \in \mathfrak{t}$ mit $\lambda(Y) = i(H_\lambda \mid Y)$ für alle $Y \in \mathfrak{t}$. Man identifiziert λ mit H_λ und setzt $(\lambda \mid \mu) = (H_\lambda \mid H_\mu)$ für jedes Paar (λ, μ) rein imagimärwertiger Linearformen auf $\mathfrak{t}$. Wählt man eine lexikographische Ordnung in $\mathfrak{t}$ bezüglich einer Basis, so kann man insbesondere vom höchsten Gewicht der Darstellung V von G und von der Menge S^+ aller positiven Wurzeln von G bezüglich T reden.

Je zwei irreduzible unitäre Darstellungen von G sind genau dann unitär äquivalent, falls ihre höchsten Gewichte übereinstimmen. Demnach kann der Dual $\hat{G}$ von G injektiv in die Menge aller rein imaginärwertigen Linearformen auf $\mathfrak{t}$ abgebildet werden. Identifiziert man jede Klasse $\varrho \in \hat{G}$ mit ihrem Bild und setzt $\delta = \frac{1}{2} \sum_{\alpha \in S^+} \alpha$, so gilt die Dimensionsformel von H. Weyl:

$$n_\varrho = \prod_{\alpha \in S^+} \left((\varrho + \delta \mid \alpha) / (\delta \mid \alpha) \right) \qquad (\varrho \in \hat{G}).$$

Die Charaktere $\{\chi_\varrho \mid \varrho \in \hat{G}\}$ von G können durch eine entsprechende explizite Formel auf die Charaktere von T zurückgeführt werden (Charakterformel von H. Weyl). Wesentlich ist dabei die Tatsache, daß jedes Element von G zu einem Element von T konjugiert, also jeder Charakter von G als zentrale Funktion bereits durch seine Werte auf T festgelegt ist.

Das Casimir-Element $\Omega(\mathfrak{g}) \in U(\mathfrak{g})$ von $\mathfrak{g}$ ist ein wohl-definierter linearer Differential-operator auf G. Die Koordinatenfunktionen $(m_{jk}^{(\varrho)})_{\substack{1 \leq j \leq n_\varrho \\ 1 \leq k \leq n_\varrho}}$ von $U^{(\varrho)} \in \varrho$ bezüglich einer Orthonormalbasis gehören für jedes $\varrho \in \hat{G}$ dem Raum $\mathscr{C}^\infty(G)$ an und sind Eigenfunktionen von $\Omega(\mathfrak{g})$: Es gilt $\Omega(\mathfrak{g}) m_{jk}^{(\varrho)} = (\varrho \mid \varrho + 2\delta) m_{jk}^{(\varrho)}$ für $1 \leq j, k \leq n_\varrho$ und jedes $\varrho \in \hat{G}$.

Neben den Originalarbeiten von Weyl [116] vergleiche man z.B. Dieudonné [20], Varadarajan [108] und Wallach [110].

V Harmonische Analyse und Gelfand-Paare

1 Kompakte Gelfand-Paare

Eine nützliche Erweiterung der harmonischen Analyse auf kompakten topologischen Gruppen, wie sie in Kap. IV entwickelt worden ist, kann dadurch erzielt werden, daß man die unitären Darstellungen kompakter Untergruppen in die Überlegungen mit einbezieht. Dies führt zu einem genaueren Verständnis (Satz 1.3) von linearen Darstellungen, welche auf Räumen von Funktionen auf homogenen Mannigfaltigkeiten operieren und zum Begriff des Gelfand-Paares, der sich auch für die harmonische Analyse auf lokalkompakten topologischen Gruppen als fruchtbar erweist (Abschn. 3).

Sei also zunächst G eine kompakte topologische Gruppe mit dem standardisierten Haar-Maß μ und dem Dual $\hat{G}$ und K eine beliebige abgeschlossene, mithin kompakte Untergruppe von G mit dem standardisierten Haar-Maß v und dem Dual $\hat{K}$. Wählt man in jeder Äquivalenzklasse $\varrho \in \hat{G}$ einen beliebigen Repräsentanten $U^{(\varrho)} \in \varrho$ mit dem komplexen Hilbert-Raum E_ϱ der Dimension n_ϱ als Darstellungsraum, so soll in einem ersten Schritt die Einschränkung

$$V_\varrho : K \ni t \rightsquigarrow U_t^{(\varrho)} \in \mathrm{U}(E_\varrho) \qquad (\varrho \in \hat{G}) \tag{1.1}$$

von $U^{(\varrho)}$ auf K untersucht werden. Man nennt V_ϱ auch die von $U^{(\varrho)}$ auf K *subduzierte* Darstellung. Es ist klar, daß V_ϱ eine nicht mehr notwendig irreduzible Darstellung von K in E_ϱ ist.

Beispiel 1.1 Die Einschränkungen der $(n+1)$-dimensionalen irreduziblen unitären Darstellungen $(V^n)_{n \geqslant 1}$ der kompakten Gruppe $\mathrm{SU}(2, \mathbf{C})$ in den komplexen Hilbert-Räumen $\mathscr{P}_n$ (vgl. Satz IV.5.2) auf die kompakte abelsche Untergruppe H (IV.5.2) können wegen Satz I.2.4 keine irreduziblen Darstellungen von H in $\mathscr{P}_n$ sein.

Definition 1.1 Für jedes Paar $(\varrho, \sigma) \in \hat{G} \times \hat{K}$ bezeichne $d_{\varrho,\sigma} = (V_\varrho : \sigma)$ die Vielfachheit von σ in der unitären Darstellung (1.1) von K in E_ϱ. Dann heißt $(\varrho : \sigma) = d_{\varrho,\sigma}$ die Vielfachheit von σ in ϱ.

Wie in IV.1 werde mit $(\mathfrak{a}_\sigma)_{\sigma \in \hat{K}}$ eine Familie von minimalen zweiseitigen Idealen der komplexen Faltungsalgebra $\mathrm{L}^2(K) = L^2(K; v)$ bezeichnet; $(u_\sigma)_{\sigma \in \hat{K}}$ sei die Familie der zugehörenden Neutralelemente. Gemäß Satz IV.3.1 ist dann $\{V_\varrho(u_\sigma) \,|\, V_\varrho(u_\sigma) \neq 0,\ \sigma \in \hat{K}\}$ für jedes $\varrho \in \hat{G}$ eine Familie von Orthogonalprojektoren von E_ϱ auf die isotypen

Komponenten $(M_{\varrho,\sigma})_{\sigma\in\hat{K}}$ von E_ϱ und es gilt

$$E_\varrho = \bigoplus_{\sigma\in\hat{K}} M_{\varrho,\sigma} \qquad (\varrho\in\hat{G}),$$

$$\dim_{\mathbf{C}} M_{\varrho,\sigma} = d_{\varrho,\sigma}\, n_\sigma \qquad (\varrho\in\hat{G},\ \sigma\in\hat{K}). \tag{1.2}$$

In jeder isotypen Komponente $M_{\varrho,\sigma}$ von E_ϱ existieren paarweise orthogonale, n_σ-dimensionale Untervektorräume $(F_{\varrho,\sigma,l})_{1<l<d_{\varrho,\sigma}}$ mit der Eigenschaft, daß jeder Raum $F_{\varrho,\sigma,l}$ stabil ist gegen V_ϱ und die Teildarstellung $K\ni t\rightsquigarrow U_t^{(\varrho)}\,|\,F_{\varrho,\sigma,l}$ von V_ϱ zur Klasse $\bar\sigma\in\hat{K}$ gehört. Wegen $M_{\varrho,\sigma}=\displaystyle\bigoplus_{1<l<d_{\varrho,\sigma}} F_{\varrho,\sigma,l}$ und (1.2) gilt die Orthogonalzerlegung

$$E_\varrho = \bigoplus_{\sigma\in\hat{K}}\ \bigoplus_{1<l<d_{\varrho,\sigma}} F_{\varrho,\sigma,l} \qquad (\varrho\in\hat{G}). \tag{1.3}$$

Man kann sich demnach in E_ϱ eine Orthonormalbasis $(a_j^{(\varrho)})_{1<j<n_\varrho}$ so gewählt denken, daß, wenn $U^{(\varrho)}$ die Koordinatenfunktionen $(m_{jk}^{(\varrho)})_{\substack{1<j<n_\varrho\\1<k<n_\varrho}}$ bezüglich $(a_j^{(\varrho)})_{1<j<n_\varrho}$ aufweist,

für jedes $s\in G$ die Einschränkung $P_{\varrho,\bar\sigma}(s)$ der linearen Abbildung

$$V_\varrho(u_{\bar\sigma})\circ U_s^{(\varrho)}\circ V_\varrho(u_{\bar\sigma}): E_\varrho\to E_\varrho \qquad (\varrho\in\hat{G},\ \sigma\in\hat{K}) \tag{1.4}$$

auf $M_{\varrho,\bar\sigma}$ im Falle $d_{\varrho,\sigma}>0$ die Matrix $(m_{jk}^{(\varrho)}(s))_{\substack{1<j<d_{\varrho,\sigma}n_\sigma\\1<k<d_{\varrho,\sigma}n_\sigma}}$ besitzt und $P_{\varrho,\bar\sigma}(t)$ für jedes $t\in K$ die Block-Matrix $\mathrm{diag}\big(m^{(\sigma)}(t),\ldots,m^{(\sigma)}(t)\big)$ aufweist. Für jedes $t\in K$ hat im Falle $d_{\varrho,\sigma}>0$ die lineare Abbildung

$$V_\varrho(t)\circ V_\varrho(u_{\bar\sigma}) = V_\varrho(u_{\bar\sigma})\circ V_\varrho(t) \qquad (\varrho\in\hat{G},\ \sigma\in\hat{K}) \tag{1.5}$$

die Matrix $\mathrm{diag}(m^{(\sigma)}(t),\ldots,m^{(\sigma)}(t),0,\ldots,0)$.

Definition 1.2 Sei $(\varrho,\sigma)\in\hat{G}\times\hat{K}$ ein Paar von Äquivalenzklassen. Dann heißt die stetige komplexwertige Funktion

$$\theta_{\varrho,\sigma}: G\ni s\rightsquigarrow \mathrm{Tr}\big(P_{\varrho,\bar\sigma}(s)\big) = \mathrm{Tr}\big(V_\varrho(u_{\bar\sigma})\circ U_s^{(\varrho)}\circ V_\varrho(u_{\bar\sigma})\big) \tag{1.6}$$

die Relativspur von ϱ bezüglich σ.

Für beliebige Elemente $s\in G$, $t\in K$, $t'\in K$ gilt $U_{tst'}^{(\varrho)} = V_\varrho(t)\circ U_s^{(\varrho)}\circ V_\varrho(t')$. Es folgt wegen (1.5) $V_\varrho(u_{\bar\sigma})\circ U_{tst'}^{(\varrho)}\circ V_\varrho(u_{\bar\sigma}) = V_\varrho(u_{\bar\sigma})\circ V_\varrho(t)\circ(V_\varrho(u_{\bar\sigma})\circ U_s^{(\varrho)}\circ V_\varrho(u_{\bar\sigma}))\circ V_\varrho(t')\circ V_\varrho(u_{\bar\sigma})$ und somit

$$P_{\varrho,\bar\sigma}(t\,s\,t') = P_{\varrho,\bar\sigma}(t)\circ P_{\varrho,\bar\sigma}(s)\circ P_{\varrho,\bar\sigma}(t') \qquad (s\in G,\ t\in K,\ t'\in K). \tag{1.7}$$

Die Gleichung (1.7) impliziert für die Relativspur

$$\theta_{\varrho,\sigma}(tst^{-1}) = \theta_{\varrho,\sigma}(s) \qquad (\varrho\in\hat{G},\ \sigma\in\hat{K}) \tag{1.8}$$

für jedes Paar $(s, t) \in G \times K$. Von den Identitäten

$$\theta_{\varrho,\sigma} = \frac{1}{n_\varrho} \sum_{1 \leqslant k \leqslant d_{\varrho,\sigma} n_\sigma} m_{kk}^{(\varrho)} = \sum_{1 \leqslant k \leqslant d_{\varrho,\sigma} n_\sigma} m_{kk}^{(\varrho)} \qquad (\varrho \in \hat{G}, \; \sigma \in \hat{K}, \; d_{\varrho,\sigma} > 0) \tag{1.9}$$

liest man sofort die folgenden Beziehungen zwischen den Charakteren $(\chi_\varrho)_{\varrho \in \hat{G}}$, den Relativspuren (1.6) und den Charakteren $(\chi_\sigma)_{\sigma \in \hat{K}}$ von K ab:

$$\chi_\varrho = \sum_{\substack{\sigma \in \hat{K} \\ d_{\varrho,\sigma} > 0}} \theta_{\varrho,\sigma} \qquad (\varrho \in \hat{G}),$$

$$\theta_{\varrho,\sigma} | K = d_{\varrho,\sigma} \chi_\sigma \qquad (\varrho \in \hat{G}, \; \sigma \in \hat{K}). \tag{1.10}$$

Die Orthogonalitätsrelationen (IV.1.31) der Koordinatenfunktionen implizieren die Gleichungen

$$(\theta_{\varrho,\sigma} | \theta_{\varrho',\sigma'}) = 0 \qquad (\varrho \neq \varrho', \; \sigma, \sigma' \in \hat{K}), \tag{1.11}$$

und aus (IV.1.32) folgen die Beziehungen

$$(\theta_{\varrho,\sigma} | \theta_{\varrho',\sigma'}) = 0 \qquad (\varrho, \varrho' \in \hat{G}, \; \sigma \neq \sigma'). \tag{1.12}$$

Die vorstehenden Überlegungen beruhen auf der (trivialen) Tatsache, daß aus jeder unitären Darstellungen U von G durch Restriktion eine unitäre Darstellung V von K gewonnen werden kann, wobei, wie erwähnt, die Irreduzibilität nicht notwendig vererbt wird: Gilt $U \in \varrho$, so gibt $(\varrho : \sigma)$ die Vielfachheit an, mit der $\sigma \in \hat{K}$ in der subduzierten Darstellung $V: K \ni t \rightsquigarrow U_t$ enthalten ist. Es stellt sich natürlich jetzt umgekehrt das (weniger triviale) Problem, ob, ausgehend von einer unitären Darstellung $V \in \sigma$, eine unitäre Darstellung U von G konstruiert werden kann, in der $\varrho \in \hat{G}$ mit der Vielfachheit $(\varrho : \sigma)$ enthalten ist. Durch den *Reziprozitätssatz von Frobenius* wird diese Frage positiv beantwortet. Um ihn zu beweisen, kann man wie folgt vorgehen. Sei $\sigma \in \hat{K}$ eine beliebige Äquivalenzklasse, $m^{(\bar{\sigma})}$ die zu $\bar{\sigma} \in \hat{K}$ gehörende unitäre Darstellung von K im Hilbert-Raum $\mathbf{C}^{n_\sigma}$ (IV.1.34) und

$$J(\bar{\sigma}) = \left\{ g \in (\mathrm{L}^2(G))^{n_\sigma} \; \middle| \; g * \varepsilon_t = m^{(\bar{\sigma})}(t) g, \, t \in K \right\} \qquad (\sigma \in \hat{K}), \tag{1.13}$$

wobei die in (1.13) auftretende Faltung „koordinatenweise" zu verstehen ist. Offenbar ist $J(\bar{\sigma})$ ein abgeschlossener Untervektorraum des Produkt-Raumes $(\mathrm{L}^2(G))^{n_\sigma}$, also ein komplexer Hilbert-Raum hinsichtlich des Skalarproduktes

$$(g, h) = ((g_\alpha)_{1 \leqslant \alpha \leqslant n_\sigma}, (h_\alpha)_{1 \leqslant \alpha \leqslant n_\sigma}) \rightsquigarrow \sum_{1 \leqslant \alpha \leqslant n_\sigma} (g_\alpha | h_\alpha).$$

Für jedes $\varrho \in \hat{G}$ bezeichne

$$J_\varrho(\bar{\sigma}) = \left\{ u_\varrho * g \; \middle| \; g \in J(\bar{\sigma}) \right\} \qquad (\sigma \in \hat{K}) \tag{1.14}$$

die Orthogonalprojektion (Satz IV.1.10) von $J(\bar{\sigma})$ im Untervektorraum $(\mathfrak{a}_\varrho)^{n_\sigma}$ von $(\mathscr{C}(G))^{n_\sigma}$, so daß

$$J(\bar{\sigma}) = \hat{\bigoplus_{\varrho \in \hat{G}}} J_\varrho(\bar{\sigma}) \qquad (\sigma \in \hat{K}) \tag{1.15}$$

gilt. Sei $h = (h_\alpha)_{1 \leqslant \alpha \leqslant n_\sigma} \in J_\varrho(\bar\sigma)$ eine beliebige Funktion. Wegen $h_\alpha \in \mathfrak{a}_\varrho$ für $1 \leqslant \alpha \leqslant n_\sigma$ existieren Koeffizienten $c_{jk}^\alpha \in \mathbf{C}$ $(1 \leqslant j, k \leqslant n_\varrho, 1 \leqslant \alpha \leqslant n_\sigma)$ mit $h_\alpha = \sum\limits_{\substack{1 \leqslant j \leqslant n_\varrho \\ 1 \leqslant k \leqslant n_\varrho}} c_{jk}^\alpha\, m_{jk}^{(\varrho)}$. Mithin

folgen aus $h * \varepsilon_{t^{-1}} = \check m^{(\bar\sigma)}(t)\, h$ $(t \in K)$ für jedes $s \in G$ und für $1 \leqslant \alpha \leqslant n_\sigma$ die Gleichungen

$$\sum_{1 \leqslant j,k,l \leqslant n_\varrho} c_{jk}^\alpha\, m_{jl}^{(\varrho)}(s)\, m_{lk}^{(\varrho)}(t) = \sum_{1 \leqslant \beta \leqslant n_\sigma}\ \sum_{1 \leqslant j,l \leqslant n_\varrho} c_{jl}^\beta\, m_{jl}^{(\varrho)}(s)\, \check m_{\alpha\beta}^{(\bar\sigma)}(t). \tag{1.16}$$

Die lineare Unabhängigkeit der Funktionen $\{m_{jl}^{(\varrho)} \in \mathscr{C}(G)\}\ \{1 \leqslant j, l \leqslant n_\varrho\}$ über $\mathbf{C}$ impliziert zusammen mit (IV.1.28) für $t \in K$ die Beziehungen

$$\sum_{1 \leqslant k \leqslant n_\varrho} c_{jk}^\alpha\, m_{lk}^{(\varrho)}(t) = \sum_{1 \leqslant \beta \leqslant n_\sigma} c_{jl}^\beta\, m_{\beta\alpha}^{(\sigma)}(t) \qquad (1 \leqslant j, l \leqslant n_\varrho, 1 \leqslant \alpha \leqslant n_\sigma). \tag{1.17}$$

Mit Hilfe der Matrizen $C_j = (c_{jk}^\alpha)_{\substack{1 \leqslant k \leqslant n_\varrho \\ 1 \leqslant \alpha \leqslant n_\sigma}}$ $(1 \leqslant j \leqslant n_\varrho)$ können die Gleichungen (1.17) auf K in der Form

$$m^{(\varrho)}\, C_j = C_j\, m^{(\sigma)} \qquad (1 \leqslant j \leqslant n_\varrho) \tag{1.18}$$

geschrieben werden. Weil die Teildarstellung $K \ni t \longmapsto U_t^{(\varrho)}|M_{\varrho,\bar\sigma}$ von V_ϱ die Matrix $\mathrm{diag}(m^{(\sigma)}, \ldots, m^{(\sigma)})$ besitzt, folgen aus (1.18) aufgrund von Satz I.2.3 die Koeffizientenbedingungen $c_{jk}^\alpha = 0$ $(1 \leqslant j \leqslant n_\varrho, 1 \leqslant k \leqslant d_{\varrho,\sigma} n_\sigma, k \neq r n_\sigma + \alpha, 0 \leqslant r \leqslant d_{\varrho,\sigma} - 1, 1 \leqslant \alpha \leqslant n_\sigma)$. Für $1 \leqslant j \leqslant n_\varrho$, $d_{\varrho,\sigma} n_\sigma < k \leqslant n_\varrho$, $1 \leqslant \alpha \leqslant n_\sigma$ liest man aus (1.17) wegen der Orthogonalitätsrelationen (IV.1.31) und (IV.1.32) direkt $c_{jk}^\alpha = 0$ ab. Setzt man zur Vereinfachung noch $c_{j,r n_\sigma + \alpha}^\alpha = a_{jr}^\alpha$, so erhält man

$$h_\alpha = \sum_{0 \leqslant r \leqslant d_{\varrho,\sigma} - 1}\ \sum_{1 \leqslant j \leqslant n_\varrho} a_{jr}^\alpha\, m_{j, r n_\sigma + \alpha}^{(\varrho)} \qquad (1 \leqslant \alpha \leqslant n_\sigma). \tag{1.19}$$

Im Falle $d_{\varrho,\sigma} > 0$ rechnet man umgekehrt von den Vektoren

$$\{(m_{j, r n_\sigma + \alpha}^{(\varrho)})_{1 \leqslant \alpha \leqslant n_\sigma}\}\ \{1 \leqslant j \leqslant n_\varrho, 0 \leqslant r \leqslant d_{\varrho,\sigma} - 1\}$$

nach, daß sie zum Raum $J_\varrho(\bar\sigma)$ gehören. Deshalb gehört jedes $h = (h_\alpha)_{1 \leqslant \alpha \leqslant n_\sigma}$, dessen Koordinaten gemäß (1.19) mit beliebigen komplexen Koeffizienten $\{(a_{jr}^\alpha)_{1 \leqslant \alpha \leqslant n_\sigma}\}\ \{1 \leqslant j \leqslant n_\varrho, 0 \leqslant r \leqslant d_{\varrho,\sigma} - 1\}$ gebildet sind, dem Hilbert-Raum $J_\varrho(\bar\sigma)$ an. Faßt man den Produktraum $(\mathrm{L}^2(G))^{n_\sigma}$ als Hilbert-Summe von n_σ Exemplaren des komplexen Hilbert-Raumes $\mathrm{L}^2(G)$ auf und bezeichnet $n_\sigma \gamma$ die Hilbert-Summe von n_σ Exemplaren der linksregulären Darstellung γ von G in $\mathrm{L}^2(G)$, so ist der von den Vektoren $\{(m_{j, r n_\sigma + \alpha}^{(\varrho)})_{1 \leqslant \alpha \leqslant n_\sigma}\}\ \{1 \leqslant j \leqslant n_\varrho\}$ aufgespannte Untervektorraum $I_r^{(\varrho,\bar\sigma)}$ von $J_\varrho(\bar\sigma)$ stabil gegen $n_\sigma \gamma$ für $0 \leqslant r \leqslant d_{\varrho,\sigma} - 1$ und es gilt

$$J_\varrho(\bar\sigma) = \bigoplus_{0 \leqslant r \leqslant d_{\varrho,\sigma} - 1} I_r^{(\varrho,\bar\sigma)} \qquad (\varrho \in \hat G, \sigma \in \hat K, d_{\varrho,\sigma} > 0). \tag{1.20}$$

Jede der Teildarstellungen $G \ni s \longmapsto n_\sigma \gamma(s) | I_r^{(\varrho,\bar\sigma)}$ $(0 \leqslant r \leqslant d_{\varrho,\sigma} - 1)$ gehört zur Klasse $\bar\varrho$. Schränkt man also die unitäre Darstellung $n_\sigma \gamma$ von G in $(\mathrm{L}^2(G))^{n_\sigma}$ auf den abgeschlossenen, gegen $n_\sigma \gamma$ stabilen Untervektorraum $J_\varrho(\bar\sigma)$ von $J(\bar\sigma)$ ein, so ist $\bar\varrho$ in der Teildarstellung $G \ni s \longmapsto n_\sigma \gamma(s) | J_\varrho(\bar\sigma)$ genau $d_{\varrho,\sigma}$-fach enthalten.

Definition 1.3 Für jedes $\sigma \in \hat{K}$ wird die Teildarstellung

$$_G m_{\bar{\sigma}}^{\mathrm{ind}} : G \ni s \longrightarrow \big(J(\bar{\sigma}) \ni (g_\alpha)_{1 \leqslant \alpha \leqslant n_\sigma} \longrightarrow (\gamma(s)\, g_\alpha)_{1 \leqslant \alpha \leqslant n_\sigma} \in J(\bar{\sigma}) \big) \tag{1.21}$$

von $n_\sigma \gamma$ die von $m^{(\bar{\sigma})} \in \bar{\sigma}$ auf G induzierte Darstellung genannt.

Damit lassen sich die vorstehenden Überlegungen wie folgt zusammenfassen:

Satz 1.1 (Frobenius) *Sei G eine kompakte topologische Gruppe, K eine abgeschlossene Untergruppe von G und $\varrho \in \hat{G}$, $\sigma \in \hat{K}$ beliebige Äquivalenzklassen. Dann ist σ mit der gleichen Vielfachheit $d_{\varrho,\sigma}$ in der unitären Darstellung $V_\varrho : K \ni t \longrightarrow U_t^{(\varrho)}$ enthalten wie die zu ϱ kontragrediente Klasse $\bar{\varrho}$ in der Teildarstellung $G \ni s \longrightarrow {_G m_{\bar{\sigma}}^{\mathrm{ind}}}(s) \,|\, J_c(\bar{\sigma})$.*

Beachtet man, daß $d_{\bar{\varrho},\bar{\sigma}} = d_{\varrho,\sigma}$ gilt, so erhält man die fundamentale *Frobenius-Identität*

$$(\varrho : \sigma) = ({_G m_\sigma^{\mathrm{ind}}} : \varrho) \qquad (\varrho \in \hat{G}, \ \sigma \in \hat{K}). \tag{1.22}$$

Die von der trivialen Darstellung $m^{(\sigma_0)}$ von K auf G induzierte Darstellung $_G m_{\sigma_0}^{\mathrm{ind}}$ ist wegen $n_{\sigma_0} = 1$ besonders leicht zu beschreiben. In diesem Fall kann der abgeschlossene Untervektorraum $J(\sigma_0)$ von $L^2(G)$ mit dem zum Quotientenmaß μ/ν (Definition III.3.2) auf der kompakten homogenen Mannigfaltigkeit G/K konstruierten komplexen Hilbert-Raum $L^2(G/K)$ identifiziert werden. Es ist klar, daß dann $L^2(G/K)$ ein abgeschlossenes Linksideal der komplexen Faltungsalgebra $L^2(G)$ ist mit der gemäß (1.15) gültigen Zerlegung

$$L^2(G/K) = \widehat{\bigoplus_{\varrho \in \hat{G}}} J_\varrho(\sigma_0). \tag{1.23}$$

Der Untervektorraum $J_\varrho(\sigma_0)$ von $\mathfrak{a}_\varrho (\varrho \in \hat{G})$ besitzt die Dimension $d_{\varrho,\sigma_0} n_\varrho$ über $\mathbf{C}$. Offenbar ist

$$J_\varrho(\sigma_0) = \bigoplus_{0 \leqslant r < d_{\varrho,\sigma_0}-1} I_r^{(\varrho,\sigma_0)} = \bigoplus_{1 \leqslant k \leqslant d_{\varrho,\sigma_0}} I_k^{(\varrho)} \qquad (\varrho \in \hat{G}, \ d_{\varrho,\sigma_0} > 0) \tag{1.24}$$

gemäß (1.20) die direkte Summe der ersten d_{ϱ,σ_0} Spalten der Matrix $m^{(\varrho)} \in U(n_\varrho, \mathbf{C})$. Setzt man $u_{\varrho,\sigma_0} = n_\varrho \cdot \theta_{\varrho,\sigma_0} = \displaystyle\sum_{1 \leqslant k \leqslant d_{\varrho,\sigma_0}} m_k^{(\varrho)} = n_\varrho \cdot \sum_{1 \leqslant k \leqslant d_{\varrho,\sigma_0}} m_{kk}^{(\varrho)}$ für alle $\varrho \in \hat{G}$ mit $d_{\varrho,\sigma_0} > 0$
und beachtet $I_k^{(\varrho)} = L^2(G/K) * m_k^{(\varrho)} \ (1 \leqslant k \leqslant d_{\varrho,\sigma_0})$, so folgt

$$J_\varrho(\sigma_0) = L^2(G/K) * u_{\varrho,\sigma_0} \qquad (\varrho \in \hat{G}, \ d_{\varrho,\sigma_0} > 0). \tag{1.25}$$

Damit gilt für jedes $f \in L^2(G/K)$ die Zerlegung

$$f = \sum_{\substack{\varrho \in \hat{G} \\ d_{\varrho,\sigma_0} > 0}} (f * u_{\varrho,\sigma_0}) \tag{1.26}$$

im Sinne der L^2-Konvergenz. Identifiziert man entsprechend den abgeschlossenen Untervektorraum

$$\check{J}(\sigma_0) = \{ g \in L^2(G) \mid \varepsilon_t * g = g,\ t \in K \} \tag{1.27}$$

von $L^2(G)$ mit dem zum Quotientenmaß $v \setminus \mu$ konstruierten komplexen Hilbert-Raum $L^2(K \setminus G)$, so ist $L^2(K \setminus G)$ ein abgeschlossenes Rechtsideal der komplexen Faltungsalgebra $L^2(G)$. Es gilt gemäß (1.23)

$$L^2(K \setminus G) = \widehat{\bigoplus_{\varrho \in \hat{G}}} \check{J}(\sigma_0); \tag{1.28}$$

im Falle $d_{\varrho,\sigma_0} > 0$ ist der Untervektorraum $\check{J}_\varrho(\sigma_0)$ von $\mathfrak{a}_\varrho (\varrho \in \hat{G})$ die direkte Summe der ersten d_{ϱ,σ_0} Zeilen der Matrix $m^{(\varrho)}$, wobei jede dieser Zeilen einen gegen die rechtsreguläre Darstellung $\delta: s \rightsquigarrow (f \rightsquigarrow f * \varepsilon_{s^{-1}})$ von G in $L^2(G)$ stabilen n_ϱ-dimensionalen Untervektorraum von $\mathfrak{a}_\varrho$ repräsentiert.

Mithin kann $L^2(G/K) \cap L^2(K \setminus G)$ mit dem Durchschnitt

$$J(\sigma_0) \cap \check{J}(\sigma_0) = \{g \in L^2(G) \mid \varepsilon_t * g * \varepsilon_{t'} = g, (t, t') \in K \times K\} \tag{1.29}$$

identifiziert werden. Weil die Elemente $g \in J(\sigma_0) \cap \check{J}(\sigma_0)$ als μ-Äquivalenzklassen komplexwertiger Funktionen aufgefaßt werden können, welche auf der Menge $K \setminus G/K$ aller Doppelrestklassen von G mod K definiert sind, setzt man

$$L^2(K \setminus G/K) = L^2(G/K) \cap L^2(K \setminus G). \tag{1.30}$$

Es ist klar, daß (1.30) eine abgeschlossene Unteralgebra der komplexen Faltungsalgebra $L^2(G)$ repräsentiert. Insbesondere ist also $L^2(K \setminus G/K)$ bezüglich der Faltung als multiplikativer Verknüpfung eine komplexe Banach-Algebra. Die Untervektorräume

$$\mathfrak{a}_\varrho(\sigma_0) = J_\varrho(\sigma_0) \cap \check{J}_\varrho(\sigma_0) \qquad (\varrho \in \hat{G}) \tag{1.31}$$

von $\mathfrak{a}_\varrho$ sind minimale zweiseitige Ideale von $L^2(K \setminus G/K)$, deren Hilbert-Summe wegen (1.23) und (1.28) den komplexen Hilbert-Raum $L^2(K \setminus G/K)$ ergibt:

$$L^2(K \setminus G/K) = \widehat{\bigoplus_{\varrho \in \hat{G}}} \mathfrak{a}_\varrho(\sigma_0) \tag{1.32}$$

Im Falle $d_{\varrho,\sigma_0} > 0$ sind die von den Funktionen $\{m_{jk}^{(\varrho)} \in \mathscr{C}(G) \mid 1 \leqslant j \leqslant d_{\varrho,\sigma_0}\}$ aufgespannten d_{ϱ,σ_0}-dimensionalen Untervektorräume $I_k^{(\varrho)}(\sigma_0)$ von $I_{k-1}^{(\varrho,\sigma_0)} = I_k^{(\varrho)} (1 \leqslant k \leqslant d_{\varrho,\sigma_0})$ abgeschlossene minimale Linksideale von $L^2(K \setminus G/K)$ mit

$$\mathfrak{a}_\varrho(\sigma_0) = \bigoplus_{1 \leqslant k \leqslant d_{\varrho,\sigma_0}} I_k^{(\varrho)}(\sigma_0) \qquad (\varrho \in \hat{G}, d_{\varrho,\sigma_0} > 0). \tag{1.33}$$

Der Orthogonalprojektor Q_{ϱ,σ_0} von $L^2(K \setminus G/K)$ auf den abgeschlossenen Untervektorraum $\mathfrak{a}_\varrho(\sigma_0)$ wird durch Faltung mit dem Neutralelement u_{ϱ,σ_0} der komplexen Faltungsalgebra $\mathfrak{a}_\varrho(\sigma_0)$ geliefert (vgl. IV.1.43):

$$Q_{\varrho,\sigma_0}: L^2(K \setminus G/K) \ni g \rightsquigarrow g * u_{\varrho,\sigma_0} = u_{\varrho,\sigma_0} * g \in \mathfrak{a}_\varrho(\sigma_0) \quad (\varrho \in \hat{G}, d_{\varrho,\sigma_0} > 0) \tag{1.34}$$

Das Zentrum der komplexen Faltungsalgebra $L^2(K \setminus G/K)$ stimmt mit der Hilbert-Summe $\widehat{\bigoplus_{\varrho \in \hat{G}}} \mathbf{C} \cdot u_{\varrho,\sigma_0}$ eindimensionaler Untervektorräume überein. Wegen $\dim_{\mathbf{C}} \mathfrak{a}_\varrho(\sigma_0) = d_{\varrho,\sigma_0}^2 (\varrho \in \hat{G})$ folgt somit aus (1.32):

Satz 1.2 *Nachstehende Aussagen sind äquivalent*:

(i) *Es gilt* $0 \leqslant d_{\varrho,\sigma_0} = (\varrho : \sigma_0) \leqslant 1$ *für jedes* $\varrho \in \hat{G}$;

(ii) *Die komplexe Banach-Algebra* $L^2(K \setminus G / K)$ *ist kommutativ.*

Definition 1.4 Jedes Paar (G, K) bestehend aus einer kompakten topologischen Gruppe G und einer abgeschlossenen Untergruppe K, das eine der in Satz 1.2 genannten Bedingungen erfüllt, heißt eine kompaktes Gelfand-Paar.

Beispiele 1.2 (1) Für jede kompakte abelsche Gruppe G ist $(G, \{1\})$ trivialerweise ein kompaktes Gelfand-Paar.

(2) Ist G eine kompakte topologische Gruppe und $K = \{(s,s) \,|\, s \in G\}$ die zur Diagonale von $G \times G$ isomorphe Untergruppe des direkten Produkts $G^2 = G \times G$, so ist (G^2, K) ein kompaktes Gelfand-Paar; vgl. Aufgabe 1.3 und Beispiel 3.1(4).

Satz 1.3 *Es bezeichne* K *eine abgeschlossene Untergruppe der kompakten topologischen Gruppe* G. *Folgende Aussagen sind paarweise äquivalent*:

(i) (G, K) *ist ein kompaktes Gelfand-Paar.*

(ii) *Für jeden gegen die linksreguläre Darstellung* γ *von* G *in* $L^2(G)$ *stabilen Untervektorraum* $E \neq \{0\}$ *von* $L^2(G/K)$ *mit der Eigenschaft, daß die Teildarstellung* $G \ni s \rightsquigarrow \gamma(s)\,|\,E$ *irreduzibel ist, gilt* $\dim_{\mathbf{C}}\bigl(E \cap L^2(K \setminus G / K)\bigr) = 1$.

(iii) *Jede irreduzible unitäre Darstellung von* G *ist in der unitären Darstellung* γ *von* G *in* $L^2(G/K)$ *höchstens einfach enthalten.*

(iv) *Die Zerlegung von* $L^2(G/K)$ *in eine Hilbert-Summe gegen* γ *stabiler Untervektorräume* $E \neq \{0\}$, *für welche* $G \ni s \rightsquigarrow \gamma(s)\,|\,E$ *eine irreduzible Teildarstellung ist, ist* (bis auf Umnumerierungen) *eindeutig bestimmt.*

(v) *Die komplexe Faltungsalgebra* $L^1(K \setminus G / K) = L^1(G/K) \cap L^1(K \setminus G)$ *ist kommutativ.*

Beweis. (i) $\Rightarrow$ (ii): Gehört die Teildarstellung $G \ni s \rightsquigarrow \gamma(s)\,|\,E$ zur Klasse $\varrho \in \hat{G}$, so gilt $(\gamma : \varrho) \geqslant 1$. Wegen $\gamma = {}_G m_{\sigma_0}^{\mathrm{ind}}$ folgt aus der Frobenius-Identität (1.22) die Ungleichung $(\varrho : \sigma_0) \geqslant 1$, also gemäß Satz 1.2 sogar $(\varrho : \sigma_0) = 1$ und damit $\dim_{\mathbf{C}}\bigl(E \cap L^2(K \setminus G / K)\bigr) = 1$.

(ii) $\Rightarrow$ (iii): Sei $\varrho \in \hat{G}$ eine beliebige Äquivalenzklasse. Dann gilt $(\gamma : \varrho) \geqslant 1$, falls $G \ni s \rightsquigarrow \gamma(s)\,|\,E$ zu ϱ gehört und $(\gamma : \varrho) = 0$, falls $G \ni s \rightsquigarrow \gamma(s)\,|\,E$ nicht zu ϱ gehört. Die Beziehung $(\gamma : \varrho) > 1$ würde jedoch nach (1.22) die Ungleichung $(\varrho : \sigma_0) > 1$ nach sich ziehen, so daß sich $\dim_{\mathbf{C}}\bigl(E \cap L^2(K \setminus G / K)\bigr) > 1$ ergäbe. Also muß notwendig $(\gamma : \varrho) \leqslant 1$ für alle $\varrho \in \hat{G}$ erfüllt sein.

(iii) $\Rightarrow$ (i): Aus $(\gamma : \varrho) \leqslant 1$ folgt $(\varrho : \sigma_0) \leqslant 1$ für alle $\varrho \in \hat{G}$ gemäß (1.22).

(iii) $\Leftrightarrow$ (iv): evident.

(v) $\Leftrightarrow$ (i): $L^2(K \setminus G / K)$ liegt überall dicht in $L^1(K \setminus G / K)$. ∎

Ist also (G, K) ein kompaktes Gelfand-Paar, so sind die minimalen zweiseitigen Ideale $\{\mathfrak{a}_\varrho(\sigma_0)\,|\,\varrho \in \hat{G}\}$ von $L^2(K \setminus G / K)$ höchstens eindimensional über $\mathbf{C}$ und im nicht trivialen Fall von der Gestalt

$$\mathfrak{a}_\varrho(\sigma_0) = E \cap L^2(K \setminus G/K) = \mathbf{C} \cdot \theta_{\varrho,\sigma_0} = \mathbf{C} \cdot u_{\varrho,\sigma_0} \qquad (\varrho \in \hat{G}, \, d_{\varrho,\sigma_0} > 0), \quad (1.35)$$

falls $E \neq \{0\}$ einen gegen γ stabilen Untervektorraum von $L^2(G/K)$ bezeichnet und die Teildarstellung $G \ni s \rightsquigarrow \gamma(s)|E$ zu ϱ gehört.

Es existiert somit zum Orthogonalprojektor (1.34) von $L^2(K \setminus G/K)$ auf $\mathfrak{a}_\varrho(\sigma_0)$ genau ein Algebren-Charakter ζ_ϱ (d. h. eine multiplikative Linearform $\zeta_\varrho \neq 0$) der komplexen Banach-Algebra $L^2(K \setminus G/K)$ mit der Eigenschaft

$$Q_{\varrho,\sigma_0}(g) = n_\varrho \cdot \zeta_\varrho(g) \cdot \theta_{\varrho,\sigma_0} = \zeta_\varrho(g) \cdot u_{\varrho,\sigma_0} \qquad (\varrho \in \hat{G}, \, d_{\varrho,\sigma_0} > 0) \quad (1.36)$$

für alle $g \in L^2(K \setminus G/K)$. Gemäß (1.32) gilt dann die Orthogonalentwicklung

$$g = \sum_{\substack{\varrho \in \hat{G} \\ (\varrho:\sigma_0) > 0}} n_\varrho \cdot \zeta_\varrho(g) \cdot \theta_{\varrho,\sigma_0} \qquad (g \in L^2(K \setminus G/K)) \quad (1.37)$$

im komplexen Hilbert-Raum $L^2(K \setminus G/K)$. Die Relativspur $\theta_{\varrho,\sigma_0} \in \mathscr{C}(K \setminus G/K) = \mathscr{C}(G/K) \cap \mathscr{C}(K \setminus G)$ besitzt wegen (1.10) und (IV.2.5) die Eigenschaft

$$\theta_{\varrho,\sigma_0}(1) = d_{\varrho,\sigma_0} n_{\sigma_0} = 1 \qquad (\varrho \in \hat{G}, \, d_{\varrho,\sigma_0} > 0). \quad (1.38)$$

Man nennt die Funktionen $\{\theta_{\varrho,\sigma_0} \in \mathscr{C}(K \setminus G/K) \,|\, \varrho \in \hat{G}, \, (\varrho:\sigma_0) > 0\}$ *K-zonale sphärische Funktionen* auf G (vgl. Definition 3.2 und Beispiel 3.2 (1)) und die Orthogonalentwicklungen (1.37) nach diesen Funktionen *Fourier-Laplace-Reihen*.

Aufgaben

1.1 Sei K eine abgeschlossene Untergruppe der kompakten Gruppe G und V eine unitäre Darstellung von K. Gilt $V = \bigoplus_{\iota \in I} V_\iota$ mit irreduziblen unitären Teildarstellungen $(V_\iota)_{\iota \in I}$ von K und ist $(\sigma_\iota)_{\iota \in I}$ eine Familie in $\hat{K}$ mit $V_\iota \in \sigma_\iota (\iota \in I)$, so wird $_G V^{\mathrm{ind}} = \bigoplus_{\iota \in I} {_G} m_{\sigma_\iota}^{\mathrm{ind}}$ die von V auf G induzierte Darstellung genannt.

(a) Die unitäre Darstellung $_G V^{\mathrm{ind}}$ von G wird durch V bis auf unitäre Äquivalenz eindeutig festgelegt.

(b) Ist H eine abgeschlossene Untergruppe von G mit $K \subsetneqq H \subsetneqq G$ und setzt man $U = {_H} V^{\mathrm{ind}}$, so sind $_G V^{\mathrm{ind}}$ und $_G U^{\mathrm{ind}}$ unitär äquivalente Darstellungen von G. („Transitivität" der induzierten Darstellungen).

(c) Sei γ die linksreguläre Darstellung von K in $L^2(K)$. Berechne $_G \gamma^{\mathrm{ind}}$. (Wende (b) an).

(d) Bezeichnen G_j kompakte Gruppen und sind V_j unitäre Darstellungen der kompakten Untergruppen K_j von G_j $(j \in \{1,2\})$, so sind die Darstellungen $_{G_1} V_1^{\mathrm{ind}} \otimes {_{G_2}} V_2^{\mathrm{ind}}$ und $_{G_1 \times G_2}(V_1 \otimes V_2)^{\mathrm{ind}}$ von $G_1 \times G_2$ unitär äquivalent.

(e) Sind $(H_j)_{1 < j < 2}$ kompakte Gruppen, bezeichnet V eine unitäre Darstellung von H_1 und γ die linksreguläre Darstellung von H_2 in $L^2(H_2)$, so ist $_{(H_1 \times H_2)} V^{\mathrm{ind}}$ eine zu $V \otimes \gamma$ unitär äquivalente Darstellung der direkten Produktgruppe $H_1 \times H_2$.

1.2 Sei K eine Untergruppe der (diskret topologisierten) endlichen Gruppe G und V eine lineare Darstellung von K in dem endlich dimensionalen, komplexen Vektorraum F (vgl. Aufgabe I.2.9).

(a) Sei $J(V)=\{g\in F^{G}\,\{\,\delta(t)\,g(s)=V_{t^{-1}}\,g(s)\;\textit{für alle }(t,s)\in K\times G\}$ gesetzt. Zeige, daß durch die **C**-lineare Abbildung $\Phi\colon F\ni x\rightsquigarrow g_{x}\in F^{G}$ mit

$$g_{x}\colon G\ni s\rightsquigarrow \begin{cases} 0 & \text{falls } s\notin K,\\[4pt] V_{s}x & \text{falls } s\in K, \end{cases}$$

eine Injektion von F in den komplexen Vektorraum $J(V)$ definiert wird. Charakterisiere den Bildraum $\Phi(F)$.

(b) Ist S ein Repräsentantensystem von G/K, $G=\bigcup_{s\in S} s\cdot K$, so sind $J(V)$ und die direkte Summe $E=\bigoplus_{s\in S} s\cdot F$ isomorphe $\mathbf{C}\,[G]$-Linksmoduln; vgl. Beispiel III.4.1 (3). (Beweise, daß $J(V)=\bigoplus_{s\in S} s\cdot\Phi(F)$ gilt).

(c) Betrachtet man die Gruppenalgebra $\mathbf{C}\,[G]$ von G über $\mathbf{C}$ als freien $\mathbf{C}\,[K]$-Rechtsmodul und F als $\mathbf{C}\,[K]$-Linksmodul, so sind $J(V)$ und $\mathbf{C}\,[G]\underset{\mathbf{C}\,[K]}{\otimes} F$ isomorphe $\mathbf{C}\,[G]$-Linksmoduln. (Wende (b) an).

(d) Durch $G\ni s\rightsquigarrow(J(V)\ni g\rightsquigarrow\gamma(s)\,g\in J(V))$ wird eine zu ${}_{G}V^{\mathrm{ind}}$ äquivalente Darstellung von G definiert.

1.3 Sei G eine kompakte topologische Gruppe. Beweise, daß mit den Bezeichnungen von Beispiel 1.2(2) (G^{2},K) ein kompaktes Gelfand-Paar ist. (Zeige, daß die von der trivialen Darstellung von K auf G^{2} induzierte Darstellung zur unitären Darstellung π von G^{2} in $L^{2}(G)$ (vgl. (IV.1.49)) äquivalent ist).

2 Die Paare $(\mathrm{SO}(n,\mathbf{R}),\,\mathrm{SO}(n-1,\mathbf{R})),\,n\geqslant 3$, und $(\mathrm{U}(n,\mathbf{C}),\,\mathrm{U}(n-1,\mathbf{C})),\,n\geqslant 2$

Die Ergebnisse des vorangegangenen Abschnitts sollen jetzt an Hand zweier konkreter Beispiele illustriert werden. Sei $n\geqslant 2$ eine natürliche Zahl. Zunächst sei daran erinnert (Beispiel I.2.1(5)), daß die spezielle orthogonale Gruppe $\mathrm{SO}(n,\mathbf{R})$ aus genau den Matrizen $s\in\mathbf{M}_{n}(\mathbf{R})$ besteht, die orthogonal sind und zur Gruppe $\mathrm{SL}(n,\mathbf{R})$ gehören, also die Bedingungen ${}^{t}s\cdot s=s\cdot{}^{t}s=1_{n}$, $\det s=1$ erfüllen. Als abgeschlossene und beschränkte Teilmenge des euklidischen Raumes $\mathbf{R}^{n^{2}}$ ist die topologische Gruppe $\mathrm{SO}(n,\mathbf{R})$ kompakt. Sie operiert in natürlicher Weise als Drehgruppe stetig auf dem n-dimensionalen reellen euklidischen Raum $\mathbf{R}^{n}$, d.h. für jeden Punkt $x\in\mathbf{R}^{n}$ ist der Abstand $|x|=|s\cdot x|$ $(s\in\mathrm{SO}(n,\mathbf{R}))$ vom Nullpunkt stabil gegen die (Links-)Aktion der $\mathrm{SO}(n,\mathbf{R})$. Auf der kompakten Einheitssphäre $\mathbf{S}_{n-1}=\{x\in\mathbf{R}^{n}\,\{\,|x|=1\}$ des $\mathbf{R}^{n}$ operiert sie transitiv und stetig: Gemäß Beispiel III.3.1(1) sind die kompakte homogene Mannigfaltigkeit $\mathrm{SO}(n,\mathbf{R})/\mathrm{SO}(n-1,\mathbf{R})$ und die $\mathbf{S}_{n-1}$ homöomorphe topologische Räume.

Entsprechende Überlegungen gelten auch für die unitäre Gruppe $\mathrm{U}(n,\mathbf{C})$. Die kompakte topologische Gruppe $\mathrm{U}(n,\mathbf{C})$ operiert stetig auf dem komplexen

Vektorraum $\mathbf{C}^{n}$ und erhält das kanonische Skalarprodukt $(z,w)\rightsquigarrow(z\,|\,w)=\sum_{1\leqslant j\leqslant n} z_{j}\,\bar{w}_{j}$.

Identifiziert man den Raum $\mathbf{C}^n$ vermöge der Abbildung

$$\mathbf{C}^n \ni z = x + i\,y = (x_j + i\,y_j)_{1 \leqslant j \leqslant n} \longmapsto (x_j, y_j)_{1 \leqslant j \leqslant n} \in \mathbf{R}^{2n}$$

mit dem $2n$-dimensionalen reellen Vektorraum $\mathbf{R}^{2n}$, so kann die unitäre Gruppe $\mathbf{U}(n, \mathbf{C})$ gemäß

$$\mathbf{U}(n, \mathbf{C}) \ni s = (s_{jk})_{\substack{1 \leqslant j \leqslant n \\ 1 \leqslant k \leqslant n}} \longmapsto \begin{pmatrix} \operatorname{Re} s_{jk} & -\operatorname{Im} s_{jk} \\ \operatorname{Im} s_{jk} & \operatorname{Re} s_{jk} \end{pmatrix}_{\substack{1 \leqslant j \leqslant n \\ 1 \leqslant k \leqslant n}} \in \mathbf{O}(2n, \mathbf{R}) \tag{2.1}$$

als Untergruppe der orthogonalen Gruppe $\mathbf{O}(2n, \mathbf{R})$ aufgefaßt werden. Weil $\mathbf{U}(n, \mathbf{C})$ eine zusammenhängende topologische Gruppe ist (Aufgabe 2.1), liefert (2.1) sogar eine Abbildung auf eine Untergruppe der speziellen orthogonalen Gruppe $\mathbf{SO}(2n, \mathbf{R})$. Die Operation der $\mathbf{U}(n, \mathbf{C})$ auf der Einheitssphäre des $\mathbf{C}^n$ erfolgt transitiv und stetig, so daß in diesem Falle die kompakte homogene Mannigfaltigkeit $\mathbf{U}(n, \mathbf{C})/\mathbf{U}(n-1, \mathbf{C})$ und die $\mathbf{S}_{2n-1}$ homöomorphe topologische Räume sind.

Im folgenden wird die harmonische Analyse auf den homogenen Mannigfaltigkeiten $\mathbf{SO}(n, \mathbf{R})/\mathbf{SO}(n-1, \mathbf{R})$, $n \geqslant 3$, und $\mathbf{U}(n, \mathbf{C})/\mathbf{U}(n-1, \mathbf{C})$, $n \geqslant 2$, entwickelt. Das Ziel besteht insbesondere darin, die Räume $(J_\varrho(\sigma_0))_{\varrho \in \hat{G}}$ und die Relativspuren $(\theta_{\varrho, \sigma_0})_{\varrho \in \hat{G}}$ in den Fällen $G = \mathbf{SO}(n, \mathbf{R})$ bzw. $\mathbf{U}(n, \mathbf{C})$ und $K = \mathbf{SO}(n-1, \mathbf{R})$ bzw. $\mathbf{U}(n-1, \mathbf{C})$ explizit zu berechnen. Nützlich ist dabei die

Definition 2.1 Sei G eine topologische Gruppe, K eine abgeschlossene Untergruppe und $X = G/K$ die zugehörige homogene Mannigfaltigkeit. Eine Funktion $f: X \to \mathbf{C}$ heißt K-zonal, falls $f(t\dot{x}) = f(\dot{x})$ für alle $(t, \dot{x}) \in K \times X$ gilt.

Satz 2.1 *Sei G eine kompakte topologische Gruppe mit dem Neutralelement 1 und K eine abgeschlossene Untergruppe von G. Bezeichnet E einen gegen die linksreguläre Darstellung γ von G in $\mathrm{L}^2(G/K)$ stabilen Untervektorraum von $\mathscr{C}(G/K)$ der Dimension $N \geqslant 1$ und $(f_j)_{1 \leqslant j \leqslant N}$ eine Orthonormalbasis von E bezüglich des Skalarproduktes $(\cdot \mid \cdot)$ von $\mathrm{L}^2(G/K)$, so wird, falls*

$$F = \sum_{1 \leqslant j \leqslant N} f_j \otimes \bar{f}_j: (\dot{x}, \dot{y}) \longmapsto \sum_{1 \leqslant j \leqslant N} f_j(\dot{x})\,\overline{f_j(\dot{y})} \in \mathbf{C} \tag{2.2}$$

gesetzt wird, durch $f: G/K \ni \dot{x} \longmapsto F(\dot{x}, \dot{1})$ eine von der gewählten Basis $(f_j)_{1 \leqslant j \leqslant N}$ unabhängige K-zonale Funktion in E mit $f(\dot{1}) = N$ definiert.

Beweis. Für jeden Punkt $\dot{y} \in G/K$ sei $F_{\dot{y}}: G/K \ni \dot{x} \longmapsto F(\dot{x}, \dot{y}) \in \mathbf{C}$. Dann gilt $F_{\dot{y}} \in E$ und $(g \mid F_{\dot{y}}) = \sum_{1 \leqslant j \leqslant N} (g \mid f_j)\,f_j(\dot{y}) = g(\dot{y})$ für jede Funktion $g \in E$. Man entnimmt dieser Reproduktionseigenschaft, daß die Funktionenfamilie $(F_{\dot{y}})_{\dot{y} \in G/K}$ unabhängig von der in E gewählten Orthonormalbasis $(f_j)_{1 \leqslant j \leqslant N}$ definiert ist. Dies trifft insbesondere auch für die Funktion $f = F_{\dot{1}} \in E$ zu. Weil für jedes $s \in G$ mit $(f_j)_{1 \leqslant j \leqslant N}$ auch $(\gamma(s)f_j)_{1 \leqslant j \leqslant N}$ eine Orthonormalbasis von E bezüglich $(\cdot \mid \cdot)$ ist, gilt $F_{s^{-1}\dot{y}}(s^{-1}\dot{x}) = F_{\dot{y}}(\dot{x})$ für jedes Paar $(\dot{x}, \dot{y}) \in (G/K) \times (G/K)$. Damit folgt $f(t\dot{x}) = F_{\dot{1}}(t\dot{x}) = F_{t^{-1}\dot{1}}(\dot{x}) = F_{\dot{1}}(\dot{x}) = f(\dot{x})$ für $(t, \dot{x}) \in K \times (G/K)$. Demnach ist f eine zu E gehörende K-zonale Funktion mit $f(\dot{1}) = (f \mid F_{\dot{1}}) = (F_{\dot{1}} \mid F_{\dot{1}}) = (F_{\dot{y}} \mid F_{\dot{y}}) = \sum_{1 \leqslant j \leqslant N} |f_j(\dot{y})|^2$ für alle $\dot{y} \in G/K$. Es folgt $f(\dot{1}) = \sum_{1 \leqslant j \leqslant N} \|f_j\|_2^2 = N$. $\blacksquare$

Mit Hilfe geeigneter Koordinatisierungen lassen sich die SO $(n-1, \mathbf{R})$-zonalen Funktionen $f: \mathbf{S}_{n-1} \to \mathbf{C}$ $(n \geqslant 3)$ leicht beschreiben. Bezeichnet $(e_j)_{1 < j < n}$ die kanonische Basis des $\mathbf{R}^n$, also $e_n = \mathbf{1}$ den „Nordpol" der $\mathbf{S}_{n-1}$, so kann jeder Punkt $x \in \mathbf{S}_{n-1}$ in der Form

$$x = (\cos \theta) \mathbf{1} + (\sin \theta) x' \qquad (\theta \in [\![0, \pi]\!]) \tag{2.3}$$

mit einem Punkt $x' \in \mathbf{S}_{n-2}$ geschrieben werden. Zu x' existiert ein Element $t \in \mathrm{SO}(n-1, \mathbf{R})$ mit $t \cdot x' = e_{n-1}$. Demnach gilt

$$f(x) = f\big((\cos \theta) \mathbf{1} + (\sin \theta) e_{n-1}\big) \qquad (x \in \mathbf{S}_{n-1}), \tag{2.4}$$

und somit

$$f(x) = f_0(\cos \theta) = f_0\big((x \,|\, \mathbf{1})\big) \tag{2.5}$$

mit einer Funktion $f_0 : [\![-1, +1]\!] \to \mathbf{C}$. Umgekehrt liefert jede Funktion $f_0 : [\![-1, +1]\!] \to \mathbf{C}$ gemäß (2.5) eine SO $(n-1, \mathbf{R})$-zonale Funktion $f : \mathbf{S}_{n-1} \to \mathbf{C}$.

In entsprechender Weise kann man bei den $\mathrm{U}(n-1, \mathbf{C})$-zonalen Funktionen $f : \mathbf{S}_{2n-1} \to \mathbf{C}$ $(n \geqslant 2)$ vorgehen. Jeder Punkt $x \in \mathbf{S}_{2n-1}$ läßt sich, falls jetzt $(e_j)_{1 < j < n}$ die kanonische Basis des Raumes $\mathbf{C}^n$ bezeichnet, in der Form

$$x = (\cos \theta) \mathrm{e}^{i\varphi} e_n + (\sin \theta) x' \qquad (\theta \in [\![0, \tfrac{1}{2} \pi]\!], \varphi \in [\![-\pi, +\pi]\!]) \tag{2.6}$$

schreiben mit $x' \in \mathbf{S}_{2n-3}$. Wählt man $t \in \mathrm{U}(n-1, \mathbf{C})$ so, daß $t \cdot x' = e_{n-1}$ gilt, so erhält man in diesem Falle

$$\begin{aligned} f(x) &= f\big((\cos \theta) \, \mathrm{e}^{i\varphi} e_n + (\sin \theta) \, e_{n-1}\big) \\ &= f_0\big((\cos \theta) \, \mathrm{e}^{i\varphi}\big) = f_0\big((x \,|\, e_n)\big) \end{aligned} \qquad (x \in \mathbf{S}_{2n-1}) \tag{2.7}$$

mit einer komplexwertigen Funktion f_0 auf der kompakten Einheitskreisscheibe $\bar{D} = \{z \in \mathbf{C} \,\{\, |z| \leqslant 1\}$. Umgekehrt gibt jede Funktion $f_0 : \bar{D} \to \mathbf{C}$ aufgrund von (2.7) Anlaß zu einer $\mathrm{U}(n-1, \mathbf{C})$-zonalen Funktion $f : \mathbf{S}_{2n-1} \to \mathbf{C}$.

Für jede Zahl $m \in \mathbf{N}$ bezeichne $\mathscr{P}_m$ den komplexen Vektorraum aller homogenen Polynome aus $\mathbf{C}[x_1, \ldots, x_n]$ vom Grad m. Da $\mathscr{P}_m$ von den Monomen

$$\left\{ x^\alpha = \prod_{1 < j < n} x_j^{\alpha_j} \,\Big\{\, \alpha = (\alpha_j)_{1 < j < n} \in \mathbf{N}^n, |\alpha| = \sum_{1 < j < n} \alpha_j = m \right\}$$

über dem Körper $\mathbf{C}$ aufgespannt wird, stimmt $\dim_{\mathbf{C}} \mathscr{P}_m$ mit der Mächtigkeit der Menge $\{\alpha \in \mathbf{N}^n \,\{\, |\alpha| = m\}$ überein. Beachtet man, daß die Monome $\{x^\alpha \,\{\, \alpha \in \mathbf{N}^n\}$ als Koeffizienten der formalen Potenzreihen-Entwicklung

$$\prod_{1 < j < n} (1 - x_j \, t)^{-1} = \prod_{1 < j < n} \sum_{k \geqslant 0} x_j^k \, t^k \tag{2.8}$$

auftreten, so sieht man, daß $\dim_{\mathbf{C}} \mathscr{P}_m$ mit dem Koeffizienten von t^m in $(1-t)^{-n}$ übereinstimmt. Es folgt aufgrund des Satzes von Taylor

$$\dim_{\mathbf{C}} \mathscr{P}_m = \frac{1}{m!} \left[\frac{\mathrm{d}^m}{\mathrm{d}t^m} (1-t)^{-n} \right]_{t=0} = \frac{(n+m-1)!}{m!(n-1)!} = \binom{n+m-1}{m} \qquad (m \in \mathbf{N}); \quad (2.9)$$

(vgl. Aufgabe 2.3). Es ist klar, daß $\mathscr{P}_m$ für jedes $m \in \mathbf{N}$ gegen die linksreguläre Darstellung γ der $\mathbf{SO}(n, \mathbf{R})$ stabil ist. Aber γ ist keine irreduzible lineare Darstellung der $\mathbf{SO}(n, \mathbf{R})$ in $\mathscr{P}_m$ ($m \geq 2$), denn der Untervektorraum

$$|x|^2 \mathscr{P}_{m-2} = \{ |x|^2 \tilde{p}(x) \mid \tilde{p} \in \mathscr{P}_{m-2} \} \tag{2.10}$$

von $\mathscr{P}_m$ ist offensichtlich stabil gegen γ.

Mit Hilfe des Differentialmonoms $\partial = \prod_{1 \leq j \leq n} \dfrac{\partial}{\partial x_j}$ wird durch die Zuordnung

$$\mathscr{P}_m \times \mathscr{P}_m \ni (\tilde{p}, \tilde{q}) \longrightarrow (\tilde{p} \mid \tilde{q}) = \tilde{p}(\partial) \, \bar{\tilde{q}} \in \mathbf{C} \qquad (m \in \mathbf{N}) \tag{2.11}$$

eine hermitesche Sesquilinearform auf dem komplexen Vektorraum $\mathscr{P}_m$ definiert. Weil für jedes Paar $(\alpha, \beta) \in \mathbf{N}^n \times \mathbf{N}^n$ mit $\alpha! = \prod_{1 \leq j \leq n} \alpha_j!$ offenbar

$$(x^\alpha \mid x^\beta) = \begin{cases} \alpha! & \text{für } \alpha = \beta, \\ 0 & \text{für } \alpha \neq \beta, \end{cases} \tag{2.12}$$

gilt, erhält man für $\tilde{p}(x) = \sum_{|\alpha|=m} a_\alpha x^\alpha \in \mathscr{P}_m$, $\tilde{q}(x) = \sum_{|\beta|=m} b_\beta x^\beta \in \mathscr{P}_m$ gemäß (2.11)

$$(\tilde{p} \mid \tilde{q}) = \sum_{|\alpha|=m} \alpha! \, a_\alpha \bar{b}_\alpha. \tag{2.13}$$

Demnach ist $(. \mid .)$ eine positive hermitesche Sesquilinearform auf dem Raum $\mathscr{P}_m$, d.h. $\mathscr{P}_m$ kann für jedes $m \in \mathbf{N}$ bezüglich des Skalarproduktes $(. \mid .)$ als komplexer Hilbert-Raum der Dimension (2.9) aufgefaßt werden.

Mit dem Laplace-Operator $\triangle = \sum_{1 \leq j \leq n} \left(\dfrac{\partial}{\partial x_j} \right)^2$ des $\mathbf{R}^n$ bezeichne

$$\mathscr{H}_m = \{ \tilde{p} \in \mathscr{P}_m \mid \triangle \tilde{p} = 0 \} \qquad (m \in \mathbf{N}) \tag{2.14}$$

den Untervektorraum von $\mathscr{P}_m$, der aus allen harmonischen homogenen Polynomen mit komplexen Koeffizienten vom Grad $m \geq 0$ besteht. Dann ist auch $\mathscr{H}_m$ stabil gegen γ wegen der Vertauschungsrelation $\triangle \circ \gamma(s) = \gamma(s) \circ \triangle$ für alle $s \in \mathbf{SO}(n, \mathbf{R})$ (vgl. Aufgabe 2.1).

Satz 2.2 *Für jedes $m \in \mathbf{N}$ gestattet der komplexe Hilbert-Raum $\mathscr{P}_m$ die Zerlegung*

$$\mathscr{P}_m = \bigoplus_{0 \leqslant k \leqslant [\frac{1}{2}m]} |x|^{2k}\, \mathscr{H}_{m-2k} \tag{2.15}$$

in paarweise orthogonale Untervektorräume (Calderón-Zerlegung).

Beweis. Vollständige Induktion nach m zeigt, daß es genügt, die orthogonale Zerlegung

$$\mathscr{P}_m = \mathscr{H}_m \oplus |x|^2 \mathscr{P}_{m-2} \qquad (m \geqslant 2) \tag{2.16}$$

von $\mathscr{P}_m$ in die Untervektorräume (2.10) und (2.14) nachzuweisen. Seien $(\tilde{p}, \tilde{q}) \in \mathscr{P}_{m-2} \times \mathscr{P}_m$ $(m \geqslant 2)$ beliebig gewählt. Wegen

$$(|x|^2 \tilde{p}\,|\,\tilde{q}) = \tilde{p}(\partial) \cdot \triangle \tilde{\bar{q}} = (\tilde{p}\,|\,\triangle \tilde{q}) \tag{2.17}$$

ist der Laplace-Operator $\triangle \colon \mathscr{P}_m \to \mathscr{P}_{m-2}$ adjungiert zur linearen Abbildung $\mathscr{P}_{m-2} \ni \tilde{p} \longmapsto |x|^2 \tilde{p} \in \mathscr{P}_m$ bezüglich des Skalarprodukts $(\,.\,|\,.\,)$. Die Injektivität der zuletzt genannten Abbildung impliziert die Surjektivität von $\triangle$. Somit ist die Abbildung $\tilde{p} \longmapsto |x|^2 \triangle \tilde{p}$ ein selbstadjungierter Operator von $\mathscr{P}_m$ in sich mit dem Kern $\mathscr{H}_m$ und dem Bildraum $|x|^2 \mathscr{P}_{m-2}$. Mithin gilt die orthogonale Zerlegung (2.16).   ■

Definition 2.2 Die Elemente des komplexen Vektorraumes

$$H_m = \{h\,|\,\mathbf{S}_{n-1} \mid h \in \mathscr{H}_m\} \qquad (m \in \mathbf{N}) \tag{2.18}$$

werden Kugelflächenfunktionen vom Grad m genannt.

Es ist klar, daß die Restriktion auf die Einheitssphäre $\mathbf{S}_{n-1}$ einen Vektorraum-Isomorphismus von $\mathscr{H}_m$ auf H_m für jedes $m \in \mathbf{N}$ liefert. Der zugehörende inverse Isomorphismus ordnet jeder Kugelflächenfunktion $p \in H_m$ das durch die Funktion

$$\mathbf{R}^n - \{0\} \ni x \longmapsto |x|^m p\left(\frac{x}{|x|}\right)$$

definierte harmonische homogene Polynome h vom Grad m zu. Aus (2.16) folgt für $m \geqslant 2$:

$$\dim_{\mathbf{C}} H_m = \dim_{\mathbf{C}} \mathscr{H}_m = \dim_{\mathbf{C}} \mathscr{P}_m - \dim_{\mathbf{C}} \mathscr{P}_{m-2} = \frac{(n+m-3)!\,(n+2m-2)}{(n-2)!\,m!} \tag{2.19}$$

Bezeichnet wie in Beispiel III.3.1 (1) $\sigma^{(n-1)}$ die Raumwinkel-Form der nach außen orientierten Einheitssphäre $\mathbf{S}_{n-1}$, so gilt der

Satz 2.3 *Die Folge $(H_m)_{m \in \mathbf{N}}$ besteht aus paarweise orthogonalen Untervektorräumen des komplexen Hilbert-Raumes $\mathrm{L}^2(\mathbf{S}_{n-1})$, d. h. für jedes Paar $(p, q) \in H_{m_1} \times H_{m_2} (m_1 \neq m_2)$ von Kugelflächenfunktionen gilt die Orthogonalitätsrelation*

$$\int_{\mathbf{S}_{n-1}} p(x)\,\overline{q(x)}\; \sigma^{(n-1)}(x) = 0. \tag{2.20}$$

Beweis. Für jeden Punkt $x \in \mathbf{R}^n - \{0\}$ bezeichne $r(x) = |x|$ seinen Abstand vom Nullpunkt und $\frac{1}{r} x \in \mathbf{S}_{n-1}$ den x entsprechenden Punkt auf der Einheitssphäre. Ist h das Bild von p unter dem oben genannten Isomorphismus $H_{m_1} \to \mathcal{H}_{m_1}$ und k das Bild von $\bar{q}$ unter dem Isomorphismus $H_{m_2} \to \mathcal{H}_{m_2}$, also $h = p$ im Falle $m_1 = 0$, $k = \bar{q}$ im Falle $m_2 = 0$, sowie

$$
h: \mathbf{R}^n \ni x \longmapsto
\begin{cases}
r(x)^{m_1} p\left(\dfrac{x}{r}\right) & \text{falls } x \neq 0, \\[2ex]
0 & \text{falls } x = 0,
\end{cases}
$$

$$
k: \mathbf{R}^n \ni x \longmapsto
\begin{cases}
r(x)^{m_2} \bar{q}\left(\dfrac{x}{r}\right) & \text{falls } x \neq 0, \\[2ex]
0 & \text{falls } x = 0,
\end{cases}
\tag{2.21}
$$

für $m_1 \in \mathbf{N}^\times$, $m_2 \in \mathbf{N}^\times$, so folgt wegen $\left(\dfrac{\partial h}{\partial r}\right)_{r=1} = m_1 p$ und $\left(\dfrac{\partial k}{\partial r}\right)_{r=1} = m_2 \bar{q}$ aus der Formel von Stokes-Green, angewandt auf die kompakte Einheitskugel $\bar{B}_{n,1} = \{x \in \mathbf{R}^n \,\vert\, r(x) \leqslant 1\}$ mit Rand $\mathbf{S}_{n-1}$:

$$
\begin{aligned}
0 &= \int_{\bar{B}_{n,1}} (h \cdot \triangle k - k \cdot \triangle h)\, dx = \int_{\mathbf{S}_{n-1}} \left(h \frac{\partial k}{\partial r} - k \frac{\partial h}{\partial r}\right) \cdot \sigma^{(n-1)}(x) \\[2ex]
&= \int_{\mathbf{S}_{n-1}} \left(m_2 p(x)\,\overline{q(x)} - m_1 p(x)\,\overline{q(x)}\right) \cdot \sigma^{(n-1)}(x) \\[2ex]
&= (m_2 - m_1) \int_{\mathbf{S}_{n-1}} p(x)\,\overline{q(x)} \cdot \sigma^{(n-1)}(x)
\end{aligned}
\tag{2.22}
$$

Wegen $m_1 \neq m_2$ folgt aus (2.22) die Behauptung. ∎

Satz 2.4 *Die Menge* $\bigcup\limits_{m \in \mathbf{N}} H_m$ *liegt total in den komplexen Banach-Räumen* $\mathscr{C}(S_{n-1})$ *und* $L^p(\mathbf{S}_{n-1})$, $p \in [\![1, +\infty[\![$.

Beweis. Es genügt zu zeigen, daß $\bigcup\limits_{m \in \mathbf{N}} H_m$ eine totale Teilmenge des komplexen Vektorraumes $\mathscr{C}(\mathbf{S}_{n-1})$ bezüglich der Topologie der gleichmäßigen Konvergenz ist. Nach dem Satz von Stone-Weierstrass liegt der aus den Restriktionen $f = \tilde{f} | \mathbf{S}_{n-1}$ der Polynome $\tilde{f} \in \mathbf{C}[x_1, \dots x_n]$ bestehende Untervektorraum von $\mathscr{C}(\mathbf{S}_{n-1})$ überall dicht in $\mathscr{C}(\mathbf{S}_{n-1})$. Jedes Polynom $\tilde{f} \in \mathbf{C}[x_1, \dots, x_n]$ ist eine endliche Summe von homogenen Polynomen und falls $\tilde{f} \in \mathscr{P}_m$ für ein $m \in \mathbf{N}$ erfüllt ist, kann f gemäß der Calderón-Zerlegung (2.15) in der Form $\sum\limits_{0 \leqslant k < [\frac{1}{2}m]} f_{m-2k}$ mit $f_{m-2k} \in H_{m-2k}$ repräsentiert werden. ∎

Aufgrund von Satz 2.3 und Satz 2.4 besteht die Zerlegung $L^2(\mathbf{S}_{n-1}) = \widehat{\bigoplus}_{m \in \mathbf{N}} H_m$ in eine Hilbert-Summe paarweise orthogonaler, gegen die linksreguläre Darstellung γ der $\mathrm{SO}(n,\mathbf{R})$ stabiler Untervektorräume. Um zu beweisen, daß die Teildarstellungen $\mathrm{SO}(n,\mathbf{R}) \ni s \rightsquigarrow \gamma(s)|H_m \, (m \in \mathbf{N})$ irreduzibel sind, genügt der Nachweis, daß in jedem Raum H_m der Untervektorraum aller $\mathrm{SO}(n-1,\mathbf{R})$-zonalen Funktionen eindimensional ist. Denn mit jedem in H_m echt enthaltenen, gegen γ stabilen Untervektorraum $E \neq \{0\}$ von H_m wäre auch der Orthogonal $E^{\perp}$ von E in H_m bezüglich des zu $L^2(\mathbf{S}_{n-1})$ gehörenden Skalarprodukts gegen γ stabil. Gemäß (2.19) und Satz 2.1 würde dann aber sowohl in E als auch in $E^{\perp}$ mindestens eine $\mathrm{SO}(n-1,\mathbf{R})$-zonale Funktion $\neq 0$ existieren, der Untervektorraum von H_m aller $\mathrm{SO}(n-1,\mathbf{R})$-zonalen Funktionen wäre also mindestens zweidimensional.

Satz 2.5 *Sei $\tilde{p} \in \mathscr{P}_m \, (m \in \mathbf{N})$ und die Einschränkung $p = \tilde{p}|\mathbf{S}_{n-1}$ eine $\mathrm{SO}(n-1,\mathbf{R})$-zonale Funktion $(n \geqslant 3)$. Dann existiert ein Polynom $p_0 \in \mathbf{C}[y]$ in einer Variablen vom Grad $\leqslant m$ mit $p(x) = p_0((x|1))$ für $x \in \mathbf{S}_{n-1}$.*

Beweis. Bezeichnet ξ für jeden Vektor $x = (x_j)_{1 \leqslant j \leqslant n} \in \mathbf{R}^n$ den aus den ersten $n-1$ Koordinaten bestehenden Vektor $(x_j)_{1 \leqslant j \leqslant n-1} \in \mathbf{R}^{n-1}$, so kann $\tilde{p}$ in der Form

$$\tilde{p}(x) = \sum_{0 \leqslant k \leqslant m} x_n^{m-k} p_k(\xi) \tag{2.23}$$

dargestellt werden mit homogenen Polynomen $(p_k)_{0 \leqslant k \leqslant m}$ vom Grad k aus $\mathbf{C}[x_1, \ldots, x_{n-1}]$. Für jeden Punkt $x \in \mathbf{R}^n$ und jedes Element $t \in \mathrm{SO}(n-1,\mathbf{R})$ gilt

$$\sum_{0 \leqslant k \leqslant m} x_n^{m-k} p_k(\xi) = \tilde{p}(x) = \gamma(t)\tilde{p}(x) = \sum_{0 \leqslant k \leqslant m} x_n^{m-k} p_k(t^{-1} \cdot \xi), \tag{2.24}$$

also $p_k(\xi) = p_k(t^{-1} \cdot \xi)$. Demnach ist $\mathbf{R}^{n-1} \ni \xi \rightsquigarrow p_k(\xi) \in \mathbf{C}$ eine radiale Funktion (Definition II.4.1), so daß $p_k(\xi) = c_k |\xi|^k = c_k \left(\sum_{1 \leqslant j \leqslant n-1} x_j^2 \right)^{k/2}$ mit $c_k \in \mathbf{C}$ für alle Punkte $\xi \in \mathbf{R}^{n-1}$ gilt $(0 \leqslant k \leqslant m)$ (Aufgabe 2.4). Ist k eine ungerade Zahl, so muß notwendig $c_k = 0$ sein. Man erhält nach einer Umnumerierung der Koeffizienten:

$$\tilde{p}(x) = \sum_{0 \leqslant k \leqslant [\frac{1}{2}m]} c_k x_n^{m-2k} \left(\sum_{1 \leqslant j \leqslant n-1} x_j^2 \right)^k \tag{2.25}$$

Wegen (2.3) und (2.4) folgt für $x \in \mathbf{S}_{n-1}$

$$p(x) = \sum_{0 \leqslant k \leqslant [\frac{1}{2}m]} c_k \cos^{m-2k} \theta \cdot (1 - \cos^2 \theta)^k \qquad (\theta \in [\![0, \pi]\!]). \tag{2.26}$$

Aus (2.26) liest man die Existenz eines Polynoms $p_0 \in \mathbf{C}[y]$ vom Grad $\leqslant m$ ab mit $p(x) = p_0(\cos \theta) = p_0((x|1))$ für $x \in \mathbf{S}_{n-1}$. ∎

Mit Hilfe der Folge $(R_m^{(\alpha,\beta)})_{m \in \mathbf{N}}$ der *Jacobi-Polynome zu den Exponenten* $\alpha > -1$, $\beta > -1$ lassen sich die $\mathrm{SO}(n-1,\mathbf{R})$-zonalen Funktionen in den Räumen $(H_m)_{m \in \mathbf{N}}$

explizit beschreiben. Dazu ist zu beachten, daß diese Polynome im reellen Hilbert-Raum $L^2([-1, +1]; (1 - x)^\alpha (1 + x)^\beta \, dx)$ eine (totale) orthogonale Familie bilden, daß $R_m^{(\alpha, \beta)}$ für jedes $m \in \mathbf{N}$ vom Grad m ist und der Standardisierungsbedingung $R_m^{(\alpha, \beta)}(1) = 1$ genügt (vgl. Aufgabe 2.6).

Satz 2.6 *Eine Kugelflächenfunktion $p_m \in H_m$ ($m \in \mathbf{N}$) ist genau dann* $\mathrm{SO}\,(n - 1, \mathbf{R})$-*zonal* $(n \geqslant 3)$, *falls eine Konstante* $C_m \in \mathbf{C}$ *existiert mit*

$$p_m(x) = C_m \cdot R_m^{(\alpha, \alpha)}((x \mid 1)) \qquad (x \in \mathbf{S}_{n-1}), \tag{2.27}$$

wobei $\alpha = (n - 3)/2$ *gilt.*

Beweis. Zu beliebigen $\mathrm{SO}\,(n - 1, \mathbf{R})$-zonalen Funktionen $p_{m_1} \in H_{m_1}$ $(m_1 \in \mathbf{N})$, $p_{m_2} \in H_{m_2} (m_2 \in \mathbf{N})$ existieren gemäß Satz 2.5 Polynome $p_{m_1,0} \in \mathbf{C}\,[y]$ vom Grad $\leqslant m_1$ und $p_{m_2,0} \in \mathbf{C}\,[y]$ vom Grad $\leqslant m_2$ mit $p_{m_1}(x) = p_{m_1,0}((x \mid 1))$ und $\bar{p}_{m_2}(x) = p_{m_2,0}((x \mid 1))$ für $x \in \mathbf{S}_{n-1}$. Im Falle $m_1 \neq m_2$ gilt dann aufgrund von Satz 2.3

$$\int\limits_{\mathbf{S}_{n-1}} p_{m_1,0}((x \mid 1)) \cdot p_{m_2,0}((x \mid 1)) \, \sigma^{(n-1)}(x) = 0. \tag{2.28}$$

Mit Hilfe von (III.3.10) gewinnt man daraus

$$\int\limits_0^\pi p_{m_1,0}(\cos\theta) \cdot p_{m_2,0}(\cos\theta) \sin^{n-2}\theta \, d\theta = 0. \tag{2.29}$$

Setzt man $y = \cos\theta$ ($\theta \in [0, \pi]$), so folgt

$$\int\limits_{-1}^{+1} p_{m_1,0}(y) \cdot p_{m_2,0}(y) \cdot (1 - y^2)^{(n-3)/2} \, dy = 0 \tag{2.30}$$

und damit (2.27). Umgekehrt ist jede gemäß (2.27) definierte Funktion $p_m : \mathbf{S}_{n-1} \to \mathbf{C}$ ($m \in \mathbf{N}$) stetig und $\mathrm{SO}\,(n - 1, \mathbf{R})$-zonal. Aufgrund von (2.19) und Satz 2.1 existiert aber in jedem Raum H_m eine $\mathrm{SO}\,(n - 1, \mathbf{R})$-zonale Funktion $q_m \neq 0$ und nach dem soeben Bewiesenen eine komplexe Konstante $C_m' \neq 0$ mit $q_m(x) = C_m' R_m^{(\alpha, \alpha)}((x \mid 1))$ für $x \in \mathbf{S}_{n-1}$. Es folgt $p_m = (C_m / C_m') q_m \in H_m$. ∎

Beispiel 2.1 Für jeden Punkt $\xi' \in \mathbf{S}_{n-2} (n \geqslant 3)$ gehört die Funktion $\mathbf{S}_{n-1} \ni x \longmapsto ((x \mid 1) + \mathrm{i}(x \mid \xi'))^m \in \mathbf{C}$ ($m \in \mathbf{N}$) zum Raum H_m (vgl. Aufgabe 2.5). Folglich ist

$$p_m : \mathbf{S}_{n-1} \ni x \longmapsto \frac{1}{\Omega_{n-2}} \int\limits_{\mathbf{S}_{n-2}} ((x \mid 1) + \mathrm{i}(x \mid \xi'))^m \, \sigma^{(n-2)}(\xi') \in \mathbf{C}$$

eine $\mathrm{SO}\,(n - 1, \mathbf{R})$-zonale Funktion des Raumes H_m mit $p_m(1) = 1$. Für die Jacobi-Polynome $(R_m^{(\alpha, \alpha)})_{m \in \mathbf{N}}$ zum Exponenten $\alpha = (n - 3)/2$ gilt somit die „*Integraldarstellung vom Laplace-Typ*"

$$R_m^{(\alpha, \alpha)}((x \mid 1)) = \frac{1}{\Omega_{n-1}} \int\limits_{\mathbf{S}_{n-2}} ((x \mid 1) + \mathrm{i}(x \mid \xi'))^m \, \sigma^{(n-2)}(\xi') \qquad (x \in \mathbf{S}_{n-1}). \tag{2.31}$$

Liegt der Punkt $x\in\mathbf{R}^n-\{0\}$ auf der Hyperebene mit der Gleichung $x_n=0$, so gehört für jedes $m\in\mathbf{N}$ der Punkt $\left(\cos\dfrac{|x|}{m}\right)1+\left(\sin\dfrac{|x|}{m}\right)\dfrac{x}{|x|}$ zur Sphäre $\mathbf{S}_{n-1}$. Schreibt man die Identität (2.31) für diese Stelle auf, so gewinnt man die Beziehung (vgl. (II.4.3))

$$R_m^{(\alpha,\alpha)}\left(\cos\frac{|x|}{m}\right)=\frac{1}{\Omega_{n-1}}\int\limits_{\mathbf{S}_{n-2}}\left(\cos\frac{|x|}{m}+\mathrm{i}\frac{(x|\xi')}{|x|}\sin\frac{|x|}{m}\right)^m\sigma^{(n-2)}(\xi'). \tag{2.32}$$

Durch Grenzübergang $m\to\infty$ und Vergleich mit (II.4.11) und (II.4.25) folgt die „*Konfluenz-relation*" *von Mehler-Heine*

$$\lim_{m\to+\infty}R_m^{(\alpha,\alpha)}\left(1-\frac{|x|^2}{2m^2}\right)=\lim_{m\to+\infty}R_m^{(\alpha,\alpha)}\left(\cos\frac{|x|}{m}\right)=\frac{1}{\Omega_{n-1}}\int\limits_{\mathbf{S}_{n-2}}\mathrm{e}^{\mathrm{i}(x|\xi')}\sigma^{(n-2)}(\xi')$$

$$=\frac{(2\pi)^{(n-1)/2}}{\Omega_{n-1}}\cdot\frac{\mathscr{I}_\alpha(|x|)}{|x|^\alpha}\qquad(\alpha=(n-3)/2) \tag{2.33}$$

$$=\mathscr{I}_\alpha(|x|),$$

die, gleichmäßig auf den kompakten Teilen des $\mathbf{R}^{n-1}$ geltend, einen sehr nützlichen Zusammenhang zwischen den Jacobi-Polynomen $(R_m^{(\alpha,\alpha)})_{m\in\mathbf{N}}$ und der Besselfunktion $\mathscr{I}_\alpha$ $(\alpha=(n-3)/2)$ wiedergibt.

Für jedes $m\in\mathbf{N}$ wird der Untervektorraum der $\mathrm{SO}(n-1,\mathbf{R})$-zonalen Funktionen in H_m von der Funktion $\mathbf{S}_{n-1}\ni x\longmapsto R_m^{(\alpha,\alpha)}((x|1))$ über $\mathbf{C}$ aufgespannt, ist also eindimensional. Jede Teildarstellung $\mathrm{SO}(n,\mathbf{R})\ni s\longmapsto\gamma(s)|H_m$ ist demnach irreduzibel und gehört somit zu genau einer Klasse $\varrho_m\in\widehat{\mathrm{SO}}(n,\mathbf{R})$. Wegen (2.19) ist die Abbildung $\mathbf{N}\ni m\longmapsto\varrho_m\in\widehat{\mathrm{SO}}(n,\mathbf{R})$ injektiv. Ihr Bild stimmt gemäß Satz 1.3 mit der Menge $\{\varrho\in\widehat{\mathrm{SO}}(n,\mathbf{R})\,|\,(\gamma:\varrho)=(\varrho:\sigma_0)=1\}$ überein. Insbesondere gilt

Satz 2.7 *Für jede natürliche Zahl $n\geqslant 3$ ist $(\mathrm{SO}(n,\mathbf{R}),\mathrm{SO}(n-1,\mathbf{R}))$ ein kompaktes Gelfand-Paar. Identifiziert man die kompakte homogene Mannigfaltigkeit $\mathrm{SO}(n,\mathbf{R})/\mathrm{SO}(n-1,\mathbf{R})$ mit der Sphäre $\mathbf{S}_{n-1}$, so gilt*

$$J_{\varrho_m}(\sigma_0)=H_m\qquad(m\in\mathbf{N}), \tag{2.34}$$

und für die $\mathrm{SO}(n-1,\mathbf{R})$-zonalen sphärischen Funktionen hat man

$$\theta_{\varrho_m,\sigma_0}:\mathrm{SO}(n,\mathbf{R})\ni s\longmapsto R_m^{(\alpha,\alpha)}((s\cdot 1|1))\qquad(m\in\mathbf{N}) \tag{2.35}$$

mit $\alpha=(n-3)/2$.

Notiz. Gemäß Beispiel III.2.1(6) trägt $\mathrm{SO}(4,\mathbf{R})/\mathrm{SO}(3,\mathbf{R})$ eine zu $\mathrm{SU}(2,\mathbf{C})$ isomorphe Gruppenstruktur. Die $\mathrm{SO}(3,\mathbf{R})$-zonalen sphärischen Funktionen können in diesem Falle mit Hilfe der Čebšev-Polynome zweiter Art $(\check{C}_m)_{m\geqslant 0}$ geschrieben werden; vgl. Satz IV.5.1.

Die vorausgegangenen Überlegungen sind auch für die harmonische Analyse auf der homogenen Mannigfaltigkeit $\mathrm{U}(n,\mathbf{C})/\mathrm{U}(n-1,\mathbf{C})$, $n\geqslant 2$, nützlich. Für jedes Paar $(p,q)\in\mathbf{N}\times\mathbf{N}$ bezeichne $\mathscr{P}_{p,q}$ den komplexen Vektorraum aller Polynome aus $\mathbf{C}[z,\bar{z}]=\mathbf{C}[z_1,\ldots,z_n,\bar{z}_1,\ldots,\bar{z}_n]$, die homogen vom Grad p in den Variablen

$z = (z_j)_{1 \leqslant j \leqslant n}$ und homogen vom Grad q in den Variablen $\bar{z} = (\bar{z}_k)_{1 \leqslant k \leqslant n}$ sind. Da $\mathscr{P}_{p,q}$ von den Monomen

$$\left\{ \prod_{1 \leqslant j \leqslant n} z_j^{p_j} \cdot \prod_{1 \leqslant k \leqslant n} \bar{z}_k^{q_k} \,\Big|\, (p_j)_{1 \leqslant j \leqslant n} \in \mathbf{N}^n, \ (q_k)_{1 \leqslant k \leqslant n} \in \mathbf{N}^n, \ \sum_{1 \leqslant j \leqslant n} p_j = p, \ \sum_{1 \leqslant k \leqslant n} q_k = q \right\}$$

über dem Körper $\mathbf{C}$ aufgespannt wird, gilt aufgrund von (2.9):

$$\dim_{\mathbf{C}} \mathscr{P}_{p,q} = \binom{n+p-1}{p} \binom{n+q-1}{q} \qquad ((p,q) \in \mathbf{N} \times \mathbf{N}) \tag{2.36}$$

Sei in Analogie zu (2.14)

$$\mathscr{H}_{p,q} = \left\{ \tilde{P} \in \mathscr{P}_{p,q} \,\Big|\, \sum_{1 \leqslant j \leqslant n} \frac{\partial^2}{\partial z_j \, \partial \bar{z}_j} \tilde{P}(z,\bar{z}) = 0 \right\} \tag{2.37}$$

der aus allen harmonischen homogenen Polynome vom Typ (p,q) bestehende Untervektorraum von $\mathscr{P}_{p,q}$. Setzt man $z_j = x_j + iy_j$ für $1 \leqslant j \leqslant n$ und beachtet die Identität

$$\sum_{1 \leqslant j \leqslant n} \frac{\partial^2}{\partial z_j \, \partial \bar{z}_j} = \frac{1}{4} \sum_{1 \leqslant j \leqslant n} \left(\frac{\partial^2}{\partial x_j^2} + \frac{\partial^2}{\partial y_j^2} \right), \tag{2.38}$$

so erhält man die Inklusion $\mathscr{H}_{p,q} \subseteq \mathscr{H}_{p+q}$ für jedes Paar $(p,q) \in \mathbf{N} \times \mathbf{N}$. Die linksreguläre Darstellung γ der kompakten Gruppe $\mathbf{U}(n,\mathbf{C})$ operiert auf dem komplexen Vektorraum $\mathscr{P}_{p,q}$ gemäß

$$\gamma(s)\,\tilde{P}(z,\bar{z}) = \tilde{P}(s^{-1} \cdot z, \bar{s}^{-1} \cdot \bar{z}) \qquad (s \in \mathbf{U}(n,\mathbf{C})). \tag{2.39}$$

Weil der Differentialoperator (2.38) mit den Automorphismen $\{\gamma(s) \mid s \in \mathbf{U}(n,\mathbf{C})\}$ von $\mathscr{P}_{p,q}$ vertauschbar ist, wird durch $\mathscr{H}_{p,q}$ ein gegen γ stabiler Untervektorraum von $\mathscr{P}_{p,q}$ gegeben.

Definition 2.3 Für jedes Paar $(p,q) \in \mathbf{N} \times \mathbf{N}$ werden die Elemente des komplexen Vektorraumes

$$H_{p,q} = \{ P|\mathbf{S}_{2n-1} \mid P \colon \mathbf{C}^n \ni z \rightsquigarrow \tilde{P}(z,\bar{z}), \ \tilde{P} \in \mathscr{H}_{p,q} \} \tag{2.40}$$

Kugelflächenfunktion vom Typ (p,q) genannt.

Satz 2.8 *Die Folge* $(H_{p,q})_{(p,q) \in \mathbf{N} \times \mathbf{N}}$ *besteht aus paarweise orthogonalen Untervektorräumen des komplexen Hilbert-Raumes* $\mathrm{L}^2(\mathbf{S}_{2n-1})$, *d.h. für jedes Paar* $(P,Q) \in H_{p_1,q_1} \times H_{p_2,q_2}\,((p_1,q_1) \neq (p_2,q_2))$ *von Kugelflächenfunktionen gilt die Orthogonalitätsrelation*

$$\int_{\mathbf{S}_{2n-1}} P(x)\overline{Q(x)}\,\sigma^{(2n-1)}(x) = 0. \tag{2.41}$$

Beweis. Falls $p_1 + q_1 \neq p_2 + q_2$, folgt (2.41) wegen $P \in H_{p_1+q_1}$, $Q \in H_{p_2+q_2}$ aus (2.20). Im Falle $p_1 + q_1 = p_2 + q_2$ gilt $p_1 - q_1 \neq p_2 - q_2$. Wählt man $s = \mathrm{e}^{-i\psi} \cdot 1_n \in \mathbf{U}(n,\mathbf{C})$

mit einer beliebigen Zahl $e^{-i\psi} \in \mathbf{T}$ ($\psi \in [\![-\pi, +\pi]\!]$), so erhält man im Hilbert-Raum $L^2(\mathbf{S}_{n-1})$ gemäß (2.39)

$$(P|Q) = (\gamma(s)P|\gamma(s)Q) = e^{i((p_1-q_1)-(p_2-q_2))\psi}\,(P|Q). \tag{2.42}$$

Also müssen P und Q in $L^2(\mathbf{S}_{n-1})$ orthogonal sein. $\blacksquare$

Satz 2.9 *Für $\tilde{P} \in \mathscr{P}_{p,q}$ $((p,q) \in \mathbf{N} \times \mathbf{N})$ sei die Einschränkung $P = \tilde{P}|\mathbf{S}_{2n-1}$ eine $\mathbf{U}(n-1,\mathbf{C})$-zonale Funktion $(n \geqslant 2)$. Dann existiert ein Polynom $P_0 \in \mathbf{C}[y]$ in einer Variablen vom Grad $\leqslant \inf(p,q)$, so daß*

$$P(x) = e^{i(p-q)} \cdot \cos^{|p-q|}\theta \cdot P_0(\cos 2\theta) \quad (\theta \in [\![0, \tfrac{1}{2}\pi]\!], \varphi \in [\![-\pi, +\pi]\!]) \tag{2.43}$$

für jeden Punkt $x \in \mathbf{S}_{2n-1}$ mit den Koordinaten (2.6) erfüllt ist.

Beweis. Aufgrund von (2.7) gilt

$$P(x) = e^{i(p-q)\varphi} \cdot P((\cos\theta)\,e_n + (\sin\theta)\,e^{-i\varphi}\,e_{n-1}) \tag{2.44}$$

für jedes $x \in \mathbf{S}_{2n-1}$. Zu jedem Punkt $e^{i\psi} \in \mathbf{T}$ ($\psi \in [\![-\pi, +\pi]\!]$) existiert ein Element $t \in \mathbf{U}(n-1,\mathbf{C})$ mit $t \cdot (e^{-i\varphi}\,e_{n-1}) = e^{i\psi}\,e_{n-1}$. Diese Tatsache liefert

$$P(x) = e^{i(p-q)\varphi}\,\frac{1}{2\pi}\int_{-\pi}^{+\pi} P((\cos\theta)\,e_n + (\sin\theta)\,e^{i\psi}\,e_{n-1})\,\mathrm{d}\psi. \tag{2.45}$$

Es lassen sich Koeffizienten $c_{jk} \in \mathbf{C}$ $(0 \leqslant j \leqslant p,\ 0 \leqslant k \leqslant q)$ so wählen, daß

$$\tilde{P}(0, \ldots, 0, e^{i\psi}\sin\theta, \cos\theta, 0, \ldots, 0, e^{-i\psi}\sin\theta, \cos\theta)$$

$$= \sum_{0 \leqslant j \leqslant p} \sum_{0 \leqslant k \leqslant q} c_{jk}\,(e^{i\psi}\sin\theta)^j\,(\cos\theta)^{p-j}\,(e^{-i\psi}\sin\theta)^k\,(\cos\theta)^{q-k} \tag{2.46}$$

$$= \sum_{0 \leqslant j \leqslant p} \sum_{0 \leqslant k \leqslant q} c_{jk}\,\sin^{j+k}\theta \cdot \cos^{p+q-j-k}\theta \cdot e^{i(j-k)\psi}$$

für $\theta \in [\![0, \tfrac{1}{2}\pi]\!]$, $\varphi, \psi \in [\![-\pi, +\pi]\!]$ gilt. Man erhält dann wegen (I.2.25) aus (2.45) für $x \in \mathbf{S}_{2n-1}$:

$$P(x) = e^{i(p-q)\varphi} \cdot \sum_{0 \leqslant j \leqslant \inf(p,q)} c_{jj}\,\sin^{2j}\theta \cdot \cos^{p+q-2j}\theta$$

$$= e^{i(p-q)\varphi} \cdot \cos^{|p-q|}\theta \cdot \sum_{0 \leqslant j \leqslant \inf(p,q)} c_{jj}\,\sin^{2j}\theta\,\cos^{2(\inf(p,q)-j)}\theta \tag{2.47}$$

$$= e^{i(p-q)\varphi} \cdot \cos^{|p-q|}\theta \cdot \sum_{0 \leqslant j \leqslant \inf(p,q)} c_{jj}\,[\tfrac{1}{2}(1-\cos 2\theta)]^j\,[\tfrac{1}{2}(1+\cos 2\theta)]^{\inf(p,q)-j}$$

Daraus liest man die Existenz eines Polynoms $P_0 \in \mathbf{C}[y]$ vom Grad $\leqslant \inf(p,q)$ ab, das (2.43) erfüllt. $\blacksquare$

Satz 2.10 *Eine Kugelflächenfunktion $P_{p,q} \in H_{p,q}$ vom Typ $(p,q) \in \mathbf{N} \times \mathbf{N}$ ist genau dann* $U(n-1, \mathbf{C})$-*zonal* $(n \geqslant 2)$, *falls eine Konstante $C_{p,q} \in \mathbf{C}$ existiert mit*

$$P_{p,q}(x) = C_{p,q}\, e^{i(p-q)\varphi} \cos^{|p-q|} \theta \cdot R_{\inf(p,q)}^{(n-2,\,|p-q|)}(\cos 2\theta) \qquad (x \in \mathbf{S}_{2n-1}) \qquad (2.48)$$

bezüglich der Koordinaten (2.6).

Beweis. Sind (p_1, q_1), (p_2, q_2) zwei Paare aus $\mathbf{N} \times \mathbf{N}$ und wählt man zu beliebigen $U(n-1, \mathbf{C})$-zonalen Funktionen $P_{p_1,q_1} \in H_{p_1,q_1}$, $P_{p_2,q_2} \in H_{p_2,q_2}$ gemäß Satz 2.9 Polynome $P_{1,0} \in \mathbf{C}[y]$ vom Grad $\leqslant \inf(p_1, q_1)$ und $P_{2,0} \in \mathbf{C}[y]$ vom Grad $\leqslant \inf(p_2, q_2)$ mit $P_{p_1,q_1}(x)$ $= e^{i(p_1-q_1)\varphi} \cos^{|p_1-q_1|} \theta \cdot P_{1,0}(\cos 2\theta)$ und $\overline{P_{p_2,q_2}(x)} = e^{i(p_2-q_2)\varphi} \cos^{|p_2-q_2|} \theta \cdot P_{2,0}(\cos 2\theta)$ für $x \in \mathbf{S}_{2n-1}$, so liefert im Falle $\inf(p_1, q_2) \neq \inf(p_2, q_2)$ Satz 2.8 aufgrund von (2.6) die Identitäten

$$0 = \int\limits_{\mathbf{S}_{2n-1}} P_{p_1,q_1}(x)\, \overline{P_{p_2,q_2}(x)}\, \sigma^{(2n-1)}(x) = \int\limits_{-\pi}^{+\pi} e^{i(p_1-q_1-p_2+q_2)\varphi}\, d\varphi \;\cdot$$

$$\cdot \int\limits_{0}^{\pi/2} \cos^{|p_1-q_1|+|p_2-q_2|} \theta \cdot P_{1,0}(\cos 2\theta) \cdot P_{2,0}(\cos 2\theta) \cdot \cos\theta \sin^{2n-3}\theta\, d\theta. \qquad (2.49)$$

Aus (2.49) erhält man für $\inf(p_1, q_1) \neq \inf(p_2, q_2)$ die Orthogonalitätsrelation

$$\int\limits_{0}^{\pi/2} P_{1,0}(\cos 2\theta) \cdot P_{2,0}(\cos 2\theta) \cos^{2|p_1-q_1|+1} \theta \sin^{2n-3}\theta\, d\theta = 0, \qquad (2.50)$$

die mit $y = \cos 2\theta$ $(\theta \in [\![0, \tfrac{1}{2}\pi]\!])$ die Form

$$\int\limits_{-1}^{+1} P_{1,0}(y) \cdot P_{2,0}(y)\, (1-y)^{n-2}\, (1+y)^{|p_1-q_1|}\, dy = 0 \qquad (2.51)$$

annimmt. Damit ist (2.48) bewiesen. Es ist klar, daß jeder der Räume $\mathscr{H}_{p,q}$ $((p,q) \in \mathbf{N} \times \mathbf{N})$ Polynome $\tilde{P} \neq 0$ umfaßt; beispielsweise gehört

$$\tilde{P}(z, \bar{z}) = \left(\sum_{1 \leqslant j \leqslant n} a_j z_j \right)^p \cdot \left(\sum_{1 \leqslant k \leqslant n} b_k \bar{z}_k \right)^q$$

zu $\mathscr{H}_{p,q}$, falls die zugehörenden komplexen Koeffizienten die Bedingung $\sum\limits_{1 \leqslant j \leqslant n} a_j b_j = 0$ erfüllen. Somit gilt $\dim_{\mathbf{C}} H_{p,q} = \dim_{\mathbf{C}} \mathscr{H}_{p,q} \geqslant 1$ für jedes $(p,q) \in \mathbf{N} \times \mathbf{N}$. Nach Satz 2.1 existiert in jedem Raum $H_{p,q}$ eine $U(n-1, \mathbf{C})$-zonale Funktion $Q_{p,q} \neq 0$ und nach dem Bewiesenen eine komplexe Konstante $C'_{p,q} \neq 0$ mit $Q_{p,q}(x) = C'_{p,q}\, e^{i(p-q)\varphi} \cos^{|p-q|} \theta$ $\cdot R_{\inf(p,q)}^{(n-2,\,|p-q|)}(\cos 2\theta)$ für $x \in \mathbf{S}_{2n-1}$. Damit ist gezeigt, daß umgekehrt jede gemäß (2.45) definierte Funktion $P_{p,q}$ wegen $P_{p,q} = (C_{p,q}/C'_{p,q}) Q_{p,q}$ zum Raum $H_{p,q}$ gehört und $U(n-1, \mathbf{C})$-zonal ist. $\blacksquare$

Setzt man $r = \cos\theta$ $(\theta \in [\![0, \tfrac{1}{2}\pi]\!])$ und $z = r e^{i\varphi} = x + iy \in \bar{D}$ $(\varphi \in [\![-\pi, +\pi]\!])$, so überzeugt man sich leicht, daß durch (2.48) eine Familie von Polynomen vom Grad

$p + q$ in x und y definiert wird, die in $\bar{D}$ bezüglich des Maßes $(1 - r^2)^{n-2} r \, dr \otimes d\varphi = (1 - x^2 - y^2)^{n-2} \, dx \otimes dy$ paarweise orthogonal sind (Aufgabe 2.7). Dies rechtfertigt die nachstehende

Definition 2.4 Sei $\alpha > -1$ eine reelle Zahl und $(p, q) \in \mathbf{N} \times \mathbf{N}$. Dann heißt die auf der kompakten Einheitskreisscheibe $\bar{D} = \{z = re^{i\varphi} \in \mathbf{C} \} r \in [\![0, 1]\!], \varphi \in [\![-\pi, +\pi]\!]\}$ definierte Funktion

$$R_{p,q}^{(\alpha)}(z) = R_{p,q}^{(\alpha)}(r \, e^{i\varphi}) = e^{i(p-q)\varphi} \, r^{|p-q|} R_{\inf(p,q)}^{(\alpha,|p-q|)}(2r^2 - 1) \tag{2.52}$$

das Scheibenpolynom vom Typ (p, q) zum Exponenten α.

Aufgrund von Satz 2.10 ist für jedes Paar $(p, q) \in \mathbf{N} \times \mathbf{N}$ der Untervektorraum von $H_{p,q}$ aller $\mathbf{U}(n-1, \mathbf{C})$-zonalen Kugelflächenfunktionen vom Typ (p, q) eindimensional. Jede Teildarstellung $\mathbf{U}(n, \mathbf{C}) \ni s \longmapsto \gamma(s)|H_{p,q}$ ist somit irreduzibel, gehört also genau einer Klasse $\varrho_{p,q} \in \hat{\mathbf{U}}(n, \mathbf{C})$ an.

Satz 2.11 *Für jedes Paar $(p, q) \in \mathbf{N} \times \mathbf{N}$ erlaubt der Untervektorraum* $\Pi_{p,q} = \{P|\mathbf{S}_{2n-1}\} P: \mathbf{C}^n \ni z \longmapsto \tilde{P}(z, \bar{z}), \tilde{P} \in \mathscr{P}_{p,q}\}$ *von* $L^2(\mathbf{S}_{2n-1})$ *die Zerlegung*

$$\Pi_{p,q} = \bigoplus_{0 \leqslant k < \inf(p,q)} H_{p-k,q-k} \tag{2.53}$$

in paarweise orthogonale Untervektorräume.

Beweis. Wegen $H_{p,q} \subseteq \Pi_{p,q} \subseteq \Pi_{p+1,q+1}$ ist klar, daß die Familie $(H_{p-k,q-k})_{0 \leqslant k < \inf(p,q)}$ aus Untervektorräumen von $\Pi_{p,q}$ besteht, die wegen Satz 2.8 im komplexen Hilbert-Raum $L^2(\mathbf{S}_{2n-1})$ paarweise orthogonal sind. Sei $E^\perp$ der Orthogonalraum zu $E = \bigoplus_{0 \leqslant k < \inf(p,q)} H_{p-k,q-k}$ in $\Pi_{p,q}$. Mit E ist auch $E^\perp$ gegen die linksreguläre Darstellung γ der $\mathbf{U}(n, \mathbf{C})$ in $L^2(\mathbf{S}_{2n-1})$ stabil. Wäre $\dim_{\mathbf{C}} E^\perp \geqslant 1$ erfüllt, so läge gemäß Satz 2.1 in $E^\perp$ eine $\mathbf{U}(n-1, \mathbf{C})$-zonale Funktion $P \neq 0$, die aufgrund von Satz 1.9 die Form (2.43) besäße mit einem Polynom $P_0 \neq 0$ aus $\mathbf{C}[y]$ vom Grad $\leqslant \inf(p,q)$. Weil P in $L^2(\mathbf{S}_{2n-1})$ orthogonal zu den $\mathbf{U}(n-1, \mathbf{C})$-zonalen Funktionen in den Räumen $(H_{p-k,q-k})_{0 < k < \inf(p,q)}$ ist, würden gemäß (2.51) die Orthogonalitätsrelationen

$$\int_{-1}^{+1} P_0(y) \cdot R_k^{(n-2,|p-q|)}(y) \, (1-y)^{n-2} (1+y)^{|p-q|} \, dy = 0 \tag{2.54}$$

für $0 \leqslant k \leqslant \inf(p,q)$, also $P_0 = 0$, folgen. Demnach muß $E^\perp = \{0\}$ gelten, also die Identität (2.53) richtig sein. ∎

Wegen $\dim_{\mathbf{C}} \mathscr{P}_{p,q} = \dim_{\mathbf{C}} \Pi_{p,q} ((p, q) \in \mathbf{N} \times \mathbf{N})$ erhält man aus (2.53) noch $\dim_{\mathbf{C}} H_{p,q} = \dim_{\mathbf{C}} \mathscr{P}_{p,q} - \dim_{\mathbf{C}} \mathscr{P}_{p-1,q-1}$ für $(p,q) \in \mathbf{N}^\times \times \mathbf{N}^\times$ und somit gemäß (2.36) die Dimensionsgleichung

$$\dim_{\mathbf{C}} H_{p,q} = \frac{(n+p-2)!\,(n+q-2)!\,(n+p+q-1)}{(n-1)!\,(n-2)!\,p!\,q!} \qquad ((p,q) \in \mathbf{N} \times \mathbf{N}). \tag{2.55}$$

Satz 2.12 *Die Menge* $\bigcup\limits_{(p,q)\in\mathbf{N}\times\mathbf{N}} H_{p,q}$ *liegt total in den komplexen Banach-Räumen* $\mathscr{C}(\mathbf{S}_{2n-1})$ *und* $L^p(\mathbf{S}_{2n-1})$, $p\in[\![1,+\infty[\![$.

Beweis. Aufgrund des Satzes von Stone-Weierstrass liegt die Menge $\bigcup\limits_{(p,q)\in\mathbf{N}\times\mathbf{N}} \Pi_{p,q}$ im komplexen Vektorraum $\mathscr{C}(\mathbf{S}_{2n-1})$ total bezüglich der Topologie der gleichmäßigen Konvergenz. Aus Satz 2.11 ergibt sich damit unmittelbar die Behauptung.   ■

Aufgrund von Satz 2.11 und Satz 2.12 besteht die Zerlegung $L^2(\mathbf{S}_{2n-1}) = \hat{\bigoplus}\limits_{(p,q)\in\mathbf{N}\times\mathbf{N}} H_{p,q}$ in eine Hilbert-Summe paarweise orthogonaler, gegen die linksreguläre Darstellung γ der $\mathbf{U}(n,\mathbf{C})$ stabiler Untervektorräume. Satz 1.3 zufolge ist die Abbildung $\mathbf{N}\times\mathbf{N}\ni(p,q)\rightsquigarrow\varrho_{p,q}\in\hat{\mathbf{U}}(n,\mathbf{C})$ injektiv und ihr Bild stimmt mit der Menge $\{\varrho\in\hat{\mathbf{U}}(n,\mathbf{C})\,\}(\gamma:\varrho)=(\varrho:\sigma_0)=1\}$ überein. Insbesondere gilt

Satz 2.13 *Für jede natürliche Zahl* $n\geqslant 2$ *ist* $(\mathbf{U}(n,\mathbf{C}),\mathbf{U}(n-1,\mathbf{C}))$ *ein kompaktes Gelfand-Paar. Identifiziert man die kompakte homogene Mannigfaltigkeit* $\mathbf{U}(n,\mathbf{C})/\mathbf{U}(n-1,\mathbf{C})$ *mit der Sphäre* $\mathbf{S}_{2n-1}$, *so gilt*

$$J_{\varrho_{p,q}}(\sigma_0) = H_{p,q} \qquad ((p,q)\in\mathbf{N}\times\mathbf{N}) \tag{2.56}$$

und für die $\mathbf{U}(n-1,\mathbf{C})$-*zonalen sphärischen Funktionen*

$$\theta_{\varrho_{p,q},\sigma_0}: \mathbf{U}(n,\mathbf{C})\ni s\rightsquigarrow R_{p,q}^{(\alpha)}((s\cdot e_n|e_n)) \qquad ((p,q)\in\mathbf{N}\times\mathbf{N}) \tag{2.57}$$

mit $\alpha = n-2$.

Zusammengefaßt ergeben sich aus Satz 2.7 und Satz 2.12 die folgenden Ergebnisse: Die lineare Abbildung, welcher jeder Funktion $f\in\mathscr{C}([\![-1,+1]\!])$ die Funktion $f^{\flat}:\mathbf{SO}(n,\mathbf{R})\ni s\rightsquigarrow f((s\cdot 1|1))\in\mathbf{C}$ zuordnet, setzt sich eindeutig zu einem Hilbert-Raum-Isomorphismus von $L^2([\![-1,+1]\!];\ c_n(1-y^2)^{(n-3)/2}\,dy)$ auf $L^2(\mathbf{SO}(n-1,\mathbf{R})\backslash\mathbf{SO}(n,\mathbf{R})/\mathbf{SO}(n-1,\mathbf{R}))$, $n\geqslant 3$, fort, wobei die Konstante c_n durch die Bedingung

$$c_n\cdot\int\limits_{-1}^{+1}(1-y^2)^{(n-3)/2}\,dy = 1$$

festgelegt ist. Die Algebren-Charaktere $(\zeta_{\varrho_m})_{m\in\mathbf{N}}$ der kommutativen komplexen Faltungsalgebra $L^2(\mathbf{SO}(n-1,\mathbf{R})\backslash\mathbf{SO}(n,\mathbf{R})/\mathbf{SO}(n-1,\mathbf{R}))$ werden durch

$$\zeta_{\varrho_m}:f^{\flat}\rightsquigarrow c_n\cdot\int\limits_{-1}^{+1} f(y)\,R_m^{(\alpha,\alpha)}(y)\,(1-y^2)^{\alpha}\,dy \qquad (\alpha = (n-3)/2) \tag{2.58}$$

gegeben. Im Falle $G=\mathbf{SO}(n,\mathbf{R})$, $K=\mathbf{SO}(n-1,\mathbf{R})$ sind also mit (2.19) alle Größen der Orthogonalentwicklung (1.37) explizit berechnet. Entsprechend liefert die Fortsetzung der linearen Abbildung, welcher jeder Funktion $f\in\mathscr{C}(\bar{D})$ die Funktion $f^{\flat}:\mathbf{U}(n,\mathbf{C})\ni s\rightsquigarrow f((s\cdot e_n|e_n))\in\mathbf{C}$ zuordnet, einen Hilbert-Raum-Isomorphismus von $L^2(\bar{D};\ c_n'(1-x^2-y^2)^{n-2}\,dx\otimes dy)$ mit passender Standardisierungskonstanten c_n' auf $L^2(\mathrm{U}(n-1,\mathbf{C})\setminus\mathrm{U}(n,\mathbf{C})/\mathrm{U}(n-1,\mathbf{C}))$, $n\geqslant 2$. Die Algebren-Charaktere $(\zeta_{\varrho_{p,q}})_{(p,q)\in\mathbf{N}\times\mathbf{N}}$ der kommutativen komplexen Faltungsalgebra $L^2(\mathrm{U}(n-1,\mathbf{C})\setminus\mathrm{U}(n,\mathbf{C})/\mathrm{U}(n-1,\mathbf{C}))$ werden durch

$$\zeta_{\varrho_{p,q}}: f^{\flat}\longrightarrow c_n'\iint_D f(x+\mathrm{i}\,y)\,R_{p,q}^{(n-2)}(x+\mathrm{i}\,y)(1-x^2-y^2)^{n-2}\,\mathrm{d}x\,\mathrm{d}y \tag{2.59}$$

gegeben; wegen (2.55) sind damit auch im Falle $G=\mathrm{U}(n,\mathbf{C})$, $K=\mathrm{U}(n-1,\mathbf{C})$ alle Größen in der Fourier-Laplace-Reihe (1.37) explizit gegeben.

Aufgaben

2.1 Beweise die Vertauschungsrelation $\triangle\circ\gamma(s)=\gamma(s)\circ\triangle$ für $s\in\mathrm{SO}(n,\mathbf{R})$.

2.2 (a) Sei K eine abgeschlossene Untergruppe der topologischen Gruppe G. Sind K und G/K zusammenhängende topologische Räume, so ist auch G zusammenhängend.

(b) Die kompakten topologischen Gruppen $\mathrm{SO}(n,\mathbf{R})$ und $\mathrm{U}(n,\mathbf{C})$ sind für $n\geqslant 1$ zusammenhängend. (Benutze (a)).

2.3 Beweise (2.9) mit Hilfe eines kombinatorischen Modells. (Aus $n+m-1$ in einer Reihe angeordneter Kästen werden $n-1$ Kästen ausgesondert und die verbliebenen m Kästen mit je einem Ball versehen. Dann befinden sich α_1 Bälle in den Kästen vor dem ersten ausgewählten Kasten, α_2 Bälle in den Kästen zwischen dem ersten und zweiten ausgesonderten Kasten und schließlich α_n Bälle in den Kästen hinter dem zuletzt ausgewählten Kasten. Es gilt $\sum\limits_{1\leqslant j\leqslant n}\alpha_j=m$).

2.4 Sei $\tilde f\in\mathbf{C}[x_1,\ldots,x_n]$ $(n\geqslant 2)$ ein Polynom und $\mathbf{R}^n\ni x\longrightarrow \tilde f(x)\in\mathbf{C}$ eine radiale Funktion (Definition II.4.1). Dann existieren komplexe Zahlen $(c_j)_{0\leqslant j\leqslant n}$ mit $\tilde f\colon x\longrightarrow \sum\limits_{0\leqslant j\leqslant n}c_j|x|^{2j}$. (Beachte, daß $\tilde f$ eine endliche Summe homogener Polynome ist).

2.5 (a) Zeige, daß für jedes $m\in\mathbf{N}$ das Polynom $h_0(x_1,\ldots,x_n)=(x_1+\mathrm{i}x_2)^m\in\mathbf{C}[x_1,\ldots,x_n]$ $(n\geqslant 2)$ zum Raum $\mathscr{H}_m$ gehört.

(b) Für jedes $m\in\mathbf{N}$ ist $\mathscr{N}_m=\left\{h(x)\in\mathbf{C}[x_1,\ldots,x_n]\,\middle|\, h(x)=\left(\sum\limits_{1\leqslant j\leqslant n}a_jx_j\right)^m,\,a_j\in\mathbf{C},\,\sum\limits_{1\leqslant j\leqslant n}a_j^2=0\right\}$ eine Teilmenge von $\mathscr{H}_m$ und jedes Polynom $p\in\mathscr{H}_m$ kann als endliche Summe von Polynomen aus $\mathscr{N}_m$ geschrieben werden. (Wende (a) an und betrachte, falls γ die linksreguläre Darstellung der $\mathrm{SO}(n,\mathbf{R})$ bezeichnet, den von der Menge $\{\gamma(s)\,h_0\,|\,s\in\mathrm{SO}(n,\mathbf{R})\}$ aufgespannten Untervektorraum von $\mathscr{H}_m$).

(c) Beweise, daß die linksreguläre Darstellung γ der Gruppe $\mathrm{SO}(n,\mathbf{R})$ in $\mathscr{P}_m$ bezüglich des Skalarprodukts (2.11) unitär ist (vgl. Aufgabe IV.5.3).

(d) Transportiere das von $\mathscr{P}_m$ auf $\mathscr{H}_m$ induzierte Skalarprodukt auf den Raum H_m und zeige, daß dieses mit dem von $L^2(\mathbf{S}_{n-1})$ induzierten kanonischen Skalarprodukt bis auf einen Faktor $\neq 0$ übereinstimmt. (Wende (c) und Satz I.2.3 an).

2.6 Für $\alpha>-1$, $\beta>-1$ seien die Polynome $(P_n^{(\alpha,\beta)})_{n\in\mathbf{N}}$ durch

$$P_n^{(\alpha,\beta)}(y)=\frac{(-1)^n}{2^n\cdot n!}\,\frac{1}{(1-y)^{\alpha}(1+y)^{\beta}}\cdot\frac{\mathrm{d}^n}{\mathrm{d}y^n}\big((1-y)^{\alpha+n}(1+y)^{\beta+n}\big),\quad y\in{]}-1,+1{[},$$

definiert.

(a) $P_n^{(\alpha,\beta)} \in \mathbf{R}\,[y]$ ist vom Grad $\leqslant n$ und es gilt

$$P_n^{(\alpha,\beta)}(y) = \sum_{0 \leqslant j \leqslant n} \binom{\alpha+n}{j}\binom{\beta+n}{n-j} \cdot \left[\tfrac{1}{2}(y+1)\right]^j \left[\tfrac{1}{2}(y-1)\right]^{n-j},$$

$$P_n^{(\alpha,\beta)}(1) = \binom{\alpha+n}{n}$$

für $n \in \mathbf{N}$. (Wende die Produktregel für höhere Ableitungen an).

(b) Im reellen Hilbert-Raum $L^2(\llbracket -1, +1 \rrbracket; (1-y)^\alpha (1+y)^\beta \, dy)$ ist $(P_n^{(\alpha,\beta)})_{n \in \mathbf{N}}$ eine orthogonale Familie und es gilt $P_n^{(\alpha,\beta)} = \binom{\alpha+n}{n} R_n^{(\alpha,\beta)}$ für $n \in \mathbf{N}$. (Wende partielle Integration auf die Beziehung

$$\frac{d}{dy}[(1-y)^{\alpha+1}(1+y)^{\beta+1} P_{n-1}^{(\alpha+1,\beta+1)}(y)] = -2n(1-y)^\alpha (1+y)^\beta P_n^{(\alpha,\beta)}(y), \; y \in \rrbracket -1, +1 \llbracket, n \in \mathbf{N}^\times, \text{an}).$$

(c) Die Polynome $(P_n^{(\alpha,\beta)})_{n \in \mathbf{N}}$ genügen der Differentialgleichung

$$(1-y^2)\frac{d^2}{dy^2} P_n^{(\alpha,\beta)}(y) + ((\beta-\alpha)-(\alpha+\beta+2)y)\frac{d}{dy} P_n^{(\alpha,\beta)}(y) + n(n+\alpha+\beta+1)P_n^{(\alpha,\beta)}(y) = 0.$$

2.7 Sei $\alpha > -1$. Zeige, daß die Scheibenpolynome $(R_{p,q}^{(\alpha)}(x+iy))_{(p,q)\in\mathbf{N}\times\mathbf{N}}$ eine Familie von Polynomen vom Grad $p+q$ in x und y definieren, die in der abgeschlossenen Einheitskreisscheibe $\bar{D}$ paarweise orthogonal bezüglich des Maßes $(1-x^2-y^2)^\alpha \, dx \otimes dy$ sind.

2.8 Bildet man die Räume H_m $(m\in\mathbf{N})$ entsprechend (2.18) zur Sphäre $\mathbf{S}_{2n-1}$ $(n\geqslant 2)$, so gilt $H_m = \bigoplus_{p+q=m} H_{p,q}$. (Beachte, daß $\bigoplus_{p+q=m} H_{p,q}$ stabil ist gegen die linksreguläre Darstellung der Gruppe $\mathbf{SO}\,(2n,\mathbf{R})$ im komplexen Hilbert-Raum $L^2(\mathbf{S}_{2n-1})$).

2.9 Definiere auf den komplexen Vektorräumen $\mathscr{P}_{p,q}$ $((p,q)\in\mathbf{N}\times\mathbf{N})$ ein „differentielles" Skalarprodukt so, daß die aus (2.50) folgende Zerlegung $\mathscr{P}_{p,q} = \bigoplus_{0 \leqslant k < \inf(p,q)} |z|^{p+q-2k} \mathscr{H}_{p-k,q-k}$ analog zur Calderón-Zerlegung (2.15) eine direkte Summe paarweise orthogonaler Untervektorräume ist.

3   Gelfand-Paare

Während bei der Definition 1.4 der kompakten Gelfand-Paare in die Bedingung (i) von Satz 1.2 wesentlich Struktureigenschaften der kompakten topologischen Gruppen eingehen, kann die Bedingung (ii) dazu anregen, den Begriff des Gelfand-Paares auf Paare (G, K) auszudehnen, die aus einer lokalkompakten topologischen Gruppe G und einer abgeschlossenen Untergruppe K von G bestehen.

Es bezeichne G eine unimodulare lokalkompakte topologische Gruppe mit einem Haar-Maß μ und K eine kompakte Untergruppe mit dem standardisierten Haar-Maß ν. Bildet man die homogenen Mannigfaltigkeiten G/K und $K\backslash G$, so können die zugehörenden Vektorräume aller stetigen komplexwertigen Funktionen durch

$$\mathscr{C}(G/K) = \{f \in \mathscr{C}(G) \mid f * \varepsilon_t = f, t \in K\}, \quad \mathscr{C}(K \setminus G) = \{f \in \mathscr{C}(G) \mid \varepsilon_t * f = f, t \in K\} \quad (3.1)$$

erklärt werden. Für die Untervektorräume aller stetigen Funktionen mit kompakten Träger gilt

$$\mathscr{K}(G/K) = \mathscr{K}(G) \cap \mathscr{C}(G/K), \quad \mathscr{K}(K \setminus G) = \mathscr{K}(G) \cap \mathscr{C}(K \setminus G). \quad (3.2)$$

Man definiert

$$\mathscr{C}(K \setminus G/K) = \mathscr{C}(G/K) \cap \mathscr{C}(K \setminus G), \quad \mathscr{K}(K \setminus G/K) = \mathscr{K}(G/K) \cap \mathscr{K}(K \setminus G). \quad (3.3)$$

Da $\mathscr{K}(G)$ eine Unteralgebra der komplexen Faltungsalgebra $L^1(G)$ ist, folgt unmittelbar aus (3.1) und (3.2), daß $\mathscr{K}(G/K)$ ein Linksideal und $\mathscr{K}(K \setminus G)$ ein Rechtsideal der komplexen Algebra $\mathscr{K}(G)$ sind, die durch $f \rightsquigarrow \check{f}$ aufeinander abgebildet werden. Offensichtlich ist $\mathscr{K}(K \setminus G/K)$ eine Unteralgebra von $\mathscr{K}(G)$. Konstruiert man für jeden Exponenten $p \in [\![1, + \infty[\![$ zum Radon-Maß μ/v (bzw. $v \setminus \mu$) die komplexen Lebesgue-Räume $L^p(G/K)$ (bzw. $L^p(K \setminus G)$), so stimmt $L^p(K \setminus G/K)$ $= L^p(G/K) \cap L^p(K \setminus G)$ mit der abgeschlossenen Hülle von $\mathscr{K}(K \setminus G/K)$ im komplexen Banach-Raum $L^p(G)$ überein. Es ist klar, daß $L^1(K \setminus G/K)$ eine abgeschlossene Unteralgebra der komplexen Faltungsalgebra $L^1(G)$ ist.

Definition 3.1 Jedes Paar (G, K) bestehend aus einer unimodularen lokalkompakten topologischen Gruppe G und einer kompakten Untergruppe K heißt ein Gelfand-Paar, falls $L^1(K \setminus G/K)$ bezüglich der Faltung als multiplikativer Verknüpfung eine kommutative komplexe Banach-Algebra ist.

Notiz. Ein Gelfand-Paar (G, K) ist also genau dann kompakt (Definition 1.4), falls G eine kompakte topologische Gruppe ist. In diesem Falle sind dann alle komplexen Faltungsalgebren $L^p(K \setminus G/K)$, $p \in [\![1, + \infty[\![$, kommutativ.

Der nachstehende Satz eröffnet eine Möglichkeit, Gelfand-Paare zu konstruieren.

Satz 3.1 *Sei G eine unimodulare lokalkompakte topologische Gruppe, die einen involutorischen Automorphismus σ mit folgenden Eigenschaften besitzt:*

(i) *Die Untergruppe $K = \{s \in G \mid \sigma(s) = s\}$ von G aller Fixpunkte von σ ist kompakt (bezüglich der von G induzierten Relativtopologie).*

(ii) *Zu jedem Element $s \in G$ existiert ein Paar $(t_1, t_2) \in K \times K$ mit $\sigma(s) = t_1 s^{-1} t_2$.*

Dann ist (G, K) ein Gelfand-Paar.

Beweis. Es ist klar, daß das Bildmaß $\sigma(\mu)$ wieder ein Haar-Maß auf G ist. Also existiert nach Satz III.2.1 eine Zahl $c > 0$ mit $\sigma(\mu) = c \cdot \mu$. Wegen $\sigma^2 = \mathrm{id}_G$ folgt $\mu = c \cdot \sigma(\mu)$ und daraus $c = 1$, also $\sigma(\mu) = \mu$. Mithin ist $f \rightsquigarrow f \circ \sigma$ ein Automorphismus der komplexen Faltungsalgebra $\mathscr{K}(G)$ und $\mathscr{K}(K \setminus G/K)$ ist wegen $\sigma|K = \mathrm{id}_K$ eine stabile Unteralgebra. Es genügt zu beweisen, daß jedes Paar $(f, g) \in \mathscr{K}(K \setminus G/K) \times \mathscr{K}(K \setminus G/K)$ die Vertauschungsrelation $(f \circ \sigma) * (g \circ \sigma) = (g \circ \sigma) * (f \circ \sigma)$ erfüllt.

Wegen Voraussetzung (ii) gilt $f \circ \sigma(s) = f(s^{-1})$ für alle $s \in G$, also $f \circ \sigma = \check{f}$. Entsprechend folgt $g \circ \sigma = \check{g}$ und somit $(f \circ \sigma) * (g \circ \sigma) = \check{f} * \check{g} = (g * f)^{\vee} = (g * f) \circ \sigma = (g \circ \sigma) * (f \circ \sigma)$. $\blacksquare$

Notiz. Die Voraussetzung (ii) ist sicher dann erfüllt, wenn sich jedes Element $s \in G$ in der Form $s = t s'$ mit $t \in K$, $s' \in G$, $\sigma(s') = s'^{-1}$ schreiben läßt. Dann folgt $\sigma(s) = t s'^{-1} = t(s'^{-1} t^{-1}) t = t s^{-1} t$, so daß es genügt, $t_1 = t_2 = t$ zu wählen.

Beispiele 3.1 (1) Seien $n \geqslant 3$ und $G = \mathbf{SO}(n, \mathbf{R})$ fixiert. Die lineare Abbildung des $\mathbf{R}^n$ auf sich mit der Matrix

$$s_n = \begin{bmatrix} -1 & 0 & \dots & 0 & 0 \\ 0 & -1 & \dots & 0 & 0 \\ \cdot & \cdot & & \cdot & \cdot \\ \cdot & \cdot & & \cdot & \cdot \\ \cdot & \cdot & & \cdot & \cdot \\ 0 & 0 & \dots & -1 & 0 \\ 0 & 0 & \dots & 0 & 1 \end{bmatrix} \tag{3.4}$$

bezüglich der kanonischen Basis des $\mathbf{R}^n$ gehört zur Gruppe $\mathbf{O}(n, \mathbf{R})$ und der involutorische Automorphismus $\sigma: s \longmapsto s_n s s_n^{-1}$ von G besitzt $\mathbf{SO}(n-1, \mathbf{R})$ als Fixpunktgruppe K. Für jedes $\theta \in [\![0, \pi]\!]$ wird das Bild der Matrix (III.3.8) unter σ durch $\sigma(a(\theta)) = a(-\theta)$ gegeben. Zu jeder Matrix $s \in \mathbf{SO}(n, \mathbf{R})$ existiert ein Element $t \in \mathbf{SO}(n-1, \mathbf{R})$ und ein $\theta \in [\![0, \pi]\!]$ mit $s \cdot 1 = t \cdot a(\theta) \cdot 1$ und somit ein Element $t' \in \mathbf{SO}(n-1, \mathbf{R})$ mit $s = t \cdot a(\theta) \cdot t'$. Man erhält $\sigma(s) = t \cdot a(-\theta) \cdot t' = t_1 s^{-1} t_1$ mit $t_1 = t t'$, womit erneut bewiesen ist (Satz 2.7), daß $(\mathbf{SO}(n, \mathbf{R}), \mathbf{SO}(n-1, \mathbf{R}))$ für $n \geqslant 3$ ein kompaktes Gelfand-Paar bildet.

(2) Es sei $I(n)$ die Gruppe der (eigentlichen) Isometrien des reellen euklidischen Raumes $\mathbf{R}^n$ ($n \geqslant 2$); sie ist zu der aus allen Matrizen der Form

$$s = \begin{pmatrix} u & 0 \\ y & 1 \end{pmatrix} \in \mathbf{GL}(n+1, \mathbf{R}) \tag{3.5}$$

gebildeten abgeschlossenen Untergruppe von $\mathbf{GL}(n+1, \mathbf{R})$ isomorph, wobei $u \in \mathbf{SO}(n, \mathbf{R})$ und $y \in \mathbf{R}^n$ ein beliebiger Vektor (also eine reelle $(n,1)$-Matrix) ist (Beispiel III.3.1(2)). Es gilt die Zerlegung (vgl. (III.2.11))

$$s = \begin{pmatrix} u & 0 \\ 0 & 1 \end{pmatrix} \begin{pmatrix} 1_n & 0 \\ y & 1 \end{pmatrix} \tag{3.6}$$

für jede Matrix $s \in I(n)$. Definiert man die Abbildung

$$\sigma: I(n) \ni s \longmapsto \begin{pmatrix} u & 0 \\ 0 & 1 \end{pmatrix} \begin{pmatrix} 1_n & 0 \\ y & 1 \end{pmatrix}^{-1} \in I(n), \tag{3.7}$$

so sind die Voraussetzungen von Satz 3.1 für $G = I(n)$, $K = \mathbf{SO}(n, \mathbf{R})$ erfüllt. Also ist $(I(n), \mathbf{SO}(n, \mathbf{R}))$ für $n \geqslant 2$ ein Gelfand-Paar. Da $L^1(\mathbf{SO}(n, \mathbf{R}) \setminus I(n) / \mathbf{SO}(n, \mathbf{R}))$ isomorph zur komplexen Banach-Algebra $L^1(\mathbf{R}^n)_0$ aller radialen Funktionen (Definition II.4.1) des Raumes $L^1(\mathbf{R}^n)$ ist, können im vorliegenden Falle die komplexen Banach-Algebren $L^1(\mathbf{SO}(n, \mathbf{R}) \setminus I(n) / \mathbf{SO}(n, \mathbf{R}))$ und $L^1(\mathbf{R}_+; \mu_\alpha)$, $\alpha = (n-2)/2$, (II.4.23) identifiziert werden. Die multiplikative Verknüpfung $\underset{\alpha}{\#}$ (II.4.24) von $L^1(\mathbf{R}_+; \mu_\alpha)$ wurde bereits in II.4 als kommutativ erkannt.

(3) Zu jeder Matrix $s \in \mathrm{SL}(2, \mathbf{R})$ existieren gemäß Beispiel III.3.1(4) Elemente $t, t' \in \mathrm{SO}(2, \mathbf{R})$ mit $s = t\,\alpha(\lambda)\,t'$, wobei $\lambda \in \mathbf{R}$ und $\alpha(\lambda)$ die Matrix $\mathrm{diag}(e^{\lambda}, e^{-\lambda})$ bezeichnet. Durch $\sigma\colon s \rightsquigarrow {}^{t}s^{-1}$ wird ein involutorischer Automorphismus von $\mathrm{SL}(2,\mathbf{R})$ geliefert mit $\sigma(\alpha(\lambda)) = \alpha(-\lambda)$. Demnach ist $(\mathrm{SL}(2,\mathbf{R}), \mathrm{SO}(2,\mathbf{R}))$ ein Gelfand-Paar. Auf analoge Weise erkennt man $(\mathrm{SL}(2,\mathbf{C}), \mathrm{SU}(2,\mathbf{C}))$ als Gelfand-Paar.

(4) Es bezeichne G eine beliebige kompakte topologische Gruppe, $G^2 = G \times G$ das direkte Produkt von G mit sich selbst und der Produkttopologie, $K = \{(s,s)\,|\,s \in G\}$ die zu G isomorphe Diagonale von G^2. Wählt man $\sigma\colon G^2 \ni (r,s) \rightsquigarrow (s,r) \in G^2$, so repräsentiert (G^2, K) ein kompaktes Gelfand-Paar. Offenbar kann G mit der homogenen Mannigfaltigkeit G^2/K identifiziert werden.

(5) Für jede lokalkompakte abelsche topologische Gruppe G ist $(G, \{1\})$ ein Gelfand-Paar. Man braucht nur $\sigma\colon G \ni s \rightsquigarrow s^{-1} \in G$ zu wählen.

Es bezeichne jetzt stets (G, K) ein Gelfand-Paar im Sinne von Definition 3.1, und wie bisher μ ein Haar-Maß von G und ν das standardisierte Haar-Maß von K. Durch die lineare Abbildung

$$\mathscr{C}(G) \ni f \rightsquigarrow \left(f^{\natural}\colon G \ni s \rightsquigarrow \iint\limits_{K \times K} f(t\,s\,t')\,\mathrm{d}\nu(t)\,\mathrm{d}\nu(t') \in \mathbf{C} \right) \tag{3.8}$$

wird ein Projektor von $\mathscr{C}(G)$ auf $\mathscr{C}(K \backslash G / K)$ definiert, weil ν sowohl ein linkes als auch ein rechtes Haar-Maß auf K ist. Sind $f \in \mathscr{K}(K \backslash G / K)$ und $g \in \mathscr{C}(G)$ beliebig gewählt, so erhält man für jedes $x \in G$ einerseits

$$(f * g)^{\natural}(x) = \int\limits_{G} \int\limits_{K} \int\limits_{K} g(s^{-1}\,t\,x\,t')\,f(s)\,\mathrm{d}\mu(s)\,\mathrm{d}\nu(t)\,\mathrm{d}\nu(t')$$

$$= \int\limits_{G} \int\limits_{K} g(s^{-1}\,x\,t')\,f(s)\,\mathrm{d}\mu(s)\,\mathrm{d}\nu(t') \tag{3.9}$$

und andererseits

$$(f * g^{\natural})(x) = \int\limits_{G} \int\limits_{K} \int\limits_{K} g(t s^{-1} x\,t')\,f(s)\,\mathrm{d}\mu(s)\,\mathrm{d}\nu(t)\,\mathrm{d}\nu(t')$$

$$= \int\limits_{G} \int\limits_{K} g(s^{-1} x\,t')\,f(s)\,\mathrm{d}\mu(s)\,\mathrm{d}\nu(t'). \tag{3.10}$$

Vergleicht man (3.9) und (3.10), so folgt

$$(f * g)^{\natural} = f * g^{\natural} \qquad (f \in \mathscr{K}(K \backslash G / K),\ g \in \mathscr{C}(G)) \tag{3.11}$$

und, mit Hilfe einer analogen Rechnung, auch

$$(g * f)^{\natural} = g^{\natural} * f \qquad (f \in \mathscr{K}(K \backslash G / K),\ g \in \mathscr{C}(G)). \tag{3.12}$$

Die für jede Funktion $f \in \mathscr{K}(G)$ und jede Zahl $p \in [\![1, +\infty[\![$ gültige Abschätzung

$$\|f^{\natural}\|_{p}^{p} = \int\limits_{G} \left| \int\limits_{K \times K} f(t\,s\,t')\,\mathrm{d}\nu(t)\,\mathrm{d}\nu(t') \right|^{p}\,\mathrm{d}\mu(s)$$

$$\leqslant \int\limits_{G} \int\limits_{K} \int\limits_{K} |f(t\,s\,t')|^{p}\,\mathrm{d}\mu(s)\,\mathrm{d}\nu(t)\,\mathrm{d}\nu(t') = \|f\|_{p}^{p} \tag{3.13}$$

zeigt, daß sich die lineare Abbildung $\mathcal{K}(G) \ni f \longrightarrow f^{\natural} \in \mathcal{K}(K \backslash G / K)$ zu einem stetigen Projektor von $L^p(G)$ auf den abgeschlossenen Untervektorraum $L^p(K \backslash G / K)$ fortsetzen läßt.

Der folgende Satz gibt eine Beschreibung der Algebren-Charaktere von $L^1(K \backslash G / K)$. Dazu sei an den Begriff des *Charakters einer kommutativen Algebra A* über $\mathbf{C}$ erinnert. Man versteht darunter einen Algebren-Morphismus $\neq 0$ von A in $\mathbf{C}$ (vgl. Aufgabe 3.1).

Satz 3.2 *Zu jedem Charakter ζ der kommutativen komplexen Banach-Algebra $L^1(K \backslash G / K)$ existiert genau eine auf G stetige und beschränkte Funktion $\omega \in \mathscr{C}(K \backslash G / K)$ mit*

$$\zeta : L^1(K \backslash G / K) \ni f \longrightarrow \int_G f(x)\, \omega(x)\, \mathrm{d}\mu(x) \tag{3.14}$$

und $\|\omega\|_\infty = \sup_{s \in G} |\omega(s)| = \omega(1) = 1.$

Beweis. Faßt man $L^1(K \backslash G / K)$ als abgeschlossene kommutative Unteralgebra der komplexen Faltungsalgebra $\mathcal{M}^1(G)$ auf, so kann ζ auf natürliche Weise zu einem Charakter ζ' der kommutativen Unteralgebra $L^1(K \backslash G / K) \oplus \mathbf{C} \cdot \varepsilon_1$ von $\mathcal{M}^1(G)$ fortgesetzt werden. Da aber die komplexe Banach-Algebra $L^1(K \backslash G / K) \oplus \mathbf{C} \cdot \varepsilon_1$ das Einselement ε_1 besitzt, gilt $\|\zeta'\| = 1$. Somit ist $\zeta^{\natural} : L^1(G) \ni f \longrightarrow \zeta(f^{\natural}) \in \mathbf{C}$ eine stetige Linearform mit der Norm $\|\zeta^{\natural}\| \leqslant 1$ (3.13). Zu $\zeta^{\natural} \in L^1(G)'$ existiert genau eine Funktion $\omega_0 \in L^\infty(G)$ mit $\|\omega_0\|_\infty \leqslant 1$ und

$$\zeta^{\natural} : L^1(G) \ni f \longrightarrow \int_G f(x)\, \omega_0(x)\, \mathrm{d}\mu(x) \in \mathbf{C}. \tag{3.15}$$

Weil $\zeta \neq 0$ eine stetige Linearform auf $L^1(K \backslash G / K)$ ist, kann eine Funktion $f_0 \in \mathcal{K}(K \backslash G / K)$ gefunden werden mit der Eigenschaft $\zeta(f_0) \neq 0$. Definiert man sodann die stetige Funktion

$$\omega : G \ni s \longrightarrow \frac{1}{\zeta(f_0)} \int_G \gamma(s)\, f_0(x)\, \omega_0(x)\, \mathrm{d}\mu(x) \in \mathbf{C} \tag{3.16}$$

mit

$$\omega(1) = \frac{1}{\zeta(f_0)} \int_G f_0(x)\, \omega_0(x)\, \mathrm{d}\mu(x) = \frac{1}{\zeta(f_0)}\, \zeta^{\natural}(f_0) = \frac{1}{\zeta(f_0)}\, \zeta(f_0^{\natural}) = 1, \tag{3.17}$$

so erhält man für jede Funktion $g \in \mathcal{K}(K \backslash G / K)$ gemäß (3.15)

$$\zeta(g) = \frac{1}{\zeta(f_0)}\, \zeta^{\natural}(g * f_0) = \frac{1}{\zeta(f_0)} \iint_{G \times G} f_0(s^{-1}x)\, g(s)\, \omega_0(x)\, \mathrm{d}\mu(s)\, \mathrm{d}\mu(x) \tag{3.18}$$

$$= \int_G g(s)\, \omega(s)\, \mathrm{d}\mu(s).$$

Weil $\mathscr{K}(K \setminus G/K)$ in $L^1(K \setminus G/K)$ überall dicht liegt, ist die Beziehung (3.14) bewiesen. Es bleibt $\omega \in \mathscr{C}(K \setminus G/K)$ nachzuprüfen. Für jedes Element $s \in G$ und jedes Paar $(t, t') \in K \times K$ gilt gemäß (3.16)

$$\omega(t\,s\,t') = \frac{1}{\zeta(f_0)} \int_G f_0(t'^{-1}\,s^{-1}\,t^{-1}\,x)\,\omega_0(x)\,d\mu(x)$$

$$= \frac{1}{\zeta(f_0)} \int_G f_0(s^{-1}\,t^{-1}\,x)\,\omega_0(x)\,d\mu(x) \tag{3.19}$$

$$= \frac{1}{\zeta(f_0)}\,\zeta^{\natural}\left(\gamma(ts)\,f_0\right) = \frac{1}{\zeta(f_0)}\,\zeta^{\natural}\left(\gamma(s)\,f_0\right) = \omega(s).$$

Es folgt $\omega \in \mathscr{C}(K \setminus G/K)$. Der Beweis ist vollständig, wenn gezeigt ist, daß ω und ω_0 auf G μ-fast überall übereinstimmen. Nun gilt aber für jedes Paar $(f, h) \in \mathscr{K}(G) \times \mathscr{C}(G)$ aufgrund des Satzes von Lebesgue-Fubini

$$\int_G f^{\natural}(s)\,h(s)\,d\mu(s) = \int_G \iint_{K \times K} f(t\,s\,t')\,h(s)\,dv(t)\,dv(t')\,d\mu(s)$$

$$= \int_G \iint_{K \times K} f(s)\,h(t^{-1}\,s\,t'^{-1})\,dv(t)\,dv(t')\,d\mu(s)$$

$$= \int_G \iint_{K \times K} f(s)\,h(tst')\,dv(t)\,dv(t')\,d\mu(s) \tag{3.20}$$

$$= \int_G f(s)\,h^{\natural}(s)\,d\mu(s).$$

Wählt man insbesondere $h = \omega = \omega^{\natural}$, so liefern (3.20), (3.14) und (3.15) die Gleichungen

$$\int_G f(s)\,\omega(s)\,d\mu(s) = \int_G f^{\natural}(s)\,\omega(s)\,d\mu(s) = \zeta(f^{\natural}) = \zeta^{\natural}(f)$$

$$= \int_G f(s)\,\omega_0(s)\,d\mu(s) \tag{3.21}$$

für jede Funktion $f \in \mathscr{K}(G)$. Also gilt $\omega(s) = \omega_0(s)$ für μ-fast alle $s \in G$ und ω wird durch den vorgegebenen Charakter ζ eindeutig bestimmt. ∎

Definition 3.2 Sei (G, K) ein Gelfand-Paar. Jede Funktion $\omega \in \mathscr{C}^b(K \setminus G/K)$ mit der Eigenschaft, daß durch die Linearform (3.14) ein Charakter ζ der kommutativen komplexen Banach-Algebra $L^1(K \setminus G/K)$ definiert wird, heißt K-zonale sphärische Funktion auf G.

Satz 3.3 *Für jede Funktion* $\omega \in \mathscr{C}^b(K \setminus G/K)$, $\omega \neq 0$, *sind folgende Aussagen paarweise äquivalent*:

(i) ω *ist eine K-zonale sphärische Funktion auf G.*

(ii) ω *genügt der Integralgleichung* („Produktformel")

$$\int_K \omega(x\,t\,y)\,dv(t) = \omega(x)\,\omega(y) \tag{3.22}$$

für jedes Paar $(x, y) \in G \times G.$

(iii) *Es gilt* $\omega(1) = 1$ *und zu jeder Funktion* $f \in \mathscr{K}(K \setminus G / K)$ *existiert eine Zahl* $\lambda_{\omega, f} \in \mathbf{C}$ *so, daß die Faltungsgleichung*

$$f * \omega = \lambda_{\omega, f}\,\omega \quad oder \quad \omega * f = \lambda_{\omega, f}\,\omega \tag{3.23}$$

erfüllt ist.

Beweis. (i) $\Rightarrow$ (iii): Bezeichnet wieder $\langle .\,,. \rangle$ die kanonische Bilinearform der komplexen Dualität $(\mathscr{K}(G), \mathscr{M}(G))$, so gilt für jede Funktion $g \in \mathscr{K}(K \setminus G / K)$ nach dem Satz von Lebesgue-Fubini

$$\langle g, f * \omega \rangle = \langle \check{f} * g, \omega \rangle = \langle \check{f}, \omega \rangle \cdot \langle g, \omega \rangle. \tag{3.24}$$

Ist $h \in \mathscr{K}(G)$ eine beliebige Funktion, so folgt aus (3.24) mit $g = h^\natural$ und (3.20)

$$\langle h, f * \omega \rangle = \langle \check{f}, \omega \rangle \cdot \langle h, \omega \rangle. \tag{3.25}$$

Setzt man $\lambda_{\omega, f} = \langle \check{f}, \omega \rangle$, so liefert (3.25) die Gleichung $f * \omega = \lambda_{\omega, f}\omega$. Nun ist aber auch $\check{\omega}$ eine K-zonale sphärische Funktion auf G. Also gilt $\check{f} * \check{\omega} = \langle \check{f}, \check{\omega} \rangle \check{\omega}$. Daraus folgt $\omega * f = \langle \check{f}, \check{\omega} \rangle \omega = \langle f, \check{\omega} \rangle \omega = \lambda_{\omega, f}\omega$, wie in (3.23) behauptet. Die Gleichung $\omega(1) = 1$ wurde in Satz 3.2 bewiesen.

(iii) $\Rightarrow$ (i): Für jede Funktion $f \in \mathscr{K}(K \setminus G / K)$ folgt aus $f * \omega = \lambda_{\omega, f}\omega$ und $\omega(1) = 1$ offenbar $\lambda_{\omega, f} = (f * \omega)(1)$ und somit $\lambda_{\omega, f} = (\check{f} * \omega)(1) = \int_G f(x)\,\omega(x)\,d\mu(x) = \langle f, \omega \rangle.$

Ist ferner noch $g \in \mathscr{K}(K \setminus G / K)$ vorgegeben, so hat man $\lambda_{\omega, \check{g} * f}\omega = (\check{g} * \check{f}) * \omega$ $= \check{g} * (\check{f} * \omega) = \lambda_{\omega, \check{g}} \cdot \lambda_{\omega, f}\,\omega$, also $\lambda_{\omega, \check{g} * f} = \lambda_{\omega, \check{g}} \cdot \lambda_{\omega, f}$ und mithin $\langle f * g, \omega \rangle$ $= \langle f, \omega \rangle \cdot \langle g, \omega \rangle$. Also ist ω eine K-zonale sphärische Funktion auf G. Entsprechend argumentiert man, falls von der Voraussetzung $\omega * f = \lambda_{\omega, f}\,\omega$ ausgegangen wird.

(ii) $\Rightarrow$ (iii):   Für die Funktion

$$k: G \times G \ni (x, y) \longrightarrow \int_K \omega(x\,t\,y)\,dv(t) \in \mathbf{C} \tag{3.26}$$

gilt $k(t'x, y) = k(x, y)$ und $k(x\,t', y) = k(x, y)$ für jedes Element $t' \in K$ und jedes Paar $(x, y) \in G \times G$. Also gehört die Funktion $G \ni x \longrightarrow k(x, y) \in \mathbf{C}$ für jedes $y \in G$ zum Raum $\mathscr{C}(K \setminus G / K)$ und es gilt für jedes $f \in \mathscr{K}(K \setminus G / K)$

$$\int_G \check{f}(x)\,k(x, y)\,d\mu(x) = \int_G \int_K \check{f}(x)\,\omega(x\,t\,y)\,d\mu(x)\,dv(t)$$

$$= \int_G \int_K f(x)\,\omega(x^{-1}\,t\,y)\,d\mu(x)\,dv(t) \qquad (y \in G) \tag{3.27}$$

$$= \int_K (f * \omega)(t\,y)\,dv(t) = f * \omega(y).$$

Wegen $k = \omega \otimes \omega$ (3.22) liefert (3.27) die Beziehung $f * \omega(y) = \langle \breve{f}, \omega \rangle \, \omega(y)$ für alle $y \in G$. Es folgt $f * \omega = \lambda_{\omega,f} \omega$ und daraus, wie weiter oben bewiesen, auch $\omega * f = \lambda_{\omega,f} \omega$ für jede Funktion $f \in \mathscr{K}(K \setminus G / K)$. Aus (3.22) folgt ferner noch $\int_K \omega(xt) \, dv(t) = \omega(x) = \omega(x) \omega(1)$ für alle $x \in G$ und somit $\omega(1) = 1$.

(iii) $\Rightarrow$ (ii): Gilt $f * \omega = \langle \breve{f}, \omega \rangle \, \omega$ für jede Funktion $f \in \mathscr{K}(K \setminus G / K)$, so folgt aus (3.27)

$$\int_G \breve{f}(x) \, k(x,y) \, d\mu(x) = \langle \breve{f}, \omega \rangle \, \omega(y) \qquad (y \in G). \tag{3.28}$$

Also muß $k = \omega \otimes \omega$ erfüllt sein. ∎

Notiz. Ist G eine reelle lineare Lie-Gruppe und (G, K) ein Gelfand-Paar, so gehört jede K-zonale sphärische Funktion ω auf G dem Raum $\mathscr{C}^\infty(G)$ an. Dies sieht man folgendermaßen ein: Zu ω existiert eine Funktion $f \in \mathscr{C}^\infty(G)$ mit kompaktem Träger so, daß $\langle f, \omega \rangle \neq 0$. Gemäß der Produktformel (3.22) gilt dann

$$\omega(x) \langle f, \omega \rangle = \int_G f(y) \left(\int_K \omega(x \, t \, y) \, dv(t) \right) d\mu(y) = \int_K \left(\int_G f(y) \, \omega(x \, t \, y) \, d\mu(y) \right) dv(t)$$
$$\hspace{10cm} (x \in G) \tag{3.29}$$

$$= \int_K \left(\int_G f(t^{-1} x^{-1} s) \, \omega(s) \, d\mu(s) \right) dv(t) = \int_G \omega(s) \left(\int_K f(t \, x^{-1} s) \, dv(t) \right) d\mu(s).$$

Demnach gilt $\omega \in \mathscr{C}^\infty(G)$. Sei $\mathfrak{g} = \mathrm{Lie}(G)$ und $D \in U(\mathfrak{g})$ erfülle $D \circ \delta(t) = \delta(t) \circ D$ für alle $t \in K$. Dann gilt $D \omega \in \mathscr{C}(K \setminus G / K)$ und (3.22) liefert $\omega(x) \cdot D\omega(y) = \int_K (D\omega)(x \, t \, y) \, dv(t)$ für jedes Paar $(x, y) \in G \times G$. Setzt man $y = 1$, so erhält man $\omega(x) \cdot D\omega(1) = D\omega(x)$, also

$$D\omega = \lambda_D \cdot \omega \qquad (\lambda_D \in \mathbf{C}). \tag{3.30}$$

Die K-zonalen sphärischen Funktionen ω auf G sind demnach beschränkte Eigenfunktionen der linearen Differentialoperatoren $D \in U(\mathfrak{g})$ mit der Invarianzeigenschaft $D \circ \delta(t) = \delta(t) \circ D$ $(t \in K)$.

Beispiele 3.2 (1) Ist (G, K) ein kompaktes Gelfand-Paar (Definition 1.4) und $\{ \theta_{\varrho, \sigma_0} \in \mathscr{C}(K \setminus G / K) \, | \, \varrho \in \hat{G}, \, (\varrho : \sigma_0) > 0 \}$ die zugehörige Familie von Relativspuren, welche die eindimensionalen minimalen zweiseitigen Ideale $\{ \mathfrak{a}_\varrho(\sigma_0) \, | \, \varrho \in \hat{G}, \, (\varrho : \sigma_0) > 0 \}$ der kommutativen komplexen Banach-Algebra $L^2(K \setminus G / K)$ aufspannen, so ist $A = \bigoplus_{\substack{\varrho \in \hat{G} \\ (\varrho : \sigma_0) > 0}} \mathfrak{a}_\varrho(\sigma_0)$ eine überall dicht liegende Unteralgebra von $L^2(K \setminus G / K)$ (1.32). Für jeden Charakter ζ von $L^1(K \setminus G / K)$ ist $\zeta | A$ ein Charakter von A. Also gilt

$$\zeta : L^1(K \setminus G / K) \ni f \longmapsto \int_G f(s) \, \theta_{\varrho, \sigma_0}(s) \, d\mu(s) \in \mathbf{C} \tag{3.31}$$

für ein geeignet zu wählendes $\varrho \in \hat{G}$. Demnach sind die Relativspuren $\{ \theta_{\varrho, \sigma_0} \, | \, \varrho \in \hat{G}, \, (\varrho : \sigma_0) > 0 \}$ genau die K-zonalen sphärischen Funktionen auf G.

(2) Im Falle des kompakten Gelfand-Paares $(\mathbf{SO}(n, \mathbf{R}), \mathbf{SO}(n-1, \mathbf{R}))$, $n \geq 3$, nimmt die Produktformel (3.22) gemäß Satz 2.7 mit $\alpha = (n-3)/2$ die Form

$$\int_{\mathbf{SO}(n-1, \mathbf{R})} R_m^{(\alpha, \alpha)}((s_1 \, t s_2 \cdot 1 | 1)) \, dv(t) = R_m^{(\alpha, \alpha)}((s_1 \cdot 1 | 1)) \cdot R_m^{(\alpha, \alpha)}((s_2 \cdot 1 | 1)) \qquad (m \in \mathbf{N}) \tag{3.32}$$

für jedes Paar $(s_1, s_2) \in \mathrm{SO}(n, \mathbf{R}) \times \mathrm{SO}(n, \mathbf{R})$ an. Mit den Koordinaten ${}'s_1 \cdot 1 = (\cos\theta_1) 1 +$ $(\sin\theta_1) x'_1$, $s_2 \cdot 1 = (\cos\theta_2) 1 + (\sin\theta_2) x'_2$ $(\theta_j \in [\![0, \pi]\!], x'_j \in \mathbf{S}_{n-2}, j \in \{1,2\})$ (vgl. (2.3)) erhält man aus (3.32)

$$\int_{\mathrm{SO}(n-1, \mathbf{R})} R_m^{(\alpha, \alpha)} (\cos\theta_1 \cos\theta_2 + (\sin\theta_1 \sin\theta_2)\, (t\, x'_2 | x'_1))\, \mathrm{d}\nu(t) = R_m^{(\alpha, \alpha)}(\cos\theta_1) \cdot R_m^{(\alpha, \alpha)}(\cos\theta_2) \quad (3.33)$$

und somit gemäß (III.3.11) die Beziehung

$$\frac{\Omega_{n-2}}{\Omega_{n-1}} \int_0^\pi R_m^{(\alpha, \alpha)} (\cos\theta_1 \cos\theta_2 + \sin\theta_1 \sin\theta_2 \cos\theta)\, \sin^{n-3}\theta\, \mathrm{d}\theta = R_m^{(\alpha, \alpha)}(\cos\theta_1) \cdot R_m^{(\alpha, \alpha)}(\cos\theta_2). \quad (3.34)$$

Wendet man sodann die Konfluenzrelation (2.33) von Mehler-Heine an und setzt $w(\theta) = (\theta_1^2 + \theta_2^2 - 2\theta_1 \theta_2 \cos\theta)^{1/2}$ für $\theta \in [\![0, \pi]\!]$, so folgt

$$\frac{\Omega_{n-2}}{\Omega_{n-1}} \int_0^\pi \mathscr{J}_\alpha(w(\theta))\, \sin^{n-3}\theta\, \mathrm{d}\theta = \mathscr{J}_\alpha(\theta_1) \cdot \mathscr{J}_\alpha(\theta_2) \qquad (\alpha = (n-3)/2) \quad (3.35)$$

und daraus die *Produktformel für die Bessel-Funktionen*

$$\frac{\Omega_{n-2}}{\Omega_{n-1}} \int_0^\pi \mathscr{J}_\alpha((r_1^2 + r_2^2 - 2 r_1 r_2 \cos\theta)^{1/2})\, \sin^{n-3}\theta\, \mathrm{d}\theta = \mathscr{J}_\alpha(r_1)\, \mathscr{J}_\alpha(r_2) \quad ((r_1, r_2) \in \mathbf{R}_+ \times \mathbf{R}_+). \quad (3.36)$$

Es ist klar, daß für jedes $\lambda \in \mathbf{C}$ auch die Funktion $\mathbf{R}_+ \ni r \longmapsto \mathscr{J}_\alpha(\lambda r)$ die Produktformel (3.36) erfüllt. Umgekehrt ist jede Funktion $f \in \mathscr{C}^\infty(\mathbf{R}_+^\times)$, welche der Gleichung (3.36) für alle Paare $(r_1, r_2) \in \mathbf{R}_+^\times \times \mathbf{R}_+^\times$ genügt, eine Eigenfunktion des Differentialoperators $\mathrm{D} = \dfrac{\mathrm{d}^2}{\mathrm{d}r^2} + \dfrac{n-1}{r} \dfrac{\mathrm{d}}{\mathrm{d}r}$ zum Eigenwert $\lambda_\mathrm{D} \in \mathbf{C}$ (Aufgabe 3.3) und somit von der Form $r \longmapsto \mathscr{J}_\alpha(\lambda r)$ mit $\lambda^2 = \lambda_\mathrm{D}$, $\lambda \in \mathbf{C}$.

Aus (3.35) erhält man für jede Zahl $r \in \mathbf{R}_+$ die Beziehung (vgl. (II.4.23))

$$\frac{\Omega_{n-2}}{\Omega_{n-1}} \int_{\mathbf{R}_+} \int_0^\pi \mathscr{J}_{\alpha+1}(rs)\, \mathscr{J}_\alpha(w(\theta)s) \sin^{n-3}\theta\, \mathrm{d}\theta\, \mathrm{d}\mu_\alpha(s) = \int_{\mathbf{R}_+} \mathscr{J}_{\alpha+1}(rs)\, \mathscr{J}_\alpha(\theta_1 s)\, \mathscr{J}_\alpha(\theta_2 s)\, \mathrm{d}\mu_\alpha(s), \quad (3.37)$$

die sich mit Hilfe des Weber-Schafheitlein-Integrals (Aufgabe 3.2)

$$\int_{\mathbf{R}_+} \mathscr{J}_{\alpha+1}(rs)\, \mathscr{J}_\alpha(ws)\, \mathrm{d}\mu_\alpha(s) = \begin{cases} 0 & \text{falls } 0 < r \leqslant w, \\[2mm] \dfrac{2^{\alpha+1}\, \Gamma(\alpha+2)}{r^{2\alpha+2}} & \text{falls } r > w, \end{cases} \quad (3.38)$$

auf die für $(r_1, r_2) \in \mathbf{R}_+^\times \times \mathbf{R}_+^\times$ gültige Gleichung

$$\int_{\mathbf{R}_+} \mathscr{J}_{\alpha+1}(rs)\, \mathscr{J}_\alpha(r_1 s)\, \mathscr{J}_\alpha(r_2 s)\, \mathrm{d}\mu_\alpha(s) = \frac{\Omega_{n-2}}{\Omega_{n-1}} \frac{2^{\alpha+1}\, \Gamma(\alpha+2)}{r^{2\alpha+2}} \int_0^{A(r)} \sin^{2\alpha}\theta\, \mathrm{d}\theta \quad (\alpha = (n-3)/2) \quad (3.39)$$

reduziert, wobei $A(r) = 0$, $= \arccos \dfrac{r_1^2 + r_2^2 - r^2}{2r_1 r_2}$, $= \pi$ zu wählen ist, je nachdem ob $r^2 < \inf((r_1 - r_2)^2,\ (r_1 + r_2)^2)$, $(r_1 - r_2)^2 \leqslant r^2 \leqslant (r_1 + r_2)^2$, $r^2 > \sup((r_1 - r_2)^2, (r_1 + r_2)^2)$. Nach Multiplikation mit $r^{2\alpha + 1}$ und Differentiation nach r erhält man aus (3.39) und der Inversionsformel (II.4.44) für die Hankel-Transformation $\mathscr{F}_{\mathbf{R}_+}^{\alpha}$ die *Formel von Sonine* (II.4.31) für $\alpha = (n - 3)/2$. Sie kann auf den Fall beliebiger Indizes $\alpha > -\tfrac{1}{2}$ ausgedehnt werden.

(3) Auf ähnliche Weise wie im vorangegangenen Beispiel zeigt man, daß im Falle des kompakten Gelfand-Paares $(\mathbf{U}(n, \mathbf{C}),\ \mathbf{U}(n-1, \mathbf{C}))$, $n \geqslant 3$, die Produktformel (3.22) mit $\alpha = n - 2$ die Gestalt

$$\frac{\alpha}{\pi} \int_0^1 \int_{-\pi}^{+\pi} R_{p,q}^{(\alpha)} \left((e^{i\varphi_1} \cos\theta_1)(e^{i\varphi_2} \cos\theta_2) + r e^{i\psi} \sin\theta_1 \sin\theta_2 \right) r(1 - r^2)^{\alpha - 1}\, d\psi\, dr$$
$$= R_{p,q}^{(\alpha)} (e^{i\varphi_1} \cos\theta_1) \cdot R_{p,q}^{(\alpha)} (e^{i\varphi_2} \cos\theta_2) \tag{3.40}$$

für $(p, q) \in \mathbf{N} \times \mathbf{N}$ und $\theta_j \in [0, \tfrac{1}{2}\pi]$, $\varphi_j \in [-\pi, +\pi]$, $j \in \{1, 2\}$ annimmt.

(4) Für $n \geqslant 2$ ist $(I(n), \mathbf{SO}(n, \mathbf{R}))$ ein Gelfand-Paar (Beispiel 3.1(2)). Die Produktformel (3.22) nimmt analog zu (3.34) wegen (III.3.11) für jedes Paar $(r_1, r_2) \in \mathbf{R}_+ \times \mathbf{R}_+$ die Gestalt

$$\frac{\Omega_{n-1}}{\Omega_n} \int_0^{\pi} \omega_0 \left((r_1^2 + r_2^2 - 2r_1 r_2 \cos\theta)^{1/2} \right) \sin^{n-2}\theta\, d\theta = \omega_0(r_1) \cdot \omega_0(r_0) \tag{3.41}$$

an, falls $\omega(s) = \omega\left(\begin{pmatrix} u & 0 \\ r(1 \cdot t) & 1 \end{pmatrix} \right) = \omega_0(r)$ für $\omega \in \mathscr{C}^b(\mathbf{SO}(n, \mathbf{R}) \setminus I(n) / \mathbf{SO}(n, \mathbf{R}))$, $s \in I(n)$, $u,\ t \in \mathbf{SO}(n, \mathbf{R})$ und $r \in \mathbf{R}_+$ gesetzt wird. Ein Vergleich mit (3.36) zeigt, daß $\omega_0 \colon \mathbf{R}_+ \ni r \longmapsto \mathscr{J}_\alpha(\lambda r)$ mit $\alpha = (n - 2)/2$ und $\lambda \in \mathbf{C}$ gilt.

(5) Aufgrund von Beispiel 3.1(3) ist $(\mathbf{SL}(2, \mathbf{R}), \mathbf{SO}(2, \mathbf{R}))$ ein Gelfand-Paar. Analog zu (3.34) nimmt in diesem Falle die Produktformel (3.22) die Gestalt

$$\frac{1}{2\pi} \int_{-\pi}^{+\pi} \omega_0(\cosh\lambda_1 \cosh\lambda_2 + \sinh\lambda_1 \sinh\lambda_2 \cos\theta)\, d\theta = \omega_0(\cosh\lambda_1) \cdot \omega_0(\cosh\lambda_2) \tag{3.42}$$

für $\lambda_1,\ \lambda_2 \in \mathbf{R}_+$ an. Damit ist $\lambda \longmapsto \omega_0(\cosh\lambda)$ Eigenfunktion des Differentialoperators $D = \dfrac{d^2}{d\lambda^2} + \dfrac{\cosh\lambda}{\sinh\lambda}\dfrac{d}{d\lambda}$ zu einem Eigenwert $\varrho \in \mathbf{C}$ (Aufgabe 3.4) und deshalb von der Gestalt

$$\omega_0(\cosh\lambda) = \frac{1}{2\pi} \int_{-\pi}^{+\pi} (\cosh\lambda + \sinh\lambda \cos\theta)^q\, d\theta \qquad (\lambda \in \mathbf{R}_+) \tag{3.43}$$

mit $\varrho = q(q + 1)$, d.h. eine *Legendre-Funktion* zum Index q.

Aufgaben

3.1 Sei A eine kommutative komplexe Banach-Algebra. Zeige, daß jeder Charakter ζ von A stetig ist. (Zeige, daß der Kern von ζ ein maximales Ideal von A und mithin abgeschlossen ist).

3.2 (a) Seien $\alpha, \beta > -1/2$ und $r,t \in \mathbf{R}_+$. Beweise die Identität

$$\int_0^r s^{\beta+1}(r^2-s^2)^\alpha \, \mathscr{I}_\beta(t\,s)\,\mathrm{d}s = 2^\alpha\, r^{\alpha+\beta+1}\, t^{-\alpha-1}\, \Gamma(\alpha+1)\, \mathscr{I}_{\alpha+\beta+1}(r\,t).$$

(Wende die Reihendarstellung (II.4.16) und den Zusammenhang zwischen Beta- und Gamma-Funktion an).

(b) Beweise (3.38). (Wende (a) und die Inversionsformel (II.4.44) an).

3.3 Zeige, daß jede auf $\mathbf{R}_+$ stetige komplexwertige Funktion, welche die Produktformel (3.36) erfüllt, Eigenfunktion des Differentialoperators $D = \dfrac{\mathrm{d}^2}{\mathrm{d}r^2} + \dfrac{n-1}{r}\dfrac{\mathrm{d}}{\mathrm{d}r}$ ist. (Erfüllt $\omega \in \mathscr{C}(I(n))$ die Produktformel (3.22), so ist die durch $\omega^\flat(s\cdot\mathbf{1}) = \omega(s)$ für $s \in I(n)$ definierte Funktion $\omega^\flat$ auf $\mathbf{R}^n$ beliebig oft differenzierbar und Eigenfunktion des Laplace-Operators des $\mathbf{R}^n$. Führe sphärische Polarkoordinaten ein).

3.4 Zeige, daß für jede Funktion $\omega_0 \in \mathscr{C}(\mathbf{R}_+)$, welche (3.42) erfüllt, durch $\lambda \rightsquigarrow \omega_0(\cosh\lambda)$ eine Eigenfunktion des Differentialoperators $D = \dfrac{\mathrm{d}^2}{\mathrm{d}\lambda^2} + \dfrac{\cosh\lambda}{\sinh\lambda}\dfrac{\mathrm{d}}{\mathrm{d}\lambda}$ gegeben wird. (Gehe analog wie in Aufgabe 3.3 vor und benutze hyperbolische Polarkoordinaten im $\mathbf{R}^3$).

4 Die sphärische Fourier-Transformation

Es bezeichne wie bisher (G, K) ein Gelfand-Paar (Definition 3.1), μ ein Haar-Maß von G und ν das standardisierte Haar-Maß von K. Ferner sei $S(G/K)$ die Menge aller K-zonalen sphärischen Funktionen auf G (Definition 3.2). Dann bildet $S(G/K)$ einen topologischen Unterraum des komplexen Banach-Raumes $\mathscr{C}^b(K \setminus G/K)$.

Definition 4.1 Für jede Funktion $f \in L^1(G)$ heißt

$$\mathscr{F}_{G/K}f\colon S(G/K) \ni \omega \rightsquigarrow \langle f, \check\omega\rangle = \int_G f(s)\,\omega(s^{-1})\,\mathrm{d}\mu(s) \in \mathbf{C} \tag{4.1}$$

die sphärische Fourier-Transformierte von f und

$$\bar{\mathscr{F}}_{G/K}f\colon S(G/K) \ni \omega \rightsquigarrow \langle f, \omega\rangle = \int_G f(s)\,\omega(s)\,\mathrm{d}\mu(s) \in \mathbf{C} \tag{4.2}$$

die sphärische Fourier-Kotransformierte von f.

Geht man von $f \in L^1(G)$ zu $f^\natural \in L^1(K \setminus G/K)$ über, so erhält man gemäß (3.20)

$$\mathscr{F}_{G/K}(f^\natural) = \mathscr{F}_{G/K}f, \qquad \bar{\mathscr{F}}_{G/K}(f^\natural) = \bar{\mathscr{F}}_{G/K}f. \tag{4.3}$$

Die Menge X aller Charaktere der kommutativen komplexen Banach-Algebra $L^1(K \setminus G/K) \oplus \mathbf{C} \cdot \varepsilon_1$ mit Einselement ist kompakt bezüglich der Topologie der punktweisen Konvergenz. Der aus allen Charakteren ζ von $L^1(K \setminus G/K) \oplus \mathbf{C} \cdot \varepsilon_1$, mit der Eigenschaft $\zeta | L^1(K \setminus G/K) \neq 0$ bestehende Unterraum X_0 von X ist lokalkompakt, weil das Komplement von X_0 bezüglich X entweder die leere Menge ist oder aus genau einem Algebren-Charakter besteht. Durch die Zuordnung

$$\omega \rightsquigarrow (\zeta_\omega : L^1(K \setminus G/K) \ni f \rightsquigarrow \langle f, \omega \rangle \in \mathbf{C}) \tag{4.4}$$

wird $S(G/K)$ bijektiv auf X_0 abgebildet und die sphärische Fourier-Kotransformierte (4.2) jeder Funktion $f \in L^1(K \setminus G/K)$ (vgl. (4.3)) kann aufgefaßt werden als Restriktion der Gelfand-Transformierten von f auf X_0.

Satz 4.1 *Die durch (4.4) definierte Abbildung $S(G/K) \ni \omega \rightsquigarrow \zeta_\omega \in X_0$ ist ein Homöomorphismus von $S(G/K)$ bezüglich der Topologie der gleichmäßigen Konvergenz auf den kompakten Teilen von G auf den Raum X_0 bezüglich der Topologie der punktweisen Konvergenz.*

Beweis. Weil die Abbildung $S(G/K) \ni \omega \rightsquigarrow \zeta_\omega \in X_0$ bijektiv ist, genügt es zu zeigen, daß die von $S(G/K)$ getragene Topologie mit der von der schwachen Topologie $\sigma(L^\infty(G), L^1(G))$ induzierten Relativtopologie übereinstimmt.

(i) Im ersten Schritt wird bewiesen, daß die von $\sigma(L^\infty(G), L^1(G))$ auf $S(G/K)$ induzierte Topologie gröber ist als die Topologie der kompakten Konvergenz. Seien $(f_j)_{1 \leqslant j \leqslant n}$ beliebige Funktionen aus $L^1(G)$ und $\varepsilon > 0$ ebenfalls beliebig gewählt. Dann kann eine kompakte Teilmenge C von G so gewählt werden, daß $\sup\limits_{1 \leqslant j \leqslant n} \int\limits_{G-C} |f_j(s)| \, d\mu(s)$

$\leqslant \dfrac{\varepsilon}{4}$ gilt. Es werde $M = 1 + \sup\limits_{1 \leqslant j \leqslant n} \int\limits_{C} |f_j(s)| \, d\mu(s)$ gesetzt. Dann ist für jede K-zonale

sphärische Funktion $\omega_0 \in S(G/K)$ die Menge $U = \Big\{ \omega \in S(G/K) \, \big| \sup\limits_{s \in C} |\omega(s) - \omega_0(s)|$

$\leqslant \dfrac{\varepsilon}{2M} \Big\}$ eine Umgebung von ω_0 in bezug auf die Topologie der gleichmäßigen

Konvergenz auf den kompakten Teilen von G. Für $\omega \in U$ und $1 \leqslant j \leqslant n$ gilt

$$|\langle \omega - \omega_0, f_j \rangle| \leqslant \int\limits_{C} |\omega(s) - \omega_0(s)| \cdot |f_j(s)| \, d\mu(s)$$

$$+ \int\limits_{G-C} |\omega(s) - \omega_0(s)| \cdot |f_j(s)| \, d\mu(s) \tag{4.5}$$

$$\leqslant \dfrac{\varepsilon}{2M} \cdot M + \dfrac{\varepsilon}{4} \cdot 2 = \varepsilon.$$

Es folgt $U \subseteq \{ \omega \in S(G/K) \, | \sup\limits_{1 \leqslant j \leqslant n} |\langle \omega - \omega_0, f_j \rangle| \leqslant \varepsilon \}$ und daraus die Behauptung.

(ii) Es bleibt nachzuweisen, daß umgekehrt die von $\sigma(L^\infty(G), L^1(G))$ auf $S(G/K)$ induzierte Topologie feiner ist als die Topologie der kompakten Konvergenz. Dazu seien $\omega_0 \in S(G/K)$, $C \subseteq G$ kompakt und $\varepsilon > 0$ beliebig vorgegeben. Zu ω_0 kann eine Funktion $f_0 \in \mathcal{K}(K \setminus G/K)$ gewählt werden mit $|\langle f_0, \omega_0 \rangle| = a > 0$. Da der Träger von

f_0 in G kompakt ist, ist f_0 eine auf G gleichmäßig stetige Funktion. Deshalb kann (vgl. die im Beweis zu Satz IV.2.3 benutzte Überdeckungsargumentation) eine Neutralumgebung W in G mit der Eigenschaft

$$\sup_{s \in C} \int_G |f_0(s^{-1}tx) - f_0(s^{-1}x)| \, d\mu(x) \leqslant \tfrac{1}{2} a\varepsilon \tag{4.6}$$

für alle $t \in W$ gewählt werden. Die Menge $V = \{\omega \in S(G/K) \mid |\langle f_0, \omega - \omega_0 \rangle| \leqslant \tfrac{1}{2}a\}$ ist eine Umgebung von ω_0 in $S(G/K)$ in bezug auf die Topologie $\sigma(L^\infty(G), L^1(G))$ und es gilt $|\lambda_{\omega, f_0}| = |\langle f_0, \omega \rangle| \geqslant \tfrac{1}{2}a$ für $\omega \in V$. Bezeichnet 1_W die Indikatorfunktion von W auf G, so folgen aus (3.23) und (4.6) die Abschätzungen

$$\left| \frac{1}{\mu(W)} (1_W * \omega)(s) - \omega(s) \right| \leqslant \frac{1}{\mu(W)} \int_W |\omega(t^{-1}s) - \omega(s)| \, d\mu(t)$$

$$\leqslant \frac{2}{a\,\mu(W)} \int_W \int_G |f_0(s^{-1}tx) - f_0(s^{-1}x)| \, d\mu(x) \, d\mu(t) \tag{4.7}$$

$$\leqslant \frac{2}{a\,\mu(W)} \cdot \mu(W) \cdot \frac{1}{2} a\varepsilon = \varepsilon$$

für alle $\omega \in V$ und $s \in C$. Damit gilt

$$|\omega(s) - \omega_0(s)| \leqslant \left| \frac{1}{\mu(W)} (1_W * \omega)(s) - \omega(s) \right| + \left| \frac{1}{\mu(W)} (1_W * \omega_0)(s) - \omega_0(s) \right|$$

$$+ \left| \frac{1}{\mu(W)} (1_W * \omega)(s) - \frac{1}{\mu(W)} (1_W * \omega_0)(s) \right| \tag{4.8}$$

$$\leqslant 2\varepsilon + \frac{1}{\mu(W)} |(1_W * \omega)(s) - (1_W * \omega_0)(s)|$$

für $\omega \in V$ und $s \in C$. Der Beweis ist vollständig, wenn gezeigt ist, daß zu der gewählten Zahl $\varepsilon > 0$ eine $\sigma(L^\infty(G), L^1(G))$-Umgebung V_0 von ω_0 existiert mit der Eigenschaft

$$\sup_{s \in C} \frac{1}{\mu(W)} |(1_W * \omega)(s) - (1_W * \omega_0)(s)| \leqslant \varepsilon \tag{4.9}$$

für $\omega \in V_0$. Anders ausgedrückt: Es bleibt noch zu zeigen, daß für die Funktion

$$f = \frac{1}{\mu(W)} 1_W \in L^1(G) \text{ die Abbildung}$$

$$S(G/K) \ni \omega \longrightarrow f * \omega \in \mathscr{C}(G) \tag{4.10}$$

stetig ist hinsichtlich der von $\sigma(L^\infty(G), L^1(G))$ auf $S(G/K)$ induzierten Topologie und der Topologie der kompakten Konvergenz von $\mathscr{C}(G)$. Für jedes Element $s \in G$ gilt

$$(f * \omega)(s) = \int_G f(t)\,\omega(t^{-1}s)\,d\mu(t) = \int_G f(st)\,\omega(t^{-1})\,d\mu(t)$$

$$= \langle \check{\omega}, \gamma(s^{-1})f \rangle. \tag{4.11}$$

Das Bild C_f der Menge C unter der stetigen Abbildung $G \ni s \rightsquigarrow \gamma(s^{-1})f \in L^1(G)$ ist kompakt im Raum $L^1(G)$. Andererseits ist die Funktionenfamilie

$$\mathscr{F} = \{L^1(G) \ni h \rightsquigarrow \langle \breve{\omega}, h \rangle \in \mathbf{C} \mid \omega \in S(G/K)\}$$

gleichgradig stetig, so daß auf $\mathscr{F}$ die Topologie der kompakten Konvergenz mit der Topologie der punktweisen Konvergenz zusammenfällt. Deshalb erlaubt die Kompaktheit von C_f die Wahl einer $\sigma(L^\infty(G), L^1(G))$-Umgebung V_0 von ω_0 mit der Eigenschaft $|\langle \breve{\omega} - \breve{\omega}_0, \gamma(s^{-1})f \rangle| \leqslant \varepsilon$ für alle $\omega \in V_0$ und $s \in C$. $\blacksquare$

Gemäß Satz 4.1 ist also insbesondere $S(G/K)$ ein lokalkompakter topologischer Raum hinsichtlich der Topologie der gleichmäßigen Konvergenz auf den kompakten Teilen von G. Weil die sphärische Fourier-Kotransformierte $\overline{\mathscr{F}}_{G/K}f$ als Einschränkung auf X_0 der Gelfand-Transformierten von $f \in L^1(K \setminus G/K)$ betrachtet werden kann, folgt aus den Eigenschaften der Gelfand-Transformation das folgende Ergebnis:

Satz 4.2 *Für jedes Gelfand-Paar (G, K) sind die sphärische Fourier-Transformation $\mathscr{F}_{G/K}$ und die sphärische Fourier-Kotransformation $\overline{\mathscr{F}}_{G/K}$ stetige lineare Abbildungen des komplexen Banach-Raumes $L^1(G)$ in den komplexen Banach-Raum $\mathscr{C}_0(S(G/K))$. Für je zwei Funktionen $f, g \in L^1(K \setminus G/K)$ gilt*

$$\mathscr{F}_{G/K}(f * g) = (\mathscr{F}_{G/K}f) \cdot (\mathscr{F}_{G/K}g), \qquad \overline{\mathscr{F}}_{G/K}(f * g) = (\overline{\mathscr{F}}_{G/K}f) \cdot (\overline{\mathscr{F}}_{G/K}g). \tag{4.12}$$

Die Morphismus-Eigenschaften (4.12) sind, wie der folgende Satz zeigt, unter weniger restriktiven Bedingungen gültig.

Satz 4.3 *Sowohl für $f \in L^1(G/K)$ und $g \in L^1(G)$ als auch für $f \in L^1(G)$ und $g \in L^1(G/K)$ sind die Gleichungen (4.12) erfüllt.*

Beweis. Betrachtet man Funktionen $f \in L^1(G/K)$ und $g \in L^1(G)$, so gilt wegen $f(s\,t) = f(s)$ für μ-fast alle $s \in G$ und alle $t \in K$ für jedes $\omega \in S(G/K)$:

$$\begin{aligned}
\mathscr{F}_{G/K}(f * g)(\omega) &= \int_G \int_G \omega(x^{-1})\, f(s)\, g(s^{-1}x)\, d\mu(s)\, d\mu(x) \\
&= \int_G \int_G \omega(x^{-1}s^{-1})\, f(s)\, g(x)\, d\mu(s)\, d\mu(x) \\
&= \int_G \int_G \omega(x^{-1}t^{-1}s^{-1})\, f(s)\, g(x)\, d\mu(s)\, d\mu(x)
\end{aligned} \tag{4.13}$$

Zieht man nach einer Integration über K bezüglich ν die in Satz 3.3 bewiesene Integralgleichung (3.22) der K-zonalen sphärischen Funktionen heran, so erhält man

$$\begin{aligned}
\mathscr{F}_{G/K}(f * g)(\omega) &= \int_G \int_G f(s)\, g(x) \int_K \omega(x^{-1}t^{-1}s^{-1})\, d\nu(t)\, d\mu(s)\, d\mu(x) \\
&= \left(\int_G f(s)\, \omega(s^{-1})\, d\mu(s) \right) \cdot \left(\int_G g(x)\, \omega(x^{-1})\, d\mu(x) \right) \quad (\omega \in S(G/K)) \\
&= (\mathscr{F}_{G/K}f(\omega)) \cdot (\mathscr{F}_{G/K}g(\omega)).
\end{aligned} \tag{4.14}$$

Demnach gilt $\mathscr{F}_{G/K}(f * g) = (\mathscr{F}_{G/K}f) \cdot (\mathscr{F}_{G/K}g)$ im vorliegenden Fall. Entsprechend verfährt man bei den restlichen Identitäten. $\blacksquare$

Gemäß Beispiel III.4.1(4) ist die Menge $Z(G/K)$ aller K-zonalen sphärischen Funktionen von positivem Typ auf G abgeschlossen im Raum $S(G/K)$. Demnach ist auch $Z(G/K)$ ein lokalkompakter topologischer Raum. Der Satz von Plancherel-Godement, der im Rahmen dieser Einführung nicht bewiesen werden kann, besagt, daß auf dem Raum $Z(G/K)$ genau ein Radon-Maß $\mu_Z \neq 0$ existiert, so daß die Parseval-Identität (und damit die Plancherel-Identität) erfüllt ist. Genauer formuliert gilt:

Satz 4.4 (Plancherel-Godement) *Sei (G, K) ein Gelfand-Paar. Dann existiert auf dem lokalkompakten topologischen Raum $Z(G/K)$ genau ein Radon-Maß $\mu_Z \geqslant 0$ derart, daß $\mathscr{F}_{G/K}(L^1(K \setminus G/K) \cap L^2(K \setminus G/K))$ ein im komplexen Hilbert-Raum $L^2(Z(G/K); \mu_Z)$ überall dicht liegender Untervektorraum ist und für alle $f, g \in L^1(K \setminus G/K) \cap L^2(K \setminus G/K)$ die Gleichung*

$$\int_G f(s)\overline{g(s)}\, d\mu(s) = \int_{Z(G/K)} (\mathscr{F}_{G/K}f(\omega))\overline{(\mathscr{F}_{G/K}g(\omega))}\, d\mu_Z(\omega) \tag{4.15}$$

(Parseval-Identität) *und insbesondere die Beziehung*

$$\int_G |f(s)|^2\, d\mu(s) = \int_{Z(G/K)} |\mathscr{F}_{G/K}f(\omega)|^2\, d\mu_Z(\omega) \tag{4.16}$$

(Plancherel-Identität) *besteht.*

Beispiele 4.1 (1) Ist (G, K) ein kompaktes Gelfand-Paar, so sind gemäß Beispiel 3.2(1) die K-zonalen sphärischen Funktionen auf G gerade die Relativspuren $\{\theta_{\varrho,\sigma_0}\}_{\varrho \in \hat{G}},\ (\varrho : \sigma_0) > 0\}$. Wegen $\langle \theta_{\varrho,\sigma_0}, \theta_{\varrho,\sigma_0} \rangle = 1$ und $\langle \theta_{\varrho',\sigma_0}, \theta_{\varrho,\sigma_0} \rangle = 0$ für $\varrho' \in \hat{G}$ mit $(\varrho' : \sigma_0) > 0$ und $\varrho \neq \varrho'$ ist für jedes $\varepsilon \in \,]0,1[\,$ die einpunktige Menge $\{\omega \in S(G/K) \mid |\langle \omega - \theta_{\varrho,\sigma_0}, \theta_{\varrho,\sigma_0} \rangle| \leqslant \varepsilon\} = \{\theta_{\varrho,\sigma_0}\}$ eine $\sigma(L^\infty(G), L^1(G))$-Umgebung von $\theta_{\varrho,\sigma_0}$ in $S(G/K)$. Demnach sind $S(G/K)$ und $Z(G/K)$ diskrete topologische Räume, μ_Z also ein diskretes Radon-Maß.

(2) Im Falle des Gelfand-Paares $(I(n), \mathrm{SO}(n, \mathbf{R}))$, $n \geqslant 2$, (Beispiel 3.1(2)) können die Funktionen $\mathbf{R}_+ \ni r \rightsquigarrow \mathscr{J}_\alpha(\lambda r)$, $\alpha = (n-2)/2$, $\lambda \in \mathbf{R}_+$, mit $\mathrm{SO}(n, \mathbf{R})$-zonalen sphärischen Funktionen von positivem Typ auf $I(n)$ identifiziert werden (Beispiel 3.2(4) und Aufgabe II.4.1). Demnach ist $\mathbf{R}_+$ als Teil von $Z(I(n)/\mathrm{SO}(n, \mathbf{R}))$ auffaßbar. Die sphärische Fourier-Transformation $\mathscr{F}_{I(n)/\mathrm{SO}(n,\mathbf{R})}$ wird dann zur Hankel-Transformation $\mathscr{F}^\alpha_{\mathbf{R}_+}$ (II.4.26), die Plancherel-Identität (4.16) nimmt für $f_0 \in \mathscr{D}(\mathbf{R}_+)$ die Gestalt

$$\int_{\mathbf{R}_+} |f_0(r)|^2\, d\mu_\alpha(r) = \int_{\mathbf{R}_+} |\mathscr{F}^\alpha_{\mathbf{R}_+} f_0(r)|^2\, d\mu_\alpha(r) \qquad (\alpha = (n-2)/2) \tag{4.17}$$

an und das Plancherel-Maß μ_Z kann mit dem positiven Radon-Maß (II.4.23) auf $\mathbf{R}_+$ identifiziert werden.

(3) Bezeichnet ω im Falle des Gelfand-Paares $(\mathrm{SL}(2, \mathbf{C}), \mathrm{SU}(2, \mathbf{C}))$ (Beispiel 3.1(3)) eine $\mathrm{SU}(2, \mathbf{C})$-zonale sphärische Funktion auf $\mathrm{SL}(2, \mathbf{C})$, so folgt aus der Produktformel (3.22), daß $\mathbf{R}_+ \ni \lambda \rightsquigarrow \omega(\alpha(\lambda))$ (vgl. (III.3.23)) Eigenfunktion des Differentialoperators $D = \dfrac{d^2}{d\lambda^2} + 2\coth\lambda\,\dfrac{d}{d\lambda}$ ist (Aufgabe 4.4). Damit sind insbesondere die Funktionen $(\omega_r)_{r \in \mathbf{R}_+}$ mit

$$\omega_r(\alpha(\lambda)) = \frac{\sin r\lambda}{r \sinh\lambda} \qquad (r \neq 0), \qquad \omega_0(\alpha(\lambda)) = \frac{\lambda}{\sinh\lambda} \tag{4.18}$$

SU $(2, \mathbf{C})$-zonale sphärische Funktionen auf SL $(2, \mathbf{C})$. Die reelle Halbgerade $\mathbf{R}_+$ kann demnach in $S(\mathrm{SL}(2, \mathbf{C})/\mathrm{SU}(2, \mathbf{C}))$ eingebettet werden. Die sphärische Fourier-Transformierte von $f \in \mathrm{L}^1(\mathrm{SU}(2, \mathbf{C}) \setminus \mathrm{SL}(2, \mathbf{C})/\mathrm{SU}(2, \mathbf{C}))$ nimmt somit auf $\mathbf{R}_+^\times$ wegen (III.3.34) die Gestalt

$$\mathscr{F}_{\mathrm{SL}(2,\mathbf{C})/\mathrm{SU}(2,\mathbf{C})} f(r) = \int\limits_{\mathrm{SL}(2,\mathbf{C})} f(s)\, \breve{\omega}_r(s)\, \mathrm{d}\mu(s) = \int\limits_{\mathbf{R}_+} f(\alpha(\lambda))\, \omega_r(\alpha(\lambda))\, \sinh^2\lambda\, \mathrm{d}\lambda$$

$$= \frac{1}{r} \int\limits_{\mathbf{R}_+} f_0(\lambda)\, \frac{\sin r\lambda}{\sinh \lambda}\, \sinh^2\lambda\, \mathrm{d}\lambda = \frac{\mathrm{i}}{2r} \int\limits_{\mathbf{R}} f_0(\lambda)\, \sinh\lambda\, \mathrm{e}^{-\mathrm{i} r\lambda}\, \mathrm{d}\lambda \qquad (4.19)$$

$$= \sqrt{\frac{\pi}{2}}\, \frac{\mathrm{i}}{r}\, \mathscr{F}_{\mathbf{R}}\,(f_0 \cdot \sinh)\,(r)$$

an, wobei die Funktion $f_0\colon \lambda \longmapsto f(\alpha(\lambda))$ auf $\mathbf{R}$ gerade ist. Für gerade Funktionen $f_0 \in \mathscr{D}(\mathbf{R})$ gilt die *Inversionsformel*

$$f_0(\lambda) = \frac{1}{\pi} \int\limits_{\mathbf{R}} \mathscr{F}_{\mathrm{SL}(2,\mathbf{C})/\mathrm{SU}(2,\mathbf{C})} f(r)\, \omega_r(\alpha(\lambda))\, r^2 \mathrm{d}r \qquad (\lambda \in \mathbf{R}). \qquad (4.20)$$

Sei $\mathscr{D}(\mathrm{SU}(2, \mathbf{C}) \setminus \mathrm{SL}(2, \mathbf{C})/\mathrm{SU}(2, \mathbf{C})) = \{f \in \mathrm{L}^1(\mathrm{SU}(2, \mathbf{C}) \setminus \mathrm{SL}(2, \mathbf{C})/\mathrm{SU}(2, \mathbf{C})) \mid f_0 \in \mathscr{D}(\mathbf{R})\}$. Mit den in Kapitel II bereitgestellten Hilfsmitteln zeigt man sodann, daß das Bild von $\mathscr{D}(\mathrm{SU}(2, \mathbf{C}) \setminus \mathrm{SL}(2, \mathbf{C})/\mathrm{SU}(2, \mathbf{C}))$ in $\mathrm{L}^2(\mathbf{R}; r^2 \mathrm{d}r)$ unter der sphärischen Fourier-Transformation $\mathscr{F}_{\mathrm{SL}(2,\mathbf{C})/\mathrm{SU}(2,\mathbf{C})}$ überall dicht liegt. Für $f, g \in \mathscr{D}(\mathrm{SU}(2, \mathbf{C}) \setminus \mathrm{SL}(2, \mathbf{C})/\mathrm{SU}(2, \mathbf{C}))$ folgt aus (4.20) analog zum Beweis von Satz II.1.10 die *Parseval-Identität*

$$\int\limits_{\mathbf{R}_+} f_0(\lambda)\, \overline{g_0(\lambda)}\, \sinh^2\lambda\, \mathrm{d}\lambda = \frac{2}{\pi} \int\limits_{\mathbf{R}_+} \mathscr{F}_{\mathrm{SL}(2,\mathbf{C})/\mathrm{SU}(2,\mathbf{C})} f(r)\, \overline{\mathscr{F}_{\mathrm{SL}(2,\mathbf{C})/\mathrm{SU}(2,\mathbf{C})} g(r)}\, r^2 \mathrm{d}r. \qquad (4.21)$$

Aus (4.21) liest man ab, daß im vorliegenden Fall das Plancherel-Maß μ_Z den Träger $\mathbf{R}_+$ besitzt und mit $\dfrac{2}{\pi}\, r^2 \mathrm{d}r$ identifiziert werden kann.

Satz 4.5 *Die Algebren-Morphismen*

$$\mathscr{F}_{G/K}\colon \mathrm{L}^1(K \setminus G/K) \to \mathscr{C}_0(S(G/K)),$$
$$\overline{\mathscr{F}}_{G/K}\colon \mathrm{L}^1(K \setminus G/K) \to \mathscr{C}_0(S(G/K)) \qquad\qquad (4.22)$$

sind injektive Abbildungen.

Beweis. Sei $f \in \mathrm{L}^1(K \setminus G/K)$ und $\mathscr{F}_{G/K} f = 0$.
Zu jedem $\varepsilon > 0$ kann $\varphi_\varepsilon \in \mathrm{L}^1(K \setminus G/K) \cap \mathrm{L}^2(K \setminus G/K)$ so gewählt werden, daß $\|\varphi_\varepsilon * f - f\|_1 < \varepsilon$ ausfällt. Es gilt $(\varphi_\varepsilon * f) \in \mathrm{L}^1(K \setminus G/K) \cap \mathrm{L}^2(K \setminus G/K)$ und $\mathscr{F}_{G/K}(\varphi_\varepsilon * f) = (\mathscr{F}_{G/K}\varphi_\varepsilon) \cdot (\mathscr{F}_{G/K} f) = 0$ (4.12). Wegen (4.16) ist die lineare Abbildung $\mathscr{F}_{G/K}\colon \mathrm{L}^1(K \setminus G/K) \cap \mathrm{L}^2(K \setminus G/K) \to \mathrm{L}^2(Z(G/K); \mu_Z)$ injektiv. Es folgt $\varphi_\varepsilon * f = 0$, also $\|f\|_1 < \varepsilon$. Weil die Zahl $\varepsilon > 0$ beliebig gewählt war, muß notwendig $f = 0$ gelten.

Durch eine entsprechende Überlegung überzeugt man sich von der Injektivität der Fourier-Kotransformation $\overline{\mathscr{F}}_{G/K}$ auf der Banach-Algebra $L^1(K \setminus G/K)$. ∎

Entsprechend zu II.2 können die linearen Abbildungen $\mathscr{F}_{G/K}$ und $\overline{\mathscr{F}}_{G/K}$ eindeutig zu unitären Operatoren $\mathfrak{F}_{G/K}$ und $\overline{\mathfrak{F}}_{G/K}$ des Hilbert-Raumes $L^2(K \setminus G/K)$ auf den Hilbert-Raum $L^2(Z(G/K); \mu_Z)$ fortgesetzt werden.

Definition 4.2 Die unitären Operatoren

$$\mathfrak{F}_{G/K}: L^2(K \setminus G/K) \to L^2(Z(G/K); \mu_Z),$$
$$\overline{\mathfrak{F}}_{G/K}: L^2(K \setminus G/K) \to L^2(Z(G/K); \mu_Z) \tag{4.23}$$

werden sphärische Fourier-Plancherel-Transformation bzw. sphärische Fourier-Plancherel-Kotransformation genannt.

Satz 4.6 *Seien* $g \in L^1(G/K) \cap L^2(G/K)$ *und* $h \in L^1(K \setminus G/K) \cap L^2(K \setminus G/K)$. *Für* $f = g * \check{h}$ *gilt* $\mathscr{F}_{G/K}(\gamma(s^{-1})f) \in L^1(Z(G/K); \mu_Z)$ *für jedes* $s \in G$ *und*

$$f(s) = \int\limits_{Z(G/K)} \mathscr{F}_{G/K}(\gamma(s^{-1})f)\,(\omega)\,\mathrm{d}\mu_Z(\omega) \tag{4.24}$$

(Fouriersche Inversionsformel).

Beweis. Wegen $(g|h) = \langle g, \bar{h} \rangle = \langle g, \bar{h}^\natural \rangle = \langle g^\natural, \bar{h} \rangle = (g^\natural|h) = (\mathscr{F}_{G/K}\,g^\natural \,|\, \mathscr{F}_{G/K}\,h)$
$= (\mathscr{F}_{G/K}\,g \,|\, \mathscr{F}_{G/K}\,h)$ (4.15), (4.3) besitzt $g * \check{h}$ im Neutralelement 1 von G den Wert

$$(g * \check{h})(1) = \int\limits_{Z(G/K)} \mathscr{F}_{G/K}\,g(\omega) \cdot \overline{\mathscr{F}_{G/K}\,h(\omega)}\,\mathrm{d}\mu_Z(\omega). \tag{4.25}$$

Gemäß Satz 4.3 gilt $\mathscr{F}_{G/K}\,f = \mathscr{F}_{G/K}(g * \check{h}) = (\mathscr{F}_{G/K}\,g) \cdot (\mathscr{F}_{G/K}\,\check{h})$. Wegen $\mathscr{F}_{G/K}\,\check{h}(\omega)$
$= \langle \check{h}, \check{\omega} \rangle$ und $\omega = \check{\omega}$ für $\omega \in Z(G/K)$ gilt $\mathscr{F}_{G/K}\,\check{h} = \overline{\mathscr{F}_{G/K}\,h}$ und damit
$\mathscr{F}_{G/K}\,f \in L^1(Z(G/K); \mu_Z)$. Man sieht außerdem, daß die Gleichung (4.25) die Form

$$f(1) = \int\limits_{Z(G/K)} \mathscr{F}_{G/K}\,f(\omega)\,\mathrm{d}\mu_Z(\omega) \tag{4.26}$$

annimmt. Damit ist die Inversionsformel (4.24) für $s = 1$ bewiesen. Wendet man (4.26) auf $\gamma(s^{-1})\,f = (\gamma(s^{-1})g) * \check{h}$ $(s \in G)$ an, so folgt die Behauptung. ∎

Aufgaben

4.1 Sei (G, K) ein Gelfand-Paar und $\alpha \in \mathscr{M}^1(G)$ ein beschränktes Maß auf G. Dann wird die Funktion $\mathscr{F}_{G/K}\alpha: S(G/K) \ni \omega \longmapsto \int_G \check{\omega}(s)\,\mathrm{d}\alpha(s) \in \mathbf{C}$ die sphärische Fourier-Stieltjes-Transformierte von α genannt. Zeige:

(a) Es gilt $\mathscr{F}_{G/K}\alpha \in \mathscr{C}^b(S(G/K))$ für jedes $\alpha \in \mathscr{M}^1(G)$.

(b) Für jedes Paar $(f, \alpha) \in L^1(K \setminus G/K) \times \mathscr{M}^1(G)$ gilt
$$\mathscr{F}_{G/K}(\alpha * f) = \mathscr{F}_{G/K}(f * \alpha) = (\mathscr{F}_{G/K}f) \cdot (\mathscr{F}_{G/K}\alpha).$$

4.2 Sei $f \in L^1(K \setminus G)$. Berechne $\mathscr{F}_{G/K}(\gamma(s)f)$ und $\overline{\mathscr{F}}_{G/K}(\gamma(s)f)$ für $s \in G$.

4.3 Sei $n \geqslant 2$. Für jede $\mathbf{SO}(n, \mathbf{R})$-zonale Funktion $f\colon I(n) \to \mathbf{C}$ von positivem Typ ist $\mathbf{R}^n \ni y \longrightarrow f(\begin{pmatrix} 1_n & 0 \\ y & 1 \end{pmatrix}) \in \mathbf{C}$ eine Funktion von positivem Typ auf dem $\mathbf{R}^n$.

4.4 Zeige, daß für jede $\mathbf{SU}(2, \mathbf{C})$-zonale sphärische Funktion ω auf $\mathbf{SL}(2, \mathbf{C})$ durch $\mathbf{R}_+ \ni \lambda \longrightarrow \omega(\alpha(\lambda))$ eine Eigenfunktion des Differentialoperators $D = \dfrac{d^2}{d\lambda^2} + 2 \coth \lambda \, \dfrac{d}{d\lambda}$ gegeben wird. (Benutze hyperbolische Polarkoordinaten im $\mathbf{R}^4$; vgl. (III.3.32)).

5 Harmonische Analyse auf lokalkompakten abelschen Gruppen

Von jetzt an bezeichne G eine lokalkompakte abelsche topologische Gruppe mit Neutralelement 1, einem Haar-Maß μ und dem Dual $\hat{G}$. Dann bildet (G, K) mit der trivialen Untergruppe $K = \{1\}$ ein Gelfand-Paar (Beispiel 3.1 (5)) und die Menge $K \backslash G / K$ der Doppelrestklassen $\mathrm{mod}\, K$ kann mit G identifiziert werden. Die Produktformel (3.22) der K-zonalen sphärischen Funktionen auf G reduziert sich im vorliegenden Fall auf die Funktionalgleichung

$$\omega(xy) = \omega(x)\,\omega(y) \qquad ((x, y) \in G \times G) \tag{5.1}$$

der (abelschen) Charaktere von G (vgl. Definition I.2.3). Weil $\omega(x^{-1}) = \omega(x)^{-1}$ für jede Funktion $\omega \in S(G/K)$ und demnach $|\omega(x)| = 1$ für jedes $x \in G$ erfüllt ist, erhält man nach Identifizierung des Duals $\hat{G}$ mit der Menge der Charaktere von G (Satz I.2.5) offenbar

$$\hat{G} = S(G/\{1\}). \tag{5.2}$$

Weil aber jeder Charakter $\omega \in \hat{G}$ eine Funktion von positivem Typ ist (vgl. Beispiel I.9.2 (2)), gilt sogar die Identität

$$\hat{G} = Z(G/\{1\}). \tag{5.3}$$

Es ist klar, daß mit zwei Charakteren ω_1, ω_2 aus $\hat{G}$ auch ihr Produkt $\omega_1 \cdot \omega_2$ und mit $\omega \in \hat{G}$ auch die inverse Funktion $\omega^{-1} = \bar{\omega}$ wieder Charaktere von G sind. Demnach trägt $\hat{G}$ die Struktur einer abelschen Gruppe. Versieht man $\hat{G}$ mit der Topologie der gleichmäßigen Konvergenz auf den kompakten Teilmengen von G, so daß die Gleichungen (5.2) und (5.3) auch im topologischen Sinne gültig sind, so wird $\hat{G}$ zu einer abelschen topologischen Gruppe. Denn für beliebige Elemente $\omega_1, \omega_2, \chi_1, \chi_2$ aus $\hat{G}$ gilt für jedes $x \in G$ offenbar die Abschätzung

$$|\omega_1(x)\,\omega_2(x) - \chi_1(x)\,\chi_2(x)| = |(\omega_1(x) - \chi_1(x))\,\omega_2(x) + \chi_1(x)\,(\omega_2(x) - \chi_2(x))|$$
$$\leqslant |\omega_1(x) - \chi_1(x)| + |\omega_2(x) - \chi_2(x)|, \tag{5.4}$$

so daß die Abbildungen $\hat{G} \times \hat{G} \ni (\omega_1, \omega_2) \longrightarrow \omega_1 \cdot \omega_2 \in \hat{G}$ und $\hat{G} \ni \omega \longrightarrow \omega^{-1} = \bar{\omega} \in \hat{G}$ stetig sind.

Definition 5.1 Für jede lokalkompakte abelsche topologische Gruppe G heißt $\hat{G}$, versehen mit der Topologie der kompakten Konvergenz, die Dualgruppe von G.

Gemäß Satz 4.1 ist die Dualgruppe $\hat{G}$ ebenfalls eine lokalkompakte abelsche topologische Gruppe. Also trägt $\hat{G}$ sowohl ein Haar-Maß $\hat{\mu}$ (Satz III.1.2), das bis auf einen konstanten Faktor > 0 eindeutig bestimmt ist (Satz III.2.1), als auch das eindeutig bestimmte positive Radon-Maß μ_G (Satz 4.4). Für jedes Paar (f, g) von Funktionen aus $\mathcal{K}(G) \times \mathcal{K}(G)$ und jeden Charakter $\chi \in \hat{G}$ gilt aber, falls man $\mathscr{F}_{G/\{1\}} = \mathscr{F}_G$ und $f_0 = \chi \cdot f \in \mathcal{K}(G)$, $g_0 = \chi \cdot g \in \mathcal{K}(G)$ setzt, die Beziehung $\mathscr{F}_G f(\chi\omega) = \int_G \omega(x)\,\chi(x)\,f(x)\,d\mu_G(x) = \mathscr{F}_G f_0(\omega)$. Entsprechend gilt $\mathscr{F}_G g(\chi\omega) = \mathscr{F}_G g_0(\omega)$ für jedes $\omega \in \hat{G}$. Beachtet man $f_0 \cdot \bar{g}_0 = f \cdot \bar{g}$, so erhält man aus der Parseval-Identität (4.15) für $\mathscr{F}_G$ die Gleichung

$$\int_G \left(\mathscr{F}_G f(\omega) \right) \cdot \overline{\left(\mathscr{F}_G g(\omega) \right)}\, d\mu_G(\omega) = \int_G \left(\mathscr{F}_G f(\chi\omega) \right) \cdot \overline{\left(\mathscr{F}_G g(\chi\omega) \right)}\, d\mu_G(\omega). \qquad (5.5)$$

Man erkennt aus (5.5), daß $\gamma(\chi)\,\mu_G = \mu_G$ für alle $\chi \in \hat{G}$ erfüllt ist. Demnach ist das positive Radon-Maß μ_G auf $\hat{G}$ translationsinvariant. Also kann $\hat{\mu} = \mu_G$ angenommen werden.

Definition 5.2 Sei G eine lokalkompakte abelsche topologische Gruppe mit einem Haar-Maß μ. Dann heißt das Haar-Maß $\hat{\mu} = \mu_G$ auf der Dualgruppe $\hat{G}$ von G das zu μ duale Haar-Maß. Die Abbildungen

$$\mathscr{F}_G = \mathscr{F}_{G/\{1\}} : \mathrm{L}^1(G) \ni f \longmapsto \left(\hat{G} \ni \chi \longmapsto \int_G \overline{\chi(x)}\,f(x)\,d\mu(x) \in \mathbf{C} \right),$$

$$\mathscr{F}_G = \mathscr{F}_{G/\{1\}} : \mathrm{L}^1(G) \ni f \longmapsto \left(\hat{G} \ni \chi \longmapsto \int_G \chi(x)\,f(x)\,d\mu(x) \in \mathbf{C} \right) \qquad (5.6)$$

werden Fourier-Transformation bzw. Fourier-Kotransformation auf G genannt.

Aus Satz 4.5 und Satz 4.4 erhält man unmittelbar die folgenden Ergebnisse:

Satz 5.1 *Die Fourier-Transformation $\mathscr{F}_G$ und die Fourier-Kotransformation $\mathscr{F}_G$ sind injektive und stetige Algebren-Morphismen von $\mathrm{L}^1(G)$ in $\mathscr{C}_0(\hat{G})$.*

Satz 5.2 (Plancherel) *Die lokalkompakte abelsche topologische Gruppe G sei mit dem Haar-Maß μ, die Dualgruppe $\hat{G}$ mit dem dazu dualen Haar-Maß $\hat{\mu}$ versehen. Dann lassen sich die linearen Abbildungen $\mathrm{L}^1(G) \cap \mathrm{L}^2(G) \ni f \longmapsto \mathscr{F}_G f$, $\mathrm{L}^1(G) \cap \mathrm{L}^2(G) \ni f \longmapsto \mathscr{F}_G f$ auf genau eine Weise zu Hilbert-Raum-Isomorphismen $\mathfrak{F}_G$ bzw. $\mathfrak{F}_G$ von $\mathrm{L}^2(G)$ auf $\mathrm{L}^2(\hat{G})$ fortsetzen.*

Für jeden Punkt $x \in G$ wird durch die Funktion

$$\pi(x): \hat{G} \ni \chi \longmapsto \chi(x) \in \mathbf{C}^\times \qquad (5.7)$$

ein Charakter von $\hat{G}$ geliefert. Somit ist die Zuordnung $\pi: G \ni x \longmapsto \pi(x) \in \hat{\hat{G}}$ eine Abbildung von G in die (lokalkompakte) *Bidualgruppe* $\hat{\hat{G}}$, d.h. in die Dualgruppe der

Dualgruppe $\hat{G}$ von G. Wegen $\pi(xy) = \pi(x) \cdot \pi(y)$ für alle Paare $(x, y) \in G \times G$ ist π ein Gruppen-Morphismus, der sog. *kanonische Morphismus von G in $\hat{\hat{G}}$*.

Satz 5.3 (Pontryagin-van Kampen) *Für jede lokalkompakte abelsche topologische Gruppe G ist der kanonische Gruppen-Morphismus $\pi\colon G \to \hat{\hat{G}}$ ein topologischer Isomorphismus.*

Beweis. (i) Als erstes wird gezeigt, daß π eine stetige Abbildung ist. Für jeden kompakten Teil C von G und jeden kompakten Teil L von $\hat{G}$ ist die Funktion $C \times L \ni (x, \chi) \longmapsto \chi(x) \in \mathbf{C}^{\times}$ gleichmäßig stetig. Insbesondere existiert also zu jedem $\varepsilon > 0$ und zu jeder kompakten Teilmenge L von $\hat{G}$ eine kompakte Neutralumgebung U in G mit $\sup\limits_{(x,\chi)\in U \times L} |1 - \chi(x)| \leqslant \varepsilon$. Es folgt $\sup\limits_{(x,\chi)\in U \times L} |1 - \pi(x)(\chi)| \leqslant \varepsilon$, woraus die Stetigkeit von π ersichtlich wird.

(ii) Im zweiten Schritt wird nachgewiesen, daß π eine injektive Abbildung und die inverse Abbildung π^{-1} stetig ist. Weil π ein Gruppen-Morphismus ist, also das Neutralelement 1 von G in das Neutralelement $\hat{\hat{1}}$ von $\hat{\hat{G}}$ überführt und die Topologie von G hausdorffsch ist, genügt es zu zeigen, daß zu jeder Umgebung U von 1 in G eine Umgebung $\hat{\hat{U}}$ von $\hat{\hat{1}}$ in $\hat{\hat{G}}$ existiert mit der Eigenschaft $\pi^{-1}(\hat{\hat{U}}) \subseteqq U$.

Zu U läßt sich eine kompakte Umgebung V von 1 in G finden mit $V = V^{-1}$ und $V \cdot V \subseteqq U$ und zu V eine Funktion $f \neq 0$ in $\mathscr{K}_+(G)$ mit $\mathrm{Supp}(f) \subseteqq V$. Dann gehört auch $g = f * \check{f}$ zu $\mathscr{K}_+(G)$. Für die Funktion g gilt $\mathrm{Supp}(g) \subseteqq U$, $g(1) > 0$ und $\mathscr{F}_G g \in \mathrm{L}^1(\hat{G})$ gemäß Satz 4.6. Aufgrund von Satz 4.1 stimmt die Topologie der Bidualgruppe $\hat{\hat{G}}$ mit der von $\sigma(\mathrm{L}^{\infty}(\hat{G}), \mathrm{L}^1(\hat{G}))$ induzierten Relativtopologie überein. Demnach kann zu jedem $\varepsilon \in {]}0, \tfrac{1}{2}g(1){[}$ eine Neutralumgebung $\hat{\hat{U}}$ in $\hat{\hat{G}}$ derart gewählt werden, daß

$$\sup_{\hat{\hat{x}}\in\hat{\hat{U}}} |\hat{\hat{x}}(\mathscr{F}_G g) - \hat{\hat{1}}(\mathscr{F}_G g)| \leqslant \varepsilon \tag{5.8}$$

ausfällt. Faßt man die Fourier-Kotransformation als Gelfand-Transformation auf, so kann die Ungleichung (5.8) in der Form

$$\sup_{\hat{\hat{x}}\in\hat{\hat{U}}} |(\mathscr{F}_{\hat{G}} \circ \mathscr{F}_G g)(\hat{\hat{x}}) - (\mathscr{F}_{\hat{G}} \circ \mathscr{F}_G g)(\hat{\hat{1}})| \leqslant \varepsilon \tag{5.9}$$

geschrieben werden. Aus der Inversionsformel (4.24) folgt aber $g = (\mathscr{F}_{\hat{G}} \circ \mathscr{F}_G g) \circ \pi$ und somit aus (5.9)

$$\sup_{x\in\pi^{-1}(\hat{\hat{U}})} |g(x) - g(1)| \leqslant \varepsilon. \tag{5.10}$$

Aufgrund der Wahl von ε muß für jeden Punkt $x \in \pi^{-1}(\hat{\hat{U}})$ notwendig $g(x) \neq 0$ erfüllt sein. Wegen $\mathrm{Supp}(g) \subseteqq U$ gilt dann aber $x \in U$ und mithin die geforderte Inklusion $\pi^{-1}(\hat{\hat{U}}) \subseteqq U$.

(iii) Die Abbildung $\pi\colon G \to \hat{\hat{G}}$ ist surjektiv. Um dies zu beweisen, stellt man zunächst fest, daß das Bild $\Pi = \pi(G)$ von G unter π nach dem bereits Bewiesenen eine lokalkompakte Untergruppe von $\hat{\hat{G}}$ ist. Also ist Π eine abgeschlossene Untergruppe von $\hat{\hat{G}}$ (vgl. Aufgabe I.2.4). Angenommen, π sei nicht surjektiv. Dann existiert mindestens ein $\chi \in \hat{\hat{G}}$ in der Komplementärmenge von Π. Zu χ kann aufgrund des nachstehenden Satzes 5.4 eine Funktion $F \in L^1(\hat{G})$ mit $\mathscr{F}_G F(\chi) \neq 0$ und $\mathscr{F}_G F | \Pi = 0$ konstruiert werden. Es gilt also $\int_G \bar{\omega}(x) F(\omega) \, \mathrm{d}\hat{\mu}(\omega) = 0$ für alle $x \in G$ und somit nach dem Satz von Lebesgue-Fubini für jede Funktion $f \in L^1(G)$ auch

$$
\begin{aligned}
\int_G \mathscr{F}_G f(\omega) \, F(\omega) \, \mathrm{d}\hat{\mu}(\omega) &= \int_G \int_G \bar{\omega}(x) f(x) \, F(\omega) \, \mathrm{d}\mu(x) \, \mathrm{d}\hat{\mu}(\omega) \\
&= \int_G \left(\int_G \bar{\omega}(x) \, F(\omega) \, \mathrm{d}\hat{\mu}(\omega) \right) f(x) \, \mathrm{d}\mu(x) = 0.
\end{aligned}
\tag{5.11}
$$

Wählt man eine Filterbasis $\mathfrak{B}$ auf $\mathscr{K}(G)$ derart, daß $\lim_{\mathfrak{B}} \mathscr{F}_G f = 1$ hinsichtlich der Topologie der gleichmäßigen Konvergenz auf den kompakten Teilen von $\hat{G}$ gilt, so folgt aus (5.11) offenbar $F \cdot \hat{\mu} = 0$. Also muß $F(\omega) = 0$ für $\hat{\mu}$-fast alle $\omega \in \hat{G}$ gelten und somit auch $\mathscr{F}_G F = 0$. Dies steht aber im Widerspruch zur Wahl von F. ∎

Es ist noch der (unabhängig von Satz 5.3 zu führende) Beweis für das folgende (technische) Ergebnis nachzutragen:

Satz 5.4 *Sei Π eine abgeschlossene Teilmenge von $\hat{G}$ und $\chi \in \hat{G}$ gehöre nicht zu Π. Dann existiert ein $f \in L^1(G)$ mit $\mathscr{F}_G f(\chi) \neq 0$ und $\mathscr{F}_G f | \Pi = 0$.*

Beweis. Angenommen, es sei ein $f \in L^1(G)$ mit den geforderten Eigenschaften konstruiert. Dann gilt für jedes $\omega \in \hat{G}$

$$
\begin{aligned}
(\gamma(\chi) \, \mathscr{F}_G f)(\omega) &= \mathscr{F}_G f(\chi^{-1} \omega) = \int_G \overline{(\chi^{-1} \omega)}\,(x) f(x) \, \mathrm{d}\mu(x) \\
&= \int_G \bar{\omega}(x) \, (\chi(x) f(x)) \, \mathrm{d}\mu(x) = \mathscr{F}_G(\chi \cdot f)(\omega),
\end{aligned}
\tag{5.12}
$$

also $\gamma(\chi) \, \mathscr{F}_G f = \mathscr{F}_G(\chi \cdot f)$. Demnach kann ohne Beschränkung der Allgemeinheit $\chi = \hat{1}$ angenommen werden.

Zu Π kann eine kompakte Neutralumgebung $\hat{U}$ in $\hat{G}$ gewählt werden mit $\hat{U} = \hat{U}^{-1}$ und $(\hat{U} \cdot \hat{U}) \cap \Pi = \emptyset$. Zu $\hat{U}$ gibt es Funktionen $F_j \in \mathscr{K}_+(\hat{G})$ $(j \in \{1,2\})$ mit $F_j(\hat{1}) \neq 0$ und $\mathrm{Supp}(F_j) \subseteq \hat{U}$. Dann erfüllt $F_3 = F_1 * F_2$ die Bedingungen $F_3(\hat{1}) \neq 0$ und $F_3 | \Pi = 0$. Außerdem gilt $F_j \in L^1(\hat{G}) \cap L^2(\hat{G})$ für $j \in \{1, 2, 3\}$. Setzt man $f_j = \mathscr{F}_G F_j \circ \pi$, so erhält man nach dem Satz von Lebesgue-Fubini für jedes $g \in L^1(G) \cap L^2(G)$

$$
\begin{aligned}
\int_G g(x) \cdot f_j(x) \, \mathrm{d}\mu(x) &= \int_G \int_G g(x) \, \omega(x) \, F_j(\omega) \, \mathrm{d}\mu(x) \, \mathrm{d}\hat{\mu}(\omega) \\
&= \int_G \overline{\overline{\mathscr{F}_G}}\, g(\omega) \cdot F_j(\omega) \, \mathrm{d}\hat{\mu}(\omega)
\end{aligned}
\tag{5.13}
$$

und damit

$$
\left| \int_G g(x) \cdot f_j(x) \, \mathrm{d}\mu(x) \right| \leqslant \| \overline{\overline{\mathscr{F}_G}}\, g \|_2 \cdot \| F_j \|_2
$$
$$
\qquad (j \in \{1, 2, 3\}) \tag{5.14}
$$
$$
= \| g \|_2 \cdot \| F_j \|_2.
$$

Aus (5.14) folgt $f_j \in L^2(G)$. Die Parseval-Identität (4.15) liefert ferner

$$\int\limits_G g(x) \cdot f_j(x)\, d\mu(x) = \int\limits_G \overline{\mathscr{F}_G\, \bar{g}(\omega)} \cdot \mathfrak{F}_G\, f_j(\omega)\, d\hat{\mu}(\omega)$$

$$= \int\limits_G \bar{\mathscr{F}}_G\, g(\omega) \cdot \mathfrak{F}_G\, f_j(\omega)\, d\hat{\mu}(\omega). \tag{5.15}$$

Vergleicht man (5.15) mit (5.13), so erhält man $F_j = \mathfrak{F}_G\, f_j$ und damit $f_j = \bar{\mathscr{F}}_G \circ \mathfrak{F}_G\, f_j \circ \pi$ für $j \in \{1, 2, 3\}$. Es ergibt sich

$$f_3 = \bar{\mathscr{F}}_G\, F_3 \circ \pi = \bar{\mathscr{F}}_G\, (F_1 * F_2) \circ \pi = ((\bar{\mathscr{F}}_G\, F_1) \cdot (\bar{\mathscr{F}}_G\, F_2)) \circ \pi$$

$$= ((\bar{\mathscr{F}}_G\, F_1) \circ \pi) \cdot ((\bar{\mathscr{F}}_G\, F_2) \circ \pi) = f_1 \cdot f_2. \tag{5.16}$$

Wegen $f_j \in L^2(G)$ für $j \in \{1, 2, 3\}$ ist $f_3 \in L^1(G) \cap L^2(G)$. Weil $F_3 = \mathscr{F}_G\, f_3$ gilt, leistet f_3 das Gewünschte. ∎

Beispiel 5.1 Gemäß Satz I.2.8 und Beispiel I.2.3(1) gilt $\hat{\hat{\mathbf{R}}}^n = \hat{\mathbf{R}}^n = \mathbf{R}^n$ und $\hat{\hat{\mathbf{T}}}^n = \hat{\mathbf{Z}}^n = \mathbf{T}^n$ für $n \geqslant 1$.

Der Dualitätssatz 5.3 erlaubt es, jede lokalkompakte abelsche topologische Gruppe G (kanonisch mittels π) mit ihrer Bidualgruppe $\hat{\hat{G}}$ zu identifizieren.

Satz 5.5 *Die lokalkompakte abelsche Gruppe G ist genau dann kompakt, falls ihre Dualgruppe $\hat{G}$ diskret ist.*

Beweis. Ist G kompakt, so folgt aus Beispiel 4.1 und (5.2), (5.3), daß $\hat{G}$ diskret ist. Ist umgekehrt $\hat{G}$ diskret und $\hat{\mu}$ das Haar-Maß, welches jedem Punkt von $\hat{G}$ die Masse 1 zuweist, so besitzt die Indikatorfunktion F der Menge $\{\hat{1}\}$ in $\hat{G}$ die Fourier-Transformierte $\mathscr{F}_G\, F = 1$. Gemäß Satz 4.2 gilt $\mathscr{F}_G\, F \in \mathscr{C}_0(\hat{\hat{G}})$. Also muß notwendig $\hat{\hat{G}}$ und damit auch G kompakt sein. ∎

Aufgaben

5.1 Sei G eine lokalkompakte abelsche Gruppe. Zeige, daß für jedes Paar $(f, F) \in L^1(G) \times L^1(\hat{G})$ die Gleichung $\int\limits_G \mathscr{F}_G\, F(x)\, f(x)\, d\mu(x) = \int\limits_G \mathscr{F}_G\, f(\omega)\, F(\omega)\, d\hat{\mu}(\omega)$ besteht (vgl. Satz II.1.2).

5.2 Seien G, H lokalkompakte abelsche topologische Gruppen und $f: G \to H$ ein stetiger Gruppen-Morphismus. Zeige:

(a) Für jeden Charakter $\chi \in \hat{H}$ gehört die Funktion $\hat{f}(\chi) = \chi \circ f$ zu $\hat{G}$. Die Abbildung $\hat{f}: \hat{H} \to \hat{G}$ ist ein stetiger Gruppen-Morphismus mit $\hat{\hat{f}} = f$.

(b) Ist L eine lokalkompakte abelsche topologische Gruppe und $g: H \to L$ ein stetiger Gruppen-Morphismus, so gilt $(g \circ f)\hat{} = \hat{f} \circ \hat{g}$.

(c) Sei $\alpha \in \mathscr{M}^1(G)$ und $\beta = f(\alpha)$ das Bildmaß von α unter f. Dann gilt für die Fourier-Stieltjes-Transformation $\mathscr{F}_G = \mathscr{F}_{G/\{1\}}$ (vgl. Aufgabe 4.1) die Beziehung $(\mathscr{F}_G\, \alpha) \circ \hat{f} = \mathscr{F}_H\, \beta$.

5.3 Sei G eine lokalkompakte abelsche topologische Gruppe mit der Dualgruppe $\hat{G}$.

(a) Für jede Teilmenge A von G ist $A^\perp = \{\hat{x} \in \hat{G} \,|\, \hat{x}(x) = 1 \text{ für alle } x \in A\}$ eine abgeschlossene Untergruppe von $\hat{G}$.

(b) Bezeichnet K eine abgeschlossene Untergruppe von G und $q: G \to G/K$ die kanonische Surjektion, so ist $\hat{q}$ ein topologischer Isomorphismus von $(G/K)\hat{\ }$ auf $K^\perp$. (Benutze Aufgabe III.3.1).

5.4 Sei G eine lokalkompakte abelsche topologische Gruppe mit dem Haar-Maß μ und K eine abgeschlossene Untergruppe von G mit dem Haar-Maß v. Sei $\lambda = \mu/v$ und $(G/K)\hat{\ }$ werde mit $K^\perp$ (Aufgabe 5.3) identifiziert. Für $f \in L^1(G)$ sei $\mathscr{F}_G f \,|\, K^\perp$ eine $\hat{\lambda}$-integrierbare Funktion.

(a) Für μ-fast alle $s \in G$ ist die Funktion $t \longmapsto f(s\,t)$ v-integrierbar auf K und es gilt $\int_K f(st)\,dv(t) = \int_{K^\perp} \chi(s)\,\mathscr{F}_G f(\chi)\,d\hat{\lambda}(\chi)$ für μ-fast alle $s \in G$. (Sei $g: \dot{s} \longmapsto \int_K f(st)\,dv(t)$. Berechne die Fourier-Transformierte von g).

(b) Ist die Funktion $t \longmapsto f(s\,t)$ für alle $s \in G$ v-integrierbar auf K und $G \ni s \longmapsto \int_K f(s\,t)\,dv(t) \in \mathbf{C}$ stetig, so gilt die Poisson-Formel $\int_K f(t)\,dv(t) = \int_{K^\perp} (\mathscr{F}_G f)(\chi)\,d\hat{\lambda}(\chi)$.

(c) Betrachte (a) und (b) für den Fall $G = \mathbf{R}^n$, $K = (2\pi\mathbf{Z})^n$ $(n \geqslant 1)$ und vergleiche die Ergebnisse mit II.5.

6   Ergänzungen und Bemerkungen

1. Neben der Bildung von Hilbert-Summen und Tensorprodukten ist das Induzieren linearer Darstellungen die wichtigste Methode zur Konstruktion von Gruppendarstellungen. Der Begriff der induzierten Darstellung geht für endliche Gruppen auf G. Frobenius (1849–1917) zurück; vgl. z.B. Curtis-Reiner [18], Lang [70] und Serre [93]. Eine Erweiterung dieses Begriffes und des Reziprozitätssatzes von Frobenius auf kompakte topologische Gruppen wurde von Weil [113] angegeben. Die Theorie der induzierten Darstellungen von beliebigen lokalkompakten topologischen Gruppen hat G.W. Mackey weit ausgebaut; vgl. Mackey [76], [77], sowie Gaal [34], Kirillov [60] und Warner [111].

In Abschn. 3 werden nicht notwendig kompakte Gelfand-Paare definiert und der allgemeine Begriff der zonalen sphärischen Funktion eingeführt.

2. Der fundamentale Gedanke, klassische Orthogonalpolynome als zonale sphärische Funktionen auf geeigneten homogenen Mannigfaltigkeiten aufzufassen, geht auf E. Cartan (1869–1961) zurück; von ihm wurde der Fall $G = \mathbf{SO}(n,\mathbf{R})$, $K = \mathbf{SO}(n-1,\mathbf{R})$ eingehend untersucht; vgl. Coifman-Weiss [15], [16]. Die gruppentheoretische Sicht führte zu einem neuen Beweis der Gegenbauerschen Additionsformel für die Jacobi-Polynome $(R_m^{(\alpha,\alpha)})_{m\in\mathbf{N}}$ $(\alpha > -1/2)$ und ermöglichte es Koornwinder [61], [62] durch Betrachtung des Falles $G = \mathbf{U}(n,\mathbf{C})$, $K = \mathbf{U}(n-1,\mathbf{C})$ eine seit langem gesuchte Additionsformel für beliebige Jacobi-Polynome $(R_m^{(\alpha,\beta)})_{m\in\mathbf{N}}$ $(\alpha > \beta > -1/2)$ zu beweisen. Die Additionsformeln implizieren Produktformeln für Jacobi-Polynome, welche sich jedoch auch direkt gruppentheoretisch herleiten lassen; vgl. die

Beispiele 3.2(2) und 3.2(3). Die Produktformeln ihrerseits erlauben die Einführung eines Translationsoperators, mit dessen Hilfe für die Jacobi-Polynome $(R_m^{(\alpha,\beta)})_{m\in\mathbb{N}}$ eine Faltungsstruktur gewonnen werden kann (Askey [3]). Im Falle $\alpha = \beta = (n-3)/2$ stimmt diese mit der von der kommutativen Banach-Algebra $L^1(\mathrm{SO}\,(n-1,\mathbb{R}) \setminus \mathrm{SO}\,(n,\mathbb{R})/\mathrm{SO}\,(n-1,\mathbb{R}))$ auf $L^2([-1,+1];\, c_n(1-y^2)^{(n-3)/2}\,\mathrm{d}y)$ transportierten Faltungsstruktur überein.

Die gruppentheoretische Methode hat in den letzten Jahren zu bedeutsamen Entwicklungen in der Theorie der speziellen Funktionen geführt, da es gelungen ist, eine Vielzahl spezieller Funktionen als zonale sphärische Funktionen auf geeigneten homogenen Mannigfaltigkeiten zu erkennen (Vilenkin [109]). Umgekehrt liefert die Untersuchung zonaler sphärischer Funktionen auf symmetrischen homogenen Mannigfaltigkeiten vom Rang 2 Funktionen von zwei Variablen mit ähnlich schönen Eigenschaften, wie sie die Jacobi-Polynome aufweisen. Man konsultiere etwa Koornwinder [63], [64] und Ton-That [103].

3. Um eine möglichst umfassende Klasse spezieller Funktionen als zonale sphärische Funktionen auf homogenen Mannigfaltigkeiten erkennen zu können, muß man von kompakten zu allgemeinen Gelfand-Paaren (Definition 3.1) übergehen. Die ersten allgemeinen Ergebnisse für zonale sphärische Funktionen wurden von Selberg [92] und Gelfand [36] gefunden und dann von Godement [37] und Harish-Chandra [41] weiterentwickelt; vgl. Helgason [42], Gaal [34] und Warner [112].

4. Die sphärische Fourier-Transformation $\mathscr{F}_{G/K}$ verallgemeinert in natürlicher Weise die klassischen „abelschen" Fourier-Transformationen $\mathscr{F}_{\mathbf{T}^n}$, $\mathscr{F}_{\mathbb{R}^n}$, die Hankel-Transformation $\mathscr{F}_{\mathbb{R}_+}^{\alpha}$ und z.B. die „Fourier-Jacobi-Transformationen" $\mathscr{F}_{\mathrm{SL}(2,\mathbb{R})/\mathrm{SO}(2,\mathbb{R})}$ und $\mathscr{F}_{\mathrm{SL}(2,\mathbb{C})/\mathrm{SU}(2,\mathbb{C})}$. Aufgrund von Satz 4.4 existiert nämlich zu jedem Gelfand-Paar (G,K) ein lokalkompakter topologischer Raum $S(G/K)$, der ein Plancherel-Maß μ_Z trägt und der die Gültigkeit eines Satzes vom Riemann-Lebesgue-Typ (Satz 4.2) gewährleistet. Der abgeschlossene Unterraum $Z(G/K)$ von $S(G/K)$ übernimmt für Gelfand-Paare (G,K), d.h. für die harmonische Analyse K-zonaler Funktionen auf G/K, die Rolle des Duals. Damit ist eines der Hauptziele der harmonischen Analyse zu Gelfand-Paaren erreicht.

Eine abstrakte Version des Satzes von Plancherel-Godement im Rahmen der Theorie normierter Algebren findet man bei Dieudonné [19] und Mosak [78]. Aus ihr kann Satz 4.4 gefolgert werden (Godement [37], Dieudonné [21]). Genauere Kenntnis des Maßes μ_Z, der K-zonalen sphärischen Funktionen $\omega \in S(G/K)$ und der sphärischen Fourier-Transformation $\mathscr{F}_{G/K}$ kann man nur für spezielle Klassen von Gelfand-Paaren (G,K) erwarten. Bedeutende Fortschritte in dieser Richtung wurden vor allem von Harish-Chandra für den Fall erzielt, daß G eine zusammenhängende, nicht kompakte, halbeinfache Lie-Gruppe mit endlichem Zentrum und K eine maximal kompakte Untergruppe von G ist. Man vergleiche den Übersichtsartikel von Gangolli [35] und die Monographien von Helgason [42] und Warner [112]. In Helgason [42] und Gaal [34] wird auch der Zusammenhang zwischen den K-zonalen sphärischen

Funktionen von positivem Typ und den Darstellungen der Klasse 1 von G diskutiert. Ferner sei für die Interpretation gewisser Jacobi-Funktionen als zonale sphärische Funktionen auf Flensted-Jensen und Koornwinder [33] verwiesen.

5. Zur harmonischen Analyse auf lokalkompakten abelschen topologischen Gruppen konsultiere man z.B. Weil [113], Rudin [87], Hewitt-Ross [45], Reiter [86] sowie den Übersichtsartikel von Graham [38]. Von Satz 4.4 unabhängige Beweise des Dualitätssatzes von Pontryagin-van Kampen findet man bei Bourbaki [8], Hewitt-Ross [45], Pontryagin [84] und Naimark [80]. Das Dualitätsproblem wird auch für nicht abelsche, lokalkompakte, topologische Gruppen ausführlich von Heyer [47] behandelt.

Weiterführende Literatur

Neben der in I.11, II.8, III.5, IV.6 und V.6 angegebenen Literatur sei noch auf die nachstehenden Lehrbücher hingewiesen, die zur Weiterführung und Vertiefung des behandelten Stoffes dienen können.

I: Zygmund, A.: Trigonometric series. Vols. I and II. Cambridge: University Press 1968

II: Stein, E.; Weiss, G.: Introduction to Fourier analysis on Euclidean spaces. Princeton, N.J.: University Press 1971

III: Hewitt, E.; Ross, K.: Abstract harmonic analysis, Vol. I. 2nd ed. Berlin-Heidelberg-New York: Springer 1979

IV: Hewitt, E.; Ross, K.: Abstract harmonic analysis, Vol. II. Berlin-Heidelberg-New York: Springer 1970

V: Helgason, S.: Differential geometry and symmetric spaces. New York-London: Academic Press 1962

Für die Theorie der Lie-Gruppen sei das Buch von Varadarajan, V.S.: Lie groups, Lie algebras, and their representations, Englewood Cliffs, N.J.: Prentice Hall 1974, besonders empfohlen.

Literaturverzeichnis

[1] Adams, J.F.: Lectures on Lie groups. New York-Amsterdam: Benjamin 1969

[2] Ash, J.M.: Multiple trigonometric series. In: Studies in harmonic analysis. (Ash, J.M. ed.). Math. Assoc. of America 1976

[3] Askey, R.: Orthogonal polynomials and special functions. Philadelphia: Society for Industrial and Applied Mathematics 1975

[4] Beals, R.: Advanced mathematical analysis. New York-Heidelberg-Berlin: Springer 1973

[5] Birkhoff, G.: A source book in classical analysis. Cambridge, Mass.: Harvard University Press 1973

[6] Bonami, A.; Clerc, J.L.: Sommes de Cesàro et multiplicateurs des développements en harmoniques sphériques. Trans. Amer. Math. Soc. **183** (1973) 223–263

[7] Bourbaki, N.: Intégration, Chap. 7. Paris: Hermann 1963

[8] Bourbaki, N.: Théories spectrales. Chap. 1,2. Paris: Hermann 1967

[9] Bourbaki, N.: Groupes et algèbres de Lie. Chap. I, II–III, IV–V–VI. Paris: Hermann 1960–1972

[10] Bredon, G.: A new treatment of the Haar integral. Michigan Math. J. **10** (1963) 365–373

[11] Butzer, P.L.; Nessel, R.J.: Fourier analysis and approximation. Vol. 1. Basel-Stuttgart: Birkhäuser 1971

[12] Chandrasekharan, K.: Introduction to analytic number theory. Berlin-Heidelberg-New York: Springer 1968

[13] Cheney, E.W.: Introduction to approximation theory. New York-St. Louis: McGraw-Hill 1966

[14] Chevalley, C.: Theory of Lie groups. Vol. I. Princeton: Princeton University Press 1946

[15] Coifman, R.R.; Weiss, G.: Representations of compact groups and spherical harmonics. Enseignement math. **14** (1968) 121–173

[16] Coifman, R.R.; Weiss, G.: Analyse harmonique non-commutative sur certains espaces homogènes. Berlin-Heidelberg-New York: Springer 1971. – Lecture Notes in Math., Vol. **242**

[17] Cowling, M.: The Kunze-Stein phenomenon. Ann. Math. **107** (1978) 209–234

[18] Curtis, C.W.; Reiner, I.: Representation theory of finite groups and associative algebras. New York-London: Interscience 1962

[19] Dieudonné, J.: Grundzüge der modernen Analysis. Bd. 2. Braunschweig: Vieweg 1975

[20] Dieudonné, J.: Eléments d'analyse. Tome 5. Paris: Gauthier-Villars 1975

[21] Dieudonné, J.: Eléments d'analyse. Tome 6. Paris: Gauthier-Villars 1975

[22] Dinculeanu, N.: Integration on locally compact spaces. Leyden: Noordhoff 1974

[23] Do Carmo, M.P.: Differential geometry of curves and surfaces. Englewood Cliffs, N.J.: Prentice-Hall 1976

[24] Donoghue, W.F. Jr.: Distributions and Fourier transforms. New York-London: Academic Press 1969

[25] Dornhoff, L.: Group representation theory. Part A and B. New York: Marcel Dekker 1971/72

[26] Dreseler, B.: Lebesgue constants for spherical partial sums of Fourier series on compact Lie groups. In: Proceedings of the Colloquium on Fourier Analysis and Approximation Theory. Budapest 1976

[27] Dreseler, B.: Lebesgue constants for certain partial sums of Fourier series on compact Lie groups. In: Linear spaces and approximation (Butzer, P.L.; Sz.-Nagy, B. eds.). Basel-Stuttgart: Birkhäuser 1978

[28] Dreseler, B.; Schempp, W.: On the convergence and divergence behaviour of approximation processes in homogeneous Banach spaces. Math. Z. **143** (1975) 81–89

[29] Dunkl, C.F.: Ramirez, D.E.: Topics in harmonic analysis. New York: Meredith 1971

[30] Dym, H.; McKean, H.P.: Fourier series and integrals. New York-London: Academic Press 1972

[31] Edwards, R.E.: Fourier series. Vol. 1. New York-Chicago: Holt, Rinehart and Winston 1967

[32] Edwards, R.E.: Fourier series. Vol. 2. New York-Chicago: Holt, Rinehart and Winston 1967

[33] Flensted-Jensen, M.; Koornwinder, T.H.: The convolution structure for Jacobi-function expansions. Ark. Mat. **11** (1973) 245–262

[34] Gaal, S.A.: Linear analysis and representation theory. New York-Heidelberg-Berlin: Springer 1973

[35] Gangolli, R.: Spherical functions on semisimple Lie groups. In: Symmetric Spaces. (Boothby, W.M.; Weiss, G.L. eds.). New York: Marcel Dekker 1972

[36] Gelfand, I.M.: Spherical functions in symmetric Riemannian spaces. Doklady Akad. Nauk SSSR **70** (1956) 5–8

[37] Godement, R.: Introduction aux travaux de A. Selberg. Séminaire Bourbaki, No. **144**. Paris 1957

[38] Graham, C.C.: Harmonic analysis and lca groups. In: Studies in harmonic analysis. (Ash, J.M. ed.). Math. Assoc. of America 1976

[39] Grattan-Guiness, I.: Joseph Fourier 1768–1830. Cambridge, Mass.: The MIT Press 1972

[40] Hardy, G.H.; Rogosinski, W.W.: Fourier series. Cambridge: University Press 1968

[41] Harish-Chandra: Spherical functions on a semi-simple Lie group I. Amer. J. Math. **80** (1958) 241–310

[42] Helgason, S.: Differential geometry and symmetric spaces. New York-London: Academic Press 1962

[43] Helgason, S.: Analysis on Lie groups and homogeneous spaces. Regional Conference Series in Mathematics, Number **14**. Amer. Math. Soc. 1972

[44] Heuser, H.: Funktionalanalysis. Stuttgart: Teubner 1975

[45] Hewitt, E.; Ross, K.A.: Abstract harmonic analysis. Vol. I. 2nd ed. Berlin-Heidelberg-New York: Springer 1979

[46] Hewitt, E.; Ross, K.A.: Abstract harmonic analysis. Vol. II. Berlin-Heidelberg-New York: Springer 1970

[47] Heyer, H.: Dualität lokalkompakter Gruppen. Berlin-Heidelberg-New York: Springer 1970. – Lecture Notes in Math., Vol. **150**

[48] Hill, V.E.: Groups, representations, and characters. New York: Hafner Press 1975

[49] Hirschman, I.I. Jr.: Variation diminishing Hankel transforms. J. d'Analyse Math. **8** (1960/61) 307–336

[50] Hörmander, L.: Linear partial differential operators. Berlin-Heidelberg-New York: Springer 1976

[51] Horváth, J.: Topological vector spaces and distributions. Vol. I. Reading, Mass.: Addison-Wesley 1966

[52] Hunt, R.A.: Comments on Lusin's conjecture and Carlson's proof for L^2 Fourier series. In: Linear operators and approximation II. (Butzer, P.L.; Sz.-Nagy, B. eds.). Basel-Stuttgart: Birkhäuser 1974

[53] Hunt, R.A.: Developments related to the a.e. convergence of Fourier series. In: Studies in harmonic analysis. (Ash, J.M. ed.). Math. Assoc. of America 1976

[54] Isaacs, I.M.: Character theory of finite groups. New York-San Francisco-London: Academic Press 1976

[55] Jacobs, K.: Extremalpunkte konvexer Mengen. In: Selecta Mathematica III. Berlin-Heidelberg-New York: Springer 1971

[56] Johnson, R.A.: Representations of compact groups on topological vector spaces: Some remarks. Proc. Amer. Math. Soc. **61** (1976) 131–136

[57] Kasch, F.: Moduln und Ringe. Stuttgart: Teubner 1977

[58] Katznelson, Y.: An introduction to harmonic analysis. New York-London: Wiley 1968

[59] Keown, R.: An introduction to group representation theory. New York-San Francisco-London: Academic Press 1975

[60] Kirillov, A.A.: Elements of the theory of representations. Berlin-Heidelberg-New York: Springer 1976

[61] Koornwinder, T.H.: The addition formula for Jacobi polynomials II. The Laplace type integral representation and the product formula. Math. Centrum Amsterdam 1972

[62] Koornwinder, T.H.: The addition formula for Jacobi polynomials III. Completion of the proof. Math. Centrum Amsterdam 1972

[63] Koornwinder, T.H.: Two-variable analogues of the classical orthogonal polynomials. In: Theory and Application of Special Functions. (Askey, R. ed.). New York-London: Academic Press 1975

[64] Koornwinder, T.H.: Harmonics and spherical functions on Grassmann manifolds of rank two and two-variable analogues of Jacobi polynomials. In: Constructive Theory of Several Variables. (Schempp, W.; Zeller K. eds.). Berlin-Heidelberg-New York: Springer 1977. – Lecture Notes in Math., Vol. **571**

[65] Kufner, A.; Kadlec, J.: Fourier series. London: Iliffe Books 1971

[66] Kuipers, L.; Niederreiter, H.: Uniform distribution of sequences. New York-London: Wiley 1974

[67] Lanczos, C.: Discourse on Fourier series. Edinburgh-London: Oliver and Boyd 1966

[68] Lang, S.: Analysis II. Reading, Mass.: Addison-Wesley 1969

[69] Lang, S.: Algebraic number theory. Reading, Mass.: Addison-Wesley 1970

[70] Lang, S.: Algebra. Reading, Mass.: Addison-Wesley 1974

[71] Larsen, R.: An introduction to the theory of multipliers. Berlin-Heidelberg-New York: Springer 1971

[72] Ledermann, W.: Introduction to group characters. Cambridge: Cambridge University Press 1977

[73] Loomis, L.H.: An introduction to abstract harmonic analysis. Princeton, N.J.: Van Nostrand 1953

[74] Lorenz, F.; Schönhage, A.: Über ein zahlentheoretisches Problem aus der Fourieranalysis. Math. Z. **120** (1971) 369–372

[75] Lutz, D.: Topologische Gruppen. Mannheim-Wien-Zürich: Bibliographisches Institut 1976

[76] Mackey, G.W.: Induced representations of groups and quantum mechanics. New York-Amsterdam: Benjamin 1968

[77] Mackey, G.W.: The theory of unitary group representations. Chicago-London: The University of Chicago Press 1976

[78] Mosak, R.D.: Banach algebras. Chicago-London: University of Chicago Press 1975

[79] Nachbin, L.: The Haar integral. Princeton, N.J.: Van Nostrand 1965

[80] Naimark, M.A.: Normed algebras. Groningen: Wolters-Noordhoff 1972

[81] Nikol'skiĭ, S.M.: Approximation of functions of several variables and imbedding theorems. Berlin-Heidelberg-New York: Springer 1975

[82] Olevskiĭ, A.M.: Fourier series with respect to general orthogonal systems. Berlin-Heidelberg-New York: Springer 1975

[83] Peter, F.; Weyl, H.: Die Vollständigkeit der primitiven Darstellungen einer geschlossenen kontinuierlichen Gruppe. Math. Ann. **97** (1927) 737–755

[84] Pontryagin, L.S.: Topologische Gruppen. Teil I und II. Leipzig: Teubner 1957/58

[85] Ragozin, D.L.: Polynomial approximation on compact manifolds and homogeneous spaces. Trans. Amer. Math. Soc. **150** (1970) 41–53

[86] Reiter, H.: Classical harmonic analysis on locally compact groups. Oxford: Clarendon Press 1968

[87] Rudin, W.: Fourier analysis on groups. New York-London: Interscience 1962

[88] Sagle, A.A.; Walde, R.E.: Introduction to Lie groups and Lie algebras. New York-London: Academic Press 1973

[89] Sally, P.J. Jr.: Harmonic analysis and group representations. In: Studies in harmonic analysis. (Ash, J.M. ed.). Math. Assoc. of America 1976

[90] Santaló, L.A.: Integral geometry and geometric probability. Reading, Mass.: Addison-Wesley 1976

[91] Schwartz, L.: Théorie des distributions. 2ᵉ éd. Paris: Hermann 1973

[92] Selberg, A.: Harmonic analysis and discontinuous groups in weakly symmetric Riemannian spaces with applications to Dirichlet series. J. Indian Math. Soc. **20** (1956) 47–87

[93] Serre, J.P.: Lineare Darstellungen endlicher Gruppen. Braunschweig: Vieweg 1972

[94] Shapiro, H.S.: Smoothing and approximation of functions. New York-Cincinnati: Van Nostrand Reinhold 1969

[95] Shapiro, H.S.: Topics in approximation theory. Berlin-Heidelberg-New York: Springer 1971. – Lecture Notes in Math. Vol. **187**

[96] Shapiro, H.S.: Lebesgue constants for spherical partial sums. J. Approx. Theory **13** (1975) 40–44

[97] Stein, E.M.: Singular integrals and differentiability properties of functions. Princeton, N.J.: Princeton University Press 1970

[98] Stein, E.M.: Harmonic analysis on $\mathbf{R}^n$. In: Studies in harmonic analysis. (Ash, J.M. ed.). Math. Assoc. of America 1976

[99] Stein, E.M.; Weiss, G.: Introduction to Fourier analysis on Euclidean spaces. Princeton, N.J.: Princeton University Press 1971

[100] Stewart, J.: Positive definite functions and generalizations, an historical survey. Rocky Mountain J. Math. **6** (1976) 409–434

[101] Szmydt, Z.: Fourier transformation and linear differential equations. Dordrecht, Holland: Reidel 1977

[102] Timan, A.F.: Theory of approximation of functions of a real variable. New York: MacMillan 1963

[103] Ton-That, T.: Lie group representations and harmonic polynomials of a matrix variable. Trans. Amer. Math. Soc. **216** (1976) 1–46

[104] Trebels, W.: Some Fourier multiplier criteria and the spherical Bochner-Riesz kernel. Rev. Roumaine Math. Pures Appl. **20** (1975) 1173–1185

[105] Trèves, F.: Topological vector spaces, distributions and kernels. New York-London: Academic Press 1967

[106] Trèves, F.: Basic linear partial differential equations. New York-San Francisco-London: Academic Press 1975

[107] Triebel, H.: Höhere Analysis. Berlin: Deutscher Verlag der Wissenschaften 1975

[108] Varadarajan, V.S.: Lie groups, Lie algebras, and their representations. Englewood Cliffs, N.J.: Prentice Hall 1974

[109] Vilenkin, N.J.: Special functions and the theory of group representations. Providence, R.I.: Amer. Math. Soc. 1968. – Translations of Math. Monographs, Vol. **22**

[110] Wallach, N.R.: Harmonic analysis on homogeneous spaces. New York: Marcel Dekker 1973

[111] Warner, G.: Harmonic analysis on semi-simple Lie groups I. Berlin-Heidelberg-New York: Springer 1972

[112] Warner, G.: Harmonic analysis on semi-simple Lie groups II. Berlin-Heidelberg-New York: Springer 1972

[113] Weil, A.: L'intégration dans les groupes topologiques et ses applications. 2e éd. Paris: Hermann 1965

[114] Weiss, G.: Harmonic analysis. In: Studies in real and complex analysis. (Hirschman, I.I. Jr. ed.). Math. Assoc. of America 1965

[115] Weiss, G.L.: Harmonic analysis on compact groups. In: Studies in harmonic analysis. (Ash, J.M. ed.). Math. Assoc. of America 1976

[116] Weyl, H.: Theorie der Darstellungen kontinuierlicher Gruppen durch lineare Transformationen. I, II, III. In: Selecta Hermann Weyl, 262–366. Basel: Birkhäuser 1956

[117] Widder, D.V.: The heat equation. New York-San Francisco-London: Academic Press 1975

[118] Yudin, V.A.: Behaviour of Lebesgue constants. Math. Notes **17** (1975) 233–235

[119] Zygmund, A.: Trigonometric series. Vol. I–II. 2nd ed. Cambridge: University Press 1968

[120] Zygmund, A.: Notes on the history of Fourier series. In: Studies in harmonic analysis. (Ash. J.M. ed.). Math. Assoc. of America 1976

Verzeichnis der Symbole

Namen- und Sachverzeichnis

Mathematische Leitfäden (Fortsetzung)

Kategorien und Funktoren
Von Dr. rer. nat. B. PAREIGIS, o. Prof. an der Universität München
192 Seiten mit 49 Aufgaben und zahlreichen Beispielen. Kart. DM 44,—

Lehrbuch der Algebra
Unter Einschluß der linearen Algebra
Von Dr. rer. nat. G. SCHEJA, o. Prof. an der Universität Tübingen und
Dr. rer. nat. U. STORCH, o. Prof. an der Universität Osnabrück
Teil 1: 408 Seiten mit 15 Bildern, 579 Aufgaben und 254 Beispielen. DM 48,—

Einführung in die harmonische Analyse
Von Dr. rer. nat. W. SCHEMPP, ord. Prof. an der Universität Siegen (Gesamthochschule) und
Priv. Doz. Dr. sc. math. B. DRESELER, Akad. Oberrat an der Universität Siegen (Gesamthochschule)
298 Seiten mit 3 Bildern, 205 Aufgaben und 116 Beispielen. Kart. DM 48,—

Topologie
Eine Einführung
Von Dr. rer. nat. Dr. h. c. H. SCHUBERT, o. Prof. an der Universität Düsseldorf
4. Auflage. 328 Seiten mit 23 Bildern, 121 Aufgaben und zahlreichen Beispielen. Kart. DM 44,—

Lineare Operatoren in Hilberträumen
Von Dr. rer. nat. J. WEIDMANN, Prof. an der Universität Frankfurt/M.
368 Seiten mit 221 Aufgaben und 93 Beispielen. Kart. DM 58,—

Preisänderungen vorbehalten

 **B. G. Teubner Stuttgart 1980**